HANDBUCH DER GESAMTEN AUGENHEILKUNDE

BEGRÜNDET VON A. GRAEFE UND TH. SAEMISCH

FORTGEFÜHRT VON C. HESS

HERAUSGEGEBEN UNTER MITARBEIT VON

C. ADAM-Berlin, TH. AXENFELD-Freiburg i. B., K. BEHR-Kiel, BERNHEIMER-Wien †, A. BIELSCHOWSKY-Marburg, A. BIRCH-HIRSCHFELD-Königsberg i. Pr., A. BRÜCKNER-Berlin, R. CORDS-Köln, A. ELSCHNIG-Prag, O. EVERSBUSCH-München †, A. FICK-Zürich, B. FLEISCHER-Tübingen, E. FRANKE-Hamburg, S. GARTEN-Leipzig, W. GILBERT-München, ALFR. GRAEFE-Halle †, R. GREEFF-Berlin, A. GROENOUW-Breslau, K. GRUNERT-Bremen, O. HAAB-Zürich, L. HEINE-Kiel, E. HERING-Leipzig †, E. HERTEL-Berlin, C. von HESS-München, E. von HIPPEL-Göttingen, J. HIRSCHBERG-Berlin, F. HOFMANN-Marburg a. L., J. van der HOEVE-Leiden, J. IGERSHEIMER-Göttingen, E. KALLIUS-Breslau, J. KÖLLNER-Würzburg, A. KRAEMER-San-Diego †, E. KRÜCKMANN-Berlin, H. KUHNT-Bonn, R. KÜMMELL-Erlangen, E. LANDOLT-Paris, F. LANGENHAN-Hannover, H. LAUBER-Wien, TH. LEBER-Heidelberg †, G. LENZ-Breslau, W. LÖHLEIN-Greifswald, F. MERKEL-Göttingen, J. von MICHEL-Berlin †, I. W. NORDENSON-Upsala, M. NUSSBAUM-Bonn †, E. H. OPPENHEIMER-Berlin, A. PETERS-Rostock, A. PÜTTER-Bonn, M. von ROHR-Jena, R. SALUS-Prag, TH. SAEMISCH-Bonn †, H. SATTLER-Leipzig, C. H. SATTLER jun.-Königsberg i. Pr., G. von SCHLEICH-Tübingen, H. SCHMIDT-RIMPLER-Halle a./S. †, L. SCHREIBER-Heidelberg, OSCAR SCHULTZE-Würzburg, R. SEEFELDER-Innsbruck, H. SNELLEN jun.-Utrecht, K. STARGARDT-Bonn, W. STOCK-Jena, A. von SZILY sen.-Budapest, A. von SZILY-Freiburg i. B., W. UHTHOFF-Breslau, H. VIRCHOW-Berlin, A. WAGENMANN-Heidelberg, K. WESSELY-Würzburg, M. WOLFRUM-Leipzig

VON

TH. AXENFELD UND **A. ELSCHNIG**

DRITTE, NEUBEARBEITETE AUFLAGE

BERLIN
VERLAG VON JULIUS SPRINGER
1920

DIE UNTERSUCHUNGSMETHODEN

ERSTER BAND

BEARBEITET VON

E. LANDOLT

UNTER MITWIRKUNG VON F. LANGENHAN

MIT 205 TEXTFIGUREN UND 5 TAFELN

BERLIN
VERLAG VON JULIUS SPRINGER
1920

ISBN 978-3-7091-5806-7 ISBN 978-3-7091-5815-9 (eBook)
DOI 10.1007/978-3-7091-5815-9

Softcover reprint of the hardcover 1st edition 1920

Inhaltsverzeichnis.

1) Die Literaturverzeichnisse dieser Ausgabe des Handbuches sind die Fortsetzung der in der vorigen Ausgabe enthaltenen. Frühere Werke sind in dieselbe nur dann aufgenommen, wenn die Autoren derselben im Texte erwähnt werden.

Kapitel I.

Die Untersuchungsmethoden.

Von

Dr. Edmund Landolt

in Paris.

1. Abteilung.

Mit 205 Textfiguren und 5 Tafeln.

Eingegangen am 8. November 1913.

I. Die Allgemeinbesichtigung des Patienten.

Von

Dr. E. Landolt.

Kein Teil des menschlichen Körpers ist so vielen und genauen Untersuchungsmethoden zugänglich wie das Sehorgan. Nichtsdestoweniger pflegen wir, ehe wir mit Ophthalmometer und Ophthalmoskop dem leidenden Auge zu Leibe gehen, den Patienten im allgemeinen einer aufmerksamen Betrachtung zu unterwerfen.

Wir beobachten denselben erst in einer gewissen Entfernung; lassen ihn dann auf uns zukommen und sich ungezwungen vor uns hinstellen oder setzen. — Hierauf richten wir ihn gerade, geben namentlich dem gewöhnlich etwas schief gehaltenen Kopf seine normale Stellung und beginnen die Untersuchung der Augen; auch jetzt wieder erst auf eine gewisse Entfernung, das eine mit dem anderen vergleichend, die beiden in ihren gegenseitigen Beziehungen betrachtend. Dann erst wenden wir uns zur Untersuchung der einzelnen Teile derselben.

Alles dies mag sehr rasch vor sich gehen, hat aber für die Stellung der Diagnose die größte Bedeutung.

Eine Menge der wichtigsten Krankheitszeichen entgehen demjenigen, der, seiner Sache vermeintlich sicher, oder vom Patienten geleitet, sich sofort dem als das kranke bezeichneten Auge zuwendet, dem anderen wenig, dem Allgemeinerscheinen keine Aufmerksamkeit schenkend.

Bedenken wir nur, wie viele Augenleiden herrühren von allgemeinen Erkrankungen, die dem davon Befallenen ihren Stempel aufzudrücken selten ermangeln! So Skrophulose, Syphilis, Diabetes, Nephritis, Tabes, die mannigfaltigsten Erkrankungen des Gehirns, und Nervensystems, usw.

Die verschiedenen Amblyopien und Amaurosen bedingen einen ganz verschiedenen Ausdruck des Patienten. Ein an Sehnervenatrophie Erblindeter betritt unseren Konsultationsraum in durchaus anderer Weise, als ein an beiderseitigem Star Leidender, oder ein Simulant.

Intoxikationsamblyopiker erfreuen sich nicht selten eines sehr aufgeweckten Humors, der von dem bekümmerten Zustande anderer Halbblinder beträchtlich absticht. Ja, es läßt sich sogar eine chronische Entzündung von einer akuten, ein Geschwür der Hornhaut von der durch einen Fremdkörper erzeugten Reizung, schon auf große Entfernung, durch das Auftreten des Patienten unterscheiden.

Die so wichtigen und nicht immer leicht zu analysierenden Motilitätsstörungen bedingen häufig eine ganz charakteristische Kopfhaltung, ja einen eigentümlichen Gang, und sind von dem kaum zu verstehen, der sich nur mit dem einzelnen Auge beschäftigt; beruhen sie doch auf der Störung des Zusammenwirkens der beiden Augen.

Auch Ortsveränderungen, wie Vortreten oder Verlegung eines Auges in der Vertikalebene, können, am Anfang wenigstens, nur durch den Vergleich der beiden Augen miteinander erkannt werden.

Dasselbe gilt für viele andere Eigenschaften der Augen, wie Färbung der Iris, Weite und Beweglichkeit der Pupille, die, an und für sich nichts Absolutes besitzend, erst durch den gegenseitigen Vergleich beider Augen richtig gewürdigt werden können.

Zu gleicher Zeit schenken wir auch dem Gesicht unsere Aufmerksamkeit. Hochgradige Asymmetrie desselben deutet auf Anisometropie, namentlich auf Astigmatismus; Facialislähmung ermahnt uns, auch die Funktion der Augenmuskeln zu untersuchen usw.

Der Zustand der Nase und ihrer Nebenhöhlen, der Ohren, der Zähne, alles das hat seine Bedeutung für uns.

Es ist ratsam, diese Allgemeinbesichtigung — die sich in wenigen Minuten abtun läßt — vorzunehmen, ehe der Patient seine Klagen vorbringt. Man schafft sich auf diese Weise eine objektive Basis, auf welcher man seine Diagnose sicher und rasch aufbaut. Man findet so auch manche Symptome, die zwar den Patienten nicht hergeführt haben, und die er uns deshalb verschweigt, die aber doch früher oder später Bedeutung gewinnen können.

Handelt es sich um Anamnese und subjektive Untersuchung, so ist es unserer Ansicht nach sehr wichtig, es mit dem Patienten allein zu tun zu haben und das Dareinreden der begleitenden Personen möglichst zu vermeiden. Der Untersuchte ist so viel aufmerksamer, seine spontanen Antworten, auch wenn sie unvollkommen sein sollten, geben uns wertvolleren Aufschluß als die Bemerkungen der Angehörigen. Dies gilt namentlich von Kindern, die gewöhnlich besser beobachten als die voreingenommenen Eltern.

Da die Untersuchung des Sehorganes zum großen Teil eine subjektive ist, gewöhnliche Menschen aber sehr schlechte Beobachter sind, sich von dem, was sie empfinden, nur höchst unvollkommen Rechenschaft geben, so halten wir es für wichtig, die Patienten schon durch die geforderte Haltung auf den Ernst der Untersuchung aufmerksam zu machen. Sie sollen gerade stehen oder sitzen, sich womöglich nicht anlehnen und aufstützen. Namentlich aber lassen wir uns die ohnehin schon schwierige Untersuchung nicht durch die Dazwischenkunft dritter Personen noch erschweren. Die Begleitung des Patienten soll wenigstens aus dessen Gesichtsfeld entfernt werden und sich ruhig verhalten.

Welches auch die Untersuchung sei, der wir den Patienten zu unterwerfen haben, so ist es ratsam, dabei immer methodisch vorzugehen. Es empfiehlt sich dies schon zur Aufnahme der Krankengeschichte.

Wie die chirurgischen, so sollen auch unsere optischen Instrumente stets rein sein. Wie zur Operation, so nehmen wir uns zur Untersuchung die nötige Zeit. Lieber gar nicht, als oberflächlich untersuchen. Ein so gewonnenes Resultat ist nur dazu angetan, uns irre zu leiten.

Andererseits ist auch nicht zu vergessen, daß jede Untersuchung, namentlich jede Funktionsprüfung, auf die Länge ermüdet. So weit dürfen wir es bei unseren Patienten nicht kommen lassen, denn die Untersuchung eines ermüdeten Auges kann begreiflicherweise kein genaues Resultat ergeben. Gewisse Funktionen, wie namentlich die Augenbewegungen, erfordern geradezu eine wiederholte Prüfung, ehe man zu einem sicheren Ergebnisse gelangt. Dasselbe ist auch für die Bestimmung des Astigmatismus, ja oft genug auch für die ophthalmoskopische Untersuchung geraten.

Literaturverzeichnis zur Allgemeinbesichtigung des Patienten.

1895. Gunn, M., A lecture on the external examination of the eye. Clin. Journ. 25. Dec.

Wolffberg, Über die diagnostische Bedeutung der Augenfunktionsprüfungen. Deutschmanns Beiträge z. Augenheilk. XVII. S. 1.

1896. Lang, The methodical examination of the eye. London. 1895.

Schwarz, O., Die Funktionsprüfung des Auges und ihre Verwertung für die allgemeine Diagnostik. Für Studierende und praktische Ärzte. I. Leipzig, Veit & Co.

Wolffberg, De la valeur diagnostique des examens fonctionnels de yeux. Ann. d'Ocul. Février 1896.

1897. Elschnig, Die Funktionsprüfung des Auges für Studierende und Ärzte. Wien, Fr. Deutike. 1896.

1898. Snell, S., A pratical guide of the examination of the eye. London, Pentland.

1899. Dimmer, Untersuchungsmethoden. Zeitschr. f. Augenheilk. II. S. 61.

Helfreich, Einige Ratschläge für das Verhalten des praktischen Arztes bei Untersuchung und Begutachtung von Augenunfällen. Die ärztl. Praxis. Nr. 1.

1899. Hoor, K., Die Augenuntersuchung des Eisenbahnpersonals. Wien. med. Wochenschr. Nr. 3.
Jensen, Edm., Augenuntersuchungen bei alten Individuen. (Dänisch.) Hosp. Titende. p. 151.
Lans, L. J., Über Pupillenweite. Bericht über d. Verhandl. d. IX. internat. Ophth.-Kongr. in Utrecht. Beilageheft z. Zeitschr. f. Augenheilk. II. S. 23.
Sommer, Apparat zur Pupillenmessung bei Kranken. (XXX. Jahresvers. d. Vereins südwestdeutsch. Irrenärzte.) Münch. med. Wochenschr. S. 1657.
1903. Barthélemy, De l'examen de l'œil au point de vue de l'aptitude au service militaire. Paris, Maloine.
Radaew, Über die Technik einer Gesamtuntersuchung der Augen. (Bericht d. wissenschaftl. ärztl. Versamml. im Warsch.-Ujasdowsky-Militärspital pro 1902). Russk. Wratsch. II. Nr. 33.
Schwarz, Die Funktionsprüfung des Auges und ihre Verwertung für die allgemeine Diagnostik. Berlin, S. Karger.

II. Die Untersuchung der Refraktion und der Akkommodation des Auges.

Von

Dr. E. Landolt

in Paris.

Mit Fig. 1—90.

Einleitung.

Obschon es unsere Aufgabe nicht ist, eine Dioptrik des Auges zu schreiben, sondern nur die Untersuchungsmethoden derselben anzugeben, so dürfte es doch angezeigt sein, vorerst auf die Umgestaltung einzutreten, welche die Optik im allgemeinen, und die Dioptrik des Auges im speziellen, durch Gullstrands bahnbrechende Arbeiten erfahren hat (1899; 1911).

Gullstrands Lehre ist zweifellos die Lehre der Zukunft. Nach derselben hat v. Hess die Refraktion in diesem Werke behandelt. Es scheint mir wünschenswert, auch die Untersuchungsmethoden dem neuen Systeme anzupassen. Nun ist aber der Übergang von der alten, noch allgemein geläufigen, zu der neuen Auffassungsweise der einschlägigen Probleme für Nichtmathematiker, wie wir Ophthalmologen es heutzutage leider noch sind, nicht ganz leicht.

So möchte ich denn versuchen, das Verhältnis der neuen zu der alten Auffassungs- und Ausdrucksweise, wenigstens für die in dieses Kapitel einschlagenden Probleme, in möglichst einfacher Weise darzustellen.

Fig. 1 stellt ein Strahlenbündel dar; LL den Durchmesser seiner Basis. Die Strahlen konvergieren nach dem auf der Achse gelegenen Punkte φ.

Es leuchtet ein, daß die Konvergenz der Strahlen um so stärker ist, je näher der Konvergenzpunkt dem Mittelpunkte H der Basis des Bündels liegt, um so schwächer, je weiter er von demselben entfernt ist.

Die Konvergenz ist demnach dem Abstande $H\,\varphi$ umgekehrt proportional.

Fig. 1.

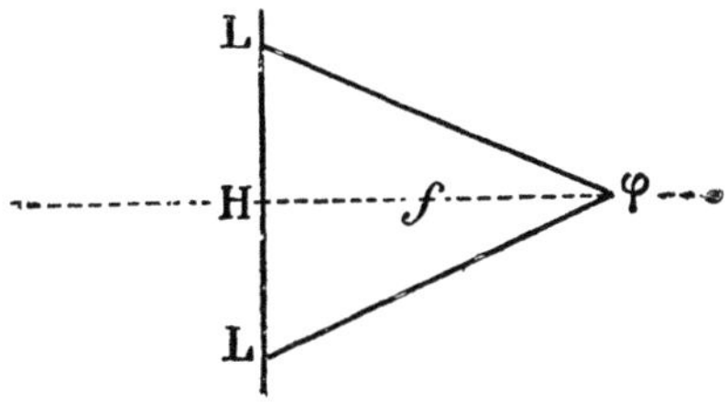

Bezeichnen wir mit C die Konvergenz, mit f den Abstand $H\varphi$ so können wir schreiben: $C = \frac{1}{f}$.

Stellt (Fig. 2) LL eine unendlich dünne Konvexlinse dar, und ist φ der Punkt, in welchem sich die Strahlen vereinigen, welche, ehe sie die Linse trafen, parallel waren, so ist φ der Hauptbrennpunkt der Linse, $H\varphi = f$ ihre Hauptbrennweite, und $\frac{1}{f}$ ihre Brechkraft, die wir auch als Hauptkonvergenz bezeichnen könnten.

Fig. 2.

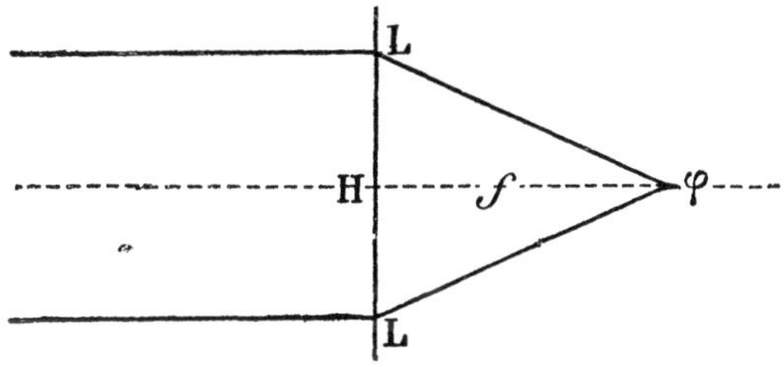

Wird die Hauptbrennweite (f) mit dem Meter gemessen, so stellt der Ausdruck $\frac{1}{f} = D$[1]), d. h. die Brechkraft oder Hauptkonvergenz, eine Anzahl Dioptrien dar.

So entspricht z. B. einer Brennweite von 0,20 m eine Brechkraft oder Konvergenz von $\frac{1}{0{,}20} = 5$ dptr.

Fig. 3.

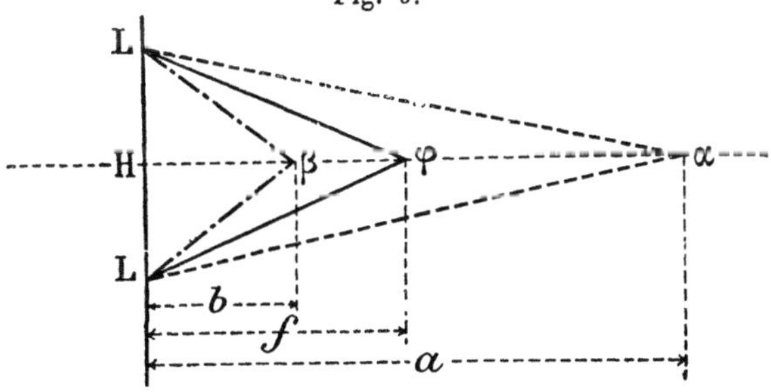

Nehmen wir (Fig. 3) an, die Strahlen, statt parallel zu sein, konvergieren, im Momente wo sie die Linse treffen, nach einem Punkte α, und bezeichnen wir den Abstand $H\alpha$ dieses Punktes vor der Linse mit a.

Die entsprechende Korrespondenz ist also $\frac{1}{a}$. Setzen wir dafür ein-

---

1) Gullstrand bezeichnet mit D die Brechkraft oder Hauptkonvergenz jedes dioptrischen oder katoptrischen Systemes.

fach A. — Wird a mit dem Meter gemessen, so stellt A eine Zahl von Dioptrien dar; gerade wie oben $\frac{1}{f}$ oder D.

Es versteht sich von selbst, daß, wenn die erst nach α konvergierenden Strahlen die in LL befindliche Konvexlinse (D) durchlaufen haben, stärker konvergieren, als wenn sie vorher parallel gewesen wären. Ihr Vereinigungspunkt β muß der Linse näher liegen als φ, um so näher, je stärker die Brechkraft D der Linse und die Konvergenz A der einfallenden Strahlen ist.

Bezeichnen wir den Abstand $H\beta$ mit b, so ist die dem Punkte β entsprechende Konvergenz $\frac{1}{b}$, oder B.

Diese Konvergenz entspricht offenbar der Summe der Konvergenz (D), in welche die Strahlen übergegangen wären, wenn sie vor ihrem Zusammentreffen mit der Linse parallel gewesen wären, und der Konvergenz A, welche sie vor diesem Zusammentreffen schon hatten.

In der Tat, kommt der durch Fig. 3 dargestellte Vorgang der Kombination einer Konvexlinse A mit einer Konvexlinse D gleich. Wir können also schreiben:

$$B = A + D \qquad \text{(I)}$$

Dies ist die erste Gullstrandsche Grundformel (1899 S. 48). Sie sagt: Die Konvergenz des gebrochenen Strahlenbündels (B) ist gleich der Summe[1]) der Konvergenz des einfallenden Strahlenbündels und der Brechkraft des Systems, oder: Die Konvergenz des gebrochenen Strahlenbündels ist gleich der Konvergenz des einfallenden Strahlenbündels, vermehrt um die Brechkraft des Systems.

Diese Formel ist, wie wir sehen werden, anwendbar nicht nur für eine unendlich dünne Konvexlinse, sondern für alle dioptrischen wie katoptrischen und kombinierten zentrierten Systeme.

Man kann sie als Abstandsformel bezeichnen, da sie dazu dient, den Abstand b des von einem solchen System gelieferten Bildes zu berechnen. In der Tat ist $b = \frac{1}{B}$.

---

1) Die Formel (I) ist eine allgemeine Formel. Die darin vorkommenden Werte haben alle positives Vorzeichen.

Wenn man sich der Formel bedient, muß man sich davon Rechenschaft geben, daß die Buchstaben, je nach dem vorliegenden Falle, positiv oder negativ sein können. So sind denn auch die Ausdrücke »Summe« und »vermehrt um« in algebraischem Sinne zu nehmen. Haben A und D der Formel nicht beide das gleiche Vorzeichen, so wird die Addition zu einer Subtraktion.

Sobald man einem der Buchstaben ein bestimmtes Vorzeichen gibt und dasselbe hinschreibt, so hört die Formel auf, eine allgemeine Formel zu sein.

Es sei deshalb hier schon und ein für alle Male gesagt, daß es angezeigt ist, die Vorzeichen jeweilen erst am Ende einer Rechnung einzuführen, d. h. erst wenn es sich darum handelt, das allgemeine Resultat auf einen speziellen Fall anzuwenden.

Nehmen wir ein Beispiel. In der Unendlichkeit befinde sich ein leuchtender Punkt. Um den von ihm kommenden parallelen Strahlen die Konvergenz nach dem von H um den Abstand $H\alpha = a$ entfernten Punkte α zu geben, bringen wir in H eine Konvexlinse an, deren Brennweite $H\alpha = a$, oder deren Brechkraft $\frac{1}{a} = A$.

Ist $a = 0{,}5$ m, so ist $A = \frac{1}{0{,}5} = 2$ dptr.

Befindet sich nun in LL schon eine Konvexlinse mit einer Brechkraft, bzw. Konvergenz von 5 dptr., so wird dieselbe um die Konvergenz A der einfallenden Strahlen vermehrt, und die aus der Kombination der beiden Linsen, bzw. Konvergenzen resultierende Konvergenz B ist

$$A + D = 2 + 5 = 7 \text{ dptr.}$$

Der Abstand des Bildpunktes β von H, $H\beta = b$, ist die dieser Linse, bez. Konvergenz B entsprechende Brennweite, d. h. der reziproke Wert von B:

$$b = \frac{1}{B} = \frac{1}{7} = 0{,}14 \text{ m.}$$

Nehmen wir an,' die Strahlen seien weder parallel, noch konvergent, sondern divergent, ehe sie die Linse LL treffen. Sie divergieren von dem Punkte α (Fig. 4) aus, der um den Abstand $H\alpha = a$, vor, d. h. links von der Linse liegt. Die entsprechende Konvergenz ist wieder $\frac{1}{a} = A$.

Fig. 4.

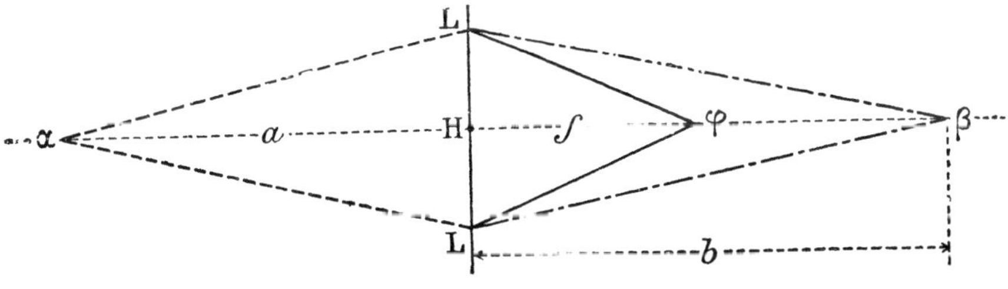

Ist der Abstand a groß genug, so werden die Strahlen, nach ihrem Durchgang durch die Linse, konvergieren. Diese Konvergenz ist aber notwendiger Weise geringer, als wenn die Strahlen vorher parallel oder gar schon konvergent gewesen wären. Ihr Vereinigungs-, bzw. Konvergenzpunkt muß von der Linse weiter entfernt sein als φ. Er liege in β, durch den Abstand $H\beta = b$ von der Linse getrennt.

Die entsprechende Konvergenz $\frac{1}{b} = B$ ist demnach geringer als D, und zwar um so geringer, je stärker A, d. h. je kleiner a, bzw. je näher α der Linse gelegen ist.

Für den Fall, wo die Strahlen divergieren, ehe sie die Linse treffen, wird also die Addition $B = A + D$ zu einer Subtraktion:

$$B = -A + D \text{ oder } = D - A.$$

A ist in der Tat negativ, weil es nicht einer wirklichen Konvergenz, sondern einer Divergenz, bzw. einer negativen Konvergenz entspricht.

Nehmen wir ein Beispiel: Der leuchtende Punkt liegt immer noch in Unendlich. Um die von ihm ausgehenden parallelen Strahlen divergent zu machen, müssen wir sie durch eine Konkavlinse gehen lassen. Steht dieselbe in LL, und sollen die Strahlen von dem Punkte α aus divergieren, der um $H\alpha = a = 0{,}5$ m von H entfernt ist, so muß die negative Brennweite der Konkavlinse 0,5 m, ihre Brechkraft oder Konvergenz A also $= \frac{1}{0{,}5} = -2$ dptr. sein.

Die Summe dieser Konkavlinse und der in LL stehenden Konvexlinse $D = 5$ dptr. gibt für die resultierende Konvergenz

$$B = A + D = -2 + 5 = 3 \text{ dptr.}$$

Der entsprechende Abstand $b = \frac{1}{B}$ ist also $\frac{1}{3} = 0{,}33$ m.

Mit anderen Worten, β, der Bildpunkt von α, ist um 0,33 m von der Linse entfernt.

Haben wir die Divergenz der von α herkommenden Strahlen als durch eine Konvexlinse hervorgebracht angenommen, so geschah es deshalb, um darzutun, daß A in diesem Falle negativ ist. Es versteht sich von selbst, daß A sowohl wie a auch negativ sind, wenn der Punkt α ein reeller, links von der Linse LL gelegener Punkt ist.

In der Tat wird, nach Gullstrand, das Licht stets als von links kommend angenommen.

Beim einfachen Diopter von der brechenden Fläche, d. h. von seinem Hauptpunkte, bei zusammengesetzten Systemen von den Hauptpunkten derselben aus betrachtet, bzw. von denselben ab gemessen, erhalten die Abstände, und somit auch ihre reziproken Werte, die Konvergenzen, in der Fortpflanzungsrichtung des Lichtes positives, in der der Fortpflanzung des Lichtes entgegengesetzten Richtung negatives Vorzeichen.

Stellen wir uns z. B., in Figur 4, in H auf und schauen nach dem Punkte α, von welchem das Licht herkommt, also in dem der Lichtrichtung entgegengesetzten Sinne, so ist der Abstand $H\alpha = a$ negativ.

Drehen wir uns um und schauen nach β, d. h. in der Richtung der Fortpflanzung des Lichtes, so haben wir den Abstand $H\beta = b$ als positiv zu bezeichnen.

Im allgemeinen ist, für ein reelles Objekt, die Entfernung vom brechenden Systeme (resp. dessen erstem Hauptpunkte) negativ; die Entfernung des Bildes vom zweiten Hauptpunkte positiv, wenn es ein reelles; negativ, wenn es ein virtuelles Bild ist[1]).

Es geht also, nach Gullstrands Methode, nicht mehr an, von der Entfernung, dem Abstande, der Strecke zwischen zwei Punkten z. B. α und H, zu sprechen; denn der Abstand αH des Punktes α vom Punkte H (Fig. 4) ist negativ, weil der Richtung des Lichtes entgegengesetzt, der Abstand des Punktes H vom Punkte α positiv, weil als in der Lichtrichtung liegend betrachtet[2]).

Alle Abstände werden mit dem Meter gemessen. Damit werden ihre reziproken Werte, die Konvergenzen, zu Dioptrien.

Die Brennweite, sowie die Brechkraft eines optischen Systemes, welches parallele Strahlen in konvergente umwandelt, werden als positiv, diejenigen eines Systems, welches sie in divergente umwandelt, als negativ betrachtet.

Wie gesagt, bezeichnet in Gullstrands Rechnungen, D die Brechkraft, bzw. die Hauptkonvergenz eines Systems, A die Konvergenz der einfallenden, B die Konvergenz der gebrochenen Strahlen. Wir können also A und B als konjugierte Brennweiten, bzw. Konvergenzen bezeichnen.

Ist $a = f$, d. h. liegt der Punkt α im Hauptbrennpunkte der Linse, so ist $A = D$.

Liegt er links von derselben, so ist A negativ.

$$B = A + D$$

wird also zu

$$B = -A + D = D - D = 0 .$$

D. h. die Konvergenz des gebrochenen Strahlenbündels ist Null. $b = \frac{1}{B}$ ist unendlich; die Strahlen sind parallel, nachdem sie die Linse durchlaufen haben, da β in Unendlich gelegen ist.

Fällt β mit φ, dem auf der rechten Seite der Linse gelegenen Brennpunkte, zusammen, so ist $b = f$ und $B = D$.

---

1) So verhalten sich die Dinge wenigstens für die uns interessierenden Fälle. Ausnahmen können vorkommen, für photographische Teleobjektive, wo die beiden Hauptpunkte von den äußersten brechenden Flächen des Systems sehr weit entfernt liegen.

2) Es dürfte im Interesse leichteren Verständnisses angezeigt sein, den Punkt von welchem aus man einen Abstand betrachtet, zuerst zu nennen und, in unserem Beispiele, zu sagen: »Der Abstand vom Punkte H zum Punkte α«, statt »des Punktes α vom Punkte H«. Jedenfalls aber ist der Abstand unseres Beispieles als $H\alpha$ und nicht als αH zu bezeichnen. Der erstere ist positiv, der letztere negativ.

Aus der Formel

$$B = A + D$$

folgt dann

$$A = B - D$$
$$A = D - D = 0.$$

Die Konvergenz A ist Null, a unendlich, α in Unendlich gelegen ist; mit anderen Worten, die von β ausgegangenen Strahlen sind parallel, wenn sie die Linse verlassen haben.

Das Minuszeichen vor A findet seine Erklärung in dem oben Gesagten: Die Punkte α und β, sowie die Abstände a und b sind auf entgegengesetzten Seiten der Linse gelegen. In diesem Falle stellen a wie A negative Werte dar. A ist einer Konkavlinse vergleichbar.

Sei z. B.

$$a = -0{,}111 \text{ m},$$

also

$$A = -\frac{1}{0{,}111} = -9 \text{ dptr.},$$

$$D \text{ wie oben} = 5 \text{ dptr.},$$

so ergibt Gullstrands Formel I:

$$B = A + D = -9 + 5 = -4 \text{ dptr.}$$

Woraus

$$b = -\frac{1}{4} = -0{,}25 \text{ m}.$$

β liegt auf der linken Seite der Linse um 0,25 m von H entfernt.

Sehen wir nun, wie wir diese Rechnungen nach der alten Methode ausgeführt, d. h. wie wir die Entfernung (b) des Bildes von einer Konvexlinse berechnet haben.

Wir bedienten uns dazu der klassischen Linsenformel:

$$\frac{1}{f} = \frac{1}{a} + \frac{1}{f},$$

worin die Buchstaben dieselbe Bedeutung haben wie in unseren vorigen Auseinandersetzungen.

Die Formel ergab zur Berechnung von b:

$$\frac{1}{b} = \frac{1}{f} - \frac{1}{a}. \qquad (1)$$

Die Frage lautete also beispielsweise: Wo entsteht das Bild β, das eine Konvexlinse von 5 dptr. von einem um $a = 0{,}50$ m von ihr gelegenen Punkte α entwirft?

Von den beiden in obiger Gleichung enthaltenen Größen $\frac{1}{f}$ und $\frac{1}{a}$ ist die erste ein Dioptrienwert: die Brechkraft der Linse, die zweite ein linearer Wert: der reziproke Wert des Abstandes a.

Um die beiden Größen voneinander subtrahieren zu können, mußten wir ihnen gleiche Art geben. Wir taten dies, indem wir den Dioptrienwert der Linse in einen linearen Wert umwandelten. Statt 5 dptr. setzten wir

$$\frac{1}{f} = \frac{1}{5} = 0{,}20 \text{ m}.$$

Dann konnten wir die Rechnung ausführen, indem wir schrieben:

$$\frac{1}{b} = \frac{1}{0{,}2} - \frac{1}{0{,}5} = \frac{0{,}3}{0{,}1} = \frac{1}{0{,}333},$$

also

$$b = 0{,}333 \text{ m}.$$

Dies Beispiel genügt, um zu zeigen, daß die Einführung der Dioptrie in die Optik ursprünglich nur einen beschränkten Vorteil hatte. Sie erleichterte uns, bei der gewöhnlichen Refraktionsbestimmung, die Kombination der Brillengläser. Um das aus der Zusammenstellung mehrerer Gläser resultierende Glas zu finden, brauchen wir nur deren Nummern zu summieren (addieren oder subtrahieren), weil diese Nummern Dioptrien, d. h. Brechkräfte darstellen, während wir vorher, als die Nummern noch die Brennweiten der Gläser angaben, mit deren reziproken Werten, d. h. mit Brüchen zu rechnen hatten.

Die Einführung der Dioptrie fand übrigens seinerzeit auch einen bedeutenden Widerstand von seiten wissenschaftlicher Ophthalmologen und Physiker, welche hervorhoben, daß man, bei jeder anderen Gelegenheit, die Dioptrien wieder in Brennweiten umrechnen müsse; die Neuerung habe also höchstens einen kleinen praktischen, jedenfalls aber keinen wissenschaftlichen Vorteil.

Gullstrand geht aber gerade in umgekehrtem Sinne vor: um den in der Linsenformel (1) enthaltenen Größen die gleiche Art zu geben, reduziert er nicht die Brechkraft $\left(\frac{1}{f}\right)$ auf einen linearen Wert, sondern wandelt die Werte $\frac{1}{a}$ und $\frac{1}{b}$ ebenfalls in Dioptrien um, indem er a und b mit dem Meter mißt und die Rechnung ausführt.

Um die Formel:

$$\frac{1}{b} = \frac{1}{f} - \frac{1}{a}$$

Gullstrands System anzupassen, erinnern wir nur daran, daß nach demselben a negativ ist, wenn es einem auf der linken Seite des Systems gelegenen Punkte entspricht.

Die Formel lautet also nach Gullstrand:

$$\frac{1}{b} = \frac{1}{f} + \frac{1}{a},$$

oder, wenn wir die Brüche durch ihre Dioptrienwerte ersetzen:

$$B = D + A.$$

Indem Gullstrand alle linearen Werte, alle Abstände in Dioptrien umwandelt, hat er den Begriff der Dioptrie verallgemeinert und damit der Optik einen außerordentlichen Dienst erwiesen. Wir werden in der Tat sehen, welche Vereinfachung die Dioptrienrechnung allen Berechnungen der Dioptrik, wie der Katoptrik und jeglicher Kombination optischer zentrierter Systeme bringt.

Ist die in Luft befindliche Linse nicht unendlich dünn, sondern hat sie eine nicht zu vernachlässigende Dicke, so ist bekanntlich der Verlauf der Lichtstrahlen etwas komplizierter. Statt mit einem einzigen Hauptpunkte (H der Figuren 1, 2, 3 und 4) hat man mit zwei auf der Achse gelegenen Hauptpunkten, einem ersten H' und einem zweiten H'' zu tun.

Gullstrands Formel ist jedoch auch auf ein solches System anwendbar. Man braucht nur den Abstand a vom ersten, den Abstand b vom zweiten Hauptpunkte ab zu rechnen.

Die Dioptrienrechnung bei Systemen, in welchen das Licht nicht wieder in das erste Medium tritt.

Geht das Licht, nachdem es das System durchlaufen hat, nicht in demselben Medium weiter, von dem es herkommt, wie bei der in Luft

Fig. 5.

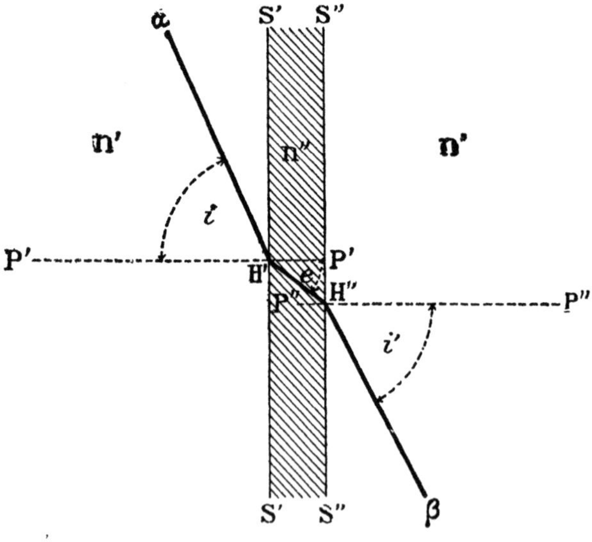

befindlichen Linse, sondern bleibt es in einem anderen Medium, wie z. B. beim Diopter oder im Auge, so verhalten sich die Dinge anders.

Nehmen wir z. B. eine planparallele, in Luft (n') befindliche Glasplatte $S' S' S'' S''$ (Fig. 5).

Ein vom Punkte α kommender Lichtstrahl trifft die vordere Fläche der Platte in H' und bildet dort mit der Senkrechten $P'P'$ den Einfallswinkel i.

Dringt er in das zweite Medium mit dem Brechungsindex n'', aus dem die Platte besteht, so wird er in H' unter dem Brechungswinkel e gegen H'' abgelenkt. Da verläßt er die Glasplatte, um wieder in das erste Medium (n') zu treten und, unter dem Winkel $P''H''\beta = i'$, gegen β weiter zu gehen.

Da die beiden Oberflächen des Mediums n'' parallel sind, so ist der Winkel i', unter welchem der Lichtstrahl die zweite Fläche verläßt, gleich dem Winkel i, unter welchem er die erste Fläche getroffen hat: $i = i'$.

Beim Eintritt und Austritt des Lichtes geschieht dasselbe, nur in umgekehrtem Sinne. Der einfallende Strahl $H'\alpha$ und der gebrochene Strahl $H''\beta$ sind einander parallel. Der Fall ist der in Luft befindlichen Linse analog, nur sind die Oberflächen eben, statt gewölbt.

Fig. 6.

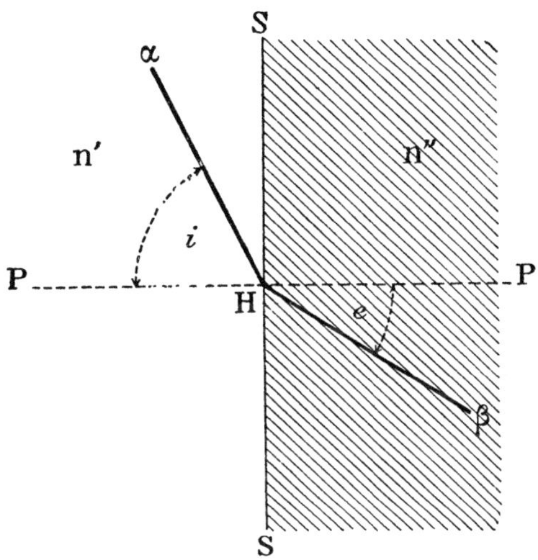

Wenn dagegen (Fig. 6) der Lichtstrahl das zweite Medium (n'') **nicht** verläßt, sondern darin weitergeht, so verfolgt er seinen Weg unter dem Brechungswinkel e in der Richtung $H'H''$ gegen β hin.

Der Winkel e, welcher die Richtung des gebrochenen Strahles bestimmt, ist selbstredend nicht gleich dem Einfallswinkel i. Er ist der **Brechungswinkel**. Die beiden Winkel verhalten sich zueinander **umgekehrt** wie die Brechungsindices der zugehörigen Medien:

$$i : e = n'' : n'$$ [1])

oder

$$in' = en'',$$

woraus

$$e = \frac{in'}{n''}$$

und

$$i = \frac{en''}{n'}.$$

---

1) Eigentlich sollten wir schreiben: Sin. i und Sin. e. Bei sehr kleinen Winkeln darf man jedoch statt des Sinus den Winkel selbst setzen.

Ist das erste Medium Luft, mit dem Brechungsindex $n' = 1$, so können wir statt n'' einfach n setzen und schreiben:

$$e = \frac{i}{n}$$

und

$$i = en.$$

In Worten: der Brechungswinkel ist gleich dem Einfallswinkel dividiert durch den Brechungsindex des zweiten Mediums, und der Einfallswinkel ist gleich dem Brechungwinkel multipliziert mit dem Brechungsindex des zweiten Mediums.

Ist z. B. der Brechungsindex des ersten Mediums $= 1$, der des zweiten $n = {}^4/_3$, und trifft ein Lichtstrahl die ebene Fläche unter dem Winkel $\alpha HP = i = 12'$, so verfolgt er seinen Weg im zweiten Medium unter dem Winkel

$$PH\beta = e = \frac{12}{{}^4/_3} = \frac{12 \times 3}{4} = 9'.$$

Es versteht sich von selbst, daß, umgekehrt, ein von β kommender Strahl nach α geht, im ersten, wie im zweiten Falle, d. h. wenn das letzte Medium dem ersten gleich ist (Fig. 5), sowohl als wenn es einen vom ersten verschiedenen Brechungsindex hat (Fig. 6). Um aber nach der letzten Brechung die Richtung $H'\alpha$ zu haben, d. h. mit dem Lote $P'P'$ den Winkel i zu bilden, muß der Strahl im ersten Falle die Fläche $S''S''$ (Fig. 5) unter dem gleichen Winkel treffen ($i' = i$), im zweiten Falle dagegen muß er die Fläche SS (Fig. 6) unter einem Winkel e treffen, der $n$mal kleiner ist als i:

$$e = \frac{i}{n}$$

oder, was auf dasselbe herauskommt: um dem Winkel i gleich zu sein, muß der Winkel e mit dem Brechungsindex n multipliziert werden:

$$i = e \cdot n.$$

Ganz ähnlich verhalten sich die Dinge bei der Brechung an einer sphärischen Oberfläche. So werden, bei der in Luft befindlichen Linse, parallele Strahlen, ob sie von der einen oder von der anderen Seite herkommen, nach einem von der Linse gleich weit entfernten Brennpunkte φ hin gebrochen. Die Brennweite der in Luft befindlichen Linse ist dieselbe, ob die gebrochenen Strahlen sie durch die vordere oder durch die hintere Fläche verlassen. Die in Luft befindliche Linse hat nur eine Brennweite F[1]), und folglich auch nur eine Brechkraft $\frac{1}{F} = D$.

1) Man bezeichnet bekanntlich mit Hauptbrennpunkt den Vereinigungspunkt der gebrochenen parallelen Strahlen, und mit Hauptbrennweite seinen Abstand von dem Hauptpunkte, bzw. von den Hauptpunkten des Systems. Der Einfachheit halber läßt man jedoch gewöhnlich das Wort »Haupt« weg.

Bleibt jedoch, nach der Brechung, das Licht in einem anderen Medium als dem, von dem es herkommt, wie z. B. im Diopter, so werden die parallelen Strahlen nicht mehr nach derselben Entfernung hin gebrochen, je nachdem sie von der einen oder der anderen Seite herkommen (Fig. 7 und 8).

Fig. 7.

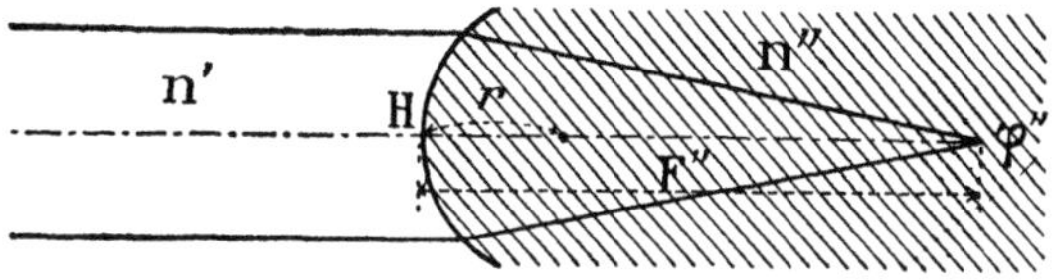

Fig. 8.

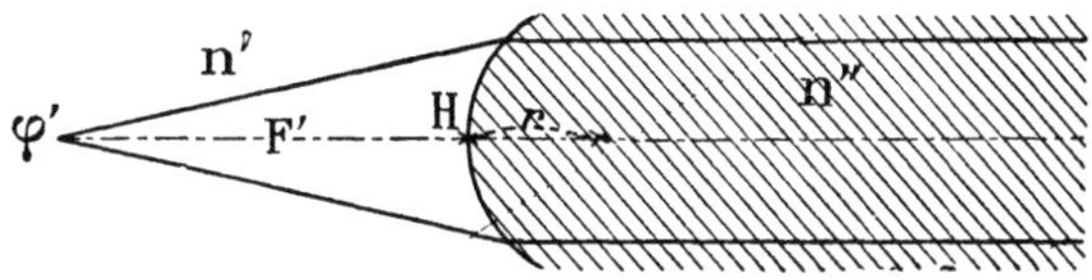

Der Abstand der brechenden Fläche vom Brennpunkte, die Brennweite, ist verschieden, je nachdem die Strahlen vom Medium n' in das Medium n'' oder, umgekehrt, vom Medium n'' in das Medium n' gehen.

Ein solches System hat also zwei verschiedene Brennweiten ($H\varphi'' = F''$ [Fig. 7] und $H\varphi' = F'$ [Fig. 8]), und folglich auch zwei verschiedene Brechkräfte.

Diese Verschiedenheit der Brennweiten und Brechkräfte muß offenbar, wie bei der ebenen brechenden Fläche, von dem Verhältnisse der Brechungsindices der beiden Medien zueinander abhängen.

In der Tat verhalten sich die Hauptbrennweiten des Diopters, wie aller ähnlichen Systeme zueinander, wie die Brechungsindices der entsprechenden Medien. Bezeichnen wir mit F' die erste oder vordere Brennweite, mit n' den Brechungsindex des ersten Mediums, mit F'' die zweite oder hintere Brennweite und mit n'' den Brechungsindex des zweiten (oder letzten) Mediums, so gilt das bekannte Gesetz:

$$\frac{F'}{F''} = \frac{n'}{n''} \tag{2a}$$

oder

$$\frac{n'}{F'} = \frac{n''}{F''}. \tag{2b}$$

Ist das erste Medium Luft mit dem Brechungsindex $n' = 1$, so wird $\frac{n'}{F'}$ zu $\frac{1}{F'}$.

Dies ist die Brechkraft des Diopters für das erste Medium. Wird F' mit dem Meter gemessen, so stellt die Brechkraft $\frac{1}{F'}$ eine Zahl von Dioptrien dar.

$\frac{1}{F''}$, der reziproke Wert der zweiten Brennweite, entspricht der zweiten Brechkraft des Systems.

Ist $n' = 1$, so können wir, statt n'', n setzen, und aus Formel (2b) wird

$$\frac{1}{F'} = \frac{1}{F''} n.$$

Daraus ist ersichtlich, daß man die zweite Brechkraft des Systems nur mit dem Brechungsindex des zweiten Mediums zu multiplizieren braucht, um sie der ersten Brechkraft gleich zu machen. Auf diese Weise hat der Diopter nicht mehr zwei, sondern eine einzige Brechkraft:

$$D = \frac{1}{F'} \quad \text{oder} = \frac{1}{F''} n.$$

Was für den einfachen Diopter gilt, gilt aber auch für alle ähnlichen Systeme, nur tritt dann, an Stelle des Brechungsindex des zweiten, der des letzten Mediums.

Nehmen wir als Beispiel eines solchen Systems das reduzierte Auge von Donders, d. h. ein Auge, dessen gesamtes System reduziert ist auf eine einzige konvexe Fläche, welche Luft von einem Medium mit dem Brechungsindex $n = 4/3$ trennt.

Hat, wie in Donders[1]) reduziertem Auge, die brechende Fläche einen Krümmungsradius $r = 5$ mm, so finden wir die erste Brennweite (F') mittels der Formel

$$F' = \frac{r}{n-1} = \frac{r}{4/3 - 1} = 3n = 15 \text{ mm}$$

und die zweite Brennweite (F'') mit der Formel

$$F'' = \frac{n\,r}{n-1} = \frac{4\,r}{3(4/3 - 1)} = 4r = 20 \text{ mm}.$$

Die beiden Brennweiten verhalten sich also in der Tat zueinander wie die Brechungsindices der entsprechenden Medien:

$$\frac{F'}{F''} = \frac{n'}{n''} = \frac{1}{4/3} = \frac{3}{4} = \frac{15}{20}.$$

---

1) Nach Gullstrand hat das reduzierte Auge, welches bei einem Brechungsindex von $4/3$ am besten dem wirklichen Auge entspricht, einen Krümmungsradius von 5,7 mm. Somit wird $F' = 17{,}1$ mm; $F'' = 22{,}8$ mm.

Legen wir unseren Beispielen dennoch das Dondersssche reduzierte Auge zugrunde, so geschieht es darum, weil dessen abgerundete Zahlen die Rechnungen erleichtern.

Da die Brechkraft jeglichen Systemes umgekehrt proportional ist seiner Brennweite, so hatte also bisher das Auge zwei verschiedene Brechkräfte, je nachdem man zum Ausdrucke derselben dessen vordere oder dessen hintere Brennweite wählte. Im ersten Falle war z. B. die Brechkraft des reduzierten Auges:

$$\frac{1}{F'} = \frac{1}{0{,}015} = 66{,}66 \text{ dptr.}$$

im zweiten Falle:

$$\frac{1}{F''} = \frac{1}{0{,}020} = 50 \text{ dptr.}$$

Man war nun allerdings übereingekommen, den reziproken Wert der zweiten Hauptbrennweite $\left(\frac{1}{F''}\right)$ zum Ausdrucke der Brechkraft desselben zu wählen. Es war dies aber eine durchaus willkürliche Annahme; man hätte ebensogut die Brechkraft durch $\frac{1}{F'}$ ausdrücken können. Die Ungereimtheit, daß dasselbe dioptrische System zwei verschiedene Brechkräfte haben konnte, blieb bestehen.

Um diesem Übelstande zu entgehen, hat schon M. G. Weiss 1894 denselben Weg eingeschlagen, den später Gullstrand betreten hat. Er schlug vor, die Brechkraft des Diopters sowohl wie die aller kombinierten, zentrierten optischen Systeme, auszudrücken durch das Produkt der reziproken zweiten Brennweite des gesamten Systems mit dem Brechungsindex des letzten Mediums oder, was auf dasselbe herauskommt, durch das Produkt der reziproken ersten Brennweite mit dem Brechungsindex des ersten Mediums. Die Brennweiten müssen selbstverständlich mit dem Meter gemessen werden[1]).

Das Produkt aus den Brennweiten und den Brechungsindices findet sich in den obigen Formeln.

In unserem Beispiel schreiben wir:

$$\frac{15}{1} = \frac{20}{4/3} = 15 \text{ mm}$$

und erhalten, für die Brechkraft des reduzierten Auges, ein für allemal

$$D = \frac{1}{F'} = \frac{1}{F''}n = \frac{1}{0{,}015} = \frac{1}{0{,}02} \cdot 4/3 = 66{,}66 \text{ dptr.}$$

Der Vorschlag von Weiss, der also vollkommen mit dem Gullstrandschen übereinstimmt, hatte damals allerdings noch nicht denselben praktischen Wert, den er erhalten hat, seitdem Gullstrand die Dioptrienrechnung in die gesamte Optik eingeführt und damit den Begriff der Dioptrie in einer für die Optik außerordentlich ersprießlichen Weise verallgemeinert hat. Dazu

1) Vergl. Untersuchungsmethoden S. 182 der vorigen Ausgabe.

gelangt er einmal, indem er, durch die Reduktion auf Luft, die Dioptrie auf alle möglichen Systeme anwendbar macht; sodann indem er dieselbe nicht nur als Maßeinheit der Haupt-, sondern, wie wir gleich sehen werden, auch der Konjugatbrennweiten benutzt.

So definiert Gullstrand denn auch die Dioptrie wie folgt: »Die Dioptrie ist die Einheit des reziproken Wertes einer durch Division mit dem betreffenden Brechungsindex reduzierten, in Meter gemessenen Haupt- oder Konjugatbrennweite.

Wir können auch sagen: Die Dioptrie ist die Maßeinheit jeder auf Luft reduzierten, d. h. mit dem zugehörigen Brechungsindex multiplizierten Konvergenz, insofern der zugehörige Abstand mit dem Meter gemessen wird.

Oder, da die Konvergenz den reziproken Abstand darstellt: Die Dioptrie ist die Maßeinheit des reziproken Wertes eines durch den zugehörigen Brechungsindex dividierten Abstandes; insofern derselbe mit dem Meter gemessen wird.

Gehen wir einen Schritt weiter, und ziehen außer den Haupt-, auch die Konjugationsbrennweiten, d. h. die Abstände des Objektes und seines Bildes in Betracht, so haben wir für dieselben die bekannte Formel:

$$\frac{F''}{b} = \frac{F'}{a} + 1. \tag{3}$$

Worin F' die erste, F'' die zweite Hauptbrennweite des Systems, a der Abstand des Objektes, b der des Bildes von der brechenden Fläche des Diopters.

Aus den Formeln (2a) und (2b) ergibt sich:

$$F' = \frac{F'' n'}{n''}$$

und

$$F'' = \frac{F' n''}{n'}$$

Führen wir diese Ausdrücke in Formel (3) ein, so erhalten wir:

$$\left.\begin{aligned} \text{einerseits: } \frac{n''}{b} + \frac{n'}{a} &= \frac{n'}{F'} \\ \text{anderseits: } \frac{n''}{b} + \frac{n'}{a} &= \frac{n''}{F''} \end{aligned}\right\} \tag{4}$$

Gullstrands Konvention der Vorzeichen folgend, setzen wir, da a negativ ist,

$$\frac{n''}{b} = \frac{n'}{a} + \frac{n'}{F'}$$

und

$$\frac{n''}{b} = \frac{n'}{a} + \frac{n''}{F''} \tag{5}$$

In dieser Formel ist jeder Ausdruck das Produkt eines Brechungsindex mit dem reziproken Werte eines in den entsprechenden Medium gelegenen Abstandes, oder, was auf dasselbe herauskommt, einer mit dem entsprechenden Brechungsindex multiplizierten Konvergenz. $\frac{n''}{b}$ ist die reduzierte Konvergenz des Abstandes (b) des Bildes, $\frac{n'}{a}$ die reduzierte Konvergenz des Abstandes (a) des Objektes von der brechenden Fläche.

Befindet sich a in der Luft mit dem Brechungsindex $n' = 1$, so wird $\frac{n'}{a}$ zu $\frac{1}{a}$.

$\frac{n'}{F'}$ und $\frac{n''}{F''}$ sind, wie wir oben gesehen haben, die reduzierten Konvergenzen der beiden Hauptbrennweiten, und da sie einander gleich sind, entsprechen sie beide der Brechkraft D des Systems.

Nennen wir

$$\frac{n''}{b} = B,$$

$$\frac{n'}{a} \text{ bzw. } \frac{1}{a} = A,$$

und führen wir diese Ausdrücke in die Gleichung (5) ein, so ergeben beide die Formel

$$B = A + D,$$

die wir auch für die in der Luft befindlichen Linse gefunden haben.

Fig. 9.

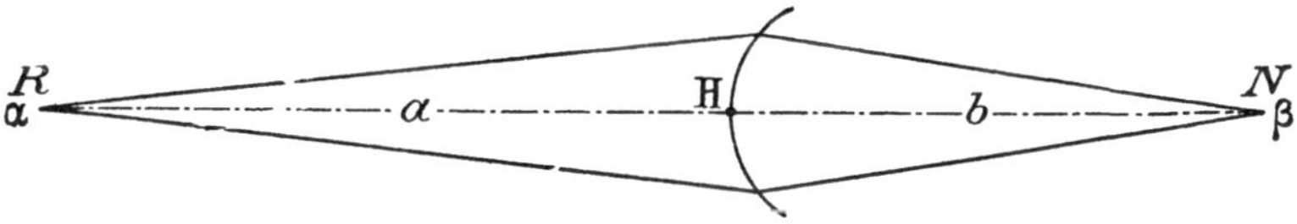

In Worten: Die einfache Linsenformel $B = A + D$ ist auch auf den Diopter und alle demselben ähnlichen optischen Systeme anwendbar, sobald man die in dem zweiten, resp. letzten Medium gelegenen Abstände durch den zugehörigen Brechungsindex dividiert oder die entsprechenden Konvergenzen mit demselben multipliziert.

Einige Beispiele werden uns den Unterschied zwischen der Berechnung des Ortes des Bildes nach der alten und nach der Gullstrandschen Methode besonders deutlich machen. Wir legen denselben wieder das Dondersche reduzierte Auge zugrunde.

Kommt (Fig. 9) das Bild (β) des Punktes (α) auf der Netzhaut (N) zustande, so ist der Abstand $HB = b$ gleich der Länge des reduzierten Auges, und der Punkt α entspricht dessen Fernpunkt (R). $H\alpha = a$ ist also der Abstand des Hauptpunktes vom Fernpunkte des Auges.

Nach der alten Methode ist a positiv, wenn das Objekt (der Fernpunkt) vor, negativ, wenn er hinter der brechenden Fläche (dem Auge) liegt.

b ist immer positiv.

F' und F'', die beiden Brennweiten des Auges, sind ebenfalls immer positiv.

Nach der alten Methode ergibt sich der Wert von b aus der Formel

$$b = \frac{F'' . a}{a - F'} . \tag{1}$$

Achsenmyopie.

Ist das Auge (Fig. 9) eingestellt auf einen Punkt R, der 0,25 m vor ihm liegt, so hat es eine Myopie von $\frac{1}{0,25} = + 4$ dptr. In der Tat gebührte, nach der alten Methode der Myopie positives Vorzeichen, der Refraktionszustand des Myopers war positiv.

Der Abstand der brechenden Fläche vom Bildpunkte — die Länge dieses Auges — ist nach der alten Berechnung in Millimetern:

$$b = \frac{20 \cdot 250}{250 - 15} = \frac{5000}{235} = 21,278 \text{ mm.}$$

Dies Auge ist demnach um 21,276 — 20 = 1,276 mm länger als das reduzierte emmetropische Auge.

Nach Gullstrand führen wir diese Berechnung aus, mittels der Formel

$$B = A + D.$$

Darin ist B der reziproke Wert des reduzierten, d. h. durch $n = 4/3$ dividierten Abstandes b.

$$\text{Also } B = \frac{4}{3b}, \text{ woraus } b = \frac{4}{3B}.$$

A ist der reziproke Wert von

$$a = \frac{1}{a} = \frac{1}{0,25} = 4 \text{ dptr.}$$

Nach Gullstrands Konvention der Vorzeichen ist a, und somit auch A, negativ. In der Tat gebührt der myopischen Refraktion, nach Gullstrand, das negative Vorzeichen, nicht das positive wie bisher.

D, die Brechkraft des reduzierten Auges ist, wie wir gesehen haben, = 66,66... dptr.

Die Abstandsformel ergibt also in unserem Beispiele:

$$B = A + D = -4 + 66,66... = 62,66 \text{ dptr.}$$

woraus

$$b = \frac{4}{3B} = \frac{4}{3 \cdot 62,66} = \frac{1}{188} = 0,02127 \text{ m} \quad \text{oder} \quad 21,27 \text{ mm}$$

wie nach der alten Methode.

Achsenhypermetropie.

Liegt der Punkt α, oder R, der Fernpunkt des Auges, hinter dem Auge (Fig. 10), mit andern Worten: bedarf das Auge konvergenter Strahlen, um sie auf der Netzhaut zu vereinigen, so galt die Entfernung $HR = a$ nach der alten Methode als negativ. Der Refraktionszustand des Auges: $\frac{1}{a}$ war also auch negativ, d. h. hypermetropisch.

Fig. 10.

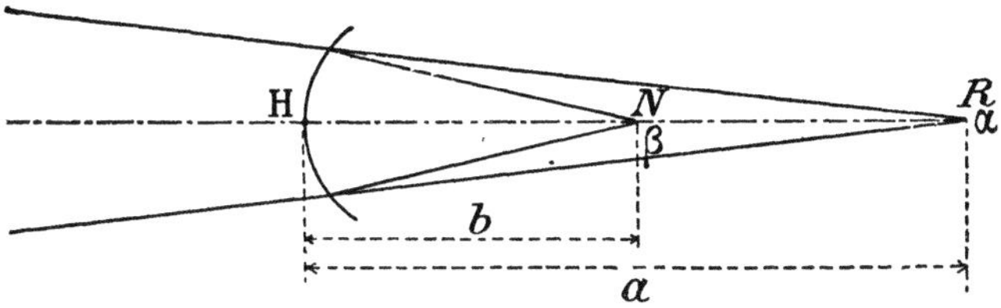

Der Ausdruck für b nahm folgende Form an:

$$b = \frac{-F''a}{-a - F'}$$

oder

$$\frac{F''a}{a + F'}$$

Liegt der Fernpunkt R (oder α) (Fig. 10) 0,25 m hinter der brechenden Fläche ($a = -0{,}25$) nach dem alten System, so ist die Refraktion des Auges $\frac{1}{-0{,}25} = -4$ dptr., und die Länge dieses Auges ist nach der alten Brechung in Millimetern

$$b = \frac{20 \cdot 250}{250 + 15} = \frac{5000}{265} = 18{,}86 \text{ mm.}$$

Das reduzierte achsenhypermetropische Auge von 4 dptr. ist demnach um $20 - 18{,}86 = 1{,}14$ mm kürzer als das reduzierte emmetropische Auge.

Berechnen wir das Beispiel nach Gullstrands Methode, so wird der Abstand $H\alpha$ oder $HR = a$ positiv, weil in der Fortpflanzungsrichtung des Lichtes gelegen. Somit ist auch $\frac{1}{a} = A$, d. h. der Refraktionszustand des Auges, d. h. die Hypermetropie, positiv.

Die Länge des hypermetropischen Auges ergibt sich aus der Abstandsformel

$$B = A + D, \text{ worin } A \text{ positiv ist.}$$

$$B = 4 + 66{,}66\ldots = 70{,}66\ldots \text{ dptr.}$$

woraus die Länge des Auges:

$$b = \frac{n}{B} = \frac{4}{3 \cdot 70{,}66} = \frac{4}{212} = 0{,}01886 \text{ m}$$

oder 18,86 mm, wie nach der alten Berechnung.

Die Vergrößerung oder Bildgröße.

Mit Vergrößerung oder Bildgröße bezeichnen wir das Verhältnis der Größe des durch ein optisches System entworfenen Bildes zu der des Objektes.

Die Berechnung der Vergrößerung für ein in der Luft befindliches dioptrisches System.

Für eine in Luft befindliche, unendlich dünne Konvexlinse, ist die Berechnung der Vergrößerung äußerst einfach, sobald die Abstände a und b des Objektes und des Bildes von der Linse bekannt sind:

Fig. 11.

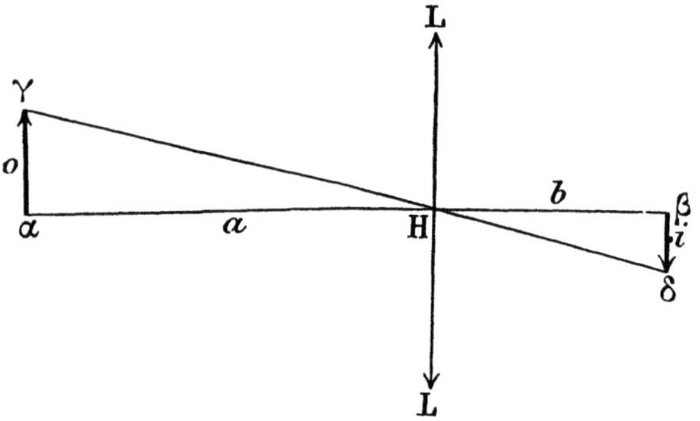

In Fig. 11 stelle LL eine unendlich dünne Konvexlinse dar. H sei ihr optisches Zentrum, $\alpha\gamma = o$ ein um den Abstand $H\alpha = a$ vor der Linse liegendes Objekt.

β ist das Bild von α. Der Abstand $H\beta = b$ desselben von der Linse ist uns aus vorgehender Berechnung bekannt.

Ziehen wir, vom Endpunkte γ des Objektes, eine Gerade durch das optische Zentrum H, so entspricht der Punkt δ, wo dieselbe die im Punkte β errichtete Senkrechte schneidet, dem Bilde von γ.

Aus der Ähnlichkeit der Dreiecke $\beta\ \delta\ H$ und $\alpha\ \gamma\ H$ folgt:

$$\frac{i}{o} = \frac{b}{a}.$$

Ersetzen wir in dieser Formel die Abstände a und b durch ihre reziproken Werte, d. h. durch die entsprechenden Konvergenzen, b durch $\frac{1}{B}$ und a durch $\frac{1}{A}$, so können wir schreiben

$$\frac{i}{o} = \frac{A}{B}.$$

Das Verhältnis des Bildes zum Objekte $\left(\frac{i}{o}\right)$, bzw. die Vergrößerung, bezeichnet Gullstrand ein für allemal mit K. Er schreibt also:

$$K = \frac{A}{B}. \tag{II}$$

Dies ist die zweite Gullstrandsche Grundformel: die Abbildungsformel. Wie die erste, d. h. die Abstandsformel, so ist sie, trotz ihrer äußersten Einfachheit, doch auf alle zentrierten dioptrischen wie katoptrischen Systeme anwendbar.

Um sich dieser Formel zu bedienen, muß man sich, wie bei jeder Formel, vor allem von der Bedeutung der Vorzeichen Rechenschaft geben.

Bei der alten Rechnungsweise waren a und b positiv, wenn sie auf entgegengesetzten Seiten des dioptrischen Systemes gelegen sind, und das positive Vorzeichen bedeutete ein umgekehrtes Bild.

Liegen dagegen Objekt und Bild auf der gleichen Seite des Systems, so trugen sie beide verschiedene Vorzeichen. Das negative Vorzeichen entsprach dabei einem aufrechten Bilde.

Gullstrands Konvention der Vorzeichen ist von der alten verschieden. So haben wir gesehen, daß, wenn a auf der linken Seite des Systemes liegt, a negativ ist, während b, auf der rechten Seite, positiv ist.

Daraus folgt, daß in den Formeln

$$\frac{i}{o} = \frac{b}{a} \quad \text{woraus} \quad i = \frac{ob}{a}$$

und

$$\frac{i}{o} = \frac{A}{B}, \quad \text{woraus} \quad i = \frac{oA}{B}$$

die zweiten Glieder $\frac{ob}{a}$ und $\frac{oA}{B}$ negativ sind.

Nach Gullstrands Konvention entspricht das negative Vorzeichen einem umgekehrten Bilde; das positive Vorzeichen einem aufrechten Bilde.

Wir können auch sagen: wenn in Figur 11 die beiden Dreiecke, welche sich mit ihrer Spitze berühren, auf entgegengesetzten Seiten des Systemes liegen, so haben a und b, sowie o und i entgegengesetzte Vorzeichen; i ist negativ, das Bild ist ein umgekehrtes, reelles Bild.

Liegen dagegen die beiden Dreiecke auf der gleichen Seite des Systemes, so haben i und o das gleiche Vorzeichen, und ein positives i entspricht einem aufrechten, virtuellen Bilde.

Hat die Linse eine gewisse Dicke, bzw. hat man es mit einem komplizierten dioptrischen Systeme zu tun, das aber doch in Luft befindlich ist, so kann man nicht mehr von einem optischen Zentrum sprechen. Die das System durchlaufenden Lichtstrahlen kreuzen sich nicht mehr in einem einzigen Punkte. Zur Konstruktion wie zur Berechnung der Bildgröße, muß man eines der zwei Paare von Kardinalpunkten, die beiden Knotenpunkte oder die beiden Hauptpunkte, zu Rate ziehen.

Bisher hat man dazu die ersteren gewählt. Gullstrand hat aber nachgewiesen, daß den Hauptpunkten bei weitem der Vorzug gebührt.

So rechnen wir denn auch alle Abstände von den Hauptpunkten ab: diejenigen, die in der Richtung liegen, von welcher das Licht herkommt, vom ersten (H'), die in der Richtung liegenden, in welcher es, nach der Brechung, weiter geht, vom zweiten Hauptpunkte (H'') ab.

Die Konstruktion und Berechnung der Bildgröße wird so für eine dicke Linse ähnlich wie die für eine unendlich dünne Linse. Wir ziehen einfach den, vom extraaxialen Endpunkte γ des Objektes ausgehenden Strahl nur bis zum ersten Hauptpunkte (H', Fig 12) und, ihm selbst parallel, vom zweiten Hauptpunkte (H'') weiter bis zu seinem Schnittpunkte δ mit der im Bildpunkte β der Hauptachse errichteten Senkrechten.

Fig. 12.

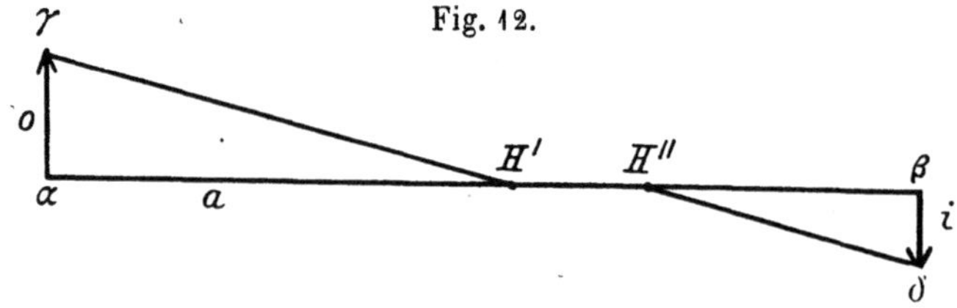

Die beiden Linien $\gamma H'$ und $H''\delta$ sind einander parallel, weil das System auf beiden Seiten von dem gleichen Medium begrenzt ist, die Lichtstrahlen also beim Eintritt, wie beim Austritt, die gleiche Ablenkung erfahren.

Messen wir die Abstände a vom ersten, b vom zweiten Hauptpunkte ab, so erhalten wir, für die, einem komplizierten, aber in Luft befindlichen Systeme entsprechende Bildgröße, denselben Ausdruck, wie bei der unendlich dünnen Linse:

$$\frac{i}{o} = \frac{b}{a}.$$

Also auch wieder

$$K = \frac{A}{B}.$$

Beispiel: Ein Objekt sei 2 m von dem ersten Hauptpunkte eines in Luft befindlichen, konvergenten Systems entfernt ($H'\alpha = a = 2$ m).

Sein Bild entstehe 0,20 m hinter dem zweiten Hauptpunkte des Systems ($H''\beta = b = 0{,}20$ m).

So ist, in Formel II,

$$A = \frac{1}{a} = -\frac{1}{2} = -0{,}5$$

$$B = \frac{1}{b} = \frac{1}{0{,}20} = 5.$$

Daher

$$K = \frac{A}{B} = -\frac{0{,}5}{5} = -0{,}1.$$

Das Bild ist umgekehrt, reell und zehnmal kleiner, als das Objekt.

Berechnung der Vergrößerung für den Diopter und ähnliche Systeme.

In Fig. 13 trenne die konvexe Fläche das Medium n' von dem stärker brechenden Medium n''. K ist der Krümmungsmittelpunkt, H der Scheitelpunkt dieser Fläche, also der Hauptpunkt des Diopters; $HK = r$ der Krümmungsradius der Fläche. — Sei $\alpha\gamma = o$ das vor derselben liegende Objekt; $\beta\delta = i$ dessen umgekehrtes Bild.

Fig. 13.

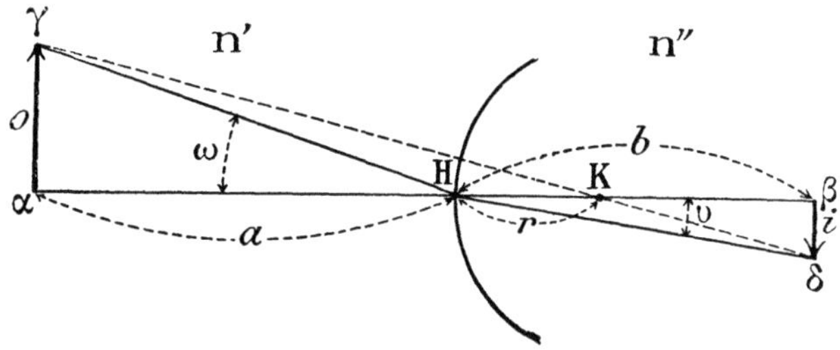

Bezeichnen wir außerdem wieder mit a den Abstand $H\alpha$ des Objektes, mit b den Abstand $H\beta$ des Bildes von der brechenden Fläche.

Um das Verhältnis der Größe des Bildes zu der des Objektes zu kennen, zog man früher den »Richtungsstrahl« $\gamma K \delta$ von dem außerhalb der Hauptachse gelegenen Objektpunkte γ durch das Krümmungszentrum, das mit dem »Knotenpunkte« (K) des Diopters zusammenfällt, und das System, weil senkrecht zu der brechenden Fläche, ungebrochen durchläuft. Wo derselbe sich mit der in β errichteten Senkrechten schneidet, d. h. im Punkte δ, liegt das Bild von γ.

Die Größe des Bildes i ergab sich aus den beiden, in K zusammenstoßenden, ähnlichen Dreiecken $\beta\delta K$ und $\alpha\gamma K$. Darin ist

$$\beta K = b - r$$
$$\alpha K = a + r,$$

also

$$\frac{i}{o} = \frac{b - r}{a + r}.$$

Gewöhnlich bezeichnete man a mit f', b mit f'', $a + r$ mit g', $b - r$ mit g'' und schrieb also:

$$\frac{i}{o} = \frac{g''}{g'}.$$

Nach GULLSTRANDS Methode brauchen wir den Knotenpunkt nicht, sondern bedienen uns des Strahles, der von γ nach dem Scheitelpunkte H der brechenden Fläche, mit anderen Worten dem Hauptpunkte des Diopters zielt.

Dort wird er, gemäß dem Verhältnisse der Brechungsindices (n' und n'') der beiden Medien, abgelenkt. Wo er die in β errichtete Senkrechte schneidet, d. h. in δ, liegt das Bild von γ.

Bezeichnen wir mit ω den Winkel $\alpha H \gamma$, mit v den Winkel $\beta H \delta$, so können wir, da es sich um sehr kleine Winkel handelt, schreiben;

$$\frac{v}{\omega} = \frac{n'}{n''}.$$

Nun ist

$$\frac{o}{a} = \omega, \text{ woraus } o = a\omega$$

und

$$\frac{i}{b} = v, \text{ woraus } i = bv.$$

Also ist:

$$\frac{i}{o} = \frac{bv}{a\omega} = \frac{b \cdot n'}{a \cdot n''}.$$

Schreiben wir

$$\frac{i}{o} = \frac{n'}{a} \cdot \frac{b}{n''},$$

und setzen wir n', als den Brechungsindex der Luft, $= 1$ so ist $\frac{1}{a}$ der reziproke Wert des Abstandes vom Hauptpunkte zum Objekte, d. h. die Konvergenz A;

$\frac{b}{n''}$ ist der reduzierte Abstand des Hauptpunktes vom Bilde, und $\frac{1}{b/n''} = \frac{n''}{b}$ der reziproke Wert des reduzierten Abstandes, bzw. die reduzierte Konvergenz B; also

$$\frac{b}{n''} = \frac{1}{B}.$$

Diese Werte in obige Gleichung eingeführt geben:

$$\frac{i}{o} = \frac{A}{B},$$

oder, nach Gullstrand:

$$K = \frac{A}{B}. \tag{6}$$

Wir haben also für den Diopter die gleiche Formel der Bildgröße, wie für die in Luft befindliche Linse.

Dieselbe gilt aber auch für alle komplizierteren, ähnlichen Systeme Statt eines Hauptpunktes haben sie zwei Hauptpunkte, H' und H''.

Zu demselben Resultate gelangt man auch mit Hilfe der Formel von Lagrange[1]).

---

1) Helmholtz, 3. Aufl., S. 58; Formel 7a.

Lagrange hat nämlich nachgewiesen, daß bei der Brechung an einer Kugelfläche, das Produkt aus dem Einfallswinkel eines Strahles und der Größe des Objektes gleich ist dem Produkte des Brechungswinkels und der Größe des Bildes; vorausgesetzt, daß der Einfallswinkel sehr klein ist.

Bezeichnen wir wiederum (Fig. 14) mit

o die Größe des Objektes,
i die Größe des Bildes,
a den Abstand der Objekte,
b den Abstand des Bildes von der brechenden Fläche.

Fig. 14.

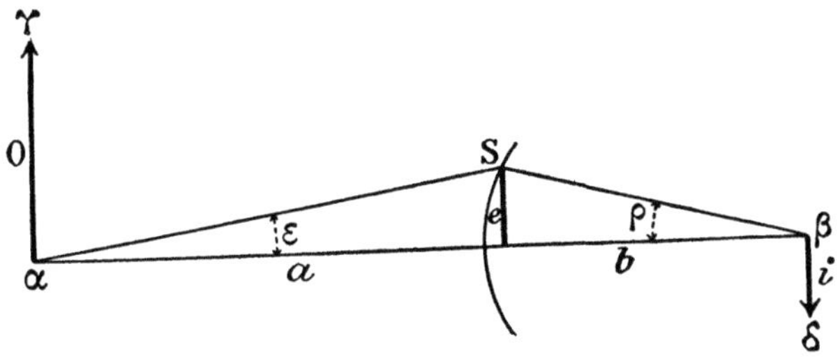

Sei außerdem ε der Winkel, den der vom Objektpunkte α kommende Strahl αS mit der Hauptachse bildet, ϱ der Winkel, den der gebrochene, nach dem Bildpunkte β zielende Strahl mit der Hauptachse bildet.

Lagranges Formel sagt nun:

$$n' o \cdot tg\varepsilon = n'' i \cdot tg\varrho .$$

Nach Gullstrands Konvention der Vorzeichen, ist das erste Glied dieser Formel positiv, weil o positiv ist, und ε einem nach rechts offenen Winkel entspricht. Der Winkel ϱ dagegen ist negativ, weil nach links offen; i ist negativ, weil ein umgekehrtes Bild. Das Produkt aus i und $tg\varrho$ ist also positiv, wie das aus o und $tg\varepsilon$.

Ersetzen wir $tg\varepsilon$ durch $\frac{e}{a}$ und $tg\varrho$ durch $\frac{e}{b}$, und führen diese Ausdrücke in obige Gleichung ein, so erhalten wir:

$$\frac{n' oe}{a} = \frac{n'' ie}{b},$$

also

$$\frac{n' o}{a} = \frac{n'' i}{b}.$$

Da wie gesagt, $\frac{1}{a}$ und $\frac{1}{b}$ Konvergenzen, $\frac{n'}{a}$ und $\frac{n''}{a}$ reduzierte Konvergenzen sind, so setzen wir dafür die Ausdrücke A und B in die Formel, und erhalten $oA = iB$, woraus

$$\frac{i}{o} = K = \frac{A}{B}.$$

Einige Beispiele, nach der alten und nach der neuen Methode berechnet, mögen uns das Verhältnis der beiden Methoden zueinander klar machen.

Berechnung der Bildgröße des reduzierten Auges.

A. nach der bisherigen Methode.

Handelt es sich um die Berechnung der Größe des Bildes i Fig. 13, welches ein Auge von dem im Abstande f' vor ihm liegenden Objekte o entwirft, so berechneten wir, nach der alten Methode, erst den Ort, wo das Bild entsteht, mit Hilfe der Formel

$$f'' = \frac{F'' f'}{f' - F'}$$

oder, nach unserer Bezeichnungsweise, wo $f' = a$ und $f'' = b$:

$$b = \frac{F'' a}{a - F'}.$$

War der Ort des Bildes bekannt, so zogen wir von dem außerhalb der Hauptachse gelegenen Objektpunkte γ, durch den Knotenpunkt K eine Gerade (den ungebrochenen Richtungsstrahl) bis zu der im Bildpunkte β errichteten Vertikalen. Der Schnittpunkt dieser beiden Linien bezeichnete den Bildpunkt δ des Objektpunktes γ.

Die Größe des Bildes (i) ergab sich dann aus der Ähnlichkeit der Dreiecke $\beta\delta K$ und $\alpha\gamma K$:

$$\frac{i}{o} = \frac{K\beta}{K\alpha} = \frac{g''}{g'}\ ^{1)}.$$

Man bezeichnete nämlich mit g'' den Abstand des Bildes, mit g' den Abstand des Objektes vom Knotenpunkte. Bezeichnen wir mit r den Radius der brechenden Fläche, so ist, wie aus der Figur erhellt:

$$g' = f' - r$$
$$g'' = f' + r.$$

Die Größe des Bildes war also

$$i = \frac{o g''}{g'}.$$

Wir haben oben gefunden, daß das reduzierte Auge von einem um $a = 250$ mm vor ihm liegenden Objekte, in der Entfernung $b = 21{,}27$ mm ein Bild entwirft. Da im reduzierten Dondersschen Auge $r = 5$ mm, so ist, in unserem Beispiele, $g' = 250 + 5 = 255$ mm, und $g'' = 21{,}27 - 5 = 16{,}27$ mm.

Hat das Objekt o eine Größe von 4 mm, so ist sein Bild

$$i = \frac{4 \cdot 16{,}27}{255} = 0{,}25 \text{ mm}.$$

1) g'' ließ sich allerdings auch berechnen mit der Formel $g'' = \frac{G'' g'}{g' - G'}$; worin $g' = f' + r$; $G' = F' + r = F''$; $G'' = F'' - r = F'$.

B. Nach GULLSTRANDS Methode lösen wir das Problem mit Hilfe der Formel:

$$K = \frac{A}{B}.$$

Darin ist

$$K = \frac{i}{o},$$

also

$$i = oK.$$

Nun ist nach GULLSTRANDS erster Formel (I):

$$B = A + D;$$

wir können also schreiben

$$K = \frac{A}{A + D}$$

und

$$i = \frac{oA}{A + D}.$$

Daraus geht hervor, daß wir, nach dieser Methode, zur Berechnung der Bildgröße, den Abstand (b) des Bildes von der brechenden Fläche (das alte f', also auch g'') nicht zu kennen brauchen. Die Konvergenz, d. h. der Dioptrienwert des Abstandes des Objektes (A), und die Brechkraft des Systems (D) genügen dazu.

In unserem Beispiele ist $A = -4$; $D = 66{,}66$ dptr., also

$$K = \frac{-A}{-A + D} = \frac{-4}{62{,}66} = -\frac{1}{15{,}66},$$

$$K = -0{,}0638.$$

Das Minuszeichen bedeutet, nach GULLSTRANDS Regel, daß es sich um ein umgekehrtes Bild handelt.

Hat das Objekt o eine Größe von 4 mm, so ist das Bild

$$i = 4 \cdot 0{,}0638 = 0{,}25 \text{ mm},$$

wie nach der alten Berechnung.

Nehmen wir an, es handle sich nicht um ein reelles, vor dem Auge, sondern um ein virtuelles, hinter dem Auge gelegenes Objekt, z. B. das Bild, welches das im hypermetropischen Auge korrigierende Konvexglas von dem unendlich entfernten Objekte in dessen Fernpunktsabstand entwerfen würde, und das für dieses Auge zum Objekte wird.

Hat das achsenametropische Auge eine Hypermetropie von 4 dptr., d. h. liegt sein Fernpunkt um f' oder $a = 250$ mm hinter dessen (reduzierter) Hornhaut, so ist, nach unserer obigen Berechnung, dessen Länge f'' oder $b = 18{,}8$ mm.

Nach der alten Methode war f' negativ. Also wurde

$$g' = -(f' - 5) = -(250 - 5) = -245 \text{ mm}$$
$$g'' = f'' - 5 = 18{,}8 - 5 = 13{,}8 \text{ mm}.$$

Also die Größe des Netzhautbildes für ein Objekt von 4 mm:

$$i = \frac{og''}{g'} = \frac{4 \cdot 13{,}8}{245} = 0{,}22 \text{ mm}.$$

Nach GULLSTRANDS Methode bedienen wir uns auch hier wieder direkt der Formel

$$K = \frac{A}{A + D}$$

Darin ist A positiv, weil in der Fortpflanzungsrichtung des Lichtes gemessen.

Also wird, in unserem Beispiele, aus

$$i = \frac{oA}{A + D} = \frac{4 \cdot 4}{4 + 66{,}66} = \frac{16}{70{,}66}$$

$$i = 0{,}22 \text{ mm},$$

wie nach der alten Berechnung.

Bildgröße, bzw. Vergrößerung bei afokalen Systemen.

Mit den beiden einfachen GULLSTRANDschen Grundformeln, läßt sich, wie wir gesehen haben, das Verhältnis zwischen Objekt- und Bildgröße, für jedes zentrierte dioptrische System, sehr leicht berechnen, insofern das Objekt in endlicher Entfernung gelegen ist.

Liegt jedoch das Objekt in Unendlich, so wird $A = o$. In Formel (I) wird dann zu $B = D$, und die Formel (II) gibt kein praktisches Resultat mehr.

Fig. 15.

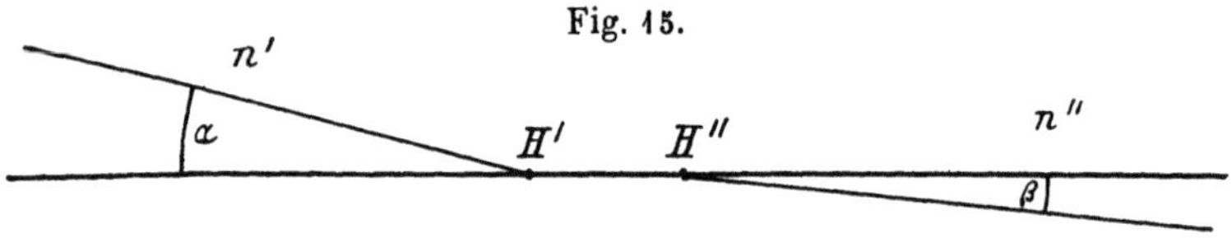

In diesem Falle bleibt nichts anderes übrig, als die Winkel miteinander zu vergleichen, unter denen Objekt und Bild von dem Hauptpunkte des einfachen Diopters, bzw. von den beiden Hauptpunkten eines kombinierten Systems aus, erscheinen.

Seien (Fig. 15) H' und H'' die Hauptpunkte des Systems, n' und n'' die Brechungsindices des ersten und des letzten Mediums, α der Winkel, den der einfallende, nach H' zielende, β der Winkel, den der entsprechende gebrochene Strahl, in H'', mit der Hauptachse bildet, so läßt sich nachweisen, daß, wenn α und n' gegeben sind, β nur von n'', nicht aber von der Brechkraft des Systems abhängt.

Wenden wir die LAGRANGEsche Formel

$$n'o \cdot \text{tg}\,\alpha = n''i \cdot \text{tg}\,\beta$$

auf die Hauptpunkte des Systems an, so wird $o = i$, gemäß der Definition der Hauptpunkte: die Größe des Objektes in einem Hauptpunkte, ist gleich der Größe des Bildes im anderen Hauptpunkte.

Die Formel wird also

$$n' \operatorname{tg} \alpha = n'' \operatorname{tg} \beta,$$

woraus

$$\operatorname{tg} \beta = \frac{n'}{n''} \cdot \operatorname{tg} \alpha$$

oder

$$\frac{\operatorname{tg} \alpha}{\operatorname{tg} \beta} = \frac{n''}{n'}.$$

Sind die Winkel klein, so kann man die Tangenten durch die Winkel ersetzen und schreiben:

$$\frac{\alpha}{\beta} = \frac{n''}{n'}.$$

In Worten: Die Winkel, unter welchen Objekt und Bild erscheinen, verhalten sich zueinander umgekehrt wie die Brechungsindices der Medien, in denen sie sich befinden.

Fig. 16.

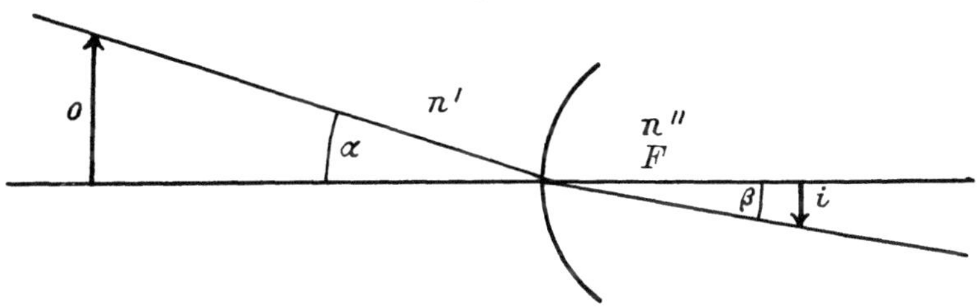

Für den einfachen Diopter (Fig. 16), folgt diese Gleichung schon aus dem Brechungsgesetze:

$$n' \sin \alpha = n'' \sin \beta,$$

woraus, für ganz kleine Winkel:

$$n' \alpha = n'' \beta$$

oder

$$\frac{\alpha}{\beta} = \frac{n''}{n'},$$

also

$$\beta = \frac{\alpha}{n''}.$$

Ist, auf diese Weise, der Winkel β gefunden, so ist die Größe i des Bildes gleich β multipliziert mit der Brennweite F, oder dividiert durch die Brechkraft, des Systems. Die Größe des Bildes ist also umgekehrt proportional der Brechkraft des Systems.

Beispiel: Ist α ein Winkel von 1°, so ist der Wert des Winkels β in Graden, für das reduzierte Auge, wo $n' = 1$ und $n'' = {}^4/_3$,

$$\beta = \frac{1}{{}^4/_3} = \frac{3}{4}.$$

Ist, in einem rechtwinkligen Dreiecke, einer der Winkel sehr klein, wie der Winkel β (Fig. 16), dessen Spitze in der brechenden Fläche, dessen Basis $= i$, liegt, so ist die kleine Seite des Dreieckes (i) proportional dem Produkte der großen Seite, (in unserem Beispiele der nicht reduzierten Brennweite F), und des Winkels β. Also $i = \beta \cdot F$.

In der Tat kann man für einen sehr kleinen Winkel, die Tangente durch den Winkel selbst ersetzen und schreiben, statt $\operatorname{tg}\beta = \frac{i}{F}$:

$$\beta = \frac{i}{F},$$

woraus

$$i = \beta \cdot F.$$

In dieser Gleichung muß β in Teilen des Radius ausgedrückt werden. β ist dann der diesem Winkel entsprechende Teil eines Kreises mit dem Radius 1.

Für einen Kreis, dessen Radius $= 1$, entsprechen 180° einem Bogen $\pi = 3{,}14159\ldots$, der Winkel 1° also einem Bogen von

$$\frac{\pi}{180} = \frac{3{,}14159}{180} = 0{,}0174,$$

und der Winkel $\beta = \left(\frac{3}{4}\right)^0$ einen Bogem von $\frac{3}{4} \cdot 0{,}0174 = 0{,}01305$.

Ist die Brennweite $F = 0{,}02$ m $= 20$ mm, so wird die Größe des Bildes $i = 0{,}02 \cdot 0{,}01305 = 0{,}0002610$ m $= 0{,}261$ mm.

Kombinierte Systeme.

In der ophthalmologischen Praxis verbinden wir häufig zwei optische Systeme miteinander: das Auge und ein Korrektionsglas. Dadurch entsteht ein kombiniertes System, das, wie ein einfaches System, durch seine Brechkraft, und die Lage seiner Hauptpunkte bestimmt ist.

Sehen wir, wie sich diese Werte nach Gullstrands Prinzip ausdrücken lassen!

Zu diesem Zwecke dividiert man die Abstände, welche die verschiedenen brechenden Flächen, bzw. die Hauptpunkte der verschiedenen Systeme voneinander trennen, mit dem auf Luft bezogenen Brechungsindex der zugehörigen Medien.

Die so erhaltenen Werte sind wieder reduzierte Abstände, ähnlich den obigen reduzierten Fokalabständen, bzw. Brennweiten.

Führen wir diese reduzierten Abstände und reduzierten Konvergenzen in die Gleichungen ein, so verschwinden alle Brechungsindices aus der Rechnung.

Die Formeln für die zwei Hauptbrennweiten eines aus zwei Systemen kombinierten Systems lauten bekanntlich[1]:

$$\left.\begin{aligned} F' &= \frac{\varphi' f'}{\varphi' + f'' - d} \\ \text{und} \qquad F'' &= \frac{\varphi'' f''}{\varphi' + f'' - d} \end{aligned}\right\} \tag{7}$$

worin $f'\varphi'$ und F' die vorderen Brennweiten des ersten, des zweiten und des kombinierten Systems, $f''\varphi''$ und F'' die hinteren Brennweiten derselben Systeme, d der Abstand des ersten Hauptpunktes des zweiten Systems vom zweiten Hauptpunkte des ersten Systems (Fig. 17).

Fig. 17.

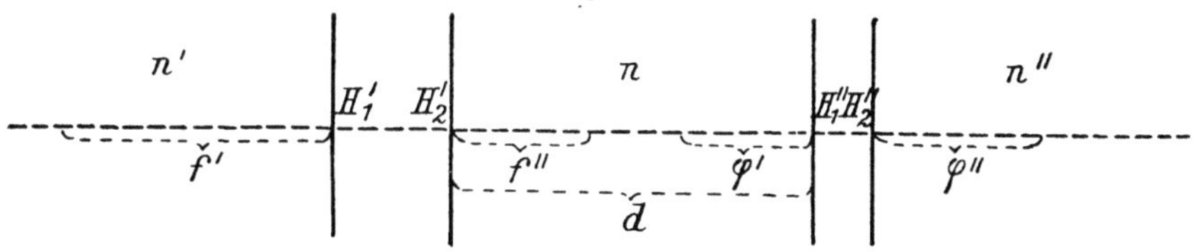

Den reduzierten Abstand d zwischen den Hauptpunkten der beiden Systeme: $\frac{d}{n}$ bezeichnet man mit δ[2]).

$n =$ Brechungsindex des die beiden Systeme voneinander trennenden Mediums.

Bezeichnen wir mit D_1 die Brechkraft des ersten Systems $= \frac{n'}{f'} = \frac{n}{f''}$, D_{11} die Brechkraft des zweiten Systems $= \frac{n''}{\varphi''} = \frac{n}{\varphi'}$.

D_{12} die Brechkraft des aus der Kombination der beiden Systeme resultierenden Systems $= \frac{n'}{F'}$.

Wir können nun die erste der beiden Formeln (7) auch in folgender Weise schreiben:

$$\frac{1}{F'} = \frac{\varphi' + f'' - d}{\varphi' f'}.$$

Die Division ausgeführt, gibt:

$$\frac{1}{F'} = \frac{1}{f'} + \frac{f''}{f'} \cdot \frac{1}{\varphi'} - d \frac{1}{f'} \cdot \frac{1}{\varphi'}.$$

Ist n' der Brechungsindex des ersten Mediums, so haben wir

$$\frac{f''}{f'} = \frac{n}{n'}.$$

---

1) Helmholtz, Physiol. Opt. 3. Aufl. S. 66. Formel 11 f.

2) Gullstrand, Bedeutg. der Dioptrie (S. 51 u. 52). Dufour (Nancy), Les equations de la dioptrique oculaire. Ann. d'oc. 1911. S. 7 u. f.

Dieser Ausdruck in obige Gleichung eingeführt, gibt:

$$\frac{1}{F'} = \frac{1}{f'} + \frac{n}{n'} \cdot \frac{1}{\varphi'} - d\frac{1}{f'} \cdot \frac{1}{\varphi'} \, .$$

Beide Glieder mit n' multipliziert, gibt:

$$\frac{n'}{F'} = \frac{n'}{f'} + \frac{n}{\varphi'} - d \cdot \frac{n'}{f'} \cdot \frac{1}{\varphi'} \, .$$

Multiplizieren wir, im letzten Gliede der Gleichung, Zähler und Nenner mit n, so können wir schreiben:

$$\frac{n'}{F'} = \frac{n'}{f'} + \frac{n}{\varphi'} - \frac{d}{n} \cdot \frac{n'}{f'} \cdot \frac{n}{\varphi'} \, .$$

Nun ist nach obiger Definition:

$$\frac{n'}{F'} = D_{12}$$

und, im ersten Systeme:

$$\frac{n'}{f'} = \frac{n}{f''} = D'$$

im zweiten Systeme:

$$\frac{n}{\varphi'} = \frac{n''}{\varphi''} = D'' \, .$$

Ersetzen wir in obiger Gleichung $\frac{n'}{f'}$ durch D' und $\frac{n}{\varphi'}$ durch D'', so nimmt die Gleichung folgende einfache Form an:

$$D_{12} = D' + D'' - dD'D''. \tag{8}$$

Dies Schema entspricht selbstredend nur dem Falle zweier positiver Systeme. Die Formeln sind aber für alle möglichen kombinierten Systeme gültig.

Die zweite Formel (7) für F'', in analoger Weise behandelt (wobei $\frac{n}{f''}$ durch D', $\frac{n''}{\varphi''}$ durch D'' zu ersetzen sind), ergibt dasselbe Resultat. In der Tat ist, nach Weiss und Gullstrand, die Brechkraft eines Systems die gleiche, von welcher Seite her auch das Licht komme, mit anderen Worten, ob es erst das System D' oder das System D'' passiere.

Um das kombinierte System vollständig zu definieren, müssen wir noch die Lage seiner Hauptpunkte bestimmen.

Dazu verwenden wir folgende Formeln (Helmholtz, S. 65 und 66 Formeln 11 d und 11 e)

$$h' = \frac{df'}{d - \varphi' - f''}$$

und

$$h'' = \frac{d\varphi''}{d - \varphi' - f''}, \tag{9}$$

worin h' = Abstand des ersten Hauptpunktes des ersten Systems vom ersten Hauptpunkte des kombinierten Systems.

h'' = Abstand des zweiten Hauptpunktes des kombinierten Systems vom zweiten Hauptpunkte des zweiten Systems.

Die erste Formel (9) gibt:

$$\frac{1}{h'} = \frac{d - \varphi' - f''}{d f'}.$$

Die Division ausgeführt, gibt:

$$\frac{1}{h'} = \frac{1}{f'} - \frac{\varphi'}{df'} - \frac{1}{d} \cdot \frac{f''}{f'}.$$

Multiplizieren wir im zweiten und dritten Gliede der Gleichung Zähler und Nenner mit n, so erhalten wir:

$$\frac{1}{h'} = \frac{1}{f'} - \frac{\varphi' n}{df' n} - \frac{n}{d} \cdot \frac{f''}{f' n}.$$

Die ganze Gleichung, mit n' multipliziert, gibt:

$$\frac{n'}{h'} = \frac{n'}{f'} - \frac{n}{d} \cdot \frac{\varphi'}{n} \cdot \frac{n'}{f'} - \frac{n}{d} \cdot \frac{f''}{n} \cdot \frac{n'}{f'}.$$

Wie man sieht, stellt jeder Ausdruck dieser Formel eine Brechkraft, oder einen reduzierten Abstand dar.

Führen wir die Gullstrandschen Bezeichnungen in diese Formel ein, indem wir mit H'_{12} den dem h' entsprechenden reduzierten Abstand, und mit H''_{12} den dem h'' entsprechenden reduzierten Abstand bezeichnen; erinnern wir uns außerdem, daß $\frac{f''}{n} = \frac{f'}{n}$, so erhalten wir:

$$-\frac{1}{H'_{12}} = D' - \frac{1}{\delta} \cdot \frac{1}{D''} \cdot D' - \frac{1}{\delta}.$$

Was das Vorzeichen von $\frac{1}{H'_{12}}$ betrifft, so ist zu bemerken, daß dasselbe bei Gullstrand dem Vorzeichen von h' bei Helmholtz entgegengesetzt ist; also

$$\frac{n'}{h'} = -\frac{1}{H'_{12}}.$$

Kehren wir die Vorzeichen in obiger Formel um, so erhalten wir:

$$\frac{1}{H'_{12}} = -D' + \frac{1}{\delta} \cdot \frac{1}{D''} \cdot D' + \frac{1}{\delta}$$

woraus

$$\frac{1}{H'_{12}} = \frac{D' + D'' - \delta D'' \cdot D'}{\delta D''}.$$

Nach Formel (7) ist

$$D' + D'' - \delta \cdot D' D'' = D_{12}$$

also wird

$$\frac{1}{H'_{12}} = \frac{D_{12}}{\delta D''}$$

und

$$H'_{12} = \frac{\delta D''}{D_{12}}.$$

Eine ähnliche Rechnung gibt für H''_{12} den Ausdruck:

$$H''_{12} = -\frac{\delta D'}{D_{12}}.$$

Das Minuszeichen rührt daher, daß die Regel der Vorzeichen für h'' bei HELMHOLTZ und für H''_{12} bei GULLSTRAND dieselbe ist. Wir haben also gefunden:

$$H'_{12} = \frac{\delta D''}{D_{12}}$$
$$H''_{12} = -\frac{\delta D'}{D_{12}}. \tag{10}$$

Nehmen wir als Beispiel den für den Augenarzt besonders interessanten Fall eines mit dem Auge kombinierten Glases, und berechnen, mit Hilfe dieser Formeln, erst die Brechkraft des aus der Kombination der beiden resultierenden Systems (Fig. 18).

Fig. 18.

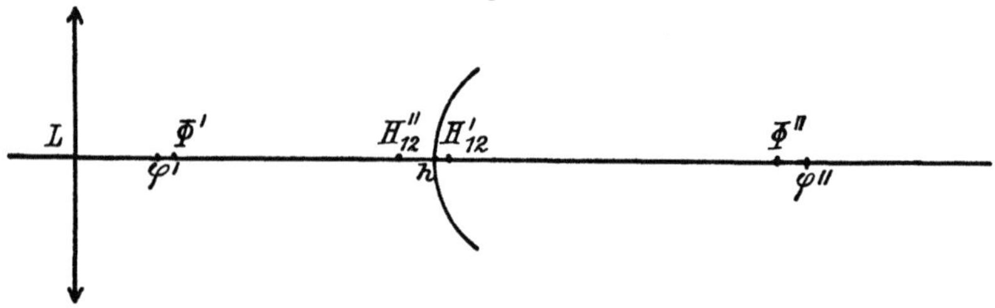

Die Figur gibt die Dimensionen der Zahlenbeispiele in doppelter Größe. L Konvexlinse, h Hornhaut des reduzierten Auges, φ' und φ'' erster und zweiter Brennpunkt des reduzierten Auges, H_{12}' und H_{12}'' Hauptpunkte des kombinierten Systems, Φ' und Φ'' Brennpunkte des kombinierten Systems.

Nehmen wir das DONDERSsche reduzierte Auge, so hat dasselbe, wie gesagt, eine Brechkraft $D'' = \frac{1}{0{,}015} = 66{,}6\ldots$ Dioptrien. Bringen wir davor eine unendlich dünne Konvexlinse L (Fig. 18) mit einer Brechkraft $D' = 5$ Dioptrien, und zwar in einer Entfernung $d = 0{,}02$ m.

Da das Konvexglas in Luft steht, so hat δ denselben Wert wie d.

Wir setzen also, nach Formel (8), für die Brechkraft des kombinierten Systems:

$$D_{12} = 5 + 66{,}6 - 0{,}02 \cdot 5 \cdot 66{,}6\ldots$$
$$= 65 \text{ Dioptrien.}$$

Es möchte befremden, daß aus der Kombination zweier positiver Systeme ein System resultiert, dessen Brechkraft geringer ist, als die des stärker brechenden der beiden Systeme.

Die Erklärung dieses scheinbaren Widerspruches ergibt sich aus der Berechnung der Lage der Hauptpunkte, namentlich des zweiten Hauptpunktes des kombinierten Systems.

In der Tat wird die zweite Hauptbrennweite F'' $(H''_{12}\Phi'')$ des kombinierten Systems von dessen zweitem Hauptpunkte H''_{12} ab gerechnet.

Die Lage der Hauptpunkte des kombinierten Systems finden wir mit Hilfe der Formeln (10)

$$H'_{12} = \frac{d\,D''}{D_{12}} = \frac{0{,}02 \cdot 66{,}6\ldots}{65} = 0{,}0205 \text{ m.}$$

Dieser Abstand, eigentlich ein reduzierter Abstand, ist gleich dem wirklichen Abstande, weil der Brechungsindex des entsprechenden Mediums, Luft, $= 1$ ist.

Er wird von der Konvexlinse ab gerechnet, und, da dieselbe 20 mm vor der brechenden Fläche des reduzierten Auges steht, fällt der erste Hauptpunkt des kombinierten Systems 0,5 mm hinter dieselbe.

Für H''_{12} setzen wir:

$$H''_{12} = -\frac{\delta\,D'}{D_{12}} = -\frac{0{,}02 \cdot 5}{65} = -\,0{,}0015 \text{ m.}$$

H''_{12} ist ein reduzierter Abstand in einem Medium, dessen Brechungsindex $= {}^4/_3$. Der wirkliche Abstand ist also

$$= -\frac{0{,}0015 \cdot 4}{3} = -\,0{,}002 \text{ m.}$$

Das Minuszeichen gibt an, daß dieser Abstand vom Auge in dem der Richtung des Lichtes entgegengesetzten Richtung zu messen ist. Der zweite Hauptpunkt des kombinierten Systems befindet sich also 2 mm vor dem Auge.

Um die zweite Hauptbrennweite F'' des kombinierten Systems zu finden, bedienen wir uns des Ausdruckes:

$$D_{12} = \frac{4}{3} \cdot \frac{1}{F''}$$

woraus

$$F'' = \frac{4}{3} \cdot \frac{1}{D_{12}} = \frac{4}{3 \cdot 65} = 0{,}0205 \text{ m.}$$

Diese Brennweite ist vom zweiten Hauptpunkte (H''_{12}) des kombinierten Systems ab zu messen. Da sich derselbe 2 mm vor der Hornhaut (h) des reduzierten Auges befindet, so fällt der zweite Brennpunkt Φ'' des kombinierten Systems, trotz seiner größeren Brennweite, bzw. geringeren Brechkraft, doch 1,5 mm vor den zweiten Brennpunkt φ'' des Auges (Fig. 18).

Der erste Brennpunkt Φ' des kombinierten Systems kommt

$$\frac{1}{65} = 0{,}0153 \text{ m}$$

vor den ersten Hauptpunkt H'_{12} des kombinierten Systems zu liegen. Da H'_{12} 0,5 mm hinter der Hornhaut (h) des reduzierten Auges liegt, so ist $h\Phi' = 0{,}0153 - 0{,}005 = 0{,}0103$; d. h. der erste Brennpunkt des kombinierten Systems liegt 10,3 mm vor dem Hauptpunkt des reduzierten Auges.

Da der erste Brennpunkt (φ') des reduzierten Auges 15 mm vor, der zweite (φ'') 20 mm hinter der Hornhaut liegt, so liegen die beiden Brennpunkte (Φ' und Φ'') des kombinierten Systems einander näher, als die des Auges.

Der Einfluß des Korrektionsglases eines achsenametropischen Auges auf die Größe des Netzhautbildes.

Das Korrektionsglas ist das Glas, welches das ametropische Auge auf ein unendlich entferntes Objekt einstellt, d. h. demselben von diesem Objekte ein scharfes Netzhautbild verschafft.

Der zweite Brennpunkt des aus Auge und Glas gebildeten Systems muß also auf die Netzhaut fallen.

Es leuchtet ein, daß dies Postulat durch verschiedene Gläser erfüllt werden kann, je nach der Entfernung vom Auge, in welcher sie aufgestellt werden. Die Bilder sind immer scharf, wenn der zweite Brennpunkt des aus Korrektionsglas und Auge zusammengesetzten Systems auf die Netzhaut fällt; aber sie sind verschieden groß, je nach dem Werte der zweiten Brennweite ($\mathfrak{F}''$) des kombinierten Systems, d. h. je nach dem Abstande des zweiten Brennpunktes vom zweiten Hauptpunkte desselben. Die Bildgröße ist der zweiten Hauptbrennweite ($\mathfrak{F}''$) des kombinierten Systems proportional (vgl. Fig. 16 und Fig. 19).

Fig. 19.

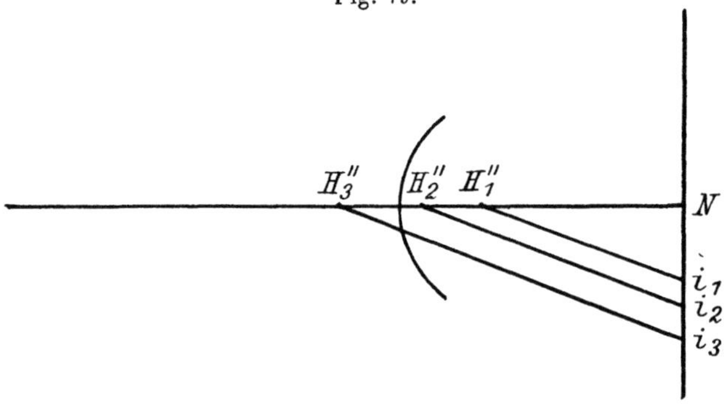

Die Netzhaut des ametropischen Auges liege z. B. in der durch N (Fig. 19) gehenden Ebene. Der zweite Brennpunkt des kombinierten Systems fällt mit N zusammen.

Da der Winkel, den der gebrochene Strahl im letzten Medium mit der Achse bildet, derselbe ist, wo auch das Korrektionsglas stehe, so ist, wie aus der Figur direkt hervorgeht, das Bild Ni um so größer, je weiter H'' von der Netzhaut entfernt, bzw. je größer $\mathfrak{F}''$ ist.

Nehmen wir die zweite Brennweite F'' des emmetropischen Auges, welches zum deutlichen Sehen in die Ferne kein Korrektionsglas braucht, als

Norm an, und berechnen die zweite Brennweite ($\mathfrak{F}''$) des aus dem Korrektionsglase des achsenametropischen Auges und dem optischen Apparate des Auges gebildeten Systems, so können wir die beiden Brennweiten, und somit auch die Größen der Netzhautbilder der beiden Augen miteinander vergleichen.

Sei D' die Brechkraft des Korrektionsglases (+ für ein Konvex-, — für ein Konkavglas)

D_{11} die Brechkraft des Auges (dieselbe für Emmetropie wie für Achsenametropie)

D_{12} die Brechkraft des aus der Kombination von Glas und Auge gebildeten Systems.

d der Abstand zwischen dem zweiten Hauptpunkte des Korrektionsglases und dem ersten Hauptpunkte des Auges.

Da das Glas sich in Luft befindet, deren Brechungsindex $n = 1$, so ist $d = \frac{d}{n} = \delta$ der Gullstrandschen Formeln.

Die Formel für die Brechkraft des kombinierten Systems lautet:

$$D_{12} = D_1 + D_{11} - \delta D_1 \cdot D_{11}. \qquad (8^1)$$

Wir können auch schreiben:

$$D_{12} = D_{11} + D_1(1 - dD_{11}). \qquad (8^2)$$

Bedenken wir, daß $\frac{1}{D_{11}}$ gleich ist der vorderen Brennweite des Auges: $H\varphi' = F'$, und nehmen wir an, das Korrektionsglas stehe in φ', dem vorderen Brennpunkte des Auges, so wird $d = \frac{1}{D_{11}}$.

Dieser Ausdruck in 8^2 eingeführt, gibt

$$D_{12} = D_{11} + D_1\left(1 - \frac{D_{11}}{D_{11}}\right) = D_{11} + D_1 \cdot 0,$$

also

$$D_{12} = D_{11}.$$

In Worten: Steht das Korrektionsglas des achsenametropischen Auges im vorderen Brennpunkte des Auges, so ist die Brechkraft des von Glas und Auge gebildeten Systems gleich der Brechkraft des Auges; somit auch die Brennweite des kombinierten Systems gleich der des Auges. Folglich ist auch die Größe des Netzhautbildes in dem so korrigierten achsenametropischen Auge gleich der des unbewaffneten emmetropischen Auges.

Wir sagen allgemein »das achsenametropische Auge«, weil, wie aus der Rechnung hervorgeht, das Vorzeichen von D_1 in diesem Falle gleichgültig ist.

Ist das Auge hypermetropisch, das Korrektionsglas also konvex, D_1 positiv, und steht dasselbe dem Auge näher als φ', so ist d kleiner als die vordere Brennweite $\left(F' = \frac{1}{D_{11}}\right)$, und somit $dD_{11} < 1$.

Der eingeklammerte Ausdruck der Formel (8^2) und folglich auch das Produkt dieses Ausdruckes mit D' ist positiv, also $D_{12} > D_{11}$.

Umgekehrt verhalten sich die reziproken Werte der Brechkräfte $\frac{1}{D_{12}}$ und $\frac{1}{D_{11}}$, d. h. die Brennweiten $\mathfrak{F}''$ und F' zueinander. $\mathfrak{F}''$, die Brennweite des kombinierten Systems, ist kleiner als F'', die Brennweite des Auges, und damit ist auch die Bildgröße des so korrigierten hypermetropischen Auges kleiner als die des emmetropischen Auges.

Das Umgekehrte ist der Fall, wenn das positive Korrektionsglas des achsenhypermetropischen Auges weiter als φ' vom Auge entfernt ist, $d > F'$, bzw. als $\frac{1}{D_{11}}$. Dann wird das Produkt von D_1 mit $1 - dD_{11}$ negativ; also $D_{12} < D''$; $\mathfrak{F}''$ größer als F', und auch die Netzhautbildgröße in dem so korrigierten achsenhypermetropischen Auge größer als im emmetropischen.

Ist das zu korrigierende Auge myopisch, das Korrektionsglas D_1 also negativ, so gestalten sich die Verhältnisse gerade umgekehrt, wie bei der Hypermetropie.

Steht das konkave Korrektionsglas dem Auge näher als φ', ist $d < \frac{1}{D_{11}}$, so ergibt $(1 - dD_{11})$ eine positive, und $D_1(1 - dD_{11})$ eine negative Größe, weil D_1 negativ ist. Also ist

$$D_{12} = D_{11} + D_1(1 - dD_{11}) \text{ kleiner als } D_{11}; \text{ und}$$

$$\frac{1}{D_{12}} = \mathfrak{F}'' \text{ größer als } F''.$$

Somit ist das Netzhautbild eines durch ein innerhalb des vorderen Brennpunktes stehendes Konkavglas korrigierten achsenmyopischen Auges größer, als das des emmetropischen Auges.

Dieselben, aus Formel (8^2) folgenden Überlegungen ergeben, daß, wenn das Korrektionsglas eines achsenmyopischen Auges jenseits des vorderen Brennpunktes des Auges steht $\left(d > \frac{1}{D_{11}}\right)$, D_{12} stärker wird als D_{11}, $\mathfrak{F}'' < F''$, und somit das Netzhautbild kleiner als das des emmetropischen Auges.

Gullstrands einfache Formeln: $B = A + D$ und $K = \frac{A}{B}$ gelten aber nicht nur für die einfachen Systeme unserer Beispiele, sondern für jedes beliebige, auch noch so komplizierte, zentrierte System, wenn man die Konvergenzen des einfallenden und des gebrochenen Strahlenbündels in den Hauptpunkten mißt.

Ihr Autor hat diese Formeln, wie wir gesehen haben, auch für die Fälle anwendbar gemacht, wo, wie in afokalen Systemen, die Hauptpunkte sich nicht zum Ausgangspunkte für die Konvergenzen eignen. In einem afokalen System ist nämlich D_{12} Null. Deshalb werden die Formeln (10) $H'_{12} = \frac{\delta D''}{D_{12}}$ und $H''_{12} = \frac{\delta D'}{D_{12}}$ unanwendbar.

Gullstrand hat diese Schwierigkeit in genialer Weise dadurch gehoben, daß er die Konvergenzen in zwei anderen, in bezug auf das System konjugierten Punkten mißt.

Er bezeichnet mit $\varkappa$ die Vergrößerung für diese konjugierten Punkte, und erhält dann folgende Formeln:

$$\varkappa^2 B = A + \varkappa D$$

und

$$\varkappa K B = A.$$

Werden die Konvergenzen in den Hauptpunkten gemessen, für welche die Vergrößerungszahl bekanntlich = 1 ist, so fallen diese Formeln mit den obigen Grundformeln (3) und (6) zusammen.

Endlich hat Gullstrand gezeigt, wie sich dieselben Formeln auch auf astigmatische Strahlenbündel anwenden lassen[1]), wenn die Refraktions-, bzw. Reflexionsebene mit einem Hauptschnitte des astigmatischen Bündels, und mit einem Hauptschnitte der brechenden, bzw. spiegelnden Fläche zusammenfällt.

Gullstrands Dioptrienrechnung in der Katoptrik.

Die Gesetze der Katoptrik lassen sich ebenfalls nach Gullstrands Methode ableiten, und auf dieselben zwei einfachen Formeln reduzieren, die für die Dioptrik gelten.

Auch hier muß man vor allem über die Bedeutung der Vorzeichen unterrichtet sein.

Für die auffallenden Strahlen sind die Regeln der Vorzeichen dieselben, wie in der Dioptrik. Jeder Abstand, sowie die zugehörige Konvergenz, sind positiv in der Richtung der Fortpflanzung des Lichtes, negativ in der entgegengesetzten Richtung[2]). Nach der ersten Reflexion und überhaupt nach jeder ungeraden Zahl von Spiegelungen müssen die Strahlen betrachtet werden, als ob sie sich in einem Medium mit negativem Brechungsindex fortbewegten, also mit dem Index — 1, wenn die Spiegelung in der Luft stattfindet. Der Brechungsindex des Mediums,

---

1) Helmholtz, Physiol. Optik, 3. Aufl., S. 236 ff.
2) Gullstrand, Einführung S. 9.

in welchem sich das gespiegelte Licht in negativer Richtung bewegt, ist ebenfalls negativ[1]).

Der Krümmungsradius, d. h. der Abstand der Spiegelfläche von ihrem Krümmungszentrum (*HC* Fig. 22 und 24) ist also positiv, wenn die Konkavität des Spiegels nach der positiven Richtung schaut, wie dies bei Konvexspiegeln der Fall ist.

Der Krümmungsradius des Konvexspiegels dagegen ist negativ, weil dessen konkave spiegelnde Fläche nach der negativen Seite gerichtet ist.

Fig. 20.

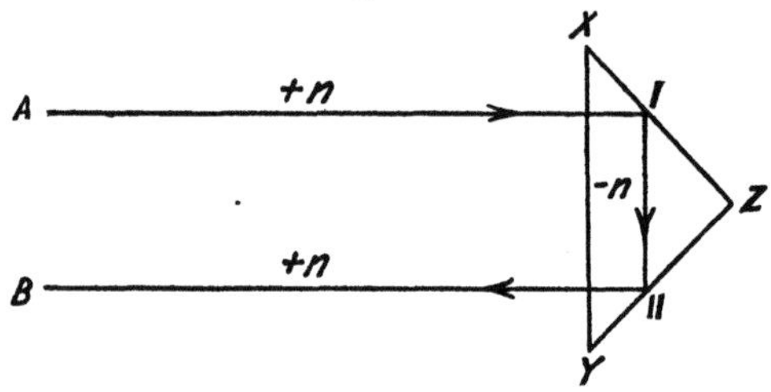

Die Haupt- wie die Konjugatbrennweiten sind, wie in der Dioptrik, positiv in der Fortpflanzungsrichtung des Lichtes, negativ in der entgegengesetzten Richtung.

Was die Beziehungen zwischen Objekt und Bild in der Katoptrik betrifft, so gelten dieselben Regeln wie in der Dioptrik: Haben Objekt und Bild dasselbe Vorzeichen, so haben sie auch die gleiche Richtung, haben sie umgekehrtes Vorzeichen, so sind sie zueinander umgekehrt gerichtet.

Gullstrands Regeln der Vorzeichen sind also, in Dioptrik wie Katoptrik von den bisherigen verschieden.

Der Planspiegel.

Sei (Fig. 21) *SS* eine plane spiegelnde Fläche, α ein leuchtender Punkt. Die von α kommenden Strahlen werden von dem Spiegel unter dem gleichen Winkel reflektiert, unter welchem sie ihn getroffen haben. So scheinen dann die gespiegelten Strahlen von einem Punkte β herzukommen, der gerade so weit hinter dem Spiegel liegt, als α vor ihm gelegen ist.

Bezeichnen wir den Abstand $H\alpha$ mit a, den Abstand $H\beta$ mit b, und mit n den Brechungsindex des Mediums, in welchem die Spiegelung stattfindet.

Nach der Konvention der Vorzeichen ist a negativ. Der reduzierte Abstand $\frac{a}{n}$ oder $\frac{a}{1}$, wenn die Spiegelung in der Luft stattfindet, ist also

1) Um sich die Sache leichter einzuprägen, erinnere man sich der Reflexion in einem rechtwinkligen Prisma (Fig. 20).

Ein Lichtstrahl *AI* durchlaufe das Medium mit dem Brechungsindex $+n$, und gelange, die Fläche *XY* des Prismas senkrecht treffend, in das Medium $-n$. In *I*, an der Fläche *XZ*, erfährt er die erste Reflexion, in *II* die zweite. Dann tritt er durch die Fläche *XY* gegen *B* hin, wieder in das erste Medium $+n$.

ebenfalls negativ, und so ist auch die reduzierte Konvergenz $A = \frac{n}{a} = \frac{1}{a}$ negativ.

Der Abstand b ist positiv; der reduzierte Abstand $\frac{b}{n}$ dagegen ist negativ, weil der Brechungsindex n nach der ersten Spiegelung als negativ betrachtet werden muß. Die reduzierte Konvergenz: $\frac{-n}{b} = \frac{-1}{b} = B$ ist demnach ebenfalls negativ[1]).

Fig. 21.

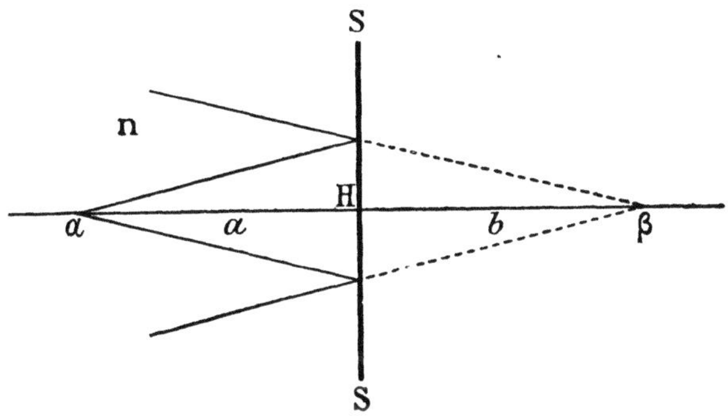

In der ersten Grundformel Gullstrands $B = A + D$ ist D für den Planspiegel $= 0$, weil die Brennweite (F) des Planspiegels unendlich ist

$$\left(D = \frac{1}{F} = \frac{1}{\infty} = 0\right).$$

Die Formel wird also zu

$$B = A.$$

Ersetzen wir in dieser Formel B durch $\frac{-n}{b}$, und A durch $\frac{n}{a}$, so erhalten wir

$$\frac{-n}{b} = \frac{n}{a}$$

bzw., da $n = 1$

$$-\frac{1}{b} = +\frac{1}{a}$$

also

$$b = -a.$$

1) Es sei gleich hier bemerkt, daß in der Katoptrik a und A das gleiche Vorzeichen haben. Das Vorzeichen von b dagegen ist dem des B entgegengesetzt. Wie wir später noch sehen werden, haben auch f und D entgegengesetztes Vorzeichen.

Nach Gullstrand ist a negativ; also wird $-a$ positiv; b ist ebenfalls positiv. Beide sind demnach als in der Fortpflanzungsrichtung des Lichtes, also auf entgegengesetzten Seiten der Spiegelfläche gelegen zu betrachten.

Da außerdem $b = a$, so sind Objekt und Bild gleich weit von dem Spiegel entfernt.

Berechnung der Vergrößerung, bzw. der Bildgröße für den Planspiegel.

Die Vergrößerung, bzw. das Verhältnis der Größe des Bildes (i) zu der seines Objektes (o) ergibt sich in der Katoptrik mit Hilfe derselben Formel, wie in der Dioptrik:

$$\frac{i}{o} = K = \frac{A}{B}.$$

Fig. 22.

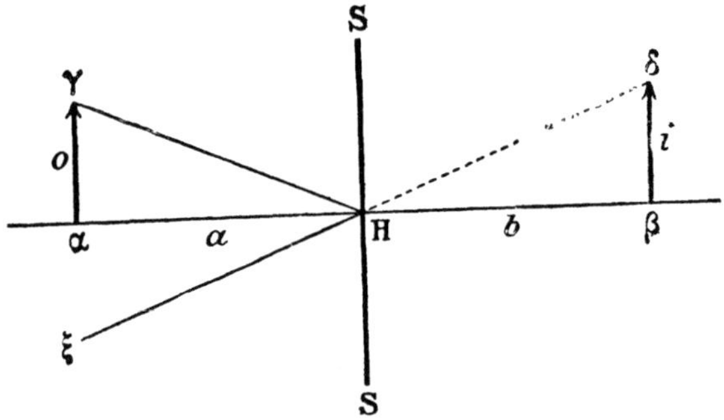

Um das von dem Planspiegel SS (Fig. 22) entworfene Bild des Objektes zu konstruieren, ziehen wir vom Endpunkte γ des Objektes den Strahl γH nach dem Punkte H, wo die vom Punkte α auf den Spiegel gerichtete Senkrechte denselben trifft. In H wird dieser Strahl, unter dem dem Einfallswinkel gleichen Winkel, gegen ξ hin reflektiert. Wo dieser reflektierte Strahl, rückwärts verlängert, die im Punkte β des Bildes errichtete Senkrechte schneidet, d. h. im Punkte δ, liegt das Bild von γ.

Die rechtwinkligen Dreiecke $\alpha H \gamma$ und $\beta H \delta$ sind einander gleich, da $a = b$.

Also ist

$$\frac{i}{o} = \frac{b}{a}$$

oder

$$\frac{i}{o} = \frac{1/B}{1/A} = \frac{A}{B}.$$

In dieser Formel sind A und B negativ, also ist $\frac{i}{o}$, bzw. K positiv.

Da außerdem $a = b$, so ist auch $A = B$, also

$$K = 1$$
$$i = o.$$

Das heißt, Bild und Objekt sind gleich groß und, da beide gleiches Vorzeichen haben, sind sie gleich gerichtet. Mit anderen Worten, das Bild ist aufrecht und virtuell.

K und i haben offenbar immer dasselbe Vorzeichen. Ein positives K entspricht also jeweilen einem aufrechten (virtuellen), ein negatives K einem umgekehrten, reellen Bild.

Der Konkavspiegel.

Sei, in Fig. 23, α ein leuchtender Punkt, β dessen vom Konkavspiegel entworfenes Bild, H der Scheitelpunkt des Konkavspiegels, φ dessen Brennpunkt.

Bezeichnen wir außerdem wieder mit a den Abstand $H\alpha$, mit b den Abstand $H\beta$, mit f den Abstand $H\varphi$, d. h. die Brennweite des Konkavspiegels.

Die klassische Abstandsformel für den Konkavspiegel ist bekanntlich dieselbe wie für die Konvexlinse:

$$\frac{1}{f} = \frac{1}{a} + \frac{1}{b}.$$

Fig. 23.

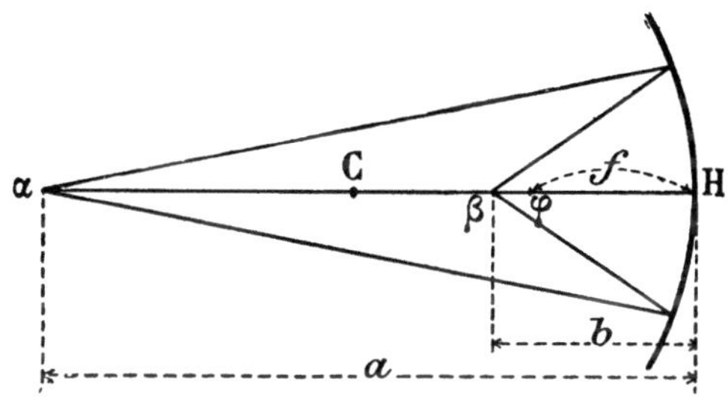

Nach dem alten Systeme galten, wie für die Konvexlinse, a und b als positiv auf der linken, als negativ auf der rechten Seite von H, und die Brennweite f des Konkavspiegels als positiv.

Alle Glieder der obigen Formel hatten also positives Vorzeichen.

Nach Gullstrands Konvention dagegen ist a negativ in einem Medium mit positivem Vorzeichen ($n = +1$).

b ist negativ, weil der Lichtrichtung entgegengesetzt, aber gelegen in einem Medium mit negativem Brechungsindex: ($n' = -1$).

f ist negativ und ebenfalls in einem Medium mit negativem Brechungsindex gelegen.

Die reduzierten Abstände sind also:

$$\frac{a}{n} = \frac{-a}{+1} = -a, \text{ negativ,}$$
$$\frac{b}{n'} = \frac{-b}{-1} = b, \text{ positiv,}$$
$$\frac{f}{n'} = \frac{-f}{-1} = f, \text{ positiv.}$$

Die entsprechenden reduzierten Konvergenzen werden also:

$$A = \frac{n}{-a} = \frac{1}{-a}, \text{ negativ,}$$

$$B = \frac{n'}{b} = \frac{-1}{-b} = \frac{1}{b}, \text{ positiv,}$$

$$D = \frac{n'}{f} = \frac{-1}{-f} = \frac{1}{f}, \text{ positiv.}$$

Nehmen wir ein Beispiel:

Der Konkavspiegel habe eine Reflexionskraft D von 4 dptr., also eine Brennweite von 0,25 m. — Der Punkt α liege um den Abstand $a = 0,40$ m vor dem Spiegel.

Nach der alten Weise berechneten wir, wie für die Konvexlinse, den Abstand b mit Hilfe der Formel:

$$\frac{1}{b} = \frac{1}{f} - \frac{1}{a}$$

$$\frac{1}{b} = \frac{1}{0,25} - \frac{1}{0,40} = \frac{0,15}{0,10}$$

$$b = \frac{0,10}{0,15} = 0,66 \text{ m}.$$

Das positive Vorzeichen von b deutete auf ein umgekehrtes Bild.

Nach Gullstrands Methode bedienen wir uns der Abstandsformel

$$B = A + D, \tag{I}$$

worin

$$A = \frac{1}{-0,40} = -2,5 \text{ dptr.}$$

$$D = 4 \text{ dptr.}$$

Also

$$B = -2,5 + 4 = 1,5 \text{ dptr.}$$

Also der Abstand des Bildes β vom Spiegel:

$$b = -\frac{1}{B} = -\frac{1}{1,5} = -0,66 \text{ m}.$$

Das Minuszeichen bedeutet nach Gullstrand, daß das Bild umgekehrt ist.

Die beiden Berechnungsmethoden ergeben also das gleiche Resultat.

Befindet sich der Objektpunkt im Krümmungszentrum des Konkavspiegels, d. h. gerade um die doppelte Brennweite von demselben entfernt ($a = r = 2f$), so wird

$$A = -\frac{D}{2}.$$

Führen wir diesen Wert in die Formel (I) ein, so erhalten wir

$$B = -\frac{D}{2} + D = \frac{D}{2} = -A$$

$$B = -A.$$

Nun ist $A = \frac{1}{a}$ und $B = \frac{1}{b}$.

B ist, wie wir oben auseinandergesetzt haben, $= \frac{-1}{b}$.

Wir schreiben also

$$-\frac{1}{b} = -\frac{1}{a}$$

oder

$$\frac{1}{b} = \frac{1}{a}$$

oder

$$b = a = 2f.$$

In Worten: Ist ein leuchtender Punkt um die doppelte Brennweite von dem Konkavspiegel entfernt, d. h. befindet er sich im Krümmungszentrum desselben, so entsteht sein Bild ebenfalls in dieser Entfernung. Objekt und Bild fallen also zusammen.

Steht der leuchtende Punkt im Brennpunkte φ des Konkavspiegels ($a = f$), so ist

$$A = D$$

also

$$B = -A + D = 0$$

und

$$b = \frac{1}{B} = \infty.$$

D. h., das Bild des leuchtenden Punktes liegt in Unendlich.

Liegt das Objekt zwischen dem Brennpunkt und dem Konkavspiegel, so wird der Wert des negativen A größer als der des positiven D, also B negativ, b dagegen positiv, d. h., das Bild ist virtuell, aufrecht und liegt auf der rechten Seite des Spiegels, bzw. hinter demselben.

Sei z. B. $a = 0{,}10$ m, also $A = -10$ dptr.; $D = 4$ dptr., so wird

$$B = -10 + 4 = -6 \text{ dptr.}$$

$$b = -\frac{1}{6} = -0{,}1666 \text{ m}.$$

Vergrößerung des Konkavspiegels.

Um das Verhältnis zwischen Objekt (o) und Bildgröße (i) d. h. $\frac{i}{o} = K$ festzustellen, betrachten wir die Fig. 24.

Darin bezeichnet $\alpha\gamma = o$ das Objekt, das um den Abstand $H\alpha = a$ vor dem Konkavspiegel liegt. Ist der Abstand a größer als die Brennweite des Spiegels, so entsteht das Bild β, wie wir gesehen haben, vor dem Spiegel, in dem Abstande $H\beta = b$.

Fig. 24.

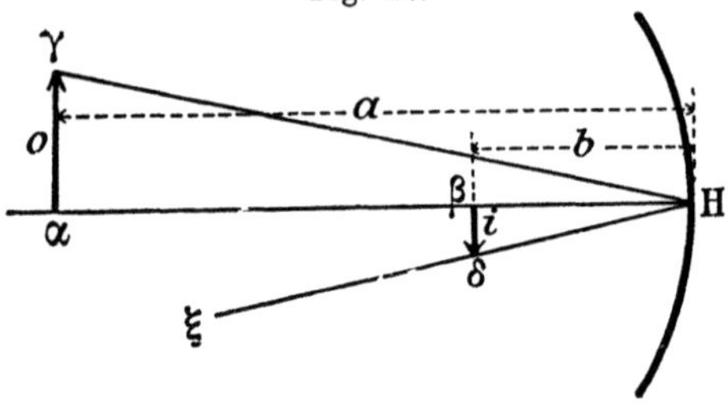

Ziehen wir, vom Endpunkte γ des Objektes, die Linie γH nach dem Scheitelpunkte des Spiegels! In diesem Punkte wird der Strahl, unter dem gleichen Winkel, unter dem er die Spiegelfläche getroffen hat, nach ξ reflektiert. Wo er die in β errichtete Senkrechte schneidet, d. h. in δ, liegt das Bild von γ.

$\beta\delta = i$ ist also das Bild von $\alpha\gamma = o$.

Aus der Ähnlichkeit der Dreiecke $\beta\delta H$ und $\alpha\gamma H$ folgt:

$$\frac{\beta\delta}{\alpha\gamma} = \frac{H\beta}{H\alpha},$$

d. h.

$$\frac{i}{o} = \frac{b}{a}.$$

Ersetzen wir in dieser Formel die Abstände a und b durch die entsprechenden reduzierten Konvergenzen; a durch $\frac{1}{A}$; b durch $\frac{1}{B}$.

Nach Gullstrands Konvention ist A negativ, B in unserem Falle positiv, wir schreiben also:

$$\frac{i}{o} = K = \frac{1/B}{-1/A} = -\frac{A}{B}$$

oder, da $B = A + D$:

$$\frac{i}{o} = K = \frac{A}{A+D}.$$

Dieser Ausdruck ist negativ.

Wir erhalten also für die Vergrößerung des Konkavspiegels wiederum die zweite Grundformel Gullstrands, die allgemeine Vergrößerungsformel

Das Minuszeichen bedeutet, daß das von dem Konkavspiegel gelieferte Bild umgekehrt und reell ist.

Wir gelangen zu dem gleichen Resultate, wenn wir die alte Formel für die Bildgröße des Konkavspiegels nach Gullstrands Prinzip umschreiben. Die Formel lautet:

$$\frac{i}{o} = \frac{f}{a - f}.$$

Ersetzen wir in dieser Formel f durch $\frac{1}{D}$ und a durch $-\frac{1}{A}$ so schreiben wir:

$$\frac{i}{o} = \frac{{}^1/D}{-{}^1/A - {}^1/D} = -\frac{{}^1/D}{{}^1/A + {}^1/D} = -\frac{A}{D + A} = -\frac{A}{B}.$$

Nach Gullstrand ist A negativ, B positiv; also wird $\frac{A}{B}$ negativ und $-\frac{A}{B}$ positiv.

Setzen wir $K = \frac{A}{B}$, so ist K negativ, und, wie wir wissen, deutet ein negatives K auf ein umgekehrtes, reelles Bild.

Ist die Größe des Objektes $o = 1$, seine Entfernung vom Spiegel $a = -0{,}40$ m, also $A = -2{,}5$ dptr. und die Reflexionskraft des Spiegels $D = 4$ dptr., so ist B, nach unserem ersten Beispiele, $= 1{,}5$ dptr., also

$$K = -\frac{2{,}5}{1{,}5} = -1{,}666 \text{ dptr.}$$

Das Bild ist also umgekehrt, reell und 1,666mal größer als das Objekt. Nach der alten Methode hätten wir geschrieben:

$$\frac{i}{o} = \frac{f}{a - f} = \frac{25}{40 - 25} = 1{,}666.$$

Ist das umgekehrte Bild, das der Konkavspiegel entwirft, gleich groß wie das Objekt: $-i = o$, so wird

$$\frac{-i}{o} = K = -1$$

und in der Formel

$$K = \frac{A}{B},$$

wird

$$B = -A.$$

Ersetzen wir in der Formel (I) B durch $-A$, so erhalten wir

$$-A = A + D$$

oder

$$2A = -D$$

$$A = \frac{-D}{2}$$

also
$$a = \frac{1}{A} = -\frac{2}{D},$$
und da $D = \frac{1}{f}$, so ist
$$\frac{2}{-D} = -2f,$$
also
$$a = -2f = r.$$

D. h. wenn Bild und Objekt die gleiche Größe haben, so liegen sie beide um die doppelte Brennweite, bzw. um den Radius vom Konkavspiegel entfernt, d. h. in dessen Krümmungszentrum.

Der Konvexspiegel.

Sei (Fig. 25) H der Scheitel des Konvexspiegels, C sein Krümmungszentrum, φ sein Brennpunkt.

Fig. 25.

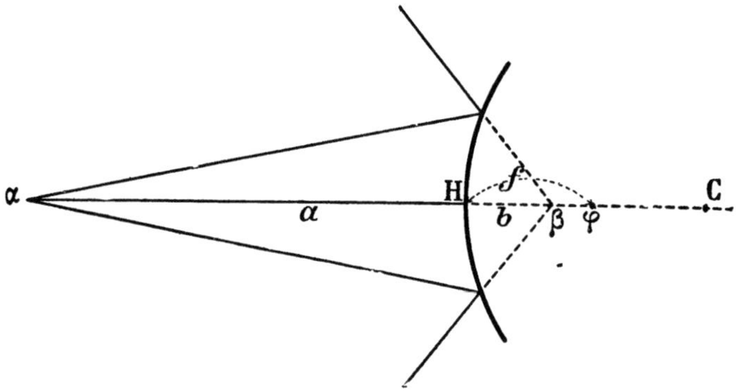

Sei α ein Objektpunkt, β dessen von dem Konvexspiegel geliefertes virtuelles Bild.

$a = H\alpha$ der Abstand der Spiegelfläche vom Objekte, in einem Medium mit dem Brechungsindex $n = 1$. Dieser Abstand, sowie die ihm entsprechende reduzierte Konvergenz $\frac{n}{a} = \frac{1}{a} = A$ sind negativ.

$b = H\beta$ der Abstand der Spiegelfläche vom Bilde ist positiv.

Der reduzierte Abstand $\left(\frac{b}{n'} = \frac{b}{-1}\right)$ dagegen, sowie die entsprechende reduzierte Konvergenz $\frac{n'}{b} = \frac{-1}{b} = B$ sind negativ, weil b in einem Medium mit negativem Brechungsindex $(n' = -1)$ gelegen betrachtet wird.

$H\varphi = f$, die Brennweite des Konvexspiegels, ist positiv, weil sie in der Fortpflanzungsrichtung des Lichtes gelegen ist. Die reduzierte Brennweite $\left(\frac{f}{n'} = \frac{f}{-1}\right)$ dagegen, wie auch die reduzierte Konvergenz, d. h. die Reflexionskraft des Konvexspiegels: $D = \frac{n'}{f} = \frac{-1}{f}$ sind negativ.

Rekapitulieren wir die Vorzeichen für den Konvexspiegel:
Die Abstände: a negativ, b positiv, f positiv.
Die reduzierten Abstände: $\frac{a}{n}$ negativ, $\frac{b}{n'}$ negativ, $\frac{f}{n'}$ negativ.
Die reduzierten Konvergenzen:

$$A = \frac{n}{-a} = \frac{1}{-a} \text{ negativ,}$$

$$B = \frac{n'}{b} = \frac{-1}{b} \text{ negativ,}$$

$$D = \frac{n'}{f} = \frac{-1}{f} \text{ negativ.}$$

Nach der alten Berechnungsweise lautete die Abstandsformel für den Konvexspiegel:

$$\frac{1}{a} + \frac{1}{b} = -\frac{1}{f}.$$

Darin galt a als positiv, wenn es sich um ein reelles, vor dem Spiegel gelegenes Objekt handelte. In diesem Falle nimmt, nach Gullstrands Methode, a, umgekehrt, das negative Vorzeichen.

Dasselbe ist der Fall für b.

Die alte Formel würde also nach der neuen Weise lauten:

$$-\frac{1}{a} - \frac{1}{b} = -\frac{1}{f},$$

oder, wenn wir die reduzierten Konvergenzen einführen:

$$-A + B = D$$

oder

$$B = A + D.$$

Wie oben gesagt, ist die Brennweite (f) des Konvexspiegels positiv, aber zu betrachten als in einem Medium mit negativem Brechungsindex gelegen. Daher ist die Reflexionskraft des Konvexspiegels $\frac{-1}{f} = -D$ negativ.

Wenn also A negativ ist, wie dies bei einem reellen, vor dem Spiegel gelegenen Objekte der Fall ist, so ist B negativ.

Nun ist $B = \frac{-1}{b}$ weil, nach der ersten Reflexion, der Index des Mediums n als -1 zu betrachten ist. Ist also B negativ, so wird b positiv, d. h. das Spiegelbild ist aufrecht und virtuell.

B ist auch negativ, wenn A positiv, aber seinem absoluten Werte nach geringer ist als D ($a > f$). Dies ist der Fall, wenn der Objektpunkt a virtuell, und von dem Spiegel weiter entfernt ist, als dessen Brennpunkt.

Ist B negativ, so ist b positiv, d. h. das unter diesen Verhältnissen gelieferte Spiegelbild ist aufrecht und virtuell.

Ist a positiv (Objekt hinter dem Konvexspiegel), aber größer als f, so ist A positiv, aber geringer als D. B ist negativ und geringer als D. Folglich ist b positiv, d. h. hinter dem Spiegel gelegen, und größer als f.

Ist a positiv, aber kleiner als f, so ist A positiv und größer als D.

Folglich ist B positiv und b negativ, d. h. das von dem Konvexspiegel gelieferte Bild ist umgekehrt und reell.

Nehmen wir ein Beispiel.

Es sei die Reflexionskraft, oder reduzierte Konvergenz des Konvexspiegels $D = -4$ dptr. ($f = -0{,}25$ m); der Abstand a eines vor dem Spiegel gelegenen Objektes $a = 0{,}40$ m.

So ergibt sich aus der Abstandsformel $B = A + D$:

$$B = -2{,}5 - 4 = -6{,}5 \text{ dptr.}$$

und

$$b = -\frac{1}{-6{,}5} = 15{,}38 \text{ mm}.$$

Der positive Wert der Zahl 15,38 weist darauf hin, daß das Bild aufrecht ist und hinter dem Spiegel liegt.

Nach der alten Methode hätten wir geschrieben:

$$\frac{1}{b} = -\frac{1}{a} - \frac{1}{f}$$

$$\frac{1}{b} = -\frac{1}{25} - \frac{1}{40} = -\frac{65}{1000}$$

$$b = -15{,}38 \text{ mm}.$$

Dabei hatte das Minuszeichen dieselbe Bedeutung, wie nach Gullstrands Methode das positive Vorzeichen.

Die Vergrößerung des Konvexspiegels.

Das Verhältnis zwischen Objekt- und Bildgröße $\left(\frac{i}{o}\right)$ ergibt sich auch für den Konvexspiegel wieder aus Gullstrands zweiter Grundformel:

$$\frac{i}{o} = K = \frac{A}{B}.$$

Sei (Fig. 26) $\alpha\gamma = o$ ein Objekt, im Abstande $H\alpha = a$ vor dem Konvexspiegel gelegen.

Sein virtuelles Bild (i) entsteht hinter dem Spiegel im Abstande $H\beta = b$.

Der auffallende Strahl γH wird nach ξ hin reflektiert. Wo er, rückwärts verlängert, die im Punkte β errichtete Senkrechte schneidet, d. h. in δ, liegt das Bild des Punktes γ.

$\beta\delta$ ist also das Bild von $\alpha\gamma$.

Aus den ähnlichen Dreiecken $\beta\delta H$ und $\alpha\gamma H$ folgt:

$$\frac{\beta\delta}{\alpha\gamma} = \frac{H\beta}{H\alpha}$$

oder

$$\frac{i}{b} = \frac{b}{a}.$$

Fig. 26.

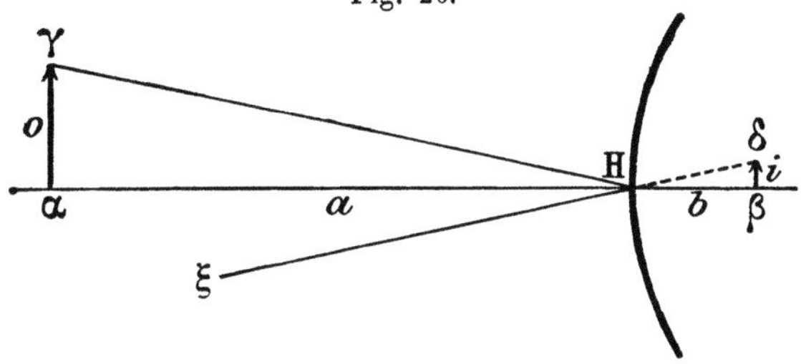

Mit Gullstrand schreiben wir:

$$\frac{1}{a} = -A \text{ und } \frac{1}{b} = -B,$$

also

$$\frac{i}{b} = \frac{A}{B} = \frac{A}{A+D} = K.$$

In dieser Formel sind A und B negativ; also ist der Quotient K positiv. Daraus geht hervor, daß das Bild aufrecht und virtuell ist.

Gullstrands Formel läßt sich auch aus der alten Formel ableiten. Dieselbe lautete für die Bildgröße des Konvexspiegels:

$$\frac{i}{o} = \frac{f}{a+f}.$$

Ersetzen wir darin f durch $-\frac{1}{D}$, und a durch $-\frac{1}{A}$, so können wir schreiben:

$$\frac{i}{o} = \frac{-1/D}{-1/D - 1/A} = \frac{1/D}{1/D + 1/A} = \frac{A}{A+D} = \frac{A}{B} = K.$$

Nehmen wir ein Beispiel:

Befindet sich in der Entfernung $a = 0{,}40$ m ein Objekt von der Größe 1, so schreiben wir für die Vergrößerung:

$$K = \frac{-2{,}5}{-6{,}5} = +0{,}384.$$

Das heißt, das Bild ist virtuell, aufrecht und 0,384 mal kleiner als das Objekt.

Nach der alten Methode hätten wir geschrieben:

$$\frac{i}{o} = \frac{f}{a+f} = \frac{0,25}{0,40+0,25} = \frac{0,25}{0,65} = -\,0,384\,,$$

oder auch

$$\frac{i}{o} = \frac{b}{a} = \frac{-\,15,38}{0,40} = -\,0,384\,,$$

worin das Minuszeichen, nach der alten Konvention (wie das Pluszeichen nach der Gullstrandschen), ein aufrechtes, virtuelles Bild andeutet.

Möge diese Einleitung genügen, den Fachgenossen Gullstrands Dioptrienrechnung so verständlich zu machen, daß sie, nach dieser neuen Methode, die Fragen beantworten können, welche die Untersuchung des Auges, namentlich die Bestimmung der Refraktion, dem Augenarzte bringt.

Das Verdienst des schwedischen Gelehrten erscheint allerdings um so größer, je höher man in der Optik steigt; lassen sich doch mit seinen zwei einfachen Grundformeln auch die kompliziertesten Probleme lösen, welche die Kombination von dioptrischen und katoptrischen Systemen darbieten können.

Die Bestimmung der Refraktion des Auges.

Definition. Unter Refraktion oder Brechzustand des Auges verstehen wir im allgemeinen den reziproken Wert der Entfernung des Auges von dem Punkt, auf welchen dasselbe eingestellt ist.

Eingestellt ist das Auge auf einen Punkt, wenn es von demselben, auf seiner Netzhaut ein scharfes Bild erhält.

Fig. 27.

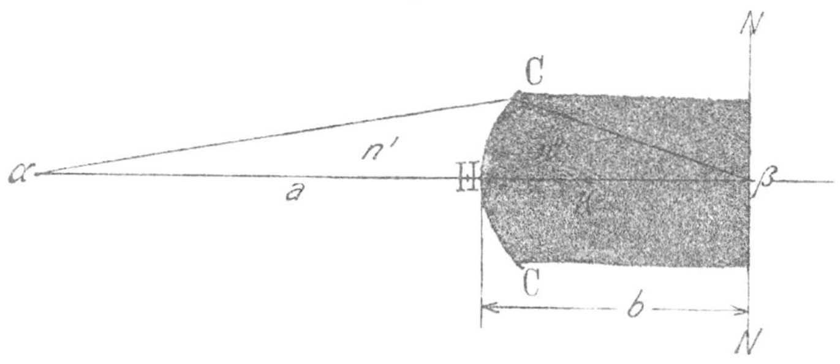

Denken wir uns das einfachste optische System, mit welchem das Auge füglich verglichen, auf welches dasselbe reduziert werden kann, eine konvexe Fläche *CHC* (Fig. 27), welche ein schwächer brechendes Medium n' von einem stärker brechenden n'' trennt. *K* ist ihr Krümmungszentrum, *H* ihr Scheitel, bzw. der Punkt, wo sie sich mit der Achse kreuzt.

Sei α ein leuchtender Punkt, β das von demselben durch das System entworfene Bild, welches gerade auf den die Netzhaut darstellenden Schirm NN falle. Bezeichnen wir die Entfernung $H\alpha$ der brechenden Fläche vom Punkte α mit a, so ist $\frac{1}{a} = A$ die Refraktion desselben.

Nach dem, was wir in der Einleitung auseinandergesetzt haben, erhält der Abstand $H\alpha$, und folglich auch A, nach GULLSTRANDS Methode, negatives Vorzeichen.

Fig. 28.

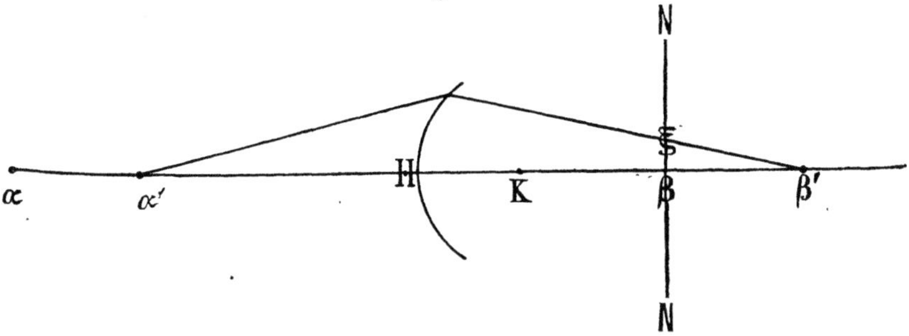

Rückt der Punkt α näher an die brechende Fläche, z. B. nach α' (Fig. 28), so rückt sein Bild von derselben ab, nach β'. Der Schirm NN erhält also einen Zerstreuungskreis, dessen Halbmesser $\beta\xi$ darstellt. — Soll er ein scharfes Bild von α' erhalten, so muß offenbar die Brechkraft des Systems erhöht werden, um die von dem Leuchtpunkte kommenden Strahlen nicht erst in β', sondern schon in β zur Vereinigung zu bringen. Dies kann auf verschiedene Weise bewerkstelligt werden. Am einfachsten geschieht es durch eine Zunahme der Krümmung der brechenden Fläche. Verkürzen wir ihren Radius (Fig. 29), so daß K nach K' zu liegen kommt, so wird das Bild von α' in β entstehen.

Fig. 29.

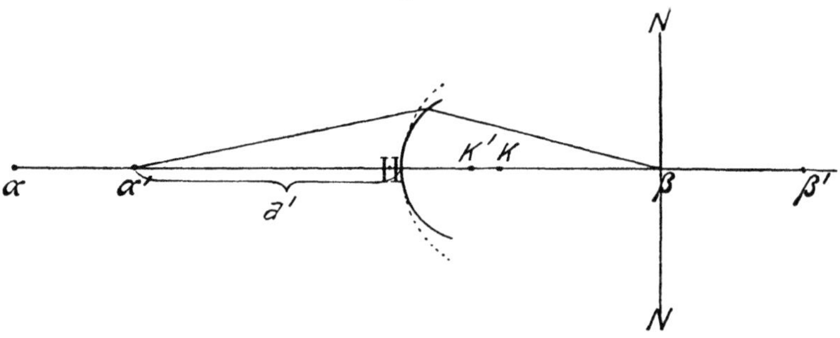

Bezeichnen wir den Abstand der brechenden Fläche von dem leuchtenden Punkte ($H\alpha'$) mit a'. Das a' der Figur 28 ist kleiner als das frühere a; ihm entspricht aber, wie wir gesehen haben, eine stärkere Refraktion als dem a. In der Tat ist die Refraktion des Auges nicht der Entfernung des scharf gesehenen Objektes direkt, sondern umgekehrt proportional. Sie wird also in unserem zweiten Beispiele durch $A' = \frac{1}{a'}$ ausgedrückt.

Kehren wir noch einmal zu dem Beispiele der Fig. 28 zurück. Stellen wir uns vor (Fig. 30), der Schirm NN befinde sich in β' statt in β. Dann erhält er also das scharfe Bild von α', ohne daß die Brechkraft des Systems sich zu ändern braucht.

Fig. 30.

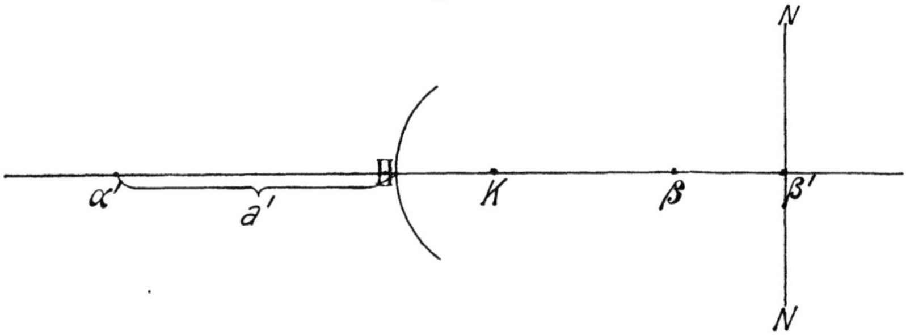

Ist NN die Netzhaut dieses reduzierten Auges, so ist seine Refraktion, bzw. sein Brechzustand wiederum $\frac{1}{a'}$, da die Entfernung des Auges vom Einstellungspunkte $H\alpha'$ dieselbe geblieben ist.

Daraus folgt, daß die Refraktion oder der Brechzustand des Auges nicht verwechselt werden darf mit der Brechkraft desselben; kann doch die erstere, wie wir sehen, für ganz verschiedene Brechkräfte dieselbe sein.

Das geht übrigens auch aus unserer Definition hervor. Sie handelt einfach von der Entfernung des leuchtenden Punktes, der ein scharfes Netzhautbild entspricht, unbekümmert um die Brechkraft des optischen Systems sowohl, als um die Länge des Auges.

So würde z. B. Fig. 29 ein Auge darstellen, das, dank seiner erhöhten Brechkraft, sagen wir der Akkommodation, Fig. 30 ein Auge, das, dank seiner Länge, sagen wir seiner Achsenmyopie, auf den Punkt α' eingestellt ist. Die Brechkraft ist in beiden sehr verschieden, der Brechzustand (die Refraktion) derselbe.

Ist die Entfernung des Punktes, auf welchen das Auge eingestellt, bzw. adaptiert ist, 25 cm, so ist seine Refraktion, sein Brechzustand $\frac{1}{25\ \text{cm}}$. — Da wir aber bei unseren Messungen nicht den Zentimeter, sondern den Meter als Einheit verwenden, so müssen wir schreiben $\frac{1}{0{,}25\ \text{m}} = 4$. Und, da wir $\frac{1}{1\,\mathrm{m}}$ als Dioptrie bezeichnen, so würden wir in unserem Beispiele sagen: Die Refraktion ist $= -4$ dptr. Minus aus dem in der Einleitung angegebenen Grunde: Von H aus nach dem Objektspunkte schauend, blicken wir in der der Fortpflanzung des Lichtes entgegengesetzten Richtung.

Wir können auch sagen, mit Gullstrand und v. Hess: Die Refraktion des Auges ist negativ, wenn der Abstand des Einstellungspunktes negativ, bzw. der Einstellungspunkt reell ist. Die Refraktion ist positiv, wenn der Abstand des Einstellungspunktes positiv, der Einstellungspunkt virtuell ist, d. h. wenn derselbe dem Vereinigungspunkte konvergenter Strahlen entspricht.

Den Ausdruck »Brechkraft« eines optischen Systems haben wir in der Einleitung erklärt. Er bezieht sich auf den Vereinigungspunkt paralleler Strahlen, den Hauptbrennpunkt des Systems, und ist umgekehrt proportional der Entfernung desselben von dem entsprechenden Hauptpunkte des Systems, bzw. gleich dem reziproken Werte der Hauptbrennweite des Systems. — Für eine Linse ist die Brennweite dieselbe, von welcher Seite her auch das Licht komme. Bezeichnet man sie mit F, so ist die Brechkraft einer Konvexlinse $= +\frac{1}{F}$, die einer Konkavlinse $= -\frac{1}{F}$.

Für ein System wie das Auge dagegen, wo das Licht, nach der Brechung, nicht wieder in das Medium tritt, woher es kam, sondern in einem anderen Medium verbleibt, sind die beiden Brennpunkte nicht gleich weit von den Hauptpunkten entfernt. So werden, in dem auf eine einzige Flache von 5 mm Krümmungsradius reduzierten Auge mit dem Brechungsindex $\frac{4}{3}$, die aus der Luft kommenden parallelen Strahlen im hinteren, bzw. zweiten Brennpunkte φ'', 20 mm hinter der reduzierten Hornhaut vereinigt. Die hintere, bzw. zweite Brennweite ist also $F'' = 20$ mm. Strahlen dagegen, die im Auge parallel gewesen wären, würden 15 mm vor der Hornhaut, im vorderen, bzw. ersten Brennpunkte φ' vereinigt. Die vordere, bzw. erste Brennweite ist also $F' = 15$ m.

So würde also die Brechkraft des Auges eine verschiedene, je nachdem man die erste oder die zweite Brennweite zu deren Ausdruck wählt.

Wie wir in der Einleitung auseinandergesetzt haben, ist, dank Weiss und Gullstrand, in die Bezeichnung der Brechkraft des Auges, sowie aller ähnlichen Systeme, Einheit und Logik dadurch gekommen, daß dieselbe definiert wird als das Produkt des reziproken Wertes der Brennweite mit dem Brechungsindex des entsprechenden Mediums.

In unserem Beispiele, wo der Brechungsindex des der ersten Brennweite (F') entsprechenden Mediums, Luft, $= 1$, der dem Medium der zweiten Brennweite (F'') entsprechenden Mediums $= \frac{4}{3}$ ist, erhalten wir für die Brechkraft zwei Ausdrücke, welche dasselbe Resultat ergeben:

$$\frac{1}{F'} \cdot 1 = \frac{1}{0{,}015} = 66{,}66 \text{ dptr.}$$

und

$$\frac{1}{F''} \cdot \frac{4}{3} = \frac{4}{0{,}020 \cdot 3} = 66{,}66 \text{ dptr.}$$

Das Verhältnis des Brechzustandes zu der Brechkraft des Auges findet seinen Ausdruck in GULLSTRANDS Formel: $B = A + D$.

Darin ist A der Brechzustand oder die Refraktion des Auges, D die Brechkraft seines optischen Systems, und $B = \frac{n}{b}$ der reduzierte reziproke Wert des Abstandes des Bildes vom zweiten Hauptpunkte des Systems, bzw. von der brechenden Fläche des reduzierten Auges. Da das Bild (β) des Einstellungspunktes (α) auf die Netzhaut fällt, so ist $H\beta = b$ die Länge des reduzierten Auges.

Bekanntlich kann das Auge seine Brechkraft mit Hilfe des Akkommodationsapparates ändern. Damit ändert sich selbstredend auch sein Brechzustand, d. h., bei Anspannung der Akkommodation, ist das Auge auf einen anderen, einen näheren Punkt eingestellt.

Sprechen wir kurzweg von Refraktion des Auges, so verstehen wir darunter den Brechzustand des ruhenden Auges.

Wir können sie auch als statische Refraktion bezeichnen, im Gegensatze zu der dynamischen Refraktion, oder Akkommodation.

Beschäftigen wir uns erst mit der Bestimmung der statischen Refraktion des Auges.

Im Zustand der Ruhe ist das Auge auf den entferntesten Punkt eingestellt, den es deutlich zu sehen vermag, auf sein *Punctum remotum*.

Um die statische Refraktion des Auges zu bestimmen, müssen wir also dessen Fernpunkt kennen. Der reziproke Wert der Entfernung desselben von dem Auge ergibt dann das, was wir suchen.

Sei r der Abstand des Fernpunktes vom Auge, so ist $R = \frac{1}{r}$ die »Refraktion« des Auges.

Unsere Aufgabe ist also, die Methoden zu suchen, welche uns in den Stand setzen, den Abstand des Fernpunktes von dem Auge zu bestimmen.

Nun ist aber das Auge kein Punkt. Um genau zu sein, müssen wir also angeben, von welchem Punkte des Auges aus wir die Entfernung des *Punctum remotum* rechnen.

Hier können wohl nur drei der sogenannten Kardinalpunkte des Auges in Frage kommen:

1. Der Knotenpunkt. Er fällt, im reduzierten (und im aphakischen) Auge, mit dem Krümmungszentrum der brechenden Fläche zusammen (K Fig. 31). Im linsenhaltigen, oder Vollauge, müßte man den vorderen Knotenpunkt K' dazu wählen. Derselbe liegt, im ruhenden und mit keinem Brillenglase bewaffneten Auge, ungefähr 7 mm hinter der Hornhautoberfläche.

2. Der vordere Brennpunkt (φ' Fig. 31), welcher 15 mm vor der brechenden Fläche des reduzierten Auges, bei Aphakie ungefähr 23 mm, beim Vollauge nach HELMHOLTZ 13,7 mm, nach GULLSTRAND 15,7 mm vor der Hornhaut liegt.

3. Der Hauptpunkt, welcher der brechenden Fläche des reduzierten und der Hornhaut des aphakischen Auges entspricht (H in unseren Figuren). Im linsenhaltigen Auge entspräche demselben der erste, bzw. vordere Hauptpunkt H', der ungefähr 2 mm hinter der Hornhaut liegt (Helmholtz und Gullstrand, 1909).

Fig. 31.

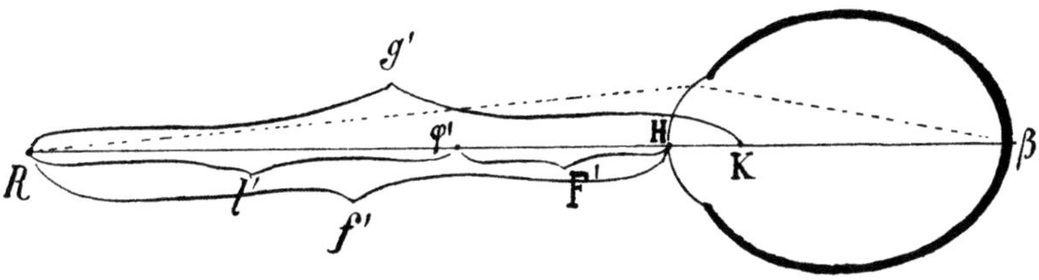

Den Knotenpunkt (K) hat hauptsächlich Donders zum Ausgangspunkte der Refraktionsbestimmung gewählt, und zwar offenbar deshalb, weil damit die Berechnung der Größe des Netzhautbildes sehr einfach wird.

Fig. 32.

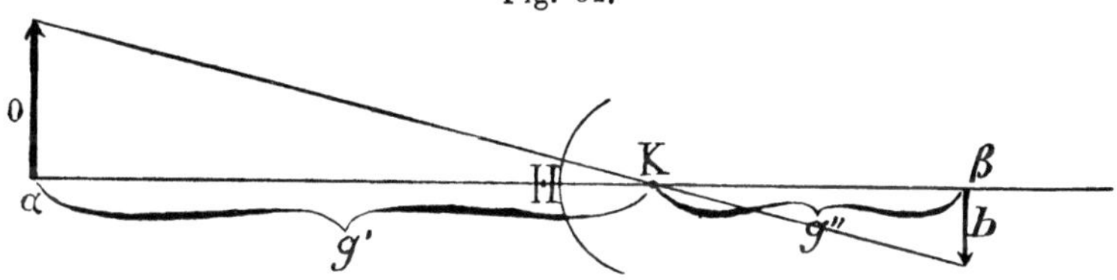

Durch den Knotenpunkt gehen nämlich die Richtungslinien, welche die einander entsprechenden Punkte von Objekt und Bild miteinander verbinden (Fig. 13 u. 32). Es verhält sich also die Bildgröße b zur Objektgröße o wie die Knotenpunkt-Netzhautdistanz (g'') zu der Knotenpunkt-Fernpunktdistanz (g'):

$$\frac{b}{o} = \frac{g''}{g'}.$$

Der Ausdruck für die Refraktion des Auges war also nach Donders: $\frac{1}{g'}$.

Dabei ist jedoch zu beachten, daß schon im linsenhaltigen, namentlich aber in dem mit einem Korrektionsglase bewaffneten Auge, die beiden Knotenpunkte nicht mehr als zusammenfallend betrachtet werden dürfen. g' muß also vom ersten, g'' vom zweiten ab gerechnet werden.

Außerdem könnten auch für das Vollauge die Knotenpunkte nur dann in Betracht kommen, wenn man es ausschließlich mit der Achse äußerst nahe einfallenden Strahlen zu tun hätte, sonst besteht, wie Gullstrand nachgewiesen hat, für die Knotenpunkte eine ähnliche Aberration wie für die Brennpunkte.

Der Hauptgrund aber, der DONDERS für die Knotenpunkte eingenommen hat, die leichte Berechnung der Netzhautbildgröße, fällt dahin, seit GULLSTRAND dafür eine so einfache Formel angegeben hat, welche von den Hauptpunkten ausgeht.

Vom vorderen Brennpunkte (φ') ab hat GIRAUD-TEULON die Refraktion gerechnet, und zwar deswegen, weil zufällig die Brillengläser für gewöhnliche Nasen — und Augen — ungefähr in diesen Punkt zu stehen kommen. Der vordere Brennpunkt liegt nämlich, wie gesagt, für das linsenhaltige Auge 13 mm vor der Hornhaut, 15 mm vor der brechenden Fläche des reduzierten Auges (Fig. 33).

Fig. 33.

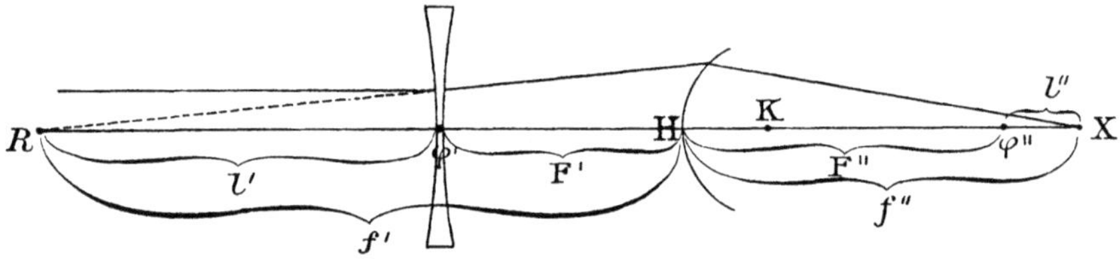

Bezeichnet man also mit f' den Abstand des Auges vom Fernpunkte (HR), mit F' die vordere Brennweite des Auges ($H\varphi'$), so ist für GIRAUD-TEULON und seine Nachfolger $\frac{1}{f'-F'}$ der Ausdruck der Refraktion des Auges oder, da man den Wert $f'-F'$ durch l' auszudrücken pflegt: $\frac{1}{l'}$.

Diese Ausdrucksweise hat zwei Vorteile. Einmal gibt, wenn man im linsenhaltigen Auge die Refraktion mit Brillengläsern bestimmt, das gefundene Glas direkt die Refraktion an; sodann läßt sich, aus der Brennweite l' dieses Glases, leicht der Längenunterschied berechnen, durch welchen sich das achsenametropische Auge von dem emmetropischen unterscheidet.

Die Länge des (reduzierten) ametropischen Auges ist in Fig. 33 dargestellt durch $HX = f''$, die des emmetropischen durch $H\varphi'' = F''$.

Die Differenz der beiden, $HX - H\varphi''$ ist $= \varphi''X$; schreiben wir $f'' - F'' = l''$. Dieser Längenunterschied l'' berechnet sich mit der NEWTONschen Formel: $l'' = \frac{F' \cdot F''}{\pm l'}$.

Es scheint uns jedoch in erster Linie etwas Unlogisches, die Refraktion des Auges von einem Punkte aus zu rechnen, der mindestens 13 mm von demselben entfernt ist. Tun wir dies auch in der Praxis, wo es uns auf große Genauigkeit nicht ankommt, und namentlich in Fällen von schwacher Ametropie, wo, wegen der großen Entfernung des Fernpunktes, 13 mm vernachlässigt werden können, so gibt diese Art der Refraktionsbezeichnung, bei höheren Graden von Ametropie, doch zu merkwürdigen Widersprüchen Veranlassung. Nehmen wir z. B. ein myopisches Auge, korrigiert durch Konkav 8 dptr., ein hypermetropisches korrigiert durch Konvex 8 dptr. im vorderen Brennpunkte φ', so liegt, im ersten Falle (M), der Fernpunkt $125 + 15 = 140$ mm vor dem Auge (bzw. der brechenden Fläche des reduzierten Auges), im zweiten (H) $125 - 15 = 110$ mm hinter derselben.

Von der brechenden Fläche, bzw. dem ersten Hauptpunkte ab gerechnet, wäre also im ersten Falle die Refraktion des Auges — 7,14, im zweiten 9,09 dptr.

Ferner ist zu bedenken, daß es, außer der Optometrie mit Brillengläsern, noch eine Menge anderer Methoden gibt, die Refraktion eines Auges zu bestimmen, bei denen der vordere Brennpunkt durchaus keinen Vorteil bietet.

Ja schon in der täglichen Praxis haben wir den so häufigen Fall der Aphakie, wo der Brennpunkt volle 23 mm vom Auge entfernt liegt, das Brillenglas aber seine Lage nicht verändert. Unter diesen Umständen kann also die Brennweite desselben durchaus nicht als l' in obige Formel eingeführt werden.

Bei Astigmatismus liegen die Knotenpunkte sowohl wie die Brennpunkte der beiden Hauptschnitte desselben Auges in verschiedener Entfernung von der Hornhaut, auch wenn die Lichtbrechung in diesen beiden Hauptschnitten als von je einer einzigen Fläche hervorgebracht betrachtet werden kann. Die Hauptpunkte der beiden Hauptschnitte dagegen fallen in dem Scheitel der brechenden Fläche zusammen, wo die zwei Hauptschnitte sich kreuzen.

Vor allen Dingen aber dürfen wir nicht vergessen, daß wir es nicht allein mit einem einzigen Brechzustande, der statischen Refraktion, zu tun haben, sondern auch mit der dynamischen, der Akkommodation. Die beiden müssen offenbar nach demselben Prinzipe bestimmt werden. Wie ließe sich sonst die Veränderung der Refraktion, deren ein Auge fähig ist, die Akkommodationsbreite, finden, wenn das Maximum der Refraktion mit einem anderen Maße gemessen würde als das Minimum?

Oder sollte das stärkste Konkav-, resp. das schwächste Konvexglas, durch welches ein Auge noch deutlich in die Ferne zu sehen vermag, den Ausdruck seines Refraktionsmaximums abgeben, wenn das Glas 13 mm vor seiner Hornhaut steht?

Wir würden nicht wagen, diese Methode zur Bestimmung der Akkommodation zu empfehlen, schon wegen des Zusammenhanges der Akkommodation mit der Konvergenz nicht. Die beiden Funktionen sind so eng miteinander verbunden, daß beim Blick in die Ferne, d. h. bei erschlaffter Konvergenz, nie die volle Akkommodationskraft zur Entwicklung kommt.

Jedenfalls aber müßte, wollte man Giraud-Teulons Prinzip folgen, der Nahepunkt wie der Fernpunkt vom vorderen Brennpunktes des Auges ab gerechnet werden. Dieser ändert aber seine Lage, gerade wegen der Änderung der Brechkraft, in welcher die Akkommodation besteht. Er rückt dem Auge um so näher, je stärker dasselbe akkommodiert. Seine Lage ist also eine sehr veränderliche.

So hat es uns denn von jeher am natürlichsten geschienen, zur Bestimmung der Refraktion, welche es auch sein möge, einen Punkt zu wählen, welcher dem Auge selbst angehört und direkter Messung möglichst zugänglich ist.

Dazu eignet sich der erste Hauptpunkt am besten. Im Vollauge liegt er ungefähr 2 mm hinter der Hornhaut. Im reduzierten, wie im aphakischen Auge, entspricht er der brechenden Fläche (H in unseren Figuren), bzw. der Hornhaut. In diesem Falle läßt er sich also direkt beobachten.

Aber auch im Vollauge dürfen die 2 mm, um welche der Hauptpunkt hinter der Hornhaut liegt, gewöhnlich ohne merklichen Fehler vernachlässigt werden.

Dazu kommt, daß bei der Akkommodation, so wie im Falle der Krümmungsametropie, die Hauptpunkte ihre Lage kaum verändern, während die Knotenpunkte, und mehr noch der vordere Brennpunkt, eine beträchtliche Verschiebung eingehen.

Zur Akkommodation von Unendlich auf 130 mm (7,6 dptr.), wobei der Radius der vorderen Linsenfläche sich ungefähr um 4 mm, der der hinteren um 0,5 mm verkürzt, tritt der erste Hauptpunkt nur um 0,1 mm, der zweite um 0,14 mm zurück.

Akkommodation, wie Krümmungsmyopie, werden im reduzierten Auge dargestellt durch eine Verkürzung des Krümmungsradius der brechenden Fläche, wie dies unsere Fig. 29 versinnlicht. Der Hauptpunkt H behält seinen Ort bei, K dagegen rückt nach vorn (K') bei Krümmungsmyopie, nach hinten bei Krümmungshypermetropie. Beträgt die Verkürzung des Radius (KK') 1 mm, so wird $F' = 3 \times 4 = 12$ mm. Der vordere Brennpunkt φ' liegt also 12, statt 15 mm vor H; er hat seine Lage um volle 3 mm verändert.

Den Vorzug des Hauptpunktes, bei der Bestimmung des Astigmatismus, haben wir soeben hervorgehoben.

Gedenken wir auch des praktisch so interessanten Verhältnisses zwischen linsenhaltigem und linsenlosem Auge. Im ersten Falle liegt φ' ungefähr 13 mm, im zweiten 23 mm vor der Hornhautoberfläche. Ein so variabler Punkt eignet sich nicht zu vergleichenden Messungen. Der Hauptpunkt dagegen liegt im ersten Falle, wie schon bemerkt, nur 2 mm hinter dieser Fläche, im letzten in der Fläche selbst, geht also für eine so enorme Refraktionsveränderung, wie sie der Verlust der Linse darstellt, nur eine Ortsveränderung von rund 2 mm ein.

Die Hauptbrennweiten des Auges, F' und F'', werden, wie die jedes optischen Systems, von den Hauptpunkten ab gemessen; warum sollten, bei einer anderen Lage des Objektes, zur Messung seiner Entfernung, und der seines Bildes, andere Ausgangspunkte gewählt werden?

Endlich beruht die Vereinfachung, welche die optischen Berechnungen durch GULLSTRAND erfahren haben, auf der Einführung der Konvergenzen, welche von den Hauptpunkten ab gerechnet werden.

Wir haben schon in zwei früheren Werken über Refraktion und Akkommodation (1883 und 1886), den vorderen Hauptpunkt zum Ausgangspunkte der Refraktionsbestimmung gewählt. Die maßgebende Entfernung HR ist dann also die gewöhnlich mit f' bezeichnete, vordere konjugierte Brennweite des Systems, und $\frac{1}{f'}$, nach GULLSTRAND A, der Ausdruck für die Refraktion, den Brechzustand des Auges.

Unter den vielen Autoren, welche denselben Weg eingeschlagen haben, zitieren wir namentlich NAGEL und C. VON HESS.

Kommen wir nun wieder auf unser Problem zurück, die Bestimmung der Refraktion im Ruhestande, der statischen Refraktion des Auges, wobei dasselbe auf seinen Fernpunkt R eingestellt ist!

$HR = \mathrm{r}$ ist also die gesuchte Entfernung, und $R = \frac{1}{\mathrm{r}}$ oder $\frac{1}{f'}$ die Refraktion des Auges.

Der Fernpunkt des Auges kann sich in endlichem Abstande vor dem Auge befinden, wie bei Myopie; er kann unendlich weit entfernt sein, wie bei Emmetropie, oder auch über die Unendlichkeit hinaus, hinter dem Auge liegen, d. h. dem Punkte entsprechen, wohin Strahlen konvergieren müssen, wenn sie auf der Netzhaut zur Vereinigung kommen sollen (Hypermetropie).

Die Lage des Fernpunktes ergibt also die Natur der Refraktion des Auges. Das derselben zukommende Vorzeichen erhellt aus dem in der Einleitung Auseinandergesetzten. Es ist offenbar negativ für die Myopie, da die dieser Refraktion zukommenden Strahlen, vom Auge aus betrachtet, divergieren. Es ist positiv für Hypermetropie, weil die derselben zukommenden Strahlen in der Fortpflanzungsrichtung des Lichtes konvergieren. Es ist Null für Emmetropie, da die diesen Refraktionszustand charakterisierenden Strahlen weder divergieren, noch konvergieren, sondern untereinander parallel sind.

Der Sinn des Vorzeichens für die verschiedenen Refraktionszustände des Auges geht auch aus der Formel $B = A + D$ hervor.

Darin ist B = reduzierte Konvergenz des auf der Netzhaut vereinigten Strahlenbündels, bzw. der reziproke Wert der reduzierten Achsenlänge des Auges.

$A = \frac{1}{a} =$ was wir mit $R = \frac{1}{\mathrm{r}}$ bezeichnen, d. h. die Refraktion des Auges bei Akkommodationsruhe.

$D =$ Brechkraft des Auges.

Beruht, wie gewöhnlich, die Ametropie auf einer Veränderung der Achsenlänge bei gleicher Brechkraft (Achsenametropie), so ist D eine konstante Größe; B dagegen ändert sich mit A, bzw. mit R.

Schreiben wir

$$B = R + D,$$

woraus

$$R = B - D.$$

Ist $B = D$, d. h. ist die reduzierte Konvergenz des auf der Netzhaut vereinigten Strahlenbündels gleich der Brechkraft des Auges, so liegt der Hauptbrennpunkt des Auges auf der Netzhaut. Die Lichtstrahlen müssen also, bevor sie das Auge treffen, parallel sein. Dies ist der Fall bei Emmetropie. In der Tat, ist $B = D$, so wird $(B - D)$ und somit auch $R =$ Null.

Ist B kleiner als D, d. h. ist der Abstand (das reduzierte b), in welchem die vom Fernpunkte ausgehenden Strahlen, nach ihrer Brechung im Auge, zur Vereinigung kommen, größer als die reduzierte Hauptbrennweite F'' des Auges, so erhält R einen negativen Wert. Dies ist der Fall für das myopische Auge.

Ist dagegen B größer als D, d. h. der Abstand (b) des Vereinungspunktes der Lichtstrahlen (bzw. der Netzhaut) vom zweiten Hauptpunkte kleiner als die Hauptbrennweite F'' des Auges, so wird R positiv. Dies ist der Fall für das hypermetropische Auge.

Die Emmetropie wird als der normale Refraktionszustand des Auges betrachtet. Da liegt der Fernpunkt in Unendlich; die von ihm ausgehenden Strahlen sind parallel, und, da sie auf der Netzhaut zur Vereinigung kommen, so liegt, bei Emmetropie, der zweite Hauptbrennpunkt (φ'') auf der Netzhaut.

Myopie und Hypermetropie sind demnach Refraktionsanomalien. Sie werden auch mit Ametropie bezeichnet.

Folgt aus der Lage des Fernpunktes die Natur der Ametropie, so ergibt dessen Entfernung vom Auge den Grad derselben. Er ist dieser Entfernung (r) umgekehrt proportional. In der Tat ist aus der Formel $R = \frac{1}{\mathrm{r}}$ zu ersehen, daß R um so größer, je kleiner r.

Unsere Aufgabe ist also:

1. Die Lage, 2. die Entfernung des Fernpunktes vom Auge, bzw. von dessen erstem Hauptpunkt zu bestimmen.

Nehmen wir an, R (Fig. 34) sei der Fernpunkt des Auges, B dessen Netzhautbild, so sind offenbar R und B konjugierte Brennpunkte. Nun sagt ein bekanntes Gesetz, daß die Strahlen, die von R nach B gehen, zusammenfallen mit den Strahlen, die von B nach R gehen, d. h. wenn sich in B ein Lichtpunkt befände, so würde sein Bild in R entstehen. Man kann also Objekt und Bild miteinander vertauschen. Daraus geht hervor, daß sich R sowohl mit Hilfe der ins Auge dringenden, als mit den aus dem Auge kommenden Strahlen muß bestimmen lassen.

Fig. 34.

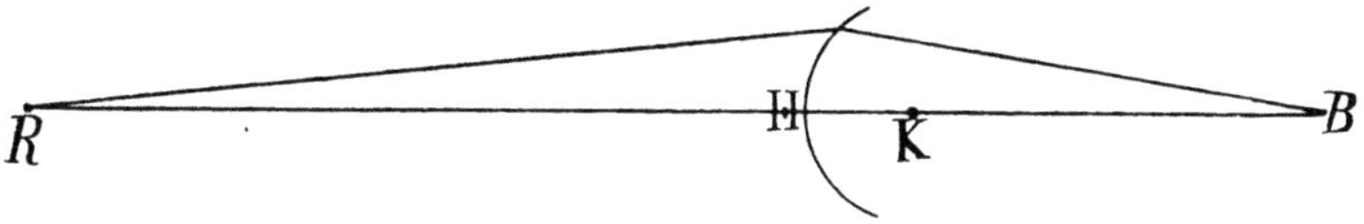

Die ersteren, die einfallenden Strahlen, entwerfen das Netzhautbild, die letzteren, die ausfallenden, das Bild des Augengrundes.

Wir können also unsere Aufgabe nach zwei verschiedenen Prinzipien lösen:

1. Entweder fragen wir: Wo muß sich ein Objekt befinden, damit, im ruhenden Auge, ein scharfes Netzhautbild davon zustande komme, bzw. welche Richtung müssen Lichtstrahlen haben, um auf der Netzhaut des ruhenden Auges zur Vereinigung zu kommen?

Oder 2. In welcher Entfernung vom Auge kommt das Bild seiner Netzhaut zustande, bzw. nach welchem Punkte sind die Strahlen, welche von einem Punkte der Netzhaut des ruhenden Auges ausgehen, gerichtet, wenn sie das Auge verlassen haben?

Da nun gewöhnlich das Auge selbst die Schärfe seines Netzhautbildes beurteilt, so kann man die auf den einfallenden Strahlen beruhenden Methoden als subjektive bezeichnen. Die ausfallenden Strahlen dagegen werden zum Objekte für den Beobachter, und ergeben die objektiven Methoden der Refraktionsbestimmung.

Subjektive Methoden der Refraktionsbestimmung.

Man könnte glauben, die Refraktion sollte sich bestimmen lassen mit Hilfe eines leuchtenden Punktes, den man immer weiter vom Auge entfernte, bis er aufhören würde, scharf gesehen zu werden.

Diese Methode hätte jedoch schon das Missliche, daß es sehr schwer zu beurteilen ist, wann das Bild eines Punktes, das bekanntlich nie vollkommen punktförmig ist, das Maximum seiner Schärfe erreicht hat. Man müßte jedenfalls als Prüfungsobjekt ein komplizierteres Objekt wählen, das nur dann richtig erkannt werden könnte, wenn es ein scharfes Netzhautbild entwerfen würde.

Der Hauptübelstand einer solchen Refraktionsbestimmung würde aber darin liegen, daß sich der Fernpunkt nicht nur in unendlicher Entfernung, sondern auch darüber hinaus befinden kann, resp. darin, daß es Augen gibt, die nicht nur mehr oder weniger divergenter, sondern paralleler, ja sehr häufig konvergenter Strahlen bedürfen, um ein scharfes Netzhautbild zu erhalten, d. h. deutlich zu sehen.

Die subjektive Refraktionsbestimmung verlangt also Methoden, die uns gestatten, den von einem Objekte ausgehenden Strahlen die zur Erzeugung eines scharfen Netzhautbildes, bzw. zu deutlichem Sehen erforderliche Richtung zu geben[1]).

Solcher Methoden gibt es nun eine ganze Menge.

1. Bestimmung der Refraktion mit Hilfe von Brillengläsern. Man stellt die Prüfungsobjekte in einer Entfernung auf, die als unendlich betrachtet werden kann (mindestens 5 m), und modifiziert die Richtung der davon ausgehenden Strahlen, mittels vor das Auge gesetzter Gläser, bis das Auge das Maximum seiner Sehschärfe, das Netzhautbild mithin das Maximum seiner Deutlichkeit erreicht hat.

Da ein solches Glas das ametropische Auge befähigt, in die Ferne zu sehen, es sozusagen emmetropisch macht, so nennt man dieses Glas das korrigierende Glas oder das »Korrektionsglas«.

Der Fernpunkt des Auges fällt offenbar zusammen mit dem Brennpunkte des Korrektionsglases. Aus dem Zeichen des Glases, — oder +, ergibt sich die Natur der Refraktion des Auges. Da parallele Strahlen, welche durch Minus-, resp. Konkavgläser gegangen sind, divergent sind, so ist die Refraktion eines Auges, das solcher Gläser zum Sehen in die Ferne bedarf, nach Gullstrands Methode, negativ. Dies ist der Fall bei Myopie.

Umgekehrt beweist deutliches Sehen in die Ferne durch positive, d. h. konvexe Gläser, daß die Refraktion des Auges positiv ist, weil diese

---

1) Nur bei Myopie liegt der Fernpunkt in endlicher, direkt bestimmbarer Entfernung. Ist man im voraus sicher, daß man es mit einem myopischen Auge zu tun hat, so kann man den Grad dieser Form der Ametropie aus der größten Entfernung ableiten, in welcher das nicht akkommodierende Auge feine Objekte noch deutlich sieht. Geschieht dies z. B. in $1/2$ m, so ist die Myopie = 2 dptr. usf. Diese Methode kann, wie Dr. Hegg gezeigt hat, besonders bei der Bestimmung hochgradiger Myopie von Nutzen sein. In diesem Falle darf nämlich der Abstand zwischen Korrektionsglas und Auge nicht vernachlässigt werden.

Heggs Instrument (1898) besteht aus einem Rohre von 25 cm Länge. In demselben ist, als Gesichtsobjekt, ein Kokonfaden verschiebbar. Zur richtigen Stellung des Rohres zum Auge dienen zwei seitliche Visieröffnungen. Das Rohr wird dem Auge genähert, bis dessen Hornhautscheitel in die Ebene der Visieröffnungen fällt.

Da der Autor die Entfernung des Punctum remotum vom vereinigten Knotenpunkte ab rechnet, verlegt er den Nullpunkt der Einteilung des Rohres 7,5 mm hinter die Visierebene. Für uns würde er nur 2 mm hinter der Hornhaut liegen.

Gläser die parallelen Strahlen konvergent machen. Darum geben wir der Hypermetropie positives Vorzeichen.

Würde das Korrektionsglas im Hauptpunkte des Auges stehen, so würde offenbar seine Brennweite gleich sein der gesuchten Entfernung (r) und seine Brechkraft der gesuchten Refraktion $\frac{1}{r} = R$.

Da außerdem die Nummer der Brillengläser deren Brechkraft angibt, so würde sie, in diesem Falle, gleichzeitig auch den Grad der Refraktion ausdrücken. Dies ist annähernd der Fall, wenn die Entfernung des Korrektionsglases vom Auge im Vergleich zu dessen Brennweite vernachlässigt werden kann, oder wo es überhaupt nicht auf große Genauigkeit ankommt. Anderenfalls muß, beim Ausdrucke der Refraktion, der Entfernung des Glases vom Auge Rechnung getragen werden.

Nehmen wir zu besserem Verständnisse einige Beispiele:

In mindestens 5 m Entfernung von dem Auge haben wir Sehzeichen aufgestellt und gut beleuchtet. Wir wählen dazu am besten die Tafeln, die zur Bestimmung der Sehschärfe dienen. Ein Auge, das auch die kleinsten Zeichen deutlich erkennt, beweist damit schon, daß es parallele Strahlen auf seiner Netzhaut zur Vereinigung bringen kann. Damit ist aber noch nicht gesagt, daß sein Fernpunkt in Unendlich liegt, die statische Refraktion des Auges Null, resp. Emmetropie ist. Dieselbe hätte, in der Tat, mit Hilfe der dynamischen Refraktion, d. h. der Akkommodation, auf Null gebracht werden können, während sie im Ruhezustande unter Null, positiv wäre (Hypermetropie). Der Beweis, daß wirklich Emmetropie besteht, ist erst dann erbracht, wenn, bei Ausschluß der Akkommodation, die Sehschärfe ihr Maximum beibehält.

Sieht aber das Auge durch vorgesetzte Konvexgläser ebenso scharf, ja noch schärfer als ohne Glas, so ist sicher Hypermetropie vorhanden. Die angestrengte Akkommodation hat nachgelassen, die durch sie bewirkte Korrektion der Ametropie hat das Konvexglas übernommen. Selbstredend läßt sich erst bei dem stärksten Konvexglase, das noch die beste Sehschärfe gibt, möglichste Erschlaffung der Akkommodation erwarten.

Fig. 35.

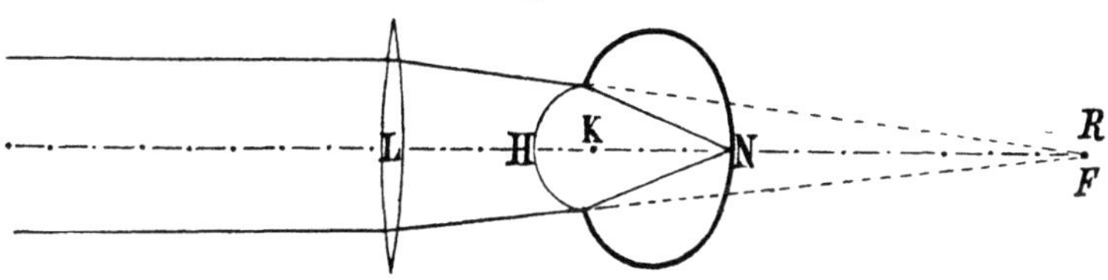

Nehmen wir an, dies sei Konvex 2 dptr., während mit + 2,25 die Sehschärfe schon etwas geringer wird. Der Fernpunkt des Auges *R* (Fig. 35)

liegt also **hinter** demselben, und zwar $1/2$ m von dem Konvexglase L entfernt.

Die Refraktion des Auges ist also **positiv**, und wird ausgedrückt durch den Bruch $\frac{1}{r}$ oder $\frac{1}{HR} = \frac{1}{LR - LH}$, worin $LR = 50$ cm.

Steht das Glas 1 cm vor der Hornhaut, so ist $HR = 50 - 1 = 49$ cm. Der Unterschied zwischen $\frac{100}{50}$ und $\frac{100}{49}$ ist sehr klein. Wir dürfen also die Refraktion des Auges der Brechkraft des Glases wohl gleich setzen und sagen, dasselbe hat eine Hypermetropie von 2 dptr.

Wäre das Glas aber 10 dptr. stark, so dürften wir seinen Abstand von dem Auge nicht mehr vernachlässigen. LR wird dann 10 cm, und $LR - LH = 10 - 1 = 9$ cm, also $\frac{1}{LR - LH} = \frac{100}{9} = 11$ dptr.

Nehmen wir ein anderes Beispiel: Das Auge sieht nicht scharf in die Ferne ohne Glas, und noch weniger mit Konvexgläsern. Erst **Konkavgläser** bessern eine Sehschärfe, und mit -2 erreicht dieselbe ihr Maximum.

Fig. 36.

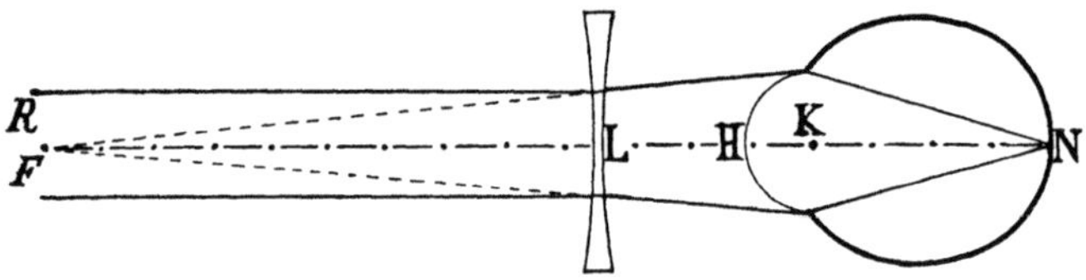

Daraus geht einmal hervor, daß wir es mit **negativer** Refraktion, mit **Myopie** zu tun haben, und, wenn wir sicher sind, daß das Auge sich im Ruhezustande befindet, daß sein Fernpunkt R (Fig. 36) $\frac{1\,\text{m}}{2}$ hinter dem Korrektionsglase liegt.

Läßt sich, wie in diesem Falle, die Entfernung des Glases vom Auge vernachlässigen, so werden wir sagen, das Auge hat eine Myopie von 2 dptr.

Hätten wir aber ein bedeutend stärkeres Glas gefunden, z. B. -10 dptr. ($RL = 10$ cm), und ist $LH = 1$ cm, so ist $RH = 10 + 1 = 11$ cm, und die Myopie nicht 10, sondern $\frac{100}{11} = 9$ dptr.

Wir können auch, ähnlich wie oben, schreiben:

$$\frac{1}{r} = \frac{1}{HR} = \frac{1}{HL + LR}\,{}^{1)}.$$

---

1) Man bezeichnet die Refraktion des Korrektionsglases mit **Gläserrefraktion**, die wirkliche Refraktion des Auges als **Hauptpunktsrefraktion**.

Gullstrand äußert sich über das Verhältnis der beiden zueinander in folgender Weise (Helmholtz, S. 307): Sei g der Abstand des ersten Hauptpunktes des Auges

Wie im Falle von Hypermetropie das stärkste Konvexglas den Grad der Ametropie angibt, so tut es bei Myopie das schwächste Konkavglas. In der Tat ist es möglich, daß dasselbe Auge mit verschiedenen Konkavgläsern seinen höchsten Grad von Sehschärfe beibehält, wenn nämlich seine Akkommodation den Teil des Konkavglases neutralisiert, um welchen dasselbe den Grad der Myopie, d. h. der statischen Refraktion des Auges, übertrifft.

Nehmen wir an, die Sehschärfe sei mit Konkav 2 und Konkav 3 am höchsten, erst mit Konkav 3,5 sinke sie etwas, so ist offenbar — 2 das korrigierende Glas, und hat der Patient, beim Sehen durch Konkav 3, eine Akkommodationsanstrengung von einer Dioptrie gemacht.

Aber auch so ist es, bei gesunden jungen Augen, noch fraglich genug, ob das stärkste Konvex-, resp. das schwächste Konkavglas den wirklichen Grad der statischen Refraktion des Auges ausdrücke. Im Kindesalter ist fast immer ein gewisser Spasmus der Akkommodation vorhanden, welcher die Hypermetropie schwächer, die Myopie stärker erscheinen läßt, als sie in Wirklichkeit sind.

Donders hat denn auch mit Recht unterschieden zwischen manifester, latenter und totaler Hypermetropie.

Die manifeste Hypermetropie (H^m) ist die mit Brillengläsern oder Optometern subjektiv gefundene, die latente (H^l) diejenige, welche durch die Akkommodation verhüllt wird. Die totale (H^t) tritt erst bei vollkommener Entspannung der Akkommodation zutage:

$$H^t = H^m + H^l.$$

Selbstredend nimmt der latente Teil der Hypermetropie mit dem Alter, d. h. mit der Abnahme der Akkommodationsbreite, stetig ab, der manifeste in gleichem Maße zu, bis endlich, beim Verschwinden der Akkommodation (ungefähr im 70. Altersjahre), die totale Hypermetropie manifest wird.

---

von dem Punkte, in welchem das Korrektionsglas steht, nach welcher Definition somit g immer positiv ist, A_g die Konvergenz des einfallenden Strahlenbündels in demselben; so hat man

$$\frac{1}{A_g} = \frac{1}{A} + g, \quad A_g = \frac{A}{1 + gA}, \quad A = \frac{A_g}{1 - gA_g}.$$

Da in diesen Ausdrücken g den Wert von 15 mm, A, bzw. A_g den Wert von 20 dptr. selten übersteigen, so erhält man nur einen in praktischer Hinsicht belanglosen Fehler, wenn das Produkt g^2A^2, bzw. $g^2A_g^2$ vernachlässigt wird, wobei sich die für den praktischen Gebrauch hinreichend genaue Approximativformeln

$$A_g = A(1 - gA), \qquad A = A_g(1 + gA_g)$$

ergeben, deren Inhalt, wenn A_g, nach Hess, als der Korrektionswert der Refraktion bezeichnet wird, damit gleichbedeutend ist, daß, wenn g in Zentimetern gemessen wird, der Unterschied zwischen Refraktion und Korrektionswert numerisch gA%, bzw. gA_g% beträgt, der Korrektionswert immer algebraisch kleiner als die Refraktion ist.

Der Spasmus der Akkommodation hört aber lange vor dieser Zeit schon auf, die Refraktionsprüfung zu stören.

In ähnlicher Weise müssen wir, bei jungen, akkommodationskräftigen Individuen, die scheinbare Myopie von der wirklichen Myopie trennen. Die erstere, welche die subjektive Optometrie ergibt, ist in diesem Falle häufig durch einen Akkommodationskrampf erhöht. Erst Ausschluß der Akkommodation ergibt den wirklichen Grad der Myopie.

Besäßen wir nicht, wie wir später sehen werden, eine objektive Methode der Refraktionsbestimmung, bei welcher die Akkommodation gewöhnlich erschlafft, so wären wir bei jungen Individuen genötigt, zu Mydriaticis Zuflucht zu nehmen, wenn die subjektive Prüfung genaue Resultate ergeben sollte.

Es ist ein Hauptvorteil der eben besprochenen Refraktionsbestimmung, die wenigstens relative Erschlaffung der Akkommodation dadurch zu begünstigen, daß man den Untersuchten in die Ferne sehen läßt. Dabei stellen sich die Augen parallel oder haben doch wenigstens eine geringere Tendenz, zu konvergieren. Damit verringert sich auch die Akkommodation. Freilich wird die Refraktion nicht binokular, d. h. auf beiden Augen gleichzeitig bestimmt, sondern während der Untersuchung des einen Auges wird das andere verdeckt. Es geschieht dann auch häufig genug, daß, trotz des Sehens in die Ferne, konvergiert und stark akkommodiert wird, namentlich von jungen Hypermetropen. Tritt doch, wegen des Ausschlusses des einen Auges, trotz der fehlerhaften Richtung des Auges, kein Doppelsehen ein.

Hat man aber sukzessive die Refraktion und Sehschärfe der beiden Augen bestimmt, so tut man gut, dieselben mit den korrigierenden Gläsern gleichzeitig in die Ferne sehen zu lassen. Sehr häufig nehmen dann junge Hypermetropen stärkere Konvexgläser an, ohne daß die Sehschärfe dadurch gestört würde, im Gegenteil. Dies ist ein Beweis dafür, daß sie, bei der Einzelprüfung der Augen, mehr akkommodiert haben, als beim binokularen Sehen[1]).

Allerdings tun sie das weniger beim Sehen in die Ferne, als wenn sie das Prüfungsobjekt in der Nähe sehen oder in der Nähe wähnen. Dies ist einer der Vorzüge dieser Methode der Optometrie. Ein noch größerer ist der, daß auf die Weise, außer der Refraktion, gleichzeitig auch die Sehschärfe bestimmt werden kann.

Da das Korrektionsglas ungefähr 13 mm vor der Hornhaut steht, so befindet es sich im vorderen Brennpunkte des achsenametropischen Auges. In diesem Falle werden die Netzhautbilder der korrigierten Ametropen gleich groß wie die des emmetropischen Auges[2]).

---

1) Nach v. Reuss (1878) soll beim monokularen Sehen bis auf 1,7 D. mehr akkommodiert werden, als beim binokularen.

2) Siehe Bestimmung der Sehschärfe des Auges.

Die Gläser, welche zu dieser Methode der Refraktionsbestimmung dienen, befinden sich gewöhnlich in den bekannten **Brillenkasten**, und zwar hat sich, seit Einführung der Dioptrie, die damals schon adoptierte Serie von 30 Gläsern als wirklich praktisch erwiesen. Sie geht von 0,25 bis 20 dptr. Von Nummer 0,25 bis 3 haben die Gläser ein Intervall von $^1/_4$ dptr., von 3 bis 6 oder 6,5 ein solches von $^1/_2$ dptr., von da an bis 16 oder 17 dptr. ist das Intervall 1 dptr. Darauf folgen noch die Nummern 18 und 20 dptr.

Die Einfachheit, mit welcher die Meterlinsen miteinander kombiniert und ihre Nummern direkt zueinander addiert werden können, um das resultierende Glas zu ergeben, machen eine größere Zahl schwächerer Gläser überflüssig. Bei den stärkeren Nummern genügt eine geringe Verschiebung, um deren Einfluß auf das Auge zu verändern. (— 17 hart am Auge, wirkt wie — 18 in 5 mm vor dem Auge, oder wie — 20 in 10 mm vor demselben.) Daraus geht aber auch die Notwendigkeit hervor, die Stellung dieser Gläser zum Auge genau zu kontrollieren.

Die Genauigkeit der Refraktionsbestimmung dürfte dagegen noch einige Gläser mehr verlangen; gehören doch z. B. Myopien über 20 dptr. nicht zu den Seltenheiten, und darf, bei so starken Konkav- wie Konvexgläsern, wegen ihrer Dicke, die Kombination zweier Gläser durchaus nicht der Wirkung eines einzigen, welches die Summe der beiden Nummern tragen würde, gleichgesetzt werden.

Ferner wäre es sehr wünschenswert, die starken Gläser, z. B. von 15 dptr. an, nicht nur in bisphärischer, sondern auch in plansphärischer Form zur Hand zu haben. Dies im Interesse der Kombination von sphärischen mit zylindrischen Linsen. Gewöhnlich wird die Bestimmung der betreffenden Refraktionsfehler durch Aufeinandersetzen eines bisphärischen und eines planzylindrischen Glases vorgenommen. Das danach verschriebene Brillenglas muß aber betrachtet werden als hervorgegangen aus der Kombination zweier Linsen, die in einer planen Fläche miteinander verschmolzen sind. Gibt aber der Optiker dem plansphärischen Glase die nach einem bisphärischen verschriebene Brechkraft, so hat dasselbe in der gleichen Entfernung wie das letztere, in bezug auf das Auge, eine um so verschiedenere Wirkung, je stärker es ist. Eine Plankonvexlinse, deren Konvexität vom Auge abgekehrt ist, wirkt stärker als eine bikonvexe, deren Trennungsebene mit der planen Fläche der ersten zusammenfällt. So entspricht z. B.

Plankonvex	11,5	bikonvex	12,
»	14	»	15,
»	17,5	»	20.

Der Grund hiervon ist leicht einzusehen: Da die Gesamtwirkung der Plankonvexlinse in ihrer konvexen Fläche liegt, so kommt diese Wirkung, wenn die gewölbte Fläche vom Auge absteht, früher zur Geltung, als bei der bisphärischen Linse. Genauer ausgedrückt: Der Hauptpunkt der plansphärischen Linse liegt in deren gekrümmter Fläche, also in unserem Beispiele vor demjenigen der bisphärischen (Dimmer 1891).

Es wäre um so leichter, solche plansphärische Gläser in den gewöhnlichen Brillenkasten einzuführen, als für so hohe Grade von Ametropie ein Glas genügt. Man könnte also einfach eines der beiden bisphärischen durch ein plansphärisches ersetzen.

Die Refraktionsbestimmung muß selbstverständlich je auf einem Auge allein vorgenommen werden. Zum Ausschlusse des anderen darf dasselbe aber nicht einfach geschlossen oder mit der Hand verdeckt werden. Willkürliches Schließen des einen Auges ist häufig mit teilweisem Zukneifen des anderen verbunden, wodurch Astigmatismus mehr oder weniger korrigiert werden kann. Hält aber der Patient eine Hand vor das Auge, so drückt er gewöhnlich darauf und beeinträchtigt dadurch die Sehschärfe desselben, wenn man zu seiner Prüfung schreitet. In beiden Fällen aber ist man des vollkommenen Ausschlusses des scheinbar verdeckten Auges nie ganz sicher.

Es empfiehlt sich deshalb, bei dieser Methode der Optometrie, dem Untersuchten ein Brillengestell aufzusetzen, in welches man vor das eine Auge ein schwarzes, nicht reflektierendes Diaphragma einführt, während die andere Fassung die Korrektionsgläser aufnimmt. Dieselben sollen in der Tat nicht einfach mit der Hand vor das untersuchte Auge gehalten werden, sondern, wenigstens wenn man dem Ziele nahe ist, in fester Stellung vor demselben angebracht werden.

Da es von großer Wichtigkeit ist, daß das Korrektionsglas ungefähr 13 mm vor der Hornhaut stehe und mit dem Auge zentriert sei, so muß die »Probierbrille« eine genaue Anpassung an das Gesicht des Untersuchten gestatten. Die Gläser müssen einander genähert oder voneinander entfernt, sie müssen höher oder tiefer gestellt werden können. Der Nasenbügel muß beweglich sein, um sich jeder Form des so vielgestalteten Organes anzupassen, und die gewünschte Annäherung der Gläser an die Augen zu gestatten.

Zur Bestimmung des Astigmatismus, muß die Fassung für jedes Auge zwei Gläser aufnehmen können, von denen sich das eine unabhängig vom anderen um seine Achse drehen läßt. Sehr wichtig ist es, daß die kombinierten Gläser einander möglichst nahe stehen; werden sie doch später in ein einziges Brillenglas zusammengeschliffen. Je größer aber der Abstand der Probegläser voneinander gewesen ist, desto weniger stimmt die Wirkung des danach verschriebenen Brillenglases mit derjenigen der Probekombination überein. Wir werden bei Anlaß des Astigmatismus noch auf diesen wichtigen Punkt zurückkommen.

Von den vielen mehr oder weniger verschiedenen Probebrillen dieser Art erwähnen wir die von Rodenstock, Gutmann, Risley, Buller, Heddaeus, Ostwalt. Alle sind brauchbar, jede hat ihren kleinen Vorteil, doch sind die meisten derselben, um allen den erwähnten Erfordernissen gerecht zu werden, etwas schwer und schwerfällig geworden.

Die größte Schwierigkeit bereitet den Konstruktoren derselben das Schraubenwerk zur Regulierung der relativen Entfernung, der Höhe der Gläser, und der Drehung der Zylinder. Manche Probierbrillen werden dadurch so schwer, daß sie den Patienten empfindlich auf die Nase drücken, schwierig festzuhalten sind, und leicht vorn überkippen. Man hat deshalb, wie z. B. Schultze (1893), Probierbrillen aus Aluminium hergestellt. Doch bleibt auch so das Schraubenwerk ein kompliziertes System.

Wir sind diesem Übelstande dadurch entgangen, daß wir die Schraubenstangen durch nebenstehende einfache Vorrichtung ersetzt haben (Fig. 37).

Fig. 37.

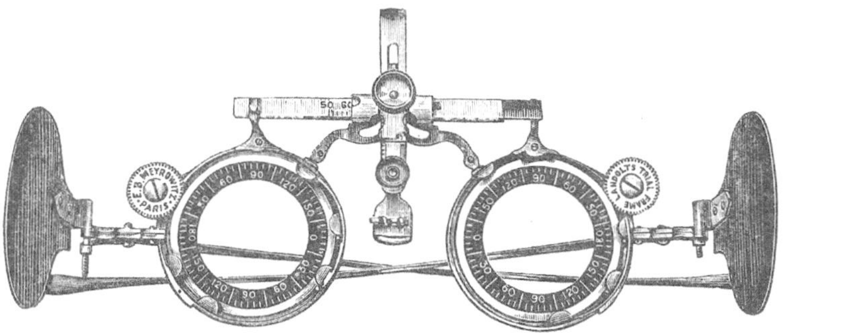

Die Gläserfassungen für die beiden Augen sind miteinander verbunden einmal durch zwei kurze, horizontale, ausziehbare Leisten, sodann durch zwei S-förmige Arme, deren oberer Teil einen Ausschnitt trägt. Die beiden Ausschnitte kreuzen sich miteinander sowohl, als mit der Querleiste, und werden am Kreuzungspunkte durch eine Schraube verbunden, die dazu dient, die drei Stücke in der gewünschten Stellung zu fixieren. In der Tat gestattet die Einrichtung, den Gläsern rasch und ohne besonderes Schraubenwerk die gewünschte gegenseitige Entfernung zu geben.

Über dieselbe Stellschraube gleitet aber auch eine vertikale Leiste, deren unteres Ende ein mobiles, leicht gekrümmtes Plättchen trägt. Dasselbe kommt auf den Nasenrücken zu liegen und kann nicht nur höher und tiefer gestellt, sondern auch, mittels eines kleinen Schräubchens, vor- und zurückgeschoben werden. So gelingt es, die Entfernung der Gläser vor den Augen genau zu fixieren. Da das Nasenplättchen lose um die horizontale Achse drehbar ist, so legt es sich, in jeder Stellung, jedem Nasenrücken von selbst an. Die Gläserfassungen sind außerordentlich dünn, so daß kombinierte Gläser möglichst nahe aneinander zu liegen kommen.

Die Fassung für Zylindergläser wird nicht durch eine beschwerliche Schraube, sondern durch ein dünnes Zahnrädchen gedreht, das der Untersuchte eventuell selbst in Bewegung setzen kann. Die Einteilung wird je nach Wunsch des Bestellers ausgeführt.

Bas Brillengestell trägt endlich noch, an jeder Seite, ein leichtes Diaphragma, das, zum Ausschluß des einen oder anderen Auges, über dasselbe geklappt werden kann [1]).

In Dimmers Probierbrille (1894), deren verschiedene Teile wie gewöhnlich mit Schrauben bewegt werden, läßt sich der Zylinder sowohl vor als hinter dem sphärischen Glase anbringen. — Heddaeus verlegt das Zylinderglas auf die Rückseite des sphärischen (1894). — Zur Messung des Pupillarabstandes, beim Fern- wie beim Nahesehen, im Interesse richtiger Zentrierung der Brillengläser, haben de Wecker und Masselon (1890) ein Ophthalmostatometer konstruiert. Es besteht im wesentlichen aus zwei verschiebbaren Rahmen, die je ein vertikal gespanntes Haar zum Visieren tragen. Auf dem dem Patienten abgekehrten Ende des Apparates, befindet sich ein Rahmen mit 3 Spalten. Die beiden äußeren dienen zum Visieren beim Blick in die Ferne, die mittlere beim Nachsehen. In ersterem Falle wird dem Patienten, mit Hilfe eines Spiegels, ein entferntes Objekt zum Fixieren vorgeführt. Eine weitere Vorrichtung gestattet, die Höhe des Nasensteges, sowie die Lage der Brillenbranchen zu den Ohren zu bestimmen.

Einfacher, wenn auch weniger genau, ist Bunnsteads (1894) »new centring instrument«. Es besteht in einem Nasenklemmer mit Fadenkreuz, das nacheinander vor jedem Auge mit einer entfernten Marke zur Deckung gebracht wird.

Die genaue Bestimmung der Stärke von Linsen kann mit Snellens Phakometer (1876) vorgenommen werden. Dasselbe beruht auf demselben Prinzip wie das Fokometer von Silbermann (1856), nämlich darauf, daß eine Konvexlinse von einem um die doppelte Brennweite von ihr entfernten Gegenstande ein ihm gleichgroßes und in derselben Entfernung liegendes Bild liefert. Das Instrument (Fig. 38) besteht aus einem Laufbrette, in dessen Mitte sich ein zur Aufnahme der zu untersuchenden Linse L bestimmter Halter befindet. Als Objekt dient ein Diaphragma mit kreuzförmig angeordneten Löchern, die durch eine kleine Lupe erleuchtet werden. Das Bild dieses Objektes wird auf dem matten Glase I entworfen. Objekt und Schirm sind an zwei gleichlangen Metallstreifen befestigt, die in dem Fuße des Apparates endigen, und, mit Hilfe eines Knopfes, voneinander entfernt, oder einander genähert werden können, so daß, bei jeder Stellung des Knopfes, Objekt und Schirm gleichweit von der Linse L entfernt sind. Da

[1]) Unsere Probierbrille findet sich bei Meyrowitz, Optiker, in New-York, Paris und London.

bei schwachen Linsen diese Entfernung übermäßig groß werden würde, sind zu beiden Seiten der Fassung *L* zwei Verstärkungslinsen (*a* und *b*) von 2,75 dptr. angebracht. Der Beobachter setzt sich hinter den Schirm *I*, und sucht die Stellung desselben auf, bei der das Bild am schärfsten ist. Ein Zeiger gibt dann, auf der Einteilung des Fußes, die Stärke der Linse in Dioptrien an.

Fig. 38.

Zu gleicher Zeit läßt sich aber auch das optische Zentrum der untersuchten Linse bestimmen. Das Bild der Punkte auf dem Schirm deckt sich nämlich nur in dem Falle mit den auf diesem von vornherein bezeichneten Punkten, wenn die optische Achse der Linse mit der des Apparates zusammenfällt. Die letztere wird durch einen an dem Linsenhalter befestigten Index bezeichnet. Die fragliche Linse wird nun so gestellt, daß die Punkte des von ihr gelieferten Bildes mit denen des Schirmes zusammenfallen. Dann gibt die Spitze des Index auf der Linse den Ort ihres optischen Zentrums an. Das Instrument erlaubt Messungen bis zu $^1/_{10}$ dptr. Genauigkeit.

Die Einteilung ist für bikonvexe, symmetrische Linsen berechnet. Will man plankonvexe oder periskopische Gläser bestimmen, so muß man zwei derselben vereinigen, um ein symmetrisches System zu erhalten. Zur Bestimmung von Konkavlinsen kombiniert man dieselben mit zwei Konvexlinsen gleicher Stärke, deren Summe die der Konkavlinse übertrifft.

Bei der bisher besprochenen Methode der Optometrie werden, wie wir gesehen haben, Refraktion und Sehschärfe gleichzeitig, auf große Entfernung bestimmt. Das gleiche läßt sich aber auch auf kurze Entfernung erreichen (E. Landolt 1877, Gullstrand), wenn nur das korrigierende Glas im vorderen Brennpunkte des Auges steht, und die Sehproben der Entfernung entsprechend reduziert sind.

Bringen wir z. B. die Probeobjekte 233 mm vor die Hornhaut, so werden sie nur einem Auge deutlich erscheinen, dessen Fernpunkt in dieser Entfernung liegt, das also eine Myopie von $\frac{1000}{233}$ hat.

Der Emmetrope braucht, zum Sehen in diese kurze Entfernung, ein Konvexglas, dessen Brennpunkt mit den Sehproben zusammenfällt. Steht dasselbe im vorderen Brennpunkte des Auges, so ist seine Brennweite $233 - 13 = 220$ mm, seine Brechkraft $= 4{,}5$ dptr.

Zieht man diese 4,5 dptr. von dem Glase ab, welches, in diesem Punkte, das Auge auf die reduzierten Sehproben adaptiert, so erhält man das korrigierende Glas für die Ferne.

Ist dasselbe so schwach, d. h. ist seine Brennweite so groß, daß man seine Entfernung vom Auge vernachlässigen darf, so kann man es, wie in der erstbeschriebenen Methode, der Refraktion des Auges gleichsetzen.

Wer mit Konvex 6 die größte Sehschärfe erreicht, hätte also eine Hypermetropie von $6 - 4{,}5 = + 1{,}5$ dptr.

Konkav 0,5 ließe auf eine Myopie von $- 0{,}5 - 4{,}5 = - 5$ schließen usw.

Um genau zu sein, muß man aber auch hier wiederum der Entfernung des Glases vom Auge Rechnung tragen.

Wie gesagt, werden bei dieser Stellung des Korrektionsglases die Netzhautbilder für Augen gleicher Brechkraft unabhängig von ihrer Achsenlänge gleichgroß.

Sei, in Fig. 39, *Mm* die dem Auge und der Linse gemeinschaftliche Achse, φ' der vordere Brennpunkt des Auges, mit welchem wir das optische Zentrum der Linse zusammenfallen lassen, *MN* ein Objekt, in beliebiger Entfernung von der Linse.

Das von dem kombinierten System Linse + Auge erzeugte Bild des Punktes M liegt irgendwo auf der Achse Mm.

Ein vom Punkte N ausgehender, nach dem optischen Zentrum φ' der Linse gerichteter Strahl $N\nu$, geht ungebrochen durch dieselbe und trifft in ν die Hauptebene des Auges. Da er aber zugleich von dessen vorderem Brennpunkte φ' herkommt, geht er, im Auge, der Achse parallel, in der Richtung νn weiter.

Fig. 39.

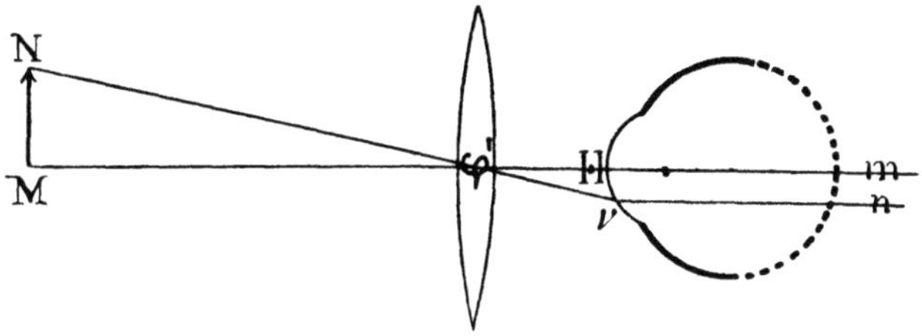

Auf dieser Linie νn liegt also das von dem kombinierten Systeme entworfene Bild des Punktes N, und zwar selbstverständlich in derselben Entfernung wie dasjenige des Punktes M. Da aber Hm und νn parallel sind, so ist das Bild von MN überall gleich groß, wo es auch zustande komme.

Die Netzhautbilder der emmetropischen, wie die der achsenammetropischen Augen sind einander gleich, aber nicht, wie bei der Prüfung in großer Entfernung, gleich denen des emmetropischen, akkommodationslosen, nackten, sondern denen des emmetropischen, akkommodationslosen mit dem Konvexglase bewaffneten, oder des achsenmyopischen, im Ruhezustande auf die Entfernung HM eingestellten Auges. Dies ist bei der Reduktion der Sehproben für unser Optometer nicht zu vergessen.

Um die Akkommodation beim Sehen auf so kurze Distanz möglichst auszuschließen, empfahlen wir, die Sehproben, Weiß auf Schwarz, im Grunde eines Stereoskopenkastens, dem zu untersuchenden Auge gegenüber anzubringen, während dem nicht untersuchten ein schwarzes Feld dargeboten wird. Beide Felder sind von weißen Kreisen umgeben, welche zu stereoskopischer Verschmelzung gebracht werden müssen. Enthält das Stereoskop keine Prismen, sondern nur diejenigen Gläser, welche die Augen auf dessen Grund adaptieren, so tritt diese Fusion nur dann ein, wenn die Augen parallel stehen. Damit wird aber auch die Akkommodation erschlafft.

Nach dem gleichen Prinzipe hat Loiseau (1878) ein Optometer konstruiert. Es besteht in einem Rohre von 9 cm Länge und $2^1/_2$ cm Durchmesser. In dasselbe wird ein zweites Rohr eingeführt, welches die durchsichtigen Sehproben trägt, worunter auch eine Strahlenfigur zur Bestimmung des Astigmatismus. Das Probetäfelchen kann von dem Okularende des Instrumentes bis auf 10 cm entfernt, und demselben bis auf 5 cm genähert werden. Vor dem Okularende drehen sich zwei exzentrische, linsentragende Scheiben so, daß jeweilen eine Öffnung der einen mit einer der anderen, in der Achse des Instrumentes zur Deckung kommt. Die eine Scheibe enthält, außer einer freien Öffnung, die Konvexgläser 5—15, die andere +10, +20, —10 und +0,5. Die Gläser können also einzeln oder kombiniert vor das zu untersuchende Auge gebracht werden.

Ein darunter befindlicher Knopf wird auf den Orbitalrand des Patienten gestützt, damit die Linsen möglichst in den vorderen Brennpunkt des Auges zu liegen kommen. Später hat der Autor die zwei Drehscheiben seines Optometers durch zwei einfache Fassungen für gewöhnliche Brillengläser ersetzt.

Burgl (1879) hat ein sogenanntes Optometer hauptsächlich für die Untersuchungen der Militärpflichtigen angegeben. Es besteht in einem zusammenlegbaren Kasten von 15, 12 und 3 cm Dimensionen.

Die verschiebbare Rückwand trägt die Sehproben, die Vorderwand, hinter der Okularöffnung, eine Scheibe mit 4 Gläsern, die einzeln vor das Auge gebracht werden. Es sind dies: ein Planglas, ein Konvexglas von 15 cm und eines von 9 cm Brennweite, und ein Konkavglas von 15 cm Brennweite. Zu jedem Glase gehört eine Skala, welche die der jeweiligen Stellung des Sehobjektes entsprechende Refraktion angibt. Die Verschiedenheit der Vergrößerung, welche durch die Ametropie bedingt wird, ist nicht berücksichtigt.

Um das Wechseln der Gläser mit der Hand zu vermeiden, hat man die Gläser des Brillenkastens in Ringe oder Scheiben gefaßt, die durch Drehung um ihre Achse das Vorbeiführen der Gläser vor dem zu prüfenden Auge gestatten.

Als Prototyp dieser Instrumente geben wir hier dasjenige von Couper (Fig. 40).

Es besteht hauptsächlich in zwei hart aneinander liegenden Ringen von 43 cm Durchmesser. Der eine enthält, außer einer freien Öffnung, 62 sphärische, der andere 36 zylindrische Gläser, von 2 cm Durchmesser. Die Wahl derselben wird durch die Fabrikanten Curry und Paxton in London dem Besteller überlassen. Nur verlangt die Einteilung des Instrumentes, daß dasselbe die gleichen Nummern konvexer wie konkaver Gläser enthalte.

Wir haben folgende Serie als praktisch erfunden:

Sphärisch konvex und konkav

von 0 bis 2, mit einem Intervall von $^1/_4$ dptr.,
» 2 » 7, » » » » $^1/_2$ dptr.,
» 7 » 18, » » » » 1 dptr.,

dazu die Nummern 20 und 25.

Zylinder, konvex wie konkav:

von 0 bis 2, mit einem Intervall von $^1/_4$ dptr.,
» 2 » 6, » » » » $^1/_2$ dptr.,
» 6 » 9, » » » » 1 dptr.,

Fig. 40.

Die Ringe stehen senkrecht und sind durch ein solides Stativ auf einem Tischchen fixiert. Dasselbe trägt einen Ausschnitt für die Brust des zu Untersuchenden, während dessen Arme auf den Seitenteilen des Tischblattes ruhen. In dieser Stellung kommt das eine oder das andere Auge des Patienten, in natürlicher Weise einer der Öffnungen gegenüber zu liegen, von denen die Ringe je eine an den beiden Extremitäten des horizontalen Meridianes tragen. Das nicht untersuchte Auge wird durch eine Klappe verdeckt. Eine Kurbeleinrichtung gestattet, die sphärischen Gläser, mit Hilfe eines bis auf 120 cm ausziehbaren Armes, vor dem untersuchten Auge vorbeizudrehen. Der Arm ist mit dem Apparate durch ein Kugelgelenk so verbunden, daß ihn der Untersucher sitzend oder stehend rechts wie links vom Patienten, manipulieren kann. Die Nummer des jeweilen eingestellten Glases kommt an einer besonderen Scheibe zum Vorschein. Ihre Farbe zeigt an, ob dasselbe konkav oder konvex ist.

Der Ring mit den Zylindergläsern wird durch einen kurzen Hebel in Bewegung gesetzt. Die Fassung jedes Zylinders trägt ein Zahnrad. Alle diese Räder greifen so ineinander, daß sie sich von einem einzigen Punkte aus, gleichzeitig und gleichmäßig um ihre Achse drehen lassen. Der Neigungswinkel der Zylinderachse wird durch drei, am inneren Rand der Ringe angebrachte Einteilungen angegeben. Er gilt selbstverständlich für die Lage, welche der Zylinder inne hat, wenn er vor dem untersuchten Auge steht.

Vor der Okularöffnung läßt sich ein horizontaler, eingeteilter Arm einsetzen, auf dem Sehproben zur Prüfung in der Nähe gleiten.

Auch zur Skiaskopie kann man diesen Apparat vortrefflich verwenden.

Ähnliche, wenn auch weniger vollständige, dafür kleinere Apparate zur Refraktionsbestimmung, sind angegeben worden von Fitz Gerald (1887) Lessing (1892), Parent (1895), u. a.

Der Nachteil dieser Apparate ist der, daß dabei die Entfernung des Auges vom Korrektionsglase, namentlich aber seine Richtung in bezug auf dasselbe sehr schwer richtig festzuhalten ist. Auch wenn man die Patienten dazu bringt, ihren Kopf hart an die Optometerfassung zu legen, so haben sie doch immer eine Tendenz, schief durch das Glas zu sehen. So wird sehr häufig Astigmatimus vorgetäuscht; und vorhandener Astigmatismus ist, bei der unsteten Lage des Auges zum Glase, äußerst schwierig zu bestimmen.

Allerdings können die so gefaßten Brillengläser sehr rasch vor dem Auge herumgeführt werden. Dies ist jedoch im Grund kein so großer Vorteil, wie es auf den ersten Blick scheinen möchte. Die Praxis gibt dem Ophthalmologen so viele Mittel an die Hand, die Refraktion eines Patienten ungefähr zu schätzen, daß er, weit entfernt, alle Nummern des Brillenkastens durchprobieren zu müssen, bald das richtige Glas herausfindet, so daß bei der Führung mit der Hand die Gläserwahl wohl ebenso rasch vor sich geht, wie mit Hilfe einer Drehscheibe.

Die Leichtigkeit, mit welcher die nach Dioptrien numerierten Gläser kombiniert werden können, hat zu mannigfaltigen Reduktionen des Brillenkastens Veranlassung gegeben.

So enthält z. B. Schuleks (1884) »kompendiöser Brillenkasten« nur die folgenden 9 konvexen und 9 konkaven Nummern; 0,25, 0,5, 0,75, 1, 2, 3, 4, 5 und 8, aus denen man, in zwei Reihen, 25 verschiedene Wirkungen kombiniert.

In Donbergs (1890) Brillenkasten befinden sich, neben den genannten, noch die Nummern 10, 12 und 14, sowie die konkaven und konvexen Zylinder 0,25, 0,5 1, 2, 3 und drei Prismen.

Chibret (1890) kombiniert, mit Konvex und Konkav 1, 2, 4 und 8, sämtliche Gläser von 1 bis 15 dptr. Ihre Fassungen sind an einer Achse befestigt, um die sie sich unabhängig voneinander drehen lassen.

Peltzer (1879) hat, hauptsächlich zur Seh- und Refraktionsprüfung bei der Rekrutenaushebung, 32 Brillen in 8 Brillenstäbe zusammengestellt.

Hersing (1894) verwendet vier kreisförmige Scheiben, von denen je zwei, miteinander verbunden, übereinander gleiten, zur Kombination der Gläser, die sie tragen. Zwei der Scheiben enthalten konkave, zwei konvexe Gläser, und zwar die Nummern 1, 2, 3 und 4; die zwei anderen Scheiben enthalten die Nummern 0,25, 0,5, 0,75 und 9.

Die Scheiben werden in einer Tasche getragen, die zugleich ein rotes Glas, Prismen, eine stenopäische Spalte, ein Bandmaß, einen Augenspiegel und Sehproben enthält.

Optometrie mit Hilfe einer einzigen Konvexlinse.

Die eben besprochene Methode der Optometrie mittels Brillengläser beruht darauf, die Richtung der von einem in bestimmter Entfernung stehenden Objekte ausgehenden Strahlen durch die vor das Auge gesetzten Gläser so zu modifizieren, daß sie von dessen Fernpunkte herzukommen, bzw. auf denselben zu konvergieren scheinen und infolgedessen auf der Netzhaut des Auges zu einem scharfen Bilde vereinigt werden.

Diese Modifikation der Richtung einfallender Strahlen läßt sich auch mit einer einzigen Konvexlinse bewerkstelligen (E. Landolt 1886).

Fig. 41.

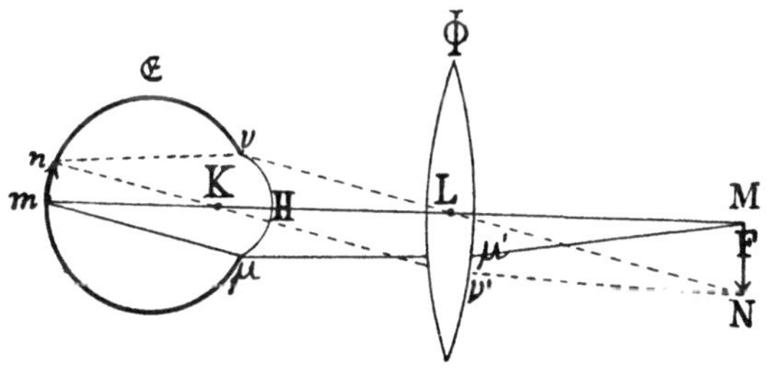

Es stehe eine solche Konvexlinse *Φ* (Fig. 41) in bestimmter Entfernung vor dem Auge 𝔈, und ihre Achse falle mit der des letzteren zusammen. *L* sei ihr optisches Zentrum, *F* ihr Brennpunkt.

Befindet sich ein Objekt *MN* in der Brennebene der Linse (Fig. 41), so haben die von den verschiedenen Punkten desselben ausgehenden Strahlen, nach ihrem Durchgang durch die Linse, die parallele Richtung, welche ein emmetropisches Auge verlangt, um ein scharfes Netzhautbild zu erhalten. So geht z. B. von *M* aus ein Strahl *MLKm*, der Achse entlang, ungebrochen nach der Netzhaut des Auges 𝔈, ein anderer, $M\mu$, verfolgt seinen Weg, nach Durchgang durch die Linse, dem ersteren parallel nach μ und wird im Auge ebenfalls nach *m* hin gebrochen. In gleicher Weise läßt sich das Netzhautbild *n* des Punktes *N* konstruieren.

Je weiter das Objekt von dem Brennpunkte abrückt, desto mehr konvergieren die davon herkommenden Strahlen, nach ihrem Durchgang durch die Linse. Auf diese Weise erhält man also Strahlen, wie sie das hyperopische Auge braucht.

Fig. 42.

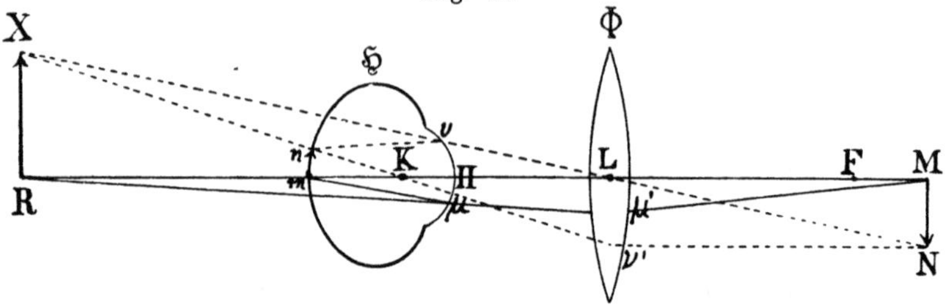

Sei ℌ (Fig. 42) ein solches hyperopisches Auge, mit seinem Fernpunkte in *R*. Auf der Achse gibt es einen Punkt *M*, so gelegen, daß die von ihm ausgehenden Strahlen, durch die Linse *Φ*, nach *R* hin gebrochen werden. Es ist dies der mit *R* konjugierte Brennpunkt. Treffen diese Strahlen das Auge ℌ, so werden sie von demselben noch stärker gebrochen: statt von *H* und *μ* nach *R* zu gehen, gehen sie nach *m*, und werden also auf der Netzhaut zu einem scharfen Bilde vereinigt. Dasselbe geschieht mit den von *N* ausgehenden Strahlen: Die Linse allein würde sie in *X* vereinigen. Das dahinter stehende hyperopische Auge aber vereint sie auf seiner Netzhaut, in *n*. Ist *MN* ein Objekt, so ist *mn* sein Netzhautbild.

Je weiter *M* von *F* abrückt, desto mehr rückt *R* der Linse, resp. dem Auge zu, desto stärker wird die Konvergenz der die Linse verlassenden Strahlen. Es läßt sich also der Grad der Hypermetropie auf diese Weise leicht bestimmen.

Fig. 43.

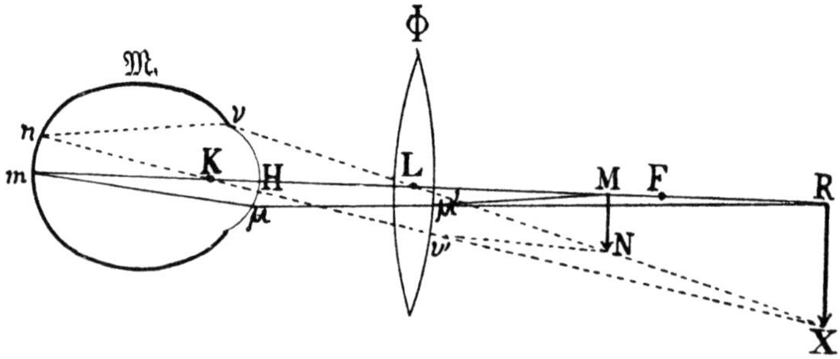

Bringt man, umgekehrt, das Objekt vom Brennpunkte her, der Linse näher (Fig. 43), so werden die von jedem Punkte desselben herkommenden Strahlen, nach ihrem Durchgange durch die Linse, wenn auch weniger als vorher, doch immer noch divergieren, und zwar umsomehr, je näher das Objekt der Linse steht.

So werden (Fig. 43) die von M ausgegangenen Strahlen von R, die von N ausgegangenen von X herzukommen scheinen.

Ein kurzsichtiges Auge $\mathfrak{M}$, dessen Fernpunkt in R liegt, wird also von dem Objekte MN ein scharfes Netzhautbild mn erhalten.

Nichts ist leichter, als für eine gegebene Linse, und eine gegebene Entfernung derselben von dem Auge, eine Skala zu berechnen, welche, für jeden Abstand des Objektes von der Linse, die Natur und den entsprechenden Grad der Refraktion des Auges angibt; sind doch, wie wir eben bemerkt haben, der Ort des Objektes und der Fernpunkt des Auges konjugierte Brennpunkte, für welche die bekannte Formel gilt:

$$\frac{1}{f} = \frac{1}{a} + \frac{1}{b}.$$

Darin ist f = Brennweite der Linse, a = Entfernung des Objektes, b = Entfernung des Bildes von derselben. Zur genauen Berechnung der Refraktion hat man selbstverständlich der Entfernung der Konvexlinse vom Auge Rechnung zu tragen. Bezeichnen wir sie mit x, und die Entfernung des Fernpunktes vom Auge mit r, so ist, für Hypermetropie, $r = b - x$, für Myopie $r = b + x$.

$\frac{1}{r} = R$ in beiden Fällen die Refraktion des Auges.

Nach dem in der Einleitung Gesagten, können wir obiger Formel auch folgende Form geben:

$$B = A + D$$

worin $B = \frac{1}{b}$; $A = \frac{1}{a}$, d. h. reduzierte Konvergenzen; $D = \frac{1}{f}$ d. h. die Brechkraft der Konvexlinse.

Das Prinzip einer einzigen Konvexlinse ist seit langer Zeit, zur Konstruktion von Optometern verwendet worden (Coccius, v. Hasner, Smee, v. Graefe, v. Burow, Donders, Lawrence, Badal, Burchardt, Sous, Carreras y Arago u. a.). Doch haben nicht alle derselben den gleichen praktischen Wert. Bei den ersten Instrumenten dieser Art, stand die Linse dem Auge sehr nahe. Dadurch werden die, gleichen Refraktionsunterschieden entsprechenden Teile der Skala sehr ungleich, und zwar um so kleiner, je höher der Grad der Ametropie ist, während sie für die niedrigen Grade zunehmen.

Ein viel bedeutenderer Nachteil der so konstruierten Optometer aber ist der, daß sie Augen mit verschiedener Refraktion, verschieden große Netzhautbilder liefern. Gelingt es dann auch, den Refraktionszustand zu finden, so läßt sich damit nicht gleichzeitig auch die Sehschärfe bestimmen.

Einfache mathematische Überlegungen zeigen nun: einmal, daß, **wenn der Brennpunkt der Konvexlinse mit irgend einem der vorderen Kardinalpunkte des Auges zusammenfällt, gleichen Verschiebungen** des, bei ruhender Akkommodation, scharf gesehenen Objektes längs der optischen Achse, gleiche Refraktionsunterschiede des Auges entsprechen (Nagel 1880).

Für je eine Dioptrie Ametropie, verschiebt sich der Punkt, auf welchen das Auge eingestellt ist, um das Quadrat der Brennweite (F) der in Fraktionen des Meters ausgedrückten Optometerlinse. So entspricht beispielsweise, für eine so gestellte Linse von 10 dptr. ($F = 0{,}10$ m), jeder Zentimeter der Skala einer Dioptrie Ametropie (Bravais).

Ferner: Je nachdem der Brennpunkt der Optometerlinse zusammenfällt mit dem vorderen Brennpunkte, Hauptpunkte, oder Knotenpunkte des Auges, gibt die gefundene Verschiebung des Sehzeichens, den Grad der Ametropie an in Beziehung auf den entsprechenden Kardinalpunkt, resp. das in diesem Punkte aufgestellte Korrektionsglas.

Wird auf diese Weise schon die Bestimmung des Refraktionszustandes genauer, so läßt sich, bei einer gewissen Stellung der Optometerlinse, der noch bedeutendere Vorteil gleichgroßer Netzhautbilder erreichen. Dies findet statt, wenn der Brennpunkt der Linse mit dem vorderen Brennpunkte des Auges zusammenfällt.

Sind nämlich für Achsenametropie zwei zentrierte optische Systeme so zusammengestellt, daß der hintere Brennpunkt des einen mit dem vorderen Brennpunkte des anderen zusammenfällt, so sind Strahlen, die im ersten Systeme parallel waren, auch im zweiten parallel.

Fig. 44.

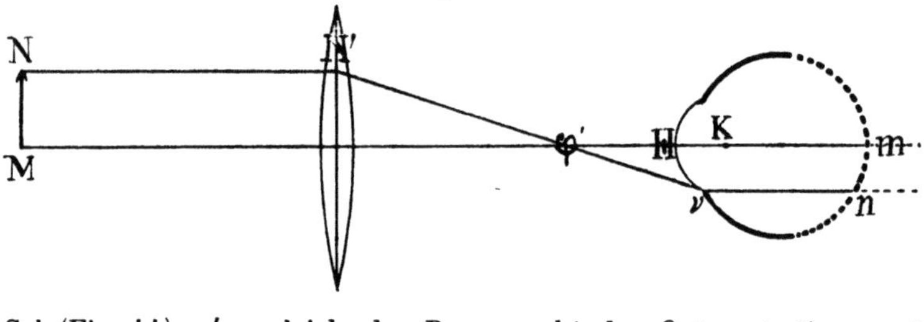

Sei (Fig. 44) φ' zugleich der Brennpunkt der Optometerlinse und der vordere Brennpunkt des Auges, MN ein Objekt.

Wo auch das Bild des Punktes M zustande komme, es wird jedenfalls auf der Achse Mm liegen.

Andererseits wird ein von N ausgehender, der Achse paralleler Strahl NN', ob das Objekt näher oder ferner stehe, immer durch den Brennpunkt φ' derselben gehen ($N'\nu$), und, weil φ' zugleich der vordere Brennpunkt des Auges ist, im Inneren desselben der Achse parallel weitergehen (νn).

Also, wo auch das Bild von N zustande komme, es wird immer auf der Linie νn liegen.

Da aber *vn* und *Hm* parallel sind, so ist das Bild von *MN* überall gleichgroß.

Fällt der Brennpunkt der Optometerlinse mit dem vorderen Hauptpunkte (*H*) des Auges zusammen, so ist die Bildgröße proportional der Hauptpunkt-Netzhautdistanz, resp. der Länge des auf eine einzige brechende Fläche reduzierten Auges.

Fällt der Brennpunkt der Optometerlinse mit dem ersten Knotenpunkte *K'* des Auges zusammen, so erscheint das Objekt immer unter demselben Gesichtswinkel, aber seine Netzhautbilder sind, je nach dem Refraktionszustande des Auges, verschieden groß.

Fig. 45.

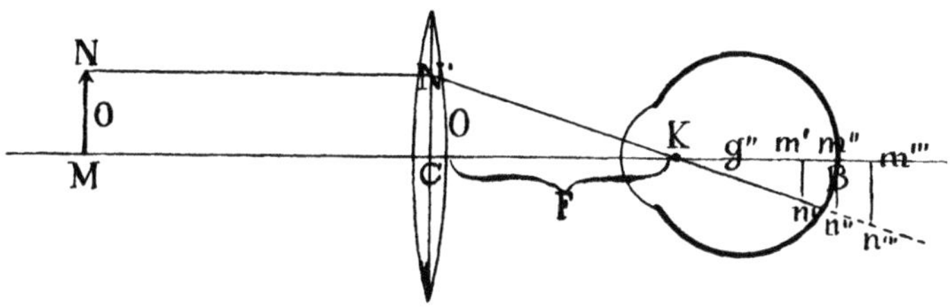

Sei (Fig. 45) *K* zugleich der Brennpunkt der Linse und der Knotenpunkt des Auges, *MN* wiederum ein Objekt. Wo dasselbe sich auch befinde, das Bild von *M* wird immer auf der Hauptachse *Mm'''*, das von *N* auf der sekundären Achse *N'n'''* zustande kommen. Je nachdem die Netzhaut in *m'*, in *m''* oder in *m'''* liegt, ist das Bild also *m'n'*, *m''n''*, oder *m'''n'''*.

Seine Größe ist also je nach der Länge des Auges verschieden und berechnet sich mit Hilfe der zwei gegenüberliegenden, rechtwinkligen, ähnlichen Dreiecke, die in *K* zusammenstoßen.

Sei *B* die Größe des Bildes, *O* die Größe des Objektes ($MN = CN'$), g'' die Entfernung des Knotenpunktes vom Orte des Bildes, $F = CK$ die Brennweite der Linse, so ist:

$$B : O = g'' : F,$$

$$B = \frac{O \cdot g''}{F}.$$

Da in diesem Audrucke *O* und *F* konstant sind, so hängt also die Größe des Bildes allein ab von g'', d. h. von der Knotenpunkt-Netzhautdistanz. Sie ist derselben proportional.

Eines der bekanntesten, auf dem Prinzipe einer einzigen Konvexlinse beruhendes Optometer, ist das von Badal (1876). Es enthält eine Linse von 0,063 m Brennweite (16 dptr.). Zum Quadrat erhoben, ergibt diese Zahl 0,004. Jede Verschiebung des Objektes um 4 mm entspricht also einer Dioptrie Refraktionsunterschied des untersuchten Auges.

Steht das Auge dicht am Okulare des Instrumentes, so soll der Brennpunkt der Linse mit dem Knotenpunkte des achsenametropischen Auges zusammenfallen (Gleichheit des Gesichtswinkels). — Ein 7 cm langes Ansatzstück soll denselben in die Hornhaut (bzw. den ersten Hauptpunkt) bringen. (Gleichheit der Netzhautbilder der krümmungsametropischen Augen.) — Mit einem längeren Ansatzstücke, sollen Brennpunkt der Linse und vorderer Brennpunkt des achsenametropischen Auges zusammenfallen. (Gleichheit der Netzhautbilder achsenametropischer Augen.) In letzterem Falle sind die mit Badals Optometer gewonnenen Resultate denen mit Donders' Methode erhaltenen direkt vergleichbar (Bordiers 1894).

Das Sehobjekt von Badals Optometer wird gebildet durch auf mattes Glas photographierte Sehproben. Sie können, mittels eines 30 cm langen, in der Optometerröhre gleitenden Tubus, der Linse näher und ferner gebracht werden. So läßt sich die Wirkung von Korrektionsgläsern erzeugen für Hypermetropie 15 dptr. bis Myopie 20 dptr. — Das Optometer wird von einem Fuße getragen, mit welchem es durch ein Kniegelenk verbunden ist.

Burchardt (1877) benutzt zur Optometrie eine einfache Linse von 20 dptr., die an einer graduierten Stange so befestigt ist, daß deren Brennpunkt mit dem Knotenpunkte des Auges zusammenfällt. Jenseits der Linse befindet sich eine, der Stange entlang verschiebbare Klammer, welche die Sehproben trägt. Dieselben bestehen in einer Reduktion von Burchardts Tüpfelgruppen. Die Normalzählweiten sollen von 10—100 cm gehen. Jeder Dioptrie Refraktionsunterschied entsprechen 2,5 mm der Skala. Dieser Wert ist wohl etwas klein. Die Messung wird genauer mit einer Linse von 10 dptr., wobei die den Dioptrien entsprechenden Teilstriche der Skala 1 cm Abstand bekommen.

Sous (1879) benutzt zur Bestimmung der Refraktion — jedoch mit Ausschluß der Bestimmung der Sehschärfe — ein starkes Konvexglas, das er dem Patienten in einem gewöhnlichen Brillengestelle vorsetzt. Dann läßt er ihn die größte Distanz aufsuchen, in welcher er Druckschrift zu lesen imstande ist. Sei d diese Distanz, $\frac{1}{d} = D$ der entsprechende Wert in Dioptrien. Sei D_l die Brechkraft der Linse, so ist $D_l - D = R$ die Refraktion des Auges, bezogen auf den Ort der Konvexlinse.

In analoger Weise hat Seggel (1882) ein Optometer konstruiert, dessen Skaleneinheit jedoch nur 2,5 mm beträgt. Dagegen bietet es den Vorteil, daß die Okularlinse wie in dem Badalschen Instrumente, in drei verschiedene Entfernungen vom Auge gebracht werden kann, so daß ihr Brennpunkt entweder mit dem vorderen Brennpunkte des Auges, mit dessen Haupt-, oder mit dessen Knotenpunkt zusammenfällt. — Um die Akkommodation auszuschließen, hat der Erfinder seinem Optometer ein zweites, blindes Rohr hinzugefügt, so daß der Untersuchte beide Augen offen behält und infolgedessen eher geneigt ist, seine Akkommodation zu entspannen.

Optometer, beruhend auf dem Prinzipe des Galiläischen oder terrestrischen Fernrohres.

Galiläis Fernrohr besteht bekanntlich in der Kombination einer starken konkaven Okular- mit einer schwächeren konvexen Objektivlinse, deren Entfernung von der ersteren verändert werden kann, um Augen verschiedener Refraktion für entfernte Objekte zu adaptieren, und ihnen von denselben vergrößerte Netzhautbilder zu liefern.

Ist die Entfernung der beiden Linsen voneinander gleich dem Unterschiede ihrer Brennweiten, so treten die von einem entfernten Objekte kommenden Strahlen parallel aus dem Okular ins Auge; denn in diesem Falle koinzidieren die Brennpunkte der beiden Linsen. Wird das Konvexglas weiter abgerückt, so konvergieren die Strahlen, nähert es sich dem Konkavglase von obiger Stellung aus, so divergieren sie.

Es ist also leicht, auf diese Weise diejenige Richtung der Strahlen herzustellen, die ein Auge zum scharfen Sehen braucht, und mithin, durch die Modifikation der gegenseitigen Entfernung der Linsen des Galiläischen Fernrohres, die Refraktion eines Auges zu bestimmen.

Schon v. Graefe hat dies Prinzip zu seinem »Refraktometer« verwendet. Das Instrument bestand aus einem langen, von einem Stative getragenen Rohre, welches ein mobiles, konvexes Objektiv von 4,5 dptr. enthielt. Als Okular dienten Konkav 5 dptr., 11 dptr., oder 20 dptr. Jeder dieser drei Linsen entsprach eine besondere Einteilung des Instrumentes. Das Objekt bildeten in großer Entfernung aufgestellte Sehproben.

In ähnlicher Weise hat Zeng (1897) eine verschiebbare Objektivlinse von 10 dptr. mit einem Okulare von entweder 10 oder 20 dptr. verbunden.

Da das Galiläische Fernrohr die beobachteten Objekte bedeutend vergrößert, so kann es selbstverständlich nicht direkt auch zur Sehprüfung verwendet werden. Der Autor gab deshalb seinem Instrumente eine $2^1/_3$ mal verkleinerte, Snellensche Sehprobetafel bei. Sie sollte, durch sein Optometer gesehen, unter dem normalen Gesichtswinkel erscheinen.

Snellen (1874) suchte diesem Übelstande dadurch abzuhelfen, daß er die vergrößernde Wirkung des Instrumentes sehr reduzierte. Er kombinierte zu diesem Zwecke Konkav 40 mit Konvex 20, in umstehender Form, zu einem binokularen Optometer (Fig. 46).

Sind die beiden Gläser in Kontakt, so entspricht ihre Wirkung also — 20 dptr.; 27 mm voneinander entfernt, heben sie sich auf; bei noch

größerem Abstande, tritt positive Wirkung zutage. Allerdings zieht der Autor vor, für Hypermetropie, das Konkavokular 40 durch Konkav 20 zu ersetzen.

Mit der größeren Stärke der beiden Gläser wird allerdings die dadurch hervorgerufene Vergrößerung kleiner, aber auch die Genauigkeit der Refraktionsbestimmung geringer, entsprechend der geringeren Exkursion zwischen den beiden Gläsern.

Snellen hat, um die daraus entspringende Fehlerquelle zu verringern, die Einteilung des Instrumentes nicht auf einer geraden Leiste, sondern auf einer Spirale angebracht. Außerdem ist zu bedenken, daß nicht die Vergrößerung als solche ein Hindernis für die Bestimmung der Sehschärfe ist, sondern die Ungleichheit der Vergrößerung für Augen verschiedener Refraktion. Dieselbe bleibt auch bei der Verkürzung des Instrumentes, wenn auch in geringerem Maße, bestehen, und macht dasselbe zur Sehprüfung im eigentlichen Sinne des Wortes untauglich.

Fig. 46.

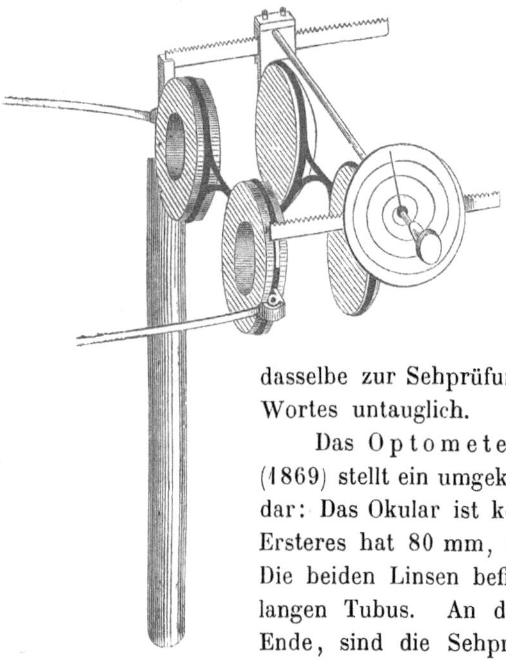

Das Optometer von Perrin und Mascart (1869) stellt ein umgekehrtes Galiläisches Fernrohr dar: Das Okular ist konvex, das Objektiv konkav. Ersteres hat 80 mm, letzteres 40 mm Brennweite. Die beiden Linsen befinden sich in einem 160 mm langen Tubus. An dem, dem Auge abgekehrten Ende, sind die Sehproben, durchsichtige Figuren auf schwarzem Grunde, angebracht. Das zu untersuchende Auge wird darauf adaptiert durch die Verschiebung der Konvexlinse, mittels eines Zahnrades. Die jeweilige Stellung derselben ergibt die Refraktion des Auges, welche am Instrumente abzulesen ist.

E. Starr (1889) kombiniert ein konvexes Okular von 16 dptr., 8 cm vor dem Auge, mit einem konkaven Objektive von ebenfalls 16 dptr., und läßt dadurch nach entfernten Sehzeichen schauen. Zur Produktion positiver Wirkungen, wird das Konkavglas vom konvexen abgerückt, für negative Wirkung, wird dem Auge noch ein zweites Konkav 16 vorgesetzt.

Auch mit diesen Instrumenten läßt sich die Sehschärfe nicht genau bestimmen.

Optometer, beruhend auf dem Prinzipe des astronomischen Fernrohres.

Dies Prinzip wird dargestellt durch zwei konvexe Linsen. Die eine entwirft, von dem entfernten Objekte, ein reelles, umgekehrtes Bild, welches durch die andere betrachtet wird.

Tritt paralleles Licht in das Objektiv, so verläßt es das Okular parallel, wenn der hintere Brennpunkt des ersteren mit dem vorderen des zweiten zusammenfällt.

Ist die gegenseitige Entfernung der beiden Linsen größer, als die Summe ihrer Brennweiten, so sind die austretenden Strahlen konvergent, ist sie kleiner, divergent. Durch die Veränderung des gegenseitigen Abstandes der beiden Linsen läßt sich das Instrument also jedem Refraktionszustande des Auges anpassen, mit anderen Worten jeder Refraktionszustand bestimmen.

Ist f' die Brennweite des Objektives,
f'' die Brennweite des Okulares,
D der gefundene Abstand beider Linsen voneinander,
d der Abstand des Okulares vom Auge,
r der Fernpunktsabstand des untersuchten Auges, vor dem Auge als positiv betrachtet, dann ist die Refraktion des untersuchten Auges:

$$\frac{1}{r-d} = \frac{1}{D-f'} = \frac{1}{f''}.$$

Mit Hilfe dieser Formel läßt sich die Skala des Instrumentes berechnen.

Nach diesem Prinzipe hat Hirschberg (1877) ein Optometer konstruiert. Das Objektiv hat 40,5 mm, das Okular 28 mm Brennweite.

Das Instrument wird nach der Sehprobetafel gerichtet, die in der Ferne — und zwar umgekehrt — aufgehängt wird, damit das Bild sich dem Beobachter aufrecht darstelle.

Der Autor hebt an seinem Instrumente einen besonderen Vorteil hervor: Zur Kontrolle des gefundenen Resultates, braucht dasselbe nämlich nur umgekehrt zu werden, so daß das Objektiv zum Okular und das Okular zum Objektiv wird. Das emmetropische Auge allein kann dann dieselbe Einstellung beibehalten. Die Ametropen müssen die Einstellung in bestimmter Weise verändern. Das Instrument trägt also zwei einander kontrollierende Skalen. Dem Instrumente wird außerdem eine Tabelle, mit den, den verschiedenen Einstellungen entsprechenden Vergrößerungszahlen, beigegeben.

Optometer, beruhend auf der Messung von Zerstreuungskreisen.

Die bisher besprochenen optometrischen Methoden bezwecken, das Glas zu finden, welches ein ametropisches Auge emmetropisch macht, d. h. das Glas, welches ihm von entfernten Objekten scharfe Netzhautbilder liefert.

Ist das Auge nicht korrigiert, so erscheint ihm jeder Punkt dieser Objekte in Zerstreuungskreisen, und zwar sind dieselben um so größer, je stärker die Ametropie ist, d. h. je mehr sich die Einstellung, bzw. die Länge des Auges, in der einen oder anderen Richtung, von der des emmetropischen entfernt.

Das Maß der Zerstreuungskreise muß also auch zur Bestimmung der Ametropie dienen können.

Dies ist in der Tat auch ausführbar, und zwar mit Hilfe des Scheinerschen Versuches.

Sieht man nach einem sehr kleinen Objekte (z. B. einem Nadelknopfe), das in einer Entfernung steht, für welche das Auge nicht eingestellt ist, durch ein Diaphragma, das einige äußerst feine, sogenannte stenopäische, Öffnungen trägt, deren gegenseitiger Abstand kleiner ist als der Pupillardurchmesser, so erscheint das Objekt vielfach, da jede Öffnung ein besonderes Netzhautbild liefert. Dies Experiment nennt man Scheiners Versuch.

Fig. 47.

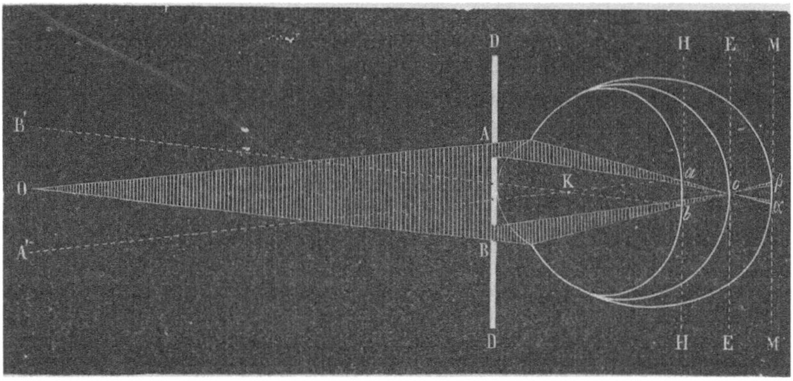

Die Erklärung desselben ist sehr einfach: Seien, in Fig. 47, *DD* das Diaphragma, *A* und *B* zwei Öffnungen desselben, *O* ein leuchtender Punkt.

Wäre das Diaphragma nicht vorhanden, so würde ein von *O* ausgehender Lichtkegel ins Auge dringen und sich in *o* wieder zu einem relativ punktförmigen Bilde vereinigen. — Das Diaphragma hält nun aber den größten Teil der Lichtstrahlen ab und läßt nur die durch *A* und *B* gehenden ins Auge gelangen. Statt eines einzigen Lichtkegels, dessen Basis die Pupille gewesen wäre, erhält also das Auge zwei kleine, deren Basis die Diaphragmaöffnungen sind, deren gemeinschaftliche Spitze aber immer *o* ist.

Liegt dieser Punkt gerade in der empfindenden Stelle der Netzhaut, mit anderen Worten, ist das Auge auf die Entfernung des Objektpunktes *O* eingestellt, so erhält es also von demselben, nach wie vor, ein scharfes Bild, nur ist dasselbe lichtschwächer, weil von einer geringeren Lichtmenge gebildet.

Liegt aber die Netzhaut vor dem Punkte o, z. B. in HH, wo von dem Punkte O, ohne das Diaphragma, ein Zerstreuungskreis von dem Durchmesser ab entstanden wäre, so wird jeder der beiden Lichtkegel darauf ein besonderes Zerstreuungsbildchen, a und b, entwerfen. Liegt die Netzhaut vor dem mit O konjugierten Brennpunkte o, so fallen die beiden Bilder, wie man sieht, auf die gleiche Seite wie die ihnen entsprechenden Öffnungen; sie werden aber, wie alle Netzhautbilder, durch den Knotenpunkt, umgekehrt nach außen projiziert: a nach A', b nach B'. Das Auge sieht also den Leuchtpunkt sozusagen in gekreuzter monokularer Diplopie.

Das Umgekehrte ist der Fall, wenn die Netzhaut hinter dem konjugierten Brennpunkte o, z. B. in MM liegt. Die Lichtkegel gehen, nach ihrer Vereinigung in o, wieder auseinander und treffen die Netzhaut in α und β. Durch den Knotenpunkt nach außen projiziert, erscheinen dann die Bilder auf der gleichen Seite wie die zugehörigen Öffnungen, und wir können sagen, daß, in bezug auf diese, der Punkt O dem Auge in homonymer Diplopie erscheine[1]).

Es ist leicht einzusehen, daß, *cæteris paribus*, je weiter die Netzhaut von der Brennebene EE entfernt ist, desto größer der Abstand zwischen den Doppelbildern wird. Dies Experiment muß sich also zur Optometrie verwenden lassen. Steht O in einer Entfernung, die man als unendlich betrachten kann, so entspricht EE der Lage der Netzhaut im emmetropischen Auge, das, trotz der Öffnungen im Diaphragma, ein einziges, scharfes Bild o erhält; vor derselben (HH) befindet sich die Netzhaut des hyperopischen, hinter derselben (MM) die des myopischen Auges. — Zu leichter Erkennung der relativen Lage der Doppelbilder, wird man die eine Öffnung mit einem roten Glase bedecken. — Eine Skala auf der Wand, an welcher der Lichtpunkt O liegt, wird die den verschiedenen Entfernungen der Doppelbilder entsprechende Ametropie angeben.

Nach diesem Prinzipe hat W. Thomson (1870) ein sehr brauchbares Optometer konstruiert. Das Diaphragma, das möglichst nahe an das Auge gebracht werden muß, hat zwei Öffnungen von 0,5 mm Durchmesser, und 4 mm gegenseitigem Abstande. Die eine ist mit einem roten Glase bedeckt. Als Objekt dient eine 5 m entfernte, kleine Lichtflamme. Zur Messung des Abstandes der Doppelbilder, bedient sich der Autor einer zweiten Kerzenflamme, welche, bei horizontaler Stellung der Öffnungen, der horizontalen Einteilung entlang geführt wird, bis eines der ihr entsprechenden Doppelbilder mit einem der anderen Flamme zusammenfällt. Der Untersuchte sieht dann also drei Bilder.

1) Wir haben die Projektion der Punkte α und β absichtlich weggelassen, um die Figur nicht zu komplizieren.

Die Einteilung wird sowohl durch Berechnung, als experimentell, d. h. mit Hilfe bekannter ametropischer Augen hergestellt. Ihr Nullpunkt entspricht der Fixierflamme.

Eigene diesbezügliche Untersuchungen haben uns gezeigt, wie wichtig es ist, daß die Oberflächen des roten Glases vollkommen parallel sind, sonst tritt prismatische Ablenkung ein, die zu großen Irrtümern Veranlassung geben kann.

Die Methode ließe sich auch leicht zur Bestimmung des Astigmatismus verwerten. Das Diaphragma müßte sich dazu, um den Mittelpunkt zwischen den beiden Öffnungen, vor der Pupille herumdrehen lassen, um dieselben sukzessive in die Richtung der beiden Hauptschnitte zu bringen, resp. die größte und die geringste Entfernung der Doppelbilder zu ergeben. Bei gemischtem Astigmatismus, träte in dem einen Hauptschnitte gekreuzte, in dem anderen homonyme Diplopie auf. Die Einteilung der Wand müßte selbstredend auf dem Radius einer vom Fixierpunkte ausgehenden Strahlenfigur angebracht sein, welcher entlang das zweite Licht geführt würde.

Ward und Holdens Optometer (1888) besteht ebenfalls in einem dicht vor das Auge gebrachten Diaphragma, das zwei, 1 mm weite, und 4 mm voneinander entfernte Öffnungen, in horizontaler Anordnung trägt. Vor einer der Öffnungen läßt sich ein Prisma aus rotem Glase drehen. Steht dasselbe mit seiner brechenden Kante gerade nach oben oder unten, und ist das Auge auf einen Lichtpunkt eingestellt, so erscheint derselbe in vertikal übereinanderstehenden Doppelbildern. Ist die Einstellung des Auges nicht richtig, so stehen die beiden Bilder schief zueinander, und zwar in dem einen oder anderen Sinne, je nachdem die Strahlen vor oder hinter der Netzhaut zur Vereinigung kommen. Das Prisma wird dann in einer graduierten Fassung gedreht, bis die Doppelbilder in die gleiche Vertikale zu liegen hommen. Der dazu nötige Drehungswinkel ergibt den Grad der Ametropie, wenn das Experiment auf große Entfernung vorgenommen wird.

Wird die Scheibe mit den zwei Öffnungen um ihre Achse gedreht, und bleibt die relative Stellung der beiden Bilder dabei dieselbe, so ist die Refraktion in allen Hauptschnitten des Auges die gleiche, gehen die Bilder auseinander, so ist Astigmatismus vorhanden. Der stärkst-, und der schwächstbrechende Hauptschnitt unterscheiden sich voneinander durch die stärkste und schwächste Schiefheit der Verbindungslinie der Bilder.

Die entsprechende Refraktion wird wieder durch Drehung des Prismas bestimmt. Dasselbe hat in Holdens Instrument 3° (ob Öffnungs- oder Ablenkungswinkel ist nicht angegeben), und es soll, durch seine Rotation, die Refraktion von 7 dptr. Hypermetropie, bis 7 dptr. Myopie bestimmt werden können.

In einfacherer Weise haben wir (E. Landolt 1886 S. 247) Scheiners Versuch zur Optometrie verwertet. Wir setzen das Diaphragma mit den zwei Öffnungen an die Stelle des Spiegels in unser Ophthalmoskop. Dasselbe wird so zu einem subjektiven Optometer. In der Tat ist seine Gläseröffnung groß genug (1 cm Durchmesser), um die weiteste Pupille zu bedecken. Wird durch das Diaphragma doppelt gesehen, so lassen wir die Gläser des Instrumentes vor dem Auge vorbeipassieren, bis die zwei Bilder in eines verschmelzen. Das Glas, bei welchem dies stattfindet, ist offenbar das Korrektionsglas, da es das Auge emmetropisch macht.

Zur Bestimmung des Astigmatismus, wird das Diaphragma in seiner Fassung so gedreht, daß die Öffnungen erst in den einen, dann in den anderen Hauptschnitt zu liegen kommen. So läßt sich die denselben entsprechende Refraktion sehr leicht bestimmen.

Fig. 48.

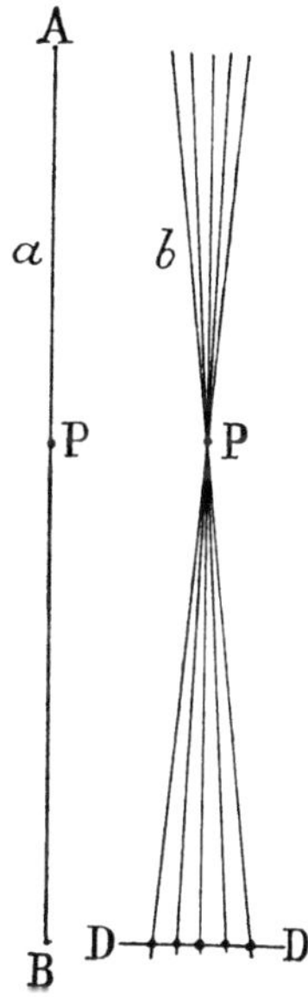

Wir brauchen also weder eine Einteilung der Wand, noch eine zweite Lichtflamme. Unsere Methode stellt, in der Tat, eine Kombination des ersten und des zweiten Prinzipes der Optometrie dar. Statt die Zerstreuungskreise zu messen, suchen wir das Glas, das sie aufhebt.

Der erste, der Scheiners Versuch zur Optometrie verwendet hat, war Porterfield (1759). Sein Instrument wurde durch Th. Young (1804) verbessert und Youngs Instrument durch Lehot (1829) vereinfacht.

Diese Instrumente bestehen im wesentlichen in einer Art flachem Lineal, auf welchem eine feine, gerade Linie gezogen ist — schwarz auf weißem, oder weiß auf schwarzem Grunde. Das Brettchen wird horizontal, mit dem einen Ende ans Auge gehalten. Das Auge sieht nach der Linie, durch die vertikalen Spalten eines Diaphragmas. Die Linie erscheint dann einfach nur in dem Punkte, für welchen das Auge eingestellt ist; diesseits wie jenseits derselben geht sie in ebensoviele Linien auseinander, wie das Diaphragma Spalten hat.

Sei z. B. *AB* (Fig. 48a) die Linie des Optometers, *DD* (Fig. 48b) das Diaphragma mit vier Öffnungen, *P* der Punkt, auf welchen das Auge eingestellt ist, so wird die Linie *AB* dem Auge in der Weise erscheinen, wie sie Fig. 48b wiedergibt.

Da die polyopisch gesehenen Linien, vor und nach ihrer Kreuzung, einander notwendigerweise sehr nahe liegen, so ist es nicht leicht, den Kreuzungspunkt genau anzugeben. Dies ist ein großer Nachteil dieser Methode. Außerdem ist dieselbe, in der eben beschriebenen Form, nur in Fällen verwendbar, wo der Fernpunkt in endlicher, und nicht allzugroßer Entfernung vor dem Auge liegt, d. h. bei Myopie höheren Grades. Um die Methode allen Fällen von Ametropie gerecht zu machen, muß man den

Fernpunkt auch der Hypermetropen, mit Hilfe eines Konvexglases, in kurze Entfernung vor das Auge bringen.

Dies hat Stampfer getan. Er benutzte zwei ineinander gleitende Röhren. Die äußere trug, dem Auge nahe, ein Konvexglas von 8 dptr. und dahinter ein Diaphragma mit zwei parallelen Spalten von 0,7 mm Weite, und einem gegenseitigen Abstande, der geringer war als der Durchmesser einer engen Pupille.

Die innere Röhre enthielt ebenfalls ein Diaphragma, jedoch nur mit einer feinen, den beiden erstgenannten parallelen, und mit mattem Glase bedeckten Spalte. Dies Diaphragma wird durch Aus- oder Einschieben des zugehörigen Rohres, in die Entfernung vor dem Auge gebracht, bei welcher die Spalte, obschon durch die zwei anderen betrachtet, einfach erscheint.

Dies ist der Fall, wenn das Auge auf die Entfernung der Spalte eingestellt ist. Von der entsprechenden Refraktion muß dann selbstredend die der Okularlinse abgezogen werden. Auf diese Weise ist die Einteilung des Optometers berechnet.

Leonhard (1882) beschreibt eine optometrische Methode, welche ebenfalls unter die Rubrik des Scheinerschen Versuches gehört. Sie beruht auf einem zuerst von Gray (Priestley, Geschichte der Optik. I. S. 158) angegebenen, später von Faber und Le Cat (Traité des Sensations. II. S. 507) erklärten Versuche.

Hält man dicht vor das Auge eine Nadel, in einiger Entfernung davon (nicht über 50 cm), einen Schirm mit einem Loch, und blickt durch dieses nach einer hellen Fläche, so sieht man ein umgekehrtes Bild der Nadel hinter dem Schirm, wenn das Auge für einen entfernteren Punkt als der Schirm eingestellt ist, ein aufrechtes Bild, wenn der Einstellungspunkt näher liegt, gar keines, wenn das Auge auf die Entfernung des Schirmes eingestellt ist.

Im ersten Falle wirft die Nadel einen mit ihr gleichgerichteten Schatten auf die Netzhaut. Derselbe wird aber in entgegengesetzter Richtung, an den Ort des Einstellungspunktes projiziert. — Im zweiten Falle hat das Schattenbild der Nadel auf der Netzhaut die umgekehrte Richtung wie sein Objekt. In der Projektion noch einmal umgekehrt, erscheint es also mit der Nadel gleichgerichtet. — Im dritten Falle entsteht kein Schatten.

Leonhards Instrument besteht aus einer innen geschwärzten Röhre. Dicht vor dem Auge steht ein senkrechter Pfeil. In der Röhre ist ein mehrfach durchlöcherter Schirm verschiebbar, so daß also mehrere Bilder des Pfeiles auftreten. Liegt der Fernpunkt weiter als 50 cm, so bringt man ihn durch ein vorgesetztes Konvexglas näher. Um seine Lage zu ermitteln, schiebt man den Schirm so weit hinaus, bis aufrechte Bilder vor demselben erscheinen. Um den Nahepunkt zu finden, bringt man ihn näher, bis umgekehrte Bilder hinter ihm auftreten.

Wir müssen hier noch eines zweiten Thomsonschen Optometers gedenken, das der Autor, in sehr ingeniöser Weise, auf die Messung von Zerstreuungskreisen basiert hat. Das Instrument, das er Ametrometer heißt, ist in Fig. 49 dargestellt. *A* und *B* sind kleine Gasflammen, die erste feststehend, die zweite beweglich. Indem man die Gleite *C* der Leiste *D* entlang führt, kann *B* bis zum Kontakt mit *A* gebracht, oder bis 30 cm davon entfernt werden. Außerdem läßt sich *B*, durch Heben oder Senken

Fig. 49.

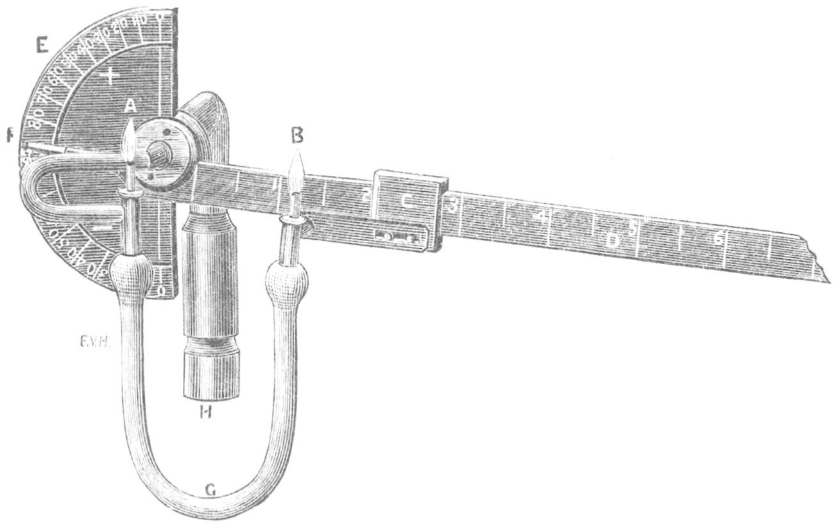

des Armes *E*, um *A* als Zentrum herumführen. Die Neigung der beiden Lichter zur Vertikalen wird durch den Zeiger *F* auf der Kreisteilung angegeben.

Der Ständer *H* ist hohl und wird mit der Leitung in Verbindung gebracht, durch welche das Gas in den Schlauch *G* dringt.

Der Apparat wird in 5 m Entfernung von dem zu Untersuchenden aufgestellt, und den Flammen ein Durchmesser von 5 mm gegeben. — Einem Emmetropen erscheinen sie wie zwei leuchtende Punkte, ein Ametrope dagegen, sieht, an ihrer Stelle, zwei leuchtende Scheiben, zwei Zerstreuungskreise, deren Durchmesser dem Grade seiner Ametropie proportional ist.

Der Untersucher nähert nun das Licht *B* dem Lichte *A*, bis sich ihre Zerstreuungskreise gerade berühren. Der entsprechende Grad der Ametropie läßt sich dann auf der Einteilung der Leiste *D* ablesen.

Um die Natur der Ametropie zu bestimmen, bedeckt man die Hälfte der Pupille des untersuchten Auges mit einem roten Glase. Damit färbt sich auch je eine Hälfte der zwei Zerstreuungsbilder, und zwar, bei Hypermetropie, die dem roten Glase entgegengesetzte, bei Myopie, die gleiche Seite, wie die der Pupille. Die Erklärung dieses Vorganges folgt aus dem, was wir, bei der Beschreibung des Scheinerschen Versuches, über gekreuzte und homonyme monokulare Diplopie gesagt haben.

Bei Astigmatismus erscheinen die Punkte *A* und *B* in der Richtung des einen Hauptschnittes verzogen. *B* wird dann um *A* gedreht, bis die längere Achse der beiden Zerstreuungsbilder in dieselbe Gerade zu liegen kommt. Der Zeiger *F* gibt die Richtung des einen Hauptschnittes an. Der andere steht senkrecht zu derselben.

Zur Bestimmung des Grades des Astigmatismus, wird die Refraktion sukzessive in den beiden Hauptschnitten, in der eben beschriebenen Weise gemessen.

Läßt man ein Auge, durch ein Diaphragma mit stenopäischer Öffnung, nach einem entfernten Objekte blicken und bewegt das Diaphragma hin und her, so erscheint das Objekt dem Auge entweder unbeweglich, oder es scheint die Bewegungen mitzumachen, und zwar in gleichem, oder in umgekehrtem Sinne.

Unbeweglich scheint das Objekt, wenn das Auge auf dasselbe eingestellt ist, denn, welcher Teil des der Pupille zugänglichen Strahlenbündels auch durch die Öffnung dringe, so treffen doch alle Strahlen die gleiche Stelle der Netzhaut.

Kommen dagegen die vom Objekte ausgehenden Lichtstrahlen vor der Netzhaut zur Vereinigung, so durchläuft die beleuchtete Stelle der letzteren eine zur Bewegung der Öffnung umgekehrte Bahn. Nach außen projiziert, scheint sich also das Objekt im gleichen Sinne wie das Diaphragma zu bewegen.

Vereinigen sich dagegen die Strahlen hinter der Netzhaut, so bewegt sich das Netzhautbild im gleichen, das Objekt also scheinbar in entgegengesetztem Sinne wie das Diaphragma.

Diese Erfahrung hat S. Holth (1902) zur Refraktionsbestimmung zu verwerten gesucht. Sein Apparat, Kineskop genannt, besteht hauptsächlich aus einer von zwei Metallfassungen getragenen stenopäischen Spalte, welche in jeder beliebigen Richtung vor das zu untersuchende Auge gebracht, und senkrecht zu derselben, um einige Millimeter hin- und herbewegt werden kann.

Als Objekt dient eine, in sechs Meter Entfernung aufgestellte, weiße Scheibe, oder Linie, auf schwarzem Grunde. Scheint sich dieselbe mit dem Diaphragma gleichsinnig zu bewegen, so ist Myopie, wenn umgekehrt, Hypermetropie vorhanden. Der Grad der Ametropie wird durch das Glas ausgedrückt, welches, vor das Auge gehalten, die Scheinbewegung aufhebt, d. h. das Auge emmetropisch macht.

Bei regelmäßigem Astigmatismus, sucht der Autor erst, nach einer der bekannten Methoden, die Richtung der Hauptschnitte auf, stellt dann die Spalte seines Apparates dem schwächer brechenden Hauptschnitte parallel, und bestimmt dessen Refraktion in eben angegebener Weise. Dann läßt er das sphärische Korrektionsglas dieses Hauptschnittes vor dem Auge, und gibt der Spalte die Richtung des stärker brechenden Hauptschnittes. Derselbe wird hierauf mit einem Konkavzylinder korrigiert.

Bestimmung der Refraktion mit Hilfe der chromatischen Aberration des Auges.

Dazu verwendet man, mit Helmholtz, am besten ein intensiv gefärbtes Kobaltglas. Das scheinbar reine Blau dieses Glases enthält nämlich, außer Blau, eine große Menge Rot, oder, besser gesagt, es absorbiert die mittleren

Fig. 50.

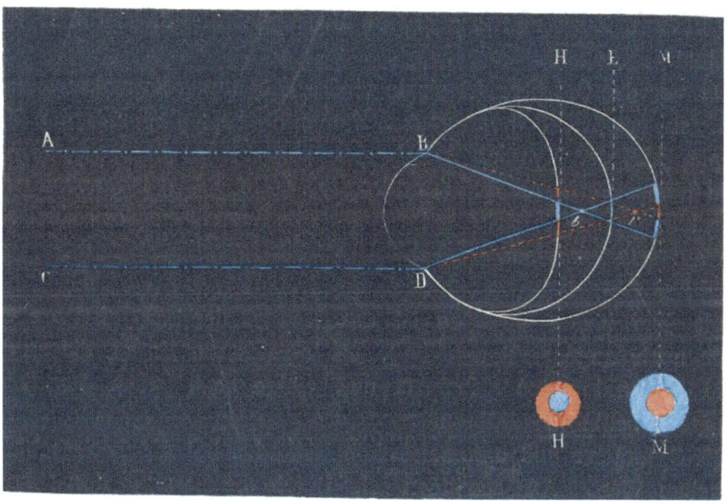

Strahlen des Spektrums ziemlich vollständig, läßt aber Blau und Rot durch. Blau und Rot gehören den beiden Enden des Spektrums an, die Brechbarkeit dieser Strahlen ist eine sehr verschiedene, Blau gehört zu den brechbarsten, Rot zu den am wenigst brechbaren Strahlen. Gehen beide Strahlenarten gleichzeitig durch ein dioptrisches System, so kommen die ersteren vor den letzteren zur Vereinigung. Diese Eigentümlichkeit läßt sich in folgender Weise zur Optometrie verwenden.

Man umhüllt eine Gasflamme mit einem schwarzen Kamine, das nur auf der Höhe der Flamme eine kleine, runde Öffnung trägt. Dieselbe bedeckt man mit einem matten, farblosen, und einem darauf applizierten Kobaltglase. So erhält man einen leuchtenden Punkt, dessen Licht aus blauen und roten Strahlen besteht. Befindet sich das Licht in großer Entfernung, so können die davon ausgehenden Strahlen als parallel betrachtet werden. *ABCD* (Fig. 50) sei ein solches blaurotes Strahlenbündel. Dieses trifft in *BD* das dioptrische System des Auges. Dasselbe vereint die blauen Strahlen des gemischten Bündels in *b*, die roten erst in *r*.

Das Auge ist auf den Leuchtpunkt eingestellt, wenn es von demselben einen möglichst kleinen Zerstreuungskreis erhält. Dies findet statt, wie die Figur zeigt, in *E*, zwischen den beiden Brennpunkten, wo die Farben gleichmäßig gemischt sind, der Punkt also gleichmäßig gefärbt erscheint. Liegt die Netzhaut vor dieser Stelle, so erhält sie von dem Blau entweder ein relativ scharfes Bild, oder einen kleinen, von dem Rot dagegen einen großen, den blauen überragenden Zerstreuungskreis; also, im Niveau *H*, das unter der Figur entworfene Bild.

Liegt die Netzhaut dagegen im Brennpunkte der roten Strahlen, so entsteht ein zentrales Bild, in welchem das Rot überwiegt, und das von einem blauen Zerstreuungskreise überragt wird. Dies ist in *M* (Fig. 50) dargestellt.

Da wir den Objektpunkt als in großer Entfernung liegend angenommen haben, so entspricht theoretisch *EE* der Emmetropie, *HH* der Hypermetropie, *MM* der Myopie.

Je höher der Grad der Ametropie, desto größer ist, *cæteris paribus*, die Ausdehnung des Zerstreuungskreises. Das Korrektionsglas reduziert denselben auf sein Minimum.

Mit dem bisher Gesagten ist das Kapitel der subjektiven Optometrie noch lange nicht erschöpft. Es lag uns nur daran, die zu diesem Zwecke verwendbarsten Prinzipien und einige nach jedem derselben gebaute Instrumente vorzuführen.

Die Optometer und optometrischen Methoden haben sehr verschiedenen praktischen Wert. Alle gewinnen sehr durch die Paralyse der Akkommodation, weil die Feststellung der statischen Refraktion des Auges oft in hohem Maße stört. Da es aber nur ausnahmsweise gestattet ist, die dynamische Akkommodation durch Mydriatica auszuschließen, und natürliche Paralyse derselben zur Seltenheit gehört, so müssen wir, für den klinischen Gebrauch, derjenigen Methode den Vorzug geben, bei welcher am ehesten ein Erschlaffen der Akkommodation zu erwarten ist. Dies ist, wie schon oben bemerkt, der Fall bei der Bestimmung der Refraktion mit einfachen Brillengläsern und in großer Entfernung aufgestellten Sehproben. Beim Blick in die Ferne, entspannen sich Akkommodation und Konvergenz noch am ehesten, während ein an das Auge gebrachtes Instrument, ein Rohr, ein Kasten, ein einfaches Diaphragma, unwillkürlich die Akkommodation in Tätigkeit versetzt. Wie viele Gelehrte ermüden sich so unnötigerweise beim Mikroskopieren, wie oft hört man Klagen über durch Operngläser hervorgerufene Augenschmerzen, während doch beide Instrumente, dank ihrer Einstellungsvorrichtung, vollkommene Entspannung, vollkommene Ruhe des Akkommodationsapparates gestatten.

Die Optometrie mit Hilfe der Brillengläser hat außerdem noch den großen Vorteil, daß, zugleich mit der Refraktion, auch die Sehschärfe weit sicherer gemessen werden kann, als dies mit den besten dazu bestimmten Optometern geschieht.

Endlich halten wir es für einen ganz besonderen Vorzug dieser Methode, daß sie gerade in den Verhältnissen vorgenommen wird, in denen der Untersuchte sich der Korrektion seiner Refraktionsanomalien bedient. Wir sind denn auch überzeugt davon, daß dieselbe für die augenärztliche Praxis stets die Oberhand behalten wird.

Objektive Methoden der Refraktionsbestimmung.

Bei den subjektiven Methoden der Refraktionsprüfung, haben wir die in das untersuchte Auge dringenden Lichtstrahlen betrachtet und uns gefragt: »Von welchem Punkte müssen Strahlen ausgehen (*E*, *M*), bzw. nach welchem Punkte hinzielen (*H*), um, in der Fovea des untersuchten Auges, zu einem scharfen Bilde vereinigt zu werden?« — Der fragliche Punkt war dann der Fernpunkt, aus dessen Lage und Entfernung vom Auge dessen Refraktion abzuleiten ist.

Bei den objektiven Methoden, gehen wir in umgekehrter Weise vor. Wir fragen: »Nach welchem Punkte zielen (*M*), bzw. von welchem Punkte scheinen Strahlen herzukommen (*E*, *H*), welche von der Fovea des untersuchten Auges ausgehen?« — Dieser Punkt ist wiederum der Fernpunkt des untersuchten Auges.

In der Tat sind, wie wir eingangs dieses Kapitels gezeigt haben, der Fernpunkt und sein Netzhautbild konjugierte Brennpunkte. Strahlen, die von dem ersteren ausgehen, zielen nach dem letzteren, und umgekehrt. Steht in einem der beiden Punkte ein Objekt, so entsteht im anderen dessen Bild.

Bei den objektiven Methoden machen wir also den Augengrund zum Objekte, und suchen das Bild auf, welches das dioptrische System des Auges von demselben entwirft. Da aber die Objekte des Augengrundes nicht selbstleuchtend sind, so müssen wir sie, um Licht von ihnen zu erhalten, erst beleuchten. Dies geschieht mit Hilfe eines Spiegels, der das Licht einer hinter dem Auge befindlichen Quelle in dasselbe reflektiert. Damit die vom Augengrunde kommenden Strahlen nicht alle wieder vom Spiegel nach der Lichtquelle zurückkehren, sondern sich auffangen lassen, muß der Spiegel zum Teil durchsichtig, oder durchbohrt sein. Mit anderen

Worten, die objektive Refraktionsbestimmung geschieht mit dem Augenspiegel, dem Ophthalmoskope.

Der Beobachter kann die von der Netzhaut des untersuchten Auges kommenden Strahlen direkt auf seiner eigenen Netzhaut auffangen. Er erhält dann von den Objekten derselben ein umgekehrtes Bild, wie von allen Gegenständen, die er betrachtet, und, wie diese Bilder, so projiziert er auch das der untersuchten Netzhaut noch einmal umgekehrt, d. h. aufrecht, in der Stellung, die das Objekt wirklich hat, nach außen. Dies ist der Grund, warum man diese Methode der Beobachtung die im aufrechten Bilde nennt.

Läßt dagegen der Beobachter die vom Grunde des untersuchten Auges ausgehenden Strahlen sich in der Luft zu einem reellen Bilde vereinigen, so heißt man die Methode die des umgekehrten Bildes, dies reelle Luftbild ist eben umgekehrt in bezug zu seinem Objekte, und wird auch so vom Beobachter gesehen.

Bestimmung der Refraktion mittels des aufrechten Augenspiegelbildes.

Betrachten wir erst die Art und Weise, wie das aufrechte Bild zur Optometrie verwendet werden kann. Um die Sache nicht unnötig zu komplizieren, nehmen wir an, der Beobachter sei emmetropisch. Dies dürfen wir um so eher tun, als jeder ametropische Beobachter sich durch vorgesetzte Korrektionsgläser emmetropisch machen kann. — Sodann setzen wir voraus, daß der Beobachter seine Akkommodation entspanne. Auch diese Annahme ist wohl gestattet, denn nur der kann den Augenspiegel richtig handhaben, der seine Akkommodation beherrscht[1]).

1) Um die Akkommodation willkürlich entspannen zu lernen, muß man sich — wie bei der Erlernung jeder Muskelfunktion —, vor allem von dem Gefühle Rechenschaft geben, das man dabei empfindet. Nun ruft allerdings die Erschlaffung der Akkommodation an und für sich im Auge kein bemerkenswertes Gefühl hervor, wohl aber die damit verbundene Erschlaffung der Konvergenz, bzw. die Anspannung der derselben entgegenwirkenden, abduzierenden Muskeln. So habe ich mir einst selbst, und später meinen Schülern, die Augen parallel stellen und die Akkommodation entspannen gelehrt, indem ich erst in größte Ferne sah; dann, ohne meine Blickrichtung zu ändern, ein weißes Papier mit einem schwarzen Punkte vor meine Augen brachte. Der Punkt erscheint dabei undeutlich und in gekreuzter Diplopie. Es gelingt auch unschwer, die gegenseitige Entfernung der beiden Bilder auf dem Papier zu markieren. Sie muß dem gegenseitigen Abstande der beiden Augen entsprechen, da dieselben, beim Sehen in weite Ferne, parallel gerichtet sind.

Wiederholt man den Versuch mehrmals, so bringt man es dazu, den Punkt, bei einfachem Vorhalten des Papieres schon, gekreuzt doppelt zu sehen. Allerdings liegen die Doppelbilder anfangs gewöhnlich zu nahe aneinander, d. h. die Augen konvergieren noch, wenn auch nach einem weiter als das Objekt entfernten Punkte. Es gelingt dann aber, unter Hervorrufen eines gewissen Gefühles, das ich hauptsächlich der Kontraktion der Externi zuschreiben möchte, die Bilder immer weiter auseinander zu bringen, bis sie endlich der Parallelstellung der Gesichts-

Unter diesen Umständen braucht der Beobachter, um deutlich zu sehen, parallele Strahlen, denn nur solche kann er auf seiner Netzhaut zu einem scharfen Bilde vereinigen. Blickt er nun durch den das untersuchte Auge beleuchtenden Spiegel in dessen Pupille, und erhält er so schon ein deutliches Bild von dessen Netzhaut, so weiß er, daß die aus dem untersuchten Auge tretenden Strahlen parallel sind, daß das Auge emmetropisch ist; vorausgesetzt, daß auch das untersuchte Auge akkommodationslos ist. Dies ist aber meistens der Fall, denn, wie Mauthner hervorgehoben hat, entspannt der Untersuchte unter keinen Umständen die Akkommodation spontan vollkommener, als gerade bei der Untersuchung im aufrechten Bilde. Selbstverständlich darf man ihn dabei nicht nach einem bestimmten Objekte hinsehen lassen. Der verdunkelte Untersuchungsraum soll überhaupt keinen Gegenstand enthalten, der des Patienten Aufmerksamkeit anziehen könnte.

Sieht der Beobachter, trotz vollkommen durchsichtiger Medien des untersuchten Auges, dessen Hintergrund nicht deutlich, so sind die davon ausgegangenen Strahlen nicht parallel: sie divergieren oder konvergieren; das Auge ist ametropisch.

Über die Richtung derselben gibt dem Beobachter ein sphärisches Glas Aufschluß: im ersten Falle braucht er ein konvexes, im zweiten ein konkaves Glas, um deutlich zu sehen. Konvexe Gläser machen divergente, konkave konvergente Strahlen parallel, wie sie der Emmetrope braucht.

Wir sehen schon daraus, daß das Glas, dessen der Beobachter bedarf, um den Augengrund des Untersuchten deutlich zu sehen, gleicher Natur ist, wie dasjenige, mit dem der Untersuchte ferne Objekte scharf sieht. Kommen doch divergente Strahlen aus hypermetropischen, konvergente aus myopischen Augen.

Dies geht auch wiederum aus der Regel der konjugierten Brennpunkte hervor: Das Glas, das die vom Augengrunde kommenden Strahlen parallel macht, gibt parallelen Strahlen die Richtung, die sie haben müssen, um auf demselben zur Vereinigung zu kommen.

Ja, wir erfahren durch das Korrektionsglas noch mehr: Wir wissen, daß der Brennpunkt des Glases, welches ein Auge für parallele Strahlen einstellt, mit dem Fernpunkte desselben zusammenfällt. Also ist mit dem Glase, welches den emmetropischen Beobachter auf den Grund eines fraglichen Auges einstellt, auch der Fernpunkt des letzteren gefunden.

---

linien entsprechen. In diesem Momente erscheinen sie, wenigstens dem schwachen Myopen, dem Emmetropen und Hypermetropen, am undeutlichsten, woraus man auf die Entspannung der Akkommodation schließen darf. Jedesmal nun, wenn es sich um die Bestimmung der Refraktion im aufrechten Bilde handelt, ruft man das Gefühl der Parallelstellung der Augen hervor. — Zur Kontrolle mag die untersuchte Pupille dienen, die man so sehr doppelt sehen muß, daß das zweite Bild auf dem andern Auge des Patienten erscheint.

All dies wird uns mit Hilfe einiger Beispiele noch klarer werden.

Sei Fig. 51 *h* ein hypermetropisches Auge. Die von seiner Fovea *X* ausgehenden Strahlen verlassen das Auge so divergent, als kämen sie von dessen Fernpunkt *R* her. Um diese divergenten Strahlen auf seiner Netzhaut zu vereinigen, braucht der emmetropische, akkommodationslose Beobachter *E* ein Konvexglas, dessen Brennpunkt mit dem Punkte *R* zusammenfällt. So allein werden die Strahlen parallel, wie es die Emmetropie zum scharfen Sehen verlangt. Die Hilfslinie *L* adaptiert also das beobachtende Auge *E* auf den Fernpunkt des untersuchten Auges, gerade als ob dort ein Objekt stünde, das der Beobachter deutlich zu sehen wünscht.

Fig. 51.

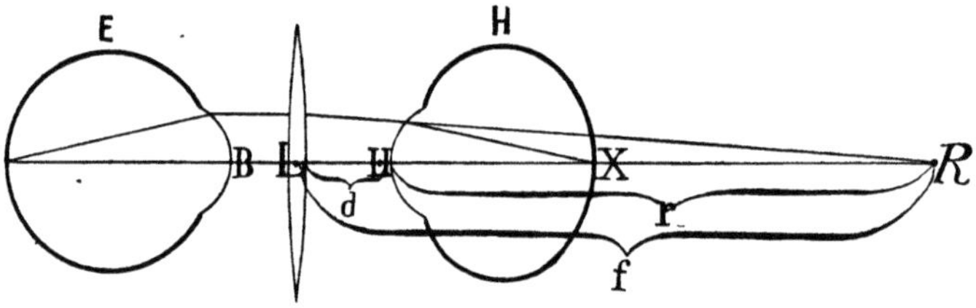

R ist also gleichzeitig der Fernpunkt des untersuchten Auges, und der Brennpunkt der Hilfslinse.

Um den Grad der Hypermetropie $\left(R = \frac{1}{HR}\right)$ von der Brennweite des Glases (*LR*) abzuleiten, brauchen wir nur die Entfernung (*LH*) des Glases vom Auge zu kennen. (Die vom beobachtenden Auge kommt hier nicht in Betracht, da die von dem Glase zu demselben gehenden Strahlen parallel sind.)

Wir haben, wie Fig. 51 zeigt, bei Hypermetropie, diese Entfernung von der Brennweite abzuziehen. Bezeichnen wir die Brennweite des Hilfsglases (*LR*) mit *f*, die Entfernung (*LH*) desselben vom untersuchten Auge mit *d*, und die Entfernung des Fernpunktes von dem Hauptpunkte des untersuchten Auges (*HR*) mit r, so ist die Refraktion R des letzteren

$$R = \frac{1}{r} = \frac{1}{f - d}.$$

Das gefundene Konvexglas ist also schwächer als der Grad der Hypermetropie. Der Unterschied zwischen der Brechkraft der Hilfslinse und der Refraktion des Auges ist um so größer, je größer *d* ist im Vergleiche zu r.

Es ist also jedenfalls vorteilhaft, das Glas dem untersuchten Auge möglichst nahe zu bringen. Dann entspricht es wenigstens annähernd dessen Korrektionsglas für die Ferne.

Hat die konvexe Hilfslinse eine Brechkraft von 2 Dioptrien, und ist deren Entfernung $HL = d$ vom untersuchten Auge $= 2$ cm, so ist $f = 50$, $r = 48$ cm.

Statt $\frac{100}{50} = 2$, wie die Linse, hat die Hypermetropie $\frac{100}{48} = 2{,}08$ dptr.

Nehmen wir an, das untersuchte Auge sei myopisch (*M* Fig. 52). Die austretenden Strahlen sind also konvergent. Sie zielen nach *R*.

Fig. 52.

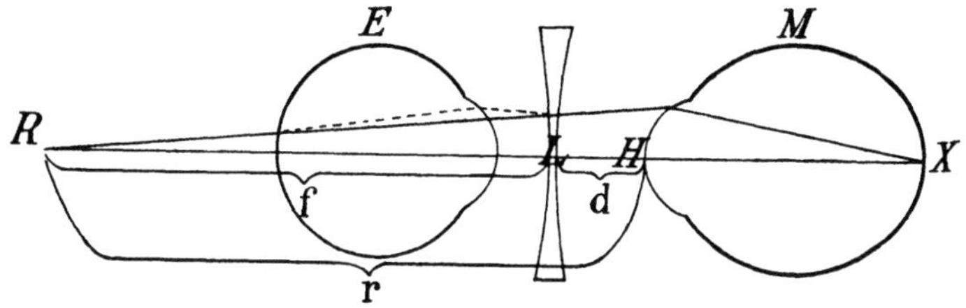

Um dieselben seinem Auge gerecht, d. h. parallel zu machen, muß sie der emmetropische Beobachter *E*, durch ein konkaves Glas *L* gehen lassen, dessen Brennpunkt mit dem Konvergenzpunkte *R* der Strahlen, bzw. dem Fernpunkte des untersuchten Auges, zusammenfällt. Wie man sieht, muß man in diesem Falle die Entfernung $HL = d$ der Hilfslinse vom Auge deren Brennweite $LR = f$ zuzählen, um die Entfernung $HR = r$ des Fernpunktes vom Auge zu erhalten. Dieselbe ist also $f + d$, und die Refraktion des Auges

$$R = \frac{1}{r} = \frac{1}{f + d}.$$

Das gefundene Glas ist stärker als der Grad der Myopie.

Hat die Linse 2 Dioptrien, so ist $LR = 50$ cm. Befindet sie sich 2 cm vom untersuchten Auge entfernt, so ist $r = 50 + 2 = 52$ cm, also die Myopie $\frac{100}{52} = 1{,}9$ dptr.

Der Unterschied zwischen der Refraktion des untersuchten Auges und dem so gefundenen Korrektionsglase nimmt zu sowohl mit der Stärke desselben, als mit seiner Entfernung von dem Auge.

Nagel hat die wahren Ametropiegrade für verschiedene Abstände der Korrektionsgläser in umstehender Tabelle zusammengestellt[1]).

Die erste Kolonne enthält die Nummer, resp. die Zahl der Dioptrien des Korrektionsglases, *d* bezeichnet die Entfernung desselben vom untersuchten Auge.

1) Erste Auflage dieses Handbuches. VI. Bd. S. 420.

Dioptrien des Korrektionsglases.	Hypermetropie				Myopie			
	$d = 15{,}5$ mm	$d = 25$ mm	$d = 40$ mm	$d = 50$ mm	$d = 15{,}5$ mm	$d = 25$ mm	$d = 40$ mm	$d = 50$ mm
1	1,015	1,025	1,041	1,05	0,98	0,975	0,961	0,95
2	2,06	2,105	2,17	2,22	1,93	1,90	1,84	1,81
3	3,14	3,24	3,41	3,52	2,86	2,79	2,67	2,60
4	4,26	4,44	4,76	5	3,76	3,63	3,44	3,33
5	5,42	5,71	6,25	6,66	4,64	4,44	4,166	4
6	6,64	7,06	7,89	8,62	5,49	5,21	4,84	4,6
7	7,85	8,48	9,72	10,77	6,31	5,95	5,47	5,18
8	9,13	10,0	11,76	13,33	7,11	6,66	6,060	5,71
9	10,46	11,49	14,06	16,36	7,89	7,34	6,61	6,26
10	11,83	13,33	16,66	20	8,6	8,00	7,14	6,66
11	13,2	15,02	19,64	24,45	9,4	8,62	7,63	7,09
12	14,7	17,15	23,09	30,30	10,1	9,23	8,11	7,5
13	16,2	19,26	27,10	37,17	10,8	9,81	8,55	7,88
14	17,8	21,55	31,52	46,7	11,5	10,39	8,97	8,23
15	19,5	24,03	37,59	62,5	12,18	10,82	9,38	8,57
16	21,27	26,66	44,44	80,0	12,8	11,42	9,75	8,88
17	23,09	29,55	53,19	113,3	13,4	11,93	10,12	9,19
18	25	32,78	64,51	181,8	14,08	12,42	10,46	9,47
19	26,9	36,23	79,36	380,0	14,6	12,89	10,79	9,74
20	28,98	40,00	100	∞	15,2	13,33	11,11	10

Würde es sich einfach darum handeln, die Korrektionsgläser vor dem untersuchten Auge herumzuführen, so könnte man sich, bei der Refraktionsbestimmung im aufrechten Bilde, aller der Einrichtungen bedienen, die wir bei der subjektiven Optometrie mittels der Sehschärfe erwähnt haben. Hätte aber das Hantieren der Gläser des Brillenkastens zugleich mit demjenigen des Ophthalmoskopes schon etwas sehr mißliches, so wäre auch der Gebrauch von vor dem untersuchten Auge stehenden, gläsertragenden Scheiben, Reifen, Latten, bei der Untersuchung im aufrechten Bilde nicht bequem. Außerdem brächte das zwischen dem Spiegel und dem untersuchten Auge stehende Glas einen Reflex mit sich, der sehr störend werden könnte. Man pflegt deshalb die Korrektionsgläser hinter dem Spiegel, d. h. auf der dem Untersuchten abgekehrten Seite desselben anzubringen, und zwar gewöhnlich in exzentrischen Scheiben, welche gestatten, die Gläser, in raschem Wechsel, vor der Öffnung des Spiegels herumzuführen. Wir haben die verschiedenen, zu diesem Zwecke angegebenen Vorrichtungen im Kapitel der Ophthalmoskopie schon beschrieben. Aus dem eben Gesagten geht aber schon hervor, daß das Ophthalmoskop so gebaut sein muß, daß es eine möglichste Annäherung der Korrektionsgläser an das untersuchte Auge gestattet, und daß seine Durchbohrung nicht so eng sein darf, daß sie, wie eine stenopäische Öffnung, deutliches Sehen auch bei ungenauer optischer Einstellung ermöglicht.

Die Methode des aufrechten Bildes ist, in der Hand eines tüchtigen Ophthalmoskopikers, eine der besten objektiven Methoden der Refraktionsbestimmung. Sie bietet auch bei Hypermetropie, bei Emmetropie und bei mäßiger Myopie keine besonderen Schwierigkeiten. Erst bei Myopie höheren Grades, etwa von 10 Dioptrien ab, gibt sie in der eben besprochenen Weise keine ganz zuverlässigen Resultate mehr.

Dies rührt, wie Eperon (1884) nachgewiesen, davon her, daß, unter diesen Bedingungen, das scharf zu übersehende Gebiet des untersuchten Augengrundes sehr klein, und namentlich sehr lichtschwach wird[1]. Diese Nachteile hebt der Autor dadurch, daß er, dicht vor dem untersuchten Auge, einen negativen Meniscus von 13 oder 18 Dioptrien anbringt. Derselbe wandelt sozusagen die hohe Myopie dieses Auges, je nach ihrem Grade, in schwache Myopie, Emmetropie oder gar Hypermetropie um. Da die konvexen Flächen des Meniscus dem Spiegel zugekehrt sind, so werden die davon überzeugten Reflexe sehr klein und weniger störend, als es bei einer bikonkaven Linse der Fall wäre.

Außerdem empfiehlt Eperon, sich bei dieser Bestimmung der hochgradigen Myopie, eines Konkavspiegels von nicht mehr als 6 bis 5 cm Brennweite zu bedienen, und denselben dem Meniscus bis auf wenigstens 5 mm zu nähern. Um den Meniscus dem Auge möglichst nahe zu bringen, gibt ihm Eperon nur 15 mm Durchmesser und setzt ihn in eine mit dem Augenspiegel durch einen gelenkigen Arm verbundene Fassung.

Da es sich, bei der Dioptometrie, beinahe ausschließlich um die der Fossa centralis entsprechende Refraktion handelt, so ist es von größter Wichtigkeit, die Bestimmung derselben nicht an irgend einem leicht sichtbaren Objekte des Augengrundes, einem Netzhautgefäße, einem Pigmentfleck u. dgl., sondern an der Makula selbst, oder jedenfalls derselben möglichst nahe, vorzunehmen. Die Refraktion nimmt nämlich, vom hinteren Pole des Auges an, sehr rasch ab. Schon über der Papille ist sie merklich geringer, als über der Fovea.

Nun ist letztere allerdings nur selten zur objektiven Optometrie geeignet. Wo die Makula kein der Prüfung der Genauigkeit der optischen Einstellung günstiges Objekt bietet, da muß man sich wenigstens an den der Makula nächsten, äußeren Rand der Papille oder an die zwischen beiden verlaufenden Blutgefäße halten.

Das aufrechte Augenspiegelbild läßt sich auch noch in einer anderen Weise zur Bestimmung der Refraktion verwenden: Statt eines Gegenstandes

1) Steht das Korrektionsglas im vorderen Brennpunkte des untersuchten Auges, so mißt, nach Eperon, das ophthalmoskopische Gesichtsfeld, bei Emmetropie = 3,1 qmm, bei Myopie von 13 dptr. = 1,2 qmm, bei Myopie von 20 dptr. = 0,7 qmm.

Fig. 53.

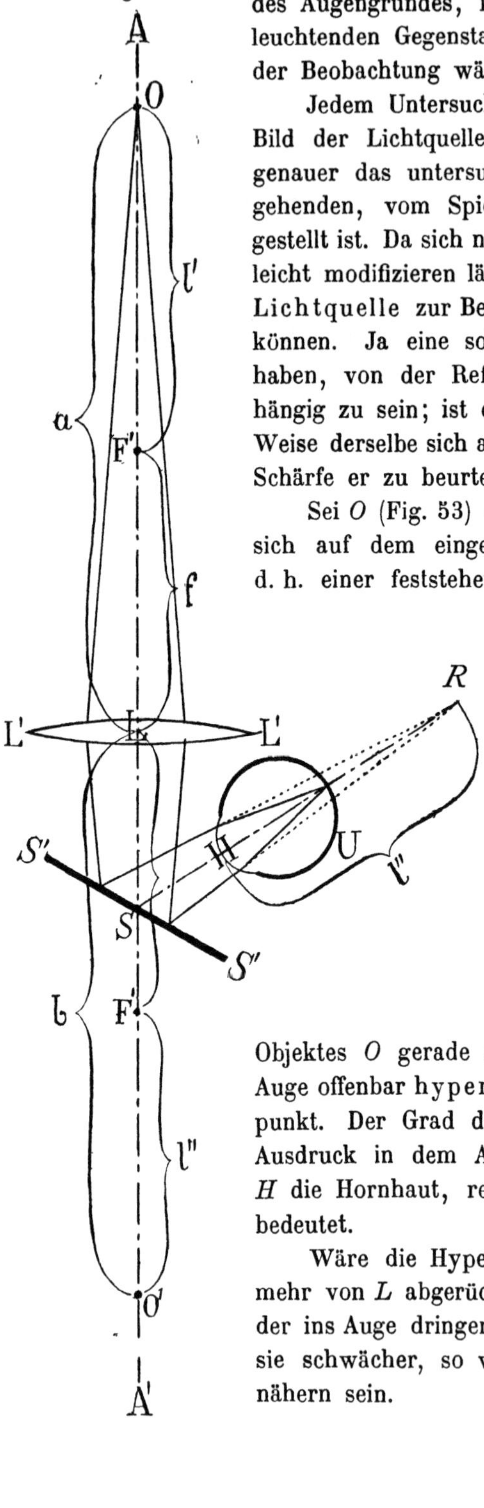

des Augengrundes, kann man das dort von einem leuchtenden Gegenstande erzeugte Bild zum Objekte der Beobachtung wählen.

Jedem Untersucher ist es aufgefallen, daß das Bild der Lichtquelle um so schärfer erscheint, je genauer das untersuchte Auge auf die davon ausgehenden, vom Spiegel reflektierten Strahlen eingestellt ist. Da sich nun die Richtung solcher Strahlen leicht modifizieren läßt, so muß auch das Bild der Lichtquelle zur Bestimmung der Refraktion dienen können. Ja eine solche Methode muß den Vorteil haben, von der Refraktion des Beobachters unabhängig zu sein; ist es doch gleichgültig, in welcher Weise derselbe sich auf das Lichtbild einstellt, dessen Schärfe er zu beurteilen wünscht.

Sei O (Fig. 53) ein leuchtendes Objekt, welches sich auf dem eingeteilten Stabe AL verschieben, d. h. einer feststehenden Konvexlinse $L'L'$ nähern, oder davon entfernen läßt, $S'S'$ ein Planspiegel, U das untersuchte Auge.

Verlassen die von O ausgegangenen Strahlen die Linse so konvergent, daß sie sich in O' zu einem Bilde vereinigen würden, so werden sie von dem Spiegel nach dem Punkte R abgelenkt, der von S gerade so weit entfernt ist wie O'. Ist, bei dieser Einstellung, das Netzhautbild des Objektes O gerade scharf, so ist das untersuchte Auge offenbar hypermetropisch, und R sein Fernpunkt. Der Grad der Hypermetropie findet seinen Ausdruck in dem Abstande $HR = SR - SH$, wo H die Hornhaut, resp. den Hauptpunkt des Auges bedeutet.

Wäre die Hypermetropie stärker, so müßte O mehr von L abgerückt werden, um die Konvergenz der ins Auge dringenden Strahlen zu erhöhen; wäre sie schwächer, so würde das Objekt der Linse zu nähern sein.

Bei Emmetropie müßte O mit dem Brennpunkte F' der Linse zusammenfallen, bei Myopie innerhalb der Brennweite derselben liegen, damit die davon ausgehenden Strahlen, nach ihrem Durchgang durch die Linse, divergent wären und so das untersuchte Auge träfen.

F' würde also zum Nullpunkte der Einteilung, von welchem aus die Entfernung des Objektes zu messen wäre, und zwar würden die jenseits von F' liegenden Werte der Hypermetropie, die diesseits gelegenen der Myopie entsprechen.

Bezeichnet man die Entfernung des Objektes von der Linse (OL) mit a, die des Bildes von der Linse $(O'L)$ mit b, und die Brennweite der Linse mit f, so würde zur Herstellung der Einteilung die bekannte Formel dienen:

$$\frac{1}{f} = \frac{1}{a} + \frac{1}{b}.$$

Die gesuchte Größe HR (Entfernung des Hauptpunktes vom Fernpunkte) ergäbe sich durch Subtraktion der Entfernung des Spiegels von der Linse (SL) und der Entfernung des Auges vom Spiegel (HS) von b:

$$HR = b - (LS + SH).$$

Nach diesem Prinzipe hat M. Burchardt (1883) eine sehr hübsche optometrische Methode ersonnen. Als Objekt dient ihm eine von hinten stark beleuchtete Milchglasplatte, welche, zu leichterer Beurteilung der Einstellung des Auges, undurchsichtige Buchstaben trägt.

Um die Entfernung (LSH) des untersuchten Auges von den Linse konstant zu erhalten, wird, am Fuße der Linse sowohl wie an der Wange des Untersuchten, ein Band befestigt, welches um den Stiel des Planspiegels S herumgeht und immer straff gespannt sein muß. Dasselbe soll so lang sein, daß der zweite Brennpunkt der Linse zusammenfällt mit dem Punkte des Auges, auf welchen man dessen Brechzustand bezieht.

Wir würden dazu den Hauptpunkt H wählen. Bei dieser Anordnung ist offenbar $LSH = f$, also $HR = b - f$. Bezeichnen wir diesen Wert mit l'', und den entsprechenden Wert der Einteilung $a - f$ mit l', so wissen wir, daß zwischen diesen drei Werten folgendes einfache Verhältnis besteht: $l' \cdot l'' = f^2$ [1].

Also ist $l' = \frac{f^2}{l''}$.

Ist nun $l'' = 1$ m, so wird $l' = 1f^2$

» » $l'' = \frac{1\text{ m}}{2}$ » » $l' = 2f^2$

» » $l'' = \frac{1\text{ m}}{3}$ » » $l' = 3f^2$ und so fort.

---

1) Dies folgt direkt aus der Formel $\frac{1}{f} = \frac{1}{a} + \frac{1}{b}$; man braucht nur a durch $f + l'$, b durch $f + l''$ zu ersetzen.

Das heißt: jeder Dioptrie des Brechzustandes des Auges entspricht ein gleiches Intervall der Einteilung. Die Größe derselben hängt ab von der Brennweite der Linse[1]).

Burchardt hat dafür 20 cm gewählt. Dann entsprechen 4 cm der Einteilung je einer Dioptrie des untersuchten Auges.

Mit Recht empfiehlt der Erfinder, zu dieser Methode einen nicht durchbohrten, und nur auf einer kleinen Stelle des Belages beraubten Planspiegels zu verwenden. In der Tat hat hierbei die Kleinheit der Durchsichtsstelle nicht den Nachteil wie bei der Bestimmung mit Hilfe eines Objektes des Augengrundes, bei welcher die Refraktion des Beobachters eine ebenso große Rolle spielt wie die des Untersuchten.

Bestimmung der Refraktion mittels des umgekehrten Augenspiegelbildes.

Läßt sich die objektive Refraktionsbestimmung im aufrechten Bilde vergleichen mit der subjektiven Methode mittels der Sehschärfe, so entspricht diejenige im umgekehrten Bilde der subjektiven Optometrie mit Hilfe einer einzigen Konvexlinse. In den beiden letzteren Fällen wird der Fernpunkt des untersuchten Auges, durch diese Linse, in kurze, endliche Entfernung gebracht. Das umgekehrte ophthalmoskopische Bild entsteht da, wo, bei der subjektiven Methode, das Objekt aufgestellt werden muß, um scharf gesehen zu werden.

Man hat denn auch vielfach versucht, die Optometer mit einer Konvexlinse gleichzeitig zur subjektiven wie zur objektiven Optometrie zu verwenden. Der Schlitten, der, bei der subjektiven Methode, das Sehobjekt führt, trägt, bei der objektiven, einen Schirm, der das umgekehrte Bild auffängt. Wie im ersten Falle die Entfernung des deutlichen Sehens, so wird im zweiten die Entfernung des scharfen Bildes vom Auge aufgesucht. Die Entfernung ist in beiden Fällen dieselbe. Deshalb gilt auch in beiden Fällen die gleiche Einteilung des Optometers.

In der ersten Ausgabe dieses Werkes (Bd. III, S. 135 u. f., 1874) habe ich die Einteilung eines solchen Optometers, für die verschiedenen Grade der Ametropie, sowie für verschiedene Linsen berechnet, und bin zu dem Schlusse gekommen, daß sich eine solche von 10 dptr. (alt $1/4''$) noch am besten dazu eignen dürfte.

Später hat Hintzy (1879) Badals Optometer mit einem Augenspiegel versehen und zur Optometrie im umgekehrten Bilde zu verwenden versucht.

Es ist aber durchaus nicht leicht, das umgekehrte Bild der Netzhaut auf einem Schirme aufzufangen. Das haben unter anderen diejenigen erfahren, die versucht haben, den Augengrund zu photographieren.

---

1) Vgl. S. 83 u. ff.

Die Schwierigkeit liegt in der Beleuchtung. Geschieht dieselbe mit Hilfe einer Lampe und bei der gewöhnlichen Stellung des Augenspiegels, wobei der letztere ziemlich weit vom Auge entfernt, die Linse dem Auge nahe aufgestellt wird, und das umgekehrte Bild zwischen Spiegel und Linse entsteht, so erhält man sowohl von den beiden Oberflächen der Linse, als von der Hornhaut, störende Reflexe. Größer jedoch ist der Nachteil, daß der zum Auffangen des Bildes bestimmte Schirm von dem Spiegel viel mehr Licht erhält als von dem Augengrunde. Das Beleuchtungslicht übertönt dann das Bild, so daß das letztere oft kaum sichtbar ist.

Man kann diesen Nachteil dadurch vermeiden, daß man nur einen Teil der Pupille des untersuchten Auges beleuchtet, oder den durchsichtigen Reflektor vor dem Schirme, am besten zwischen der Konvexlinse und dem Auge, anbringt.

Letzteren Weg hat Loiseau (1879) eingeschlagen bei der Konstruktion eines Instrumentes, das er Ophthalmoskoptometer nennt. Dasselbe besteht aus zwei ineinander verschiebbaren Röhren. Die äußere wird, mittels eines 9 cm langen Stäbchens, am unteren Orbitalrande des Untersuchten aufgesetzt. Es trägt, zur Beleuchtung des Augengrundes, einen konkaven, durchsichtigen Meniscus und, 15 mm hinter demselben, eine Konvexlinse von 14 dptr., welche die Röhre abschließt, und in derselben das umgekehrte Bild des Augengrundes entwirft. Der Beobachter, der sein Auge an das entgegengesetzte Ende der inneren Röhre bringt, verschiebt dieselbe, bis das Bild auf einem darin enthaltenen matten Glase scharf erscheint. Eine an dieser Röhre angebrachte Einteilung gibt die entsprechende Refraktion des untersuchten Auges an.

Statt das umgekehrte Bild auf einem Schirme aufzufangen, hat man versucht, dessen Lage mit Hilfe der Sehweite des Beobachters festzustellen. So bringt Burchardt (1874), mittels eines Konvexglases, seinen eigenen Fernpunkt auf 13 cm, und nähert sich so dem, mittels eines anderen Konvexglases untersuchten Auge, bis ihm dessen umgekehrtes Bild scharf erscheint. Sodann mißt er die Entfernung zwischen den beiden Linsen. Zieht man davon 13 cm ab, so bleibt die Entfernung des umgekehrten Bildes von der Untersuchungslinse. Dazu berechnet man die konjugierte Brennweite und findet so, mit Berücksichtigung des Abstandes der Linse vom untersuchten Auge, den Fernpunkt des letzteren. Die Untersuchungslinse hält Burchardt so, daß ihr Brennpunkt in die Pupillarebene des untersuchten Auges fällt.

Genauer ist jedenfalls die Methode, nach welcher Schmidt-Rimpler (1877) das umgekehrte ophthalmoskopische Bild zur Refraktionsbestimmung verwertet. Er benutzt nicht das Bild der Objekte des Augengrundes, sondern das Bild, das dort von einem, in bekannter Entfernung befindlichen, leuchtenden Objekte entworfen wird. Dies leuchtende Objekt ist aber nichts anderes, als das, durch den konkaven Augenspiegel entworfene, reelle Bild der Lichtquelle.

Sei L (Fig. 54) die Lichtquelle, S der Konkavspiegel, so entwirft derselbe in $\varLambda$ ein Bild von L. — Fällt nun $\varLambda$ mit dem Punkte zusammen, auf welchen das untersuchte Auge, mittels der Linse C, eingestellt ist, so wird von $\varLambda$, auf der Netzhaut desselben, in λ, ein scharfes Bild entstehen. Umgekehrt wird λ, zugleich mit den an derselben Stelle liegenden Objekten

Fig. 54.

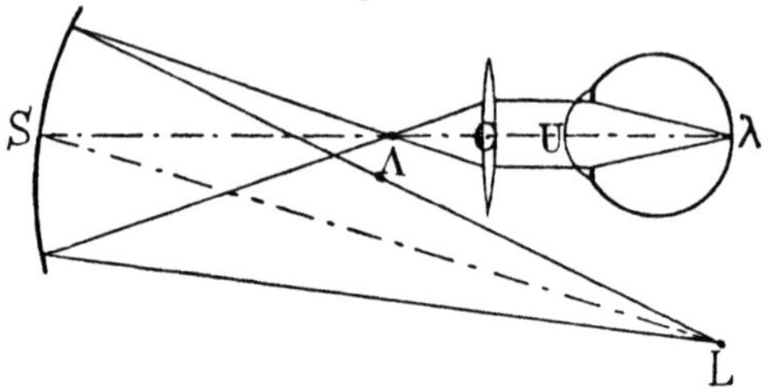

der Netzhaut, wiederum in $\varLambda$ abgebildet. Der durch die Öffnung in S schauende Beobachter wird also in $\varLambda$ den beleuchteten Augengrund, und darauf das scharfe Bild der Lichtquelle erblicken. Da die Entfernung $S\varLambda$ des Lichtbildes vom Spiegel bekannt, und die Entfernung $\varLambda U$ meßbar ist, so läßt sich auf diese Weise die Lage des Fernpunktes des untersuchten Auges berechnen.

Fig. 55.

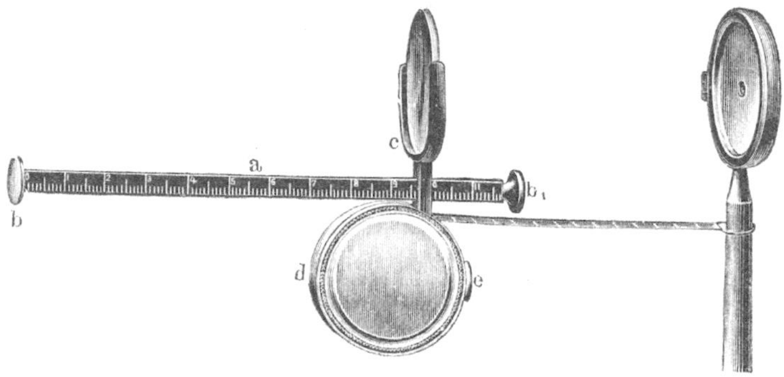

Noch einfacher gestalten sich die Verhältnisse, wenn man der Konvexlinse C eine solche Stellung gibt, daß ihr Brennpunkt mit einem der Kardinalpunkte des Auges zusammenfällt. Dann entsprechen, wie wir oben gesehen haben, gleichen Verschiebungen des Flammenbildes längs der Sehachse, gleiche Refraktionsunterschiede des Auges, und jeder Dioptrie Ametropie entspricht eine Verschiebung, die gleich ist dem Quadrate der in Metermaß ausgedrückten Brennweite der Linse.

Nach diesem Prinzipe hat Schmidt-Rimpler seiner Methode eine sehr praktische Form gegeben. Die Konvexlinse hat 10 Dioptrien, und ihr

Brennpunkt fällt zusammen mit dem Hauptpunkte des untersuchten Auges. Ist letzteres emmetropisch, so entsteht das umgekehrte Bild im anderen Brennpunkte der Linse. Ist es ametropisch, so kommt es jenseits (Hypermetropie), oder diesseits (Myopie) desselben zustande. Nach dem eben Gesagten entspricht, für diese Linse, jeder Dioptrie ein Unterschied der Entfernung des Bildes von 1 cm.

Um die Linse in der erforderlichen Entfernung von dem untersuchten Auge zu erhalten, steht ihre Fassung (*c* Fig. 55) in Verbindung mit einem

Fig. 56.

Fig. 57.

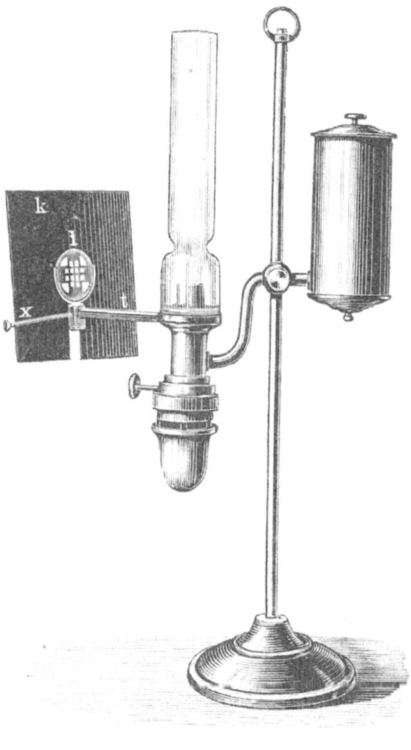

Stäbchen (*a*), dessen eines Ende (*b*) gegen den unteren Orbitalrand gedrückt wird.

Als Objekt benutzt der Erfinder nebenstehende (Fig. 56), in einem Diaphragma ausgeschnittene Figur. Sie wird von hinten, durch eine Lampe, stark beleuchtet (Fig. 57).

Der Konkavspiegel hat eine Brennweite von 15 bis 16 cm. Er ist mit der Konvexlinse durch ein, in Zentimeter geteiltes Maß (*d* Fig. 55) verbunden, das sich unter derselben in einer Hülse auf- und abrollt. Der Nullpunkt dieser Enteilung entspricht dem Augenspiegel.

Während nun der Beobachter, mit seiner Linken, das die Linse tragende Stäbchen auf den Orbitalrand des Untersuchten setzt, hält er mit der Rechten den Augenspiegel, und zieht das Band aus. Hierauf drückt er auf den Federknopf der Hülse, und nähert sich mit dem Spiegel dem untersuchten Auge, bis ihm das Bild der Figur, zugleich mit dem des Augengrundes, vollkommen scharf erscheint. In diesem Augenblicke hört er mit dem Drucke auf, und stellt so die Entfernung CL (Fig. 54) des Spiegels von der Linse fest.

Um daraus die fragliche Entfernung OL des Bildes von der Linse abzuleiten, muß man die Entfernung CO des Bildes vom Spiegel kennen. Dies geschieht in folgender Weise: Das dem Beobachter zugekehrte Ende (b' Fig. 55) des Stäbchens (a), trägt eine Metallplatte. Man nähert den Spiegel, durch weiteres Aufrollen des Bandes, diesem Plättchen, bis darauf das Bild des Leuchtobjektes scharf zu sehen ist, und liest die Entfernung CO am Bande ab.

Dies CO von CL subtrahiert, ergibt OL.

Ist $OL = 10$ cm, so ist das untersuchte Auge emmetropisch, da das umgekehrte Bild im Brennpunkte der Linse L liegt. Ist OL kleiner als 10 cm, so besteht Myopie, ist er größer als 10 cm, Hypermetropie, und zwar entspricht jeder Zentimeter Unterschied von 10, einer Dioptrie der Ametropie.

A. E. Fick (1893) sucht das umgekehrte Bild in folgender Weise zur Bestimmung der Refraktion zu verwenden. Er entwirft dasselbe, ähnlich wie Schmidt-Rimpler, mit einer, 10 cm vor dem Hauptpunkte des untersuchten Auges aufgestellten Konvexlinse von 10 dptr., und sucht den Ort desselben auf mit Hilfe eines Fadennetzes. Dasselbe wird erst so gestellt, daß ein Faden sich mit dem Bilde eines Netzhautgefäßes deckt. Dann ermittelt man, durch kleine Bewegungen des Kopfes, ob die beiden in der gleichen vertikalen Ebene liegen. Scheint dem Beobachter, beim Bewegen seines Kopfes, das Netzhautbild größere Exkursionen zu machen, als der Faden, so liegt es vor demselben, und umgekehrt. Das Netz wird dann so weit verschoben, bis die beiden sich vollkommen decken, d. h. bis, bei Bewegung des Kopfes, Faden und Gefäßbild sich nicht mehr trennen. Aus der Entfernung des Bildes, und derjenigen der Linse von dem untersuchten Auge, läßt sich, in schon mehrfach besprochener Weise, die Refraktion desselben leicht ableiten. Die Methode soll besonders in Fällen von Trübungen der Medien, gute Dienste leisten.

Es versteht sich von selbst, daß die Refraktion des Auges einen Einfluß haben muß auf die Größe, in welcher dem Beobachter die Gegenstände des Augengrundes erscheinen. Man könnte deshalb denken, daß auch die Vergrößerung des Augenspiegelbildes zur Refraktionsbestimmung dienen sollte.

Was das aufrechte Bild anbelangt, so ist leicht einzusehen, daß die Stellung der Hilfslinsen auf die Größe des Augenspiegelbildes gerade den umgekehrten Einfluß haben muß, als auf die Größe des Netzhautbildes. Steht, eine gleiche Brechkraft vorausgesetzt (Achsenametropie), das Korrektionsglas im vorderen Brennpunkte des untersuchten Auges, so ist die Vergrößerung, für Ametropie wie für Emmetropie, die gleiche.

Steht es weiter vom Auge ab, so ist die Vergrößerung geringer für Hypermetropie, stärker für Myopie, und umgekehrt, wenn das Glas dem Auge näher steht als der vordere Brennpunkt.

Beruht jedoch die Ametropie nicht auf Verschiedenheit der Länge, sondern auf Verschiedenheit der Brechkraft des Auges (Krümmungsametropie), so ist, wenn das Korrektionsglas im vorderen Brennpunkt steht, die Vergrößerung des aufrechten Bildes bei Myopie stärker, bei Hypermetropie schwächer, als bei Emmetropie.

Bei gleicher Art der Korrektion ist überhaupt die Vergrößerung des aufrechten Bildes bei Krümmungsmyopie stets bedeutender, als bei Achsenmyopie, bei Krümmungshypermetropie geringer, als bei Achsenhypermetropie[1]).

Daraus geht schon hervor, daß man, um die Größe des aufrechten Bildes gehörig verwerten zu können, die Brechkraft des untersuchten Auges kennen müßte, was eben nicht der Fall ist. Sodann muß man das Bild deutlich sehen. Zum deutlichen Sehen aber bedarf man des Korrektionsglases, das an und für sich schon zur Lösung unserer Frage, der Bestimmung der Lage des Fernpunktes des Auges, genügt. Endlich enthält der Augengrund kein Objekt von so genau bekannter Größe, daß sich, aus dessen Vergleich mit dem Augenspiegelbilde allein schon, ein sicherer Schluß auf den Grad der Ametropie ziehen ließe.

Die Vergrößerung des aufrechten Augenspiegelbildes liefert also keine praktisch brauchbare Methode zur Feststellung des allgemeinen Refraktionszustandes. Sie hat aber dennoch, wie wir bei der Bestimmung des Astigmatismus sehen werden, eine gewisse Bedeutung in Fällen, wo die Refraktion desselben Auges in verschiedenen Meridianen verschieden ist.

Ähnliches gilt für die Vergrößerung des umgekehrten Bildes. Im allgemeinen hängt die Vergrößerung, außer von dem optischen Baue des Auges, ab von der Stärke, und der Stellung der zur Erzeugung des umgekehrten Bildes verwendeten Konvexlinse. Ihr Einfluß auf die Größe dieses Bildes ist umgekehrt dem Einflusse, den sie, bei der subjektiven Optometrie, auf die Größe des Netzhautbildes ausübt.

Für das emmetropische Auge ist die Vergrößerung (v) des umgekehrten Bildes der Brennweite der Konvexlinse (F) direkt, der vorderen Brennweite des Auges (F') umgekehrt proportional,

$$v = \frac{F}{F'},$$

und zwar unabhängig von der Stellung der Linse.

---

1) Wir werden diesen Tatsachen, bei der Prüfung der Sehschärfe, wieder begegnen.

Fällt der Brennpunkt der Konvexlinse mit dem vorderen Brennpunkte des Auges zusammen, so ist die Vergrößerung (bei gleicher Brechkraft, d. h. bei Achsenametropie) für Augen jeder Refraktion dieselbe. Bei Krümmungshypermetropie dagegen ist sie stärker, bei Krümmungsmyopie schwächer, als für das emmetropische Auge.

Liegt der Brennpunkt der Konvexlinse, wie gewöhnlich, dem untersuchten Auge näher als dessen vorderer Brennpunkt, so ist die Vergrößerung bei Achsenmyopie schwächer, bei Achsenhypermetropie stärker, als bei Emmetropie. Also darf man, unter gewöhnlichen Umständen, wo der Brennpunkt der Linse ungefähr in die Pupillarebene des untersuchten Auges fällt, von einem besonders großen umgekehrten Bilde auf Hypermetropie, von einem besonders kleinen auf Myopie schließen. Das Umgekehrte ist der Fall, wenn die Linse so weit vom Auge entfernt steht, daß ihr Brennpunkt weiter von demselben absteht, als dessen vorderer Brennpunkt.

Annäherung der Konvexlinse ans Auge bewirkt, bei Myopie stets Verkleinerung, bei Hypermetropie Vergrößerung des umgekehrten Bildes, und vice versa.

Daraus läßt sich, wenn auch nicht der Grad, so doch die Natur der Ametropie erkennen. Namentlich aber gibt der Wechsel der Größe des umgekehrten Bildes ein Mittel an die Hand, Astigmatismus zu erkennen, weil, in diesem Falle, bei Annähern und Entfernen der Konvexlinse, wegen der Verschiedenheit der Refraktion in den beiden Hauptschnitten, das beobachtete Objekt, namentlich die Papille, ihre Form verändert.

Die Parallaxe bei der Refraktionsbestimmung.

Mit Parallaxe bezeichnet man die scheinbare Verschiebung, welche die Gegenstände des Augengrundes eingehen, wenn das beobachtende Auge seine Stellung wechselt.

In Figg. 58 und 59 A und B stellt der horizontale Strich ein Diaphragma, *PP* eine darin angebrachte Öffnung dar. Seien *1*, *2* und *3* drei dahinter gelegene Punkte.

Bewegt sich unser Auge von links nach rechts, von *I* nach *II* und *III* rückend, so bekommt es sukzessive die Punkte *1*, *2* und *3* zu Gesicht, gerade wie wenn dieselben, bei unbewegtem Auge, von links nach rechts, hinter der Öffnung vorbeigezogen wären. Ihre Scheinbewegung, die Parallaxe, ist also dieselbe wie die Ortsveränderung des Auges.

Oder nehmen wir an, der Beobachter richte sein Augenmerk besonders auf den Punkt *a* (Fig. 59 A). Steht sein Auge in *I*, so wird er links von *a* noch die Strecke *ac*, rechts davon die Strecke *ab* überschauen. Verlegt er nun sein Auge nach rechts (*II* Fig. 59 B), so ist die Strecke rechts von *a*, auf *ab* zusammengeschrumpft, während linkerseits *ac* auf *ac'* angewachsen ist, als ob der Punkt *a* mit dem beobachtenden Auge von links nach rechts gewandert wäre.

Ist nun *PP* die Pupille des untersuchten Auges, und sind *1*, *2*, *3* Punkte seines Grundes, so betrachtet der Beobachter dieselben allerdings nicht so direkt, wie dies in Figg. 58 und 59 dargestellt ist, sondern durch das dioptrische System dieses Auges. Die Parallaxe ist jedoch dieselbe, solange der Beobachter vom Augengrunde ein aufrechtes Bild erhält.

Fig. 58.

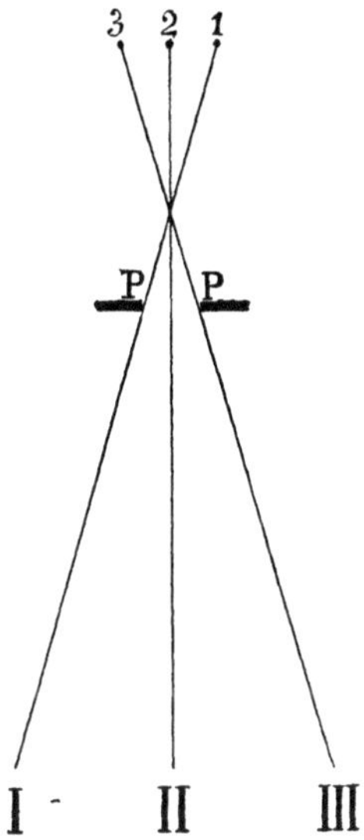

Fig. 59.

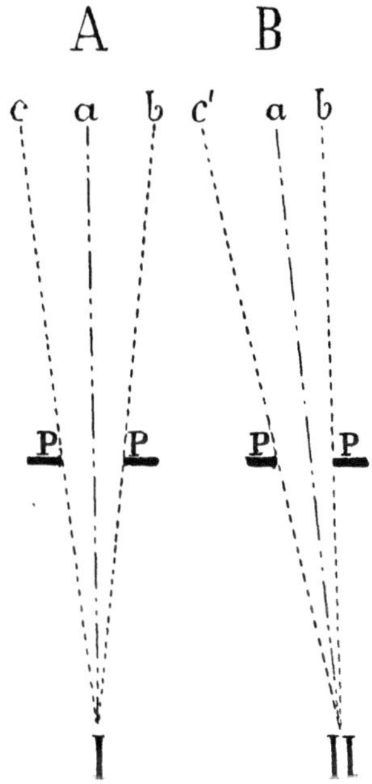

Ist der Untersuchte z. B. stark hypermetropisch, und liegt sein Fernpunkt in 2^a (Fig. 60a), so erscheint das aufrechte Bild seines Augengrundes in einer, durch 2^a gehenden Ebene hinter demselben, und die drei Punkte *1*, *2*, *3* der Netzhaut werden, wenn der Beobachter sich von links nach rechts bewegt (*I*, *II*, *III*), die gleiche Bewegung mitmachen, nur ist ihre scheinbare Exkursion, der Vergrößerung des Bildes entsprechend, eine größere: statt die Strecke *1* bis *3*, scheint die Strecke 1^a bis 3^a hinter der Pupille vorbeigezogen zu sein.

Liegt der Fernpunkt des hypermetropischen Auges weiter ab, z. B. in 2^b (schwächere Hypermetropie), so ist die parallaktische Verschiebung noch größer (1^b, 3^b). Und liegt der Fernpunkt in Unendlich, wie bei natürlicher oder durch ein Korrektionsglas erzeugter Emmetropie, so ist dieselbe erst recht groß.

Die Beobachtung der Parallaxe ist aber eine so prekäre, daß sie sich nicht zu genauer Optometrie eignen würde. Das allein geht aus einer solchen homonymen Parallaxe hervor, daß man es mit einem aufrechten Bilde zu tun, also Hypermetropie höheren oder geringeren Grades vor sich hat.

Fig. 60a.

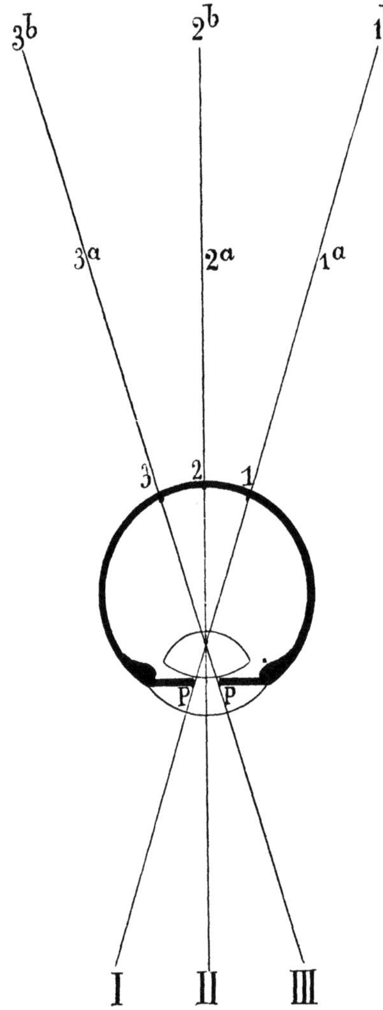

Fig. 60b.

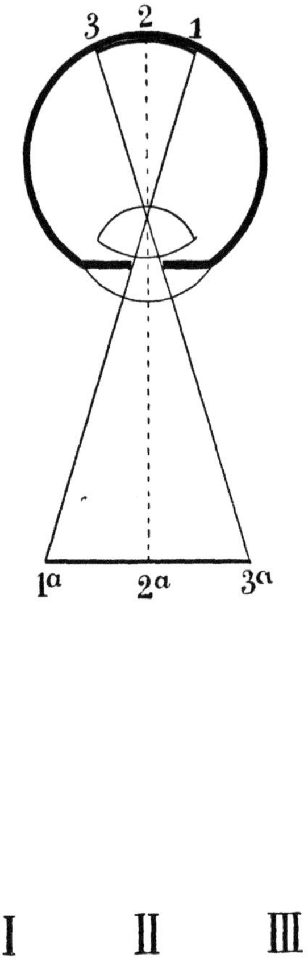

In der Tat, ophthalmoskopiert der Beobachter mit unbewaffnetem, aber akkommodationstüchtigem Auge, so daß er sich auf jede Entfernung des Fernpunktes des hypermetropischen Auges leicht adaptiert, so kann er, aus relativ geringer Parallaxe, auf hochgradige, aus ausgiebiger Parallaxe, auf schwache Hypermetropie schließen.

Das Umgekehrte findet, selbstredend, im umgekehrten Bilde statt.

Sei, in Fig. 60b, *1ᵃ*, *2ᵃ*, *3ᵃ* das umgekehrte Bild von *1*, *2*, *3* des untersuchten Augengrundes. Richtet der Beobachter, von *II* aus, sein Augenmerk auf den Punkt *2ᵃ*, der für ihn in der Mitte des durch die Pupille umgrenzten Gebietes liegt, und bewegt sich dann gegen rechts nach *III*, von wo aus er einen größeren Teil der, in Wirklichkeit links von *2* gelegenen Strecke *2*, *3* weniger von *2*, *1* überschaut, so hat, im umgekehrten Bilde, die von ihm aus rechts gelegene Strecke *2ᵃ*, *3ᵃ* zu-, die links gelegene *2ᵃ*, *1ᵃ* abgenommen. Er gewinnt also den Eindruck, der Punkt *2* sei nach links gewandert, während er sein Auge nach rechts verlegt hat.

Aus einer derartigen heteronymen Scheinbewegung schließt der Beobachter mit Sicherheit, daß er es mit einem umgekehrten Bilde und, wenn dasselbe ohne ein Konvexglas zustande kommt, mit einem myopischen Auge zu tun hat. Auch hier ist wiederum die Scheinbewegung um so geringer, je stärker die Ametropie ist, denn je schwächer die Myopie, desto weiter vom Auge entfernt kommt das umgekehrte Bild zustande, desto größer ist es, und desto größer sind auch seine Exkursionen.

Das ist aber auch alles, was für die Refraktionsbestimmung mit der Parallaxe Ersprießliches zu gewinnen ist.

Nicht viel mehr kommt bei der Parallaxe heraus, welche durch die Bewegung der das umgekehrte Bild erzeugenden Konvexlinse entsteht.

Wie leicht zu sehen und einzusehen, macht ein solches Bild die in der Ebene der Trennungsfläche der Linse ausgeführten Bewegungen derselben im gleichen Sinne mit. Bewegt sich die Linse nach rechts, so geht das Bild auch nach rechts, geht sie nach oben, so steigt auch das Bild in die Höhe usf.

Es ist selbstverständlich, daß diese Scheinbewegung des Bildes um so ausgiebiger sein muß, je weiter von der Linse entfernt dasselbe zustande kommt. Also wird es, für dieselbe Linse und den gleichen Abstand derselben vom untersuchten Auge, um so größere Exkursionen machen, je schwächer die Refraktion des Auges ist, um so kleinere, je stärker sie ist.

Man kann sich diese Beobachtung dadurch erleichtern, daß man in das, zur Erzeugung des umgekehrten Bildes benutzte Konvexglas, zwei sich senkrecht durchkreuzende Linien ritzt.

Dies sind allerdings nur geringe Anhaltspunkte zur Refraktionsbestimmung. Sie haben einen gewissen Wert nur für den geübten Ophthalmoskopiker, der sich stets derselben Linsen bedient, und sich von deren Abstand vom untersuchten Auge genau Rechenschaft gibt.

Objektive Optometrie mit Hilfe des Augen-, bzw. des Pupillenleuchtens (Koreskopie oder Skiaskopie).

Die Bestimmung der Refraktion besteht immer in der Bestimmung des Fernpunktes des Auges. Meistens findet man denselben allerdings nicht direkt, sondern indirekt, mit Hilfe des Glases, dessen ein Auge bedarf, um sich auf einen gegebenen Punkt einzustellen. Aus diesem »Korrektionsglase« läßt sich dann die Lage des Fernpunktes leicht ableiten.

Die meisten der bisher betrachteten Methoden zur Refraktionsbestimmung beruhen auf der Eigenschaft des Einstellungspunktes, daß ein darin befindliches Objekt ein scharfes Netzhautbild entwirft, oder umgekehrt, daß ein Objekt der untersuchten Netzhaut, im Einstellungspunkte des Auges, ein scharfes Bild entwirft.

Nach ersterem Prinzipe bestimmt man z. B. die Refraktion mit Hilfe der Sehschärfe: Man sucht das Glas, welches das untersuchte Auge auf Unendlich, bzw. auf 5 m einstellt, so daß es von der in dieser Entfernung befindlichen Sehprobe ein scharfes Netzhautbild erhält.

Auf dem letzteren Prinzipe beruhen die ophthalmoskopischen Methoden der Dioptometrie, sei es, daß man das Bild der Netzhaut des untersuchten Auges in der Luft entwirft (sogenanntes »umgekehrtes Bild«), sei es, daß der Beobachter es auf seiner eigenen Netzhaut zustande kommen läßt (»aufrechtes Bild«). Immer handelt es sich um das Zustandekommen scharfer Bilder.

Die Methode, die wir nun zu betrachten haben, beruht auf einem durchaus verschiedenen Prinzipe, auf einer anderen Eigenschaft des Einstellungspunktes des Auges, auf dem Einflusse, den er auf das »Augenleuchten« bzw. auf den Lichtschein hat, den man aus einem Auge erhält, wenn man Licht in dasselbe reflektiert.

Da, wenn man nicht aus der ganzen Pupille Licht erhält, ein Teil derselben dunkel erscheint, so bezeichnet man diese Methode der Refraktionsbestimmung mit dem Namen Skiaskopie, Schattenprobe.

Wird sie auch viel geübt, so ist sie doch nur wenig verstanden. Ein Grund der Unklarheit, der noch allgemein über das Wesen dieser Methode herrscht, liegt schon darin, daß man zur Erklärung derselben dem Schatten statt dem Lichte seine Aufmerksamkeit schenkt.

Ich habe immer das Ungereimte dieses Verfahrens hervorgehoben[1]) und

---

1) »It seems that up to the present day, the shadow plays the principal part for those who avail themselves of this kind of optometry. In their descriptions it is always the appearance, the direction or the movement of the shadow, which comes into question. — I must confess, that I never could understand this way of considering the matter. Certainly every light involves a shadow, but, since I use the ophthalmoscope to throw light in the eye and not shadow, I find it more natural to fix my attention upon the former than upon the latter.« (E. Landolt, The Refraction and Accommodation of the eye; Young Pentland Edinburgh. 1886, S. 274.

freue mich, daß auch andere Autoren, wie H. Wolff, W. Schoen, Elschnig Gullstrand u. a. mit mir darin übereinstimmen.

Fig. 61.

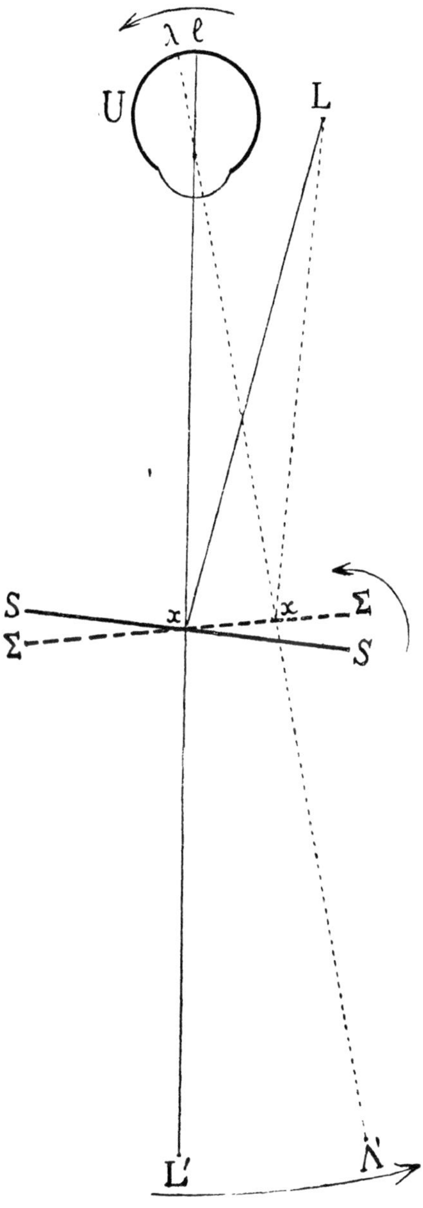

Betrachten wir vorerst, was mit dem **Lichte** geschieht, mit welchem wir den zu untersuchenden Augengrund erleuchten. Die Lichtquelle sei dargestellt durch eine neben dem Kopfe des Patienten stehende Lampenflamme *L* (Fig. 61). Wir reflektieren deren Licht mit dem einfachen **Planspiegel** *SS* in das zu untersuchende Auge.

Es kommt nun offenbar für das untersuchte Auge *U* auf dasselbe heraus, ob die in *L* befindliche Flamme durch den Spiegel in der Entfernung *Lx* reflektiert werde, oder ob sie in *L′*, d. h. in der doppelten Entfernung (2 *Lx*), direkt vor ihm stehe.

Das Reflexbild *L′* der Flamme *L* wird also zum Objekte für das untersuchte Auge *U*.

Das Auge erhält von jedem vor ihm stehenden Objekte ein **umgekehrtes** Bild, mögen die von dem Objekte ausgehenden Strahlen **vor**, oder **hinter** der Netzhaut, oder **auf** derselben zur Vereinigung kommen.

Dies wird aus Fig. 62 sofort klar. Die vom Punkte *A* des Objektes *AB* ausgehenden Strahlen würden durch das dioptrische System des Auges in α, die von *B* ausgehenden in β vereinigt. Auf der Retina *HH* würden erstere, **vor** ihrer Vereinigung, einen Zerstreuungskreis *cd*, auf der Retina *MM*, **nach** ihrer Vereinigung, einen Zerstreuungskreis *dc* bilden, während der von *B* ausgehende Strahlenkegel, durch *HH*, **vor** seiner Vereinigung, in *ef* durch *MM*, **nach** seiner Vereinigung, in *fe* geschnitten würde.

Kreuzen sich nun auch die von demselben Punkte ausgehenden Strahlen untereinander im konjugierten Brennpunkte (die von *A* kommenden in α, die von *B* kommenden in β), so liegen doch die Zerstreuungsbilder, ebenso wie das scharfe Bild desselben Punktes, auf derselben Seite der Hauptachse, d. h. auf der dem Objektpunkte entgegengesetzten Seite: die des darüberliegenden Punktes *A* darunter, die des tieferliegenden Punktes *B* darüber. D. h. das Bild ist immer, in bezug auf das Objekt, *umgekehrt.* Es sei denn, daß das Objekt innerhalb des vorderen Brennpunktes des Auges liege, was bei unseren Problemen nie vorkommt.

Das Netzhautbild der Flamme wird nur in einem Falle völlig scharf sein, nämlich wenn das Auge *U* auf dieselbe eingestellt ist. Steht z. B. der Spiegel 1 m vor *L* und *U*, so ist *L'* 2 m von dem Auge entfernt, und dasselbe muß auf 2 m eingestellt sein, d. h. 0,5 dptr. negative Refraktion

Fig. 62.

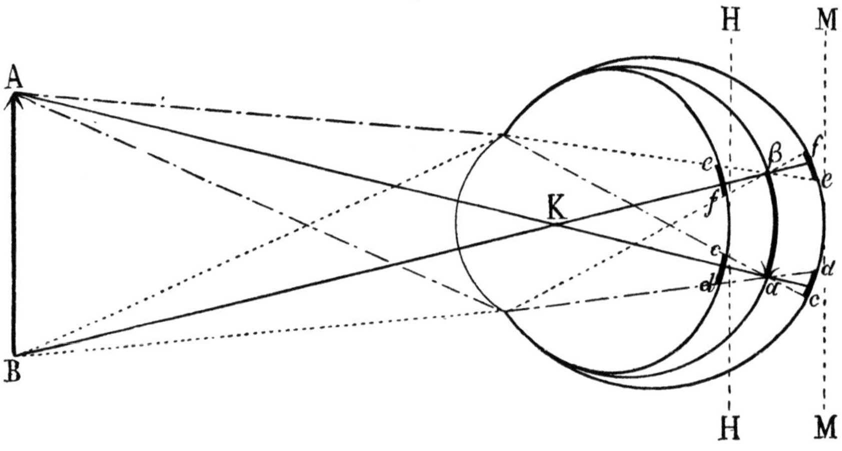

besitzen, um die Flamme deutlich zu sehen. Je mehr in diesem Falle die Refraktion von 0,5 dptr. differiert, desto undeutlicher wird das Flammenbild auf der Netzhaut.

Auf die Schärfe des Netzhautbildes kommt es jedoch bei dieser Methode durchaus nicht an, wohl aber auf die Richtung, in welcher dasselbe dem Beobachter erscheint.

Dies hängt nun davon ab, ob die von dem untersuchten Augengrunde kommenden Strahlen erst durch das dioptrische System des Beobachters, oder schon vor dem Eintritt in dasselbe, zur Vereinigung kommen.

Nehmen wir den ersten Fall. Das geschieht einmal, wenn das untersuchte Auge hypermetropisch oder emmetropisch ist, wobei die austretenden Strahlen, weil divergent oder parallel, sich überhaupt nicht vereinigen. — Auch bei Myopie kann das vorkommen, obschon in diesem Falle die austretenden Strahlen konvergieren, dann nämlich, wenn der Konvergenzpunkt derselben, resp. der Fernpunkt des myopischen Auges nicht zwischen demselben und dem Auge des Beobachters, sondern hinter dem letzteren liegt, die Strahlen also noch konvergent in dasselbe eintreten.

In allen diesen Fällen entsteht, im Auge des Beobachters, ein umgekehrtes Bild des untersuchten Augengrundes, ein Bild, wie es alle direkt betrachteten Objekte liefern. Und, wie die Bilder dieser Objekte, so wird auch das Bild des untersuchten Augengrundes noch einmal umgekehrt, d. h. aufrecht, nach außen projiziert. Mit einem Worte: Vereinigen sich die von dem untersuchten Augengrunde kommenden Strahlen erst nach ihrem Eintritt in das beobachtende Auge, so erscheinen dem letzteren die Objekte des untersuchten Augengrundes aufrecht, d. h. in der Lage, die sie wirklich haben: was oben ist, erscheint oben, was rechts ist, rechts usw.

Fig. 63.

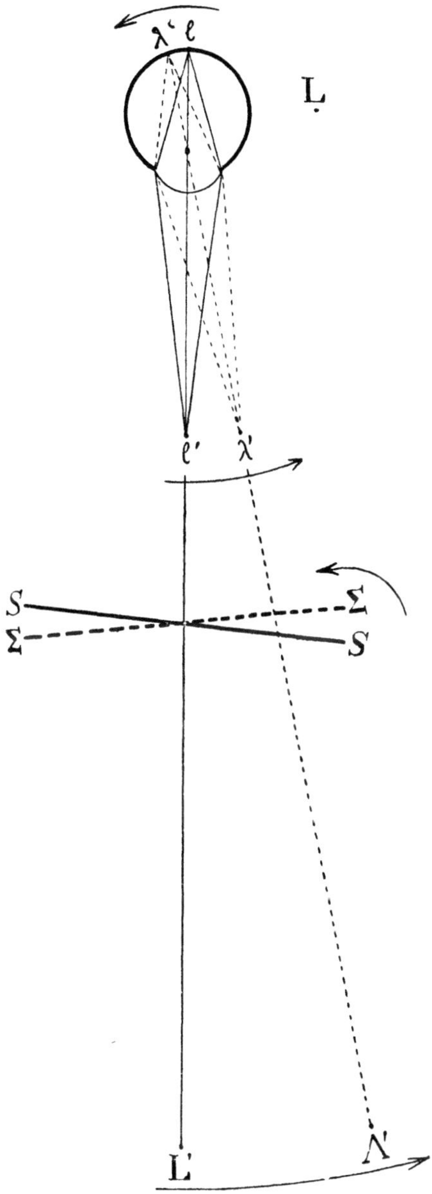

So sieht denn der Beobachter das Netzhautbild l (Fig. 61) der Flamme L so, wie es wirklich ist, d. h. umgekehrt, in bezug auf sein Objekt L'.

Drehen wir nun den Spiegel SS (Fig. 61) im Sinne des Pfeiles, in die Lage $\Sigma\Sigma$, so kommt das auf dasselbe heraus, als hätte sich eine Flamme L' nach Λ' begeben. Ihr Netzhautbild wird, im umgekehrten Sinne, von l nach λ wandern. Diese Bewegung wird der Beobachter wiederum so sehen, wie sie in Wirklichkeit vor sich geht, d. h. im gleichen Sinne wie die Bewegung seines Spiegels.

Umgekehrt verhalten sich die Dinge, wenn sich die aus dem untersuchten Auge kommenden Strahlen zu einem umgekehrten Bilde vereinigen, ehe sie das Auge des

Beobachters erreichen (Fig. 63). Dies ist z. B. der Fall bei einem myopischen Auge, dessen Fernpunkt zwischen ihm und dem Auge des Beobachters liegt. So wie dabei oben und unten, rechts und links vertauscht erscheinen, so ist auch die Bewegung des Bildes der Beleuchtungsflamme eine der Bewegung des Planspiegels entgegengesetzte.

Sei l' (Fig. 63) der Fernpunkt des untersuchten Auges, so wird in diesem Punkte das reelle Bild des beleuchteten Netzhautpunktes l entstehen. Ist λ ein anderer Punkt des Augengrundes, so entsteht sein Bild in λ', und ist $l\lambda$ ein Objekt, so ist $l'\lambda'$ dessen umgekehrtes Bild.

Betrachten wir, der Einfachheit halber, den Punkt l allein, und drehen wir den Spiegel wieder, im Sinne des Pfeiles, von rechts nach links, aus der Lage SS in die Lage $\Sigma\Sigma$, so daß l nach λ zu liegen kommt, so wandert der Punkt l im umgekehrten Bilde von l' nach λ', d. h. in der dem Spiegel entgegengesetzten Richtung.

Die besprochenen Phänomene betrachtet man nun durch die Pupille des untersuchen Auges. Nehmen wir an, wir haben es mit dem linken Auge zu tun, und dessen Fernpunkt liege hinter demselben (Hypermetropie) oder doch hinter unserem Kopfe (schwache Myopie).

Wir halten den Planspiegel so, daß das Licht erst auf die linke Schläfe des Untersuchten fällt, und drehen ihn dann so, daß dasselbe, von uns aus gesehen, von rechts nach links, d. h. nach der Nase zu, über das Auge des Untersuchten gleitet. So wird die Pupille von der temporalen Seite her zu leuchten anfangen, bis sie, bei einer gewissen Stellung des Spiegels, in vollem Glanze steht oder nur im zentralen Teile leuchtet. Bei weiterer Drehung desselben, wird bald nur noch die nasale Seite der Pupille erleuchtet, der Rest dunkel sein, bis endlich kein Licht mehr aus dem untersuchten Auge in das unserige dringt, die Pupille wieder schwarz erscheint. Mit einem Wort: Wir sehen den Lichtschein die Pupille im gleichen Sinne durchwandern, wie sich der Lichtfleck auf dem Gesichte bewegt ($l\lambda$ Fig. 61).

Liegt aber der Fernpunkt des untersuchten Auges zwischen demselben und dem Auge des Beobachters (Fig. 63), so muß, wie oben nachgewiesen, das Umgekehrte stattfinden: Bei Drehung des Planspiegels von rechts nach links geht zwar das Licht im Augengrunde auch wieder von l nach λ, dessen Bild, d. h. der Lichtschein in der Pupille aber von links nach rechts ($l'\lambda'$). Dreht sich der Planspiegel, um eine horizontale Achse, von oben nach unten, so geht die Beleuchtung von unten nach oben usw., und zwar deswegen, weil der Beobachter, was er eben im aufrechten Bilde sah, nun im umgekehrten Bilde vor sich hat.

Benutzt man zur Beleuchtung des Auges einen konkaven Spiegel, so bleiben die besprochenen Erscheinungen so lange den beim Planspiegel auftretenden ähnlich, als das vom Konkavspiegel erzeugte Bild der Lichtquelle jenseits des untersuchten Auges liegt. Fällt dasselbe vor das untersuchte Auge, so sind die Erscheinungen den beim Planspiegel zu beobachtenden entgegengesetzt.

Die zur Ophthalmoskopie gebrauchten Konkavspiegel haben eine so kurze Brennweite, und man stellt sich bei dieser Methode der Optometrie gewöhnlich so weit von dem untersuchten Auge auf, daß die von der Lichtquelle ausgehenden Strahlen, vom Konkavspiegel reflektiert, zu einem reellen umgekehrten Bilde vereinigt werden, ehe sie in das untersuchte Auge dringen. Dies umgekehrte Bild der Beleuchtungsflamme wird also zum Objekt für das untersuchte Auge. Sein mehr oder weniger diffuses Bild erhellt dessen Netzhaut.

Das umgekehrte Bild wandert selbstverständlich in dem den Bewegungen des Spiegels entgegengesetzten Sinne.

Fig. 64.

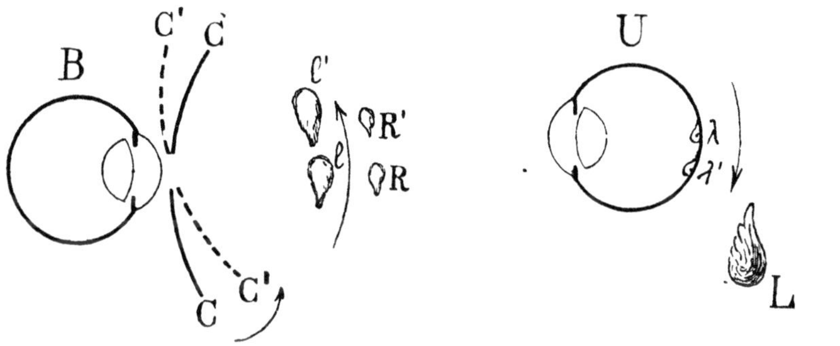

Sieht der Beobachter den untersuchten Augengrund im aufrechten Bilde (Hypermetropie, Emmetropie und schwache Myopie), so bewegt sich der Pupillenschein in dem der Drehung des Konkavspiegels entgegengesetzten Sinne.

Kommt dagegen von dem untersuchten Augengrunde, wie bei hochgradiger Myopie, ein reelles umgekehrtes Luftbild zustande, so geht der Lichtschein in der Pupille gleichsinnig mit der Drehung des Konkavspiegels.

Sei, in Fig. 64,

B das beobachtende Auge,
U das untersuchte Auge,
L die Lichtquelle,
CC der Konkavspiegel.

Hat der letztere eine Brennweite von 20 cm, und steht er 150 cm von der Lichtquelle entfernt, so wird er, in 23 cm, ein umgekehrtes Bild l der Flamme entwerfen.

Dies reelle Flammenbild l spielt, dem untersuchten Auge U gegenüber, die Rolle eines leuchtenden Objektes, das 100 — 23 = 77 cm vor ihm steht, wenn der Spiegel 1 m von diesem Auge entfernt ist.

Das untersuchte Auge erhält nun von l ein umgekehrtes und, je nach seiner Einstellung, mehr oder weniger scharfes Bild λ. Da dies Bild λ ein, in bezug auf sein Objekt l, umgekehrtes ist, so sind auch seine Bewegungen denen des Objektes entgegengesetzt: steigt l nach l', so fällt λ nach λ'.

Die beleuchtete Stelle des untersuchten Auges wird nun ihrerseits zum Objekte für das beobachtende Auge B.

Ist das untersuchte Auge hypermetropisch, emmetropisch oder so gering myopisch, daß die von seiner Netzhaut kommenden Strahlen sich nicht schon vereinigen, ehe sie in das Auge des Beobachters gelangen, so sieht letzterer die Netzhaut des untersuchten Auges im aufrechten Bilde, d. h. die Objekte des Augengrundes in ihrer wirklichen Stellung, und alles, was im Augengrunde vorgeht, so wie es in Wirklichkeit geschieht. Der Beobachter wird also in diesem Falle bemerken, daß, bei Drehung des Spiegels von rechts nach links oder von der Stellung CC in die Stellung $C'C'$, das Licht in dem untersuchten Auge von links nach rechts, resp. von λ nach λ', d. h. im umgekehrten Sinne wandert wie der Spiegel sich dreht.

Ist dagegen das untersuchte Auge so stark myopisch oder überhaupt so eingestellt, daß sein Fernpunkt zwischen ihm und dem beobachtenden Auge liegt, z. B. in R (Fig. 64), so entsteht, in dieser Entfernung, ein reelles umgekehrtes Bild der beleuchteten Stelle seiner Netzhaut. Da λ umgekehrt ist zu l, und R umgekehrt zu λ, so muß also R die gleiche Richtung haben wie l, und sich umgekehrt wie λ, d. h. gleichnamig mit l, also auch mit dem Spiegel bewegen. Mit einem Worte: Ist das untersuchte Auge so stark myopisch, daß sein Fernpunkt vor dem Beobachter liegt, so scheint sich das von seiner Netzhaut kommende Licht in gleichem Sinne mit der Drehung des konkaven Spiegels zu bewegen.

Zwischen dem Falle, wo der Lichtschein der Pupille mit dem Spiegel, sei er plan oder konkav, in gleichem Sinne, und demjenigen, wo er in entgegengesetztem Sinne wandert, liegt der Fall, wo die Bewegung des Lichtes nicht zu erkennen ist, weil die Pupille, in ihrer Gesamtheit entweder hell oder dunkel erscheint. Dies geschieht, wenn der Einstellungspunkt, bzw. die der Netzhaut des untersuchten Auges konjugierte Brennebene, in die Pupille des Beobachters fällt.

Man hat diesen Fall mit dem Namen des neutralen Punktes bezeichnet.

Nach diesen allgemeinen Betrachtungen können wir sagen: die Skiaskopie beruht, so wie sie gewöhnlich geübt wird, auf der Beobachtung des Wanderns des Lichtscheines der Pupille in Beziehung zu derjenigen des vom Spiegel reflektierten Lichtfleckes auf dem Gesichte des Untersuchten[1]), und auf der Bestimmung der Mittel, welche das untersuchte Auge auf die Pupille des Beobachters einstellen.

Die Bewegung des Lichtscheins kann man selbstverständlich nur dann beurteilen, wenn man sieht, von welcher Seite die Pupille zu leuchten beginnt, oder wo sie zu leuchten aufhört. In beiden Fällen erscheint also ein Teil der Pupille hell, ein anderer dunkel.

Man hat wohl geglaubt, die Grenze zwischen dem leuchtenden und dem dunklen Teile der Pupille entspreche der Grenze zwischen dem beleuchteten und dem nicht mehr von dem gespiegelten Lichte getroffenen Teile der Netzhaut. Dem ist aber durchaus nicht so. In der Tat würde ein einziger Lichtpunkt auf der Netzhaut genügen, um die ganze Pupille mit Licht zu erfüllen, lassen sich doch von einem Punkte der Netzhaut aus Strahlen nach allen Punkten der Pupille ziehen. Sieht man dieselbe nichts desto weniger nicht in ihrer Gesamtheit leuchten, so kommt das daher, daß sie damit nicht zu einem leuchtenden, d. h. nach allen Richtungen Licht ausstrahlenden Objekte geworden ist; sie gewährt nur den aus der Tiefe des Auges kommenden Strahlen Durchlaß. Diese Strahlen durchwandern sie nur und gehen, wenn sie die Pupille verlassen haben, in einer ganz bestimmten, von der Lage des leuchtenden Punktes und der Refraktion des Auges abhängigen Richtung weiter. Nur der Beobachter wird die untersuchte Pupille leuchten sehen, der aus derselben Licht erhält, bzw. in dessen Pupille Licht aus der untersuchten Pupille gelangt.

Soll ihm außerdem die ganze untersuchte Pupille leuchtend erscheinen, so muß er selbstredend von der ganzen Ausdehnung derselben Licht erhalten; möge dasselbe von einem auch noch so kleinen Teile der Netzhaut herkommen, und auch nur ein Teil der Beobachterpupille durchdringen.

Gelangt dagegen nur aus einem Teile der untersuchten Pupille Licht in das Auge des Beobachters, so sieht er dieselbe eben nur teilweise leuchten.

So scheint mir denn die einfachste und verständlichste Definition des Augen-, bzw. Pupillenleuchtens die zu sein: Ganz leuchtet eine Pupille, wenn von ihrer ganzen Ausdehnung, teilweise, wenn nur von einem Teile derselben Licht in das Beobachterauge gelangt.

Wir werden sehen, daß man dieselbe Tatsache auch in anderer, gelehrterer Weise ausdrücken kann, und uns bemühen, auch diese Definitionen zu verstehen. So ganz auf der Hand liegen dieselben nämlich nicht.

---

1) Wir werden später sehen, daß sich das gleiche Prinzip auch ohne Drehung des Spiegels zur Refraktionsbestimmung verwenden läßt.

Betrachten wir die Erscheinungen der Skiaskopie etwas eingehender, so müssen wir uns vor allem davon Rechenschaft geben, daß man dabei gleichzeitig zwei ganz verschiedene Dinge betrachtet: einmal den Rand der untersuchten Pupille, sodann den darin sichtbaren Lichtschein. Offenbar ist dabei der Beobachter auf den Pupillenrand eingestellt. Auf das von der Netzhaut des untersuchten Auges kommende, das Augenleuchten hervorbringende Licht kann er sich schon deshalb nicht einstellen, weil diese Methode der Optometrie ja darauf beruht, den Fern-, resp. Einstellungspunkt des untersuchten Auges in die Beobachtungspupille zu verlegen, ein Fall, wo von Einstellung, bzw. Abbildung gar keine Rede sein kann[1]).

So konstruieren wir denn, in erster Linie, das Bild der Untersuchungspupille (Fig. 65) auf der Netzhaut des Beobachters[2]): Von den dem Punkte P' ausgehenden Strahlen durchläuft einer, $P'K'p'$, das dioptrische System des beobachtenden Auges ungebrochen, weil er nach dessen Knotenpunkte K gerichtet ist. Da wir angenommen haben, das Auge B sei auf $P'P''$ eingestellt; so bezeichnet der Durchschnittspunkt p' dieses Strahles mit der Netzhaut das Bild des Punktes P'. Die übrigen von P' ausgegangenen Strahlen, welche noch in die Pupille $B'B''$ des Beobachters gelangen, werden durch dessen dioptrisches System alle nach dem Punkte p' gebrochen.

Dasselbe findet statt für die von P'' kommenden Strahlen: Der Richtungsstrahl $P'Kp''$ ergibt sofort das Netzhautbild dieses Punktes, in welchem sich die anderen, von P'' ausgegangenen Strahlen, u. a. die Strahlen $P''B'$ und $P''B''$ vereinigen.

p' und p'' sind also die Bilder der entsprechenden Endpunkte des untersuchten Pupillarrandes.

In dem Rahmen, von welchem $p'p''$ einen Durchschnitt darstellt, spielen sich die Phänomene ab, die wir weiter zu betrachten haben.

---

1) Es ist eines der vielen Verdienste H. Wolffs, das »skiaskopische« von dem »ophthalmoskopischen« Stadium scharf getrennt zu haben.

2) Eine ebenso erwünschte wie erlaubte Vereinfachung unserer Betrachtungen besteht darin, das wir denselben, statt des wirklichen, ein reduziertes Auge zugrunde legen. In demselben ist das aus Cornea, vorderer Kammer und Linse bestehende dioptrische System des Auges auf eine einzige brechende Fläche reduziert. In dieser Fläche liegt der nun einzige Hauptpunkt des Systems. In ihr liegt auch die Pupille. Dies ist der Grund, warum wir im folgenden einfach von »Pupille« sprechen, und warum wir in unseren Zeichnungen die Lichtstrahlen direkt an die Endpunkte des Pupillendurchmessers ziehen, bzw. als von denselben ausgehend betrachten dürfen.

In der Wirklichkeit kommt die Pupille nie direkt als solche in Betracht, sondern, vom Glaskörperraum des Auges aus betrachtet, ihr von der Linse, von außen her betrachtet, ihr von der Cornea entworfenes Bild.

Um Mißverständnissen vorzubeugen, sei hier bemerkt, daß man mit »Pupille« auch die Blende, resp. das Blendenbild bezeichnet, welches vom axialen Objektpunkte aus, unter dem kleinsten Winkel erscheint; und mit Eintrittspupille die Pupille, resp. das Pupillen- oder Blendenbild, im Objektraume, mit Austrittspupille, die Pupille, resp. das Pupillen- oder Blendenbild, im Bildraume.

Wenden wir uns nun zu dem **Grunde** des untersuchten Auges und nehmen an, eine Stelle desselben sei beleuchtet.

Welche Bedingungen müssen erfüllt sein, damit die Pupille dieses Auges dem Beobachter leuchtend erscheine?

Fig. 65.

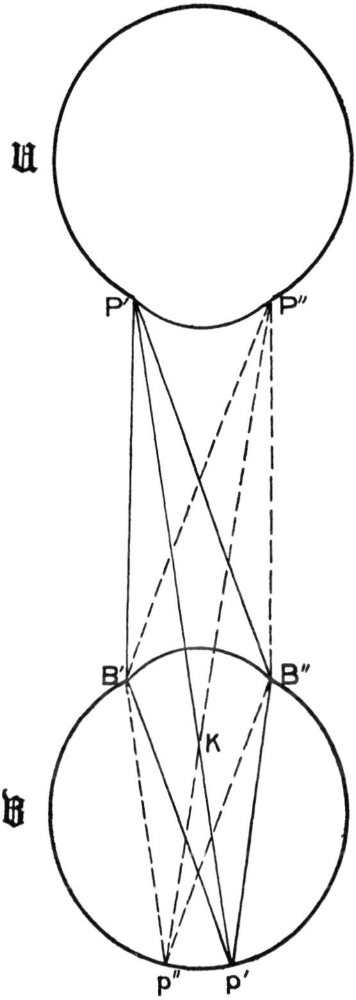

Leuchten wird dieselbe offenbar in dem Teile, dessen Bild auf der Netzhaut des Beobachters zusammenfällt mit einem Teile des Zerstreuungsbildes des auf der Netzhaut des untersuchten Auges gelegenen Lichtfleckes.

Sei z. B., in Fig. 66, 𝔘. wieder das untersuchte, 𝔅. das beobachtende Auge, $p'p''$ das in obiger Weise erhaltene Netzhautbild der untersuchten Pupille, M ein leuchtender Punkt des untersuchten Augengrundes. Dies Auge sei **hypermetropisch**, und sein Fernpunkt liege in R.

Die von M ausgegangenen Strahlen werden also, nach ihrem Austritt aus dem Auge, so divergieren, als kämen sie von R her. Von diesem Strahlenkegel treten so viele Lichtstrahlen in das beobachtende Auge, als es die Weite seiner Pupille gestattet. Da dessen optisches System nicht auf das entfernte R, sondern auf das nahe $P'P''$ eingestellt ist, so werden die von R ausgehenden Strahlen schon **vor** der Netzhaut dieses Auges, in m vereinigt, um nachher wieder divergierend auseinander zu gehen.

Um diesen Bildpunkt m durch Konstruktion zu finden, betrachten wir die Strahlen RP' und RP'', und nehmen an, die Pupille des Beobachters (𝔅) erstrecke sich bis $X'X''$, d. h. sie sei weit genug, um diesen Strahlen noch Eingang zu verschaffen. Wir wissen, daß der Strahl P' gegen p', der Strahl P'' gegen p'' hingelenkt wird. Da die beiden Strahlen aber dem gleichen Bündel angehören, so muß ihr Durchschnittspunkt m dem Bilde des Punktes M entsprechen.

Der durch ihr darauffolgendes Auseinandergehen entstehende Zerstreuungskreis $p''p'$ deckt sich, wie man sieht, mit dem Bilde der beobachteten

Fig. 66.

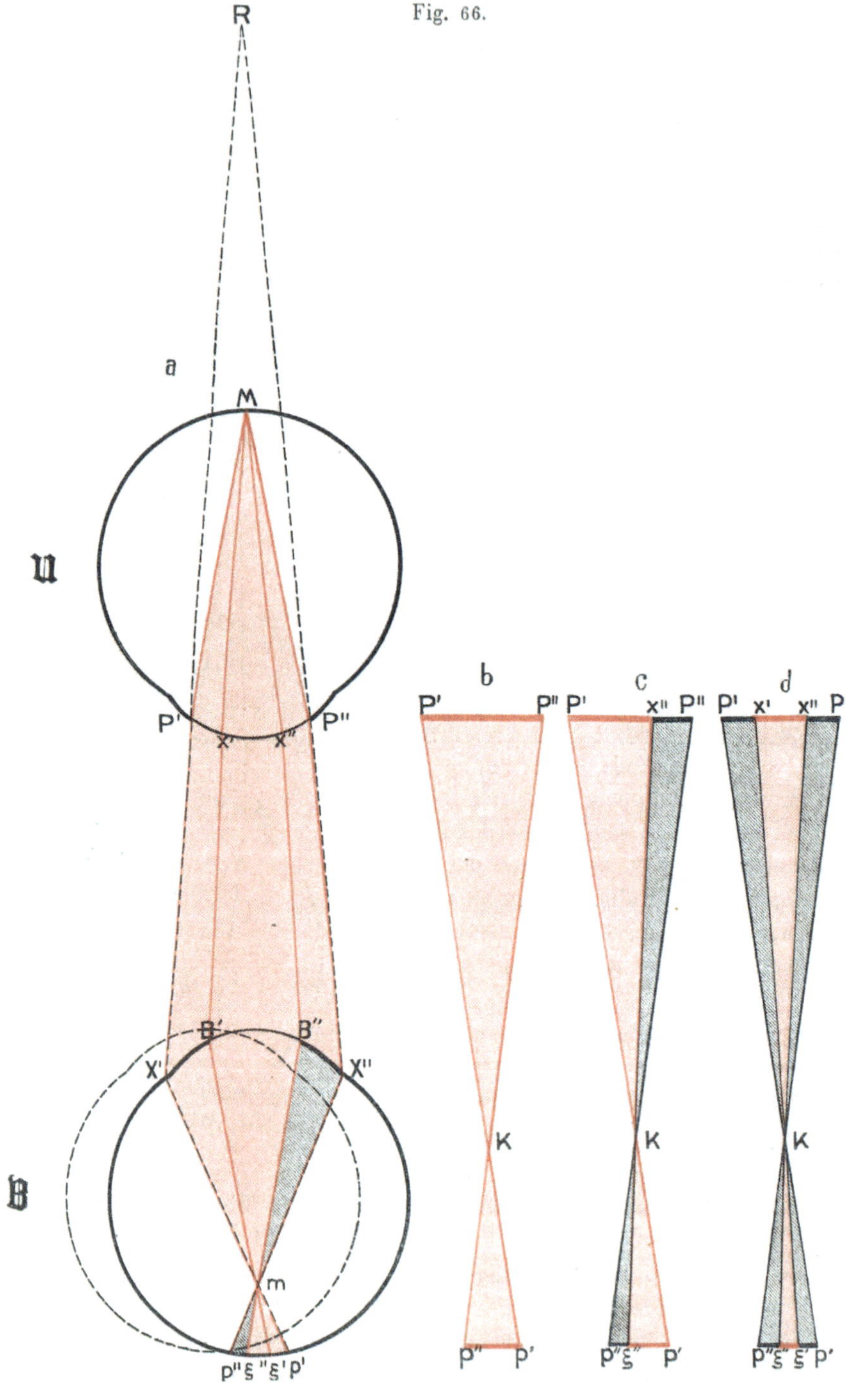

Pupille. Hätte die Pupille des Beobachters den Durchmesser $X'X''$, so müßte die untersuchte Pupille also in ihrer ganzen Ausdehnung leuchten.

Fig. 66 b stellt das durch den Knotenpunkt K an den Ort seines Objektes $P'P''$ projizierte, beleuchtete Bild $p''p'$ der 𝔘.-Pupille dar.

Es leuchtet dann in der Tat für den Beobachter immer die gesamte untersuchte Pupille, wenn alle dieselbe verlassenden Strahlen in sein Auge gelangen, auch wenn sie nur von einem einzigen beleuchteten Punkte des untersuchten Augengrundes ausgehen.

Würde die Beobachterpupille in der Ausdehnung $X''B''$ von einem undurchsichtigen Schirme bedeckt, so würde derselbe einen entsprechenden Teil der aus der 𝔘.-Pupille kommenden Strahlen abblenden; die Strecke $p''\xi''$ des 𝔘.-Pupillenbildes würde kein Licht erhalten, und die 𝔘.-Pupille würde von P'' bis x'' nicht mehr leuchten. Es würde dort ein Schatten auftreten (Fig. 66 c).

Würde die Beobachtungspupille von allen Seiten bis auf den Durchmesser $B'B''$ eingeengt, so würde ein ganzer Ring des aus 𝔘 kommenden Lichtkegels abgeblendet, das mittlere Stück der 𝔘.-Pupille allein würde leuchten (Fig. 66 d).

Diese Beobachtung kann man bei sehr hochgradiger Ametropie (z. B. Aphakie) machen, auch wenn sich im Zentrum der 𝔘.-Netzhaut nicht nur ein hypothetischer Lichtpunkt, sondern, wie dies in Wirklichkeit der Fall ist, ein Lichtfleck befindet.

Aus diesen Betrachtungen ergibt sich schon der bedeutende Einfluß, den die Weite der Beobachterpupille auf das Leuchten der Untersuchtenpupille ausübt. Sie wirkt wie ein Schirm, welcher die aus dem untersuchten Auge kommenden Strahlen mehr oder weniger abblendet.

Auf dieser abblendenden Wirkung der Pupille, bzw. der Iris des Beobachters (oder des die Durchbohrung umgrenzenden, undurchsichtigen Spiegels, wo das Spiegelloch die 𝔅.-Pupille ersetzt), beruht der Schatten, den man in der untersuchten Pupille auftreten sieht[1]).

Derselbe kann, wie aus der Fig. 66 hervorgeht, auch ohne Lageveränderung des Lichtfleckes auf der untersuchten Netzhaut, bzw. ohne Bewegung des Spiegels hervorgerufen werden durch Abblenden eines Teils der Pupille.

---

1) Fragen wir uns gleich, welches ist der Einfluß der untersuchten Pupille; wirkt diese nicht auch wie eine Blende?

Selbstverständlich stellt auch sie eine Blende dar; dieselbe hat aber auf das Augenleuchten einen ganz anderen Einfluß als die Beobachterpupille. Verkleinern wir z. B. in Fig. 66 die 𝔘.-Pupille von $P'P''$ auf $x'x''$, so wird allerdings der ganze in Fig. 66 d in einem Durchmesser $P'x'$ und $x''P''$ schwarz angegebene Ring des Lichtkegels abgeblendet, die 𝔘.-Pupille leuchtet aber nichtsdestoweniger in ihrer ganzen Ausdehnung, weil, wie sie selbst, auch ihr Netzhautbild im 𝔅.-Auge, von $p''p'$ auf $\xi''\xi'$ reduziert ist. Dies Bild erhält aber in seiner ganzen Ausdehnung Licht.

Ein Schatten tritt aber in der untersuchten Pupille auch auf, wenn das Beobachterauge seine Lage ändert. Rückt z. B., in Fig. 66, das Auge 𝔅 nach links, in die getüpfelte Stellung, so wird von seinem rechten Pupillarrande ein Teil ($X''B''$) des aus 𝔘 kommenden Lichtes geradeso abgeschnitten, wie bei Vorsetzen eines undurchsichtigen Schirmes, und die 𝔘.-Pupille wird auf ihrer rechten Seite dunkel erscheinen.

Bedient man sich, wie gewöhnlich, zur Skiaskopie eines undurchsichtigen, durchlochten Planspiegels, so würde diese Erscheinung durch einfache Verschiebung der Spiegels, ohne Drehung, hervorgerufen. Ein Konkavspiegel müßte dazu um sein Krümmungszentrum gedreht werden.

Doch betrachten wir nun die Skiaskopie, wie sie gewöhnlich ausgeführt wird, d. h. unter Drehung des Spiegels, bzw. Ortsveränderung des Beleuchtungslichtes.

Wir bedienen uns, wie es für die Praxis angezeigt ist, eines Planspiegels, werfen damit Licht auf das Gesicht des Untersuchten und lassen es, durch Drehung des Spiegels, von rechts nach links wandern[1]), so daß es vom Rande P'' her in die untersuchte Pupille dringt (Fig. 67a).

Ist der Lichtfleck auf der Netzhaut im Punkte A angelangt, so treten die von demselben kommenden Strahlen so aus der Pupille $P'P''$, als kämen sie von dem in Fernpunktsentfernung hinter dem Auge gelegenen Punkte α her.

Der äußerste Strahl dieses Lichtkegels $\alpha P''B'$, den wir in der Fig. 67a rot ausgezogen haben[2]), kann gerade noch über den linken Rand der Beobachterpupille in das 𝔅.-Auge dringen. Wie alle von P'' herkommenden Strahlen, wird er nach dem Endpunkte p'' des 𝔘.-Pupillenbildes hin gebrochen.

Dieser Punkt des Pupillenbildes wird also beleuchtet. Durch den Knotenpunkt K nach außen projiziert, bezeichnet er den Punkt P'' der 𝔘.-Pupille als leuchtend (Fig. 67b).

Die 𝔘.-Pupille wird also, wenn das Licht von rechts herkommt, an ihrem rechten Rande zu leuchten anfangen, während der Rest derselben noch dunkel ist.

Wandert der Lichtpunkt von α nach links, so dringt von den aus 𝔘 kommenden Strahlen ein größerer Teil in das 𝔅.-Auge.

Vom Punkte G aus (dem in der Fernpunktsentfernung γ entspricht) würde der ganze, zwischen GP'' und Gx gelegene Strahlenkegel in das 𝔅.-Auge gelangen, in dem Punkte g zu einem Bilde vereint, und dann wieder divergierend auseinandergehen, um auf dem Netzhautbilde der 𝔘.-Pupille einen Zerstreuungskreis ($p''\xi$) zu entwerfen, der dies Bild vom Punkte p'' an, die wirkliche Pupille von P'', d. h. von rechts her erhellt ($P''x$ Fig. 67c).

1) Die Ausdrücke »rechts« und »links« beziehen sich immer auf den Beobachter.

2) Wir haben die von A, bzw. von α kommenden Strahlen schwarz gestrichelt, um sie von den von G, bzw. γ herkommenden zu unterscheiden.

Fig. 67.

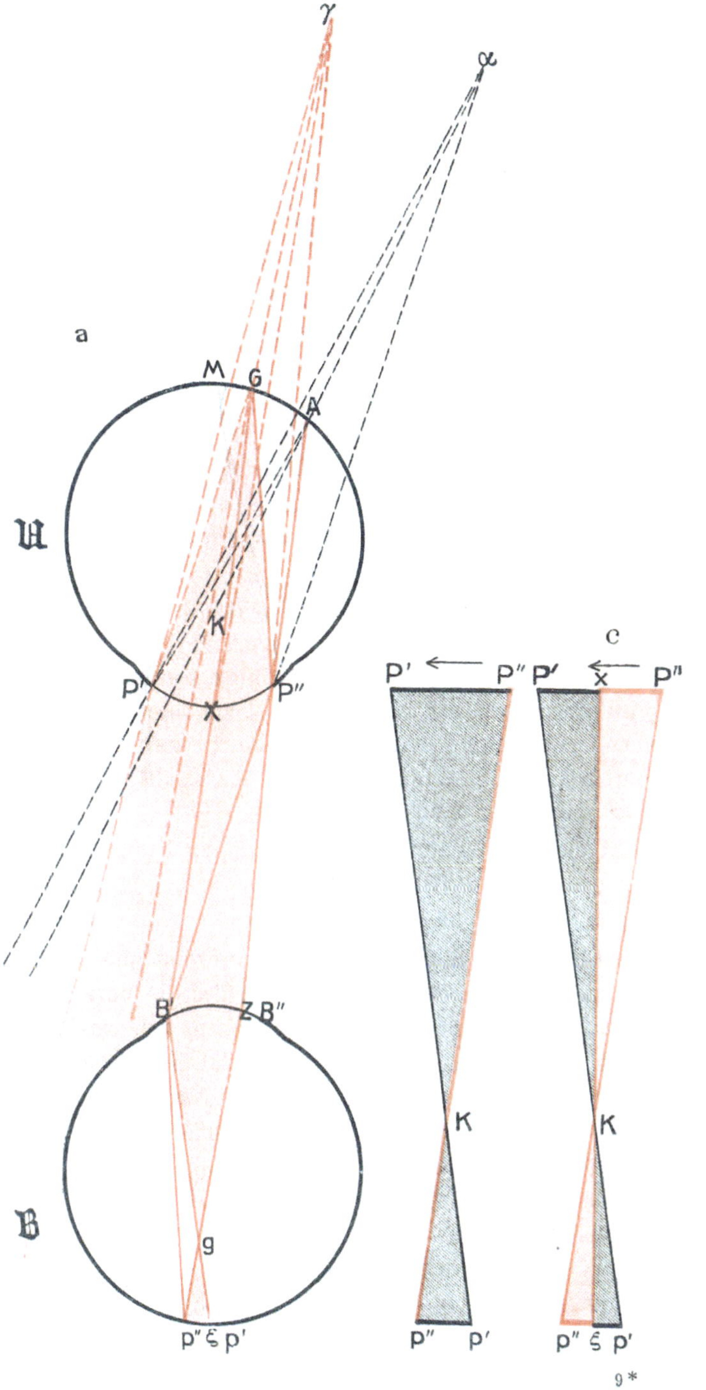

Der Punkt *A* kann auch betrachtet werden als der Durchschnittspunkt des Randes eines beleuchteten Feldes, dessen horizontaler Durchschnitt *AG* wäre. Die zwischen *A* und *G* gelegenen Punkte, bzw. das Lichtfeld *AG*, bilden auf der Beobachternetzhaut offenbar das Zerstreuungsbild $p''\xi$, das sich mit dem des Punktes *A* deckt, jedoch intenser ist, da sich mehr Lichtpunkte an dessen Entstehung beteiligen.

Ist der leuchtende Punkt, bzw. der Rand des Beleuchtungsfeldes auf der U.-Netzhaut, in *M* angelangt, so wird, wie wir in Fig. 66 gesehen haben, das ganze Bild $p''p'$ der U.-Pupille bestrahlt, und somit die U.-Pupille in ihrer ganzen Ausdehnung leuchten.

Wandert der Lichtfleck auf der U.-Netzhaut weiter nach links, so wird er einmal an einer Stelle anlangen, wo Strahlen an dem rechten Rande B'' der B.-Pupille abgeblendet werden — gerade so, wie dies anfangs links, am Rande B', geschah. Dann wird also das Bild $p''p'$ von p'' an kein Licht mehr erhalten und, nach außen projiziert, der rechte Teil der U.-Pupille dunkel erscheinen. Diese Verdunklung, »der Schatten«, wird, wie vorher das Licht, von rechts nach links zunehmen, je weiter der Lichtfleck auf der U.-Netzhaut von rechts nach links (auf der B.-Netzhaut [$p''p'$] von links nach rechts) wandert.

Endlich wird nur gerade noch ein Strahl über den Rand P' der U.-Pupille in die B.-Pupille gelangen. Er zielt von P' nach B'', und wird nach p', dem rechten Endpunkte des U.-Pupillenbildes hin gebrochen. Am linken Rande der wirklichen Pupille wird also der Beobachter das Licht verschwinden sehen. Die Pupille hat sich für ihn in der Richtung der Lichtwanderung auf dem Gesichte des Untersuchten, von rechts nach links, erst aufgehellt, dann verdunkelt.

Man braucht die Fig. 67 nur gegen das Licht zu halten und von der Rückseite anzuschauen, dann stellt sie, statt des Anfanges, das Ende der Lichtwanderung in der U.-Pupille dar.

Wer gewohnt ist, bei der Skiaskopie nur das Auftreten und das Wandern des »Schattens« zu beachten, den mag es befremden, in unseren Figuren die U.-Pupille gerade an der Seite leuchtend zu finden, von wo her er den Schatten erwartet. Dies Befremden rührt daher, daß man gewöhnlich das Anfangsstadium des Pupillenleuchtens, mit welchem wir in unseren Auseinandersetzungen anfangen, gar nicht beachtet, sondern sofort die ganze Pupille zum Leuchten bringt (*M* in unseren Figuren), hierauf den Spiegel dreht, bis ein Schatten auftritt, und dessen Gang bis zur völligen Verdunklung der Pupille verfolgt, mit anderen Worten, daß man nur das Endstadium des Vorganges beachtet.

In derselben Weise wie für das hyperopische, können wir das Pupillenleuchten auch für das myopische Auge konstruieren.

Fig. 68.

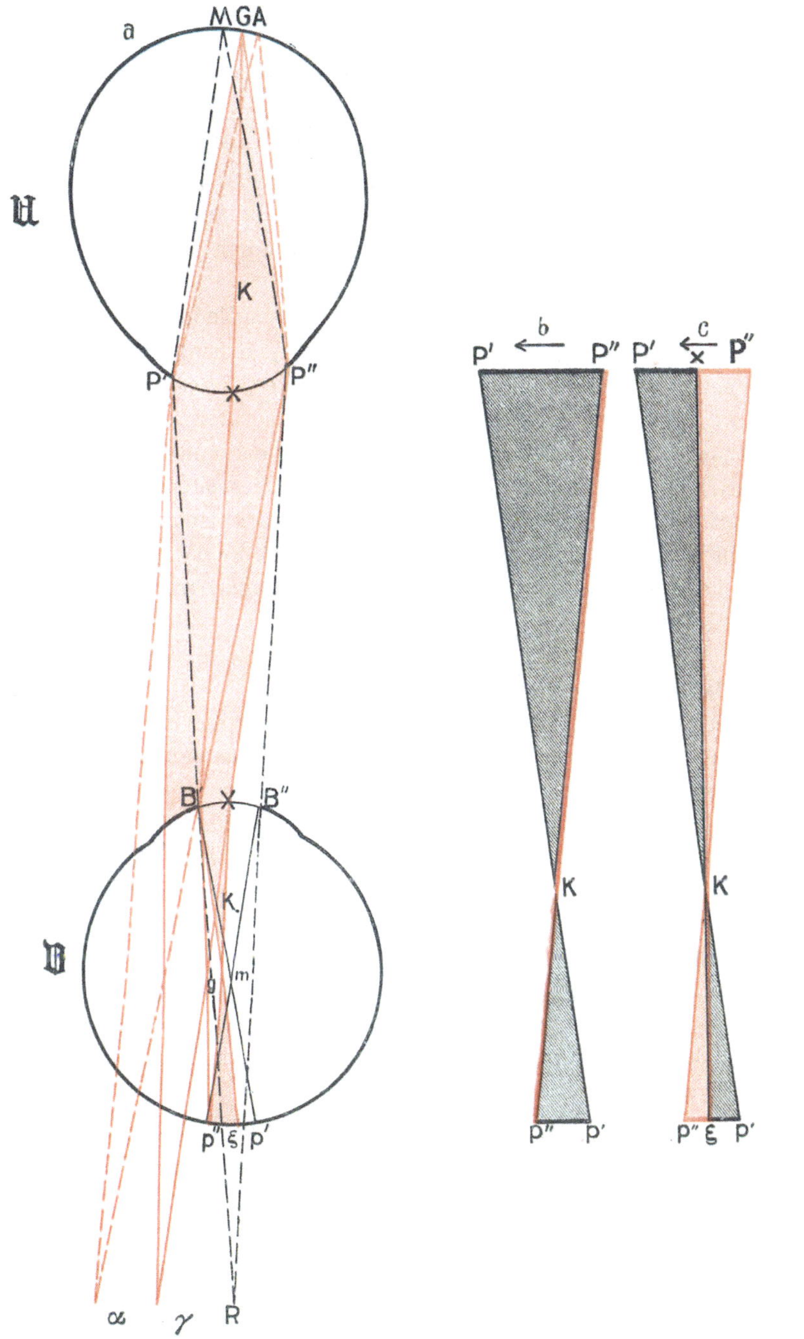

Hierbei kommen jedoch drei verschiedene Fälle in Betracht: Entweder liegt der Fernpunkt des untersuchten Auges hinter dem beobachtenden Auge, oder er liegt vor demselben, oder er fällt gerade in die Pupille des Beobachters.

Betrachten wir erst den Fall, wo der Fern-, bzw. Einstellungspunkt des untersuchten Auges jenseits des beobachtenden Auges liegt!

Sei 𝔘 (Fig. 68) das untersuchte Auge, M ein leuchtender Punkt seiner Netzhaut. Ohne Dazwischenkunft des Beobachterauges 𝔅, würde im Fernpunktsabstande, d. h. in R ein reelles Bild von M entstehen. Die nach demselben konvergierenden Strahlen werden aber durch das Auge 𝔅. vorher schon, in m, zur Vereinigung gebracht.

Den Punkt m finden wir so, daß wir die von den Endpunkten P' und P'' der 𝔘.-Pupille herkommenden Strahlen, nach ihrem Eindringen in das Auge 𝔅. mit den entsprechenden Punkten p' und p'' verbinden. Wo sie sich schneiden, d. h. in m, liegt das Bild von M. Der Zerstreuungskreis $p'p''$, den sie auf der Netzhaut bilden, deckt sich mit dem Bilde der untersuchten Pupille. Diese wird also, wie in dem durch Fig. 66b dargestellten Falle, in ihrer Gesamtheit leuchten, weil alle von der beleuchteten Netzhautstelle kommenden Strahlen, welche sie passiert haben, in die 𝔅.-Pupille gelangt sind.

Dies kann der Fall sein, auch wenn die 𝔅.-Pupille nur teilweise Licht aus dem 𝔘.-Auge erhält.

Doch fangen wir mit dem Anfange an und werfen, von rechts her, Licht in das untersuchte Auge!

Es sei der von rechts herkommende Lichtfleck auf der Netzhaut des 𝔘.-Auges am Punkte A angelangt (Fig. 68a). Die von demselben ausgehenden Strahlen konvergieren nach dem Punkte α, werden aber unterwegs von der Iris des Beobachters abgeblendet. Nur der Strahl $P''B'$, der den Rand der 𝔘.-Pupille streift, kann noch über den Rand B' in das 𝔅.-Auge dringen. Er geht, wie alle von P'' kommenden Strahlen, nach dessen Bilde p''. Dieser linke Rand des Pupillenbildes, nach außen projiziert der rechte Rand der 𝔘.-Pupille, wird also leuchten (Fig. 68b).

Geht der Lichtfleck auf der Netzhaut weiter nach links, so wird die Beleuchtung des Pupillenbildes offenbar nach rechts, der Lichtschein der wirklichen Pupille nach links hin zunehmen, wie im vorigen Falle (Hypermetropie).

Ist der Lichtpunkt (bzw. der Rand des Lichtfleckes) in G (Fig. 68a) angelangt, so konvergieren die von ihm kommenden Strahlen, außerhalb des 𝔘.-Auges, nach dem Punkte γ. Der äußerste Strahl dieses Lichtkegels, $P''\gamma$, der gerade noch am Pupillarrande P'' vorbei kann, gelangt durch den Punkt X in das 𝔅.-Auge. Dort wird er nach p'' abgelenkt. — Der letzte Strahl des Strahlenkegels, der noch, am Rande B' der 𝔅.-Pupille vorbei, in dieselbe gelangt, der Strahl GxB', wird im 𝔅.-Auge nach dem Bilde g

des Punktes G gebrochen, und von dort nach ξ weitergehen. Der Teil $P''x$, bzw. XB' des in G entsprungenen Strahlenkegels wird also die Strecke $p''\xi$ des U.-Pupillenbildes beleuchten.

Nach außen projiziert (Fig. 68c), wird demnach der rechte Teil der U.-Pupille leuchten. Ist die ganze Strecke AG beleuchtet, so leuchtet der Teil $P''x$ der U.-Pupille eben intensiver, als wenn ihr Bild nur von einem einzigen Punkte G Licht erhält.

Ist der Lichtfleck auf der U.-Netzhaut in M angekommen, so leuchtet, wie wir gesehen haben, die ganze U.-Pupille.

Geht der Lichtfleck noch weiter nach links, so rückt sein umgekehrtes Bild über R hinaus nach rechts. Von dem aus U kommenden Strahlenkegel wird, am Rande B'' der Beobachterpupille, ein um so größerer Teil abgeblendet, als der Lichtfleck auf der U.-Netzhaut mehr nach links rückt. Der rechte Teil des U.-Pupillenbildes, der linke der wirklichen Pupille, wird allein noch leuchten, während an deren rechtem Rande ein Schatten auftritt; d. h. die Pupille wird sich von rechts nach links verdunkeln, weil die aus ihr kommenden Strahlen nun vom rechten Rande B'' der B.-Pupille abgeblendet werden.

Drehen wir wieder das Blatt um, so daß P' und B' zu den rechten, P'' und B'' zu den linken Rändern der Pupillen werden, und ändern wir die Richtung der Pfeile, welche die Wanderung des Lichtscheins in der Pupille andeuten, so haben wir das Endstadium der Erscheinung vor uns: Die Pupille verdunkelt sich von rechts her, der Schatten wandert von rechts nach links, bis endlich nur noch ein schmaler Saum am linken Pupillenrande leuchtet, wenn der Rand des Lichtfleckes in dem jetzt links liegenden Punkte A angelangt ist.

Wir sehen also daß, wenn das untersuchte Auge auf einen jenseits unendlich (Hypermetropie) oder wenigstens auf einen jenseits des Beobachterauges (schwache Myopie) liegenden Punkt eingestellt ist, der Lichtschein in der Pupille, und somit auch der demselben folgende Schatten, in gleichem Sinne wandert wie das vom Planspiegel reflektierte Licht.

Aus dem S. 129 Gesagten folgt auch, daß, wenn man, in diesen Fällen bei kleiner Lichtquelle, ohne den Spiegel zu drehen, bei voll leuchtender Pupille, die Beobachterpupille, bzw. das Spiegelloch von einer Seite her verdeckt, die U.-Pupille sich auf der gleichen Seite verdunkelt.

Umgekehrt verhält sich die Sache, wenn der Fern-, bzw. der Einstellungspunkt des untersuchten Auges zwischen demselben und dem Auge des Beobachters liegt.

Sei U (Fig. 69a) ein so hochgradig myopisches Auge, daß sein Fernpunkt R vor das Beobachterauge zu liegen kommt. Ein leuchtender Punkt M der Netzhaut dieses Auges entwirft also in R sein Bild. Von dort aus diver-

Fig. 69.

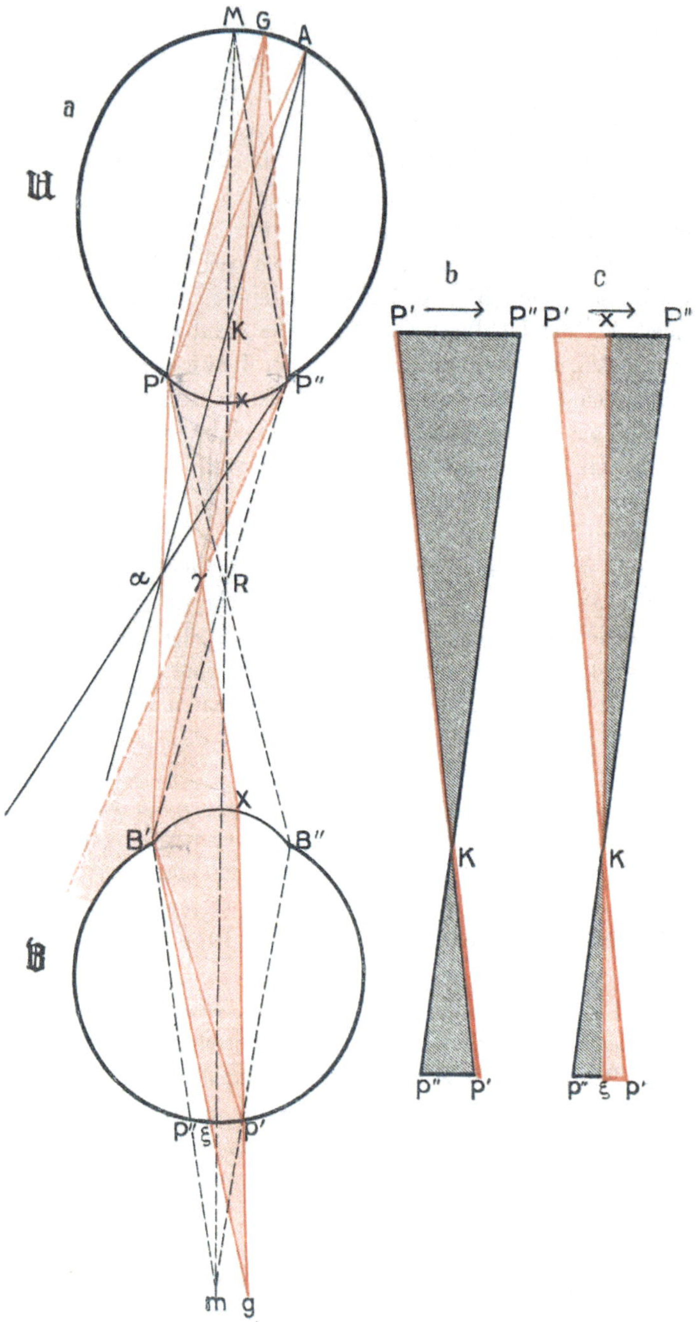

gieren die Strahlen und treffen so das 𝔅.-Auge. Das dioptrische System desselben würde sie im Punkte m wieder vereinigen, wenn sie nicht die Netzhaut auffangen würde.

Der Punkt m entspricht dem Kreuzungspunkte der durch P' und P'' gegangenen Strahlen, welche im 𝔅.-Auge nach den Punkten p'' und p' gerichtet sind. Das Zerstreuungsbild des Punktes M deckt sich also in diesem Falle wieder mit dem Bilde der 𝔘.-Pupille. Ist der Punkt M des 𝔘.-Auges leuchtend, so erscheint dem Beobachter die ganze 𝔘.-Pupille leuchtend, weil alle die 𝔘.-Pupille verlassenden Lichtstrahlen in die 𝔅.-Pupille gelangen.

Wäre die letztere enger, so daß sie, wie in Fig. 66, die peripheren Strahlen des aus 𝔘 kommenden Lichtkegels abblenden würde, so würde dem Beobachter nur der zentrale Teil der 𝔘.-Pupille leuchtend erscheinen.

Dringt jedoch das Licht, von rechts her, so seitlich in das 𝔘.-Auge, daß nur gerade der Punkt A seiner Netzhaut beleuchtet ist, so geht von demselben der Strahlenkegel $AP'P''$, außerhalb des Auges, nach α und von dort wieder divergierend weiter. Der ganze Strahlenkegel fällt außerhalb des 𝔅.-Auges, mit Ausnahme des Randstrahles $P'\alpha B'$, welcher noch über den linken Rand B' in die 𝔅.-Pupille gelangt. Vom Punkte P' kommend, strebt er dem Punkte p' des Pupillenbildes zu, dessen rechten Rand er beleuchtet. Nach außen projiziert (Fig. 69b), erscheint also der linke Rand der 𝔘.-Pupille leuchtend.

Wandert der Lichtfleck auf der Netzhaut des Untersuchten nach G, so entsteht von diesem Punkte G ein Bild in γ. Von den von diesem Punkte aus divergierenden Strahlen dringen die zwischen $\gamma B'$ und γX gelegenen in die Beobachterpupille. Sie würden sich hinter derselben, in der gleichen Entfernung wie m, wieder vereinigen, und zwar im Punkte g, der auf dem von P' durch γ nach X, und von dort nach p' gebrochenen Strahle liegt. Sie werden aber von der Netzhaut des 𝔅.-Auges aufgefangen und bilden auf derselben einen Zerstreuungskreis, von dem die Strecke $p'\xi$ des 𝔘.-Pupillenbildes einen Durchmesser darstellt.

Projizieren wir dies Pupillenbild nach außen (Fig. 69c), so sehen wir, daß der linke Teil der 𝔘.-Pupille leuchtet. Je mehr der Lichtfleck auf dem Gesichte, und somit auch auf der Netzhaut des Untersuchten, von rechts nach links wandert, um so ausgedehnter wird sich die 𝔘.-Pupille in entgegengesetztem Sinne, von links nach rechts, erhellen.

In M angelangt, beleuchtet das Licht, wie wir gesehen haben, die 𝔘.-Pupille in ihrer ganzen Ausdehnung.

Geht der Lichtfleck noch weiter nach links, so rückt sein (umgekehrtes) Bild über R hinaus nach rechts, und die von dort aus weitergehenden Strahlen werden, am Rande B'' der Beobachterpupille, in um so größerer Ausdehnung abgeblendet, als der Lichtfleck auf der 𝔘.-Netzhaut weiter nach links, sein umgekehrtes Bild nach rechts rückt. Wir treten in das Endstadium des Phänomens: der Lichtschein nimmt nach rechts hin ab, die Pupille verdunkelt sich von links her, oder, um uns der gewöhnlichen Ausdrucksweise zu bedienen, »am linken Rande der 𝔘.-Pupille tritt ein Schatten auf«, der immer weiter nach rechts wandert, je weiter der Lichtschein auf dem Gesicht des Untersuchten nach links geht.

Fig. 70.

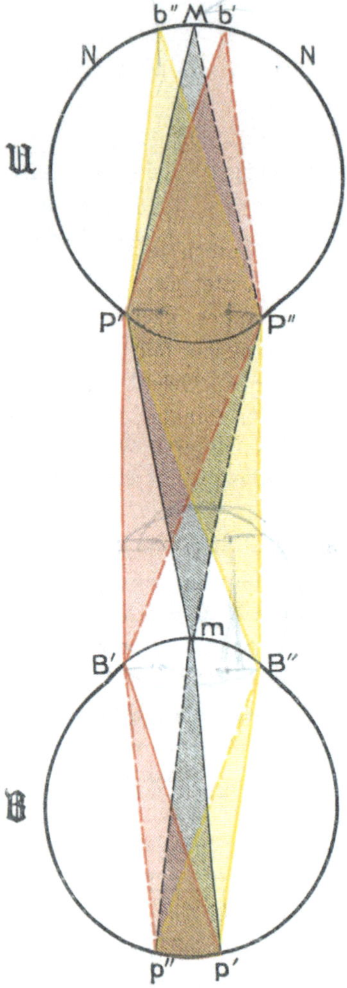

Auch hier brauchen wir nur das Blatt umzuwenden, so daß P' und B' zu den rechten, P'' und B'' zu den linken Rändern der Pupillen werden. Dann beleuchtet der links gelegene Punkt G den rechten Teil der 𝔘.-Pupille, während der linke Teil (Fig. 69c) derselben sich verdunkelt. Von dem äußersten links gelegenen Punkte A aus, gelangt nur noch ein Strahl, vom rechten Rande der U.- zum entsprechenden Rande der 𝔅.-Pupille. Die erstere hat sich, von links her, bis auf einen schmalen Saum an ihrem rechten Rande verdundelt (Fig. 69b).

Leuchtet, bei kleiner Lichtquelle, für den Beobachter die ganze Untersuchtenpupille, und schieben wir über die Beobachterpupille, bzw. das Augenspiegelloch, von rechts her einen undurchsichtigen Schirm, so wird sich die 𝔘.-Pupille von links her verdunkeln. Die Dinge verhalten sich also gerade umgekehrt, wie wenn das 𝔘.-Auge auf einen jenseits des Beobachters gelegenen Punkt eingestellt ist.

Betrachten wir endlich den Fall, wo der Fern-, bzw. der Einstellungspunkt des untersuchten Auges gerade in der Pupille des Beobachters liegt. Wir haben denselben in Fig. 70 dargestellt. Der von dem beleuchteten Punkte M des untersuchten Augengrundes kommende Lichtkegel vereinigt sich in dem Punkte m der Beobachterpupille. — Nun wissen wir, daß der Strahl $P'm$ in der Richtung gegen p', der Strahl $P''m$ gegen p'' weiter geht. Der Zerstreuungskreis des Punktes m deckt sich also, auf der Netzhaut des

Beobachters, wie in den vorhergehenden Fällen, bei hinreichend großer Pupille, mit dem Bilde $p''p'$ der untersuchten Pupille[1]).

Dasselbe findet aber auch statt für die Lichtpunkte b' und b''. Das Bild von b' liegt in B'. Von dort geht der Strahl $P'B'$ weiter nach p', der Strahl $P''B'$ nach p''. Das Zerstreuungsbild dieses Punktes b' ist also auch gleich groß wie das scharfe Bild der U.-Pupille.

Ebenso für den Leuchtpunkt b''. Sein konjugierter Brennpunkt ist B''. Der von dort ausgehende Lichtkegel überstrahlt ebenfalls die Strecke $p'p''$.

b' und b'' sind aber die äußersten Punkte, von denen aus noch Licht in das Beobachterauge gelangen kann. Daraus geht hervor, daß, im Falle der Koinzidenz des Einstellungspunktes, bzw. der konjugierten Brennebene des untersuchten Auges, mit der Pupille des Beobachters, es genügt, daß der Lichtfleck auf der Netzhaut des U.-Auges auch nur den Punkt b' von rechts her, oder b'' von links her erreicht, um die U.-Pupille in ihrer Gesamtheit auf einmal zu erhellen. Und wenn, unter dem Einflusse der Drehung des Spiegels, der Lichtfleck auf der Netzhaut des U.-Auges den gegenüberliegenden Punkt b'', bzw. b' überschritten hat, so wird die Pupille erst dann, dann aber plötzlich und in ihrer ganzen Ausdehnung, zu leuchten aufhören, sich auf einmal verdunkeln.

Da die Beleuchtung des Auges nicht mit einem einzigen Punkte, sondern mit einer Lichtfläche geschieht, so wird allerdings die Intensität des aus der Pupille zurückstrahlenden Lichtes nicht immer die gleiche sein. Sie ist um so größer, je mehr Zerstreuungskreise sich in $p''p'$ decken, d. h. von einer je größeren Zahl von Punkten des U.-Augengrundes Licht in des Beobachters Auge dringt. Aber sie ist doch auf der ganzen Ausdehnung der untersuchten Pupille die gleiche. Es ist also in diesem Falle unmöglich, die Bewegung des beleuchteten Feldes in Beziehung zu derjenigen des

---

1) Um ganz genau zu sein, müssen wir, mit GULLSTRAND, sagen, daß der Zerstreuungskreis eines einzigen leuchtenden Punktes der U.-Netzhaut nur unter der Voraussetzung mit dem Bilde der U.-Pupille auf der Netzhaut des B.-Auges deckt, daß die B.-Pupille mindestens den durch die Gleichung $\pm B'B'' = (1 + EA)\, P'P''$ bestimmten Durchmesser hat.

In dieser Gleichung bezeichnen $B'B''$ den Durchmesser der B.-Pupille; $P'P''$ denjenigen der U.-Pupille, E die mit dem Meter gemessene Entfernung der beiden Augen voneinander, A die Refraktion des U.-Auges in Dioptrien (positiv bei Hypermetropie; negativ bei Myopie).

Liegt der Einstellungspunkt des U.-Auges vor dem B.-Auge, so ist $(1 + EA)$ negativ, und folglich das untere Vorzeichen für $B'B''$ zu benutzen.

Hat z. B. das U.-Auge eine Myopie von 10 dptr. ($A = -10$), und ist die Entfernung $E = 0{,}5$, so wird

$$B'B'' = (1 - 0{,}5 \times 10)\, P'P'' = -4\, P'P''.$$

In Worten, die B.-Pupille müßte in diesem Falle einen 4mal größeren Durchmesser haben als die U.-Pupille, damit sich der Zerstreuungskreis des Punktes m mit dem Bilde der U.-Pupille deckt.

Spiegels wahrzunehmen. Von woher auch das Licht in die Pupille trete, in welcher Richtung es dieselbe durchschreite, wo es dieselbe verlasse, die Pupille ist immer ganz hell oder ganz dunkel.

Betrachten wir noch einmal unsere Figuren 67 bis 70, so sehen wir daraus ohne weiteres, daß, je weiter der Einstellungspunkt des untersuchten Auges von der Pupille des Beobachters, im einen oder im anderen Sinne entfernt ist, eine um so größere Strecke das Licht zwischen dem Anfang und dem Ende des Pupillenleuchtens durchlaufen muß. Je mehr sich der Punkt m, bzw. γ, unseren Figuren der Beobachterpupille nähert, resp. um uns H. Wolffs treffender Ausdrucksweise zu bedienen: je mehr wir aus dem *ophthalmoskopischen* in das *skiaskopische* Stadium treten, desto rascher wandert das Licht, bzw. der Schatten in der 𝔘.-Pupille; wohlverstanden bei derselben Ausdehnung der 𝔘.- und der 𝔅.-Pupille.

Nach unseren Überlegungen und Figuren können wir also sagen: »Die Pupille eines Auges leuchtet ganz, wenn ihr Netzhautbild im Beobachterauge ganz von dem aus dem untersuchten Auge kommenden Lichte bestrahlt wird; teilweise, wenn dies Bild nur teilweise beleuchtet ist, bzw. wenn es nur teilweise mit dem Zerstreuungsbilde des Lichtfleckes der untersuchten Netzhaut zusammenfällt.«

Wäre, wie in unseren schematischen Figuren, nur ein leuchtender Punkt auf der Netzhaut des 𝔘.-Auges vorhanden, so müßten, damit die Pupille ganz leuchte, alle aus ihr kommenden Strahlen in die 𝔅.-Pupille gelangen. Ist dagegen die 𝔘.-Netzhaut in einer größeren Ausdehnung beleuchtet, so ist dies nicht notwendig.

Unsere Erklärung der skiaskopischen Erscheinungen ist — von der Aberration des Auges abgesehen — zutreffend, wenn die Skiaskopie mit einem durchsichtigen Spiegel vorgenommen wird. Dies ist nicht nur möglich, sondern, nach Gullstrand, geradezu empfehlenswert. Man verwendet dazu eine einfache, unbelegte Glasplatte von etwa 17 mm Durchmesser und eine Nernstspaltlampe.

Bedient man sich aber zur Skiaskopie eines undurchsichtigen durchbohrten Spiegels, so gestalten sich die Verhältnisse anders. Nicht nur tritt an die Stelle der Beobachterpupille das Spiegelloch, was an sich keine große Änderung wäre, sondern diese Pupille ist lichtlos, d. h. von dem ganzen von ihr bedeckten Areale kommt kein Licht her.

Betrachten wir den Planspiegel SS (Fig. 71). Derselbe reflektiert das Licht der neben und hinter dem Untersuchten befindlichen Lichtquelle ($A'A'''$), als käme es von einer hinter dem Spiegel, ebensoweit entfernten Lichtquelle ($L'L''L'''$) her, als die wirkliche vor dem Spiegel liegt. Ist dieser Spiegel undurchsichtig, also in seinem Zentrum durchbohrt, so hat er für den

Untersuchten dieselbe Wirkung, als befände sich vor demselben in $L'L'''$ ein Licht, an der Stelle des Spiegels aber eine undurchsichtige Scheibe von der Ausdehnung ($B'B''$) des Spiegelloches.

Für den Beobachter dagegen hat der Spiegel gerade die umgekehrte Wirkung: Nur das dem Untersuchten dunkle Loch läßt das vom untersuchten Auge kommende Licht durch, während der eigentliche Spiegel dasselbe vom Beobachterauge abhält.

Für den Untersuchten käme also der Spiegel einer vor einem Lichte stehenden durchsichtigen Glasplatte mit einem zentralen undurchsichtigen Flecke gleich, für den Beobachter einer undurchsichtigen Platte mit zentraler Durchbohrung.

Fig. 71.

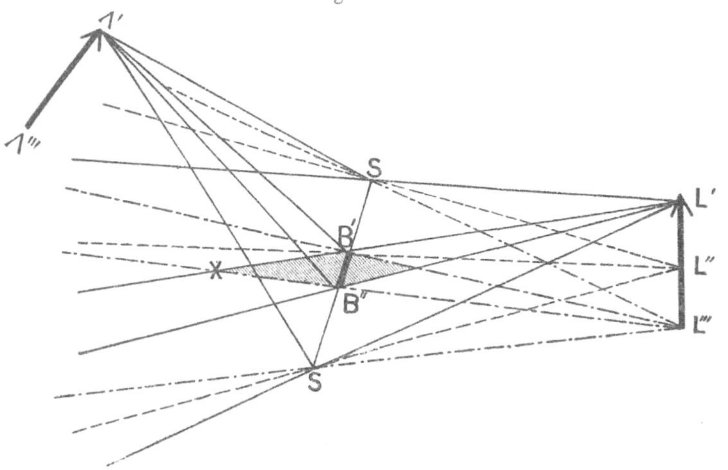

An der Spiegelfläche SS (Fig. 71) wird also aus den von den Punkten $L'L''L'''$ herkommenden Lichtkegeln ein zentrales Stück ausgeschnitten, der Art, daß ein ganzer Kegel von der Basis $B'B''$, mit der Spitze in X, kein Licht erhält. Das axiale Stück des Spiegelbildes leuchtet erst jenseits X, wo sich die von den exzentrischen Teilen der Lichtquelle kommenden Strahlen kreuzen.

Ist ein jenseits X befindliches Auge auf die Lichtquelle eingestellt, so erhält es von derselben ein vollständiges Bild, das nur im Zentrum etwas dunkler ist, weil die vom Zentrum der Lichtquelle kommenden Strahlen vom Spiegelloche abgeblendet werden, dasselbe, im Zentrum des scharfen Bildes des Lichtes, sozusagen ein dunkles Zerstreuungsbild entwirft.

Verläßt das Auge die Einstellung auf die Lichtquelle, und nähert es sich der Einstellung auf den Spiegel, so bilden die Punkte der Lichtquelle sowohl wie das Spiegelloch auf der Netzhaut Zerstreuungskreise, die sich erst decken. Je genauer sich aber das Auge auf den Spiegel einstellt, desto größer werden

Fig. 72.

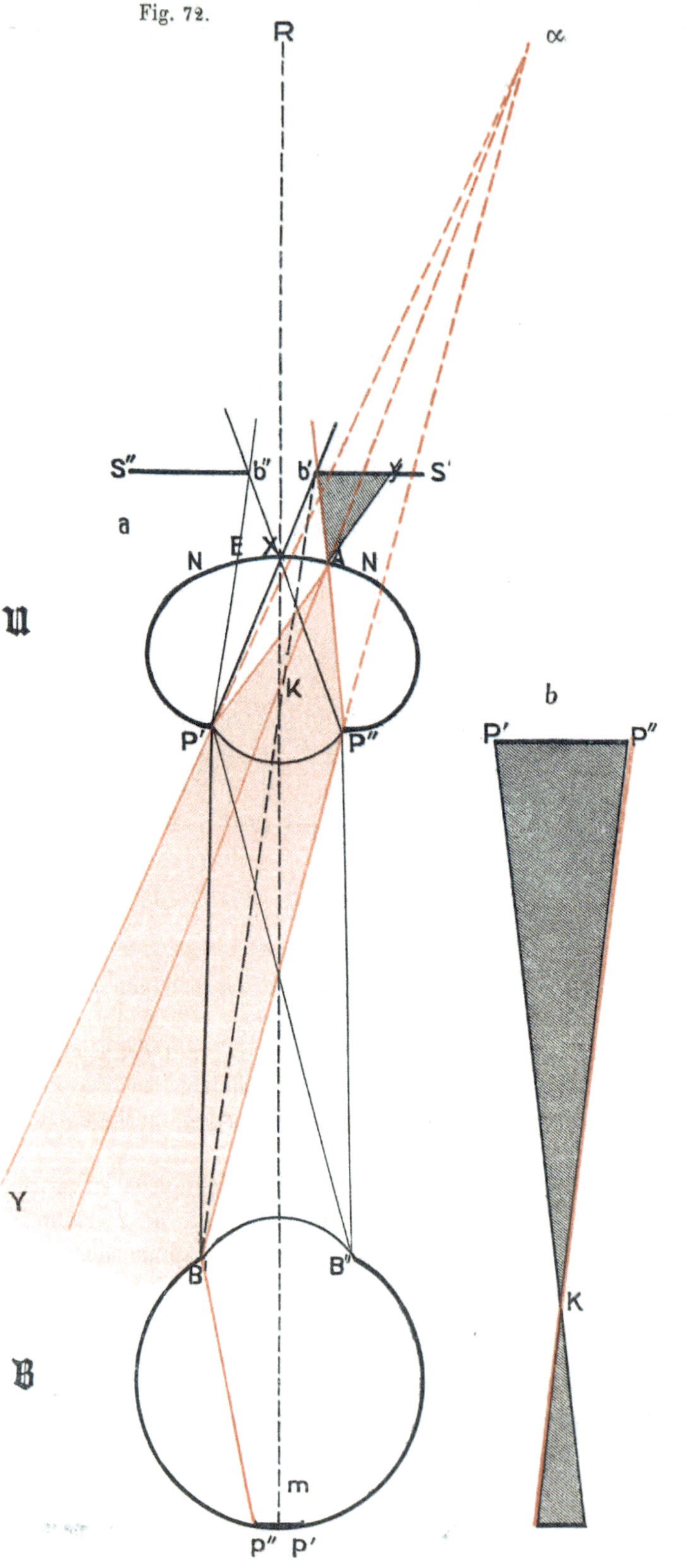

Fig. 73.

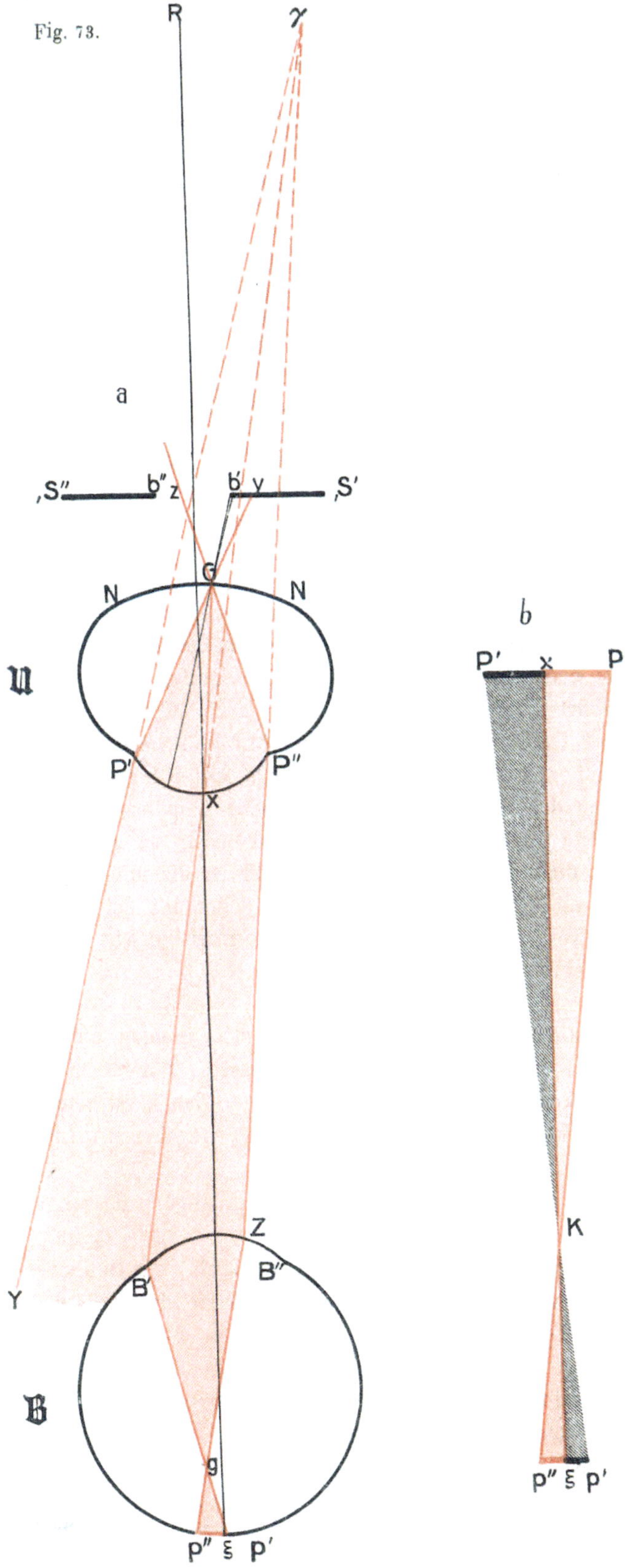

die Zerstreuungskreise der Lichtquelle, desto kleiner die des Loches. Zu gleicher Zeit weichen die ersteren der Art auseinander, daß, wenn, bei genauer Einstellung des Auges auf den Spiegel, das scharfe Bild des Loches auf die Netzhaut fällt, die Zerstreuungskreise der Lichtquelle dasselbe nicht mehr überdecken, sondern nur mehr gerade berühren.

In dem für die skiaskopische Refraktionsbestimmung wichtigsten Momente also: wenn der Einstellungspunkt des U.-Auges auf die B.-Pupille, bzw. das Spiegelloch eingestellt ist, sollte demnach die untersuchte Pupille, wie H. Wolff immer betont hat, vollkommen dunkel erscheinen, der Beobachter gar kein Licht mehr aus derselben erhalten. Ist dies in Wirklichkeit nicht der Fall, so rührt es daher, daß auch das regelmäßigst gebaute Auge weit entfernt ist, aplanatisch zu sein. Die sphärische Aberration des menschlichen Auges kann, in einer mittleren optischen Zone von 4 mm Durchmesser, volle 4 Dioptrien betragen. Das Netzhautbild des Spiegelloches ist also nie vollkommen scharf — und infolgedessen auch nie vollkommen lichtlos. Auch von der Innenseite des nie weder reingeschnittenen, noch vollkommen geschwärzten Loches wird Licht reflektiert; ganz besonders aber geschieht dies von der wenn auch unbelegten, so doch reflektierenden Stelle des nicht durchbohrten Spiegels.

Der Einfluß der sphärischen Aberration auf die Schärfe des Spiegellochbildes und damit auf das Leuchten der Pupille läßt sich damit veranschaulichen, daß man dasselbe Auge bei verschiedener Pupillenweite z. B. durch verschieden weite Diaphragmaöffnungen skiaskopiert. Je weiter die Pupille, bzw. je größer die Aberration ist, desto heller ist die untersuchte Pupille.

Wer sich mit dem Einflusse des Spiegelloches auf die skiaskopischen Erscheinungen vertraut machen will, den verweisen wir besonders auf H. Wolffs eingehende Arbeiten.

Zu der Erklärung der skiaskopischen Erscheinungen haben wir dieselben sich im Beobachterauge abspielen lassen. Wir haben im B.-Auge das Bild der untersuchten Pupille und darüber das Zerstreuungsbild des von dem beleuchteten Teile der U.-Netzhaut ausgehenden Lichtes konstruiert.

Man kann aber auch, umgekehrt, diese Vorgänge in das untersuchte Auge verlegen.

Zu diesem Behufe konstruieren wir (Fig. 72 uff.) das Bild, welches das untersuchte Auge von dem Diaphragma SS entwirft, durch dessen Öffnung das von seinem Grunde kommende Licht in das Beobachterauge dringt, sei es die Iris mit der Pupille, bei Benutzung des unbelegten Spiegels, sei es der undurchsichtige Spiegel mit seiner Durchbohrung. Was in diesem Bilde vorgeht, geschieht auch an der wirklichen B.-Pupille, bzw. am Spiegelloche; sind doch Bild und Objekt konjugiert.

Sei $B'B''$ (Fig. 72) wieder die Beobachterpupille, umrahmt von den undurchsichtigen Teilen des Auges; $P'P''$ die Untersuchten-Pupille.

Das dioptrische System des 𝔘.-Auges entwerfe in $b''b'$ das Bild von $B'B''$. Die von B' ausgehenden Strahlen $B'P'$ und $B'P''$ vereinigen sich in b', um nachher wieder divergierend auseinander zu gehen (Figg. 72—75).

Dasselbe geschieht mit den von B'' kommenden Strahlen; sie kommen in b'' zur Vereinigung.

Nehmen wir an, das 𝔘.-Auge sei hypermetropisch (Fig. 72). Seine Netzhaut NN liegt vor dem 𝔅.-Pupillenbilde. Die von B' kommenden Strahlen bilden auf derselben einen Zerstreuungskreis von dem Durchmesser AX.

Werfen wir nun von rechts her Licht in das untersuchte Auge, so wird dessen Pupille dem Beobachter noch so lange dunkel erscheinen, als die an der Netzhaut nach dem Pupillenrande P'' zielenden Strahlen, rückwärts verlängert, auf das Bild $S'b'$ des Diaphragmas treffen.

Erst wenn der Lichtfleck auf der Netzhaut in A angelangt ist, beginnt die Pupille, an ihrem rechten Rande P'' zu leuchten; denn der Strahl AP'' geht, rückwärts verlängert, gerade noch durch das Pupillenbild $b''b'$. Er entspricht in der Tat dem einen Randstrahle ($P''Ab'$) des Zerstreuungskreises des Punktes b'. (Der andere wäre $P'b'$.)

Verfolgen wir den Strahl AP'' in seinem Verlaufe außer dem Auge, so müssen wir offenbar dieselben Verhältnisse finden, die Fig. 67 darstellt. Dieser Strahl geht so weiter, als käme er von dem, in Fernpunktsabstand, hinter dem Auge 𝔘 gelegenen Punkte a her. Er trifft in B' den Rand der 𝔅.-Pupille, und geht von dort nach p''. Dieser Punkt, nach außen projiziert, entspricht dem Punkte P'' der 𝔘.-Pupille (Fig. 72b).

Beide Erklärungsweisen führen uns also zu dem gleichen Resultate:

Der vom Punkte A ausgehende Strahl dringt sowohl durch b' des 𝔅.-Pupillenbildes, als durch den Endpunkt B' der wirklichen 𝔅.-Pupille, während der übrige Teil des Lichtkegels von den in der Figur links von B' gelegenen Teilen des Auges, bzw. des Augenspiegels, gerade so abgeblendet wird wie die rückwärts verlängerten Strahlen von dem rechts gelegenen Teile des Diaphragmabildes.

Ist (Fig. 73a) der leuchtende Punkt auf der 𝔘.-Netzhaut nach G gerückt, so gelangt ein größerer Teil ($b'x$) der von ihm ausgegangenen, rückwärts verlängerten Strahlen, durch das 𝔅.-Pupillenbild. Ein kleiner Teil derselben ($b'y$) wird abgeblendet.

In Wirklichkeit gelangt, wie die Figg. 67 und 73 zeigen, der zwischen P'' und x gelegene Teil des aus 𝔘 kommenden Strahlenkegels durch ZB' in das 𝔅.-Auge, beleuchtet $p''\xi$ des 𝔘.-Pupillenbildes, und ergibt (Figg. 67b und 73b) den rechten Teil der 𝔘.-Pupille als leuchtend.

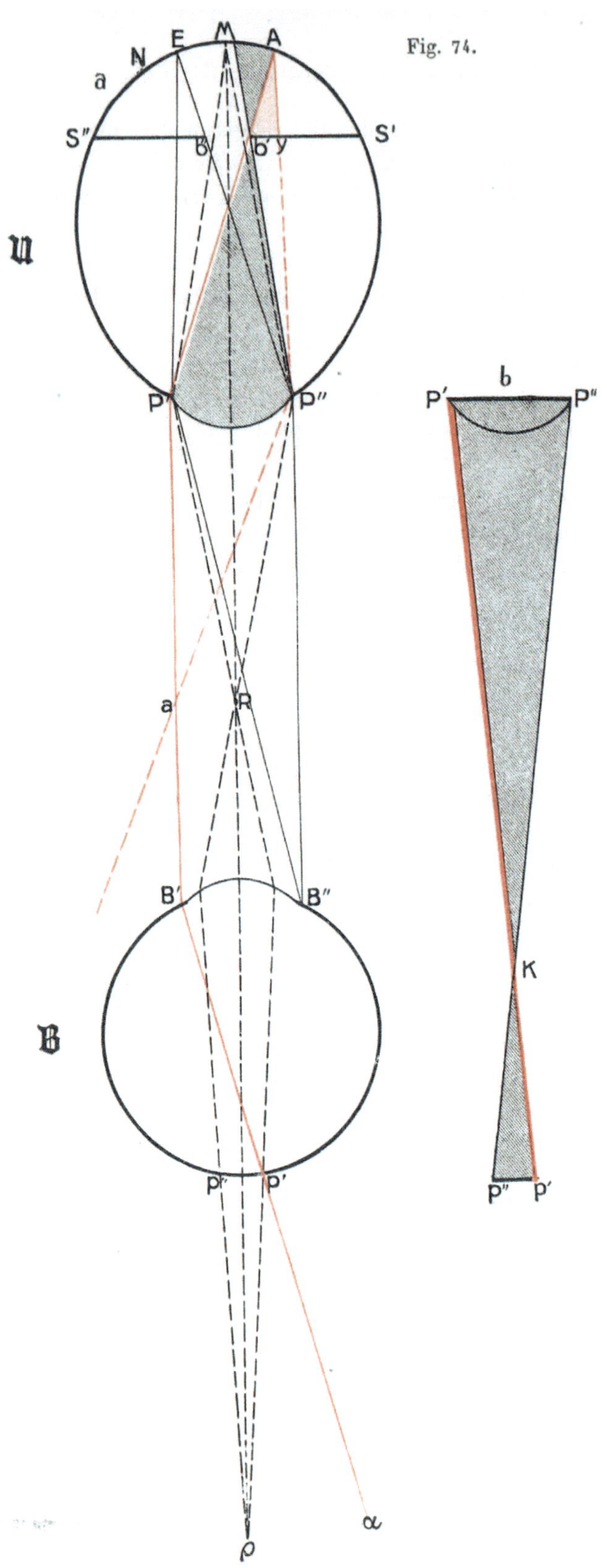

Fig. 74.

Fig. 75.

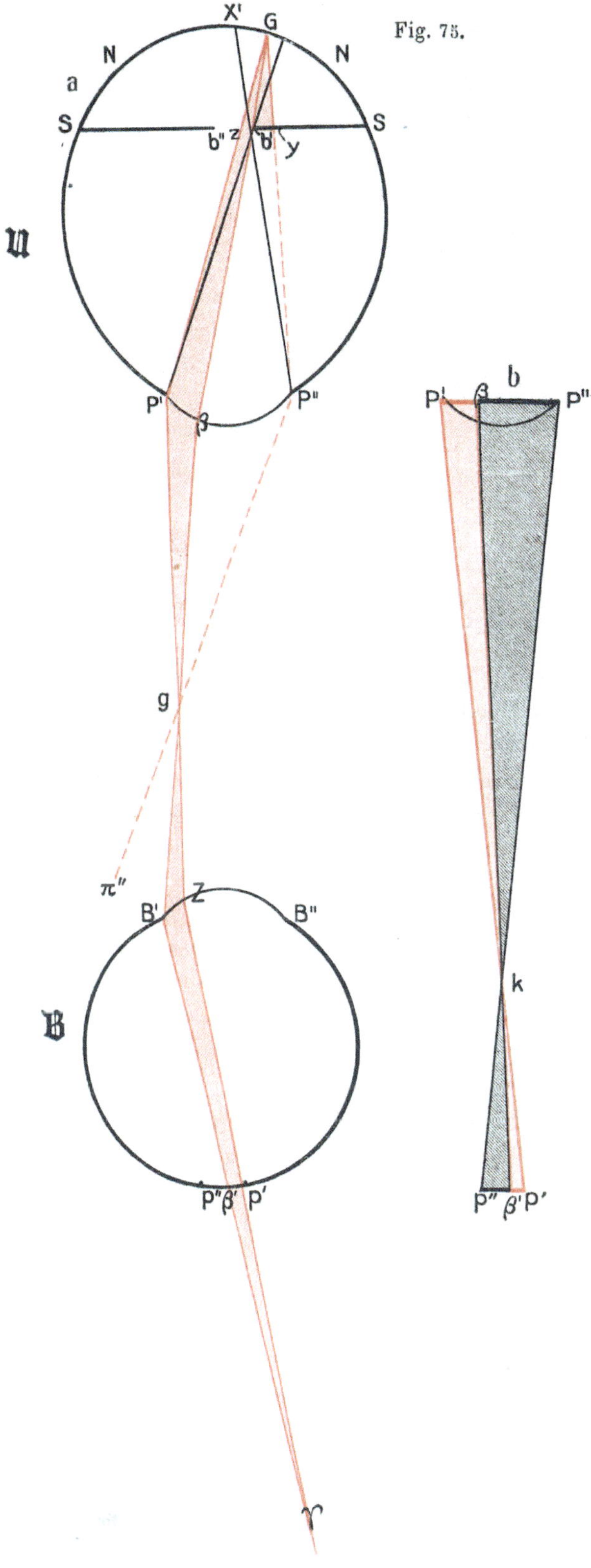

Wandert der Lichtfleck auf der U.-Netzhaut weiter nach links, so wird die ganze U.-Pupille für den Beobachter leuchten, wenn alle von der beleuchteten Stelle ausgehenden und nach den Endpunkten $P'P''$ der U.-Pupille gerichteten Strahlen durch das Bild $b''b'$ seiner Pupille gelangen; denn dann dringen sie auch in seine wirkliche Pupille.

Geht aber der Lichtfleck noch weiter nach links, so werden schließlich die von ihm rückwärts verlängerten Strahlen am Rande b'' des B.-Pupillenbildes abgeblendet (wie sie es vom Rande B'' der wirklichen Pupille werden). An dem entsprechenden rechten Rande der U.-Pupille tritt ein Schatten auf, der nach links hin wandert, bis der letzte, von der beleuchteten Stelle kommende Strahl hinter b'' (bzw. B'') verschwunden ist.

Das Bild der Beobachterpupille, bzw. des Spiegelloches, spielt also, wie H. Wolff klar dargetan hat, den von der U.-Netzhaut kommenden Strahlen gegenüber die Rolle einer wirklichen Blende. Und so muß es auch sein, wirkt doch der Rand der Beobachterpupille, bzw. des Spiegelloches, den aus der U.-Pupille kommenden Strahlen gegenüber wie eine Blende.

Ist das untersuchte Auge auf einen diesseits der Beobachterpupille gelegenen Punkt eingestellt (hochgradig myopisch) (Figg. 74 und 75), so fällt das Bild der Beobachterpupille $b''b'$ vor die U.-Netzhaut.

Beleuchen wir nun das U.-Auge von rechts her, und ist der Lichtfleck auf dessen Netzhaut in A (Fig. 74a) angelangt, so wird der von diesem Punkte ausgehende Strahlenkegel $AP'P''$ in seiner Ausdehnung yb' vom Diaphragmabilde $S'b'$ abgeblendet. Der äußerste Strahl $Ab'P'$ allein kann gerade noch vom Rande b' zum Rande P' gelangen. Dieser linke Saum der U.-Pupille wird also dem Beobachter leuchtend erscheinen. In der Tat, wenn wir den Strahl $Ab'P'$ nach außen verfolgen, so geht er (wie in Fig. 69a) durch den Rand B' der B.-Pupille nach dem Rande p' des U.-Pupillenbildes und bezeichnet, nach außen projiziert (Figg. 69b und 74b), den linken Rand der U.-Pupille als leuchtend.

Ist der Lichtfleck auf der U.-Netzhaut bis G (Fig. 75a) gewandert, so gelangt ein größerer Teil ($b'z$) durch das Pupillenbild, nach der U.-Pupille. Dieselbe leuchtet in der Ausdehnung $P'\beta$.

Verfolgen wir auch hier wiederum den Gang des Strahlenbündels $GP'P''$, bzw. $GP'\beta$ nach außen, so gelangen wir zuerst zu dessen Vereinigungspunkte g. — Von den von diesem Punkte aus divergierenden Strahlen gelangt der zwischen B' und Z gelegene Teil in das B.-Auge, und würde von dessen dioptrischem System in γ vereinigt, wenn er nicht von der Netzhaut aufgefangen würde. Auf derselben bildet er den leuchtenden Zerstreuungskreis $p'\beta'$, welchem (in Fig. 75b wie in Fig. 69c) der linke Teil der U.-Pupille entspricht.

Im Verlaufe seiner Wanderung nach links, wird auch hier wiederum der Lichtfleck eine Stelle erreichen, von welcher aus Strahlen, durch das Pupillenbild $b''b'$, gleichzeitig nach den Endpunkten P' und P'' der U.-Pupille gelangen können. Dann leuchtet dieselbe dem Beobachter in ihrer ganzen Ausdehnung; denn, wie durch das Bild seiner Pupille, so dringen dann die von der U.-Pupille kommenden Strahlen auch alle durch seine wirkliche Pupille.

Denken wir uns den Lichtfleck noch weiter nach links gelegen, so werden seine Strahlen vom Rande b'' des B.-Pupillenbildes abgeblendet. Dann fängt die U.-Pupille an ihrem linken Rande sich zu verdunkeln an. Dieser »Schatten« wird um so mehr zunehmen — um so weiter von links nach rechts wandern —, je weiter sich der Lichtfleck auf der Netzhaut von rechts nach links bewegt.

Endlich wird die ganze Pupille zu leuchten aufhören, wenn kein von der beleuchteten Netzhautstelle kommender Strahl mehr über den Rand b'' des Diaphragmabildes nach der U.-Pupille gelangen kann.

So führt uns auch diese Erklärungsweise der skiaskopischen Erscheinungen zu demselben Resultate, wie die erste, bei welcher wir dieselben im B.-Auge betrachtet haben.

Nach seiner Definition des Augenleuchtens, verlegt v. Helmholtz die Erklärung desselben in das untersuchte Auge. — Diese Definition lautet (S. 199 der letzten Ausgabe der physiologischen Optik):

»Wenn die Pupille des beobachteten Auges leuchtend erscheinen soll, so muß sich auf seiner Netzhaut das Bild der Lichtquelle ganz oder teilweise mit dem Bilde der Pupille des Beobachters decken.«

Der Ausdruck »ganz oder teilweise« hat schon manchen zu dem Schlusse veranlaßt, die Pupille leuchte ganz, wenn sich das Bild der Lichtquelle ganz, — teilweise, wenn es sich nur teilweise mit dem Bilde der Beobachterpupille decke.

Dies ist aber durchaus nicht immer der Fall. Es kann vorkommen, daß, wie aus unseren Figuren hervorgeht, nur ein Punkt des Bildes der Lichtquelle — bzw. der beleuchteten Netzhautstelle — mit dem Bilde der Beobachterpupille zusammenfallen, und doch die gesamte U.-Pupille leuchtet.

Mit anderen Worten, die B.-Pupille braucht durchaus nicht in ihrer ganzen Ausdehnung Licht aus der U.-Pupille zu erhalten, damit letztere in ihrer Gesamtheit leuchte. Unerläßlich aber ist, daß in die Beobachterpupille Licht von allen Teilen der Untersuchtenpupille gelange.

In Helmholtz' Definition wird die Beobachterpupille durch ihr Bild (sollte heißen »Zerstreuungsbild«) ersetzt. Die Untersuchtenpupille aber bleibt unberücksichtigt.

Um die Definition des Augenleuchtens mit Hilfe des Bildes, bzw. Zerstreuungsbildes der Beobachterpupille zu vervollständigen, so daß dieselbe darüber Aufschluß gibt, ob die untersuchte Pupille ganz oder teilweise leuchte, müssen wir sagen:

Die Pupille leuchtet in ihrer ganzen Ausdehnung, wenn von jedem Punkte derselben ein Strahl gezogen werden kann, der sowohl durch den Lichtfleck der Netzhaut, als durch das vor, hinter oder auf derselben gelegene Bild der Beobachterpupille geht. — Sie leuchtet nur teilweise, wenn dies nur für einen oder mehrere, nicht aber für alle Punkte zutrifft.

Die Richtigkeit dieser Definition dürfte schon aus den obigen Betrachtungen hervorgehen. Sie findet ihre Bestätigung namentlich auch in dem Falle, wo das untersuchte Auge auf die Beobachterpupille (bzw. das Spiegelloch) eingestellt ist. In diesem Falle entsteht das Bild der Beobachterpupille gerade auf der U.-Netzhaut, wie es Fig. 70 darstellt. $b'b''$ ist das Bild von $B'B''$ auf NN, der untersuchten Netzhaut.

Jeder Punkt des Netzhautbildes hat seinen konjugierten Punkt in der B.-Pupille (b' in B', M in m, b'' in B''), d. h. die von ihm ausgehenden Strahlen gelangen in die B.-Pupille, und von jedem dieser Punkte aus lassen sich Strahlen nach beiden Endpunkten P' und P'' der U.-Pupille ziehen. Fällt also das Bild der Lichtquelle auf der Netzhaut der Untersuchten auch nur in einem Punkte mit dem Bilde der Beobachterpupille zusammen, bzw. decken sich die beiden Bilder auch nur teilweise, so leuchtet im Falle der Einstellung des U.-Auges auf die B.-Pupille, doch die gesamte Pupille des Untersuchten.

Die Fig. 70 zeigt auch, daß die beiden Erklärungsweisen der Skiaskopie vollkommen miteinander übereinstimmen: Nach der ersteren, im B.-Auge weiter verfolgt, überstrahlt der Zerstreuungskreis jedes von einem beleuchteten Punkte des U.-Augengrundes kommenden Strahlenbündels das gesamte Bild der U.-Pupille $p''p'$; nach der letzteren, wo $b'b''$ das scharfe Bild der B.-Pupille im U.-Auge darstellt, läßt sich von jedem Punkte derselben ein Strahl nach beiden Endpunkten der U.-Pupille ziehen.

Es ist wohl kaum nötig, zu erklären, warum wir in unseren Beispielen jeweilen nur einen einzigen Lichtpunkt der Netzhaut des untersuchten Auges in Betracht gezogen haben. Nicht nur läßt sich aus den an einem Punkte konstatierten Erscheinungen ableiten, was an mehreren, bzw. an einer leuchtenden Fläche geschieht, sondern bei der Skiaskopie kommt es im Anfangs- und Endstadium der Lichtscheinbewegung gerade auf einen einzigen Leuchtpunkt, bzw. auf eine kurze Lichtlinie an, nämlich auf den verschwindend schmalen Teil des Lichtes, der vom Rande der Beobachterpupille, bzw. des Spiegelloches oder dessen Bildes, abgeblendet wird (vgl. Wolff)[1].

[1]) Im mittleren Stadium muß allerdings der Lichtfleck auf der Netzhaut eine gewisse Ausdehnung haben, wenn die Pupille in allen Fällen voll leuchten soll. Ist derselbe auf einen Punkt reduziert, so kann es vorkommen, daß nur der zentrale Teil der U.-Pupille leuchtet (vgl. Fig. 66a).

So beruht denn auch der Vorwurf, den man der Skiaskopie wohl gemacht hat: Sie bestimme die Refraktion mit einer ganzen Fläche der Netzhaut! auf einem Irrtume. Übrigens ist auch das Netzhautbild eines 2 mm weiten Spiegelloches äußerst klein. Bei einer Entfernung von 50 cm, hat es, nach H. Wolff (1906, S. 31) nur 0,1 mm Durchmesser.

Werfen wir noch einen Blick auf die Figg. 72—75, so ergibt sich sofort, daß, je näher die Netzhaut des untersuchten Auges dem Bilde der Beobachterpupille liegt, desto kleiner die Zerstreuungskreise des letzteren auf der ersteren werden. Verschwinden sie doch ganz, wenn das 𝔅.-Pupillenbild gerade auf die 𝔘.-Netzhaut fällt.

In Fig. 72 ist z. B. AX der Durchmesser des Zerstreuungskreises des Punktes B', EX derjenige des Punktes B'' (daß sie sich gerade in X berühren, ist selbstverständlich ein Zufall). Ist der auf der Netzhaut von rechts nach links wandernde Lichtfleck in A angelangt, so fängt, wie wir gesehen haben, die Pupille zu leuchten an. Bedeckt er die Strecke AX — oder XE oder einen gleich großen Teil der Strecke AE, so leuchtet die gesamte Pupille. Hat er in seiner ganzen Ausdehnung den Punkt E überschritten, so hört der Lichtschein auf. Zwischen dem Anfang und dem Ende der Erscheinung hat also der Lichtfleck den Bogen AE zu durchlaufen.

Befände sich dagegen die Netzhaut in $S''S'$, d. h. fiele sie mit dem 𝔅.-Pupillenbilde zusammen, so würden die Grenzpunkte des Pupillenleuchtens b' und b'' sein, welche einen kleineren Bogen einschließen als AE.

Ähnlich verhalten sich die Dinge, wenn der Einstellungspunkt des untersuchten Auges diesseits des Beobachterauges liegt: In Fig. 74 müßte das Licht auf der Netzhaut von A bis E wandern, bis die erst am linken Rande zu leuchten beginnende, dann ganz leuchtende Pupille $P'P''$ am rechten Rande zu leuchten aufhören würde, während, wenn die Netzhaut in $S''S'$ läge, bzw. das 𝔅.-Pupillenbild auf derselben zustande käme, das Licht, zwischen dem Anfang und dem Ende des Pupillenleuchtens nur die kleine Strecke $b'b''$ zu durchlaufen hätte.

So folgt denn auch aus dieser Auffassung der Skiaskopie, daß, bei gleicher Ausdehnung des Lichtfleckes auf der 𝔘.-Netzhaut, je weiter der Einstellungspunkt des untersuchten Auges, im einen oder anderen Sinne, von der Beobachterpupille (oder dem Spiegelloche) entfernt ist, eine desto ausgiebigere Drehung des Spiegels erforderlich ist, um den Lichtschein durch die Pupille zu führen, während immer geringere Drehungen desselben nötig sind, je näher die Beobachterpupille dem Einstellungspunkte des untersuchten Auges, bzw. ihr Bild der Netzhaut desselben kommt.

Mit Hilfe des Begriffes der **Strahlenräume**, den Gullstrand in die Optik eingeführt hat, läßt sich sehr leicht und anschaulich einerseits der beleuchtete, andererseits der der Beobachtung zugängliche Teil der Netzhaut konstruieren.

Mit **Strahlenraum** bezeichnet Gullstrand die Gesamtheit der Strahlen, welche vom ersten in das letzte Medium, durch alle Blenden eines Systems gelangen können.

Als Blende des Beleuchtungssystems haben wir, in erster Linie, die Pupille des untersuchten Auges, die für das reduzierte Auge in dessen brechenden Fläche $P'P''$ liegt (Figg. 76—77).

Eine weitere Blende wäre der Umriß der Lichtquelle oder des Reflexbildes derselben. Da aber die Netzhaut nicht direkt von der Lichtquelle, noch auch von deren Spiegelbilde bestrahlt wird, sondern von dem Bilde des letzteren, welches das dioptrische System im Glaskörper des untersuchten Auges entwirft, so fungiert der Umriß dieses reellen Lichtquellenbildes als zweite Blende des Beleuchtungssystems, indem es das dem Glaskörperraume angehörige Blendenbild darstellt.

Um den Strahlenraum des Beleuchtungssystems zu finden, konstruieren wir (Fig. 76) im Glaskörper des untersuchten Auges erst das Bild $l''l'$ der Lichtquelle $L'L''$.

Die Konstruktion ergibt sich aus den getüpfelten Linien der Fig. 76.

Verbinden wir die äußersten Punkte der beiden Blenden, resp. Blendenbilder ($P'P''$ und $l''l'$), durch gerade Linien: $P'l''$, $P'l'$, $P''l''$, $P''l'$, und verlängern wir $P'l'$ und $P''l''$ im Sinne des Verlaufes des Lichtes, so erhalten wir den Durchschnitt des Strahlenraumes des Beleuchtungssystems im Glaskörpermedium. Wir haben denselben in Fig. 76 rot angedeutet.

Wenden wir uns zum Beobachtungssysteme (Fig. 77), so finden wir, als eine Blende, wieder die Pupille $P'P''$ des reduzierten untersuchten Auges, als zweite Blende, die Pupille des reduzierten Beobachterauges $B'B''$.

Nun hat aber das dioptrische System des untersuchten Auges auf die austretenden, sagen wir auf die Beobachtungsstrahlen, einen analogen Einfluß wie auf die eintretenden, d. h. auf die Beleuchtungsstrahlen. Man müßte also, um den Einfluß der Beobachterpupille auf die von der beleuchteten Stelle der Netzhaut des untersuchten Auges kommenden Strahlen, zu erfahren, den Gang derselben, außerhalb des untersuchten Auges, bis zu der Beobachterpupille verfolgen. Wir können aber auch, wie in der vorigen Erklärungsweise, den Vorgang im Glaskörpermedium des untersuchten Auges in Betracht ziehen und das von dem dioptrischen Systeme des untersuchten Auges entworfene Bild der Beobachterpupille konstruieren. Dies Bild der Beobachterpupille ist dann das zweite Blendenbild des Beobachtungssystems. Die beiden Bilder schließen den Strahlenraum des Beobachtungssystems im Glaskörpermedium des untersuchten Auges ein.

Sei $B'B''$ (Fig. 77) die Beobachterpupille, $b''b'$ ihr Bild (offenbar weiter von $P'P''$ entfernt, als $l'l''$, da $B'B''$ dem U.-Auge näher steht als $L'L''$).

Fig. 76.

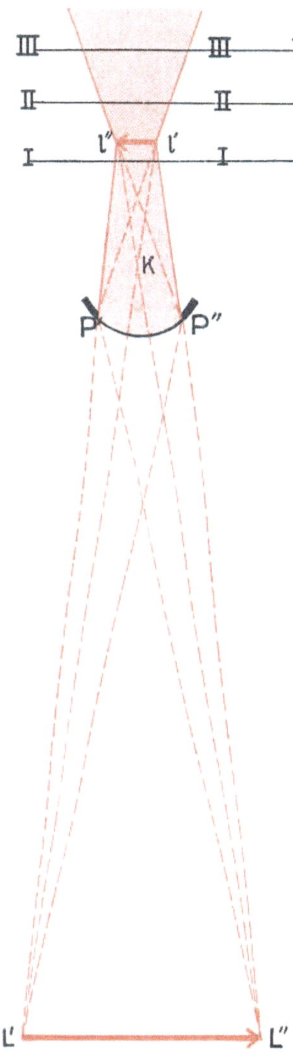

Fig. 77.

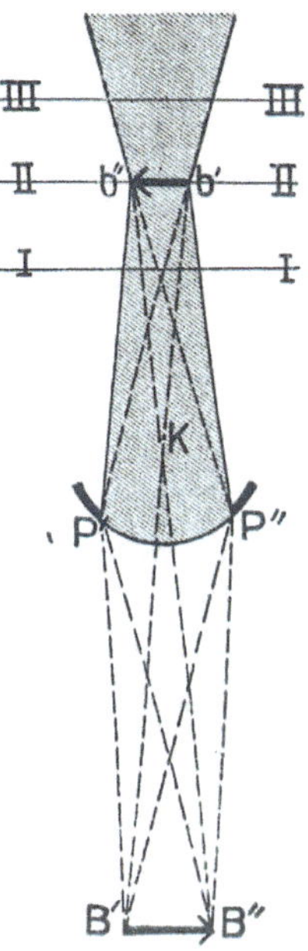

Fig. 78.

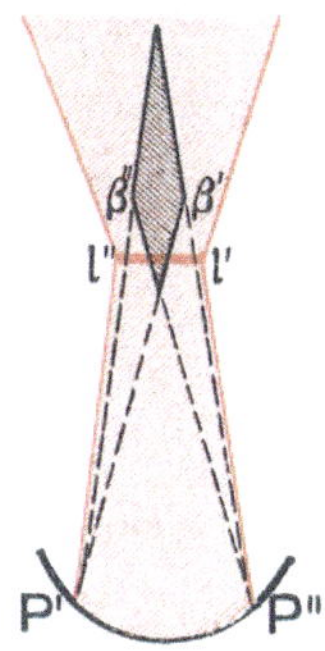

Ziehen wir wieder die Verbindungslinien der äußersten Punkte der Blenden: $P'b''$, $P'b'$, $P''b'$, $P''b''$, und verlängern $P'b'$ und $P''b''$, so erhalten wir den Strahlenraum des Beobachtungssystems im Glaskörperraume des untersuchten Auges.

Sind die Medien des U.-Auges vollkommen durchsichtig, so kommt das Licht, welches der Beobachter aus der U.-Pupille erhält, nur von der beleuchteten Stelle der U.-Netzhaut her. Er kann selbstredend nur von dem Teile der Netzhaut Licht erhalten, welcher in dem Strahlenraume seines Beobachtungssystemes enthalten ist, und beleuchtet ist nur der Teil der U.-Netzhaut, welcher im Strahlenraume des Beleuchtungssystems enthalten ist. Der Beobachter kann also nur insoweit Licht aus dem U.-Auge erhalten, als die Strahlenräume der beiden Systeme auf der U.-Netzhaut zusammenfallen.

Um jedoch zu erfahren, von welchem Teile der U.-Pupille das Licht zu kommen scheint, mit anderen Worten, welcher Teil der U.-Pupille leuchtet, wollen wir auf die Konstruktionen der Figg. 70—75 zurückgreifen, da die Untersuchung mittels der Figg. 76 und 77 nur eine Art Wiederholung wäre. Man hätte nur den beleuchteten Teil der Netzhaut — den Durchschnitt desselben mit dem Strahlenraume des Beleuchtungssystems — in die Fig. 77, bei den sukzessiven Phasen der Drehung, einzutragen.

Zeichnen wir nun, in obige Figuren, die Netzhaut ein! Sie liege erst ziemlich weit nach vorn, in *I I*; mit anderen Worten, wir haben es mit einem hypermetropischen, jedenfalls mit einem auf einen jenseits der Beobachterpupille eingestellten Auge zu tun.

Denken wir uns die beiden Figg. 76 und 77 mit den Zentren der U.-Pupillen so schief übereinander gelegt, daß der der Netzhaut entsprechende Teil des Strahlenraumes des Beleuchtungssystems (Fig. 76) rechts neben den Strahlenraum des Beobachtungssystems (Fig. 77) zu liegen kommt! — Dies wäre der Fall, wenn wir, das linke Auge untersuchend, das Licht auf die Schläfenseite des Patienten richteten. Drehen wir hierauf den Spiegel von rechts nach links, so daß das Licht, von unserer rechten Seite her, in das untersuchte Auge dringt, so würde dies einer gleichsinnigen Drehung der Fig. 76 über die Fig. 77 um die Pupillenzentren entsprechen. Damit fangen die beiden Systeme, auf der Netzhaut des Untersuchten, von rechts her an zusammenzufallen.

Liegt die Netzhaut in *II II*, d. h. in der mit der Beobachterpupille konjugierten Ebene, mit anderen Worten: fällt das Bild der Beobachterpupille auf die Netzhaut des Untersuchten, so muß sofort die gesamte U.-Pupille leuchten, wenn auch nur ein Teil des Strahlenraumes des Beleuchtungssystems mit demjenigen des Beobachtungssystems zusammenfällt. Füllen doch, wie ein Blick auf die Figg. 70 und 77 beweist, die von dem Endpunkte b' sowohl wie die von b'' ausgehenden Strahlen die Pupille $P'P''$ vollständig aus.

Liegt die Netzhaut in *III III*, d. h. jenseits des Bildes der Beobachterpupille, was der Fall ist, wenn der Untersuchte auf einen diesseits der Beobachterpupille gelegenen Punkt eingestellt ist, und lassen wir wieder erst den rechten Teil des Beobachtungssystems mit dem Beleuchtungssysteme zusammenfallen, so wird die Netzhaut zwar auch wieder von rechts her beleuchtet. Aus der Konstruktion der Fig. 74 ergibt sich aber, daß die Pupille von der entgegengesetzten Seite her zu leuchten anfängt, und der Lichtschein der Pupille mit der Bewegung des Strahlenraumes des Beleuchtungssystems im Grunde des U.-Auges in entgegengesetztem Sinne wandert.

Aus der Drehung der beiden Figuren übereinander geht außerdem hervor, daß, je weiter die Netzhaut des U.-Auges von dem Pupillenbilde des

𝔅.-Auges entfernt ist, d. h. je weniger der Untersuchte in dem einen oder dem anderen Sinne, auf die Beobachterpupille eingestellt ist, eine desto ausgiebigere Spiegeldrehung erforderlich ist, bis der Lichtschein die 𝔘.-Pupille durchlaufen hat; daß, mit anderen Worten, der Lichtschein in der Pupille um so langsamer zu wandern scheint, je hochgradiger — vom Beobachterauge aus betrachtet — die Ametropie des Untersuchten ist. Je näher dagegen der Einstellungspunkt des 𝔘.-Auges der 𝔅.-Pupille rückt, desto rascher verläuft die Bewegung des Lichtscheins in der 𝔘.-Pupille.

Wir können uns auch so ausdrücken: Da der Durchmesser des Strahlenraumes des Beobachtungssystems am kleinsten ist im Bilde der 𝔅.-Pupille $b''b'$, so wird die vom Strahlenraume der Beleuchtungssysteme zu durchlaufende Strecke um so größer, je weiter, im einen oder anderen Sinne, die 𝔘.-Netzhaut vom Orte des 𝔅.-Pupillenbildes entfernt ist.

Vorausgesetzt wird in dieser ganzen Überlegung, daß der Durchmesser des Strahlenraumes des Beleuchtungssystems auf der Netzhaut derselbe bleibt. Tatsächlich entspricht der Betrag der Drehung der Summe der Durchmesser des Beleuchtungs- und des Beobachtungssystems auf der Netzhaut.

Bedient man sich zur Skiaskopie nicht eines durchsichtigen, sondern eines belegten durchbohrten Planspiegels, so tritt im Strahlenraume des Beleuchtungssystems (das dioptrische System des 𝔘.-Auges als aplanatisch vorausgesetzt) ein dem Bilde des Spiegelloches entsprechender Vollschatten auf. Wir haben denselben in Fig. 78 für den Fall angegeben, daß das Licht in der Richtung der Achse in das 𝔘.-Auge dringt. Mit der Drehung des Spiegels, dreht sich dieser Vollschatten um das Bild des Spiegelloches, behält aber seinen Durchmesser an diesem Orte bei. (Gullstrand 1911, S. 108.)

Eine sehr genaue skiaskopische Methode, mit welcher meistens auch die Refraktion im Zentrum der Fovea centralis untersucht werden kann, erhält man mit Gullstrands elektrischem Handaugenspiegel, wenn man den Spalt vorschiebt, bis derselbe einen Teil des Loches verdeckt (Fig. 66), und bei der Beobachtung darauf acht gibt, daß die eigene Pupille zum Teil vom vorgeschobenen Beleuchtungsrohr verdeckt wird. Man sieht dann die eine oder andere Seite der untersuchten Pupille heller, je nachdem das untersuchte Auge für einen zwischen den beiden Augen gelegenen Punkt eingestellt ist oder nicht. Durch Drehen des Beleuchtungsrohres um die Achse des Beobachtungssystems kann man den hell erscheinenden Teil in die temporale Pupillenhälfte verlegen, wo der Unterschied wegen des größeren Abstandes des Hornhautspiegelbildes leichter wahrgenommen wird.

Zur Beobachtung der Refraktion in der Fovea centralis bei enger Pupille, hat man zunächst das andere Auge des Untersuchten vor Lichteinfall zu schützen. Bedeckt man das untersuchte Auge erst mit der Hand, und entfernt dieselbe dann rasch, während der Untersuchte die Blickrichtung möglichst unverändert beibehält, so hat man genügende Zeit, die Erscheinung zu beobachten, bevor die Pupille sich wieder kontrahiert hat. Manchmal ist es auch hinreichend, den Spiegel für einen Augenblick zu drehen, so daß kein Licht ins Auge fällt, während der Spalt doch hinreichend hell ist, um fixiert werden zu können. (GULLSTRAND, Einführung usw. S. 103—109.)

Die Bewegung des Lichtscheins in der Pupille des astigmatischen Auges.

Ist die Refraktion des untersuchten Auges in allen Hauptschnitten die gleiche, so sind die skiaskopischen Erscheinungen selbstverständlich immer dieselben, in welcher Richtung auch das Licht wandert. Dies ist nicht mehr der Fall, wenn die Refraktion, in verschiedenen Hauptschnitten, verschieden ist, d. h. bei Astigmatismus.

Bewegt sich das Licht in der Ebene eines Hauptschnittes des astigmatischen Auges, so bewegt sich auch der Lichtschein der Pupille in derselben Ebene, wie das Licht auf dem Gesichte des Untersuchten, und zwar, wie wir gesehen haben, bei Anwendung des Planspiegels, im gleichen Sinne, wenn das U.-Auge auf einen jenseits des Beobachterauges gelegenen, umgekehrt, wenn es auf einen diesseits desselben gelegenen Punkt eingestellt ist; während bei Einstellung des U.-Auges auf die B.-Pupille selbst, keine Bewegung des Lichtscheines wahrnehmbar ist.

Geschieht aber die Bewegung des Lichtes außer dem Auge nicht in einem Hauptschnitte, so durchläuft der Lichtschein die Pupille nicht in der gleichen Ebene, wie das Licht auf dem Gesichte des Untersuchten.

Es sei z. B. der horizontale Hauptschnitt eines regelmäßig astigmatischen Auges hypermetropisch, während der vertikale auf die B.-Pupille eingestellt ist.

Bewegt sich das Licht in der Horizontalebene, so geht der Lichtschein mit; in der Vertikalebene dagegen ist die Bewegung desselben nicht zu erkennen.

Läßt man nun das Licht von temporal oben, nach nasal unten wandern, so durchläuft der Lichtschein die Pupille nicht in dieser schiefen Ebene, sondern fährt fort, in der horizontalen zu wandern, und zwar in unserem Beispiele, von der Schläfe nach der Nase.

In der Tat kann man die Bewegungsrichtung des Lichtes außerhalb des Auges in zwei Komponenten zerlegen, welche den beiden Hauptschnitten des Auges entsprechen; in unserem Beispiele, in eine horizontale und eine vertikale. Die vertikale Komponente der Lichtbewegung hat, in diesem Falle, auf die Richtung des Pupillenscheines keinen Einfluß; sie fällt weg. Es bleibt nur die horizontale, gleichsinnige Komponente übrig. Der Lichtschein wird also horizontal von der Schläfe nach der Nase wandern, obschon das Licht schief von außen oben nach innen unten geht. Und zwar ist diese Wanderung um so deutlicher, je mehr sich die Ebene der Lichtbewegung außerhalb des Auges, dem ametropischen Hauptschnitte nähert.

Sind beide Hauptschnitte hypermetropisch oder doch auf einen jenseits des Beobachterauges liegenden Punkt eingestellt, jedoch der horizontale Hauptschnitt auf einen ferneren, der vertikale auf einen näheren Punkt, und geht das Licht außerhalb des U.-Auges wieder von außen oben nach innen unten, so geht die Bewegung des Lichtscheines einerseits von oben nach unten, andererseits von außen (temporal) nach innen (nasal).

Geben wir, in einem Parallelogramm der Kräfte, den beiden Komponenten die dem reziproken Werte des Grades der Ametropie der beiden Hauptschnitte entsprechende Länge — wobei der Nullpunkt der Ametropie selbstredend der Einstellung des U.-Auges auf die B.-Pupille entspricht —, so finden wir, daß die aus der Kombination der beiden Komponenten resultierende Bewegung des Pupillenscheins zwar auch von außen oben nach innen unten geht, jedoch dem Verlaufe des Lichtes außerhalb des Auges nie parallel sein kann, wie es der Fall wäre, wenn alle Hauptschnitte die gleiche Brechkraft hätten, bzw. kein Astigmatismus vorhanden wäre.

Bestimmend auf die Richtung des Pupillenscheines sind also: einerseits der Grad der Ametropie der Hauptschnitte, andererseits der Winkel, den die Bewegungsebene des Lichtes außerhalb des Auges mit den Hauptschnitten bildet. Halbiert die erstere gerade den von den beiden letzteren eingeschlossenen Winkel, so verläuft der Pupillenschein in einer dem schwächer ametropischen Hauptschnitte mehr zugeneigten Ebene. Mit anderen Worten, die Richtung des schwächeren hypermetropischen Hauptschnittes herrscht vor.

Bewegt sich dagegen das Licht nicht in der Halbierungsebene der beiden Hauptschnitte, so hat, außer dem Grade der Ametropie, auch der Neigungswinkel der beiden Ebenen zueinander einen Einfluß auf die Richtung des Pupillenscheines, und zwar einen um so größeren, je kleiner er ist. Verschwindet doch der Einfluß des einen Hauptschnittes ganz, wenn sich das Licht in der Ebene des anderen bewegt.

Es seien dagegen beide Hauptschnitte des U.-Auges auf einen diesseits der B.-Pupille eingestellt, und zwar sei, beispielsweise, der vertikale Hauptschnitt der stärker brechende der beiden. — Geht dann das Licht außerhalb des Auges wieder von außen oben nach innen unten, so resultiert die Bewegungsrichtung des Lichtscheines in der Pupille aus zwei, dem wirklichen Gange des Lichtes entgegenlaufenden Komponenten: einen von unten nach oben, und einen von innen nach außen gehenden. — Auch hier hat, außer der Refraktion der beiden Hauptschnitte, die Neigung der Ebene der Lichtbewegung zu derjenigen der Hauptschnitte einen Einfluß auf die Richtung des Pupillenscheines, wie aus der Konstruktion ersichtlich ist. Zusammen fallen die beiden auch hier wieder nur, wenn die erstere einem Hauptschnitte parallel ist; dann verläuft der Lichtschein in der Pupille dem auf dem Gesichte des Untersuchten gerade entgegen. In jedem anderen Falle weicht die Ebene, in welcher der Pupillenschein verläuft, von der der Lichtbewegung auf dem Gesichte des Untersuchten ab.

Ist der vertikale Hauptschnitt des U.-Auges auf einen diesseits, der horizontale auf einen jenseits der B.-Pupille gelegenen Punkt eingestellt, und bewegt sich der Lichtfleck auf dem Gesichte von außen oben, nach innen unten, so entspricht der vertikalen Komponente eine Bewegung von unten nach oben, der horizontalen eine von außen nach innen. Aus der Kombination der beiden resultiert eine intermediäre Bewegung des Pupillenscheines von außen unten nach innen oben.

Über die Richtung desselben in bezug auf diejenige des Lichtes außerhalb des Auges gibt wiederum die Konstruktion Aufschluß. Sie entspricht der Diagonale des Rechteckes, deren horizontaler Schenkel dem Grade der Ametropie des vertikalen, der vertikale dem Grade der Ametropie des horizontalen Hauptschnittes proportional ist.

Wohlverstanden bezeichnen wir in diesen Beispielen mit Ametropie den Unterschied der Einstellung des untersuchten Auges von seiner Einstellung auf die Pupille des Beobachters.

Wir haben oben gesehen, daß sich der Lichtschein in der Pupille um so schneller bewegt, je weniger die optische Einstellung des U.-Auges von seiner Einstellung auf die B.-Pupille abweicht. Ist der Unterschied Null, so ist die Bewegung unendlich schnell. Dies kann aber nur konstatiert werden, wenn, bei durchsichtigem Spiegel, eine sehr kleine Lichtquelle benutzt wird, welche auf der Netzhaut des U.-Auges scharf abgebildet wird. Dann erhellt sich die Pupille, bei der Drehung des Spiegels, blitzschnell und momentan. Hat dagegen die beleuchtete Stelle der Netzhaut eine größere Ausdehnung, so bleibt die Pupille des U.-Auges, bei der Drehung des Spiegels, eine meßbare Zeit erleuchtet. Dadurch entsteht der Eindruck, daß sich der Lichtschein gar nicht bewegt.

Dies ist auch die Ursache, warum sich die skiaskopischen Erscheinungen im astigmatischen Auge, wenn der eine Hauptschnitt auf die Beobachterpupille eingestellt ist, so abspielen, wie wir eben geschildert haben. Ist jedoch die Lichtquelle punktförmig und wird dieselbe mit einem durchsichtigen Spiegel sozusagen in die Beobachterpupille verlegt, so kann man, bei der Bewegung des Lichtes, nur in dem ametropischen Hauptschnitte eine Bewegung des Lichtscheines in der Pupille beobachten; vorausgesetzt, daß dieselbe hinreichend klein sei, um das Auftreten von Aberrationserscheinungen auszuschließen.

Bewegt sich, in diesem Falle, das Licht in schiefer Richtung, so sieht man nur ein momentanes Leuchten eines Teiles der Pupille.

Hat man, bei Astigmatismus des U.-Auges, wenn dessen Brennstrecke nicht in die B.-Pupille fällt, den Eindruck, als ob die Bewegung des Lichtscheines in der Pupille mit dem stärker ametropischen Hauptschnitte zusammenfalle, so liegt die Ursache dieser Erscheinung eben darin, daß der beleuchtete Teil der U.-Netzhaut eine endliche Ausdehnung hat.

Liegt aber die B.-Pupille in der Brennstrecke des astigmatischen U.-Auges, d. h. in dem praktisch wichtigsten Falle, so ist die Größe der Lichtquelle ohne Einfluß, insofern als die Lichtscheinbewegung in der Pupille nicht in demselben, zwischen den Hauptschnitten eingeschlossenen Winkel erfolgt, wie die Bewegung des Lichtfleckes auf dem Gesichte, und als sich die Richtung der Bewegung aus dem oben angegebenen Schema ergibt (Gullstrand).

Die Richtung der Bewegung des Lichtscheins in der Pupille des astigmatischen Auges ist namentlich von H. Wolff studiert und aufgeklärt worden. Auch Schön, Borschke, Gullstrand haben sich mit diesem nicht ganz einfachen Problem eingehend befaßt.

Die Ausführung der Skiaskopie.

Die Skiaskopie wird am besten in einem möglichst dunkeln Raume vorgenommen. In der Tat hat die Dunkelheit des Untersuchungsraumes bei dieser Art der ophthalmoskopischen Refraktionsbestimmung noch größere Bedeutung, als bei derjenigen im aufrechten Bilde.

Bei letzterer Methode steht der Kopf des Beobachters demjenigen des Untersuchten so nahe, daß er demselben gewöhnlich jedes Fixierobjekt verdeckt. Bei der Skiaskopie dagegen, die auf größere Entfernung vorgenommen wird, kommt es nur zu leicht vor, daß die Aufmerksamkeit des Patienten durch ein naheliegendes Objekt gefesselt, und seine Akkommodation damit angeregt wird.

Als Lichtquelle kann im Grunde jede Flamme dienen. Es ist aber vorteilhaft, derselben eine bestimmte Form zu geben. Wir bedienen uns dazu folgender einfacher Vorrichtung. Sie besteht im wesentlichen aus einem den Auerbrenner umhüllenden Kamin, der einen mit mattem Glase bedeckten Ausschnitt trägt; darüber lassen sich Diaphragmen schieben, die je eine punktförmige, eine große kreisrunde, eine quadratische und eine linienförmige, verstellbare Öffnung tragen. Auf diese Weise ist es leichter möglich, als mit einer einfachen Flamme, die Form des Pupillenscheines mit derjenigen der Lichtquelle zu vergleichen.

Einen ähnlichen, jedoch vielseitigeren Apparat hat Thorington (1896) angegeben. Die Beleuchtungsflamme wird von einem Asbestkamine umgeben. An demselben lassen sich zwei Scheiben drehen. Die untere enthält ein

Porzellanglas von 30 mm Durchmesser und vier Öffnungen von 5, 10, 20 und 35 mm Durchmesser; die obere eine runde, von einem Kobaltglase bedeckte Öffnung von 35 mm Durchmesser, eine Siebplatte, einen senkrechten und einen wagerechten Schlitz. Die weiteste Öffnung (35 mm Durchmesser) dient als Lichtquelle für die gewöhnliche Augenspiegeluntersuchung, die mit 5 mm Durchmesser zur Skiaskopie mit dem Plan-, die mit 20 mm Durchmesser zur Skiaskopie mit dem Hohlspiegel.

H. Wolff (1903) verwendet zur Skiaskopie eine strichförmige Lichtquelle, nämlich den Glühfaden seines elektrischen Skiaskopes.

Als Spiegel gebraucht man zur Skiaskopie jetzt wohl allgemein den Planspiegel, und zwar mit Recht.

Bei dem Planspiegel, wird das von ihm gelieferte, virtuelle Bild der Flamme zur Beleuchtungsquelle. Dieselbe liegt also immer vor dem untersuchten Auge, und zwar doppelt so weit, als der Spiegel von der Flamme, bzw. von dem Auge entfernt ist. Das untersuchte Auge erhält also von der Lichtquelle immer ein umgekehrtes Bild, dessen Bewegung derjenigen des Spiegels stets gleichgerichtet ist. Das Verhältnis der Bewegung des Pupillenscheines zu derjenigen des Spiegels hängt dann also nur von der Lage des Einstellungspunktes des untersuchten Auges ab.

Beim Konkavspiegel gestalten sich die Verhältnisse, wie wir oben gesehen haben, anders. Hier ist die Lichtquelle das durch den Spiegel entworfene reelle, umgekehrte Bild der Lichtquelle. Dasselbe bewegt sich nicht nur in umgekehrtem Sinne wie der Spiegel, sondern die Entfernung, in welcher es entsteht sowohl, als seine Größe, ändern sich mit der Änderung der Entfernung des Spiegels von der Lichtquelle in viel bedeutenderer Weise, als dies bei dem Planspiegel der Fall ist.

Nehmen wir z. B. einen Konkavspiegel von 5 Katoptrien, d. h. 20 cm Brennweite. Steht er um einen Meter von dem Lichte entfernt, so entwirft er deren Bild in 25 cm, d. h. 100 — 25 = 75 cm vor dem untersuchten Auge, wenn dasselbe mit dem Lichte in gleicher Entfernung steht.

Nähern wir uns mit diesem Spiegel dem Lichte auf 30 cm, so entsteht das Bild in 60 cm, d. h. nicht mehr vor dem untersuchten Auge, sondern in demselben. Die Bewegungen der beleuchteten Stelle des Augengrundes sind dann also nicht mehr denen des Konkavspiegels entgegengesetzt, sondern gleichnamig mit denselben, ähnlich wie beim Planspiegel.

Dies Beispiel genügt, um zu zeigen, welche Unannehmlichkeiten der Konkavspiegel mit sich bringen kann, wenn man sich desselben in verschiedenen Entfernungen bedient. Der Planspiegel ist deshalb, zu diesem Zwecke, dem konkaven unstreitig vorzuziehen.

Die skiaskopische Refraktionsbestimmung besteht, wie wir gesehen haben, in dem Aufsuchen des sogenannten neutralen Punktes, besser gesagt des Momentes, in welchem der Einstellungspunkt des untersuchten Auges in die Pupille des Beobachters, bzw. in das Spiegelloch fällt.

Ist das untersuchte Auge ziemlich stark myopisch, oder hat man, durch ein Konvexglas, seinen Einstellungspunkt in endliche Entfernung gebracht, so kann man die Lage dieses Einstellungspunktes so aufsuchen, daß man sich dem untersuchten Auge allmählich nähert, bis die Bewegung des Lichtscheines in dessen Pupille nicht mehr wahrzunehmen ist. — Man kann diese Methode die labile nennen und geht dabei so vor, daß man, das fragliche Auge aus einer Entfernung von ungefähr einem Meter mit dem Planspiegel beleuchtend, erst feststellt, in welcher Richtung der Lichtschein in der Pupille wandert. Geht er im umgekehrten Sinne wie der Spiegel, so hat man ein umgekehrtes Bild, mit anderen Worten, Myopie von mehr als 1 dptr. vor sich. Man nähert sich nun dem untersuchten Auge, unter steter leichter Spiegeldrehung, bis eine Bewegung des Lichtes nicht mehr wahrzunehmen ist, sondern die Pupille in ihrer Gesamtheit zu leuchten anfängt und aufhört. Die Entfernung zwischen dem beobachtenden und dem untersuchten Auge, in dieser Stellung, entspricht dem Fernpunktabstande des letzteren. Ist sie beispielsweise 66 cm, so ist die Myopie = 1,5 dptr. Selbstverständlich nimmt man die Messung mit einem am Spiegel angebrachten und zwischen demselben und dem untersuchten Auge auf- und abrollbaren, in Dioptrien eingeteilten Bande vor.

Findet man, daß, in 1 m Entfernung, Pupillenschein und Spiegel sich im gleichen Sinne bewegen, so hat man es mit einer Refraktion zu tun, die schwächer ist als Myopie 1. — Man setzt dann dem untersuchten Auge ein Konvexglas vor, welches seinen Fernpunkt in kurze Entfernung bringt. Die oben genannten Merkmale: Begrenzung der beleuchteten Fläche, Geschwindigkeit ihrer Bewegung usw., können dazu dienen, dem Beobachter sofort das jeweilen passende Glas anzugeben: z. B. + 3 für schwache Myopie, + 6 bis + 10 für starke Hypermetropie.

Dem Hilfsglase wird dann selbstverständlich so Rechnung getragen, daß es von der gefundenen Refraktion abgezogen wird. Fände man, mit Konvex 6, den neutralen Punkt wieder in 66 cm, so hätte das untersuchte Auge eine Hypermetropie von 6 — 1,5 — 4,5 dptr.

Es ist durchaus nicht leicht, den neutralen Punkt mit Genauigkeit zu bestimmen, und zwar schon deshalb nicht, weil kein Auge von optischen Fehlern so frei ist, daß sich die von einem Punkte seiner Netzhaut kommenden Strahlen auch wieder in einem Punkte vereinigen. Dazu kommt, daß der Beobachter auch ohne dies nicht imstande ist, die Bewegung des Pupillenscheines zu beurteilen, wenn sein Auge dem Fernpunkte des Untersuchten sehr nahe steht. Parent schätzt die Ausdehnung dieser Strecke ungenauer Beobachtung auf ungefähr 10 cm, 5 vor, 5 hinter dem Einstellungspunkte, wenn die Bestimmung in 1 m Entfernung vorgenommen wird, geringer für geringere Entfernung.

H. Wolff (1903, S. 20 u. ff.) hat beobachtet, daß, wenn sich die Pupille des Beobachters dem vor ihr liegenden Einstellungspunkte des Untersuchten nähert, in der U.-Pupille eine zentrale graue Scheibe sichtbar wird. Dieselbe zeigt, an dieser Stelle, eine der Spiegeldrehung gleichsinnige Bewegung.

Liegt also der Einstellungspunkt des Untersuchten vor dem Beobachter, bzw. fällt das Bild der B.-Pupille vor die U.-Netzhaut, so bewegt sich die graue Scheibe in gleichem Sinne wie die Spiegeldrehung.

Hat dagegen die B.-Pupille den Einstellungspunkt des Untersuchten überschritten, bzw. fällt ihr Bild hinter die U.-Netzhaut, so wird die Bewegung der Scheibe in Beziehung zu der des Spiegels gegenläufig.

Je mehr sich die B.-Pupille dem Einstellungspunkte des Untersuchten nähert, desto größer und unbeweglicher wird die dunkle Scheibe. Das Stillestehen der zentralen dunkeln Scheibe, welche in diesem Momente die U.-Pupille ganz ausfüllt, gibt, nach H. Wolff, den sichersten Anhaltspunkt für die Einstellung des U.-Auges auf die B.-Pupille.

Das Phänomen ist allerdings nicht bloß in dem Einstellungspunkte des U.-Auges, sondern in einer gewissen, zu beiden Seiten desselben gelegenen Strecke sichtbar. Man stellt deshalb den peripheren Endpunkt dieser Strecke, d. h. denjenigen Punkt ein, wo der Schatten eben gegenläufig zu werden anfängt.

Auf diese Weise soll sich die Refraktion bis auf Bruchteile einer Dioptrie genau bestimmen lassen.

Die Refraktionsbestimmung mit der sogenannten Schattenprobe kann andererseits in der Weise vorgenommen werden, daß man sich in einer konstanten Entfernung von ungefähr 120 cm vor dem Untersuchten aufstellt und das Glas aufsucht, welches, an der gewöhnlichen Stelle der Brillengläser vor das untersuchte Auge gesetzt, die Bewegung des Pupillenscheines aufhebt. Dies wäre die stabile Methode zu nennen. Von dem gefundenen Glase ist selbstredend eine Dioptrie abzuziehen, falls es ein Konvexglas war, um die entsprechende Hypermetropie zu finden, während einem Konkavglase eine Dioptrie zuzuzählen ist, weil schon ohne Glas eine Myopie von 1 dptr. besteht, wenn, in der angegebenen Entfernung, die Bewegung des Pupillenscheines nicht wahrnehmbar ist.

Da das Wechseln der Gläser vor dem untersuchten Auge, in 1 m Entfernung, für die Hand des Beobachters sehr umständlich wäre, hat man dieselben, in ähnlicher Weise, wie wir dies schon bei der simultanen Bestimmung der Refraktion und der Sehschärfe gesehen, in gerade oder kreisförmige Rahmen gefaßt. So läßt man sie einzeln oder kombiniert vor dem untersuchten Auge durchpassieren. Meist wird das Halten der Brillenleiter, bzw. die Drehung der Gläserscheibe, dem Patienten selbst überlassen. Vorrichtungen, wie die bei Coupers Optometer beschriebene, gestatten dem Beobachter, die

Scheibe mittels eines auf eine Kurbel wirkenden, langen Stabes in Bewegung zu setzen. Die Beschreibung, ja auch nur die Erwähnung der bisher angegebenen sogenannten Skiaskope, würde uns viel zu weit führen und hätte nur geringes Interesse. In der Tat fallen die hierzu verwendbaren Vorrichtungen und Gläserkombinationen, mit geringen Veränderungen, zusammen mit denjenigen, die wir bei der subjektiven Refraktionsbestimmung schon angetroffen haben, und bei den Ophthalmoskopen besprechen werden. Wir begnügen uns daher, diejenigen, welchen wir in der Literatur begegnet sind, am Ende dieses Paragraphen anzugeben.

Eine kleine Modifikation der beiden erwähnten Methoden der Skiaskopie hat SCHWEIGGER (1889) vorgeschlagen. Sie besteht darin, daß man sich dem untersuchten Auge erst langsam nähert, bis Pupillenschein und Spiegel sich in gleichem Sinne bewegen, sodann von demselben entfernt, bis der erstere sich umgekehrt bewegt wie der letztere. Zwischen diesen beiden Stellen liegt der Einstellungspunkt des Untersuchten. Selbstverständlich muß auch hier der Fernpunkt des Untersuchten, durch Hilfsgläser, auf eine geeignete Entfernung (ungefähr 30 cm) gebracht werden.

H. WOLFF hat sich auch um die Praxis der Skiaskopie, durch seine Beobachtungen, und die Konstruktion seines elektrischen Skiaskopes, besondere Verdienste erworben. Seine Erklärung dieser Untersuchungsmethode läßt sich nicht in Kürze wiedergeben. Wir verweisen deshalb den Leser auf WOLFFS Arbeiten, die auch eine genaue Beschreibung und Gebrauchsanweisung seiner Instrumente enthält.

Der Leuchtapparat von WOLFFS Skiaskop ist dem seines elektrischen Ophthalmoskopes ähnlich. — Als Lichtquelle dient der Glühfaden. Das Bild desselben wird durch einen Planspiegel in das untersuchte Auge reflektiert. Glühfaden wie Planspiegel lassen sich durch ein Zahnrad gleichzeitig verstellen, und zwar so, daß die Drehungsachsen des Spiegels und des Fadens einander stets parallel sind. Die Drehung des Spiegels wird durch leichten Druck auf einen Federapparat bewirkt, so daß derselbe, beim Nachlassen des Druckes, von selbst wieder in seine ursprüngliche Lage zurückspringt. Die Neigung der Spiegelachse läßt sich an einer horizontalen Einteilung ablesen.

Die in dem äußeren Mantel sich drehende Lichtröhre hat, den beiden Enden des Glühfadens entsprechend, je einen ungefähr 1 mm breiten, 5 mm hohen Schlitz. Die daraus strahlende Lichtlinie zeigt, bei Astigmatismus, auf der durch denselben allein beleuchteten Einteilung, die Achsenstellung des korrigierenden Zylinders an. Außerdem ist noch ein zu dem weißen senkrechter, mit rotem Glase bedeckter Lichtschlitz vorhanden, so daß man, nach beendigter Refraktionsbestimmung im einen Meridiane, nur den letzteren Schlitz an die Stelle des ersteren zu drehen braucht, um die Bestimmung im anderen Meridiane vorzunehmen.

An dem Beleuchtungsapparat ist ein Meßapparat befestigt. Derselbe besteht aus einem an den ersteren befestigten, in Vierteldioptrien geteilten Bande, welches sich in einer federnden Büchse auf- und abrollen, sowie im gewünschten Momente feststellen läßt. — Die Büchse ist mit einem Handgriffe verbunden, welcher zwei auswechselbare Gläserscheiben trägt. Die eine derselben enthält eine freie Öffnung, und die konvexen, wie die konkaven Gläser 4, 8 und 12 dptr., mit welchen sich, auf labile Distanz, alle Korrektionsgläser bis + 10,0 und — 17,75 dptr. bestimmen lassen. — Die andere Scheibe enthält + 16, + 20 und — 16 zur Bestimmung der Brillen bis + 18 und — 21,75 dptr.

An beiden Scheiben befindet sich außerdem noch je ein Täfelchen, welches die Zahlen des Bandmaßes für die jedem vorgesetzten Glase entsprechende Refraktion angibt (1896, 1900, 1903).

Wir können unmöglich all den Details der Ausführung der Skiaskopie, all den dazu vorgeschlagenen Methoden und Apparten nachgehen. Wir brauchen es auch nicht; bestehen doch darüber genug Handbücher und Anleitungen. Es war uns hauptsächlich darum zu tun, das Prinzip dieser noch so wenig verstandenen Methode möglichst einfach und faßlich auseinander zu setzen. Wer dasselbe beherrscht, der braucht zur Anwendung desselben nicht vieler Belehrung.

Historisches über die sogenannte Schattenprobe.

Wenn auch schon Bowman (1859) sich des vom Ophthalmoskope, aus gewisser Entfernung (65 cm), in das Auge geworfenen Lichtes bediente, um Keratoconus, unregelmäßigen wie regelmäßigen Astigmatismus und die Meridiane des letzteren zu bestimmen, so wurde doch die als Skiaskopie (Schattenprobe) bekannte Methode von dem französischen Generalarzte Cuignet (1873) in die Praxis eingeführt, und zwar unter dem Namen Keratoskopie. Der Autor hatte nämlich durchaus keine Idee darüber, um was es sich bei seiner Methode der Refraktionsbestimmung handle, und schrieb die eben besprochenen Erscheinungen alle der Hornhaut zu.

Mitte der siebziger Jahre wurde mir von meinen Schülern berichtet, Dr. Cuignet aus Lille habe eine Methode erfunden, mit welcher er aus dem einfachen ophthalmoskopischen Anblicke der Hornhaut die Refraktion eines Auges anzugeben wisse.

Auf meine Bemerkung, daß dies nicht möglich sei, weil die Hornhaut allein die Refraktion nicht bestimme, kamen Cuignets Schüler, worunter namentlich ein Dr. Mengin, zu mir und erklärten, es handle sich nicht um die Cornea als solche, sondern um »den Schatten, den die Hornhaut auf die Pupille werfe«. — Cuignets Veröffentlichungen, wo von »cornée aplatie des hypermétropes«, »cornée des myopes« die Rede ist, wo die Hornhaut mit einem Zuckerhute verglichen wird, der in der Sonne steht, und den

Beleuchtung und Schatten, mit der Bewegung des Spiegels umwandern usw., waren nicht dazu angetan, seine Methode der Beachtung zu empfehlen. Als er aber selber kam und mir dieselbe an einigen Patienten zeigte, wurde mir sofort klar, was die von ihm beschriebenen Erscheinungen zu bedeuten hatten. Ich suchte ihm zu erklären, daß, was er in die Hornhaut verlegte, im Augengrunde vorgehe, und setzte ihm die Verhältnisse der ophthalmoskopischen Beleuchtung bei den verschiedenen Refraktionszuständen des Auges auseinander. Er verstand aber nichts davon. Besser gelang dies Herrn Dr. Mengin, der meine Erklärung, die erste, welche von der Skiaskopie gegeben worden ist, mit Nennung meines Namens, wenn auch abgekürzt, veröffentlichte (1878).

In eingehenderer Weise geschah dies später durch Dr. Parent (1882). Cuignet aber blieb unbelehrt und unbekehrt. So schrieb er denn auch im Jahre 1880 (Rec. d'Opht. S. 335) in einem offenen Briefe an Dr. Parent: »Je déclare encore que je ne suis pas satisfait des explications qui ont été données des phénomènes de la surface kératique. Plus heureux, ou plus audacieux, M. M. Landolt et Mengin, vous-même après eux, vous en avez cherché et publié l'explication, ou la théorie, mais en la fondant sur une erreur que je considère comme capitale, c'est-à-dire sur la production des phénomènes par le fond de l'oeil.«

Was die Bezeichnung der Methode betrifft, so sind, seit man endlich des Ausdruckes »Keratoskopie« ledig geworden ist, eine Unzahl mehr oder weniger glücklicher Namen, für dieselbe vorgeschlagen worden. Nachdem ich nachgewiesen hatte, daß die Ursache von Licht und Schatten, bei diesen Beobachtungen, nicht auf der Hornhaut, sondern im Augengrunde zu suchen sei, glaubten einige Kollegen, den Vorgang als »Retinoskopie« bezeichnen zu müssen. Dies ist nun offenbar wieder zu weit gegangen, denn der Beobachter ist dabei gerade nicht auf die Netzhaut der Untersuchten eingestellt. »Skiaskopie«, »Schattenprobe« scheint ihr bleiben zu wollen. Ich möchte dies heute noch wie vor Jahren (1886) bedauern. Damals schon betonte ich, daß es dem Verständnisse der Methode schade, das Augenmerk auf den Schatten, statt auf das Licht zu richten. Und, da sich die zu betrachtenden Phänomene in der Pupille abspielen, schlug ich, für diese Methode der Refraktionsbestimmung, den Namen »Koreskopie« (κορη = Pupille) vor.

Wollte man noch expliziter sein und die Beobachtung des Pupillenleuchtens ausdrücken, so müßte man »Korelampsiskopie« sagen (Lampsis = Leuchten). Koreskopie dürfte aber genügen.

In das Gebiet der parallaktischen Methoden der Refraktionsbestimmung, als welche man die Skiaskopie bezeichnen kann, gehört auch die von Gullstrand angegebene **objektive Stigmatoskopie** (1911, S. 103).

An der Nernstspaltlampe wird, unmittelbar vor dem Spalte, eine Rotationsblende angebracht, welche, außer einem Ausschnitte für den Spalt, zwei Löcher von $^1/_2$, bzw. 1 mm Durchmesser enthält. Auf diese Weise erhält man, wenn das Stäbchen der Nernstlampe gut eingestellt ist, einen leuchtenden Punkt von demselben Durchmesser mit der spezifischen Helligkeit des glühenden Stäbchens. Vor dem Spalte wird, in einer Neigung von 45° ein Glaskeil angebracht, dessen Winkel so berechnet ist, daß die Spiegelbilder seiner beiden Flächen zusammenfallen. Das so gespiegelte Licht wird, in einem Abstande von 30 bis 50 cm, in das untersuchte Auge geworfen. Der Beobachter bringt seine Pupille an den Ort des im Prisma entstehenden virtuellen Spiegelbildes des leuchtenden Punktes und macht, von diesem Ausgangspunkte aus, seitliche Verschiebungen. Wenn, bei dieser Versuchsanordnung, das untersuchte Auge das Spiegelbild des leuchtenden Punktes scharf fixieren kann, so erhält es auf seiner Netzhaut ein Bild, welches, binnen gewisser Grenzen, als punktförmig betrachtet werden kann. Besonders im Abstande von 50 cm haben die Querschnitte des von diesem Lichtpunkte ausgegangenen Strahlenbündels eine solche Größe, daß die Pupillengröße des Beobachters vollkommen bedeutungslos ist. Bei $^1/_2$ mm Durchmesser des Loches kann man die Untersuchung gewöhnlich ohne künstliche Pupillenerweiterung, im verdunkelten Zimmer vornehmen. Ist sein eigenes Auge richtig zentriert, so sieht der Beobachter im Zentrum der mittelgroßen Pupille einen helleuchtenden Punkt, um welchen herum manchmal eine Strahlenfigur wahrgenommen werden kann. Der mehr gelblich erscheinende Punkt ist von einer dunkleren, und deshalb mehr rötlich aussehenden Zone umgeben, auf welche nach außen wieder ein hellerer, gelblicher Ring folgt. Je nach der Pupillenweite erstreckt sich diese helle, ringförmigs Zone bis zum Rande der Pupille oder wird wiederum von einer dunkleren, rötlicheren Zone umgeben. Verschiebt der Beobachter sein Auge, z. B. in horizontaler Richtung, so macht der zentrale, helle Punkt eine gleichsinnige Bewegung in der Pupille des untersuchten Auges, während die vertikalen Teile der ringförmigen, hellen Zone sich in entgegengesetzter Richtung verschieben.

Um die Strahlenfigur stets deutlich zu sehen, hat man nur eine größere Lichtstärke anzuwenden, das Loch von 1 mm Durchmesser vorzuschieben, und nötigenfalls die Pupille künstlich zu erweitern. In letzterem Falle muß das untersuchte Auge durch Korrektionsgläser auf den leuchtenden Punkt eingestellt werden. Diese Strahlenfigur beweist, daß, in den verschiedenen radiären Schnitten, die Aberration einen verschiedenen Wert hat.

Ist das untersuchte Auge nicht für den Abstand des leuchtenden Punktes eingestellt, so ist die Erscheinung der Aberration nicht so leicht zu konstatieren, weil der Lichtfleck auf dem Augenhintergrunde nicht mehr hinreichend klein ist, um praktisch als punktförmig zu wirken. Doch kann man gewöhnlich in dem hellen Flecke, dessen parallaktische Bewegungen in der Pupille beobachtet werden, ein dunkleres, bzw. ein helleres Zentrum wahrnehmen, je nachdem die Refraktion des Auges um ein paar Dioptrien größer oder kleiner ist, als es die scharfe Einstellung erfordert. Im ersteren Falle ist die Parallaxe in der Pupille eine gleichsinnige, im letzteren eine gegensinnige. Das Verhältnis ist in der Tat dasselbe, als wenn man ein Gefäß des Augenhintergrundes zur Beobachtung benutzt. An Stelle desselben hat man hier einen hellen Fleck, und die Parallaxe entscheidet einfach, ob man das Zerstreuungsbild desselben im aufrechten oder im umgekehrten Bilde sieht.

Ist das untersuchte Auge astigmatisch, so sieht man bei derjenigen Einstellung, bei welcher die Zeichen der Aberration zutage treten, an Stelle des kleinen, hellen, runden Fleckes, eine oblonge Figur, bzw. eine helle Linie, deren Längsrichtung mit dem am stärksten brechenden Hauptschnitte des optischen Systems des untersuchten Auges zusammenfällt. Macht man dabei mit dem Auge parallaktische Bewegungen in der auf dieser Richtung senkrechten Ebene, so zeigt die zentrale Figur — wie sonst der helle zentrale Fleck — eine gleichsinnige Parallaxe. In andern Richtungen aber ist die Erscheinung der Parallaxe komplizierter.

Wenn es sich nicht um feinere Untersuchungen handelt, sondern nur darum, die durch die Refraktion des Auges bedingten Phänomene zu beobachten, so hat man kein Loch vor dem Spalte nötig. Weicht die Refraktion des untersuchten Auges erheblich von der optischen Einstellung auf den leuchtenden Punkt ab, so ist die Parallaxe des hellen Scheines in der Pupille äußerst leicht zu beobachten. Sobald aber der Unterschied nur eine oder eine halbe Dioptrie beträgt, so entstehen durch die Aberration, auch bei der dieser Lichtstärke entsprechenden Pupillengröße, gewisse Schwierigkeiten bei der Beurteilung. Verschiebt man aber sein Auge sehr schnell und gibt nur auf den Totaleindruck der Bewegung des Lichtscheines acht, so kann man bis auf eine halbe Dioptrie beurteilen, ob das Auge für den hellen Punkt scharf eingestellt ist oder nicht.

Ähnliches gilt für die beiden Hauptschnitte eines astigmatischen Auges, wenn der Spalt so gerichtet wird, daß das Spiegelbild desselben auf dem zu untersuchenden Hauptschnitt senkrecht steht, und die Verschiebungen des eigenen Auges senkrecht auf die Längsrichtung des Spaltspiegelbildes stattfinden. Auch zur Auffindung der Hauptschnitte ist das Loch vor dem Spalte bei nicht zu geringen Graden von Astigmatismus überflüssig; denn, sobald man die eigene Pupille nicht in einem Hauptschnitte verschiebt, so bewegt sich der Lichtfleck in der Pupille des untersuchten Auges nicht in derselben Ebene, in welcher die Verschiebung stattfindet.

Es ist einleuchtend, daß man die zur Eliminierung der Aberrationsphänomene modifizierte objektive Stigmatoskopie auch so ausführen kann, daß, durch Drehung des durchsichtigen Spiegels, das Spiegelbild des Spaltes verschoben wird, während man sein Auge ruhig hält; sowie daß es nicht nötig ist, daß der Spalt durch den Spiegel in der Ebene der Eintrittspupille des beoachtenden Auges abgebildet wird, sondern daß, im Gegenteil, die Aberrationsphänomene leichter zum Verschwinden gebracht werden können, wenn, bei der Einstellung des untersuchten Auges auf die Pupille des beobachtenden, ein unscharfes Bild des Spaltes auf dem Augenhintergrund des beobachtenden Auges entsteht. Die modifizierte Methode ist somit wesentlich nichts anderes als eine Skiaskopie mit durchsichtigem Spiegel. Sie erfordert aber als solche die spezifische Helligkeit des Nernstspaltes und unterscheidet sich von der gewöhnlichen Skiaskopie mit durchbohrtem Spiegel wesentlich dadurch, daß sie die Refraktion in der Fovea centralis ergibt, welche mit letzterer Methode nicht erhalten werden kann.

Die Ermittlung des Projektionskoeffizienten findet statt, indem die Verschiebungsstrecke des Lichtfleckes auf der Netzhaut des untersuchten Auges in die Eintrittspupille desselben, mit der Eintrittspupille des beobachtenden Auges als Projektionszentrum, projiziert wird. Führt man dabei, an Stelle der Verschiebungsstrecke, die dem untersuchten Auge scheinbare Winkelbewegung des durch den Spiegel entworfenen Lichtquellenbildes, und an Stelle der linearen Bewegung des Lichtscheines in der Pupille des untersuchten Auges, die in der Eintrittspupille des beobachtenden Auges gemessene Winkelbewegung ein, so erhält man die Formel $C = \frac{1}{1 + ER'}$, in welcher C das Verhältnis der letzteren Winkelbewegung zur ersteren angibt, während E die Entfernung der beiden Augen voneinander und R' die in Dioptrien gemessene Refraktion des U-Auges darstellt (bei Hypermetropie ist R' positiv, bei Myopie negativ).

Ein positives Vorzeichen von C gibt dabei eine gleichsinnige Winkelbewegung an, und da, beim durchsichtigen Planspiegel, die im Beobachterauge gemessene Winkelbewegung des durch den Spiegel auf das Gesicht des Untersuchten geworfenen Lichtfleckes mit der im untersuchten Auge gemessenen Winkelbewegung des vom Spiegel entworfenen Lichtquellenbildes gleichsinnig ist, so gibt, beim Planspiegel, ein positives Vorzeichen von C an, daß sich der in der Pupille des untersuchten Auges sichtbare Lichtschein, bei der Drehung des Spiegels, in derselben Richtung bewegt wie der auf dem Gesicht entstehende Lichtfleck.

Die Bestimmung des Astigmatismus.

Zum leichteren Verständnisse der Untersuchungsmethoden des Astigmatismus, möchten wir einige einfache Experimente empfehlen. Sie geben, besser als theoretische Erörterungen, Aufschluß über die Wirkung eines astigmatischen Systems und das Sehen des Astigmatikers.

Man schaffe sich ein astigmatisches System durch die Kombination einer sphärischen Konvexlinse von 10 dptr. und eines konvexen Zylinders von 3 dptr., dessen Achse wir horizontal stellen wollen. So ist also der vertikale Hauptschnitt der stärker, der horizontale der schwächer brechende. Die Linsen, von zwei dicht aneinanderliegenden Fassungen gehalten, stehen auf einem Fuße auf dem Tische. Als Objekt wählen wir einen entfernten leuchtenden Punkt (eine mit mattem Glase bedeckte, von hinten beleuchtete Öffnung in einem großen undurchsichtigen Schirme).

Das Bild, welches dies astigmatische System von dem Lichtpunkte entwirft, fangen wir auf einem ebenfalls von einem Fuße getragenen Schirme von mattem Glase auf.

Bringen wir den Schirm in die Brennebene des vertikalen (stärker brechenden) Hauptschnittes, so erscheint der Punkt als scharfe horizontale Linie. Entfernen wir den Schirm langsam von dem Systeme, so wird die Linie kürzer, breiter, verschwommener, eine Ellipse mit horizontaler Achse, sodann ein Kreis, darauf eine vertikale Ellipse, endlich eine scharfe vertikale Linie, wenn der Schirm in der Brennebene des horizontalen (schwächer brechenden) Hauptschnittes angelangt ist.

Entfernen wir den Schirm über die Brennebene des schwächer brechenden Hauptschnittes hinaus, so wird die zu diesem Hauptschnitte senkrecht stehende Zerstreuungsellipse immer größer und verschwommener. Daraus geht hervor: dem Astigmatiker erscheint ein Punkt nie als Punkt, sondern als eine den beiden zu einander senkrechten Hauptschnitten parallele, scharfe Linie, als dem einen oder anderen derselben gleichgerichtete, undeutliche Ellipse oder als kreisrunder, verwaschener Fleck.

Nehmen wir nun als Objekt eine Serie von in einer geraden Linie aneinander gereihten, leuchtenden Punkten (Löcher in dem dunklen Schirme), so geht eben mit jedem derselben das gleiche vor, wie mit dem eben betrachteten einzelnen Punkte: Steht die Lichtlinie z. B. dem vertikalen Hauptschnitte parallel, und ist derselbe auf die Linie eingestellt, so wird, in der Brennebene dieses vertikalen Hauptschnittes, jeder Punkt, aus dem die Linie besteht, ein horizontales Zerstreuungsbild liefern, die Linie also nicht scharf, sondern verbreitert erscheinen (Fig. 79A)[1]. In der Brennebene des zu ihr senkrechten horizontalen Hauptschnittes dagegen, wo jeder Punkt ein vertikales Zerstreuungsbild liefert, erscheint die vertikale Linie scharf, weil sich diese linienförmigen Zerstreuungsbilder decken, und sie keine Verbreiterung in der Horizontalen erfährt (Fig. 79B).

---

1) Die photographische Abbildung der vorliegenden, sowie vieler anderer einschlägiger Versuche, verdanke ich der Freundlichkeit des Herrn Dr. P. Theophil Gautier. E. L.

Fig. 79.

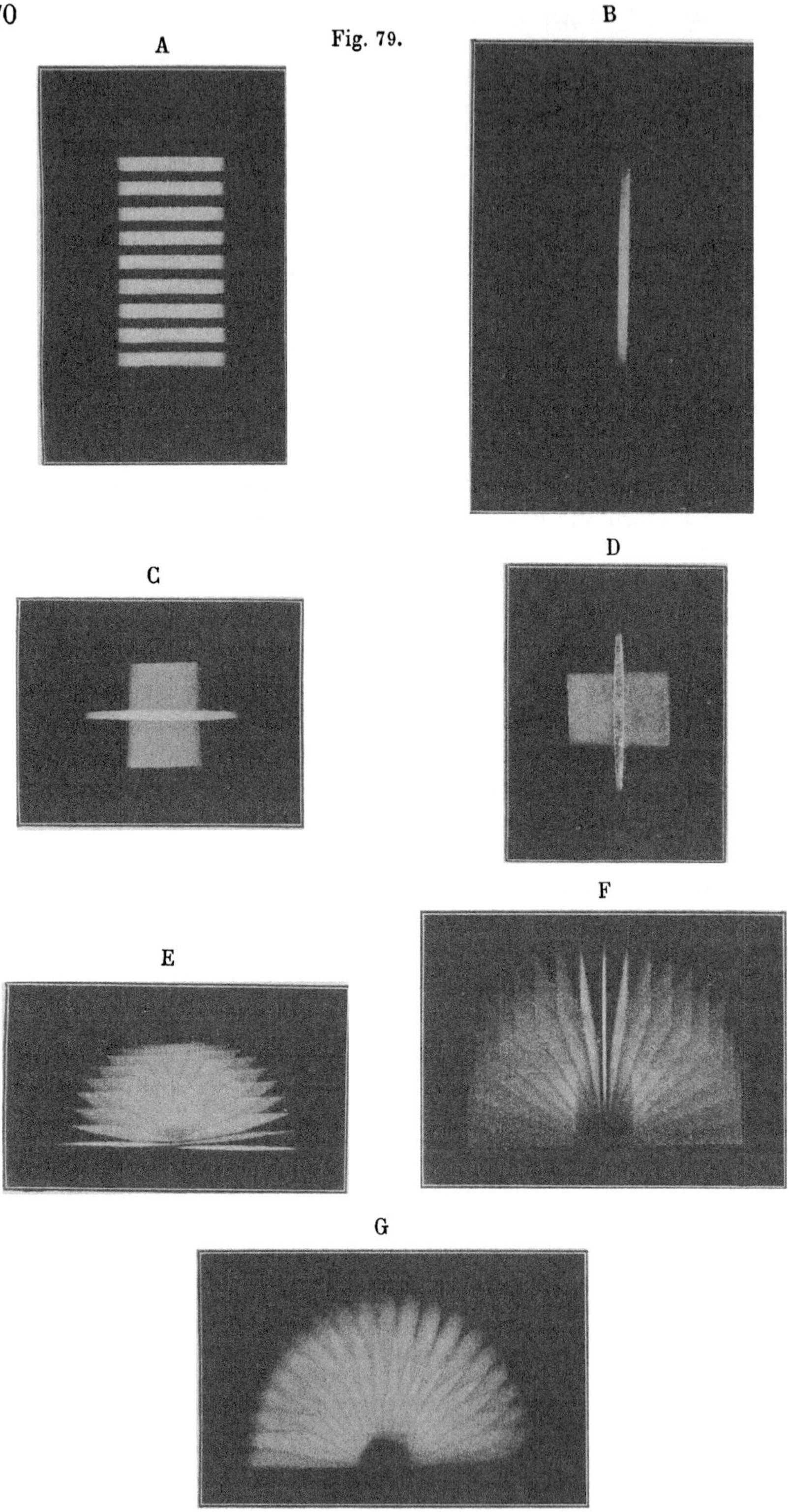

Ein Kreuz, dessen beide, gleichlange Arme den beiden Hauptschnitten eines regelmäßigen astigmatischen Systems parallel sind, erscheint, wenn der *vertikale* Hauptschnitt auf dasselbe eingestellt ist, wie Fig. 79C, wenn der *horizontale* eingestellt ist, wie Fig. 79D.

Zwischen den beiden Stellungen des Schirmes, sowie jenseits der Brennebenen der beiden Hauptschnitte, entsteht von der Linie nirgends ein scharfes Bild.

Dem regelmäßigen Astigmatiker *erscheint also eine gerade Linie nur dann vollkommen scharf, wenn sie senkrecht steht zu dem auf sie eingestellten Hauptschnitte.*

Richten wir z. B. die Lichtlinie unseres Experimentes schief zu dem auf sie eingestellten Hauptschnitte unseres astigmatischen Systems, so wird dieselbe nie deutlich erscheinen, wo wir auch den Schirm hinbringen mögen.

Oder nehmen wir als Objekt eine aus verschieden gerichteten Radien bestehende Strahlenfigur: Bei keiner Stellung des Schirmes wird ein anderer als der dem stärker oder der dem schwächer brechenden Hauptschnitte parallele Radius deutlich sein.

So stellt Fig. 79E den Fall dar, wo der *vertikale*, Fig. F denjenigen, wo der *horizontale* Hauptschnitt auf die Strahlenfigur eingestellt ist, während bei Fig. G der Schirm sich zwischen dem Brennpunkte des ersteren und des letzteren Hauptschnittes befindet.

Daraus geht also deutlich hervor, daß die intermediären Schnitte eines astigmatischen Systems keine deutlichen Bilder entwerfen. Diese Tatsache ist zum Verständnisse der subjektiven Untersuchungsmethoden des Astigmatismus äußerst wichtig. Sie beweist, daß es dem Astigmatiker nicht frei steht, sein Auge auf irgend einen Radius der Strahlenfigur einzustellen, eine beliebig gerichtete Linie deutlich zu sehen, sondern daß er an die seinen Hauptschnitten parallele gebunden ist, wenn er irgendwie scharf sehen will.

Die Erklärung dieser Tatsache geht aus folgenden Experimenten hervor:

Man isoliere nacheinander verschiedene Schnitte des astigmatischen Systems dadurch, daß man dasselbe durch ein Diaphragma bedeckt, aus welchem eine geradlinige Spalte ausgeschnitten ist. Benutzt man wieder als Objekt den leuchtenden Punkt, so gibt derselbe nur dann ein scharfes, punktförmiges Bild, wenn die Spalte dem einen oder dem anderen Hauptschnitte gleichgerichtet ist, und sich der Schirm in der denselben entsprechenden Brennebene befindet. Bei den intermediären Stellungen der Spalte dagegen, wo dieselbe intermediäre Schnitte isoliert, entsteht von dem Punkte nie ein scharfes Bild, sondern höchstens eine mit der Entfernung des Schirmes ihre Richtung und Form ändernde Zerstreuungslinie oder ein Zerstreuungskreis. In der Tat, die zwischen den Hauptschnitten liegenden Schnitte eines astigmatischen Systems ergeben gar keinen Brennpunkt.

Die optische Wirkung eines astigmatischen Systems läßt sich auch in folgender Weise demonstrieren (E. Landolt, 1886, S. 292).

Man bringe dicht vor unsere Linsenkombination (sph. + 10 und cyl. + 3 mit horizontaler Achse) ein Diaphragma mit einem vertikalen und einem horizontalen Ausschnitte. Den oberen und den rechten Arm des so

Fig. 80.

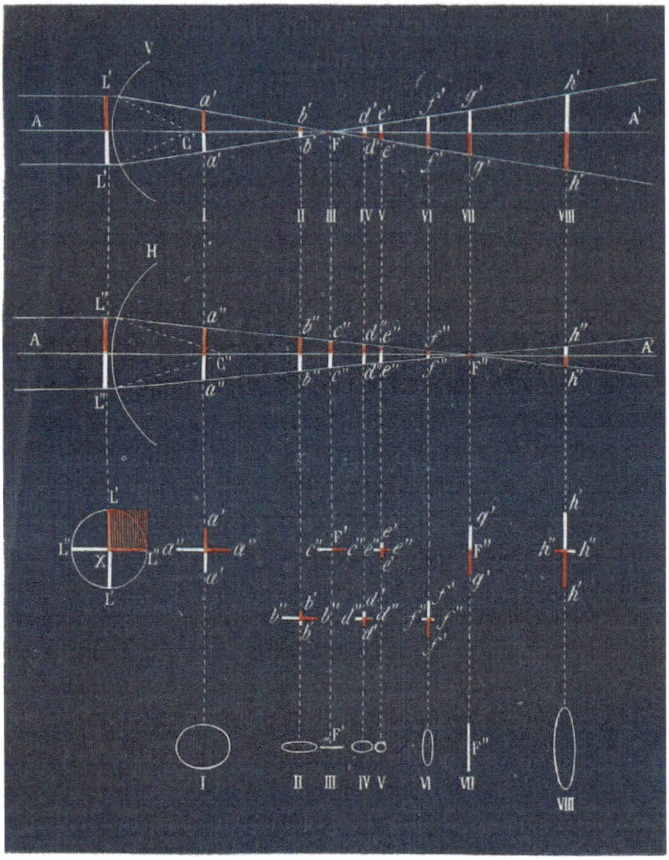

entstandenen Kreuzes bedecken wir mit einem roten Glase (Fig. 80, dritte Reihe, erste Figur links). Wir richten das System nach einer kleinen, aber intensiven, mit mattem Glase bedeckten Lichtquelle und fangen deren, gleichzeitig von den beiden Hauptschnitten erzeugtes Bild auf einem beweglichen, halbdurchsichtigen, weißen Schirme auf.

In Fig. 80 stellt *V* den Durchschnitt des stärker gekrümmten, vertikalen Hauptschnittes, mit seinem Krümmungszentrum in *C'*, seinem Brennpunkte in F' dar. $L'L'$ bezeichnet die vertikale Spalte des Diaphragmas, deren obere Hälfte rot gefärbt ist.

H entspricht dem schwächer gekrümmten, horizontalen Hauptschnitte, dessen Zentrum in C'', dessen Brennpunkt in F'' liegt. $L''L''$ bedeutet die horizontale Spalte mit gefärbter, rechter Hälfte.

Steht der Schirm in der Ebene I, so bilden die durch den vertikalen sowohl, als die durch den horizontalen Hauptschnitt gegangenen Strahlen eine diffuse Lichtlinie, die erstere ($a'a'$) kürzer, die letztere ($a''a''$) länger, beide zusammen ein in der dritten Reihe angegebenes Kreuz $a''a'a''a'$, dessen Arme so gefärbt sind, wie die des Diaphragmaausschnittes.

In II hat das Kreuz an Größe abgenommen, doch wesentlich stärker im vertikalen, als im horizontalen Sinne. Die Färbung ist aber immer noch der des Diaphragmakreuzes gleichnamig, $b''b'b''b'$ (vierte Reihe der Figur).

Bei der Stellung III befindet sich der Schirm im Brennpunkte F' des vertikalen Hauptschnittes. Die durch denselben gegangenen Strahlen vereinigen sich in einem Punkte, während die dem horizontalen Hauptschnitte entsprechenden noch eine horizontale Zerstreuungslinie $c''c''$ bilden.

Jenseits des Brennpunktes F' tritt die vertikale Diffusionslinie wieder auf: $d'd'$. Jetzt sind darin aber Rot und Weiß vertauscht. Der rote Teil ist unten, der weiße oben, weil sich die Strahlen des Lichtbündels im Brennpunkte F' dieses Hauptschnittes gekreuzt haben. — Die den horizontalen Hauptschnitt passierenden Strahlen dagegen haben ihren Brennpunkt, bei der Stellung IV des Schirmes, noch nicht erreicht. Das horizontale Zerstreuungsbild $d''d''$ ist der horizontalen Spalte des Diaphragmas noch gleichnamig gefärbt. So erhalten wir also das Kreuz $d''d'd''d'$ der vierten Reihe.

Da das vertikale Bild stetig zu-, das horizontale stetig abnimmt, so kommen wir zu einer Stellung des Schirmes (V), wo beide gleich lang sind und das Kreuz $e''e'e''e'$ bilden.

Von da an ist das vertikale Bild stets das längere; das horizontale schrumpft immer weiter zusammen, bis es, wenn der Schirm im Brennpunkte F'' des horizontalen Hauptschnittes steht, zu einem Punkte geworden ist. In diesem Falle sehen wir also nur die durch den vertikalen Hauptschnitt gebildete Diffusionslinie $g'g'$.

Führen wir den Schirm noch weiter vom Systeme ab, so tritt auch die horizontale Zerstreuungslinie wieder in wachsender Länge auf. Nun sind aber auch ihre Farben denen der Diaphragmaspalte entgegengesetzt. Das Rot steht links, das Weiß rechts, so daß, z. B. bei der Stellung VIII des Schirmes, das Diffusionskreuz $h''h'h''h'$ dem des Diaphragmas $L''L'L''L'$ sowohl, als den vor dem Brennpunkte des stärker brechenden Hauptschnittes entstehenden Diffusionskreuzen, gerade umgekehrt gefärbt ist.

Umschreiben wir die Diffusionskreuze, wie dies in der fünften Reihe der Fig. 80 (I bis VIII) geschehen ist, so erhalten wir die Zerstreuungsbilder, welche der Lichtpunkt an den verschiedenen Stellen, ohne Dazwischenkunft des Diaphragmas, geliefert hätte.

Benutzt man eine Spalte und stellt sie schief zu den Hauptschnitten des astigmatischen Systems, d. h., isoliert man einen intermediären Schnitt, so erhält man nirgends einen scharfen Brennpunkt, bei zwei Spalten also nirgends eine scharfe Brennlinie, wie in III und VII der Fig. 80. Die von den isolierten, intermediären Schnitten gelieferten, längeren oder kürzeren, immer sehr diffusen Zerstreuungsbilder drehen sich, bei Annähern und Entfernen des Schirmes, sozusagen spiralartig um die Achse des Systems, ohne irgendwo eine scharfe Form anzunehmen.

Die Bestimmung des regelmäßigen Astigmatismus.

Geht die Brechung des Lichtes im Auge nur in zwei aufeinander senkrechten Schnitten normal und in diesen beiden untereinander noch verschieden vor sich, in allen den dazwischenliegenden Schnitten aber so unregelmäßig, daß die Lichtstrahlen nicht zu einem Brennpunkte vereinigt werden, so müssen sowohl die von den ins Auge dringenden, als die von den aus dem Auge kommenden Strahlen entworfenen Bilder so charakteristische Merkmale zeigen, daß es uns an Mitteln und Wegen zur Erkennung dieser Refraktionsanomalie, m. a. W. des regelmäßigen Astigmatismus nicht fehlen kann.

Es gibt denn auch eine ganze Reihe subjektiver wie objektiver Methoden zur Bestimmung des Astigmatismus.

Um mit denselben möglichst sicher zum Ziele zu gelangen, ist es gut, in folgender Weise vorzugehen:

1. Man stellt fest, ob Astigmatismus vorhanden, und ob derselbe regelmäßig oder unregelmäßig ist.

2. Man bestimmt die Richtung der Hauptschnitte des regelmäßigen Astigmatismus, und

3. Die Refraktion der beiden Hauptschnitte. Die Differenz zwischen beiden ergibt

4. Den Grad des Astigmatismus.

A. Subjektive Methoden zur Bestimmung des Astigmatismus.

Das Vorhandensein von Astigmatismus läßt sich häufig schon aus gewissen äußeren Erscheinungen der davon Betroffenen vermuten. Dieselben haben nämlich meistens die Gewohnheit, wenn es sich um scharfes Sehen handelt, die Augenlider bis auf einen gewissen Grad zuzukneifen, wohl auch den Kopf zu neigen, an ihren Augen zu drücken, ihre Brillengläser schief zu stellen. — Das alles kann nun auch bei Leuten vorkommen, die nicht astigmatisch sind. Mit enger, stenopäischer Lidspalte können auch gewöhnliche Ametropen — wegen Beschränkung der Zerstreuungskreise — deutlicher sehen, als mit weiter, runder Pupille. Auch nicht astigmatische Myopen und Hypermetropen bedienen sich oft der Neigung ihrer Gläser, um deren Brechkraft, wenigstens in dem zur Drehungsachse senkrechten Schnitte, zu verstärken.

Zweifellos aber haben diese beiden Kunstgriffe für den Astigmatiker eine viel größere Bedeutung, als für denjenigen, der sich eines in allen Schnitten gleichmäßig brechenden dioptrischen Systems erfreut. Kann der erstere doch, durch Zukneifen seiner Augenlider und eventuelle Neigung seines Kopfes, den horizontalen oder einen dem horizontalen benachbarten Schnitt isolieren, und die anderen Schnitte, die ihm störende Zerstreuungsbilder geliefert hätten, ausschließen.

Andererseits kann die Neigung des Brillenglases, woraus geradezu ein astigmatisches, d. h. ein in einer Richtung stärker, als in der darauf senkrechten, brechendes System entsteht, geeignet sein, den Astigmatismus eines Auges, wenigstens teilweise, zu korrigieren.

Ja, aus der Art und Weise, wie ein solcher Mensch sein Glas stellt, läßt sich auch die ungefähre Lage des stärker, und die des schwächer brechenden Schnittes abnehmen. Trägt er Konkavgläser, und hat er eine ausgesprochene Tendenz, dieselben stark vornüber zu neigen, wenn er scharf zu sehen wünscht, so dürfen wir wohl nachforschen, ob sein vertikaler Schnitt, der dadurch sozusagen ein stärkeres negatives Glas erhält, nicht stärker brechend ist, als der horizontale. Dreht er dagegen seinen Kopf mit Vorliebe nach rechts oder links, was einer Drehung des Glases um die vertikale Achse gleichkommt, so können wir, bei konkaven Gläsern, vermuten, sein horizontaler Schnitt sei der stärker brechende. — Das Umgekehrte ist der Fall bei Konvexgläsern.

Manche Astigmatiker kommen auf den Kunstgriff, mit dem Finger seitlich auf das Auge zu drücken, und so die unregelmäßige Krümmung desselben auszugleichen. So erinnere ich mich eines Kollegen, der auf diese Weise seinen Astigmatismus von 6 dptr. vollkommen korrigierte und die Sehschärfe von 0,2 auf 1 brachte.

Persistierende, durch sphärische Gläser nicht zu hebende, auf andere Weise nicht zu erklärende Asthenopie muß ebenfalls auf den Gedanken von vorhandenem Astigmatismus leiten; mehr jedoch noch die Art und Weise, wie der Patient seine Netzhautbilder interpretiert.

Unsere Photogramme, welche die Bilder darstellen, die ein astigmatisches System von Punkten, Linien und einfachen Figuren erzeugen, sind schon dazu geeignet, uns von dem Sehen der Astigmatiker einen Begriff zu geben. Sie können uns auch dazu dienen, die zur Entdeckung des Leidens geeignetsten Sehzeichen zu finden.

Wenn auch ein einzelner Lichtpunkt dem Astigmatiker nie als solcher erscheint, so ließe sich doch auf diese Tatsache allein eine sichere Diagnose des Astigmatismus kaum bauen. In der Tat haben, mit diesem Fehler behaftete Leute meistens gelernt, einen Punkt von einer kurzen Linie zu unterscheiden.

Viel eher schon verrät sich der Astigmatiker durch die einem Nichtastigmatiker auffallenden, beinahe unerklärlichen Irrtümer, die er beim Entziffern von einzelnen Buchstaben begeht. So kann er ein O für ein Z halten, wenn der vertikale Hauptschnitt nicht auf die Entfernung dieses Buchstabens eingestellt ist, und infolgedessen der obere und untere Teil der runden Figur verbreitert wird, für ein H, wenn, wegen ungenügender Adaptation des horizontalen Hauptschnittes, die beiden Seiten des O in Zerstreuungsbildern erscheinen.

Zu noch auffallenderen Erscheinungen gibt mein internationales Sehzeichen, der gebrochene Ring, Veranlassung. Wenn ein Patient von ganz gleichgroßen, nur durch die Stellung ihrer Lücke voneinander verschiedenen Ringen, die einen erkennt, die anderen nicht, so ist er sicher astigmatisch. Noch sicherer ist die Diagnose, wenn er in kleineren Ringen die Lücke anzugeben weiß, aber nicht in größeren. Damit ist dann auch gleich die Richtung der Hauptschnitte gefunden. Der eine ist parallel dem der Lücke entsprechenden, der andere dem darauf senkrechten Durchmesser des Ringes.

Am einfachsten jedoch wird die Diagnose des Astigmatismus, wenn man dem zu Untersuchenden eine größere Zahl verschieden gerichteter Linien vorweist und ihn fragt, ob ihm alle Linien gleich deutlich erscheinen. Verneint er dies, und gibt er an, daß ihm die eine (wenn sie schwarz auf weißem Grunde gedruckt sind) schwärzer, dunkler, schärfer, die anderen mehr oder weniger verwaschen vorkommen, so hat man zweifellos regelmäßigen Astigmatismus vor sich. Man braucht sich dann nur noch die Richtung der deutlichsten (oder die der undeutlichsten) Linie bezeichnen zu lassen, um gleich auch die Lage der beiden Hauptschnitte zu kennen.

Ja dies einfache Experiment lehrt uns sogar noch mehr: Es gibt uns auch an, welcher der beiden Hauptschnitte auf die Entfernung der Sehprobe eingestellt ist. Es ist der zu der am schärfsten erscheinenden Linie senkrechte Schnitt. In der Tat, betrachtet man die Linie als bestehend aus aneinander gereihten Punkten, so überdecken sich die in dem der Linie parallelen Schnitte liegenden Zerstreuungsbilder der Punkte. Die Linie erscheint höchstens verlängert, nicht aber verbreitert, da in der auf sie senkrechten Richtung keine Zerstreuungsbilder entstehen (vgl. Fig. 79B).

Die verschieden gerichteten Linien hat man, zur Bestimmung des Astigmatismus, auf mancherlei Weise angeordnet.

O. Becker hat z. B. Gruppen solcher Linien auf einer Tafel zusammengestellt. Der Patient hat dann anzugeben, welche Gruppen er am deutlichsten sieht. — F. Heymann (1870) stellte große gothische, Orestes M. Pray lateinische Buchstaben aus parallelen, jedoch für jeden Buchstaben anders gerichteten Strichen her (Fig. 81).

Fig. 81.

O. Beckers Tafeln zur Bestimmung des Astigmatismus enthalten auch eine Serie konzentrischer Kreise. In einer solchen Figur finden sich in der Tat alle möglichen Richtungen der Linie vertreten. Da dieselben dem Astigmatiker in der Richtung seines nicht eingestellten Hauptschnittes verwischt erscheinen, so entsteht für ihn das Bild einer Sanduhr, aus deren Stellung die Richtung der Hauptschnitte leicht abzunehmen ist.

Unter dem Titel »Test diagrams for the detection of astigmatism« (1878) hat auch John Green eine Reihe verschiedener Prüfungstafeln zur Bestimmung des Astigmatismus angegeben.

Da dem astigmatischen Auge ein Lichtpunkt in der Richtung eines seiner Hauptschnitte verlängert erscheint, so brachte Strawbridge (1871) rings um einen leuchtenden Punkt, von 10 zu 10°, radiäre Spalten von 9 cm Länge und 5 mm Breite an. Der Untersuchte muß dann angeben, in welcher Richtung ihm der Punkt als Linie erscheint. Er wird zugleich bemerken, daß der diesem Punkte entsprechende Radius für ihn der deutlichste ist.

W. Laidlaw Purver (1878) benutzt zur Bestimmung der Hauptschnitte des astigmatischen Auges zwei leuchtende Punkte: feine Öffnungen in einem von hinten beleuchteten Diaphragma. Der eine bleibt unbewegt, während der andere sich, einem Halbkreise entlang, um denselben drehen läßt. Dem Astigmatiker erscheinen die zwei Punkte mehr oder weniger verlängert. Bringt man dieselben in die Richtung des nicht eingestellten Hauptschnittes, so fallen die beiden Zerstreuungsbilder in eine und dieselbe Linie. Stehen die Punkte in der Richtung des adaptierten, resp. korrigierten Schnittes, so sind ihre Zerstreuungsbilder einander parallel. Die Gradteilung des Bogens, welchen der bewegliche Punkt durchläuft, gestattet, die Richtung des einen Hauptschnittes abzulesen. Der andere steht zu diesem senkrecht.

Nach demselben Prinzipe hat auch Hotz (1890) ein einfaches Astigmameter konstruiert.

Das beste und zugleich einfachste Prüfungsobjekt zur Bestimmung des Astigmatismus besteht, nach unserem Dafürhalten, in einer Strahlenfigur, deren sich schon Purkinje im Jahre 1825 zu diesem Zwecke bedient hat (Pergens 1909). Ein aufrecht stehender Halbkreis mit zwanzig Radien hat sich als besonders praktisch erwiesen (Fig. 82). Wir haben denselben unserer Sehprobetafel beigegeben[1]).

Als wir noch, zur Bezeichnung der Richtung der Hauptschnitte des astigmatischen Auges, von der oberen Extremität der Vertikalen als Nullpunkt ausgingen und diese zu beiden Seiten bis auf 90° führten, genügte eine einzige Figur zur Bestimmung des Astigmatismus. Seit der internationale Ophthalmologenkongreß (1909) die Teilung bis auf 180° festgesetzt hat, brauchen wir deren zwei oder doch, wenn wir eine einzige verwenden, zwei Einteilungen. Der Nullpunkt der Teilung für das linke Auge befindet sich am rechten, derjenige für das rechte Auge am linken Ende der Horizontalen.

Fig. 82.

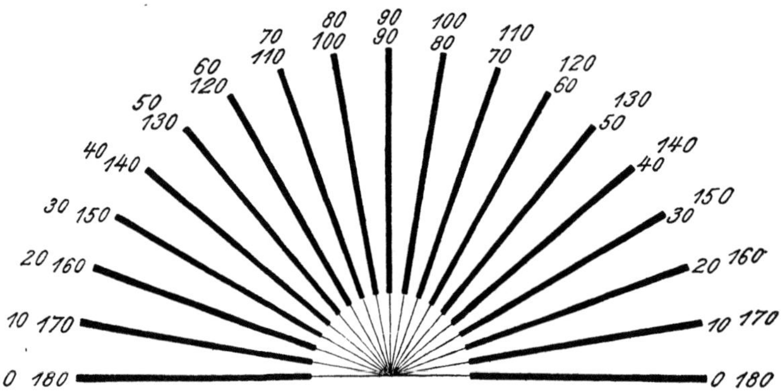

Polack (1909) benutzt, zur Bestimmung des Astigmatismus, die verschiedene Brechbarkeit von Rot und Blau. Seine Prüfungstafel besteht aus einem in Grade geteilten Kreise, dessen obere Hälfte einen roten Ring mit blauen, die untere einen blauen Ring mit roten Radien enthält. Über die beiden Ringe läßt sich vom Zentrum aus ein ungefähr 40° umspannender Läufer mit ähnlichen Einteilungen drehen.

Die Bestimmung des Astigmatismus wird mit allen diesen Prüfungsobjekten in derselben Weise vorgenommen. Sie werden, in gleicher Entfernung wie die Sehproben überhaupt, aufgestellt. Man versieht das zu untersuchende Auge mit dem sphärischen Glase, das ihm die beste Sehschärfe gibt. Da der Astigmatiker immer einen seiner beiden Hauptschnitte zum deutlichen Sehen benutzt, so entspricht dies Glas der Refraktion eines dieser beiden Schnitte, und zwar steht derselbe, wie gesagt, senkrecht zu der am schärfsten erscheinenden Linie der Strahlenfigur. — Gibt der Patient beispielsweise die vertikale Linie als die deutlichste an, so ist der horizontale Hauptschnitt korrigiert. Zugleich wird er bemerken, daß

[1]) Vgl. Bestimmung der Sehschärfe!

die horizontale Linie die undeutlichste ist, was darauf hindeutet, daß der darauf senkrechte, d. h. der vertikale Hauptschnitt, nicht korrigiert ist.

Es erübrigt also nur noch, die Refraktion dieses anderen Hauptschnittes zu bestimmen. Man kann dieselbe (in unserem Beispiele die des vertikalen) dadurch finden, daß man das sphärische Glas aufsucht, mit welchem die auf die erstere senkrechte Linie deutlich erscheint. Dasselbe korrigiert offenbar den anderen Hauptschnitt. Ergibt sich z. B. mit Konkav 3 die beste Sehschärfe und größte Deutlichkeit der vertikalen Linie, während mit Konkav 5 die horizontale Linie am deutlichsten wird, so besteht im horizontalen Schnitte Myopie 3, im vertikalen Myopie 5, also ein Astigmatismus von 5 — 3 = 2 dptr.

Benutzt man sphärische Gläser zur Bestimmung des Astigmatismus, so muß man die Hauptschnitte isolieren. Dazu dient ein vor dem Auge drehbares Diaphragma mit einer Spalte. Dieselbe wird erst dem einen, dann dem anderen Hauptschnitte parallel gestellt, während hinter ihr die sphärischen Gläser vorbeigeführt werden, bis dasjenige gefunden ist, das die auf die Spalte senkrechte Linie vollkommen deutlich macht und zugleich die beste Sehschärfe ergibt. Ein solches graduiertes Diaphragma kann z. B. in unser Ophthalmoskop eingefügt werden und macht das Instrument also auch zur subjektiven Bestimmung des Astigmatismus tauglich[1]).

Hat man, wie in jedem vollständigen Brillenkasten, Zylindergläser zur Hand, so wird die Bestimmung des Astigmatismus noch einfacher. Da diese Gläser nämlich nur in einem in dem zu ihrer Achse senkrechten Schnitte regelmäßig, in dem der Achse gleichgerichteten aber gar nicht wirken, so sind sie gerade dazu geeignet, den durch das sphärische Glas nicht korrigierten Hauptschnitt auf das Prüfungsobjekt einzustellen, und zwar ohne Beeinträchtigung der Refraktion in dem darauf senkrechten Hauptschnitte. Dies Zylinderglas ergibt dann also direkt den Brechungsunterschied zwischen den beiden Hauptschnitten, d. h. den Grad des Astigmatismus.

Erhält man, wie in obigem Beispiele, mit Sphärisch konkav 3 die beste Sehschärfe, und erscheint damit die vertikale Linie am deutlichsten, so läßt man dem Patienten dies Glas und sucht den Zylinder, mit welchem auch die horizontale Linie — und damit die ganze Strahlenfigur — deutlich wird. Die Achse dieses Zylinders muß jedenfalls horizontal gerichtet sein, da er den vertikalen Hauptschnitt korrigieren soll. — Ob der Zylinder aber konkav oder konvex, negativ oder positiv sein muß, das können wir aus den bisherigen Angaben des Patienten noch nicht entnehmen. Wir wissen nur aus der Erfahrung, daß, in der großen Mehrzahl der Fälle, der vertikale Hauptschnitt der stärker, der horizontale der schwächer brechende ist. So werden wir denn, in unserem Falle, erst einen horizontal gerichteten,

---

1) Vgl. Ophthalmoskopie!

konkaven Zylinder versuchen. Von welcher Stärke derselbe sein muß, das kann uns auch nur vielfache Erfahrung annäherungsweise lehren. Ist der Patient z. B. nicht mit besonderer Geistesschärfe ausgestattet, und hat er doch unsere Frage nach der deutlichsten Linie rasch und entschieden beantwortet, so schließen wir, daß es sich um einen ziemlich hohen Grad von Astigmatismus handelt, und beginnen gleich mit einem relativ starken Zylinder, z. B. — 2. Sollte damit der Unterschied in der Deutlichkeit der Linien zu-, die Sehschärfe abnehmen, so würden wir nach einem positiven Zylinder greifen. Gleichen sich dagegen die Linien aus, so werden wir, mit halben bis Viertelsdioptrien steigend oder fallend, den konkaven Zylinder bestimmen, mit welchem sie alle gleich deutlich erscheinen.

Gullstrand hat auf eine Eigentümlichkeit des Sehens der Astigmatiker hingewiesen, die auch wir vollkommen bestätigen können, und welche die subjektive Bestimmung des Astigmatismus sehr erleichtert: Es gelingt dem Astigmatiker am besten, den einen Hauptschnitt anzugeben, wenn das Bild des anderen etwas vor die Netzhaut fällt. Beginnt man also die Untersuchung, wie oben gesagt, mit sphärischen Gläsern, so empfiehlt es sich, das untersuchte Auge mit einem Konvexglase über-, bzw. mit einem Konkavglase unterzukorrigieren, bis die Sehschärfe gerade zu sinken anfängt. Dann findet man, mit Hilfe der Strahlenfigur, die richtigen Hauptschnitte, bzw. den Hauptschnitt, den ein konkaves Zylinderglas korrigiert. Die Kombination desselben mit dem sphärischen Korrektionsglase ergibt die beste Sehschärfe, selbst wenn dabei alle Radien der Strahlenfigur nicht genau gleich sein sollten. Nicht selten findet man auf diese Weise eine andere Hauptrichtung, als bei bester sphärischer Korrektion.

Zur Änderung der Richtung des Zylinders, muß die Probierbrille eine Fassung besitzen, mittels welcher derselbe leicht vor dem Auge herumgedreht werden kann, und an welcher sich die jeweilige Stellung seiner Achse ablesen läßt.

Von größter Wichtigkeit ist es dabei, daß sich der Zylinder genau da befinde, wohin er als Brillenglas zu stehen kommt. Da dies auch für das eventuell erforderliche sphärische Korrektionsglas der Fall ist, so folgt daraus, daß sich die beiden Probiergläser, welche später zu einem einzigen Glase zusammengeschliffen werden, wenigstens in Kontakt befinden müssen, nicht aber in einer gewissen Entfernung voneinander aufgestellt werden dürfen. Kann doch, bei starken Zylindern, schon eine merkliche Verschiedenheit der Wirkung entstehen, je nachdem sie auf der dem Auge zu- oder auf der von dem Auge abgewandten Seite dem sphärischen Glase aufgeschliffen werden.

Für die seltenen Fälle, wo es wünschenswert erscheinen sollte, zwei senkrecht zueinander stehende Zylinder, statt eines sphärischen und eines zylindrischen Glases, zu verwenden, muß sich die den beiden Zylindern gemeinsame Fassung in dem graduierten Ringe bewegen. — Die Einteilung der Zylinderfassung werden wir weiter unten erörtern.

Der englische Gelehrte STOKES hat, durch Drehung zweier gleichstarker Zylindergläser übereinander, einen Zylinder von veränderlicher Stärke hergestellt, welcher als STOKESsche Linse bekannt ist.

JAVAL (1866) und später SNELLEN (1873) haben versucht, STOKES' Erfindung für die Praxis brauchbar zu machen. In ihrer ursprünglichen Form konnte sie nämlich schon deshalb nicht verwendet werden, weil in STOKES' Instrument der eine Zylinder unbeweglich ist, und daher die Achse des aus der Drehung des anderen resultierenden Zylinders sich fortlaufend verändert. Um eine konstante Achse zu erhalten, kombinierte JAVAL einen konvexen, feststehenden Zylinder mit zwei konkaven Zylindern von der halben Stärke des konvexen, die sich, mit gleicher Schnelligkeit, in umgekehrtem Sinne übereinander drehen lassen. So würde man, beispielsweise mit einem konvexen Zylinder von 3 dptr. und zwei konkaven Zylindern von 1,5 dptr., die Zylinderserie von 0 bis 6 herstellen können. Um aber den jeweilig erforderlichen Zylinder zu erhalten, muß man das Instrument mit den sphärischen Gläsern des Brillenkastens kombinieren.

SNELLEN brachte erst einen konkaven und einen konvexen Zylinder von 3 dptr. in die von dem Optiker CRÉTÈS angefertigte Fassung des Doppelprismas [1]). Auf diese Weise erhält man aber, wie der Verfasser selbst angibt, nicht nur einen, sondern zwei veränderliche Zylinder, deren Wirkungen zueinander senkrecht stehen. Er wählte deshalb später zwei konkave Zylinder von 3 dptr. Sind sie gleichgerichtet, so entsprechen sie einem Zylinder von 6 dptr.; stehen sie senkrecht zueinander, so kommt ihre Wirkung der eines sphärischen Konkav 3 gleich. In den dazwischenliegenden Stellungen durchläuft der resultierende Zylinder die Wirkungen von 0 bis 6 dptr., der sphärische Diopter die von 0 bis 3 dptr. Um diese sphärische Wirkung zu eliminieren, verband SNELLEN seine STOKESsche Linse mit einer Art GALILÄIschen Fernrohres, bestehend aus Sphärisch konkav und konvex 9 dptr., mit veränderlichem Abstande. Aber auch damit erhält man zwar wohl einen Zylinder von veränderlicher, nicht aber von der gerade erforderten Stärke. Überhaupt hat sich STOKES' Linse, trotz der daran angebrachten Modifikationen, nicht in die ophthalmologische Praxis einzubürgern vermocht.

In welcher Weise man auch den Astigmatismus bestimmt habe, das Resultat der Untersuchung muß immer mit Hilfe der Sehschärfe geprüft werden. Dieselbe muß, wenn der Brechungsfehler korrigiert ist, notwendigerweise zunehmen, und zwar ganz beträchtlich, wenn es sich um einen Astigmatismus von 2 und mehr Dioptrien handelt, weniger, wenn derselbe nur eine halbe Dioptrie beträgt. Zu dieser Kontrolle wird dem untersuchten

---

1) Vgl. Prüfung der Augenbewegungen.

Auge die Gläserkombination vorgesetzt, die aus der Bestimmung der Refraktion der beiden Hauptschnitte folgt. Sehr häufig findet man dabei, daß der Patient nicht nur im ganzen schwächere Gläser verträgt, sondern mit denselben sogar eine bessere Sehschärfe erlangt. Dies rührt daher, daß eine länger fortgesetzte Untersuchung, namentlich bei jüngeren Individuen, leicht eine beträchtliche Akkommodationsanstrengung hervorruft. Es empfiehlt sich daher, die Prüfung des Astigmatismus nicht allzulange auszudehnen, und jedenfalls an verschiedenen Tagen zu wiederholen, ehe man die Gläser verschreibt.

Gibt ein auf Astigmatismus verdächtiger Patient keinen Unterschied in der Deutlichkeit verschieden gerichteter Linien an, so ist damit noch nicht bewiesen, daß er nicht astigmatisch sei. Einmal kann der optische Fehler sehr klein, jedenfalls für die Beobachtungsgabe des Patienten zu gering sein. Dreht man dann einen Zylinder von 0,5 oder mehr Dioptrien langsam vor seinem Auge herum, so findet man nicht selten eine Stellung desselben, bei welcher der Patient von selbst erklärt, er sehe deutlicher, und ein wirkliches Steigen der Sehschärfe zu konstatieren ist.

Umgekehrt kann es aber auch vorkommen, daß ein sehr hochgradiger Astigmatismus das Sehen so sehr beeinträchtigt, daß der Patient von den gewöhnlichen Probeobjekten zur Erkennung des Astigmatismus so unvollkommene Netzhautbilder erhält, daß er nicht imstande ist, unsere Fragen nach der ihm deutlichsten Linie u. s. w. zu beantworten.

Für solche Fälle stark herabgesetzter Sehschärfe muß man sich dann größerer Sehzeichen bedienen, wie sie z. B. van Haaften in der Form einer Strahlenfigur gegeben hat, deren Radien viermal länger sind als die Snellenschen und aus je drei Linien bestehen, die sich gegen das Zentrum hin verlängern. — Die Radien der unseren Sehproben beigegebenen Strahlenfigur sind ebenfalls etwas dicker und länger als die Snellenschen, um auch bei herabgesetzter Sehschärfe verwendet werden zu können. — Sodann kann man das oben angeführte Experiment mit einem starken Zylinder versuchen, denselben in verschiedenen Richtungen vor das Auge haltend, um zu erfahren, ob er in irgend einer derselben die Sehschärfe bedeutend verbessert oder verschlimmert. In beiden Fällen ist Astigmatismus nachgewiesen, und man braucht dann nur noch mit immer genauerer Feststellung der Hauptmeridiane und der Nummer des korrigierenden Glases, den Grad desselben vollkommen zu bestimmen.

Javal (1865) hat, zur Bestimmung des Astigmatismus, ein Optometer angegeben, das aus einem viereckigen, ausziehbaren Kasten besteht, in dessen vorderer Wand sich zwei Konvexgläser von etwa 13 dptr. befinden. Beide Augen werden offen gehalten und auf den im Grunde des Apparates angebrachten Karton gerichtet. Derselbe trägt für jedes Auge einen Kreis, der durch seine binokuläre Verschmelzung den Parallelismus der Augenachsen und möglichste Erschlaffung der Akkommodation herbeiführen soll. Während der dem nicht untersuchten Auge entsprechende Kreis leer ist, enthält der andere eine zifferblattähnliche Strahlenfigur. Besteht Astigmatismus, so bleibt, bei der Entfernung dieses Sehobjektes, d. h. beim Ausziehen des Instrumentes, eine der Linien deutlich, während die anderen verschwinden. Die deutlich gesehene Linie steht senkrecht zu dem schwächst brechenden Meridiane. Ist die Einstellung des Apparates gefunden, so sucht man den zur Richtung der schärfst gesehenen Linie senkrechten Konkavzylinder, mit welchem alle Radien der Figur gleich deutlich werden. Um das erforderliche Zylinderglas rasch zu finden, lassen sich vor der Konvexlinse, um die gleiche Achse, zwei Rekosssche Scheiben drehen, von denen jede vier negative Zylinder enthält. Jedes der acht Gläser läßt sich einmal allein, sodann in Verbindung mit den vier Gläsern der anderen Scheibe verwenden. So erhält man 32 verschiedene Grade zylindrischer Wirkung. Die Einstellung der Achse der Zylinder geschieht durch Drehung der Gesamtfassung.

Wo die Antworten des Patienten unzuverlässig sind, da ist eben von einer subjektiven Untersuchung nicht viel zu erwarten, und tritt dann die objektive in ihre Rechte. Häufig genügt die einfache Beleuchtung des Auges mit dem Spiegel, die Koreskopie, bzw. Skiaskopie, oder die Betrachtung des aufrechten Bildes, um uns über das Vorhandensein des Astigmatismus, die Lage der Hauptmeridiane, ja sogar deren Brechung, Rechenschaft zu geben.

Auch die Messung der Krümmung einer einzigen brechenden Fläche des Auges, der Hornhaut, mittels eines Keratometers, kann uns in solchen Fällen, durch Anzeige der mutmaßlichen Richtung der Hauptmeridiane und ihres Brechungsunterschiedes, wertvolle Hilfe leisten.

Häufig erhalten wir, bei annähernder Korrektion seines optischen Fehlers, von dem Patienten die Antworten, welche uns zu dessen vollkommener Korrektion führen. Genaueres über die objektive Bestimmung des Astigmatismus werden wir im Kapitel der Ophthalmometrie und Keratometrie erfahren.

Ist der Astigmatismus des einen Auges bestimmt, so gelingt die Korrektion desselben auf dem anderen Auge, falls ein solcher vorhanden ist, viel rascher, und zwar aus dem Grunde, weil, in der größten Mehrzahl der Fälle, die Hauptschnitte auf beiden Augen zur Mittellinie des Körpers symmetrisch liegen. Ist der eine Hauptschnitt nicht vertikal auf beiden Augen, so ist er gewöhnlich in beiden gleichzeitig nach der Schläfe oder nach der Nase geneigt. Diese Tatsache hat zweifellos ihren tieferen Grund in der Ätiologie des Astigmatismus; sie steht mit derselben in innigstem Zusammenhange. Jedenfalls drängt sie uns, mit logischer Notwendigkeit, darauf, bei der Bezeichnung der Lage der Hauptschnitte des Astigmatismus für beide Augen symmetrisch vorzugehen.

Bezeichnung der Richtung der Hauptschnitte des astigmatischen Auges, bzw. der den Astigmatismus korrigierenden Zylindergläser.

Zur Bezeichnung der Richtung der Hauptschnitte des astigmatischen Auges, bzw. der korrigierenden Zylinder, sind alle möglichen Methoden vorgeschlagen worden und, bedauerlicher Weise, zum Teil noch im Gebrauche. Die Verwirrung, die in dieser so einfachen Sache herrscht, führt tagtäglich zu den unangenehmsten Mißverständnissen.

Glücklicherweise haben sich die, im Jahre 1909, am XI. internationalen Kongresse in Neapel vereinigten Ophthalmologen über eine einheitliche Bezeichnungsweise der Hauptschnitte der Augen und der Zylinderachsen verständigt.

Dabei ist vor allem und unbedingt zu begrüßen, daß die zu diesem Behufe gewählte Kommission[1]) von dem Prinzipe ausgegangen ist, die Angabe dieser Richtung müsse auf beiden Augen symmetrisch sein.

Zur Bezeichnung dient für jedes Auge ein aufrecht stehender Halbkreis, dessen Einteilung an der Nasenseite beginnt und oben herumgeht, so daß 90° der Vertikalen, 0 und 180° der Horizontalen entspricht (Fig. 82).

Wir haben denn auch, im Interesse der notwendigen Einheit, die uns sonst besser zusagende Einteilung mit 0 oben und 90° zu beiden Seiten, verlassen und dieselbe in Probetafeln, Probiergestell, Brillenverordnung usw. durch das internationale System ersetzt.

Brille — Klemmer — Lorgnette[2]).

Linkes Auge:

Sphärisch Konvex:
Sphärisch Konkav:

Kombiniert mit:

Zylinder Konvex:
Zylinder Konkav:

Achse:

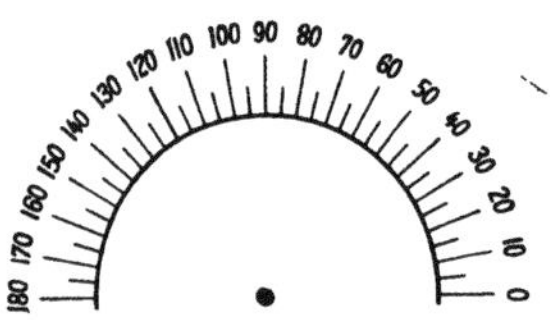

Prisma:

Kante nach:

Rechtes Auge:

Sphärisch Konvex:
Sphärisch Konkav:

Kombiniert mit:

Zylinder Konvex:
Zylinder Konkav:

Achse:

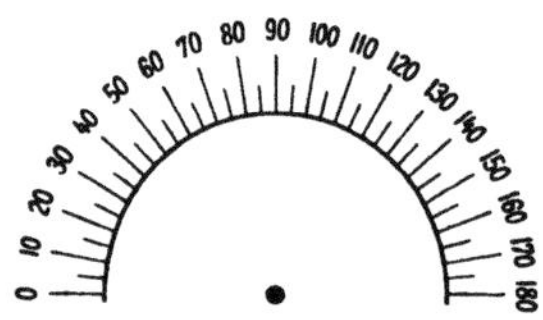

Prisma:

Kante nach:

Gläser: muschelförmig. farblos, Rauchglas, euphos Nuance:
Gegenseitiger Abstand der optischen Zentren der Gläser:
Brillengestell: Bügel:
Branchen:

---

1) Die Kommission bestand aus den Herren: Charpentier (Nancy), Dimmer (Wien), Eperon (Lausanne), v. Hess (München), Jessop (London), Nuel (Liège), und Reymond (Turin). X. Internat. ophth. Kongreß, Bericht C. S. 49 Luzern 1904.

2) Die nicht gewünschte Form wird gestrichen.

Obschon mit demselben die Angabe der Grade genügen sollte, um beispielsweise die Richtung einer Zylinderachse anzugeben, so ziehen wir es, angesichts der immer noch herrschenden Verwirrung, vor, in unseren Brillenverordnungen die Lage der Zylinderachsen durch einen Federstrich unzweifelhaft anzudeuten.

Nebenstehendes gedruckte Schema hat sich uns, seit vielen Jahren, als besonders praktisch erwiesen.

Die Tatsache, daß die Verordnung für das linke Auge auf der linken, die für das rechte Auge auf der rechten Hälfte des Blattes steht, beweist dem Optiker schon, daß dieselben als von dem Patienten aus gesehen betrachtet sind. Der Augenarzt kann außerdem, mit einem Federstrich, die Richtung der Zylinderachse direkt in obiges Schema eintragen.

Man tut in jeder Hinsicht, so auch bei der Untersuchung der Augen, gut, sich an die Stelle des Patienten zu versetzen. Deswegen haben wir auf die linke Seite des Blattes das linke, auf die rechte das rechte Auge gesetzt. Deswegen pflegen wir auch die Untersuchung jeweilen mit dem linken Auge zu beginnen. So schreibt man auch, bei der Notierung des Befundes, wie im gewöhnlichen Leben, von links nach rechts. Viel Gewicht ist ja natürlich auf eine solche Kleinigkeit nicht zu legen, doch haben wir uns damit manchen Zeitverlust und manches Mißverständnis erspart.

Alle die unter der subjektiven Refraktionsbestimmung genannten Optometer lassen sich auch zur Bestimmung des Astigmatismus verwenden. Die aus einer einzigen Konvexlinse bestehenden, sowie die auf dem Prinzipe des Galiläischen Fernrohres beruhenden, enthalten zu diesem Zwecke als Fixierobjekt eine Strahlenfigur oder parallele Linien, deren Richtung geändert werden kann (Perrin und Mascart). Die nach dem astronomischen Fernrohre gebauten werden auf die an der Wand befestigten Astigmatismustafeln gerichtet. Das Instrument wird so eingestellt, daß erst eine Linie der Figur, sodann die darauf senkrechte mit größter Deutlichkeit hervortritt. Die Refraktionsdifferenz zwischen den beiden Einstellungen ergibt den Grad des Astigmatismus.

Da eine mäßige Akkommodationsanspannung auf den Astigmatismus keinen bedeutenden Einfluß ausübt, weil dabei die Refraktion in dem einen Hauptschnitte nicht merklich mehr steigt als in dem anderen, so dürfte die mit diesem Optometer geführte Messung des Astigmatismus weniger Fehlern ausgesetzt sein, als die der statischen Refraktion des Auges. Allerdings ist nicht zu vergessen, daß dabei die Refraktion, nicht wie bei der Kombination der Brillengläser, in beiden Hauptschnitten gleichzeitig, sondern in dem einen nach dem anderen bestimmt wird. Es ist also möglich, daß der Patient, von einem zum anderen Male seine Akkommodation ändert und damit die Genauigkeit der Untersuchung beeinträchtigt.

Wie bei allen Methoden der Astigmatismusbestimmung, muß eben auch hier das Resultat, mit Hilfe der durch die entsprechenden Brillengläser erhaltenen Sehschärfe, geprüft und eventuell modifiziert werden.

Wie SCHEINERS Versuch zur Bestimmung des Astigmatismus verwertet werden kann, haben wir oben, bei Anlaß der Optometer von W. THOMSON, von WARD und HOLDEN, und unserem eigenen, auseinandergesetzt.

B. Objektive Methoden zur Bestimmung des Astigmatismus.

Die Methoden, welche wir bei der objektiven Bestimmung der Refraktion überhaupt betrachtet haben, können selbstverständlich auch zur Bestimmung des Astigmatismus dienen.

Ist die Refraktion in verschiedenen Meridianen des Auges eine verschiedene, so müssen sich notwendigerweise die Erscheinungen, auf welche diese Methoden basiert sind, in den beiden Hauptmeridianen in verschiedener Weise geltend machen.

Diese Methoden beruhen alle auf der Betrachtung der vom Augengrunde herkommenden Lichtstrahlen. Sie gehören in das Gebiet der Ophthalmoskopie. Einer anderen objektiven Bestimmung seines Brechzustandes ist das Auge, wenigstens in der Praxis, nicht zugänglich, da derselbe mehr noch von dessen Achsenlänge als von der Brechkraft seiner Medien abhängt, die letztere aber nur schwer, die erstere im Leben gar nicht mit Genauigkeit gemessen werden kann.

Da der Astigmatismus dagegen hervorgerufen wird durch eine Krümmungsanomalie der brechenden Flächen des Auges, und sich die Form derselben direkt beobachten läßt, so dürfen wir hoffen, zur Bestimmung des Astigmatismus außer den ophthalmoskopischen, auch ophthalmometrische Methoden zu finden. Wie weit diese Hoffnung gerechtfertigt ist, werden wir später sehen.

Betrachten wir vorläufig die Methoden, welche auf der Brechung der vom Augengrunde kommenden Strahlen beruhen.

Ist die Refraktion in zwei aufeinander senkrechten Meridianen verschieden, so muß jeder der beiden zu denselben ophthalmoskopischen Erscheinungen Veranlassung geben, wie ein mit gleicher Refraktion ausgestattetes Auge. Das ophthalmoskopische Bild des Augengrundes wird also in den Richtungen der beiden Hauptmeridiane in mehrfacher Beziehung verschieden sein.

Ist z. B. die Lichtbrechung im vertikalen Hauptschnitt stärker als im horinzontalen, so braucht der Beobachter eine geringere Brechkraft, um horizontal verlaufende Gefäße, den oberen und unteren Rand der Papille im aufrechten Bilde scharf zu sehen, als vertikale Gefäße und die seitlichen Ränder der Papille.

Zugleich muß die Vergrößerung, in welcher ihm die Objekte des Augengrundes erscheinen, beträchtlicher sein im vertikalen als im horizontalen Meridiane, ist doch sozusagen die Lupe, durch die er sie betrachtet, in ersterer Richtung stärker als in letzterer.

Das Umgekehrte findet statt im umgekehrten Bilde. Sowie die Vergrößerung desselben geringer ist bei Myopie als bei Hypermetropie, und abnimmt mit dem Grade der Myopie, zu mit dem der Hypermetropie, so ist auch die Vergrößerung des umgekehrten Bildes im Sinne des stärker brechenden Hauptschnittes geringer, als in dem des schwächer brechenden.

Dazu kommt noch der Einfluß, den der Abstand des Beobachters, bzw. der Konvexlinse vom Auge, auf die Größe des aufrechten, bzw. des umgekehrten Bildes ausübt. Er ist in den zwei Hauptschnitten verschieden, so daß, wenn, bei Änderung des Abstandes der Linse, die Papille ihre Form zu verändern scheint, mit Sicherheit auf Astigmatismus geschlossen werden kann.

Erinnern wir uns auch an die Erscheinungen der Parallaxe und an ihre Abhängigkeit vom Refraktionszustande des Auges. Hat die Scheinbewegung der Objekte des Augengrundes bei Bewegung unseres Kopfes oder der zur Hervorrufung des umgekehrten Bildes verwendeten Linse auch keine sehr große Bedeutung bei der Bestimmung der Refraktion überhaupt, so kann sie wohl verwertet werden in dem Falle von Astigmatismus, wo sie sich in verschiedener Richtung verschieden äußert.

Endlich wird uns auch die ophthalmoskopische Beobachtung der Netzhautbilder, die das untersuchte Auge von außer ihm gelegenen Objekten erhält, mögen diese Bilder deutlich oder undeutlich sein, Mittel an die Hand geben, den Astigmatismus desselben zu bestimmen; stehen doch auch sie unter dem Einflusse dieser eigentümlichen Lichtbrechung.

Bestimmung des Astigmatismus mit Hilfe des aufrechten Bildes.

Sucht man die Refraktion eines Auges im aufrechten Bilde zu bestimmen, und gelingt es nicht, ein sphärisches Glas zu finden, mit welchem der gesamte Rand der Papille, alle, auch die in den verschiedensten Richtungen verlaufenden Gefäße, gleichzeitig deutlich erscheinen, so hat man es sicher mit einem astigmatischen Auge zu tun. Emmetropie und Akkommodationsruhe des Beobachters vorausgesetzt, ergibt das stärkste Konvex-, resp das schwächste Konkavglas, den Brechzustand des auf die am schärfsten gesehenen Gefäße senkrechten Hauptschnittes. Der des anderen Hauptschnittes wird in gleicher Weise mit Hilfe eines auf das erste senkrecht verlaufenden Gefäßes oder des gegenüberliegenden Randes der Papille bestimmt.

Die Differenz zwischen den beiden gibt den Grad des Astigmatismus.

Besitzt man ein Ophthalmoskop, das nicht nur sphärische, sondern auch zylindrische Gläser enthält, so bestimmt man erst die Richtung und Refraktion des einen Hauptschnittes mittels der sphärischen Gläser und dann die des anderen Hauptschnittes mit den über dem sphärischen Korrektionsglase durchpassierenden Zylindern, deren Achse selbstverständlich auf dem zu bestimmenden Meridian senkrecht stehen muß.

Schöler, Parent (1895) u. a. haben solche Vorrichtungen mit dem Ophthalmoskope verbunden. — Schweigger (1895) und Laidlow, Purves suchten dazu die Stokessche Linse zu verwerten.

Von sehr großer Wichtigkeit ist es, daß das Korrektionsglas senkrecht zur Achse des beobachtenden Auges stehe, sonst wirkt ein sphärisches Glas stärker in der zu seiner Drehungsachse senkrechten Richtung, wodurch jede genaue Refraktionsbestimmung unmöglich wird.

Besäße der Augengrund ein Objekt von konstanter Form, wäre z. B. die Papille kreisrund, so ließe sich die Diagnose des Astigmatismus schon durch die einfache Betrachtung derselben machen: Erschiene sie verzogen, so wäre Astigmatismus vorhanden, und zwar entspräche, im aufrechten Bilde, die große Achse der Ellipse dem stärker, die kleine dem schwächer brechenden Hauptschnitte. Nun ist aber die Form der Papille eine so inkonstante, daß sich aus ihr allein noch kein Schluß auf die Brechung des optischen Apparates machen läßt. Einen Anhaltspunkt gewinnt man erst, wenn man den Einfluß zu Rate zieht, den Entfernung vom und Annäherung an das Auge auf die Form der Papille ausüben. Die Vergrößerung des aufrechten Bildes ist nämlich bei Emmetropie in jeder Entfernung dieselbe; bei Hypermetropie ist sie um so geringer, bei Myopie um so stärker, je weiter das Korrektionsglas vom Auge absteht.

Es ist dies dasselbe Gesetz, dem wir schon bei der Refraktionsbestimmung mittels der Sehschärfe begegnet sind, nur ist es diesmal auf die vom Augengrunde herkommenden Strahlen angewandt.

Besteht also, beispielsweise, im vertikalen Meridiane Myopie, im horizontalen Hypermetropie, so wird, bei Entfernung des Beobachters vom untersuchten Auge, dessen Papille einer stehenden Ellipse gleichen, welche im Sinne ihrer langen, vertikalen Achse rasch zu-, in dem der kürzeren, horizontalen, abnimmt.

Ist der Unterschied der Brechung in den beiden Hauptmeridianen nicht sehr groß, so ist die Beurteilung dieser Verzerrung des Bildes der Papille zu unsicher, um diagnostisch verwertet werden zu können. Gute Dienste leistet dagegen die Vergleichung der Vergrößerung, bzw. der Form der Papille im aufrechten, mit derjenigen im umgekehrten Bilde.

Bestimmung des Astigmatismus mittels des umgekehrten Bildes.

Die Vergrößerung des umgekehrten Bildes verhält sich, wie wir schon mehrmals erwähnt haben, gerade umgekehrt wie die des aufrechten. Ist also der vertikale Meridian eines Auges stärker brechend als der horizontale, so wird die Papille im aufrechten Bilde in vertikaler, im umgekehrten in horizontaler Richtung verlängert erscheinen. Diese Beobachtung allein genügt schon, um das Vorhandensein von Astigmatismus, ja selbst die Richtung der Hauptmeridiane, wenigstens ungefähr, festzustellen.

Noch weitere Anhaltspunkte gewinnt man, wie oben erwähnt, wenn man bei der Betrachtung des aufrechten Bildes sich selbst, beim umgekehrten Bilde die Konvexlinse langsam vom untersuchten Auge entfernt.

Steht die letztere nämlich dem Auge möglichst nahe, so ist die Vergrößerung des umgekehrten Bildes in dem stärker brechenden Meridiane am geringsten. Ist es der vertikale Meridian, so würde eine kreisrunde Papille als horizontale Ellipse erscheinen.

Steht die Konvexlinse gerade um ihre Brennweite vom untersuchten Auge entfernt, so ist die Vergrößerung in beiden Hauptschnitten, trotz deren ungleicher Brechkraft, dieselbe[1]).

Zwischen diesen beiden Stellungen der Linse haben die Durchmesser des Papillenbildes entweder zu- oder abgenommen. Zugenommen haben sie in einem myopischen Hauptschnitte, abgenommen in einem hypermetropischen.

Hat das Papillenbild in beiden Hauptschnitten zugenommen, so besteht Myopie in beiden, und zwar die stärkere in der Richtung der rascheren Zunahme. — Sind beide Hauptschnitte hypermetropisch, so nimmt, bei Entfernung der Konvexlinse, die Größe des umgekehrten Bildes in beiden Richtungen ab, und zwar um so rascher, je stärker die Hypermetropie ist.

Entfernt sich die Linse über ihre Brennweite von dem untersuchten Auge, so kehren sich die Verhältnisse der Vergrößerung um. Man kann also die Resultate der beiden Beobachtungen miteinander vergleichen und durcheinander kontrollieren.

Zu diesen, an und für sich ganz richtigen, von Giraud-Teulon ausgesprochenen Gesetzen bemerkt Parent (1895) nicht mit Unrecht, daß, bei der Stellung der Linse, wo deren Brennpunkt mit dem Hauptpunkte des Auges zusammenfällt, die Größe des umgekehrten Bildes allerdings für die beiden ungleich brechenden Meridiane die gleiche ist, daß dies Bild

1) Bei Astigmatismus haben wir es nämlich zu tun mit Krümmungs-, und nicht mit Achsenametropie. Das Zusammenfallen des Brennpunktes der Linse mit dem ersten Hauptpunkte des Auges hat dann denselben Einfluß wie das Zusammenfallen dieses Brennpunktes mit dem vorderen Brennpunkte des achsenametropischen Auges.

aber für die beiden Meridiane in ungleicher Entfernung zustande kommt, dem stärker brechenden Meridiane näher, von dem schwächer brechenden weiter entfernt. Der Beobachter wird also z. B. die Papille in der Richtung des schwächer brechenden Meridianes größer schätzen, als in der des stärker brechenden, dessen Bild etwas weiter von ihm entfernt ist. Dem Beobachter erscheint also das ihm näher liegende, dem hypermetropischen Meridiane entsprechende Bild etwas größer, das dem myopischen entsprechende etwas kleiner.

Handelt es sich darum, die Größe des Papillenbildes bei verschiedener Entfernung der dasselbe produzierenden Konvexlinse zu beobachten, so darf dasselbe nie größer sein als die durch die Linse betrachtete Pupille, sonst würde ein Teil desselben vom Pupillenrande verdeckt. Es ist deshalb wünschenswert, daß die Pupille bei diesen Versuchen möglichst weit sei. Außerdem vergessen wir nicht, daß das von der Pupille entworfene Bild, welches das des Augengrundes umrahmt, am größten ist, d. h. ganz verschwindet, wenn der Brennpunkt der Konvexlinse in die Pupillarebene fällt.

Diesseits wie jenseits dieser Stellung erscheint die Pupille als virtuelles oder reelles (umgekehrtes) Bild wieder und nimmt rasch an Ausdehnung ab.

Die Beobachtung der Größe des Augenspiegelbildes und seiner Veränderungen ist um so leichter, je stärker die Vergrößerung ist. Mit derselben nimmt aber eben die Ausdehnung des Beobachtungsfeldes ab. Man hat also, bei der Wahl der Linse zu diesen Untersuchungen, die Weite der Pupille sowohl, als die Vergrößerung in den extremen Stellungen der Linse, zu berücksichtigen.

Nicht minder wichtig ist es, die Linse stets zur Achse des untersuchten Auges senkrecht zu halten, da deren Schiefstellung einen scheinbaren Astigmatismus hervorrufen würde.

Wir haben oben eine Reihe von Methoden erwähnt, welche gestatten, die Refraktion zu ermitteln durch die Entfernung, in welcher das umgekehrte Bild zustande kommt. Ist die Refraktion in verschiedenen Hauptschnitten verschieden, so muß die Einstellung dieser objektiven Optometer in den beiden Hauptschnitten eine entsprechend verschiedene sein. So läßt sich auch mit diesen Instrumenten der Astigmatismus bestimmen, wenn anders die Bilder scharf genug sind, um die von demselben hervorgerufenen Deutlichkeitsunterschiede mit Sicherheit festzustellen.

Können auch die Netzhautgefäße, wenn sie gerade den Hauptschnitten parallel verlaufen, oder die Umrisse des Sehnerveneintrittes, wenn sie scharf sind, wohl zur Bestimmung des Astigmatismus dienen, so gibt es doch nicht selten Fälle, wo diese Bedingungen nicht erfüllt sind, und uns ein zu dieser so delikaten Untersuchung geeignetes Objekt fehlt. Der Gedanke liegt deshalb nahe, das fehlende Objekt durch das im Augengrunde erzeugte Bild einer Strahlenfigur zu ersetzen. Da der Patient die verschiedenen Durchmesser derselben verschieden deutlich sieht, so muß auch der Beobachter den Unterschied in der Schärfe dieser Netzhautbilder wahrzunehmen, und damit den Astigmatismus zu bestimmen imstande sein. Wir haben denn auch, schon vor vielen Jahren, an einem die Lichtquelle deckenden, matten Glase, einen von schwarzen Fäden durchkreuzten Ring angebracht, dessen Bild also mit dem der Lichtquelle gleichzeitig im Augengrunde zustande kam. Um wenigstens einen Durchmesser des Bildes deutlich zu machen, muß allerdings das untersuchte Auge auf die Lichtquelle eingestellt sein. Dies gelingt mit vorgesetzten Gläsern, mit Verändern der Entfernung der Lichtquelle und Benutzung verschieden starker Konkavspiegel. Hat man so die Richtung und Refraktion des einen Meridianes festgestellt, so findet man die des anderen durch einfaches Aufsuchen des Glases, mit welchem der auf dem ersteren senkrechte Durchmesser deutlich wird.

W. Schön (1878) gibt zu diesen Messungen einen Apparat an, den er folgendermaßen beschreibt: »Eine Lampe trägt einen Kasten, der an der einen schmalen Seite eine Linse vor einer Öffnung hat. Der Kasten ist drehbar nach oben, unten und den Seiten, doch bleibt die Flamme stets im Fokus der Linse. In einer Führung am Boden des Kastens läuft eine mit Maßteilung versehene 40 cm lange Schiene, deren Bewegung der Kasten folgen muß. Am Ende der Schiene befindet sich ein planer Augenspiegel, und auf der Schiene, 35 mm von dem Spiegel, eine Linse, die man nach Bedürfnis wechseln kann (8 bis 19 cm Bw.). Auf der Schiene sind ein horizontales und ein vertikales Gitter verschiebbar. Von diesen wird der Schatten in das Auge geworfen. Man verschiebt die Gitter, bis der Schatten möglichst deutlich ist. Kontrolliert wird durch Korrektionslinsen hinter dem Spiegel. Die Berechnung des Resultates ist sehr einfach.«

Eine große Fehlerquelle liegt bei diesen Versuchen darin, daß der sphärische Konkavspiegel durch seine, zur Reflexion des Beleuchtungslichtes nötige Schiefstellung, eine zylindrische Wirkung erhält, und da Astigmatismus vortäuscht, wo in Wirklichkeit keiner besteht. Um diesen Nachteil zu vermeiden, müßte man einen sphärisch-zylindrischen Konkavspiegel verwenden und dessen Neigung zur Lichtquelle sowohl als zum untersuchten Auge unverändert lassen. Da der Planspiegel geringere Lichtstärke besitzt, müßte man bei dessen Benutzung die Intensität der Lichtquelle erhöhen und zur Adaptation des untersuchten Auges auf die Entfernung derselben die entsprechenden Gläser verwenden.

Die Erfüllung aller dieser Bedingungen ist nicht sehr leicht, da eben die verwendeten Gläser alle zur Sehlinie des beobachteten Auges senkrecht stehen müssen, wenn die Untersuchung ein brauchbares Resultat geben soll. Und da uns zur objektiven Bestimmung des Astigmatismus einfacherere und sicherere Methoden zu Gebote stehen, so haben wir unsere Versuche in dieser Richtung nicht fortgesetzt.

Das Objekt (Fig. 56), dessen umgekehrtes Bild SCHMIDT-RIMPLER zur Optometrie benutzt, hat eine Form, an welcher astigmatische Refraktion sehr deutlich zutage treten muß. Es ließe sich leicht durch andere, ähnliche Sehzeichen ersetzen. Aber auch hier gilt, was wir eben von der Gefahr eines durch Schiefstellung des Katopters oder Diopters vorgetäuschten Astigmatismus gesagt haben.

Dem elektrischen Augenspiegel dürfte es vorbehalten sein, die Beobachtung des auf dem Augengrunde erzeugten Bildes zu sicherer Bestimmung des Astigmatismus zu verwerten.

Die Parallaxe, d. h. die Scheinbewegung, welche die im aufrechten Bilde beobachteten Objekte des Augengrundes, bei Bewegung des Kopfes des Beobachters, im umgekehrten Bilde, bei Bewegung der Linse annehmen, kann ebenfalls zur Diagnose des Astigmatismus dienen. Die erstere allerdings nur in seltenen Fällen, d. h. wenn der Astigmatismus so hochgradig ist, daß er zu einer merklichen Verschiedenheit in der Geschwindigkeit der scheinbaren Exkursionen, in verschiedenen Richtungen Veranlassung gibt.

Wir erinnern uns daran, daß die Parallaxe des aufrechten Bildes um so stärker ist, je geringer der Grad der Ametropie ist. Unübersehbar ist der Unterschied derselben, wenn in einem Meridiane Hypermetropie, Emmetropie oder schwache Myopie, im anderen so starke Myopie besteht, daß der Beobachter, aus einer gewissen Entfernung, das aufrechte Bild des einen, das umgekehrte des anderen Meridianes vor sich hat. Bewegt er dann seinen Kopf, so scheinen die durch den ersteren gesehenen Objekte in gleicher, die durch den letzteren gesehenen, in entgegengesetzter Richtung zu gleiten. Doch dies ist ein seltener Fall.

Bessere Dienste leistet die Parallaxe des umgekehrten Bildes. Verschiebt man die Konvexlinse in verschiedenen Richtungen und findet, daß das Bild sich nicht in allen Richtungen gleich rasch bewegt, so darf man auf Astigmatismus schließen, und zwar entsprechen die Hauptmeridiane selbstredend den Richtungen der geringsten und der ausgiebigsten Exkursion des Bildes.

Gleichstark wie die der Linse ist die scheinbare Verschiebung bei Emmetropie, größer ist sie bei Hypermetropie, geringer bei Myopie, und zwar tritt der Unterschied um so deutlicher hervor, je höher der Grad der Ametropie, und je größer das umgekehrte Bild ist. Es ist deshalb geraten, zu diesem Versuche eine nicht sehr starke Linse, z. B. Konvex 13, zu verwenden. Ein darauf eingeritztes oder mit Tinte markiertes Kreuz erleichtert die Beobachtung, wie wir schon oben bemerkt haben.

Die Bestimmung des Astigmatismus mittels der Skiaskopie oder Koreskopie.

Das Vorhandensein von Astigmatismus verrät sich, bei einfacher Beleuchtung des Auges aus einer gewissen Entfernung, einmal dadurch, daß die oben erwähnten, sogenannten skiaskopischen oder koreskopischen Erscheinungen nicht in allen Hauptschnitten gleichartig zutage treten, namentlich aber dadurch, daß die Kontur des Lichtbildes nur in zwei Richtungen der Drehungsrichtung des Spiegels parallel ist, in allen anderen aber dazu schief steht. Dies ist um so mehr der Fall, je weiter die Drehungsachse des Spiegels, bzw. die Laufbahn des Reflexes, von der Richtung der Hauptschnitte verschieden ist.

Aber auch wenn sich der Spiegel zufällig im Sinne eines der Hauptschnitte dreht, d. h. auch wenn sich derselbe dem Reflexe parallel bewegt, auch in diesem Falle läßt sich das Vorhandensein von Astigmatismus nicht unschwer erkennen. Man braucht nur den Spiegel sukzessive in den zwei aufeinander senkrechten Richtungen zu drehen, dann wird, bei Astigmatismus, einmal die Deutlichkeit der Kontur des Pupillenscheines in den beiden Richtungen verschieden sein, namentlich aber wird sich derselbe in der einen Richtung rascher bewegen als in der anderen; oder gar, in den beiden Richtungen, in entgegengesetztem Sinne laufen. Letzteres ist der Fall, wenn der Einstellungspunkt des einen Hauptschnittes vor, der des anderen hinter die Pupille des Beobachters fällt[1]).

Es ist also bei jeder skiaskopischen Untersuchung geraten, den Spiegel nicht nur um eine, sondern abwechselnd um zwei aufeinander senkrechte Achsen zu drehen.

Gute Dienste leistet dabei der Spiegel des Dr. Hegg in Bern, welcher, in zwei Ringen aufgehängt, sich, bei gleichbleibender Stellung des Griffes, leicht um zwei aufeinander senkrechte Achsen drehen läßt.

Ist einmal die Richtung der Hauptschnitte gefunden, so bestimmt man, in einer der oben angegebenen Weisen, die Refraktion erst des einen, sodann die des anderen derselben, mittels vorgesetzter sphärischer Gläser; oder, ist die Refraktion des einen Hauptschnittes gefunden, so läßt man das entsprechende sphärische Korrektionsglas vor dem untersuchten Auge stehen und bestimmt die des anderen mit zu seiner Richtung senkrechten Zylindergläsern. Die letzteren müssen selbstredend konkav sein, wenn der erst korrigierte Hauptschnitt der schwächer brechende ist, konvex, wenn man den stärker brechenden durch ein sphärisches Glas korrigiert hat.

Eine ganz vorzügliche und sehr genaue Methode der skiaskopischen Bestimmung des Astigmatismus gibt Wolffs elektrischer Augenspiegel.

---

1) Vgl. was wir im Abschnitte der Skiaskopie von den skiaskopischen Erscheinungen des Astigmatismus gesagt haben!

Bestimmung des Astigmatismus mittels der Messung der Krümmung der brechenden Flächen des Auges.

In dem Abschnitte der Ophthalmometrie werden wir sehen, daß sich die Krümmung der brechenden Flächen des Auges direkt messen läßt. Da der Astigmatismus auf einer Krümmungsanomalie dieser Flächen beruht, so sollte er sich auch ophthalmometrisch bestimmen lassen. Nun ist die Messung der Krümmung der Hornhaut zwar leicht, diejenige der vorderen und der hinteren Linsenfläche dagegen mit bedeutenden Schwierigkeiten verbunden. Diese letzteren darf man aber nicht vernachlässigen, wenn man den gesamten Astigmatismus des Auges kennen will, und der allein hat praktische Bedeutung.

Doch, selbst wenn man die Refraktion der verschiedenen Meridiane der Linse kennen würde, so wäre das Resultat ihrer, mit der der Hornhaut kombinierten Wirkung, sehr schwer zu berechnen, einmal, weil bei Hornhaut- und Linsenastigmatismus die Hauptschnitte oft zueinander schief stehen, sodann weil die brechenden Flächen oft genug nicht einmal untereinander, jedenfalls nicht in bezug auf die Gesichtslinie des Auges zentriert sind. Und der *Gesamtastigmatismus* des Auges in *dieser* Achse ist gerade, was wir zu kennen wünschen. Daraus geht hervor, daß die ophthalmometrische Bestimmung des Astigmatismus nicht imstande sein kann, ein der subjektiven Methode gleichwertiges Resultat zu liefern. Nichtsdestoweniger leistet uns die Kenntnis der Hornhautkrümmung (auf die der Linsenkrümmungen müssen wir in der Praxis verzichten), bei der Bestimmung des Astigmatismus, doch gelegentlich gute Dienste. Da nämlich die Hornhautoberfläche zwei Medien voneinander trennt (Luft und Hornhautsubstanz mit Humor aqueus), zwischen deren Brechungsindex ein viel größerer Unterschied besteht als zwischen Humor aqueus (bzw. vitreus) und Linsensubstanz, welche durch die Linsenoberflächen voneinander getrennt sind, so hat sie, trotz ihrer relativ geringen Krümmung, auf den Gang der Lichtstrahlen im Auge einen bedeutenderen Einfluß, als die hinter ihr liegenden brechenden Flächen.

Fig. 83.

Die Hornhaut trägt denn auch schon im linsenhaltigen Auge am meisten zur Erzeugung des Astigmatismus bei. Im linsenlosen ist sie sogar dessen einziger Faktor. Das Studium ihrer Form hat also, bei der Bestimmung des Astigmatismus, seine volle Berechtigung.

Schon in den siebziger Jahren hatten wir deshalb, an dem hinter unserem Rücken, dem Patienten gegenüberliegenden Fenster, auf gleicher Höhe mit dessen Augen, ein schwarzes Quadrat mit einem kreisförmigen

Ausschnitte angebracht (Fig. 83). Der Reflex dieser beiden Figuren auf der Hornhaut des Patienten gab, schon beim ersten Blick, gewisse Anhaltspunkte über vorhandene Krümmungsanomalien der Hornhaut.

Bei regelmäßigem Astigmatismus ließ sich sogar die Richtung der Hauptmeridiane, sowie die stärkere oder schwächere Krümmung derselben aus der Form des Reflexbildes ohne Mühe erkennen.

Placido (1881) hat dies Prinzip zu einem ganz hübschen Instrumente verwertet, dem er den Namen »Keratoskop« gegeben hat. Dasselbe besteht aus einer, von einer Handhabe getragenen, kreisrunden Scheibe von 23 cm Durchmesser. Die dem Beobachter zugewendete Seite derselben ist schwarz, die dem Patienten zugewendete trägt eine Serie abwechselnd schwarzer und weißer, mit der Scheibe konzentrischer Kreise. In das Zentrum der Scheibe ist ein 3 cm langer, zu derselben senkrechter, hohler Zylinder eingefügt.

Der Patient wird mit dem Rücken dem Fenster zugekehrt. Der Beobachter nimmt vor ihm Platz, so daß sein Auge mit dem des Patienten auf gleicher Höhe steht. Dann betrachtet er, durch die zentrale Durchbohrung des Instrumentes, das Reflexbild der Ringe auf der untersuchten Hornhaut. Damit das Zentrum der Scheibe in die Gesichtslinie des Patienten zu liegen komme, läßt man den letzteren in die Durchbohrung derselben blicken. Nicht minder wichtig ist es, daß die Scheibe zu den in der Achse zusammenfallenden Gesichtslinien des Beobachters und des Beobachteten senkrecht stehe. Um dies zu bewerkstelligen, richtet der Beobachter sein Augenmerk auf die wenn auch undeutlichen Bilder, die er von der vorderen und von der hinteren Öffnung der zentralen Röhre bekommt, und hält die Scheibe so, daß die beiden Bilder ihm genau kreisrund und konzentrisch erscheinen.

In ganz ähnlicher Weise haben de Wecker und Masselon (1882) ein »Astigmometer« konstruiert. Statt einer kreisförmigen, haben sie eine quadratische Scheibe gewählt. Dieselbe ist schwarz, von einem 15 mm breiten weißen Saume umrahmt, und in der Mitte durchbohrt. Während die eine Hand den die Scheibe tragenden Stiel hält, dreht die andere die Scheibe, bis die Seiten des Quadrates den Hauptschnitten der astigmatischen Cornea parallel sind. Die Richtung derselben läßt sich auf der Rückseite des Instrumentes ablesen.

Um den Grad des Astigmatismus zu schätzen, ist dem Instrumente eine Skala beigegeben, welche, außer einem Quadrate, nur gleichlange, aber verschieden hohe Rechtecke enthält. Sie entsprechen den Reflexbildern, welche Hornhäute von 0 bis 10 D. Astigmatismus von dem quadratischen Objekte liefern, wenn dasselbe 20 cm vom Auge entfernt ist. Neben das beobachtende Auge gehalten, dienen sie zur Vergleichung mit dem jeweiligen Reflexbilde. Eine dem Instrumente beigegebene Lupe soll die Beobachtung erleichtern.

Später haben die beiden Autoren ihr Instrument in der Weise modifiziert (1889), daß zwei gegenüberliegende Seiten des quadratischen Objektes durch eine Schraubenvorrichtung einander genähert, bzw. voneinander entfernt werden können. Dies geschieht so lange, bis das Reflexbild, trotz der astigmatischen Form der Hornhaut, als Quadrat erscheint. Ein Maßstab gibt die Zahl der Dioptrien an, welche der Einstellung des Objektes entspricht. — Außerdem sind, in einer Halbierungslinie der Scheibe, farbige Marken angebracht, zur Durchmusterung der exzentrischen Hornhautteile, wenn es sich um die Wahl der Stelle zu einer künstlichen Pupille handelt.

Alle diese Keratometer haben sehr an Bedeutung verloren, seit Javal, Schiötz u. a., nach dem Prinzipe des Helmholtzschen Ophthalmometers gebaute Instrumente zur Messung der Hornhautkrümmung konstruiert haben. Dieselben geben viel genauere Resultate als die einfachen in der Hand getragenen Scheiben.

Der Leser wird die Beschreibung und Handhabung dieser Keratometer in dem Abschnitte der Ophthalmometrie finden.

Fig. 84.

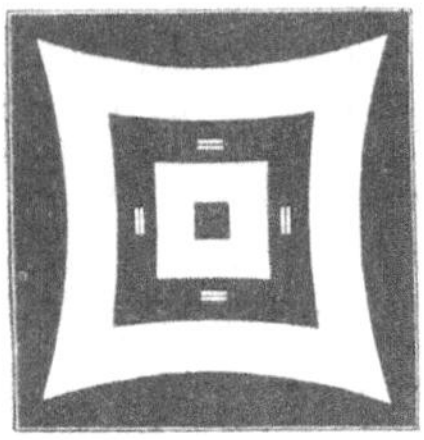

Noch genauer und anschaulicher, als es mit Keratometer und Ophthalmometer möglich ist, hat A. Gullstrand die Form der Hornhautoberfläche, mittels der Photographie ihrer Reflexbilder, studiert. Als Objekt dient ihm eine Figur mit konzentrischen Doppelkreisen, deren Bild auf der photographischen Platte, mit einer Teilmaschine gemessen wird. Für klinische Untersuchungen aber, sowie für photographische Demonstrationen, verwendet er die nebenstehenden (Fig. 84), in verkleinertem Maßstabe wiedergegebenen Figuren, welche sich, auf der normal gekrümmten Hornhautoberfläche, als geradlinig begrenzte Quadrate abbilden, während die Verzerrungen, welche die Figuren eingehen, die Unregelmäßigkeiten der Hornhaut in äußerst plastischer Weise dartun.

Der Autor hat auf diese Weise nicht nur den Astigmatismus der Hornhaut, sondern auch ihre Asymmetrie in ihren verschiedenen Teilen gemessen, und die Bedeutung, welche dieser optische Fehler in der Praxis gewinnen kann, in klarer und wissenschaftlicher Weise hervorgehoben.

A. Gullstrand bediente sich außerdem, zur Bestimmung des Hornhautastigmatismus, der Denivellierung der Reflexbilder der Hornhaut. Eine Brückesche Lupe, in deren Objektiv sich ein verdoppelndes Prisma befindet, wird 72 mm vor der Hornhaut aufgestellt. Auf derselben spiegeln sich zwei, durch den Durchmesser des Objektives getrennte Rechtecke. Sie lassen sich, auf einer Scheibe, um die Achse des Fernrohres drehen.

Erst sucht man einen der Hauptschnitte auf, dann dreht man das Fernrohr mit der Scheibe um 45°, in welcher Stellung die Denivellierung am stärksten ist. — Darauf dreht man die Scheibe mit den Rechtecken allein, bis die Denivellierung wieder Null ist, und liest den Grad des Astigmatismus auf einer Skala ab (1889).

Die Bestimmung der Akkommodation.

Der tiefgreifende Unterschied zwischen den bisherigen und der Gullstrandschen Auffassung der Refraktion tritt nirgends schlagender zutage, als bei der Berechnung der Akkommodation, ihres Zusammenhanges mit der statischen Refraktion, und mit Brillengläsern.

Die Refraktion des Auges im allgemeinen ist, nach wie vor, der reziproke Wert des Abstandes des ersten Hauptpunktes des Auges von dem Punkte, auf welchen dasselbe eingestellt ist. Das Vorzeichen dieses Abstandes und folglich auch seines reziproken Wertes ist dagegen bei Gullstrand dem des bisherigen Systems gerade entgegengesetzt:

Gelangt man vom Hauptpunkte zum Einstellungspunkte in der Richtung der Fortpflanzung des Lichtes (wie bei Hypermetropie), so gilt dieser Abstand als positiv. — Führt dagegen der Weg vom Hauptpunkte zum Einstellungspunkte in der der Fortpflanzung des Lichtes entgegengesetzten Richtung, so gilt der Abstand als negativ. Ein auf einen reellen, vor ihm liegenden Punkt eingestelltes, z. B. ein myopisches Auge, hat also negative Refraktion.

Bei Emmetropie ist die Refraktion Null.

In allen drei Fällen kann die Brechkraft des Auges die gleiche sein. Sie hat immer positives Vorzeichen.

Die Brechkraft eines Konvexglases ist nach Gullstrand, wie bisher, positiv; die eines Konkavglases negativ.

Ein emmetropisches Auge, das sich, mittels seiner Akkommodation oder eines Konvexglases, auf endliche Entfernung einstellt, gewinnt negative Refraktion; seine Refraktion nimmt sozusagen ab, während die Brechkraft seines optischen Systemes zunimmt.

Akkommodiert ein myopisches Auge, oder setzt man ihm ein Konvexglas vor, so nimmt seine negative Refraktion zu, die Refraktion also ab, obschon auch hier wieder die Brechkraft erhöht wird.

Ein hypermetropisches Auge, das seine (positive) Refraktion durch eine Akkommodationsanstrengung oder ein Konvexglas nur teilweise korrigiert, nimmt ab an positiver Refraktion, wenn auch zu an Brechkraft.

Stellt es sich, mit seiner Akkommodation oder mit einem Konvexglase, auf endliche Entfernung ein, so wird seine früher positive Refraktion negativ, trotz der Zunahme seiner Brechkraft.

Ein Konkavglas vermindert die Brechkraft des Auges, gibt aber einem emmetropischen Auge positive Refraktion, da es dasselbe für konvergente Strahlen, bzw. auf einen hinter ihm gelegenen (virtuellen) Punkt einstellt, bzw. hypermetropisch macht.

Ein unterkorrigierendes Konkavglas vermindert die negative Refraktion des myopischen Auges, erhöht also dessen Refraktion, obschon die Brechkraft damit abnimmt.

Ein überkorrigierendes Konkavglas, das die Brechkraft noch mehr herabsetzt, gibt dagegen dem vorher myopischen Auge positive Refraktion.

Bei der Hypermetropie nimmt, unter dem Einflusse eines Konkavglases, mit der Abnahme der Brechkraft, die positive Refraktion zu.

Während also, nach der früheren Auffassung, Brechkraft und Refraktion in gleichem Sinne, z. B. durch Vorsetzen eines + bzw. Konvexglases zu-, durch Vorsetzen eines — bzw. Konkavglases abnahmen, erfolgt nach Gullstrands Regel der Vorzeichen, die Zu- und Abnahme der Brechkraft und Refraktion in entgegengesetztem Sinne.

In diesem System hat die Ametropie dasselbe Vorzeichen wie das Korrektionsglas, während früher das Umgekehrte der Fall war.

Früher, da wir die Myopie als einen Überschuß, ein Plus von Refraktion betrachteten, sagten wir: das negative korrigierende Konkavglas neutralisiert den Überschuß der positiven Refraktion.

Jetzt stellen wir uns vor: das Konkavglas, dessen negativer Brennpunkt mit dem negativen Fernpunkte des myopischen Auges zusammenfällt und dasselbe für parallele Strahlen einstellt, hebt dessen negative Refraktion gerade auf; hätte doch ein stärkeres Konkavglas dieselbe in positive Refraktion umgewandelt.

Ähnlich bei Hypermetropie: Während früher das korrigierende positive Konvexglas die negative Refraktion des Hypermetropen neutralisierte, sagen wir uns nun: Das konvexe Korrektionsglas bringt den mit der Netzhaut konjugierten Brennpunkt, bzw. den Fernpunkt des hypermetropischen Auges, von seinem positiven Abstande auf Unendlich; es vermindert also die positive Refraktion des Auges um seinen Wert bis auf Null.

Wenden wir uns nun zur **Bestimmung der Akkommodation**, oder der dynamischen Refraktion des Auges!

Unter Akkommodation oder dynamischer Refraktion verstehen wir, im Gegensatze zu der statischen, d. h. der Refraktion des Auges im Ruhezustande, die Refraktion, welche sich das Auge mittels der Kontraktion seines Ciliarmuskels, bzw. stärkerer Wölbung seiner Linse, zulegt.

Da die Zunahme der Linsenkrümmung eine Zunahme der Brechkraft des optischen Systems mit sich bringt, so schließen wir aus dem

Gesagten schon, daß die Akkommodation, nach GULLSTRANDS Auffassung, stets eine Verminderung der Refraktion zur Folge haben muß.

Aus der Definition folgt, daß, wie wir die statische Refraktion nur mit Ausschluß, oder doch wenigstens mit Berücksichtigung der bei der Untersuchung aufgewendeten dynamischen Refraktion bestimmen konnten, wir anderseits die Akkommodation eines Auges nur dann bestimmen können, wenn wir dessen statische Refraktion kennen.

Die Frage: »Wie viel Akkommodation braucht ein Auge, um auf $1/3$ m deutlich zu sehen?«, läßt sich nur dann beantworten, wenn dessen statische Refraktion bekannt ist.

Ein auf einen $1/3$ m vor ihm liegenden Punkt eingestelltes Auge hat eine negative Refraktion von 3 dptr. Wie viel davon auf Rechnung der Akommodation kommt, wissen wir erst, wenn wir dessen Refraktion im Ruhezustande kennen. Ist dieselbe $= -3$ dptr., d. h. besteht eine Myopie von 3 dptr., so ist, zum Sehen auf $1/3$ m, gar keine Akkommodation nötig. — Ist die Myopie $= -1$ dptr., so kommt eine Dioptrie von den dreien auf Rechnung der statischen Refraktion, während die zwei übrigen negativen Dioptrien von der dynamischen Refraktion der Akkommodation geliefert werden.

Ist die statische Refraktion $= 0$, d. h. Emmetropie, so ist die ganze Adaptation des Auges für die Nähe, — 3 dptr. in unserem Beispiele, von der Akkommodation aufgebracht worden.

Ist die statische Refraktion positiv, z. B. $+1$ dptr., d. h. besteht Hypermetropie von einer Dioptrie, so hat, zum deutlichen Sehen in $1/3$ m, die Akkommodation, außer den 3 erforderlichen negativen Dioptrien, auch noch die Korrektion der Hypermetropie, d. h. die Neutralisation der positiven Refraktion des Auges, in unserem Beispiele $-(3+1) = -4$ dptr. aufzubringen.

Mit einem Wort, die Einstellung für die Nähe (N) kann als aus statischer (S) und dynamischer (D) Refraktion zusammengesetzt betrachtet werden.

$$N = S + D.$$

Darin ist S bei Myopie negativ, bei Emmetropie Null, bei Hypermetropie positiv.

Kennen wir zwei Größen dieser Formel, so können wir die dritte damit berechnen.

Handelt es sich z. B. um den Wert der dynamischen Refraktion, d. h. der Akkommodation, so werden wir setzen $D = N - S$.

Dieser Aufgabe begegnen wir in der Praxis häufiger, als man es sich gewöhnlich vorstellt, d. h. jedesmal, wenn es sich darum handelt, einem Auge das Arbeiten in der Nähe zu ermöglichen. Wir werden diese Frage in der Folge auch beantworten. Vorderhand gilt es, sich über die

Gesamtheit der dynamischen Refraktion, bzw. der Akkommodation eines Auges, über dessen »Akkommodationsbreite«, Rechenschaft zu geben.

Da, dank seiner Akkommodationsbreite, das Auge die stärkste Brechkraft annimmt, deren es fähig ist, so ist es offenbar, im Zustande höchster Akkommodationsanstrengung, auf den nächsten Punkt eingestellt, von dem es ein deutliches Netzhautbild erhalten kann. Liegt dieser nächste Punkt, der Nahepunkt, das *Punctum proximum*, in endlicher Entfernung, d. h. vor dem Auge, so entspricht das Maximum der Akkommodation der stärksten negativen Konvergenz, bzw. Refraktion, welche ein Auge aufbringen kann.

Fig. 85.

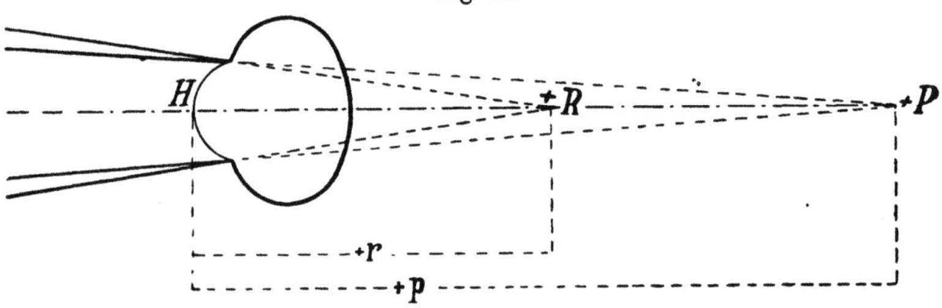

Bei Hypermetropie, wo der Fernpunkt hinter dem Auge liegt ($+R$ Fig. 85), d. h. virtuell, die statische Refraktion positiv ist, kann es vorkommen, daß, trotz der durch die Akkommodation bedingten Zunahme der Brechkraft, der Nahepunkt virtuell bleibt ($+P$ Fig. 85). Die Hypermetropie hat zwar abgenommen, ist aber nicht einmal zu Emmetropie (0) geschweige zu Myopie, besser gesagt zu Einstellung für die Nähe (—) geworden. In diesem Falle, gibt die Akkommodation dem Auge die schwächste positive Refraktion, deren es fähig ist.

Bezeichnen wir mit P die Refraktion des Auges bei Einstellung auf das Punctum proximum (Maximum der Akkommodation) mit R, wie früher, die Refraktion bei Einstellung auf das Punctum remotum, d. h. auf den Punkt, auf welchen es im Ruhezustande eingestellt ist (Minimum der Akkommodation), so stellt offenbar die Akkommodationsbreite (A) den Unterschied zwischen diesen beiden Refraktionen dar:

$$A = P - R\,^{1)},$$

woraus

$$P = R + A$$

und

$$R = P - A,$$

1) Dies ist die Form, welche ich, bei Einführung des Dioptriensystems, der Formel für die Akkommodationsbreite gegeben habe (1876). Sie drängte sich von selbst auf, von dem Augenblicke an, da wir mit Brechkräften statt mit Brenn-

A, P und R bedeuten selbstredend Dioptrien.

weiten zu rechnen uns entschlossen. Nichtsdestoweniger ist es angezeigt, uns der ursprünglichen, klassischen Formel zu erinnern. Die DONDERSsche Formel für die Akkommodationsbreite lautete:

$$\frac{1}{a} = \frac{1}{p} - \frac{1}{r}.$$

Fig. 86.

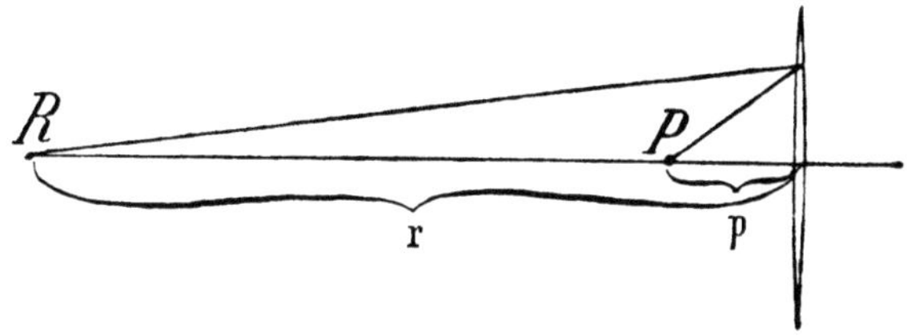

Darin war p = Entfernung des Nahepunktes P (Fig. 86) vom ersten Hauptpunkte des Auges; also $\frac{1}{p}$ die entsprechende Refraktion.

r = Entfernung des Fernpunktes R vom ersten Hauptpunkte des Auges; $\frac{1}{r}$ die entsprechende Refraktion.

$\frac{1}{a}$ die Akkommodationsbreite. Dieselbe kann betrachtet werden als die Brechkraft einer Linse, welche sich das Auge durch maximale Akkommodationsanstrengung zulegt.

a, in obiger Formel, ist in der Tat die Brennweite einer Linse, welche die Einstellung des Auges auf den Fernpunkt R in Einstellung auf den Nahepunkt P verwandelt, bzw. welche den vom Nahepunkt ausgehenden Strahlen die Richtung gibt, als kämen sie vom Fernpunkt her.

Fig. 87.

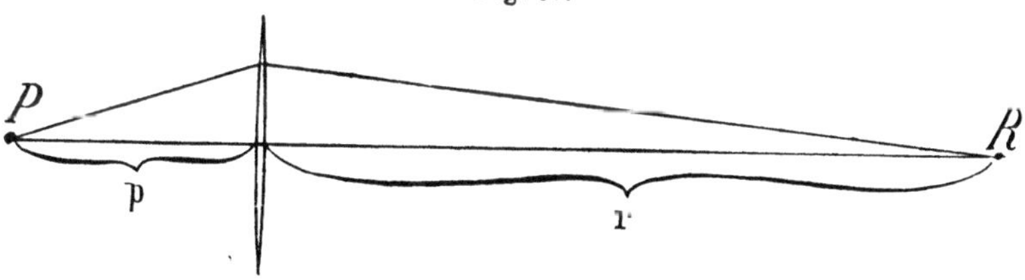

Wer sich der elementaren Linsenformel, d. h. des Gesetzes der konjugierten Brennweiten erinnert $\left(\frac{1}{f} = \frac{1}{a} + \frac{1}{b}\right)$, der wird die Übereinstimmung derselben mit der Formel der Akkommodationsbreite sofort erkennen. Warum ist nun in obigem Beispiele das dritte Glied der Formel $\left(\frac{1}{r}\right)$ negativ? — Einfach weil in Fig. 87 die beiden Punkte R und P auf derselben Seite der Linse liegen. Steht R auf der entgegengesetzten Seite (Fig. 87), wie dies bei Hypermetropie der Fall ist, wenn der Nahepunkt vor dem Auge liegt, so wird das dritte Glied der Formel positiv:

$$\frac{1}{a} = \frac{1}{p} + \frac{1}{r}.$$

R ist, wie gesagt, bei Myopie negativ, bei Emmetropie Null, bei Hypermetropie positiv. — P ist negativ, wenn der Nahepunkt vor, positiv, wenn er hinter dem Auge liegt.

Es ist leicht einzusehen und wird auch aus nachfolgenden Beispielen hervorgehen, daß, bei dieser Schreibart der Formel, die Akkommodationsbreite A stets negatives Vorzeichen erhält. Damit wird Gullstrands Ausspruch erhärtet, daß »durch die Akkommodation die Refraktion vermindert wird«.

Betrachtet man dagegen die Sache vom Standpunkte der Brechkraft aus, welche unter dem Einflusse der Akkommodation zunimmt, so können wir mit Gullstrand schreiben:

$$A = R - P.$$

Dann wird A positiv, und

$$P = R - A$$

$$R = A + P.$$

Im Grunde kommt es auf dasselbe heraus, ob wir setzen $A = P - R$ oder $= R - P$; A ist immer der Unterschied zwischen P und R. Der numerische Wert ist derselbe; sein Vorzeichen allein ist verschieden.

Wir werden den nächstfolgenden Betrachtungen die Formel $A = R - P$ zugrunde legen. Lenkt auch die Akkommodation den Refraktionszustand des Auges der Negativität zu, so ist sie doch eine die Brechkraft verstärkende Funktion, welche auch das positive Vorzeichen beanspruchen dürfte.

Nehmen wir einige Beispiele, und berechnen wir sie nach beiden Schreibweisen der Formel! —

1. Myopie von 5 dptr., also $R = -5$; Fernpunkt ($-R$ Fig. 80) in $r = \frac{-100}{5} = -20$ cm vor dem Auge.

Fig. 88.

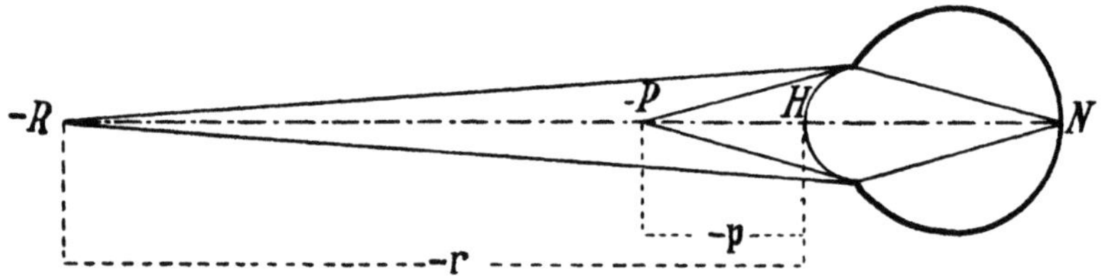

Rückt der Nahepunkt ($-P$, Fig. 88), bei maximaler Akkommodationsanstrengung, bis auf $-p = -12,5$ cm heran, so ist die entsprechende Refraktion des Auges $P = \frac{1}{p} = -8$ dptr.

Die erste Schreibweise für die Akkommodationsbreite ergibt:

$$A = -8 - (-5) = -3 \text{ dptr.},$$

die GULLSTRANDsche,

$$A = -5 - (-8) = +3 \text{ dptr.}$$

2. Bei Emmetropie ist r unendlich, also R Null. Kann sich das emmetropische Auge bis auf $p = \frac{-1\text{ m}}{3}$ einstellen, so ist die entsprechende Refraktion $P = -3$ dptr., und die Akkommodationsbreite

$$A = P - o = -3 \text{ dptr.},$$

oder nach GULLSTRAND

$$A = o - (-3) = +3.$$

Fig. 85 (S. 200) stellt ein hypermetropisches Auge dar. In Akkommodationsruhe ist es auf den Fernpunkt $+R$ eingestellt. Seine statische Refraktion $\left(\mathrm{R} = \frac{1}{r}\right)$ ist positiv.

Bei maximaler Akkommodation rückt der Einstellungspunkt vom Fern- zum Nahepunkte P, welcher zwar immer noch hinter dem Auge, jedoch weiter von demselben entfernt ist, als R. In der Tat braucht das Auge, dank der durch die Linsenwölbung gewonnenen Zunahme der Brechkraft, weniger konvergenter Strahlen, um sie auf seine Netzhaut zur Vereinigung zu bringen, als im Ruhezustande. Die der Einstellung auf den Nahepunkt entsprechende Refraktion, $\frac{1}{p} = \mathrm{P}$, ist noch positiv, aber geringer als R.

3. Beispiel: Hypermetropie von 5 dptr., $\mathrm{R} = +5$; Akkommodationsmaximum $P = +2$. Also Akkommodationsbreite $A = 2 - 5 = -3$ dptr. oder nach GULLSTRAND $A = 5 - 2 = 3$ dptr.

Fig. 89.

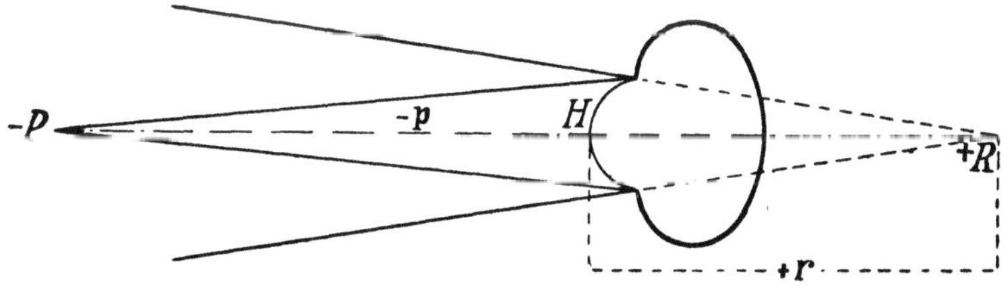

4. Es kommt vor, daß ein hypermetropisches Auge, mittels seiner Akkommodation, sich auf einen reellen, vor ihm liegenden Punkt ($-P$, Fig. 89) einstellen kann. In diesem Falle wird $\mathrm{P} = \frac{1}{p}$ negativ.

Beispiel: Hypermetropie 1 dptr.: $\mathrm{R} = +1$; *Punctum proximum* in $\frac{1\text{ m}}{2}$ vor dem Auge; also $p = \frac{-1\text{ m}}{2}$; $\mathrm{P} = -2$ dptr.

Also $A = -2 - 1 = -3$ dptr.; oder $A = 1 - (-2) = +3$ dptr.

Bezeichnet man mit Akkommodationsbreite den Unterschied zwischen den reziproken Werten des Nahe- und des Fernpunktsabstandes, so gibt man dem Unterschied zwischen den Abständen selbst: $p - r$, bzw. der Entfernung des Nahe- vom Fernpunkte des Auges (PR in obigen Figuren) den Namen Akkommodationsgebiet oder -bereich. So ist, in unserem ersten Beispiele: Myopie (R) von — 5 dptr. ($r = - 20$ cm) und einem Akkommodationsmaximum P von — 8 dptr. ($p = - 12{,}5$ cm), das Akkommodationsbereich $p - r = PR = - 12{,}5 - (- 20) = - 12{,}5 + 20 = 7{,}5$ cm.

Da die Akkommodation ein Akt ist, den das Auge, im Interesse des deutlichen Sehens in der Nähe, mehr oder weniger willkürlich ausführt, so können wir nicht hoffen, zu deren Bestimmung objektive Methoden zu finden, wie bei der Bestimmung der statischen Refraktion, wo wir das Auge, mittels der Mydriatica, gewaltsam in den erforderlichen Zustand der Ruhe bringen konnten.

Bei der Bestimmung der dynamischen Refraktion gilt es, im Gegenteil, alles aufzubieten, um den guten Willen des Untersuchten, seinen Trieb, möglichst nahe deutlich zu sehen, und damit die Kontraktion seines Ciliarmuskels, aufs höchste anzuspornen. — Dies ist übrigens auch der Hauptzweck der Untersuchung. Es ist uns nicht darum zu tun, zu wissen, wie weit Miotica, die allerdings die Akkommodation in Tätigkeit versetzen, den Brechzustand des Auges zu erhöhen imstande sind, sondern wir wollen, im Interesse der Praxis, wissen, wie weit der Patient dies mit seinen eigenen Kräften allein zu tun imstande ist. Wir wollen dessen natürlichen, nicht dessen künstlichen Nahepunkt kennen lernen und daraus, mit Hilfe der statischen Refraktion, die dynamische, mit anderen Worten die normale Akkommodationsbreite, ableiten.

Die einfachste und natürlichste Methode der Bestimmung des Nahepunktes besteht denn auch darin, dem zu untersuchenden Auge, bei Ausschluß des anderen, feine Objekte allmählich zu nähern, bis es aufhört, dieselben deutlich zu sehen. — Astigmatismus, wenigstens höheren Grades, tut man gut, dabei zu korrigieren.

Die Feinheit der Prüfungsobjekte muß allerdings in einem gewissen Verhältnisse stehen zur Sehschärfe des Patienten. Bei Leuten, die imstande sind, gewöhnlichen Druck zu lesen, kann man möglichst feine Buchstaben, Ziffern, Gruppen von Punkten und Strichen verwenden; bei Leuten mit ganz besonders guter Sehschärfe, Spinnwebfäden. Schwaches Sehvermögen erheischt dagegen größeren Druck, bzw. Objekte, die zwar relativ klein sind, aber vermöge der großen Helligkeit, mit welcher sie von einem dunklen Grunde abstechen, dem Patienten es doch ermöglichen, anzugeben, wenn sie ihm in größter Schärfe erscheinen.

So haben wir in dem von innen durch die Kerze K (Fig. 90) beleuchteten Zylinder C unseres Ophthalmodynamometers (1885) unter anderem eine, von mattem Glase bedeckte, und von hinten beleuchtete Reihe von feinen Löchern angebracht. Sobald das Auge nicht mehr scharf darauf eingestellt ist, berühren sich die Zerstreuungsbilder der leuchtenden Punkte und verschmelzen in einen etwas breiteren Lichtstreif.

Dem Instrumente ist, für Personen mit guter Sehschärfe, ein von einem Griffe für den Beobachter getragenes Rähmchen beigegeben, in welches die durch auffallendes Licht zu beleuchtenden Objekte eingeführt werden. An diesen Handgriff sowohl als an den Kamin des Dynamometers wird ein mit

Fig. 90.

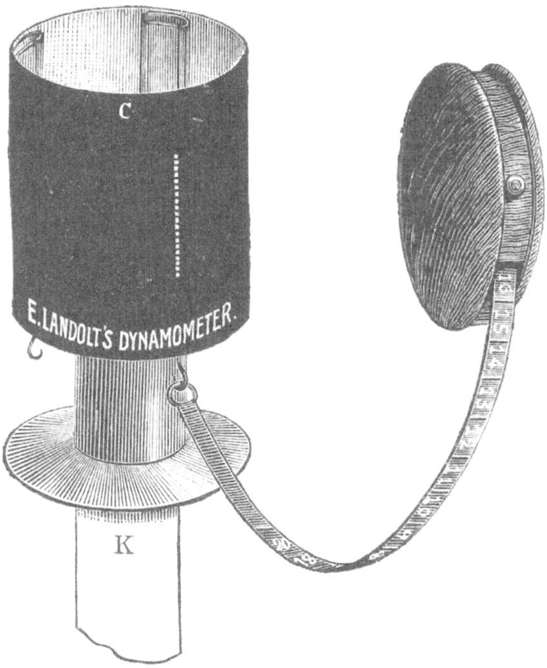

Federkraft aufrollbares Band befestigt. Dasselbe ist auf der einen Seite in Zentimeter, auf der anderen in die entsprechenden reziproken Werte, d. h. in Dioptrien geteilt. Der Nullpunkt der Einteilung entspricht dem Fixierobjekte. Dasselbe wird, bei ausgezogenem Bande, dem Auge genähert, bis es aufhört, deutlich gesehen zu werden. Seine Entfernung von der Hornhaut, besser die entsprechende Refraktion, läßt sich dann direkt an dem Bande ablesen. Es ist dies unser obiges P.

Um die Akkommodationsbreite zu finden, muß R, d. h. die die statische Refraktion darstellende Dioptrienzahl, in oben angegebener Weise, mit in Rechnung gebracht werden.

Nur bei Emmetropie ergibt P auch gleich die Akkommodationsbreite.

Dieselbe Vereinfachung läßt sich aber auch bei Ametropie dadurch erzielen, daß man die Bestimmung der dynamischen Refraktion, unter Beibehaltung des die statische Refraktion korrigierenden Glases, vornimmt. Dadurch wird der Ametrope zum Emmetropen, und $A = P$.

Hilfsgläser sind bei der Bestimmung der Akkommodationsbreite überhaupt häufig angezeigt. Einmal sind sie unerläßlich da, wo der Nahepunkt hinter dem Auge, oder doch wenigstens in zu großer endlicher Entfernung (z. B. über 50 cm hinaus) gelegen ist. In solchen Fällen setzen wir dem Auge ein Konvexglas vor, das den Nahepunkt in einen negativen, d. h. vor dem Auge liegenden Abstand von 25 bis 40 cm bringt. Selbstverständlich muß der Wert dieses Glases dann von dem gefundenen P' abgezogen werden.

Einem Hypermetropen von $+ 5$ dptr., mit einer Akkommodationsbreite $A = 3$ dptr. bleibt, trotz stärkster Anspannung seines Ciliarmuskels, immer noch eine Hypermetropie von $+ 2$ dptr., dies ist sein P. Er kann also, mit bloßem Auge, nicht in negative Entfernung, bzw. einen vor ihm liegenden Punkt deutlich sehen. Setzen wir ihm Konvexglas X vor, so verstärken wir dadurch sozusagen seine Akkommodation; wir bringen sie auf $A + X = A'$ dptr. Wählen wir ein Konvexglas von 6 dptr., so wird $A' = 3 + 6 = 9$ dptr.; und das künstliche Maximum der Adaptation des Auges: $P' = R - A' = 5 - 9 = - 4$ dptr. — Der Nahepunkt des Auges wird künstlich auf $\frac{100}{4} = - 25$ cm vor das Auge gebracht.

Aus diesem künstlichen Maximum der Adaptation ergibt sich in der Tat erst die künstliche Akkommodationsbreite A' dieses Auges nach der Formel:

$$A' = R - P' = 5 - (- 4) = 9 \text{ dptr.}$$

und daraus die wirkliche Akkommodationsbreite

$$A = A' - X = 9 - 6 = 3 \text{ dptr.}$$

Aber auch bei Myopie, wo sich R wie P theoretisch direkt messen lassen, kann es angezeigt sein, Hilfsgläser zur Bestimmung der Akkommodationsbreite zu verwenden. Nämlich wenn die Myopie so hochgradig ist, schon der Fernpunkt dem Auge so nahe liegt, daß eine Differenz von 1 cm bei der Bestimmung des Nahepunktes einen bedeutenden Irrtum mit sich bringen müßte. Zwischen 7 und 11 cm liegen schon 4 dptr., zwischen 5 und 10 cm gar 10 dptr., während sich von 25 bis 50 cm die Refraktion nur um 2 dptr. ändert. Es ist deshalb in solchen Fällen geraten, mittels eines Konkavglases, den Nahepunkt auf ungefähr 30 cm, P' auf 3 oder 4 dptr. zu bringen.

Haben wir es z. B. mit einem Myopen von 14 dptr. zu tun ($R = - 14$), und sieht er mit Konkav 12 ($X = - 12$ dptr.) in $\frac{1 \text{ m}}{3}$ ($P' = - 3$ dptr.), so ist sein künstliches

$$A' = R - P' = -14 - (-3) = -11 \text{ dptr.},$$

und seine wirkliche Akkommodationsbreite

$$A = A' - X = -11 - (-12) = 1 \text{ dptr.}$$

Wir können auch sagen: Das Konkavglas (— 12) hat ihm noch 2 dptr. negativer, statischer Refraktion gelassen. Diese müssen von den 3 dptr., welche sein Auge im Zustande höchsten Akkommodationsaufwandes, und mit Konkav 12 bewaffnet, darbietet, abgezogen werden.

Überhaupt ist es, im Interesse der Genauigkeit der Messung, angezeigt, den Nahepunkt mit konvexen oder konkaven Hilfsgläsern auf die oben angegebene, mittlere Entfernung zu bringen. So können auch Emmetropen mit sehr schwacher Akkommodation konvexe Gläser verlangen, und kann bei Hypermetropie Überkorrektion, bei Myopie unvollständige Korrektion der Ametropie angezeigt sein.

Von größter Wichtigkeit aber ist es, das Hilfsglas dem Auge möglichst nahe, d. h. so nahe zu bringen, daß seine Entfernung vom Auge vernachlässigt werden kann. Ist dies nicht möglich, so muß der Entfernung des Glases vom Auge, in gleich zu besprechender Weise, Rechnung getragen werden.

Überlegt man, daß, durch sphärische Gläser, die Richtung der von einem Objekte ausgehenden Strahlen, in ähnlicher Weise wie durch Annähern des Objektes, modifiziert werden kann, so könnte man denken, es sollte sich die Akkommodationsbreite in noch einfacherer Weise bestimmen lassen, als mittels des Dynamometers.

Ein Emmetrope z. B., der nach einem entfernten Objekte durch ein Konkavglas von 2 dptr. blickt, muß, um dasselbe deutlich zu sehen, eine Akkommodationsanstrengung von 2 dptr. machen, weil dies Glas die von Unendlich kommenden Strahlen so divergent macht, als kämen sie von $\frac{1\text{ m}}{2}$, bzw. 50 cm her. So sollte das stärkste Konkavglas, mit dem der Emmetrope noch deutlich in die Ferne sieht, seiner Akkommodationsbreite (A) entsprechen.

Für den Myopen würde ähnliches gelten: Ergibt das schwächste Konkavglas, mit welchem er deutlich in die Ferne sieht, das Minimum seiner Refraktion (R), so sollte das stärkste Konkavglas das Maximum derselben (P), und die Differenz zwischen beiden seine Akkommodationsbreite (A) ergeben.

Auch bei einem Hypermetropen, der mittels seiner Akkommodation noch in endliche Entfernung zu sehen, d. h. divergente Strahlen auf seiner Netzhaut zu vereinigen vermag, würde das stärkste Konkavglas das obige P' ergeben; um A zu finden, müßte sein R, d. h. die seine Ametropie ausdrückende Dioptrienzahl, dazugezählt werden: $A = R - (-P') = R + P'$.

Läge sein Nahepunkt in Unendlich, d. h. wäre er imstande, mit Aufwand aller seiner Akkommodationskraft, gerade noch deutlich in die Ferne zu sehen, mit anderen Worten, seine Ametropie zu korrigieren, so wäre seine dynamische Refraktion gleich seiner positiven statischen Refraktion $A = R$.

Läge dagegen der Nahepunkt des Hyperopen über Unendlich hinaus, nur weiter vom Auge ab als der Fernpunkt, so würde das schwächste Konvexglas, mit welchem er deutlich in die Ferne sieht, sein Refraktionsmaximum (P) ergeben, wie das stärkste Konvexglas seinem Refraktionsminimum (R) entspricht, und aus der Subtraktion des P von R seine Akkommodationsbreite folgen: $A = R - P$.

Auf diese Weise, könnte man denken, sollten sich statische und dynamische Refraktion unter gleichen Verhältnissen, mit denselben Gerätschaften bestimmen lassen. Das mag unter gewissen, ausnahmsweisen Verhältnissen, z. B. gerade bei hochgradiger Hyperopie, angehen. Im ganzen aber scheint uns diese Methode der Akkommodationsbestimmung nicht empfehlenswert. Wir haben die Gründe dafür schon in unserem Werke über Refraktion und Akkommodation (1883 u. 1886) auseinandergesetzt: Wie oben bemerkt, müssen wir, um von dem Patienten den höchsten Grad der Akkommodationsanstrengung zu erlangen, diese Funktion nach Möglichkeit anregen. Dazu gehört in erster Linie das Bewußtsein, es handle sich um das deutliche Sehen eines Objektes, welches sich dem Auge nähert. Verlegen wir doch umgekehrt, um die Akkommodation möglichst auszuschließen, unsere Sehzeichen, zur Bestimmung der statischen Refraktion, in große Ferne. Wie können wir daran denken, sie dort zu lassen, wenn es sich, im Gegenteil, um möglichstes Anspornen der Akkommodation handelt? Meine Untersuchungen haben denn auch ergeben, daß die auf große Entfernung, mit Konkavgläsern gefundene, scheinbare Akkommodationsbreite, der wirklichen in der größten Mehrzahl der Fälle nachsteht.

Konkavgläser verkleinern außerdem die Netzhautbilder bedeutend, so daß es oft unmöglich ist, zu ermitteln, ob der Untersuchte, wegen Kleinheit, oder wegen Undeutlichkeit der Netzhautbilder aufhört, deutlich zu sehen.

Sodann kommt, bei hochgradiger Myopie, die Entfernung der Gläser vom Auge sehr in Betracht. Nehmen wir z. B. ein Auge mit einer Myopie von 13 dptr. — Sein Fernpunkt liegt 77 mm vor seiner Hornhaut ($r = 77$). Steht ein Korrektionsglas, wie gewöhnlich, 13 mm vor der Hornhaut, so braucht es eine Brennweite von $77 - 13 = 64$ mm, eine Brechkraft von $\frac{1000}{64} = 15{,}6$ dptr.

Besitzt dies Auge eine Akkommodationsbreite von 7 dptr., so kann es damit seine Refraktion auf $(13 + 7) = -20$ dptr. bringen. Dies ist sein P, welchem eine Entfernung (p) des Nahepunktes von der Hornhaut von 50 mm entspricht. Das Konkavglas, welches 13 mm vor der Hornhaut ein solches Auge auf Unendlich einstellt, muß also $50 - 13 = 37$ mm Brennweite, d. h. 27 dptr. Brechkraft haben. Würde man dies Glas mit P, das Korrektionsglas für die Ferne mit R identifizieren, so ergäbe sich für die Akkommodationsbreite: $A = -15{,}6 + 27 = 11{,}4$ dptr., statt, wie in Wirklichkeit, 7 dptr.

Selbstverständlich ist der Fehler um so geringer, je schwächer die Ametropie ist. Wünscht man aber ein genaues Resultat, so muß man der Entfernung der Hilfsgläser vom Auge immer Rechnung tragen. Dies ist um so wichtiger, als ihr Einfluß auf R und auf P nicht der numerisch gleiche ist. So ist, in unserem Falle, das Korrektionsglas für R um $15{,}6 - 13 = 2{,}6$ dptr. zu stark, während das für P um $11{,}4 - 7 = 4{,}4$ dptr. zu stark ist.

Ähnlich gestalten sich die Verhältnisse auch bei den zur Bestimmung der Refraktion verwendeten Optometern. Ja hierbei kann die Entfernung des Auges von dem optischen Apparate einen noch viel größeren und für R und P verschiedeneren Einfluß ausüben.

Haben wir schon die Bestimmung des Fernpunktes beim Sehen in die Nähe, d. h. die Bestimmung der statischen Refraktion auf kurze Entfernung, wenig empfehlenswert gefunden, so scheint es uns geradezu ungereimt, Funktionen, die ganz speziell dem Nahesehen vorstehen, wie Akkommodation und Konvergenz, beim Sehen in die Ferne vorzunehmen. Wir verwerfen denn auch die Bestimmung der Akkommodationsbreite mit Konkavgläsern, gerade wie wir diejenige der Konvergenzbreite mit sogenannten adduzierenden Prismen verwerfen.

Das Arbeitsglas.

Die Kenntnis der Akkommodationsbreite hat, in diagnostischer Hinsicht, ein großes praktisches Interesse. Sie genügt aber, auch mit der Kenntnis der statischen Refraktion, noch nicht, um die Tüchtigkeit eines Auges zur Arbeit in der Nähe zu beurteilen, oder einem Mangel desselben abzuhelfen.

In welcher Entfernung kann z. B. ein Emmetrope arbeiten, der 3 dptr. Akkommodationsbreite besitzt? — Jedenfalls nicht in $^1/_3$ m (33 cm), denn diese 3 dptr. stellen das Maximum der Refraktion dar, welches er, mit Aufwand aller seiner Akkommodationskraft, zu erreichen imstande ist. Diese Kraft ist in einem Augenblicke aufgebraucht. In seiner Nahepunktsdistanz kann kein Mensch arbeiten, d. h. auf diese kürzeste Entfernung kann er nicht dauernd akkommodieren. — Wie für jede ausdauernde Tätigkeit, so muß auch für das Sehen in der Nähe, ein Teil der Kraft in Reserve bleiben, um die während der Arbeit verbrauchte Kraft zu ersetzen. — Das hat man auch schon zu Donders' Zeiten eingesehen, und z. B. Presbyopen, d. h. Leuten, welche, infolge der mit dem Alter verbundenen Abnahme der Akkommodation, nicht mehr lesen können, nicht nur das sie gerade auf Lesedistanz adaptierende Glas, sondern ein »etwas stärkeres« verschrieben. Nur hat man bei dieser Schätzung der Presbyopie, wie wir bald sehen werden, keine, oder jedenfalls eine unrichtige Regel befolgt.

Monoyer (1875) und ich (1883, 1884, 1885, 1897) haben nämlich, unabhängig voneinander, nachgewiesen, daß zwischen der disponiblen und der gesamten Akkommodationskraft ein ziemlich konstantes Verhältnis bestehen muß[1]). Wir sind beide auf verschiedenen Wegen, ich durch vielfältige Beobachtungen, zu dem Schlusse gekommen, daß wenigstens ein Drittel der Akkommodationsbreite in Reserve bleiben, und nur zwei Drittel derselben zur Arbeit verwendet werden dürfen. — So würde z. B. der obige Emmetrope nur über 2 von seinen 3 dptr. Akkommodationsbreite verfügen, d. h. nur auf $\frac{1\text{ m}}{2} = 50$ cm fortgesetzt arbeiten können, während er 1 dptr. als Reservefond zurückbehalten müßte.

Nach dieser einfachen Regel läßt sich leicht beurteilen, ob ein Auge zu einer gegebenen Arbeit befähigt ist, oder nicht, und wieviel Refraktion wir demselben, in letzterem Falle, durch ein Arbeitsglas (W) zu geben haben.

Bei der Bestimmung des Arbeitsglases werden wir nicht von einer allgemeinen, einheitlichen Arbeitsdistanz ausgehen, sondern uns in jedem Falle nach der Entfernung (t) erkundigen, in welcher der Patient zu arbeiten wünscht. Der reziproke Wert dieses Abstandes $\left(\frac{1}{t}\right)$ gibt uns die entsprechende Refraktion (T) in Dioptrien.

Das Arbeitsglas (W) muß offenbar die Differenz ($T - U$) ausgleichen zwischen der geforderten Refraktion (T) und der Refraktion (U), welche das Auge aufzubringen vermag. Es muß dem Auge die zu T fehlende Refraktion geben.

Da nun, nach Gullstrands Methode, negative Refraktion durch ein positives (konvexes), positive Refraktion durch ein negatives (konkaves) Glas erzeugt wird, so ist das Vorzeichen des Arbeitsglases dem Vorzeichen dieser Differenz nicht gleich, sondern entgegengesetzt, d. h. nicht $T - U$, sondern $-(T - U)$.

Wir schreiben also: Arbeitsglas $W = -(T - U)$.

Die vom Auge allein zur Nahearbeit gelieferte Refraktion (R) setzt sich zusammen aus seiner statischen und dem zur Arbeit verwendbaren Teile seiner dynamischen Refraktion $\left(\frac{2A}{3}\right)$: $U = R + \frac{2A}{3}$.

1) Ein analoges Gesetz hat auch mein damaliger Assistent, v. Schröder, für das gegenseitige Verhältnis der latenten, manifesten und totalen Hypermetropie nachgewiesen (1882).

Die Arbeit erfordert immer Einstellung auf endliche Entfernung, d. h., nach GULLSTRANDS Methode, eine negative Refraktion. T ist also immer negativ.

Auch $\frac{2A}{3}$ betrachten wir als negativ, weil die Akkommodation das Auge auf endliche Entfernung einzustellen strebt, dem Auge negative Refraktion gibt, seine negative Refraktion (Myopie) erhöht, oder seine positive Refraktion (Hypermetropie) vermindert.

R ist bei Myopie negativ, bei Hypermetropie positiv, bei Emmetropie 0.

Nehmen wir einige Beispiele!

I. Eine Näherin muß in 25 cm bzw. $\frac{1\text{ m}}{4}$ Entfernung arbeiten. Sie braucht also 4 dptr. negative Refraktion: $T = -4$ dptr. Sie habe eine Myopie von 1 dptr. Also $R = -1$. Ihre Akkommodationsbreite sei $= 3$ dptr. Also ist $\frac{2A}{3} = -2$ dptr. Aus $U = R + \frac{2A}{3}$ wird also

$$U = -1 + (-2) = -3$$

und $W = -(T - U)$ ergibt

$$W = -(-4 - (-3)) = -(-4 + 3) = +1 \text{ dptr.}$$

Das Arbeitsglas, das ihr eine Dioptrie negativer Refraktion verschafft, ist Konvex 1.

II. Hätte dieselbe Person, bei sonst gleichen Verhältnissen, statt einer Myopie eine Hypermetropie von 1 dptr., so wäre $R = +1$, und wir würden erhalten:

$$U = R + \frac{2A}{3} = 1 - 2 = -1$$

und

$$W = -(T - U) = -(-4 - (-1)) = -(-4 + 1) = +3 \text{ dptr.}$$

Das ausgleichende, bzw. korrigierende Arbeitsglas wäre Konvex 3.

III. Wäre, unter denselben Umständen, Emmetropie vorhanden, so würde $R = 0$. Das Auge wäre allein auf die zwei verfügbaren Drittel seiner Akkommodation angewiesen;

$$U \text{ wäre } = R - 2 = 0 - 2 = -2$$

und

$$W = -(-4 - (-2)) = -(-4 + 2) = +2 \text{ dptr.}$$

Das Arbeitsglas ist also Konvex 2.

IV. Nehmen wir eine Arbeitsdistanz von 33 cm, bzw. $T = -3$ dptr.; eine Hypermetropie von 2 dptr.; also $R = +2$, und eine Akkommodationsbreite $A = 1{,}5$ dptr., also $\frac{2A}{3} = -1$, so erhalten wir als verfügbare Refraktion

$$U = R + \frac{2A}{3} = 2 - 1 = +1$$

und

$$W = -(T - U) = -(-3 - 1) = +4 \text{ dptr.},$$

d. h. als Arbeitsglas Konvex 4.

Es versteht sich von selbst, daß, wenn das Auge schon vermöge seiner statischen Refraktion (den Grad seiner Myopie) auf die Arbeitsdistanz eingestellt ist, die Akkommodation nicht in Frage kommt. Das Arbeitsglas ist dann einfach

$$W = -(T - R).$$

Sei T wieder $= -4$, und R ebenfalls $= -4$, d. h. es bestehe eine Myopie von 4 dptr., so wird

$$W = -(-4 - (-4)) = -(-4 + 4) = 0,$$

d. h. der Patient kann ohne Glas auf $\frac{1 \text{ m}}{4}$ Abstand arbeiten.

Ist die Myopie stärker als die zur Arbeit erforderliche Refraktion ($R > T$), so wird die Differenz zwischen T und U positiv, W negativ, mit anderen Worten das deutliche Sehen in der gegebenen Entfernung erfordert ein Konkavglas.

Beispiel V. Myopie 5 dptr.: Also $R = -5$; T wiederum $= -4$; daraus

$$W = -(-4 - (-5)) = -(-4 + 5) = -1.$$

Das Arbeitsglas ist Konkav 1.

Früher, als wir die Einstellung für die Nähe, Myopie und Akkommodation als positiv, die Hypermetropie als negativ betrachteten, ergab die Formel $W = T - U$ direkt das Arbeitsglas.

So war in Beispiel I (Myopie): $R = 1$; $\frac{2A}{3} = 2$; also $U = 1 + 2 = 3$ und $W = T - U = 4 - 3 = +1$, d. h. Konvex 1.

In Beispiel III (Emmetropie) schrieben wir: $R = 0$; $\frac{2A}{3} = 2$, also $U = 2$ und $W = 4 - 2 = 2$ (Konvex 2).

Bei Hypermetropie (Beispiel IV) war $R = -2$, also $U = -2 + 1 = -1$ und $W = T - U = 3 - (-1) = 3 + 1 = 4$ dptr. Wir sagten uns: Zur Arbeit ist, in diesem Falle, positive Refraktion erforderlich; 1 dptr. kann das Auge mit Hilfe seiner Akkommodation aufbringen. Diese Dioptrie korrigiert aber nur einen Teil seiner negativen Refraktion (Hypermetropie). Es bleibt also noch $-2 + 1 = -1$ dptr. der letzteren übrig. Diese würde Konvex 1 erheischen. Dazu kommen aber noch weitere 3 dptr.

positiver Refraktion, welche den Einstellungspunkt des Auges von Unendlich bis auf $\frac{1 \text{ m}}{3}$ bringen. Im ganzen bedarf dies Auge zur Arbeit also eines Zuschusses von $1 + 3 = 4$ dptr. positiver Refraktion, d. h. Konvex 4.

War, wie in Beispiel V, die Myopie, d. h. die positive statische Refraktion des Auges schon stärker als die von der Arbeitsdistanz geforderte ($R > T$), so wurde

$$W = T - U = 4 - 5 = -1,$$

d. h. die Formel ergab direkt Konkav 1 als Arbeitsglas.

Die Presbyopie.

Die gewöhnliche Entfernung, in welcher die gewöhnlichste Arbeit, das Lesen, vorgenommen wird, ist ungefähr 30 cm. Wer die dazu erforderliche Akkommodation von wegen hohen Alters (46 Jahre für den Emmetropen, weniger für den Hyper-, mehr für den Myopen), nicht mehr aufzubringen imstande ist, den mag man einen »Presbyopen«, einen Alterssichtigen heißen.

Donders verlegte den Anfang der Presbyopie auf die Zeit, wenn der Nahepunkt 8″, d. h. ungefähr 22 cm, überschritten hat, d. h. wenn, für den Emmetropen, die Akkommodationsbreite unter — 4,5 dptr. fällt. — Nehmen wir als Arbeitsdistanz 33 cm an, was — 3 dptr. entspricht, so würde auch nach unserer Rechnungsweise, die Presbyopie für den Emmetropen mit 45 Jahren beginnen. In der Tat, wenn die zur Arbeit in dieser Entfernung notwendigen 3 dptr. zwei Drittel seiner Akkommodationsbreite darstellen, so muß er im ganzen deren $3 + 1{,}5 = 4{,}5$ besitzen, was normalerweise diesem Alter entspricht.

Die Übereinstimmung unserer Zahlen mit den Dondersschen ist aber nur eine zufällige. Er wählte 8 Zoll als Ausgangspunkt für dic Prcsbyopic, nur weil ihm die Praxis gezeigt hatte, daß, um auf die gewöhnliche, merkliche weitere Entfernung, fortlaufend lesen zu können, ein Mensch, wenigstens für einen Moment, in 8″ scharf zu sehen imstande sein muß. Auf diese 8 Zoll sollten nun alle Presbyopen adaptiert, d. h. allen sollten die zu 4,5 dptr. mangelnden Dioptrien verschrieben werden. Dies ist sicherlich ein Irrtum, und zwar deshalb, weil sich Donders an einen absoluten Wert der Akkommodation (4,5 dptr.) gehalten hat, während ein quotieller, ein zur Totalität in bestimmtem, gleichbleibendem Verhältnisse stehender, erforderlich ist.

Nach der alten Weise würde man, mit zunehmendem Alter, bzw. abnehmender Akkommodation, zu starke Gläser verschreiben, würde man doch, nach diesem Prinzipe, einen akkommodationslosen Emmetropen auf $\frac{100}{4{,}5} = 22$ cm, d. h. auf eine viel zu kurze Distanz einstellen.

Nach unserer Berechnung kommt dies nicht vor. Wir geben dem Patienten das Glas, das ihm nach der obigen Formel $W = -(T-U)$ zukommt. Die Zahlen werden selbstverständlich abgerundet, und zwar für ältere Leute im Sinne stärkerer Wirkung, wegen der das Alter begleitenden Abnahme der Sehschärfe.

Auf der nachfolgenden Tafel haben wir, in der ersten Kolonne das Alter, in der zweiten die demselben entsprechende Akkommodationsbreite, nach Donders' Untersuchungen, verzeichnet.

Tafel zur Berechnung des Arbeitsglases.

I Alter	II Akkommodationsbreite A	III Benutzbare Akkommodation $\frac{2A}{3}$	IV Arbeitsglas des Emmetropen für 33 cm $T = 3$	V für 29 cm $T = 3,5$	VI im Mittel	VII Presbyopie nach Donders
40	4,5	3	0	0,5	**0,25**	0
45	3,5	2,33	0,75	1,25	**1**	1
50	2,5	1,67	1,25	1,75	**1,5**	2
55	1,75	1,17	1,75	2,25	**2**	2,75
60	1	0,67	2,25	2,75	**2,5**	3,5
65	0,75	0,5	2,5	3	**2,75**	3,75
70	0,25	0,17	3	3,5	**3,25**	4,25

Kolonne III enthält, in abgerundeten Zahlen, die zwei Drittel der Akkommodationsbreite, d. h. den jeweilen disponiblen Teil derselben, aus welchem sich, für jede Entfernung und Refraktion, das Arbeitsglas nach unserer obigen Formel, leicht berechnen läßt.

In Kolonne IV ist dasselbe für 33 cm (3 dptr.), in Kolonne V für 29 cm (3,5 dptr.) berechnet, und Kolonne VI gibt eine mittlere, nach unserer Erfahrung praktisch brauchbare Zahl für das gewöhnliche Leseglas.

Daneben steht, in Kolonne VII, das entsprechende Glas, wie es aus Donders' Berechnung folgen würde.

Die Zahlen der Kolonne VI sind für Emmetropen direkt gültig. Bei Ametropie muß das positive Korrektionsglas denselben zugezählt, das negative davon abgezogen werden (E. Landolt 1895).

Da die Akkommodation, wie schon Cramer, Helmholtz und Donders erkannt, nicht eine Funktion des Ciliarmuskels allein, sondern ebensosehr der Elastizität der Linse ist, so hat man auch immer die schon vom zehnten Lebensjahre an beginnende Abnahme der Akkommodationsbreite nicht der abnehmenden Kraft des Ciliarmuskels, sondern der abnehmenden Elastizität der Linse zugeschrieben.

Was für ein Verhältnis besteht zwischen der ganzen vorhandenen, der jeweilen aufgebrachten Ciliarmuskelkraft, und der damit verbundenen Refraktionsabnahme, hat sich bisher noch nicht bestimmen lassen. Sicher aber ist, daß fortdauernde Arbeit in der Entfernung des Nahepunktes, d. h. bei maximaler Akkommodation, asthenopische Beschwerden hervorruft. Unsere obigen Auseinandersetzungen sind denn auch nicht Theorien entsprungen, sondern auf vielfache Untersuchungen und langjährige Erfahrung gegründet.

Bestimmung des Verhältnisses zwischen Akkommodation und Konvergenz, bzw. der relativen Akkommodations- und Konvergenzbreite.

So wie Donders uns das Wesen der Akkommodation erschlossen hat, so verdanken wir auch ihm die Kenntnis des innigen Zusammenhanges derselben mit der anderen für das Sehen in der Nähe so wichtigen Funktion, der Konvergenz.

Die diesbezüglichen Untersuchungen, die der große Forscher über relative Akkommodations- und Konvergenzbreite unternommen hat, gehören allerdings mehr in das Gebiet der Physiologie, als in das der augenärztlichen Praxis. Wir müssen deshalb den Leser, was die Beschreibung des Apparates, mit dem dieselben angestellt worden sind, betrifft, auf Donders' Werk verweisen (1858 und 1864). Es wäre jedoch sehr zu wünschen, diese Untersuchungen würden wiederholt und weiter ausgedehnt. Die Praxis würde unzweifelhaft auch ihren Gewinn dabei finden.

Nachdem uns Nagel in der Meterlinse (Dioptrie), und dem Meterwinkel ein so treffliches Maß für Akkommodation und Konvergenz an die Hand gegeben hat, können wir das Problem dieser Untersuchungen sehr einfach in folgender Weise ausdrücken:

1. Um wie viele Dioptrien läßt sich die Akkommodation, bei unveränderter Konvergenz, erhöhen und vermindern?

2. Um wie viele Meterwinkel läßt sich die Konvergenz, bei unveränderter Akkommodation, erhöhen und vermindern?

Bei diesen Untersuchungen wird man also in folgender Weise vorgehen:

Bei gleichbleibender Konvergenz, d. h. konstanter Entfernung des Fixierobjektes von den Augen des zu Untersuchenden, setzt man demselben immer stärkere Konkav-, resp. schwächere Konvexgläser vor, bis das Objekt undeutlich oder doppelt erscheint. Das so gefundene Glas entspricht dann dem Maximum oder, nach Donders, dem positiven Teile der relativen Akkommodationsbreite. — Das in gleicher Weise gefundene stärkste Konvex-, resp. schwächste Konkavglas entspricht dem Minimum oder dem negativen Teile der relativen Akkommodationsbreite für die gegebene Konvergenz. Nach Gullstrands System sind auch hier wieder die Vorzeichen zu ändern.

Wünscht man die relative Konvergenzbreite direkt zu bestimmen, so benutzt man dazu am einfachsten das im Abschnitte der Augenbewegungen zu beschreibende, mit meiner Einteilung in Meterwinkel versehene Doppelprisma. Bei gegebener Akkommodation, wird dasselbe erst als adduzierendes, dann als abduzierendes Prisma vor eines der beiden offenen Augen gehalten, und seine ablenkende Kraft allmählich erhöht, bis Doppel- oder Undeutlichsehen eintritt. Die der Adduktion entsprechenden Meterwinkel geben selbstredend den positiven, die der Abduktion entsprechenden, den negativen Teil der relativen Konvergenzbreite.

Die für die relative Akkommodations- wie Konvergenzbreite erhaltenen Resultate trägt man am besten in ein Koordinatensystem ein, dessen Ordinaten Dioptrien, dessen Abszissen Meterwinkeln entsprechen. Befindet sich, bei korrigierter Ametropie, der beiden Funktionen gemeinschaftliche Nullpunkt links unten, so enthält die von ihm aus nach rechts oben gehende Diagonale die Punkte, wo Akkommodation und Konvergenz gleichwertig sind. — Der auf den Ordinaten darüber liegende Teil entspricht dem positiven, der darunter liegende dem negativen Teile der relativen Akkommodationsbreite, während, auf den Abszissen, rechts von der Diagonalen, der positive, links davon der negative Teil der relativen Konvergenzbreite zu verzeichnen ist.

In der Praxis leistet uns unser Ophthalmodynamometer zur raschen Prüfung, ob und wie weit Akkommodation und Konvergenz zusammen harmonieren, sehr gute Dienste.

Wie schon erwähnt, trägt der Kamin des Instrumentes u. a. eine Reihe senkrecht übereinander stehender, punktförmiger Öffnungen (Fig. 90). Wird das Instrument, bei angesteckter Kerze, dem Untersuchten auf der Medianlinie genähert, so erscheinen ihm die Punkte so lange scharf, als er darauf richtig akkommodiert, und die von demselben gebildete Linie so lange einfach, als er darauf richtig konvergiert.

Ist der Nahepunkt der Akkommodation überschritten, so erscheinen die Punkte verwaschen, ist der Nahepunkt der Konvergenz überschritten, so erscheint die Linie in gekreuzter Diplopie.

Was die zu fortgesetzter Arbeit erforderliche Konvergenzquote betrifft, so verweisen wir auf die Untersuchungsmethoden der Augenbewegungen. Da werden wir finden, daß, wenn zu fortdauernder Arbeit ein Drittel der Akkommodationsbreite als Reservefonds genügt, von der Konvergenzbreite beinahe zwei Drittel in Reserve bleiben müssen, und nur einer zur Arbeit verwendet werden darf.

Anhang.

Der Einfluß des Abstandes konvexer Lesegläser auf die Einstellung der Augen.

Man hört und liest nicht selten, die Konvexgläser wirken um so stärker, je weiter sie von dem Auge entfernt werden. Der Beweis dieser angeblichen Tatsache soll der sein, daß Presbyopen, denen ihre Brillen zu schwach werden, dieselben von den Augen weg auf die Nasenspitze setzen. Damit sollen sie sich auf eine kürzere Entfernung einstellen, als wenn die Brille den Augen nahe steht.

Es ist leicht, den Irrtum dieser Legende darzutun, und die Wirkungsweise der Konvexgläser richtig zu stellen, erstens einmal beim Sehen in die Ferne:

Parallele Strahlen, wie sie ein weit entferntes Objekt entsendet, werden von einem Konvexglase konvergent gemacht und nach dessen Brennpunkt gerichtet.

Bei Myopen, die divergente, und Emmetropen, die parallele Strahlen verlangen, kommen also Konvexgläser für die Ferne nicht in Betracht.

Der Hypermetrope dagegen, der nur konvergente Strahlen auf seiner Netzhaut vereinigt, braucht, wie gesagt, zum Sehen in die Ferne, Konvexgläser und da, mit dem Abrücken des Konvexglases vom Auge, dessen hinter dem Auge gelegener Brennpunkt dem Auge näher rückt, so kann man sagen, das Konvexglas wirkt um so stärker, je weiter es von dem hypermetropischen Auge entfernt ist. Zum Beispiel ein Konvexglas von 4 dptr., dicht am Auge, bringt parallele Strahlen 25 cm hinter demselben zur Vereinigung. Steht es 3 cm vor dem Auge, so konvergieren die Strahlen, die aus der Ferne kommen, nach einem 25 — 3 = 22 cm hinter dem Auge gelegenen Punkte. Dasselbe Konvexglas (4) wirkt dann also, was die Deutlichkeit des Netzhautbildes anbelangt, wie ein solches von 4·5 dptr., hart am Auge.

Für den Hypermetropen, der sich für die Ferne einstellt, ist also obiger Satz richtig.

Wie aber steht es bei der Einstellung für die Nähe, d. h. wenn Konvexgläser divergente Strahlen im Fernpunkte des Auges zur Vereinigung bringen sollen?

Nehmen wir einen akkommodationslosen (hochgradig presbyopischen) Emmetropen: Er braucht zum deutlichen Sehen parallele Strahlen. Der Brennpunkt des ihn für die Nähe einstellenden Konvexglases muß also mit dem Objektpunkte zusammenfallen, mit anderen Worten, er sieht nur deutlich in dem Abstande des Brennpunktes des Konvexglases. — Steht das Objekt in 25 cm vor dem Auge, so braucht er + 4 hart am Auge.

Bringt er aber dieses Glas 3 cm weiter von seinem Auge weg, so stellt es ihn auf einen $25 + 3 = 28$ cm entfernten Punkt ein. Es wirkt also nicht wie ein stärkeres, sondern wie ein schwächeres Glas. (3,57 dptr.) Das versteht sich von selbst: Rückt, im ersten Falle (Einstellung für die Ferne des hyperopischen Auges) bei Abrücken des Konvexglases vom Auge, dessen hinter dem Auge gelegenen Fernpunkt dem Auge näher, so rückt, im letzten Falle, (Einstellung für die Nähe des Emmetropen) mit dem Glase dessen vor dem Auge gelegener Brennpunkt vom Auge weg.

Was für den Emmetropen gilt, gilt in noch viel höherem Maße für den Myopen. Reichten Myopie und Akkommodation zusammen nicht mehr aus, ein Auge für die Nähe einzustellen, so bedarf er eines Konvexglases, welches die von dem Objektpunkte ausgehenden divergenten Strahlen weniger divergent macht, bis sie, rückwärts verlängert, in dem Einstellungs-, bzw. Fernpunkte des myopischen Auges zusammentreffen.

Je näher aber, unter diesen Verhältnissen, das Konvexglas dem Objekte rückt (bzw. je weiter es sich vom Auge entfernt), desto weiter rückt der Vereinigungspunkt der rückwärts verlängerten Strahlen von dem Glase und somit auch vom Auge weg.

Also hat auch in diesem Falle das Konvexglas eine schwächere Wirkung, wenn es sich vom Auge entfernt.

Wie gestalten sich die Verhältnisse bei einem hypermetropischen Auge, das sich mit einem Konvexglase für die Nähe einstellt?

Dieses Glas muß die aus endlicher Entfernung kommenden Strahlen so konvergent machen, daß sie sich in dem hinter dem Auge gelegenen Fernpunkte des Auges vereinigen.

Bei der Einstellung für Unendlich (parallele Strahlen) rückt, wie wir gesehen haben, mit der Entfernung des Konvexglases dessen Brennpunkt dem Auge näher. Dies ist für divergent einfallende Strahlen aber nur dann der Fall, wenn der Abstand des Objektes vom Konvexglase größer ist als dessen doppelte Brennweite, bzw. als dessen Entfernung vom Fernpunkte des hyperopischen Auges.

In der Tat, ist das Konvexglas um seine doppelte Brennweite ($2f$) von dem Objekte entfernt, so entsteht das Bild, das mit dem Fernpunkte zusammen fallen muß, in gleicher Entfernung hinter dem Glase, bzw. in $4f$ von dem Objekte.

Diese Bedingung ist aber nur bei sehr hochgradiger Hypermetropie erfüllt.

Beispiel: ein Hypermetrope, der zum Sehen in die Ferne eines Glases von 9 cm Brennweite (ungefähr 11 dptr.) hart am Auge bedarf, kann mit demselben Glase auch in 39 cm deutlich sehen, wenn er es um 3 cm von seinem Auge entfernt.

Um ihn für dieselbe Entfernung (36 cm) einzustellen, würde ein Konvexglas von 11,25 cm Brennweite (ungefähr 9 dptr.) genügen, wenn es 13,5 cm vor dem Auge, also 22,5 cm von dem Objekte entfernt stünde.

Liegt jedoch das Objekt näher als die doppelte Brennweite des Konvexglases, wie dies bei Emmetropen und Myopen und auch bei gewöhnlichen Hypermetropen der Fall ist, so wirkt es um so schwächer, je weiter es vom Auge entfernt ist.

Nehmen wir eine Hypermetropie von 10 dptr. und ein Konvexglas von 8 cm Brennweite:

hart	am	Auge,	stellt dasselbe den Hyperopen	auf	40	cm	ein	
2	cm	vor	dem Auge	auf	26	cm		
4	»	»	»	»	22,5	»		
6	»	»	»	»	22	»		[22 + 10 = 32 cm = 4 f von R]
8	»	»	»	»	22,4	»		
10	»	»	»	»	22,3	».		

Es trifft also nur sehr selten zu, daß durch Wegrücken konvexer Lesegläser vom Auge deren Effekt verstärkt wird; gewöhnlich ist gerade das Umgekehrte der Fall.

Literaturverzeichnis zur Bestimmung der Refraktion und Akkommodation des Auges.

(Nachtrag zum Literaturverzeichnis der vorigen Auflage.)

1759. Porterfield, On the eye IV. S. 423 und Edinburgh med. Essays. IV. S. 185.

1801. Young, Th., Philosoph. Transactions. S. 34.

1829. Lehot, Bullet. universel des Sciences mathem. S. 417.

1851. Listing, Dioptrik des Auges in R. Wagners Handwörterbuch der Physiologie. IV. S. 451.

1855. Krause, W., Die Brechungsindices der durchsichtigen Medien des menschlichen Auges. Hannover.

1856. Privat-Deschanel, Manuel de physique. (Silbermanns Focomètre.)

1858. Mac Gillavry, Th. H., Onderzoekingen over de hoegrootheid der accommodatie. Inaug.-Diss. Utrecht.

1859. Bowman, W., Ophth. Hosp. Rep. p. 157.

1860. Donders, F. C., Beiträge zur Kenntnis der Refraktions- und Akkommodationsanomalien. Arch. f. Ophth. VI, 1, S. 62 u. VI, 2, S. 210, 1860 u. VII, 1, S. 155, 1861.

1864. Donders, F. C., Die Refraktionsanomalien des Auges und ihre Folgen. Arch. f. d. Holl. Beiträge z. Natur- u. Heilk. III, S. 327 und On the anomalies of Refraction and Accommodation of the eye. London. Deutsch. 1866.

1865. Javal, E., Note sur le choix des verres cylindriques. Annal. d'ocul. LIII. S. 50.

Javal, E., Über ein neues Instrument zur Prüfung des Astigmatismus. Klin. Monatsbl. f. Augenheilk. S. 336.

1866. Javal, E., Stokessche Linse. Ann. d'Ocul. LV, S. 5; LXI, S. 73, 1869 u. LXXX, S. 201, 1878. Klin. Monatsbl. II. S. 372. 1868.

1866. Javal, E., De l'astigmatisme. Arch. gén. août. S. 234; Gaz. des Hôp. XL, 82. S. 326. Juli u. Bull. de l'Acad. XXXII. S. 872. Août 1867.
1869. Perrin, M. et Mascart, Mémoire sur un nouvel optomètre, destinée à faire reconnaître et à mésurer tous les vices de la réfraction de l'œil. Annal. d'Ocul. LXI. S. 5.
1870. Heymann, F., Buchstaben zur Bestimmung des Astigmatismus. W. Engelmann, Leipzig.
Thomson, B. M., An additional method to determine the degree of Ametropia. Amer. Journ. of the med. Sc. Jan.
1871. Strawbridge, An additional method for the determination of Astigmatisme. Transact. Amer. Ophth. Soc. S. 100—105.
1873. Cuignet, Kératoscopie. Rec. d'Opht. p. 14 et 316. 1873/74; p. 59. 1877; p. 322. 1880; p. 11—26. 1887.
Landolt, E., Dieses Handbuch. 1. Aufl. III. S. 111 u. 136—139.
Purves, Laidlaw, A method of determining the anomalies of Refraction etc. London. Arch. f. Ophth. XIX, 1. S. 89—100.
Snellen, H., Die Stokessche Linse mit konstanter Achse. Arch. f. Ophth. XIX, 1. S. 78—88.
1874. Burchardt, Die objektive Bestimmung der Sehweite. Deutsche militärärztl. Zeitschr. III. S. 107.
1875. Monoyer, Nouvelle formule destinée à calculer la force réfringente ou le numéro du verre de lunettes dans la presbyopie. Soc. des Sciences (Nancy) und Compt. rend. de l'Acad. des Sciences (Paris).
Snellens Optometer. Handb. d. ges. Augenheilk. III. S. 80.
1876. Badal, Nouvel optomètre. Ann. d'Ocul. LXXV. S. 5 u. 101.
Landolt, E., Metrisches Refraktionsophthalmoskop. Klin. Monatsbl. f. Augenheilk. S. 244.
Landolt, E., Die Einführung des Metersystems in die Ophthalmologie. Enke, Stuttgart und Das Verhältnis der Brillengläser der alten zu denen der neuen Serie. Klin. Monatsbl. f. Augenheilk. S. 223.
Landolt, E., The artificial eye in the introduction of the metrical system into ophthalmology, ed. Churchill. London und Ann. d'Ocul. LXXV. S. 207 u. f. und Klin. Monatsbl. XIV. S. 223 u. f. und Annali di ottalmologia Ann. V. B. III u. IV.
1877. Burchardt, M., Objektive Bestimmung der Sehweite in Zentimetern und Dioptrien. Deutsche med. Wochenschr. Nr. 13.
Hirschberg, J., Optometer. Beitr. z. prakt. Augenheilk.
Landolt, E., Leçons sur le diagnostic des Maladies des yeux, faites à l'Ecole Pratique de la Faculté de médecine de Paris. Paris, Delahaye.
Landolt, E., Das künstliche Auge. Zürich, Orell Füssli u. Paris, O. Doin. 1878 (Augenmodell).
Schmidt-Rimpler, Eine neue Methode ophthalmoskopischer Refraktionsbestimmung. Berliner klin. Wochenschr. Nr. 4 u. 5 und Zeitschr. f. Instrumentenkunde, Nov. 1882.
1878. Green, John, Test diagrams for the detection of astigmatisme. Transact. Amer. Ophth. Soc. S. 467.
Loiseau, Optométrie ophthalmoscopique au moyen de l'image renversée. Annal. d'Ocul. LXXX. S. 66.
Loiseau, Optomètre métrique et phakomètre. Ibid. S. 5.
Mengin, De la Kératoscopie Rec. d'Opht. p. 122. Nederl. Gasthuis.
Schön, W., Apparat zur Bestimmung des Astigmatismus. Arch. f. Ophth. XXIV, 1. S. 91.
Snellen, H., et Landolt, E., Ophtalmométrologie in de Wecker et Landolt, Traité complet d'opht. I. p. 673.
v. Reuss, Funktionelle und ophthalmoskopische Refraktionsbestimmung. Arch. f. Ophth. XXV 1. S. 124.

1879. Burgl, Über Augenuntersuchungen bei der Rekrutierung usw. Deutsche militärärztl. Zeitschr. Nr. 5.
Hintzy, Rec. de méd. milit. XXXVI. S. 52. Paris.
Landolt, E., A manual of examination of the eyes. Philadelphia, Brinton.
Peltzer, Über Optometer und militärärztliche Augenuntersuchungen usw. Deutsche militärärztl. Zeitschr. Nr. 12.
Sous, Traité d'optique. S. 297.
Warlomont et Loiseau, Ophthalmoscoptomètre. Ann. d'Ocul. LXXXII. S. 129 u. LXXXV, S. 33. 1881.

1880. Parent, De la Kératoscopie. Rec. d'Opht. p. 65 u. 424. 1882. p. 216 und Soc. française d'opht. 1895.

1881. Placido, Keratoscop. Periodico di oftalmologia pratica.

1882. Charpentier, Sur quelques usages du trou sténopéique. Arch. d'Opht. p. 193.
Fränkel, Keratoskop. Zentralbl. f. prakt. Augenheilkunde. März.
v. Hasner, Über Dr. Placidos Keratoskop. Prager med. Wochenschr. p. 121.
Hirschberg, Keratoskop. Zentralbl. f. prakt. Augenheilk. Februar.
Leonhard, Eine neue optometrische Methode usw. Leopoldina Heft 23 und Schön in Nagels Jahresbericht f. 1882. S. 209.
Parent, De la Kératoscopie. Rec. d'Opht. S. 65 u. 424. 1880. S. 216. 1882 und Soc. franç. d'Opht. 1895.
de Schroeder, Th., De l'essence de l'hypermétropie manifeste et latente. Arch. d'Opht. II. S. 289.
Seggel, Ein doppelröhriges metrisches Optometer. Ärztl. Intelligenzblatt.
de Wecker et Masselon, Un astigmomètre. Ann. d'Ocul. Juillet.

1883. Axenfeld, Eine optische Erscheinung, welche zur Konstruktion eines Optometers verwendet werden kann. Arch. f. d. ges. Physiologie. XXX. p. 288.
Burchardt, M., Ein neues Verfahren zur Bestimmung der Refraktion des Auges im aufrechten Bilde. Zentralbl. f. prakt. Augenheilk. S. 353.
Landolt, E., La réfraction et l'accommodation de l'œil in De Wecker et Landolt, Traité complet d'opht. III. Paris, Delahaye.
Zehender, Zur Astigmometrie. Ber. d. Heidelb. ophth. Versammlung. S. 29 u. 176. Nagel, S. 216.

1884. Eperon, De la détermination à l'image droite des degrés élevés de la myopie. Arch. d'Opht. IV. S. 217.
Landolt, E., La quote d'accommodation et de convergence in Traité complet d'opht. (de Wecker et Landolt). S. 354 und Arch. d'Opht. V. S. 108. 1885.
Leroy, De la Kératoscopie. Arch. d'Opht. S. 184 u. Rev. gén. d'Opht.
Schön, Beiträge zur Dioptrik des Auges. Leipzig.
Schulek, Kompendiöser Brillenkasten.

1885. Landolt, E., Die Insuffizienz des Konvergenzvermögens. Heidelb. ophth. Gesellschaft und l'amplitude de convergence. Arch. d'Opht. V. p. 100.
Murell, Determining errors of refraction by double images and by parallax. Americ. Journ. of Ophth. p. 73.

1886. Fitzgerald, Optometer. Ophth. Review. p. 62.
Landolt, E., The refraction and accommodation of the eye and their anomalies. Edinburgh, Young J. Pentland.

1887. Fitzgerald, Demonstration eines Apparates zur schnellen Bestimmung der Refraktion. Vers. d. ophth. Ges. Heidelberg. S. 204.
Landolt, E., La Notation de l'astigmatisme. Congr. d'Opht. à Paris. Ann. d'Ocul. XCVII. S. 264. — Rapport de la commission pour la notation de l'astigmatisme. Soc. franç. d'Opht. S. 237.

1888. Bongers, Methode der Refraktionsbestimmung im umgek. Bilde. Klin. Monatsbl. S. 194.
Monoyer, F., Optométrie scotoscopique etc. Rev. gén. d'Opht.

1888. Schön, W., Eine optische Erscheinung zur Optometrie verwendbar. Nagels Jahresbericht. S. 211.
1889. Engelhard, L., Neues monoculäres u. binoculäres Optometer. Zentralzeitschr. f. Opt. u. Mech. X. S. 3.
Gullstrand, Bestimmung des Hornhautastigmatismus. Nord. Ophth. Tidskr. u. Svenska läkarefälsk. Förh. p. 128.
Gullstrand, Methode zur Bestimmung des Astigmatismus der Hornhaut mittels der sog. Denivellierung des ophthalmometrischen Bildes. Svenska läkarefälsk. Förh. S. 128.
Schweigger, Refraktionsbestimmung durch Beleuchtungsprobe. Arch. f. Augenheilk. S. 442.
Starr, E., A new optometer. Americ. Journ. of Ophth. p. 71.
de Wecker et Masselon, Modification de l'astigmomètre. Ann. d'Ocul. S. 138.
1890. Chibret, Un optomètre de poche. Rec. d'Opht. S. 116.
Donberg, Vereinfachte Probiergläsersammlung usw. Westnik ophthalm. VII, 4 u. 5. S. 348.
Gullstrand, Bidrag till Astigmatismens teorie. Nord. med. Arch. XXII. Nr. 2 u. 8, und Skand. Arch. f. Physiologie. II. p. 269.
Hotz, A simple and reliable Astigmometer. Amer. med. Assoc. — Amer. Journ. of Ophth. XIV. S. 420.
de Wecker et Masselon, Un ophtalmostatomètre. Ann. d'Ocul. CIV. S. 147.
1891. Dimmer, Zur Gläserkorrektion bei Aphakie. Klin. Monatsbl. f. Augenheilk. S. 111.
1892. v. Hess, C., Anweisung zum Gebrauch des Skiaskops. Klin. Monatsbl. f. Augenheilk.
Spalding, J. A., On Donders violet tests for the detection of errors of refractions. Arch. of Ophth. XXI. p. 166.
Valk, Om refraction cases. Transact. med. Soc. New-York, Philadelphia. p. 284.
1893. Bitzos, Un nouveau phakomètre etc. Ann. d'Ocul. 119. p. 187.
Claiborne, A hand-ophthalmometer and retinoscope combined. Med. Journ. New-York. p. 378.
Fick, A. E., Eine neue Methode der Refraktionsbestimmung im umgekehrten Bilde. Ges. Deutscher Naturforscher. Nürnberg. II, 2 und Diss. v. Dr. E. Rychner. Zürich 1894.
Graefe, A., Haben wir durch Einführung der Rechnung mit Dioptrien etwas gewonnen? Klin. Monatsbl. f. Augenheilk. S. 429.
v. Hess, C., Zur Skiaskopie. Klin. Monatsbl. f. Augenheilk. S. 153.
Jackson, E., The crossed cylinder. Ophth. Review. Nashville. II. p. 464.
Schultze, Probierbrille aus Aluminium. Klin. Monatsbl. f. Augenheilk. S. 342.
Wolff, Ein neues Scheibenskiaskop. Klin. Monatsbl. f. Augenheilk. S. 439.
1894. Bjerrum, J., Undevögelse af Siuet (Untersuchung des Gesichts). Kopenhagen. p. 195.
Bordier, H., Modifications de la grandeur des images rétiniennes par les verres correcteurs dans les différentes amétropies. Arch. d'Opht. XIV. p. 279.
Bunnstead, A new centring instrument. Arch. of Ophth. XXIII. S. 88.
Dimmer, Eine Probierbrille. Klin. Monatsbl. f. Augenheilk. S. 166.
Dreisch, Zur Skiaskopie. Deutsche Militärärztl. Zeitschr. XXIII. S. 255.
Heddäus, Probierbrille. Klin. Monatsbl. f. Augenheilk. S. 361.
Hersing, Ein Taschenbrillenkasten. Klin. Monatsbl. f. Augenheilk. S. 21.
Hori, M., Ophthalmoskiaskop. Zentralbl. f. prakt. Augenheilk. Dez. S. 371.
Katz, Zur Frage über die Untersuchung der Refraktion des Auges mittels der Skiaskopie. Wratsch. p. 817.
Katz, Sur les cercles de diffusion et l'orifice sténopéique. Westnik Ophtalmol. XI. p. 218.

1894. Kotschorowsky, L., Die Schattenuntersuchungen der Augen oder Skiaskopie. Medizinsky Journal. Nr. 4 Wojenno. p. 485.
Lambert, W. E., A refractometer for skiascopy. Transact. of the americ. ophth. soc. Thirteenth meeting. p. 196.
Presas, J., Relaciones entre el astigmatismo objetivo y el subjetivo. Gac. med. catal. Barcelona. XVII. p. 191, 232 und 268.
Rychner, E., Eine neue Methode der Refraktionsbestimmung im umgekehrten Bilde. Inaug.-Diss. Zürich; Deutschmanns Beitr. z. prakt. Augenheilk. XIV. S. 1.
Report on the value of objective tests for the determination of ametropia, ophthalmoscopy, ophthalmometry, skiaskopy; by the special comitee of the section on ophthalmology of the American medical association. Journ. americ. med. assoc. Chicago. XXIII. p. 337.
Weiss, M. G., La puissance des systèmes centrés. Ass. française pour l'avancement des Sciences. Congrès de Caen.
1895. Bull, Méthode subjective d'optométrie. Une manière de déterminer la réfraction oculaire. Soc. fr. d'Opht. p. 399.
Constentin, E., Optométrie objective pratique à l'usage des médecins praticiens militaires et des opticiens. Genève. 1894. Eggimann et Co.
Fromaget, Des rapports de l'amplitude d'accommodation avec la réfraction statique. Ann. d'Ocul. p. 399.
Guilloz, De l'égalité de grandeur des images rétiniennes de l'emmétropie et dans les cas d'amétropie corrigée. Arch. d'Opht. p. 633.
Guilloz, Le diagnostic ophtalmoscopique de l'astigmatisme. Arch. d'Opht. XV. S. 372.
Hori, Demonstration eines Skiaskops. Bericht über d. 24. Vers. d. ophth. Gesellsch. Heidelberg. S. 239.
Jackson, E., Skiaskopie, and its practical application to the study of refraction. Edwards and Docker Co. Philadelphia.
Katz, R., Note sur la question des verres de travail. Arch. d'Opht. XV. p. 641.
Königstein, L., Die Anomalien der Refraktion und Akkommodation. Prakt. Anleit. z. Brillenbestimmung. 2. Aufl. W. Braumüller, Wien u. Leipzig.
Landolt, E., Le verre Correcteur de la presbyopie. Arch. d'opht. S. 273.
Parent, Rapport sur la valeur comparative des procédés objectivs d'optométrie. Société française d'Opht. 13. Session annuelle tenue à Paris du 6 au 9 Mai.
Parent, Un ophtalmoscope à réfraction. Soc. franç. d'Opht. S. 67.
Schanz, Fr., Ein Hornhautmikroskop und ein Netzhautfernrohr mit conaxialer Beleuchtung. Arch. f. Augenheilk. XXXI. S. 265.
Segal, De certains procédés objectifs servant à déterminer la réfraction de l'œil. Westnik Ophthalmol. Janvior Févrior.
Szymanowsky, De la skiascopie. Westnik Ophthalmol. Janvier-Février.
Thorington, J., Some remarks on skiascopy or the shadow test. Ann. of Ophth. and Otol. St. Louis. p. 5.
Weiss, La puissance de l'œil et l'amplitude d'accommodation. Ann. d'Ocul. p. 232.
1896. Antonelli, Aberroscopie objective moyennant la skiascopie (Soc. franç. d'Opht.). Clinique Opht. p. 812.
Bagnéris, E., Mesure rapide du pouvoir dioptrique des lentilles. Ann. d'Ocul. CXV. p. 273.
Denig, Skiaskop. Ophth. Gesellsch. Heidelberg. p. 310.
Gullstrand, A., Photographisch-ophthalmometrische und klinische Untersuchungen über die Hornhautrefraktion. Schwed. Akad. d. Wissensch. Stockholm. XXVIII. Nr. 7.
Gullstrand, Eine Brillenordination mit den jetzigen Hilfsmitteln. Upsala läkareförenings förhdl. 19. Nvbr.

1896. v. Hess, C., Über einige bisher nicht bekannte Ortsänderungen der menschlichen Linse während der Akkommodation. Bericht über d. 27. Vers. d. Ophth. Ges. Heidelberg. S. 41.
Ribbing, S. G. L., Eine Brilleneinfassung bei Bestimmung der Refraktion und Sehschärfe. Hygiea u. Rapport der Augenklinik d. Serafimerlazaretts. CXXV.
Thorington, A modified coverchimney. Ann. of Ophth. and Otol. IV. S. 1027.
Uhthoff, W., Beitrag zur Keratoskopie. Ein halbbogenförmiges Streifenkeratoskop. Klin. Monatsbl. f. Augenheilk. S. 219.
Uhthoff, W., Demonstration eines Keratoskops. Bericht über d. 25. Vers. d. ophth. Gesellsch. zu Heidelberg. S. 316.
Williams, C. H., Instrument to measure position of axis of cylindrical lens. Transact. of the Americ. Ophth. Soc. Thirty-second Ann. Meeting. p. 697.
Wolff, H., Skiaskop mit selbsttätigem Spiegelapparat. Elektrische Ophthalmoskopie. 25. Vers. Heidelberg. S. 320.
Würdemann, H. V., Skiascopy (the shadow test) in the determination of the ocular refraction. Internat. Clin. I. Series 6.
1897. Fromaget et Bardin, Etudes sur l'acuité visuelle et l'amplitude d'accommodation. Arch. d'Opht. XVII. p. 35.
Jackson, Edw., Autoskiascopy. Ophth. Review. p. 227.
Neustätter, Ein Leiterskiaskop mit Verwendung der Brillenkastengläser und einer Scheibe zur Bestimmung des Astigmatismusmeridians. Bericht über d. 26. Vers. d. ophth. Gesellsch. zu Heidelberg. S. 267.
Salzmann, Maximilian, Die Brechungsverminderung durch Verlust der Linse. Arch. f. Augenheilk. XXXIV, 3. S. 152.
Schön, W., Der Brechungsverlust myopischer Augen. Klin. Monatsbl. f. Augenheilk. Mai.
Sgrosso, P., Guida pratica per la determinazione della refrazione oculare mediante la schiascopia. Napoli. V. Pasquale.
Würdemann, H. V., The relations of the objective to the subjective methods for ascertaining the ocular refraction. The Ophth. Record. VI. Nov.
Zehender, Referat über die Arbeit: Salzmann, Die Brechungsverminderung durch Verlust der Linse. Arch. f. Augenheilk. XXXIV, 3. S. 152.
Ziegler, A note on the use of Dr. Zengs Refractometer. Ophth. Rev. Sept.
1898. Arens, Quelques considérations pratiques sur l'emploi de la skiaskopie. Arch. Méd. belges. Juin.
Van der Bergh, Théorie de la Skiascopie. Ann. d'Ocul. CXX. p. 40.
Druault, A., Note sur la situation des images rétiniennes formées par les rayons très obliques sur l'axe optique. Arch. d'Opht. XVIII. p. 685.
Hegg, Instrument zur Bestimmung des Fernpunktes bei hochgradiger Myopie. Klin. Monatsbl. f. Augenheilk. S. 179.
Jelly, An improved retinoscope. Lancet. XII. Febr.
Laurentzy, K., Die Theorie der Skiaskopie. Wien. med. Presse. Nr. 37.
Miller, V., Cases of myopia in which the subjectiv test and estimation by retinoscopy showed considerable difference in the amount of the error of refraction. Brit. med. Journ. p. 489.
Murphy, H, Some points in retinoscopy. Ophth. Record. p. 4.
Plaats, J. D. v. d., Over den oogspiegel en de schaduwproef van Cuignet. Tijdschr. v. Veeartsenykunde en Veeteelt.
Sgrosso, Refractomètre et ophtalmoscope. Archivo di oftalmologia. Janvier.
Thorington, J., Retinoscopy and the determination of refraction at one meter distance. Second edition. Blakiston, Philadelphia.
Visser, S., Modifikation meines Apparates zur objektiven Refraktionsmessung. Zentralbl. f. prakt. Augenheilk. Juni. S. 180.
1899. Cluzet, Nouvelle explication de l'ombre pupillaire. Arch. d'Opht.

1899. Gullstrand, A., Über die Bedeutung der Dioptrie. v. Graefes Arch. f. Ophth. XLIX. S. 46.
Jennings, E., Skiaskope. Model. Americ. Journ. of Ophth. p. 79.
Klimmowitsch, Apparat und Tafeln zur Demonstration der skiaskopischen Erscheinungen. St. Petersb. ophth. Gesellsch., 29. April. Wratsch. XX. p. 557.
Knapp, H., Über die Symmetrie unserer Augen und eine darauf begründete gleichmäßige Bezeichnung der Meridiane. Bericht über d. Verhandl. des IX. internat. Ophth.-Kongresses in Utrecht. Beilageheft z. Zeitschr. f. Augenheilk. II. S. 83.
Langie, A., Ein neuer Apparat zur Bestimmung des regelmäßigen Astigmatismus. Zentralbl. f. prakt. Augenheilk. Dez.
Neustätter, O., Die Schatten beim Skiaskopieren. Bericht über d. Verhandl. des IX. internat. Ophth.-Kongresses in Utrecht. Beilageheft z. Zeitschr. f. Augenheilk. II. S. 73.
Neustätter, O., Eine Wandtafel und Modelle zur Veranschaulichung der Vorgänge bei Skiaskopie. Beilageheft z. Zeitschr. f. Augenheilk. II. 75.
Otto, F., Betrachtungen über die Schattenprobe und ein Brillenleiter-Handskiaskop. Deutsche militärärztl. Zeitschr.
Snellen, H. jr., Skiaskopie. Ned. Oogh. Bijdr. Lief. VIII. p. 28.
Uribe-Troncoso, La détermination de la réfraction par les méthodes objectives et subjectives. Mexico.
Verhoeff, Two new astigmatic charts. Ophth. Record. p. 541.
1900. Bouwetsch, E., Neue Methode der Refraktionsbestimmung. (Russisch.) Wojenno-med. Journ. August. S. 2319.
Dixey, W. A., The Centring of Spectacle Lenses. The optician et photogr. Trades Review. London.
Druault, Astigmatisme de rayons pénétrant obliquement dans l'œil. Application de la skiascopie. Arch. d'Opht. XX. p. 21.
De Falco, A., Nuova teoria dell' ombra nella schiascopia (15. congr. dell' assoc. oftalm. ital.). Annali di Ottalm. e Lavori della Clinica Oculistica di Napoli. XXIX. p. 204.
Koch, J. D. C., Skiaskopie. Nederl. Oogheelk. Bijdr. Lief. IX. p. 5.
Kraemer, Ein neues Ophthalmo-Skiaskop. Klin. Monatsbl. f. Augenheilk. S. 464.
Laurenty, Zur Theorie der Bewegung des skiaskopischen Schattens. Wiener med. Presse. Nr. 50.
Neuschüler, Über ein neues Skiaskop. Zentralbl. f. prakt. Augenheilk. Okt. S. 300.
Neustätter, Grundriß der Theorie und Praxis der Schattenprobe (Skiaskopie), mit einer Reihe von Abbildungen. Gleichzeitig Erläuterung zu den Tafeln u. Phantomen zur Skiaskopie. J. F. Lehmann, München.
Nicolai, Un appareil simple pour mesurer l'amplitude de l'accommodation. Annal. d'Ocul. CXXIII. p. 351.
Noordijk, J. Th., Eine Methode zur Bestimmung des regulären Astigmatismus. Milit. Geneesk. Tijdschr. p. 195.
Ostwalt, F., Bemerkungen zu Prof. Dr. Gullstrands Arbeit: Über die Bedeutung der Dioptrie (v. Graefes Arch. f. Ophth. XLIX. Abt. I. S. 146). Ebenda XLIX. S. 712.
Schneidman, Crossed cylinder in the determination of refraction. Ophth. Record. p. 169.
Southard, W. F., An improved astigmometer. Annals of Ophth. p. 77.
Thorner, W., Über objektive Refraktionsbestimmungen mittels meines reflexlosen Augenspiegels. Zeitschr. f. Psychol. usw. XXIII. Leipzig.
Trombetta, L'esperienza di Scheiner e le sue applicazioni pratiche. Archiv. di Ottalm. VIII. p. 149.

1900. Wolff, H., Über das elektrische Skiaskop. Vers. d. ophth. Ges. Heidelberg.
1901. Blair, A new portable refractometer. Ophth. Record. p. 601.
Doniselli, C., Un diottrimetro oculare. Annali di Ottalm. e Lavori della Clinica Oculistica di Napoli. XXX. p. 521.
Johnson, Some remarks on the use of the clock dial chart in the refraction of astigmatism. Ophth. Record. p. 527.
Landolt, E., Determination of the presumable refraction of the eye with and without its crystalline lens. Arch. of Ophth. XXX. No. 5.
Lohnstein, Eine Methode zur objektiven Bestimmung der Refraktion bei hochgradiger Myopie. Allgem. med. Zentralzeitung. Nr. 96.
Noiszewski, Asymmetrisches Brillengestell und symmetrischer und asymmetrischer Astigmatismus. Zentralbl. f. prakt. Augenheilk. p. 366.
Roth, A., Bemerkungen zur Heineschen Theorie der Schattenprobe. Klin. Monatsbl. f. Augenheilk., S. 881, mit Erwiderung von Heine. Ebd. S. 882.
Schoute, G. J., Bepaling van de ooglengte in vivo. Nederl. Tijdschr. v. Geneesk. I. S. 318.
Treutler, B., Die Refraktionsänderung durch Linsenentfernung und die optischen Konstanten des schematischen Auges. Zeitschr. f. Augenheilk. V. p. 39.
Trombetta, La teoria degli specchi e delle lenti applicata alla diagnosi dei vizi di refrazione. Luigi Nicolai, Firenze.
1902. Bjerke, K., Über die Veränderung der Refraktion und Sehschärfe nach Entfernung der Linse. v. Graefes Arch. f. Ophth. LIII. S. 511.
Harman, Bishop, A new refractometer (Ophth. Society of the United Kingd.). Ophth. Review. p. 28.
Heine, Zu Neustätters Kritik meiner skiaskopischen Schemata. Klin. Monatsbl. f. Augenheilk. S. 153.
Holth, S., Kineskopie. Ann. d'Ocul. CXXVII. S. 241.
Knapp, On the symmetry of our visual apparatus as a dual organ. Plea to modify the customary notation of the ocular meridians (Americ. med. Assoc, Section on Ophth.). Ophth. Record. p. 391.
Lendon, The method of Cuignet or retinoscopy. Baillière, T. and Cox.
Lohnstein, Eine neue Methode der ophthalmoskopischen Refraktionsbestimmung. Zeitschr. f. Augenheilk. VII.
Mulder, M. E., Toestel tot het bepalen van astigmatisme. Nederl. Tijdschr. v. Geneesk. I. p. 371.
Neustätter, Über den skiaskopischen Strahlenverlauf. Eine Widerlegung der Heineschen Auffassung. Klin. Monatsbl. f. Augenheilk. S. 143.
Thorner, Zur Theorie der Refraktionsbestimmungen. Arch. f. Augenheilk. XLV. S. 110.
Trombetta, Presentazione di un nuovo apparecchio Astigmometrie. (XVI. Congr. dell' Assoc. oftalm. ital.) Annal. di Ottalm. e Lavori della Clinica Oculistica di Napoli. XXXI. p. 731.
Wolff, H., Über die Skiaskopietheorie, skiaskopische Refraktionsbestimmung und über mein elektrisches Skiaskopophthalmometer, nebst Bemerkungen über die sphärische Aberration und die Akkommodationslinie des Auges. Bericht über die 30. Vers. d. Ophth. Gesellsch. zu Heidelberg. S. 150. Zeitschr. f. Augenheilk. VIII. S. 213.

Literaturverzeichnis von 1903 ab.

1903. van den Berg, Skiascopie subjective. Procédé original de détermination de la réfraction. Ann. d'Ocul. Octobre.
Bjerke, Über die Veränderung der Refraktion und Sehschärfe nach Entfernung der Linse. v. Graefes Arch. f. Ophth. LV. S. 191 u. LXVI. S. 292.

1903. Bjerke, Über die Berechnung des Brechwertes der Linse nach Myopieoperationen. v. Graefes Arch. f. Ophth. LV. S. 389.
Bondi, Anleitung zur Bestimmung der Refraktions- und Akkommodations-Anomalien des Auges. Wien. Safář.
Broca, Théorie de la skiaskopie. Ann. d'Ocul. CXXX. p. 313.
Campbell, Kenneth, The Theory of retinoscopy. Lancet. February 28.
Druiff, Refraction. London, Klimpton.
Duuring, Skiaskop. Nederl. Tijdschr. v. Geneesk. II. p. 976.
Fromaget, Mesure de la réfraction par la méthode de Scheiner. Amétropomètre de Dr. Le Méhauté. Ann. d'Ocul. Mars.
Gagnière, Théorie générale du procédé de Cuignet. Arch. d'Opht. XXIII. p. 703.
Hartridge, The refraction of the eye. 12. ed. London, Churchill.
v. Heß, C., Die Anomalien der Refraktion und Akkommodation des Auges mit einleitender Darstellung der Dioptrik des Auges. Dieses Handb. 2. Aufl. Kap. XII.
Jackson, Skiascopy as a method of precision. (Americ. med. Assoc. Section on Ophth.) Ophth. Record. p. 289.
Koster, Ein Taschenskiaskop. Klin. Monatsbl. f. Augenheilk. I. S. 288.
Lohnstein, Über kinesiskopische Refraktionsbestimmung. Allgem. med. Zentralztg. Nr. 11.
Lohnstein, Eine einfache Vorrichtung zur Refraktionsbestimmung im umgekehrten Bilde. Zeitschr. f. Augenheilk. X.
Nuel, La dioptrique oculaire. Dictionnaire de physiol. de Ch. Richet.
Sulzer, Etude expérimentale de la vision des astigmatiques. Ann. d'Ocul. CXXIX. p. 86.
Wolff, H., Über die Skiaskopietheorie und über mein elektrisches Skiaskop-ophthalmometer. Berlin. S. Karger.
1904. Arcadipane, Teoria dalla schiascopia. Arch. di Ottalm. XI. p. 467.
Borschke, Das Achsenskiaskop. Wien. med. Wochenschr. Nr. 17 u. 18.
Claiborne, The axis of astigmatism. Ophth. Record. p. 325.
Dufour (Nancy), Les verres cylindriques et toriques et la correction de l'astigmatisme. Clin. opht. p. 176 et Thèse de Nancy.
Gagnière, Sur la «théorie générale du procédé de Cuignet» et l'application du théorème de Sturm. Arch. d'Opht. XXIV. p. 791.
Gleichen, Neue Theorie der Schattenprobe (Skiaskopie). Zeitschr. f. Augenheilk. XII. S. 1.
Gleichen, Noch einmal meine Skiaskopietheorie. Zeitschr. f. Augenheilk. XII. S. 653.
Holth, Nouveau procédé pour déterminer la réfraction oculaire. Ann. d'Ocul. CXXXI. p. 418.
Hummelsheim, Ein Vorschlag zur Einigung über die Meridianbezeichnung. X. Congr. d'Opht. Luzern. B. p. 3.
Jones, The use of prisms in determining the refraction by the shadow. Opht. Record. p. 154.
Knapp, Noch einmal die Symmetrie unseres Augenpaares. X. Congr. d'Opht. Luzern. I.
Lagleyze, Refracto-esquenca. Arch. de Oft. hisp.-americ. p. 794 et Revue générale d'Opht. 1905. p. 77.
Oppenheimer, Theorie und Praxis der Augengläser. Berlin, Hirschwald.
Oppenheimer, Eine verbesserte Probierbrille. Klin. Monatsbl. f. Augenheilk. XLII. Bd. II. S. 482.
Paukstat, Betrachtung über die Skiaskopie und ihre Anwendung im militärischen Ersatzgeschäft. Inaug.-Diss. Königsberg.
Peschel, Zur Theorie der Refraktion des Auges. Zentralbl. f. prakt. Augenheilk. Januar.

1904. Polack, Effets de l'état de réfraction de l'œil, dans la vision des couleurs. Acad. des Sciences. Revue gen. d'Opht. p. 388.

Schenk, Dioptrik in Nagels Handbuch der Physiologie des Menschen. III. Braunschweig.

Wolff, H., Über die Skiaskopietheorie. Zeitschr. f. Augenheilk. XII. S. 490 u. XII. S. 582.

Wolff, H., De la Théorie skiascopique et de mon skiascopophtalmomètre électrique. Arch. d'Opht. XXIV. p. 213.

1905. Borschke, Zur Theorie der Skiaskopie. Arch. f. Augenheilk. LII. S. 164 u. (Ophth. Gesellsch. in Wien). Zeitschr. f. Augenheilk. XIII. S. 375.

Emmert, Wie verhält sich die bei Astigmatismus durch das Ophthalmometer gefundene Achsenstellung zur Achsenstellung, welche der Astigmatiker den korrigierenden Zylindergläsern bei Selbsteinstellung gibt? Congr. internat. d'Opht. B. p. 79.

Grunert, Eine Probierbrille mit verstellbaren Bügeln. Bericht über die 32. Vers. d. ophth. Ges. zu Heidelberg. S. 329.

Halben, Ein Differentialrefraktometer zur Bestimmung der Brechungsindizes optisch inhomogener Medien, speziell der menschlichen Linse. Bericht über die 32. Vers. d. ophth. Ges. zu Heidelberg. S. 354. Münch. med. Wochenschr. S. 1562.

Knapp, H., Noch einmal die Symmetrie unseres Augenpaares zur Medianebene des Körpers, im Gegensatz zu der Asymmetrie des Einzelauges mit besonderer Berücksichtigung der Meridiane. Congr. internat. d'Opht. B. p. 8.

Lagrange, Les variations de l'astigmie cornéenne avec l'âge. Arch. d'Opht. 206.

Lohnstein, Über eine Methode der Refraktionsbestimmung mittels des umgekehrten Bildes. Arch. f. Ophth. LX. S. 87.

Lohnstein, Über eine Modifikation des umgekehrten Bildes und ihre Verwendung zur Refraktionsbestimmung. Zeitschr. f. Augenheilk. XIV. S. 148.

Neustätter, Über zwei neue Methoden zur Bestimmung der Refraktion. (Gesellsch. f. Morphol. u. Physiol. in München). Münch. med. Wochenschr. S. 1365.

Perlmann, Refraktiometer. (Berlin. Ophth. Gesellsch. Sitzung vom 19. Okt.). Zentralbl. f. prakt. Augenheilk. Nov., Vereinsbeilage d. Deutschen med. Wochenschr. S. 1906 und Berlin. klin. Wochenschr. Nr. 44.

Polack, Optotypes en couleurs complémentaires. Soc. française d'Opht. p. 334.

Rolland, Théorie de la skiascopie. Annal. d'Ocul. CXXXIV. p. 428.

Roth, Das Astigmoskop, eine Vervollständigung des Placidoschen Keratoskop. Zentralbl. f. prakt. Augenheilk. Januar.

Thomson, W., A convenient instrument for rapid retinoscopy. Ophth. Review. p. 200.

Weinhold, Zur Theorie der skiaskopischen Schattendrehung bei Astigmatismus. v. Graefes Arch. f. Ophth. XLII. S. 274.

Wolff, Hugo, Die Skiaskopietheorie vom Standpunkt der geometrischen Optik, der Ophthalmoskopie und entoptischer Wahrnehmung. (Entoptische Skiaskopietheorie.) Berlin. S. Karger.

Wolff, H., Noch einmal meine Skiaskopietheorie. Arch. f. Augenheilk. LIII. 2. S. 135.

1906. Adam, Ein kleiner handlicher Apparat zur Bestimmung der Akkommodationsweite und höherer Grade von Myopie. Zeitschr. f. Augenheilk. XVI. S. 468.

Antonelli, Sur les rapports entre l'astigmatisme cornéen et l'astigmatisme total. Arch. d'opht. XXVI. p. 146.

1906. Borschke, Über das Gesichtsfeld beim Skiaskopieren und Ophthalmoskopieren. Arch. f. Augenheilk. LIV. 4. S. 376.

Borschke, Über die Theorie der skiaskopischen Schattendrehung bei Astigmatismus. v. Graefes Arch. f. Ophth. LXIII. 2. S. 388.

Gertz, Über Refraktionsbestimmung mittels der Reflexe der Augenspiegellinse. Mitteilungen aus der Augenklinik des Carolinischen Med.-chir. Instituts zu Stockholm, herausg. v. J. Widmark. Heft 8. G. Fischer.

Gullstrand, Die reelle optische Abbildung. K. V. A.'s. Handlingar. (Handb. d. Königl. schwed. Akademie d. Wissenschaften.) XLI. Nr. 3.

Hansell, Relation of convergence to accommodation. Ophth. Record. p. 41.

Jackson, The mechanism of accommodation and astigmatic accommodation. Amer. Journ. Ophth. p. 137.

Oppenheimer, Die bei Zylindergläsern üblichen Achsenbezeichnungen. Wochenschr. f. Therapie u. Hyg. d. Auges. Nr. 26.

Pergens, Über Brillen und augenähnliche Objekte bei den Eskimos. Zentralbl. f. prakt. Augenheilk. XVI. S. 253.

Pergens, Historisches über weniger gebrauchte Arten von Brillengläsern. Klin. Monatsbl. f. Augenheilk. XLIV. Bd. I. S. 505.

Schoen, Das Wesen der Skiaskopie. Zeitschr. f. Augenheilk. XVI. 4. S. 315.

Straub, Über die Formel der Refraktionsanomalien. Bericht über d. 33. Vers. d. Ophth. Gesellsch. zu Heidelberg. S. 129 und Data, Amsterdamer Refraktionsstatistiken betr. Nederl. Tijdschr. v. Geneesk. I. p. 283.

Trombetta, La teoria degli specchi e delle lenti applicata alla diagnosi dei vizii di refrazione. Firenze. L. Nicolai.

Weinhold, Nochmals: Zur Theorie der skiaskopischen Schattendrehung bei Astigmatismus. v. Graefes Arch. f. Ophth. LXIII. S. 150.

Weiss, G., Leçons d'ophtalmométrie. Paris. Masson & Co.

Wolff, H., Das System der Skiaskopie und Ophthalmoskopie vom Standpunkt der physischen, physiologischen und geometrischen Optik. Zeitschr. f. Augenheilk. Ergänzungsheft. (Kuhntsche Festschr.) S. 91.

Wolff, H., Neue Beiträge zur Skiaskopietheorie. Klin. Rundschau. 3. u. 4. Jan.

Wolff, H., Über Bildentstehung und Schattenbilder, sowie über das Gesichtsfeld und das Sehen in Zerstreuungskreisen im System der Skiaskopie und Ophthalmoskopie. Arch. f. Augenheilk. LVI. 1. S. 53.

1907. Blanco, Facometro clinico. Arch. de Oftalm. hisp.-americ. Sept. 1906.

Borschke, A., Ein experimenteller Beweis der Bedeutung des Spiegelloches für die skiaskopische Schattendrehung. v. Graefes Arch. f. Ophth. LXVI. 1. S. 195.

Borschke, A., Zur Theorie der Skiaskopie. Arch. f. Augenheilk. LVIII. 4. S. 291.

Chanoz, Optomètre astigmomètre. (Soc. méd. des Hôpit. de Lyon). Revue générale d'Opht. p. 570.

Dor, De l'emploi d'un simple prisme pour la mensuration de la myopie, de l'hypermétropie et de l'astigmatisme (Société d'Opht. de Lyon). Revue générale d'Opht. p. 42.

Freytag, Die natürlichen Grundlagen für eine Meridianbezeichnung am Bulbus. Bericht über d. 34. Vers. d. Ophth. Gesellsch. S. 187.

Gullstrand, Tatsachen und Fiktionen in der Lehre von der optischen Abbildung. Arch. f. Optik. I. S. 1.

Harter, Das Dioptometer. Ein neuer Apparat zur subjektiven und objektiven Refraktionsbestimmung. Inaug.-Diss. Göttingen.

Koster, Eine eigentümliche Erscheinung der Skiaskopie. Arch. f. Augenheilk. LVIII. S. 206. Nederl. Tijdschr. v. Geneesk. II. p. 920.

Polack, A propos du décentrage des verres correcteurs. Présentation d'une lunette à double décentrage. (Société française d'Opht.) Ann. d'Ocul. CXXXVII. p. 481.

1907. Rochat, Een automatisch werkend instrument voor skiaskopie. Nederl. Tijdschr. v. Geneesk. I. p. 789. Nederl. Oogheelkundig gezellschaft. Utrecht. 15. Dez. 1907.

Verderau, Unificación de la notación de la astigmia. (Sociedad Oftalm. Hisp.-Americ.). Anales de Oftalm. X. p. 106.

1908. Baratz, Zur Technik der Astigmatismusbestimmung. Westn. Ophth. p. 441.

Bradburne, An improved retinoscopical mirror. Ophth. Record. p. 128.

Ellis Keith, The estimation of errors of refraction by means of astigmatic charts. Ophth. Record. p. 595.

Gertz, Ein Apparat zur Schätzung der Refraktion im umgekehrten Augenspiegelbilde. Mitt. a. d. Augenklinik d. Carolin. Med.-chir. Instituts zu Stockholm. Heft 9. S. 1.

Gullstrand, Die optische Abbildung in heterogenen Medien und die Dioptrik der Kristallinse des Menschen. K. V. A.'s. Handlingar. (Handb. d. königl. schwed. Akad. d. Wissensch.) B. 43. Nr. 2.

Mayer, E., Sur le numérotage des lentilles sphériques à courts foyers. Ann. d'Ocul. CXL. p. 419.

Mayer, E., Sur une boite de juges convexes destinés à vérifier les verres concaves de forte puissance. Ann. d'Ocul. CXXXIX. p. 127.

Oppenheimer, Brillenformulare. Klin. Monatsbl. f. Augenheilk. XLVI. I. S. 175.

Schoen, Das Wesen der Skiaskopie. II. Aufsatz. Zeitschr. f. Augenheilk. XX. S. 415.

Schoute, Het vorschrijven van brillen. Medische Revue. Nr. 9 und 11.

Wolff, H., Über Schattendrehung und Schattenlauf, sowie über das astigmatische Gesichtsfeld in der Skiaskopie. Arch. f. Augenheilk. LX. 2 u. 3. S. 210.

Wolffberg, Opto-Sphärometer-Skala zur approximativen Ausmessung sphär., zylindr., prismat. und kombinierter Brillengläser. Bonn, Habicht.

1909. Alexander, C. F., Some properties of the convex lens. Ophth. Review. p. 123.

v. Arlt, Anleitung zur Selbstverfertigung von Astigmatismustafeln. Wochenschrift f. Ther. u. Hyg. d. Auges. Nr. 21.

Becker, F., Eine neue Methode der Refraktionsbestimmung im umgekehrten Bilde. Arch. f. Ophth. LXXII. S. 444.

Brand, Skiaskop. Münch. med. Wochenschr. S. 918.

Duane, Standard test-object for determining the near point and the range of accommodation. Ophth. Record. p. 358.

Gullstrand, A., Die Dioptrik des Auges. Handbuch der physiol. Optik v. H. v. Helmholtz. 3. Aufl. I. Ergänzt u. herausg. in Gemeinschaft mit A. Gullstrand u. J. v. Kries von W. Nagel. Hamburg u. Leipzig, L. Voß.

Jessopp, The report of the international Commission on the determination of visual acuity and of the rotation of the meridians of astigmatism. Transact. of the Ophth. Soc. of the United Kingd. XXIX. p. 292.

Katz, Bemerkungen zur Skiaskopie usw. Russk. Wratsch. Nr. 51. p. 1750.

Landolt, E., Bezeichnung der Hauptschnitte des astigmatischen Auges und der Richtung des korrigierenden Zylinders. Bericht d. internat. ophth. Kongresses. Neapel. S. 614.

Oppenheimer, Die Frage der Zylinderachsenbezeichnung. Wochenschr. f. Ther. u. Hyg. 4. März.

Pergens, E., La numération des méridiens dans l'astigmatisme. C. Rendu du congrès internat. d'Opht. Naples. p. 312.

Percival, The notation of the axis of astigmatism and of perimetric charts. XI. internat. opht. Congr. p. 58.

Polack, Un cadran pour l'astigmatisme. Recueil d'opht. Anhang. p. 96.

Starke, Ein Achsenskiaskop. Zentralbl. f. Augenheilk. September.

1909. Stephenson, Sydney, The angle notation of cylindrical lenses. Ophthalmoscope. p. 671.
Sutcliffe, The optical principles of the keratometer. Ophthalmoskope. p. 233.
Tscherning, Verres de lunettes orthoscopiques. Recueil d'Opht. p. 1.
Report on the unification of notation of the meridians of astigmatism. Bericht d. internat. ophth. Kongresses. Neapel. S. 311.
1910. Becker, F., Demonstration eines neuen Refraktionsophthalmoskopes. (24. Vers. rhein.-westf. Augenärzte.) Berl. klin. Wochenschr. S. 465.
Corobonat, Optométrie: Un procédé simple pour la détermination rapide des vices de la réfraction. Clinique Opht. p. 521.
Dufour (Nancy), Sur les récents progrès de la dioptrique oculaire. Ann. d'Ocul. CXLIV. p. 145.
Emmert, Zur Gradeinteilung der Ophthalmometer und Perimeter. Betrachtungen zu den Beschlüssen des Neapler Kongresses. Arch. f. Augenheilk. LXVII. S. 327.
Gertz, Ein neues Keratoskop. Mitt. a. d. Augenklinik des Carolin. Med.-chirurg. Institutes zu Stockholm. Heft 11. S. 1.
Gertz, Über das sekundäre katadioptrische Bild des Auges. Skand. Arch. Physiol. XXII. S. 299.
Gleichen, Über die Stellung der Pupille innerhalb des optischen Systems des menschlichen Auges. Arch. f. Augenheilk. LXVI. S. 106.
Gleichen, Zur Theorie der Akkommodation. Arch. f. Augenheilk. LXV. S. 229.
Greeff, Zur Gradbestimmung des Astigmatismus. Klin. Monatsbl. f. Augenheilk. XLVIII. Bd. I. S. 352.
Hertel, E., Über Ersatz der operativen Korrektion hochgradiger Myopie durch eine Gläserkombination. Ebenda. LXXV, 3. S. 586.
Hertel, E., Fernrohrbrille. v. Graefes Arch. LXXV, 3. und Bericht der ophth. Gesellsch. zu Heidelberg. S. 318.
v. Heß, Die Refraktion und Akkommodation des menschlichen Auges und ihre Anomalien. Kap. XII. Dieses Handb. 3. Aufl. Leipzig, W. Engelmann.
Isakowitz, Das Gertzsche Keratoskop. Klin. Monatsbl. f. Augenheilk. XLVIII. Bd. II. S. 477.
Lindsay, Johnson, A complete trial case. Ophthalmoscope. p. 564.
Oppenheimer, Bifokale Probierbrillenkästen. Klin. Monatsbl. f. Augenheilk. XLVIII. Bd. II. S. 393.
Oppenheimer, Zur Einführung der internationalen Astigmatismusachsenbezeichnung. Klin. Monatsbl. f. Augenheilk. XLVIII. Bd. I. S. 200.
Ovio, Die Formel der Vergrößerung des stenopäischen Loches und die relativen Gesetze. Arch. f. Augenheilk. LXVII. S. 221.
Ovio, La formula dell'ingrandimento dato dal foro stenopeico e leggi relative. Annali di Ottalm. XXXIX. p. 711.
Pfalz, Zur Frage der aphakischen Akkommodation. Zeitschr. f. Augenheilk. XXIV. S. 274.
Pfalz, Zur Einführung der internationalen Astigmatismusachsenbezeichnung. Klin. Monatsbl. f. Augenheilk. XLVIII. Bd. I. S. 67 und 481.
Pflüger, Zur Einführung der internationalen Astigmatismusbezeichnung. Klin. Monatsbl. f. Augenheilk. XLVIII. Bd. I. S. 667.
Rhoads, A one degree astigmatism scale. Ophth. Record. p. 221.
Rhoads, An eye shade for the iris diaphragm chimney, combined with device for holding a retinoscope. Ibid. p. 371.
v. Rohr, Zur Theorie der Fernrohrbrille. Arch. f. Ophth. LXXV. S. 561.
v. Rohr, Gullstrandsche Staarbrillen. Bericht über d. 36. Vers. d. ophth. Gesellsch. zu Heidelberg. S. 186.
Terrien, F., Nouveau modèle d'optomètre pour la détermination rapide de la refraction. Recueil d'Opht. p. 143.

1910. Thorington, Refraction and how to refract. Fifth revised edition. Blakiston Son & Co. Philadelphia.

Wachtler, Zur Einführung der internationalen Astigmatismusbezeichnung. Klin. Monatsbl. f. Augenheilk. XLVIII. Bd. 1. S. 671.

Weiß, Ein einfaches Probiergestell. Klin. Monatsbl. f. Augenheilk. XLVIII. Bd. I. S. 670.

Zeemann, Lensmetingen en emmetropisatie. Verslagen d. Koninkl. Acad. v. Wetenschappen. p. 364.

1911. Alexander, The theory of skiaskopy with the „Scissors" movement. Ophth. Review. p. 270.

Best, Bemerkungen zum Zentralkanal des Glaskörpers und zu Stillings Akkommodationstheorie. Zeitschr. f. Augenheilk. XXVI. S. 14.

Caillaud, Le choix des verres et de leurs montures en ophtalmologie. Paris, Doin et fils.

Claiborne, An hitherto undescribed term in skiaskopy. Ophthalmology. Vol. VII. p. 556.

Dufour (Nancy), Les verres correcteurs envisagés comme instruments d'optique. Ann. d'Ocul. CXLVI. p. 88.

Dufour (Nancy), Les équations de la dioptrique oculaire. Ann. d'ocul. Sept.

Elschnig, Die Funktionsprüfung des Auges für Studierende und Ärzte. 2. Aufl. S. 3 ff. Leipzig und Wien. Fr. Deuticke.

Grönholm, Undersökningar rörande den monokromatiska aberrationen i ögat, utförda medelst objectiv stigmatoskopi. Helsingfors.

Groenouw, Demonstration des Sutcliffe-Ophthalmometers. Klin. Monatsbl. f. Augenheilk. XLIX. Bd. I. S. 735.

Gullstrand, Die reflexlose Ophthalmoskopie. Arch. f. Augenheilk. LXVIII. S. 101—144.

Gullstrand, Några nya instrument och metoder. (Sitz.-Ber. d. schwed. Ärztegesellsch.). Beilage Hygiea. S. 78. (Demonstration von Instrumenten für reflexlose Ophthalmoskopie, die Untersuchungsmethoden mit der Nernstspaltlampe, Fernrohrbrille, Brillenlupe).

Gullstrand, Einführung in die Methoden der Dioptrik des Auges des Menschen. Leipzig, S. Hirzel.

Gullstrand, Hur jag fann den intrakapsulära akomodationsmekanismen. (Nobelföredrog. 11. Dec. 1911). Hygiea. Deutsch im Arch. f. Augenheilk. LXXII. 3—4. S. 169.

Hegner, Zur Raumerfüllung durch Brillengläser. Bericht über d. 37. Vers. d. ophth. Gesellsch. zu Heidelberg. S. 59.

v. Heß, C. Beiträge zur vergleichenden Akkommodationslehre. Zool. Jahrb. III a. S. 336.

Imre, Beiträge zur Lehre von der Akkommodation. Szemészet. III/IV. S. 121.

Isakowitz, Das Gertzsche Keratometer. (Berl. ophth. Gesellsch.) Zentralbl. f. prakt. Augenheilk. S. 19.

Majewski, Ein neues Refraktometer. (Polnisch.) Possep okulist. Nr. 8/9.

Mayer, Sur la notation des verres sphäro-cylindriques. Clin. opht. p. 19.

Rhoads, Double cross-cylinder. Ophth. Record. p. 292.

Rhoads, Sphero-cylinder trial lenses. Ibid. p. 545.

v. Rohr, Über neuere Bestrebungen in der Konstruktion ophthalmologischer Instrumente. Bericht über d. 37. Vers. d. ophth. Gesellsch. zu Heidelberg. S. 51.

v. Rohr, Über die Würdigung des Augendrehpunktes und seine Berücksichtigung in der konstruktiven Optik. Zeitschr. f. Instrumentenkunde. Dezember.

v. Rohr, Die Brille als optisches Instrument. Dieses Handb. 2. Aufl. Anhang.

Scott, Telescope eye-glasses. Ophthalmology. VII. p. 445.

1911. Stilling, Über den Mechanismus der Akkommodation. Zeitschr. f. Augenheilk. XXV. S. 15 u. 141.
Thorington, Retinoscopy. Blakiston's Son and Co. Philadelphia. 1911.
1912. Beck, A., Refraktionsbestimmungen beim Ersatzgeschäft und eine Methode zur raschen Feststellung derselben. Deutsche militärärztl. Zeitschr. S. 921.
Becker, Demonstration eines verbesserten Prismenrefraktometers. Bericht über d. 38. Vers. d. ophth. Gesellsch. zu Heidelberg. S. 375.
Dufour (Nancy), L'optique géométrique et la dioptrique de l'œil. Revue du mois. 10 mars.
Elschnig, Fixiermarke zum Ophthalmometer. Klin. Monatsbl. f. Augenheilk. L. Bd. II. S. 558.
Folinea, Ricerca del meridiano principale dell' astigmatismo corneale per mezzo del quadrante di Polack. Arch. di Ottalm. XX. p. 225.
Hallauer, Demonstration einiger optischer Neuerungen (Stargläser, Fernrohrbrillen, Fernrohrlupen). (Mediz. Ges. Basel.) Berl. klin. Wochenschr. S. 1349.
v. Haselberg, Eine einfache und billige Brillenleiter. Deutsche militärärztl. Zeitschr. H. 3.
Hegner, Fortschritte in der Brillenkunde. Schweiz. Korrespondenzbl. Nr. 36. S. 1353.
Hegner, Über ein neues Brillensystem zur Korrektion einseitiger Aphakie. Klin. Monatsbl. f. Augenheilk. L. Bd. I. S. 273.
Heine, Funktionsprüfung. Axenfeld, Lehrb, d. Augenheilk. Jena, G. Fischer.
Pannell, The axis, objectively in retinoscopy. Ophthalmology. IX. p. 49.
v. Rohr, Über astigmatische Gläser mit punktueller Abbildung. Bericht über d. 38. Vers. d. ophth. Gesellsch. zu Heidelberg. S. 94.
v. Rohr und Stock, Über eine Methode zur subjektiven Prüfung von Brillenwirkungen. v. Graefes Arch. f. Ophth. LXXXIII. S. 189.
v. Rohr, Das Auge und die Brille. Aus Natur und Geisteswelt. Bd. 372. Leipzig, B. G. Teubner.
Rudin, Akkommodationsbrillen. Westnik Ophth. S. 246.
Schanz, Zwei Notizen für die Praxis. Zeitschr. f. Augenheilk. XXVII. S. 367.
Stock, Über neuere Brillen. Zeitschr. f. ärztl. Fortbildg. XI.
Stock, Über eine neue Verwendungsart der von Fick angegebenen Kontaktbrillen. Bericht überd. 38. Vers. d. ophth. Gesellsch. zu Heidelberg. S. 197.
Sulzer, Procédés et outillage simples et exacts pour déterminer rapidement les verres correcteurs de l'astigmie. Ann. d'Ocul. CXLVII. p. 401. (Soc. franç. d'Opht. congr. de mai.) Arch. d'Opht. XXXII. p. 387 et Clinique Opht. p. 443.
Stricker, The optometry question. Ophthalmology. IX. p. 41.
Visser, S., Skiaskopbrille. Klin. Monatsbl. f. Augenheilk. L. Bd. II. S. 626.
Waddy, Sciascopic test: New and original explanation. Arch. of Ophth. XLI. Nr. 3. May.
Wanka, Fortschritte auf dem Gebiete der Brillenoptik. (2. Vers. deutscher Augenärzte Böhmens und Mährens.) Klin. Monatsbl. f. Augenheilk. L. Bd. I. S. 600.
1913. Landolt, E., L'œuvre de Gullstrand. Arch. d'Opht. S. 1. Jan., Febr., März.
Wolff, H., Über neue ophthalmoskopische Untersuchungsmethoden. Zeitschr. f. Augenheilk. XXIX., 3 u. 4. S. 215.

III. Ophthalmoskopie.

Von

Dr. E. Landolt (Paris) und **Dr. F. Langenhan,** Stabsarzt.

Mit Fig. 91—171 und Tafel I.

1. Allgemeiner Teil.

Dr. E. Landolt.

Der Augenspiegel ist ein Instrument, welches dazu dient, das Innere des Auges sichtbar zu machen. Man kann sich fragen, warum man zu diesem Zwecke eines besonderen Instrumentes bedarf. Warum sieht man, in der Tat, den Augengrund nicht direkt, da doch die davorliegenden Medien unter normalen Umständen vollkommen durchsichtig sind; warum ist die Pupille schwarz, warum scheint kein Licht aus dem Auge zu kommen, auch wenn solches in dasselbe eindringt und damit sein Inneres beleuchtet?

Diese Frage hat die Gelehrten jahrhundertelang umsonst beschäftigt, bis sie Helmholtz im Jahre 1851 mit einem Schlage löste.

Man nehme eine undurchsichtige, an einem Ende verschlossene Röhre, einen Gewehrlauf z. B., und sehe hinein. Man wird nichts darin erschauen als schwarzes Dunkel. Der Grund dafür ist sehr einfach: Beim Hineinsehen verdeckt man das Licht, das die Röhre erleuchten könnte und, wendet man sie dem Lichte zu, so sieht man eben nicht hinein, falls sie wenigstens, im Verhältnis zu ihrer Öffnung, eine gewisse Länge hat, weil sie so nicht mehr in unserer Blicklinie liegt.

Dasselbe findet beim Auge statt, nur daß sich da vor und hinter der Öffnung noch ein optisches System befindet. Um den Grund der Röhre, den Grund des Auges in dem Momente zu erschauen, wo er beleuchtet ist, muß man sein Auge in die Richtung der einfallenden und der austretenden Lichtstrahlen bringen, ohne dieselben abzublenden.

Dies geschieht mit Hilfe eines Spiegels, der so gestellt wird, daß er einerseits das Licht einer seitlich von der zu untersuchenden Höhlung stehenden Flamme in dieselbe wirft, andererseits dank einer Durchbohrung, einer vom Belage freien Stelle oder einfach dadurch, daß man ihn so vor sein Auge hält, daß er nur einen Teil der Pupille bedeckt, gestattet gleichzeitig in die untersuchte Höhle, in unserem Falle in das Innere des Auges zu blicken. Dies ist die ganze Theorie der Augen-, Ohren-, Urethra- und aller ähnlichen Spiegel.

Es ist wahrlich für unseren menschlichen Geist beschämend, daß vor Helmholtz der Verstand der Verständigen nur dazu ausreichte, über das Phänomen der Schwärze der Pupille die absurdesten Theorien zu ersinnen:

Das Licht sollte im Innern des Auges vollständig absorbiert, es sollte in eine »andere Kraft« umgewandelt werden und deshalb nicht mehr herauskommen können usw. — Wer weiß, ob nicht, wie die Kinder des Middelburger Optikers spielend GALILEIS Fernrohr erfanden, so das kindliche Gemüt in seiner Einfalt schon lange das Ofenrohr mit einer Glasscherbe zu erleuchten wußte, ehe uns HELMHOLTZ den schiefgestellten Spiegel zur Erforschung des Augeninnern in die Hand gab.

Allerdings begnügte sich HELMHOLTZ nicht damit, uns zu zeigen, wie man die Pupille leuchten sehen kann, wie man Licht ins Auge wirft und solches wieder daraus erhält. Er konstruierte sofort ein brauchbares, zu allen möglichen Untersuchungen taugliches Instrument. Ja, er löste zugleich auch alle anderen, zum Teil sehr komplizierten, einschlagenden Fragen. Er diskutierte die Vorzüge der verschiedenen Spiegel, die Abschwächung des Kornealreflexes durch Polarisation des Lichtes, den Einfluß der Weite der Pupille auf die Intensität der Beleuchtung, das Zustandekommen des aufrechten, sowie des umgekehrten Netzhautbildes, die Vergrößerung derselben, das Gesichtsfeld der ophthalmoskopischen Untersuchung, die Beobachtung der Objekte des Augengrundes: Papille, Makula, Gefäße, Chorioidea usw. Er wies mit seinem Instrumente die Abwesenheit der Lichtempfindung am Sehnerveneintritte nach. Er zeigte, wie man mit dem Augenspiegel die Refraktion eines Auges bestimmen kann. Ja, selbst die Autophthalmoskopie ist schon in HELMHOLTZ' erster Veröffentlichung genau auseinandergesetzt (1851, 1852).

Die Tragweite seiner Entdeckung richtig erkennend, gab HELMHOLTZ auch gleich deren Verwertung auf anderen Gebieten an, und das alles in klarster, kürzester, wissenschaftlichster Form. Hätte HELMHOLTZ auch nur die kleine Broschüre »Beschreibung eines Augenspiegels zur Untersuchung der Netzhaut im lebenden Auge« geschrieben, diese 43 Seiten hätten genügt, ihm unsterblichen Ruhm zu gewinnen. Daß die Pupille unter gewissen Umständen zum Leuchten gebracht werden könne, war allerdings einzelnen Beobachtern vor der Veröffentlichung von HELMHOLTZ' Augenspiegel schon aufgefallen. HELMHOLTZ führt diese Beobachtungen in seiner Physiologischen Optik auch gewissenhaft an. PRÉVOST (1810), BEHR (1839), CUMMING (1846) und BRÜCKE (1847) fanden, daß ein menschliches Auge leuchten könne, wenn man in der Richtung der einfallenden Lichtstrahlen in dasselbe blickt; v. ERLACH (1847), wenn das von seinen Brillengläsern reflektierte Licht in dasselbe fiel. CH. BABBAGE, ein englischer Mathematiker, bediente sich sogar schon im Jahre 1847 eines teilweise vom Belage befreiten Planspiegels, um das Augeninnere zu beleuchten.

Bezeichnet nun auch die Möglichkeit, das Augenleuchten willkürlich hervorzurufen, namentlich mittels eines teilweise durchsichtigen Spiegels, schon einen großen Schritt zur Schaffung dessen, was wir Ophthalmoskopie heißen, so war es damit bei weitem noch nicht getan, und ist Helmholtz' Verdienst um unsere Kunst nicht minder groß. (Helmholtz, Physiol. Optik, 3. Aufl., S. 221 ff.)[1]

Die Beleuchtung des Augengrundes.

Habe ich die Erklärung der Beleuchtung des Augengrundes mit dem Beispiele einer einfachen Röhre oder einer Höhlung mit enger Öffnung begonnen, so geschah es, weil ich erfahren habe, daß Helmholtz' Erklärung von vielen nicht ganz richtig aufgefaßt worden ist. Man begegnet nämlich hier und da der Ansicht, die Pupille erscheine deshalb dunkel, weil alles Licht, das ins Auge dringe, auf demselben Wege wieder nach der Lichtquelle zurückkehre, auf welchem es gekommen sei, so daß ein einfallender und ein ausfallender Strahl sich jeweilen decken. So ist aber die Sache nicht zu verstehen. Genau denselben Weg wie das der Lichtquelle entsprungene, nimmt das vom Augengrunde kommende Licht nur dann, wenn das Auge auf die Lichtquelle optisch eingestellt ist, d. h. wenn die Entfernung der ersteren und die Entfernung des letzteren vom dioptrischen Systeme des Auges konjugierte Brennweiten sind. Entsteht von der Lichtquelle ein scharfes Bild auf dem Augengrunde, dann gehen auch alle von der durch das dasselbe beleuchteten Stelle herkommenden Strahlen wieder in die Lichtquelle zurück. Jeder Punkt der Lichtquelle hat im Augengrunde seinen konjugierten Brennpunkt und umgekehrt.

Dies Verhältnis ist in Fig. 91 versinnlicht, wo das Auge, auf den leuchtenden Punkt L eingestellt, von demselben ein scharfes Bild L' erhält. So wie sich die von L ausgegangenen Strahlen in L' vereinigen, so vereinigen sich die von L' kommenden in L.

---

1) Im Jahre 1850 schrieb v. Helmholtz, damals Dozent in Königsberg, folgende Zeilen an seinen Vater: »Ich habe, bei Gelegenheit meiner Vorträge über Physiologie der Sinnesorgane, eine Erfindung gemacht, welche möglicherweise für die Augenheilkunde von dem allerbedeutendsten Nutzen sein kann. Sie lag eigentlich so auf der Hand, erforderte weiter keine Kenntnisse, als was ich auf dem Gymnasium von Optik gelernt hatte, daß es mir jetzt lächerlich vorkommt, wie andere Leute, und ich selbst, so vernagelt sein konnten, sie nicht zu finden. Es ist nämlich eine Kombination von Gläsern, wodurch es möglich wird, den dunkeln Hintergrund des Auges durch die Pupille hindurch zu beleuchten, und zwar ohne ein blendendes Licht anzuwenden, und gleichzeitig alle Einzelheiten der Netzhaut genau zu sehen, sogar genauer, als man die äußeren Teile des Auges ohne Vergrößerung sieht, weil die durchsichtigen Teile des Auges dabei die Stelle einer Lupe von zwanzigmaliger Vergrößerung für die Netzhaut vertreten. Man sieht die Blutgefäße auf das Zierlichste, Arterien und Venen verzweigt, den Eintritt des Sehnerven in das Auge usw. Bis jetzt war eine Reihe der wichtigsten Augenkrankheiten, zusammengefaßt unter dem Namen schwarzer Star, eine Terra incognita, weil man über die Veränderungen im Auge weder im Leben, noch selbst meistens im Tode etwas erfuhr. Durch meine Erfindung wird die speziellste Untersuchung der inneren Gebilde des Auges möglich. ...« (Greeff, Berliner klin. Wochenschr. 1901.)

Ist das Auge aber nicht auf die Lichtquelle eingestellt, kommt das Bild der letzteren vor oder hinter der Netzhaut zustande, so erhält letztere nur ein Zerstreuungsbild der Flamme. Das davon bedeckte Feld ist nichtsdestoweniger erleuchtet, aber die von den verschiedenen Punkten desselben kommenden Strahlen gehen eben nach ihren konjugierten Brennpunkten, wie sie der optischen Einstellung des Auges entsprechen.

Fig. 91.

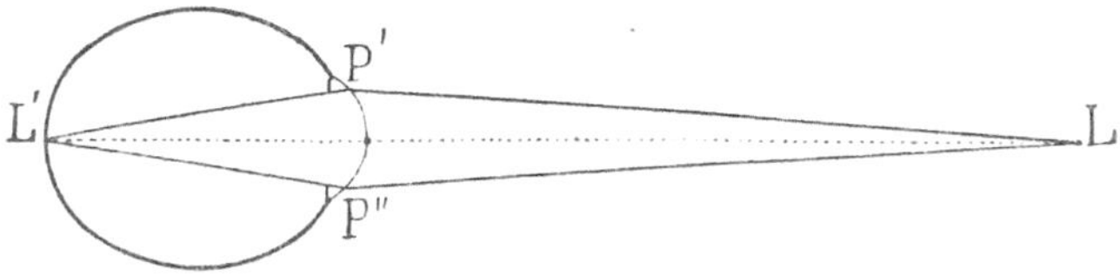

Das einfallende Licht darf in der Tat nicht dem vom Augengrunde kommenden, austretenden Lichte direkt gleichgesetzt werden. Das erstere dient gewöhnlich nur zur Beleuchtung, das letztere liefert das Bild desselben.

Es sei z. B. H (Fig. 92) ein hypermetropisches Auge, L ein leuchtender Punkt. Der von demselben ausgegangene Strahlenkegel $LP'P''$ wird durch das optische System des Auges nach dem konjugierten Brennpunkte L' hin

Fig. 92.

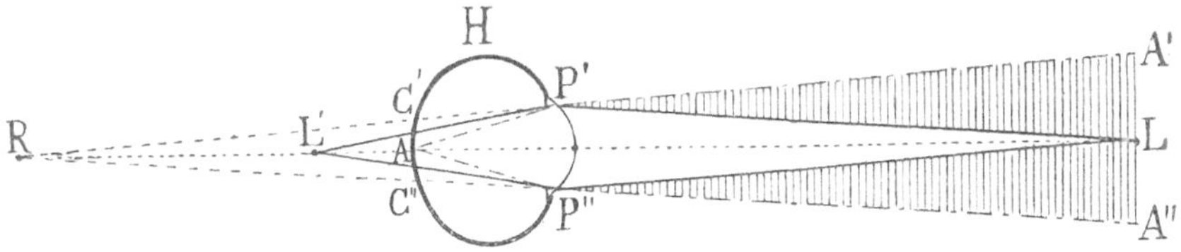

gebrochen, jedoch von der Netzhaut des Auges aufgehalten. Dort bildet er also einen Zerstreuungskreis von dem Durchmesser $C'C''$. Alle in diesem Bezirke begriffenen Punkte der Netzhaut sind beleuchtet, geben also auch wieder Licht ab. So z. B. der Punkt A. Aber, obschon mit L und L' auf derselben Achse liegend, vereinigen sich die dem Punkte A entsprungenen Strahlen nicht in L, sondern sie verlassen das Auge divergent, als ob sie von dessen Fernpunkte R herkämen, gegen A' und A'' hin. So entströmt also dem Auge ein Strahlenkegel $A'RA''$, der sich nicht, wie in dem vorigen Beispiele, vollkommen mit dem einfallenden $LP'P''$ deckt. Es bleibt zwischen beiden ein Hohlkegel, von dem $A'P'L$ und $A''P''L$ Durchschnitte darstellen, und der nur von ausfallenden Strahlen gebildet ist.

Unter solchen Umständen kann es einem Beobachter wohl gelingen, sein Auge in das Bereich der aus einem Auge kommenden Strahlen zu bringen, ohne die Lichtquelle zu verdecken. Dann wird er das beobachtete Auge auch leuchten sehen. Dies kommt vor, wenn wir z. B. einen an Star Operierten nach dem hellen Himmel schauen lassen und uns, in einiger Entfernung von ihm, so stellen, daß der Schatten unseres Kopfes gerade seine Pupille streift. Der Linse beraubt, ist ein Auge gewöhnlich stark hypermetropisch. Die Lage unseres Schattens zur Pupille beweist, daß wir uns den einfallenden Strahlen nahe genug gebracht haben, um sie nicht abzublenden, und andererseits tief genug in dem Kegel der ausfallenden Strahlen stehen, um von denselben eine möglichst große Zahl in unser Auge aufzunehmen.

Dieselbe Erscheinung kann man bei allen hochgradig hypermetropischen Augen beobachten, ob die Ametropie durch Schwächung des brechenden Systems oder durch Verkürzung der Augenachse zustande gekommen sei. So leuchten Augen, deren Netzhaut aus irgend welchem Grunde nach vorn gedrängt ist (Ablatio retinae, intraokulare Geschwülste). Die Augen mancher Tiere sieht man leuchten, weil sie hypermetropisch sind, und wenn es die dazu nötigen Umstände gestatten. Dazu gehört einmal, wie in dem ersten Beispiele, daß die Lichtquelle sich hinter und etwas neben dem Kopfe des Beobachters befinde, das Auge des Tieres nach derselben blicke, und außerdem möglichstes Dunkel den Kontrast zwischen dem aus der Pupille kommenden Lichte und der allgemeinen Beleuchtung erhöhe. Daß der Reflex eines glänzenden Tapetum das Augenleuchten bedeutend verstärkt, versteht sich von selbst.

Eine besondere Art von Hypermetropie erzeugt man, wenn man ein Auge unter Wasser taucht. Da Humor aqueus und Wasser ungefähr denselben Brechungsindex besitzen, so fällt unter diesen Umständen der Einfluß der Hornhaut weg, und die ebene Oberfläche des Wassers wird zur Trennungsfläche zwischen der Luft und dem dioptrischen Systeme des Auges. Steht die Lichtquelle günstig, so kann auf diese Weise, wie schon Thormann (1683), Méry (1704) und La Hire (1709) beobachtet und richtig erklärt haben, ein Auge zum Leuchten gebracht werden.

Hypermetropie kann auch erzeugt, bzw. die Netzhaut kann auch vor den Brennpunkt des Auges gebracht werden mittels eines vor dasselbe gesetzten starken Konkavglases. Auf diese Weise hat schon Purkinje (Commentatio de examine physiologico organi visus) das Augenleuchten erzeugt (Crzellitzer, 1902).

Aber auch Myopie oder, besser gesagt, das der Hypermetropie entgegengesetzte Verhältnis der Entfernung der Lichtquelle zur Lage der Netzhaut kann dazu führen:

Es sei z. B. (Fig. 93) das Auge M auf den Punkt R eingestellt, mit anderen Worten: R sei der zu dem auf der Netzhaut liegenden Punkte A konjugierte Punkt. In dies Auge dringe ein paralleles Strahlenbündel

$L'P'L''P''$. Diese Strahlen kommen notwendigerweise vor der Netzhaut, in F, zur Vereinigung und gehen nachher divergierend gegen C' und C'' auseinander. Auf der Netzhaut entsteht ein Lichtkreis, dessen Durchmesser $C'C''$ ist. Der Punkt A ist also beleuchtet. Die von ihm ausgehenden Strahlen konvergieren in R und verlassen in X' und X'' das Bündel der parallelen Beleuchtungsstrahlen, mit dem sie sich kreuzen. Ein Auge also, dem es gelingt, sich in den Bezirk $A'X'L'$ oder $A''X''L''$ zu begeben, wird Licht aus dem untersuchten Auge erhalten und dessen Pupille leuchten sehen.

Fig. 93.

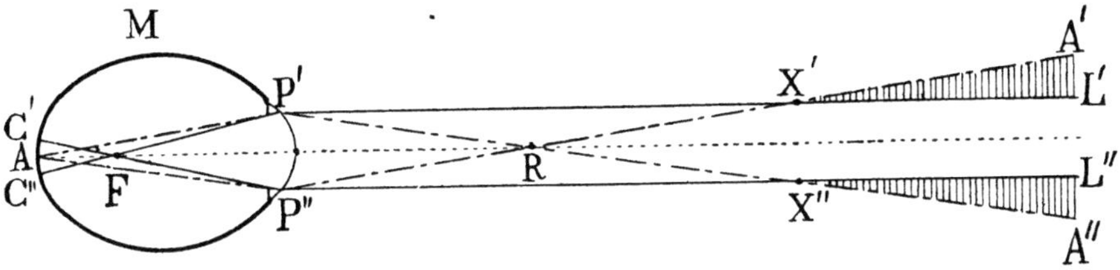

Auf diese Weise aber gelingt es doch nur höchst selten, die Gegenstände des Augengrundes deutlich zu erkennen. Wie aus unseren Figuren schon erhellt, muß man sich, um das Licht der Peripherie des austretenden Strahlenbündels aufzufangen, weit von dem beobachteten Auge aufstellen. Damit wird aber das zu überschauende Feld der Enge der Pupille wegen äußerst klein. Außerdem ist es eben immerhin nur ein kleiner Teil des vom Augengrunde kommenden Lichtes, das man so in sein eigenes Auge leiten kann. Das davon erzeugte Bild wird also jedenfalls sehr lichtschwach[1]).

Ganz richtig betont auch H. Wolff (Skiaskopietheorie S. 15, 1903), daß es die Kleinheit des Bildes der Beobachterpupille im untersuchten Auge, mit anderen Worten die geringe Ausdehnung des Beobachtungsfeldes ist, welche uns hindert, unter gewöhnlichen Verhältnissen Details der Netzhaut eines Auges zu erkennen, selbst wenn dessen Pupille leuchtet.

Alle diese und andere ähnliche Verhältnisse, unter welchen man die Pupille eines Auges leuchten sehen kann, genügen denn auch bei weitem nicht, den Augengrund zu untersuchen. Dazu bedarf man der Methode, die uns Helmholtz gelehrt, des Instrumentes, das er uns geschaffen, des Augenspiegels.

---

1) Das Leuchten albinotischer Augen hat einen anderen Grund als das Leuchten ametropischer Augen. Man sieht durch deren Pupille in die Tiefe des Auges, weil das Beleuchtungslicht nicht nur durch die Pupille, sondern auch durch Iris und Chorioidea in das Augeninnere dringt. Schützt man das Auge gegen dies seitlich einfallende Licht durch einen Schirm, der nur die Pupille frei läßt, so erscheint auch die Pupille des albinotischen Auges schwarz. Dies ist ein Beweis — wenn es dessen bedürfte —, daß nicht die Absorption des Lichtes durch das Retinal- und Chorioidealpigment schuld an der Schwärze der Pupille ist.

Der Spiegel bildet also den Hauptteil des Ophthalmoskopes. Die Gesetze der Katoptrik haben wir in der Einleitung zu den Untersuchungsmethoden erwähnt, die Ausdehnung des beleuchteten Teiles des Augengrundes werden wir im Anschlusse an das ophthalmoskopische Beobachtungsfeld behandeln und daran die Einzelheiten der zur Ophthalmoskopie verwendeten Spiegel reihen. Wir dürfen aber jetzt schon den Augengrund als beleuchtet betrachten und fragen uns nun, wie es dem beobachtenden Auge gelingt, den Grund des untersuchten Auges deutlich zu sehen, mit anderen Worten von demselben ein scharfes Netzhautbild zu erhalten.

Das Zustandekommen des ophthalmoskopischen Bildes.

1. Die vom Grunde des untersuchten Auges kommenden Strahlen verlassen dasselbe parallel, divergent oder konvergent, je nach dem Refraktionszustande dieses Auges. Ist der Beobachter für solche Strahlen eingestellt, und steht sein Auge dem des Untersuchten nahe genug, so vereinigen sich diese Strahlen auf seiner Netzhaut, und es kommt auf derselben, vom Grunde des untersuchten Auges, ein scharfes, reelles und selbstverständlich umgekehrtes Bild zustande. Dieses in bezug auf sein Objekt umgekehrte Netzhautbild wird nach außen projiziert, und zwar, wie das Bild jedes Objektes, wieder umgekehrt, d. h. aufrecht, in der Stellung, welche das Objekt wirklich hat. Deshalb bezeichnet man diese Art der Untersuchung des Augengrundes mit dem Namen der Untersuchung im aufrechten Bilde.

2. Ist dagegen das untersuchte Auge, infolge seines Refraktions- oder Akkommodationszustandes oder einer ihm beigefügten Konvexlinse, auf einen zwischen ihm und dem beobachtenden Auge gelegenen Punkt eingestellt, so kommt das umgekehrte reelle Bild seines Grundes eben in diesem Punkte zustande und wird von dem Beobachter so gesehen, wie es ist, d. h. umgekehrt. Diese Art der Augenspiegeluntersuchung trägt denn auch den Namen der Untersuchung im umgekehrten Bilde.

Betrachten wir nun eingehend den Strahlengang in diesen beiden Fällen, wie es zum Verständnis der Ophthalmoskopie und der vielen sich daran schließenden Fragen unerläßlich ist.

I. Das aufrechte Bild.

Da der Normalzustand des Auges die Emmetropie ist, so setzen wir bei den folgenden Erörterungen immer voraus, daß das beobachtende Auge emmetropisch sei.

A. Das untersuchte Auge ist emmetropisch. —

Sei 𝔘 (Fig. 94) ein zu untersuchendes emmetropisches Auge, 𝔅 das ebenfalls emmetropische Auge des Beobachters, *mn* ein Objekt des untersuchten Augengrundes, beleuchtet mit dem Augenspiegel. Die von je einem

Punkte des Objektes herkommenden Strahlen sind, nach ihrem Austritte aus dem Auge, unter sich parallel, und ihre Richtung ist angegeben durch den Strahl, welcher durch den Knotenpunkt k dieses Auges geht, weil er das Auge verläßt, ohne abgelenkt zu werden.

Diese parallelen Strahlen wird das emmetropische Auge des Beobachters, dank seiner Refraktion, auf seiner Netzhaut zu scharfen Bildern vereinen. Den Ort derselben findet man mit Hilfe des Richtungsstrahles, welcher ungebrochen durch den Knotenpunkt K dieses Auges geht.

So sind z. B. die dem Punkte n entsprungenen Strahlen, nachdem sie das Auge 𝔘 verlassen haben, parallel dem Richtungsstrahle $nk\nu$. Einer davon, na, geht, nach seiner Brechung an der Hornhaut, auch in der Richtung nach dem Knotenpunkte K des Auges 𝔅 weiter und bezeichnet auf dessen Netzhaut, in n', den Punkt, wo alle von n ausgegangenen, in die Pupille von 𝔅 gedrungenen Strahlen zur Vereinigung kommen. Dahin gelangt z. B. auch der Strahl $n\nu$. — Dasselbe geschieht mit den von m kommenden Strahlen. Dieser Punkt liegt auf der Hauptachse des Auges 𝔘, die mit der Hauptachse des Auges 𝔅 zusammenfällt. Dieser Achse $mkKm'$ parallel verlassen die von m ausgegangenen Strahlen das Auge 𝔘. So treffen sie auf das Auge 𝔅 und werden also, auf der Netzhaut des letzteren, in dem der Achse angehörenden Punkte m' vereinigt. — $n'm'$ ist also das Netzhautbild des Objektes nm. — Es ist in bezug auf sein Objekt umgekehrt, wird aber, wie die umgekehrten Bilder aller Objekte, aufrecht nach außen projiziert, d. h. 𝔅 sieht die Objekte des Grundes des Auges 𝔘 in ihrer wirklichen Lage.

Fig. 94.

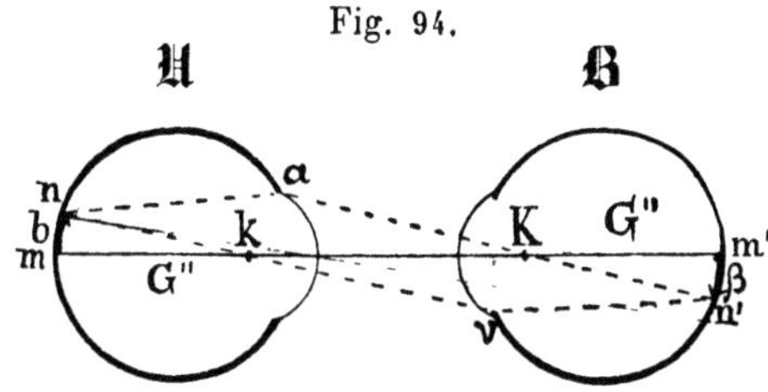

B. Das untersuchte Auge ist hypermetropisch.

Das untersuchte Auge 𝔘 (Fig. 95) sei hypermetropisch und nm ein Objekt seiner Netzhaut. Die Strahlen, welche von den verschiedenen Punkten dieses Objektes ausgehen, verlassen das Auge divergent, als kämen sie von einem, im Abstande seines Fernpunktes R, hinter demselben gelegenen Objekte her. — Von den dem Punkte m entsprungenen Strahlen geht einer ungebrochen durch den Knotenpunkt k. Ein anderer, $m\mu$, erfährt dagegen, bei seinem Austritt aus dem Auge, eine Ablenkung, als käme er von R her. In diesem Punkte R (dem Punctum remotum) würden sich alle von m ausgegangenen Strahlen, nach ihrem Austritt aus dem Auge rückwärts verlängert, schneiden, bzw. von diesem Punkte scheinen sie herzukommen. — Dasselbe findet statt mit den vom Punkte n stammenden Strahlen. Einer derselben, nk, geht ungebrochen durch den Knotenpunkt weiter. Ein anderer, $n\nu$, dagegen erfährt beim Verlassen des Auges eine Ablenkung, als käme er von dem Punkte N her, der in der Entfernung des Fernpunktes hinter dem Auge liegt, und zwar da, wo sich die beiden, dem gleichen Punkte n angehörigen Strahlen knN und νN, rückwärts verlängert, schneiden. — Was mit den von m und den von n ausgegangenen Strahlen geschieht, geschieht in gleicher Weise mit den Strahlen, die von dazwischenliegenden Punkten herkommen; und, ist $mn = b$ ein Objekt des Augengrundes, so ist $RN = B$ das demselben entsprechende virtuelle Objekt. Dasselbe wird gebildet durch die rückwärts verlängerten, dem Objekte b entsprungenen Lichtstrahlen, d. h. die vom Grunde des untersuchten Auges 𝔘 kommenden Strahlen treffen das beobachtende Auge 𝔅 so divergent, als kämen sie von einem Objekte RN her.

Fig. 95.

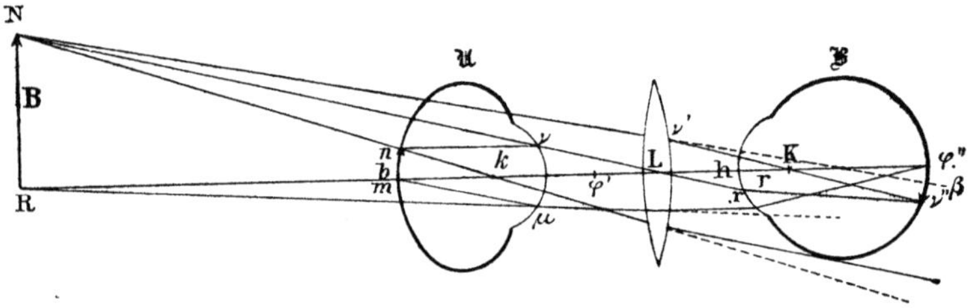

Solche Strahlen kann das emmetropische Auge im Ruhestande, wie wir uns dasselbe vorstellen, nicht vereinen. Es muß dieselben erst parallel machen, oder seinen Refraktionszustand so stark erhöhen, daß sein Einstellungspunkt mit dem Fernpunkte des untersuchten Auges zusammenfällt.

Das eine wie das andere geschieht am besten mit Hilfe eines Konvexglases, dessen Wirkung sich nach beiden Anschauungsweisen erklären läßt. Halten wir uns für diesmal an die erstere und suchen die Konvexlinse, welche die ursprünglich vom Augengrunde, in der Tat aber von dem virtuellen Objekte RN aus divergierenden Strahlen parallel macht. Zu diesem Zwecke muß offenbar der Brennpunkt der Linse mit dem Fernpunkte R des untersuchten Auges zusammenfallen. Steht die Linse in L (Fig. 95), so ist RL ihre Brennweite. Die von R kommenden Strahlen sind, nach ihrem Durchgang durch die Linse, untereinander und dem durch das optische Zentrum L derselben gehenden Richtungsstrahle $RL\varphi''$ parallel. Solche parallele Strahlen vereinigt das beobachtende Auge auf seiner Netzhaut im Punkte φ'', wo der durch K gehende Richtungsstrahl, der mit dem durch k gehenden identisch ist, die Netzhaut trifft.

Dasselbe geschieht mit den vom Punkte N aus divergierenden Strahlen. Der Richtungsstrahl $N\nu L$ geht ungebrochen weiter, bis er in x das beobachtende Auge trifft. Ihm sind alle von N divergierenden Strahlen, nach ihrem Durchgange durch die Linse L, parallel. Einer davon, $\nu' K$, ist nach dem Knotenpunkte K dieses Auges gerichtet und bezeichnet in ν'' den Ort, wo sich alle demselben Bündel angehörigen Strahlen vereinen. — ν'' ist also das Bild von N, bzw. von n, und $\varphi''\nu'' = \beta$ das Bild von B, bzw. von b. — Auch dieses Bild, obschon umgekehrt in Beziehung zu seinem Objekte, wird wieder aufrecht nach außen projiziert.

C. Das untersuchte Auge ist myopisch.

Ist das untersuchte Auge myopisch (𝔘 Fig. 96), so verlassen es die von seinem Grunde herkommenden Strahlen konvergent, bis sie sich, in der Entfernung seines Punctum remotum R, zu einem reellen, umgekehrten Bilde vereinigen. So würden sich z. B. die dem Punkte m entsprungenen Strahlen im Fernpunkte R, die von n kommenden in N vereinen, und RN würde das reelle umgekehrte Bild des Objektes mn darstellen. Bevor dies zustande kommt, treffen die das untersuchte Auge

Fig. 96.

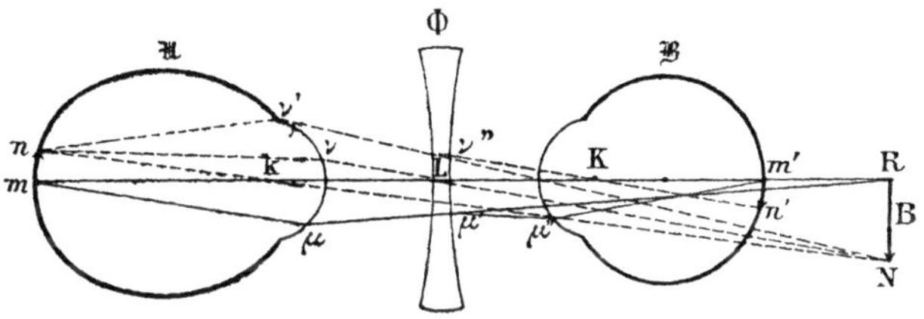

verlassenden Strahlen das Auge 𝔅 des Beobachters. Sie dringen in dessen Pupille, würden aber auf dessen Netzhaut kein scharfes Bild erzeugen, da derselbe nicht für konvergente, sondern nur für parallele Strahlen eingestellt ist.

Um die aus dem myopischen Auge konvergent austretenden Strahlen auf seiner Netzhaut zu vereinigen, muß sie der Beobachter parallel machen, oder seine eigene Refraktion so weit schwächen, daß vorher konvergente Strahlen doch erst auf seiner Netzhaut zur Vereinigung kommen. Wie man die Sache auch betrachten möge, so braucht man dazu ein Konkavglas. Fällt dessen Brennpunkt mit dem Fernpunkte R des myopischen Auges zusammen, so sind die von dessen Fundus kommenden Strahlen, nach ihrem Durchgange durch das Konkavglas, parallel und können also von dem emmetropischen Beobachter auf seiner Netzhaut vereinigt werden.

Sei Φ (Fig. 96) eine solche Linse und L ihr optisches Zentrum. Ihr Brennpunkt muß mit R zusammenfallen, also ist LR ihre Brennweite. Der von m herkommende Strahl geht ungebrochen bis zur Netzhaut des Beobachters, weil er den Knotenpunkt k des untersuchten Auges, das optische Zentrum der Linse L und den Knotenpunkt K des beobachtenden Auges durchläuft. Ihm sind alle von *m* stammenden Strahlen, nach ihrem Durchgange durch die Linse *Φ*, parallel, z. B. der Strahl $\mu'\mu''$, welcher ebenfalls in *m'* die Netzhaut des Beobachters trifft. — Die von *n* nach *N* zielenden Strahlen sind nach ihrem Durchgange durch die Linse dem Richtungsstrahle $\nu L N$ parallel. Einer derselben, $\nu'' K$, ist nach dem Knotenpunkte des beobachtenden Auges gerichtet, und sein Schnittpunkt mit dessen Netzhaut bezeichnet in *n'* den Ort, wo alle von *n* herkommenden, erst nach *N* zielenden Strahlen vereinigt werden. — *m'n'* ist also das Netzhautbild des Objektes *mn*, wiederum ein umgekehrtes Bild, das aufrecht nach außen projiziert wird.

II. Das umgekehrte Bild.

Statt die vom Grunde des untersuchten Auges kommenden Strahlen gleich auf unserer Netzhaut aufzufangen, können wir dieselben, mittels einer Konvexlinse, erst zu einem reellen, umgekehrten Bilde vereinigen und dies vor uns liegende Luftbild betrachten.

A. Das umgekehrte Bild des emmetropischen Auges.

Fig. 97.

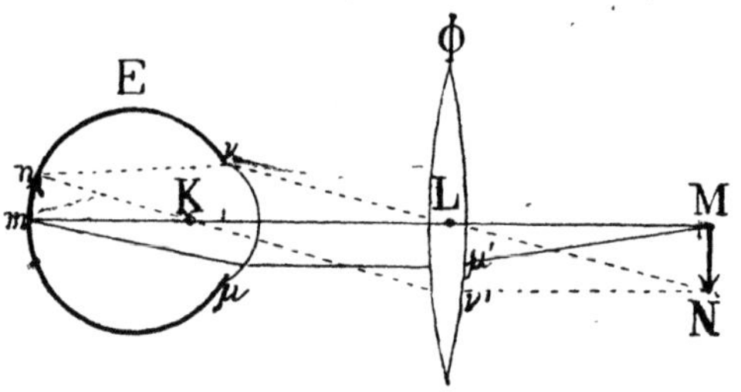

Sei *E* (Fig. 97) ein emmetropisches Auge, *mn* ein Objekt seiner Netzhaut, *Φ* eine Konvexlinse. — Die vom Punkte *m* herkommenden und, nach ihrem Austritte aus dem Auge, dem Richtungsstrahle *mk* parallelen Strahlen, werden von der Linse in deren Brennpunkt *M* vereinigt.

Desgleichen die von *n* ausgegangenen Strahlen. Sie sind, außerhalb des Auges, dem Richtungsstrahle *nK* parallel, werden aber durch die Linse ebenfalls vereinigt, und zwar um die Brennweite hinter derselben, in dem Punkte *N*, welcher dem ungebrochen durch das Zentrum *L* der Linse gehenden Richtungsstrahle $\nu L N$ angehört.

MN ist also das reelle umgekehrte Bild des Objektes *mn*. — Wie man sieht, liegt es in der Brennebene der Linse, welches auch die Entfernung der Linse von dem untersuchten emmetropischen Auge sei, da die von demselben kommenden Strahlen überall parallel sind.

B. Das umgekehrte Bild des hypermetropischen Auges.

Sei *H* (Fig. 98) ein hypermetropisches Auge, *mn* ein Objekt seiner Netzhaut. Die vom Punkte *m* herkommenden Strahlen verlassen das Auge divergent, als kämen sie von dessen negativem Fernpunkte *R* her. So treffen sie auf die Linse *Φ*, welche wir als stark genug voraussetzen, um diese divergenten Strahlen konvergent zu machen und in *M* zu vereinigen. *M* ist also das reelle Bild von m. Es ist jedenfalls von der Linse weiter entfernt als deren Brennpunkt, da letzterer Strahlen entspricht, die vor Eintritt in die Linse parallel waren. Den Ort des Bildes findet man mit Hilfe der bekannten Formel[1]):

$$\frac{1}{b} = \frac{1}{F} - \frac{1}{a},$$

worin b = Entfernung des Bildes von der Linse = LM,
a = Entfernung des Objektes von der Linse = RL,
F = Brennweite der Linse.

Fig. 98.

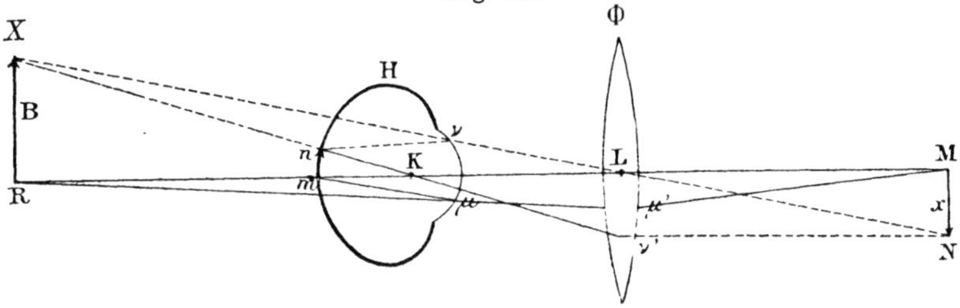

Unter den von n ausgegangenen und, wie wir oben gesehen haben, von X aus divergierenden Strahlen wählen wir den das Zentrum der Linse ungebrochen durchlaufenden Richtungsstrahl XLN. Auf demselben, und zwar gleichweit wie M von der Linse entfernt, im Punkte N, vereinen sich alle von X, bzw. von n ausgegangenen Strahlen $n\nu LN$, wie $nK\nu'N$. MN ist also das reelle umgekehrte Bild des Objektes mn.

C. Das umgekehrte Bild des myopischen Auges.

Wir wissen, daß im Fernpunktsabstande jedes myopischen Auges spontan ein reelles umgekehrtes Bild von dessen Fundus zustande kommt, sobald derselbe erleuchtet ist. Ist die Myopie hochgradig, so genügt es in der Tat, mit dem Augenspiegel Licht in das Auge zu werfen, um Teile von dessen Hintergrund deutlich vor sich zu sehen. Es ist dies das Bild RN, das wir in Fig. 96 konstruiert haben. Ist aber die Myopie schwach, d. h. liegt der Fernpunkt weit vom Auge ab, so müßte man sich mit dem Spiegel so weit entfernen, um die austretenden Lichtstrahlen nicht vor ihrer Vereinigung schon zu interzeptieren, daß die Beleuchtung des Auges zu schwach würde. Außerdem ist in solchen Fällen das umgekehrte Bild so groß und infolgedessen so lichtschwach, daß man sich in dem kleinen Rahmen der Pupille darüber kaum mehr orientieren kann.

Man zieht deshalb vor, auch bei Myopie geradeso zu verfahren wie bei Emmetropie und bei Hypermetropie, d. h. sich zur Erzeugung des um-

1) Vgl. die Einleitung, enthaltend Gullstrands Auffassung dieser Formel!

gekehrten Bildes einer Konvexlinse zu bedienen. Dasselbe kommt dann natürlich der Linse näher zustande, als es ohne dieselbe geschehen wäre, ja, wie leicht einzusehen ist, auch näher als bei Emmetropie, d. h. zwischen der Linse und ihrem Brennpunkte.

So werden z. B., in Fig. 99, die von m herkommenden, nach dem Fernpunkte R zielenden Strahlen schon in M, die von n stammenden, nach X konvergierenden Strahlen, auf dem Richtungsstrahle νLX, in N vereinigt, und MN ist das umgekehrte Bild von mn.

Fig. 99.

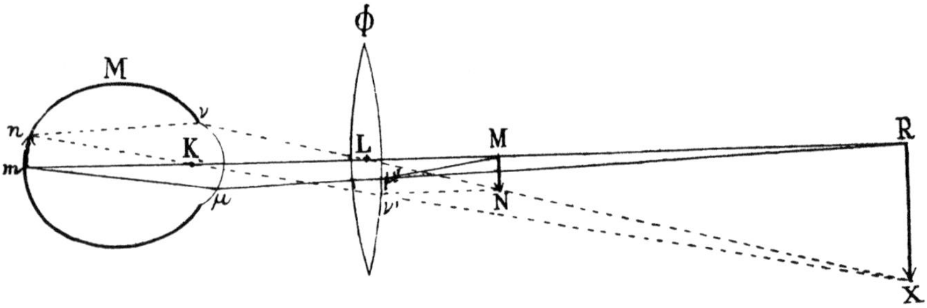

In erster Linie ist allerdings MN das Bild des »virtuellen« Objektes RX, d. h. eines Objektes, das sich mit ihm auf derselben Seite der Konvexlinse befindet.

Um die Entfernung des Bildes MN von der Konvexlinse zu berechnen, bedient man sich der gleichen Formel wie oben beim hypermetropischen Auge, nur wird darin $\frac{1}{a}$ negativ, eben weil Bild (MN) und Objekt (RX) auf der gleichen Seite stehen.

Also nimmt die Formel folgende Gestalt an:

$$\frac{1}{b} = \frac{1}{F} - \left(-\frac{1}{a}\right) = \frac{1}{F} + \frac{1}{a}$$

in unserem Beispiele:

$$\frac{1}{LM} = \frac{1}{F} + \frac{1}{LR}.$$

Nach Gullstrands Auffassung, bzw. Konvention der Vorzeichen, wird, was nach der alten Methode positiv war, negativ, und umgekehrt: Ein aufrechtes Bild erhält positives, ein umgekehrtes negatives Vorzeichen.

Die Vergrößerung der Augenspiegelbilder.

Als mir, vor mehr als vierzig Jahren, die Aufgabe zuteil wurde, die Vergrößerung der Augenspiegelbilder für dies Handbuch zu schreiben, schlug ich dazu einen Weg ein, auf welchem mir die Leser, mit den rudimentären mathematischen Kenntnissen, welche einem Mediziner von der Schulzeit etwa noch bleiben, leicht sollten folgen können.

Viele Fachgenossen haben mir denn auch ermutigend versichert, daß ihnen auf diese Weise die Sache vollkommen klar geworden sei. Da sich die mathematische Schulung der Mediziner seit jener Zeit nicht merklich gebessert hat, so erlaube ich mir, in dieser neuen Ausgabe der Untersuchungsmethoden, die gleiche elementare, naive Auseinandersetzung wiederzugeben, schließe daran aber die eines richtigen Mathematikers würdige Weise, in welcher Gullstrand das Problem der Vergrößerung gelöst hat.

Da wir den Augenhintergrund nicht direkt, sondern durch den optischen Apparat des untersuchten Auges betrachten, dem wir außerdem zuweilen noch Korrektionsgläser oder eine Konvexlinse zur Erzeugung des umgekehrten Bildes beifügen, so müssen wir uns Rechenschaft geben über den Einfluß, den diese optischen Systeme auf die Größe ausüben, unter welcher uns die Objekte des Augengrundes erscheinen.

Diese Frage gehört durchaus nicht etwa in das spekulative, rein wissenschaftliche Gebiet. Sie hat ihre große praktische Bedeutung. Es ist im höchsten Grade wichtig, die Gegenstände des Augengrundes, die uns der Augenspiegel zu Gesichte bringt, auf ihre wirkliche Größe zu reduzieren. Erinnere ich mich doch eines Falles, wo ein bedeutender Ophthalmologe im Begriffe war, ein Auge zu enukleieren, weil er einen kleinen dreieckigen Pigmentfleck am Rande der Papille für einen Eisensplitter hielt. Erst meine Überlegung, daß derselbe in Wirklichkeit so klein sei, daß ein Fremdkörper niemals die nötige Penetrationskraft hätte haben können, um den ganzen Augapfel zu durchdringen und in die Sklera einzuschlagen, brachte ihn von seinem Vorhaben ab, und zwar, wie die Folge lehrte, mit Recht.

Auch zur richtigen Orientierung, zur Lokalisation der beobachteten Stelle des Augengrundes, ist es unerläßlich, aus der scheinbaren die wirkliche Größe des Augenspiegelbildes abzuleiten. Hört man doch oft genug von der Peripherie des Augengrundes sprechen, wenn es sich um Teile handelt, die höchstens im Äquator liegen, einfach weil man die Ausdehnung der beobachteten Zone bedeutend überschätzt. Wieviel größer sind andererseits die Chancen der Extraktion eines ins Auge gedrungenen Fremdkörpers, wenn man dessen Lage richtig zu schätzen, die Strecke, welche denselben z. B. vom hinteren Pole trennt, auf ihr wirkliches Maß zu reduzieren weiß.

Vergrößerung im allgemeinen läßt sich folgendermaßen definieren:

Vergrößerung ist das Verhältnis des Netzhautbildes eines mit bloßem Auge gesehenen Objektes zu dem Netzhautbilde, welches das Auge von demselben Objekte, in derselben Entfernung, mittels eines optischen Systemes erhält[1]).

---

1) E. Landolt, Ophthalmoskopie. 1. Aufl. dieses Handb., III, S. 110, 1874 und Le grossissement des images ophtalmoscopiques. Paris 1874, Delahaye.

Zur Bestimmung der Vergrößerung muß man also die Netzhautbilder berechnen oder messen und sie miteinander vergleichen. Dieser Vergleich läßt sich manchmal direkt ausführen. Kann man auch die absolute Größe eines Netzhautbildes nicht messen, so kann man doch seine relative Größe schätzen, indem man das fragliche Netzhautbild sich mit dem Netzhautbilde eines bekannten Objektes in demselben Auge decken läßt und so die beiden miteinander vergleicht. Man verlegt dabei offenbar das Objekt, welches das fragliche Bild hervorgerufen hat, in die Entfernung des bekannten Objektes. Dies »Verlegen« eines Netzhautbildes in eine gegebene Entfernung heißt man auch »projizieren«. Dabei sucht man sozusagen das Objekt, welches in der gegebenen Entfernung ein Netzhautbild von der gegebenen Größe hervorgerufen hätte, oder man vergleicht das Netzhautbild mit den Netzhautbildern der in der Projektionsebene liegenden Gegenstände.

So betrachtet man, zur Bestimmung der Vergrößerung terrestrischer Fernrohre, einen Maßstab durch das Instrument, während seitwärts davon, in gleicher Entfernung, ein gleicher Maßstab durch einen halbdurchsichtigen Spiegel unter 45° in das Auge reflektiert wird. Die sich deckenden Netzhautbilder der beiden Maßstäbe werden, unserer Definition gemäß, in dieser Weise direkt miteinander verglichen.

Man kann zu diesem Versuche auch beide Augen benutzen: Während man mit dem einen Auge einen scharf begrenzten Gegenstand, z. B. ein Fenster, direkt betrachtet, sieht man denselben Gegenstand mit dem anderen Auge durch das Fernrohr an. Man richtet dann das letztere so, daß z. B. der eine Winkel des Fensters in beiden Bildern denselben Ort einnimmt. So ist es leicht abzuschätzen, wie oft das direkt gesehene Bild in dem durch das Instrument entworfenen enthalten, bzw. wie stark die vergrößernde Kraft des letzteren ist. Man heißt diese Art der Messung die »Methode à double vue«.

In ganz analoger Weise wie die der Fernrohre, läßt sich auch die Vergrößerung der Mikroskope bestimmen: Als Objekt benutzt man einen, gewöhnlich in Hundertstelmillimeter geteilten Mikrometer, den man mit einem Auge durch das Mikroskop betrachtet, während das andere auf einen daneben liegenden Millimetermaßstab sieht. — Oder der letztere wird seitwärts angebracht, und sein Bild, durch eine mit dem Okular verbundene Camera lucida, in das mikroskopierende Auge reflektiert.

In beiden Fällen bestimmt man wieder, wie viele Teile des einen auf einen Teil des anderen Netzhautbildes gehen.

Ist die Entfernung des Maßstabes, auf welchen man das vergrößerte Bild projiziert, geradeso groß wie die des Auges vom Objekte, also etwa gleich der Länge des Rohres des Mikroskopes, dann ist diese Art der Messung der oben besprochenen »à double vue« offenbar gleich.

Es gibt aber auch Instrumente, wie Lupen, bei denen das betrachtete Objekt dem Beobachter so nahe gebracht wird, daß er dasselbe mit freiem Auge nicht deutlich sehen, d. h. davon kein deutliches Netzhautbild erhalten könnte.

Da uns beim Mikroskopieren weder Konvergenz, noch Akkommodation zu einer bestimmten Projektionsweite zwingen, so wählen wir dafür die Entfernung, in welcher man kleine Gegenstände zu betrachten pflegt, in welcher man liest, schreibt, zeichnet usw.

Man hat diese Entfernung die »deutliche Sehweite« genannt, weil man früher annahm, dies sei die Entfernung, für welche ein ruhendes normales Auge eingestellt sei. Unsere Ansichten über die optische Einstellung des normalen Auges haben sich nun allerdings etwas geändert; nichtsdestoweniger läßt sich diese Methode der Bestimmung der Vergrößerung ganz wohl beibehalten. Sie ist nicht nur sehr einfach, sondern sie stimmt auch mit der Wirklichkeit insofern überein, als man Retinalbilder, welche optische Instrumente von sehr nahen Objekten liefern, unwillkürlich in die gewöhnliche Arbeitsdistanz verlegt. So sind denn auch die Zeichnungen, welche verschiedene Beobachter von gleichstark vergrößerten mikroskopischen Präparaten entwerfen, in ihrer Größe gewöhnlich nicht sehr verschieden. Da aber der Ausdruck »deutliche Sehweite« nicht ganz richtig ist, haben wir dafür den Ausdruck »Projektionsweite« gewählt (E. Landolt 1874).

Wir können also die Bestimmungen der Lupen- oder Mikroskopenvergrößerung folgendermaßen ausdrücken: Man vergleicht das von dem optischen Instrumente gelieferte Netzhautbild mit dem Netzhautbilde, welches das unbewaffnete Auge von demselben Objekte erhalten würde, wenn es in der Projektionsebene gelegen wäre (E. Landolt 1880).

Vergrößerung des Augengrundes bei der Untersuchung im aufrechten Bilde.

Bei der Untersuchung des Auges im aufrechten Bilde befinden wir uns offenbar in denselben Verhältnissen wie bei der Betrachtung eines Objektes durch die Lupe. Wie bei jener, so steht auch hier das Objekt — der Augengrund — dem beobachtenden Auge so nahe, daß dasselbe, ohne das dioptrische System des untersuchten Auges, kein deutliches Bild von dessen Grund erhalten könnte. Wir werden denn auch, bei der Beurteilung der Vergrößerung des im aufrechten Bilde betrachteten Augenhintergrundes, nach dem gleichen Prinzipe verfahren, wie bei derjenigen der Lupenvergrößerung.

Wir nehmen an, der untersuchte Augengrund enthalte ein Objekt von der Größe 1, und berechnen die Größe des Bildes, welches der Beobachter von diesem Objekte erhält. Dies Bild projizieren wir dann in die angenommene Projektionsweite, bzw. wir vergleichen es mit dem Netzhautbilde, welches der Beobachter von einem gleichgroßen Objekte aus der Projektionsebene erhalten würde.

Bezeichnen wir, in Fig. 100,

mit K den Knotenpunkt des Beobachterauges[1]),

» P die Projektionsweite, d. h. die Entfernung AK der Projektionsebene vom Knotenpunkte,

» G'' die Knotenpunkt-Netzhautdistanz Ka,

» β ein Netzhautbild,

» Π dessen Projektion auf die Entfernung P,

so bestehen zwischen diesen Größen offenbar folgende einfache Verhältnisse:

$$\frac{\Pi}{\beta} = \frac{P}{G''} \quad \text{also} \quad \Pi = \frac{\beta \cdot P}{G''} \tag{1a}$$

und

$$\frac{\beta}{\Pi} = \frac{G''}{P} \quad \text{also} \quad \beta = \frac{G'' \cdot \Pi}{P}. \tag{1b}$$

Fig. 100.

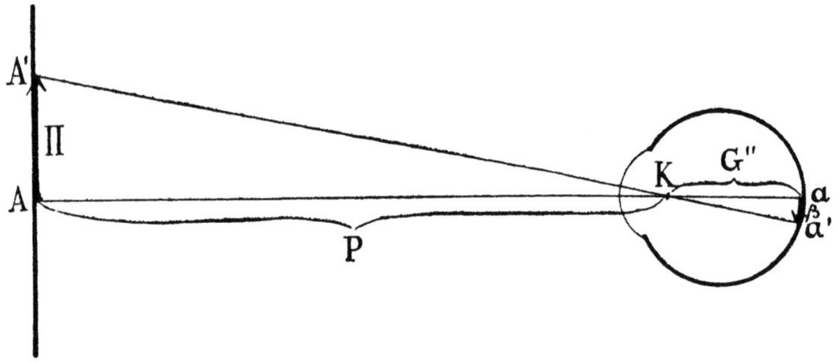

In dem ruhenden, emmetropischen, reduzierten Dondersschen Auge ist $G'' = 15$ mm. Bei der Akkommodation rückt allerdings der Knotenpunkt etwas nach vorn, die Knotenpunkt-Netzhautdistanz wird etwas größer. Bei der Akkommodation auf 240 mm z. B. wird sie 15,3 mm. Den Unterschied dürfen wir wohl vernachlässigen.

Setzen wir in den obigen Ausdrücken $G'' = 15$ mm, und wählen wir als Projektionsweite 240 mm, so erhalten wir für $\Pi = \frac{\beta \cdot 240}{15} = 16 \cdot \beta$. Die Projektion eines Netzhautbildes auf 24 cm wäre in diesem Falle also 16mal größer als das Bild.

Für β erhalten wir: $\frac{\Pi \cdot 15}{240} = \frac{\Pi}{16}$.

Das heißt: steht in der Projektionsebene ein Objekt von der Größe Π, so ist sein Netzhautbild 16mal kleiner.

1) Vgl. was wir in der Einleitung dieses Bandes über Knotenpunkt gesagt haben.

Es befinde sich in der Projektionsebene z. B. eine Millimetereinteilung, und das Objekt des untersuchten Augengrundes habe einen Durchmesser von 1 mm, so kommt es offenbar auf dasselbe heraus, ob wir dessen Netzhautbild β 16mal vergrößert auf den in der Projektionsebene befindlichen Maßstab projizieren, oder dies Netzhautbild selbst mit dem 16mal verkleinerten, dasselbe deckenden Netzhautbilde des Maßstabes vergleichen.

Alles dies wird mit Hilfe der folgenden Beispiele klarer werden. Wir setzen dabei immer einen emmetropischen Beobachter voraus und nehmen an:

1. das untersuchte Auge ist emmetropisch.

Wir haben schon oben (S. 240) auseinandergesetzt, wie das Bild eines emmetropischen Augengrundes auf der Netzhaut eines anderen emmetropischen Auges zustande kommt.

𝔄 𝔅

Fig. 101.

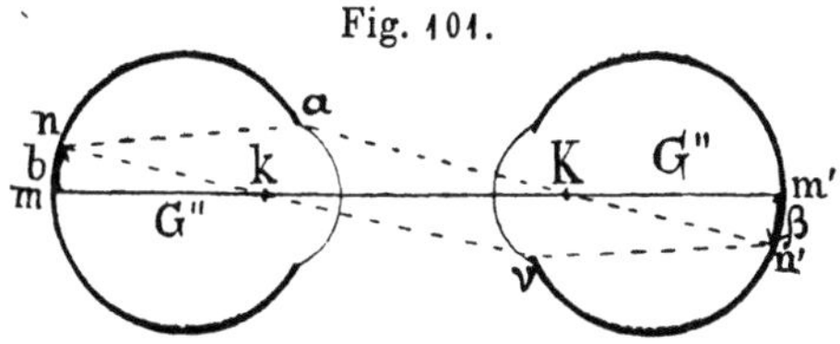

Sei 𝔄 (Fig. 101) ein solches untersuchtes, 𝔅 das beobachtende Auge, $mn = b$ ein Objekt, β dessen Bild.

Die Größe des letzteren wird gefunden, indem man den durch K gehenden Richtungsstrahl aKn', dem durch k gehenden $nk\nu$ parallel, nach der Netzhaut von 𝔅 zieht. Die Dreiecke mnk und $m'n'K$, denen Objekt b und Bild β angehören, sind offenbar kongruent, denn die Seiten km und Km' sind in beiden, weil emmetropischen, Augen gleich (G'').

Die Winkel $m'Kn'$ und mkn sind einander gleich, weil deren Schenkel nk und $n'K$ parallel sind.

Das Netzhautbild β ist also gleich seinem Objekte b.

Hat letzteres die Größe 1, so ist auch das Netzhautbild $\beta = 1$, und sein Projektionsbild Π, auf 24 cm ist

$$\frac{\Pi}{\beta} = \frac{240}{15} = 16. \tag{1}$$

Wir können also sagen, daß bei Zugrundelegung einer Projektionsweite von 24 cm, der Augengrund eines emmetropischen Auges im aufrechten Bilde in sechzehnfacher Vergrößerung erscheint.

2. Das untersuchte Auge ist hypermetropisch.

Ist das untersuchte Auge hypermetropisch, so treten die von dem Objekte b seiner Netzhaut kommenden Strahlen so divergent aus, als kämen sie von einem, in der Entfernung seines Fernpunktes R, hinter dem Auge gelegenen, aufrechten, größeren Objekte B (Fig. 102) her. Dies virtuelle Bild B wird dann zum Objekte für das beobachtende Auge 𝔅.

Da dies emmetropische Auge aber die von dem Objekte B kommenden, divergenten Strahlen, im Ruhezustande, nicht auf seiner Netzhaut vereinen kann, muß es sich mittels eines Konvexglases darauf einstellen, d. h. seine Refraktion so stark erhöhen, daß sein Einstellungspunkt R mit dem Fernpunkte des untersuchten Auges zusammenfällt[1]). Dann wird es von dem virtuellen Bilde B, bzw. von dem Objekte b der untersuchten Netzhaut ein scharfes Bild β erhalten. Dies Bild projizieren wir dann auf 24 cm, um die gesuchte Vergrößerung zu finden.

Fig. 102.

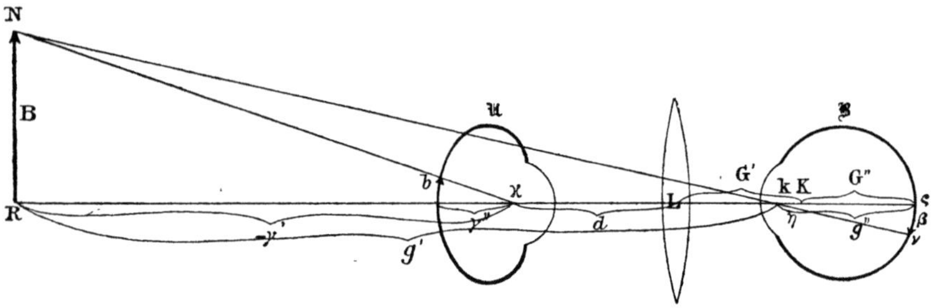

Bezeichnen wir den Knotenpunkt des untersuchten Auges mit $\varkappa$ und die Entfernung $\varkappa R$ des Fernpunktes vom Knotenpunkte mit γ' und mit γ'' die Knotenpunkt-Netzhautdistanz dieses Auges.

Da wir die Konstruktion des virtuellen Bildes schon aus dem vorigen Paragraphen kennen, begnügen wir uns damit, vom Knotenpunkte $\varkappa$ aus, durch das obere Ende des Objektes b, den Richtungsstrahl $\varkappa N$ nach der Fernpunktsebene zu ziehen, um das entsprechende Ende N des Bildes B zu finden.

Es verhält sich dann offenbar $B : b = \gamma' : \gamma''$, also ist

$$B = \frac{b\gamma'}{\gamma''} \tag{2a}$$

und, wenn $b = 1$,

$$B = \frac{\gamma'}{\gamma''}. \tag{2b}$$

---

1) Zu diesem Zwecke muß offenbar der Brennpunkt dieses Konvexglases ebenfalls mit dem Fernpunkte R des hypermetropischen Auges zusammenfallen. Dies ist also das Korrektionsglas für die Hypermetropie des untersuchten Auges. — Es kommt in der Tat auf dasselbe heraus, ob wir sagen: das Konvexglas macht das untersuchte Auge emmetropisch, so daß der emmetropische Beobachter dessen Fundus deutlich zu sehen vermag, oder: es macht den Beobachter so stark myopisch, daß er die vom untersuchten Auge divergent austretenden Strahlen auf seiner Netzhaut zur Vereinigung bringen kann.

In dem vorhergehenden Abschnitt haben wir den ersteren Weg eingeschlagen, die Linse mit dem untersuchten Auge vereinigt gedacht und die sie verlassenden Strahlen als parallel betrachtet. — Nun denken wir uns die Linse als dem beobachtenden Auge angehörig, dessen optisches System sich dadurch verstärkt und für divergente Strahlen einstellt.

Die Größe des virtuellen Bildes ist also proportional der Entfernung γ' des Fernpunktes vom Knotenpunkte, also umgekehrt proportional dem Grade der Hypermetropie und umgekehrt proportional der Knotenpunkt-Netzhautdistanz γ''.

Diese Größe γ'' hängt ab sowohl von dem Grade, als von der Ursache der Hypermetropie.

γ'' ist um so kleiner, je höher der Grad der Hypermetropie; und, für denselben Grad, kleiner bei Achsen- als bei Krümmungshypermetropie.

Nehmen wir an, der Fernpunkt des hypermetropischen Auges liege 80 mm hinter dessen Knotenpunkt, so ist $\gamma' = 80$ mm.

Ist die Hypermetropie durch Verkürzung der Achse hervorgebracht, so ist $\gamma'' = 12$ mm[1]), also

$$B = \frac{\gamma'}{\gamma''} = 80 : 12 = 6{,}66 \text{ mm}.$$

Dies ist also das Objekt für den Beobachter 𝔅. — Nehmen wir an, die Konvexlinse L, mit welcher er sich auf die Entfernung d desselben einstellt, befinde sich 30 mm vor dem Knotenpunkte $\varkappa$ des untersuchten Auges, so muß sie eine Brennweite von $\gamma' + d = 80 + 30 = 110$ mm haben. — Durch den Zusatz dieser Konvexlinse rückt der Knotenpunkt des beobachtenden Auges 𝔅 nach vorn, von K nach k.

Steht das Glas gerade im vorderen Brennpunkte φ' dieses Auges, so findet man die Verschiebung des Knotenpunktes nach der bekannten Formel $\eta = \frac{F' \cdot F''}{l'}$ oder $\frac{G'' \cdot G'}{l'} = \frac{300}{l'}$, worin l' die Brennweite des Glases, d. h. die Entfernung $\varphi' R$ des vorderen Brennpunktes von dem Punkte ist, für welchen dieselbe das Auge einstellt[2]).

In unserem Falle wird also Kk oder $\eta = \frac{300}{110} = 2{,}7$ mm, und die Knotenpunkt-Netzhautdistanz $k\varrho = g''$ des so korrigierten Auges

$$g'' = G'' + \eta = 15 + 2{,}7 = 17{,}7 \text{ mm}.$$

---

1) Nach der Formel $\gamma'' = \frac{\gamma' \cdot G''}{\gamma' + G'}$, worin $G'' = 15$ mm, $G' = 20$ mm, oder der Formel $l'' = \frac{G' \cdot G''}{l'}$, worin l'' = Unterschied der Länge des achsenametropischen und des emmetropischen Auges. (v. Helmholtz, 1909, S. 57.)

Bei Hypermetropie ist $l'' = G'' - \gamma''$ und $\gamma'' = G'' - l''$.

Die Entfernung $\varphi' R$ des vorderen Brennpunktes vom Fernpunkte ist $l' = \gamma' + G'$, weil, bei Hypermetropie, R hinter dem Auge liegt.

In unserem Beispiele wird $l' = \gamma' + G' = 80 + 20 = 100$ mm, also $l'' = \frac{G' \cdot G''}{l'} = \frac{300}{100} = 3$ mm, und $\gamma'' = G'' - l'' = 15 - 3 = 12$ mm.

2) Die Formel für l'', den Unterschied der Länge des ametropischen und des emmetropischen Auges gleicher Brechkraft, ist, wie man sieht, identisch mit der Formel für η, der Verschiebung, welche der Knotenpunkt unter dem Einflusse einer im vorderen Brennpunkte stehenden Linse erfährt.

Endlich die Entfernung kR des Knotenpunktes k vom Objekte B, oder g':

$$g' = \gamma' + d + G' - \eta = 80 + 30 + 20 - 2{,}7 = 127{,}3 \text{ mm}.$$

In diesem Knotenpunkte k kreuzen sich die Richtungsstrahlen, welche von den Endpunkten R und N des Objektes B zu den entsprechenden Punkten ϱ und ν des Bildes β gehen.

Daraus folgt für die Größe des Bildes β der Ausdruck:

$$\beta = \frac{B \cdot g''}{g'}. \tag{3a}$$

Setzen wir die entsprechenden Werte ein, so erhalten wir:

$$\beta = \frac{6{,}66 \times 17{,}7}{127{,}3} = 0{,}92 \text{ mm}.$$

Wir können auch in die Formel für β, statt B, dessen oben gefundenen Ausdruck $B = \frac{\gamma'}{\gamma''}$ einführen; dann wird

$$\beta = \frac{\gamma' \cdot g''}{\gamma'' \cdot g'}. \tag{3b}$$

In unserem Beispiele:

$$\beta = \frac{80 \times 17{,}7}{12 \times 127{,}2} = 0{,}92.$$

So groß ist also das Netzhautbild, welches das Auge $\mathfrak{B}$ von einem 1 mm großen Objekte b der Netzhaut des Auges $\mathfrak{U}$ erhält.

Die Projektion desselben auf 24 cm, d. h. die Vergrößerung, unter welcher ihm dasselbe erscheint, ist also:

$$16 \times 0{,}92 = 14{,}7.$$

Krümmungshypermetropie. Ist die Hypermetropie des untersuchten Auges durch unzureichende Krümmung seiner brechenden Flächen bedingt, so entspricht dieselbe einer Verlängerung des Krümmungsradius des reduzierten Auges, welches wir unseren Betrachtungen zugrunde legen. Dieser Radius berechnet sich nach der Formel

$$r = \frac{F'' - \gamma' + \sqrt{F'' \cdot \gamma' + (\gamma' - F'')^2}}{2}, \tag{4a}$$

worin F'' die zweite Hauptbrennweite des reduzierten Auges $= 20$ mm, γ' wie bisher die Entfernung des Fernpunktes vom Knotenpunkte bezeichnet.

In unserem Beispiele, wo $\gamma' = 80$ mm, wird $r = 6{,}0$ mm, also

$$\gamma'' = F'' - r = 20 - 6 = 14 \text{ mm}$$

und

$$B = 5{,}7 \text{ mm}.$$

Das entsprechende Netzhautbild β im Auge des Beobachters wird also

$$\beta = \frac{5,7 \times 17,7}{127,3} = 0,79 \text{ mm}$$

und seine Projektion auf 24 cm, d. h. die Vergrößerung

$$16 \times 0,79 = 12,64.$$

Die Vergrößerung des aufrechten Bildes ist also, caeteris paribus, bedeutender bei Achsenhypermetropie als bei Krümmungshypermetropie.

Diese Tatsache geht schon aus der Formel $\beta = \frac{\gamma' \cdot g''}{\gamma'' \cdot g'}$ hervor (E. Landolt 1874 und 1876).

γ', g'' und g' sind für beide Arten der Hypermetropie dieselben, γ'' aber ist, wie wir gesehen haben, kleiner bei Achsen-, größer bei Krümmungshypermetropie. Und, da β und γ'' einander umgekehrt proportional sind, so wird eben β größer in ersterem, kleiner in letzterem Falle.

3. Das untersuchte Auge ist myopisch.

Die vom Grunde des myopischen Auges kommenden Strahlen verlassen dasselbe so konvergent, daß sie sich in der Entfernung des Fernpunktes R (Fig. 103) vereinigen würden.

Fig. 103.

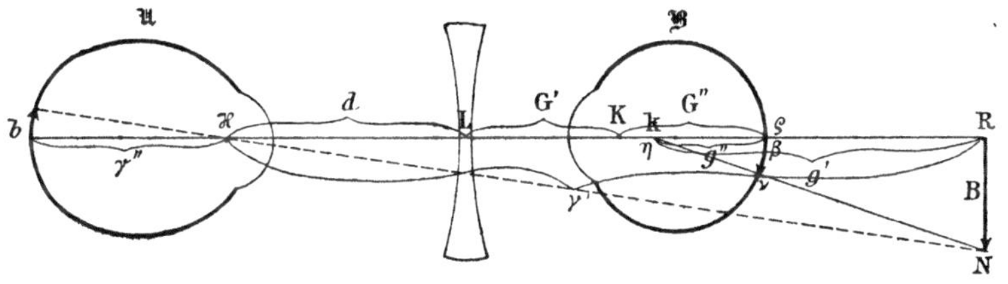

Dort würde also von dem Objekte b des Augengrundes das reelle, umgekehrte Bild B zustande kommen.

Bei der Untersuchung im aufrechten Bilde fängt der Beobachter diese Strahlen in seinem Auge 𝔅 auf, um sie auf seiner Netzhaut in β zu vereinigen.

Um aber konvergente Strahlen auf seiner Netzhaut zu vereinigen, muß sich der Beobachter sozusagen hypermetropisch machen, und zwar so stark, daß sein positiver Fernpunkt mit dem negativen des myopischen untersuchten Auges zusammenfällt.

Dazu setzt er sich ein Konkavglas vor, dessen Brennpunkt ebenfalls mit R zusammenfallen muß.

Das Bild B wird also sozusagen zum Objekte für das beobachtende Auge, das davon das Bild β erhält.

Um dessen Größe zu berechnen, müssen wir die Lage des Knotenpunktes kennen, der durch das Konkavglas nach rückwärts verlegt worden ist, und zwar um die Strecke η von K nach k.

Nennen wir die Knotenpunkts-Netzhautdistanz des untersuchten Auges $= \gamma''$, die Knotenpunkt-Fernpunktdistanz ($\varkappa R$) desselben $= \gamma'$, die Größe des seiner Netzhaut angehörenden Objektes $= b$, so haben wir für das Bild B das Verhältnis:

$$B : b = \gamma' : \gamma''$$

woraus:

$$B = \frac{b\gamma'}{\gamma''}$$

und, wenn $b = 1$

$$B = \frac{\gamma'}{\gamma''}. \tag{2b}$$

Bezeichnen wir, im beobachtenden Auge, mit g'' die Entfernung ($k\varrho$) des verlegten Knotenpunktes k von der Netzhaut, mit g' die Entfernung (kR) desselben vom Fernpunkte des untersuchten Auges, bzw. dem Brennpunkte der Konkavlinse, so haben wir für das Netzhautbild β das Verhältnis:

$$\beta : B = g'' : g'$$

woraus:

$$\beta = \frac{B \cdot g''}{g'}.$$

Setzen wir in diese Formel den eben gefundenen Ausdruck für B, so haben wir wieder, wie oben:

$$\beta = \frac{\gamma' \cdot g''}{\gamma'' \cdot g'}.$$

Nehmen wir ein Beispiel:

Der Fernpunkt R des untersuchten myopischen Auges liege 80 mm vor dessen Knotenpunkt $\varkappa$; also ist $\gamma' = 80$ mm.

a) Achsenmyopie. Ist die Entfernung des Knotenpunktes vom Fernpunkte $= 80$ mm, so ist diejenige des vorderen Brennpunktes (φ') von demselben: $l' = 80 - 20 = 60$ mm. Die Verlängerung dieses Auges, bzw. der Unterschied zwischen demselben und dem emmetropischen Auge beträgt

$$l'' = \frac{300}{60} = 5 \text{ mm.}$$

Also ist

$$\gamma'' = G'' + 5 = 15 + 5 = 20 \text{ mm.}$$

Steht das Konkavglas in der Entfernung $\varkappa L = d$ vor dem Knotenpunkte des untersuchten Auges, so muß ihre Brennweite LR sein $= \gamma' - d$.

Befindet sich das Konkavglas im vorderen Brennpunkte des beobachtenden Auges, so rückt dessen Knotenpunkt nach hinten um $\eta = \frac{300}{\gamma' - d}$.

Ist $d = 30$ mm, so wird

$$\eta = \frac{300}{80 - 30} = \frac{300}{50} = 6 \text{ mm}.$$

Die Knotenpunkt-Netzhautdistanz des so korrigierten Auges wird also

$$g'' = G'' - \eta = 15 - 6 = 9 \text{ mm}.$$

und

$$g' = \gamma' - d - G' - \eta = 80 - 30 - 20 - 6 = 24 \text{ mm}$$

Demnach ist die Größe des Netzhautbildes, welches der Beobachter von dem 1 mm großen Objekte der Netzhaut des untersuchten Auges erhält

$$\beta = \frac{80 \times 9}{20 \times 24} = 1{,}5 \text{ mm}.$$

Die Vergrößerung ist also in diesem Falle eine $16 \times 1{,}5 = 24$fache.

b) Krümmungsmyopie. Um, bei gleicher Länge wie das emmetropische Auge, auf $\gamma' = 80$ mm eingestellt zu sein, muß die Krümmung der brechenden Flächen des Auges so stark zunehmen, daß der Radius r des reduzierten Auges nur mehr 4,17 mm, statt 5 mm beträgt.

$$\gamma'' \text{ wird also } = 20 - 4{,}17 = 15{,}83 \text{ mm}.$$

Befindet sich das beobachtende in derselben Entfernung vom untersuchten Auge, und steht das Korrektionsglas an derselben Stelle wie im vorigen Falle, so bleiben die übrigen Werte dieselben, und wir erhalten für das gesuchte Netzhautbild die Formel:

$$\beta = \frac{80 \times 9}{15{,}83 \times 24} = 1{,}9 \text{ mm}.$$

Auf 24 cm projiziert, würde dies eine Vergrößerung von $16 \times 1{,}9 = 30{,}4$ ergeben.

Stellen wir die Resultate unserer Rechnungen zusammen, so wäre die Vergrößerung des aufrechten Bildes folgende:

Bei Emmetropie	= 16	fach
» Achsenhypermetropie (γ' 80 mm) . . .	= 14,7	»
» Krümmungshypermetropie ($\gamma' = 80$ mm)	= 12,6	»
» Achsenmyopie ($\gamma' = 80$ mm)	= 24	»
» Krümmungsmyopie ($\gamma' = 80$ mm) . . .	= 30,4	»

Diese Zahlen haben offenbar nur einen relativen Wert, sie hängen ab von der mehr oder weniger willkürlich gewählten Projektionsweite (P).

In meinen früheren Arbeiten über Vergrößerung überhaupt und ophthalmoskopische Vergrößerung im Speziellen, habe ich P, mit Donders, als gleich 30 cm angenommen, und zwar hauptsächlich deshalb, weil das Verhältnis $P : G''$, d. h. $300 : 15$, dann die einfache Zahl 20 ergibt.

Man kann sich allerdings fragen, inwieweit diese Vergrößerungszahl auch für die Untersuchung im aufrechten Bilde der Wirklichkeit entspricht. — Dazu gibt es ein sehr einfaches Mittel. Wie wir gesehen haben, ist das Netzhautbild, welches ein emmetropisches Auge von einem Objekte des Fundus eines anderen emmetropischen Auges erhält, gleichgroß wie dies Objekt:

$$\beta = b.$$

Wir brauchen also einfach die Größe Π zu messen, welche ein emmetropischer Beobachter einem bekannten Objekte $b = \beta$ des Augengrundes eines emmetropischen Auges, z. B. der Papille beilegt, um aus dem Verhältnis $\frac{\Pi}{\beta}$ die Vergrößerung und damit auch die Entfernung P zu kennen, in welche derselbe sein Netzhautbild verlegt.

In der Tat ist ja $P = \frac{\Pi \cdot G''}{\beta}$, worin $G'' = 15$ mm, und β, in unserem Beispiele, der Durchmesser der Papille, den wir $= 1{,}5$ mm annehmen dürfen.

Die Projektionsweite wird also $P = \frac{\Pi \cdot 15}{1{,}5} = 10\,\Pi$. Mit anderen Worten: wir brauchen einfach den Durchmesser Π einer gezeichneten Papille zu messen und mit 10 zu multiplizieren, um zu wissen, in welche Entfernung der Autor das aufrechte Bild verlegt. Dazu können allerdings nur Atlanten dienen, in welchen der Autor die Bilder so groß entwerfen konnte, wie es ihm sein Gefühl eingab, nicht aber kleine Handbücher, deren beschränktes Format eine Reduktion der Figuren mit sich brachte. In Jaegers, Liebreichs, Lindsay Johnsons, Oellers (Taf. I) und anderen guten Darstellungen des Augengrundes finden wir nun von 24 mm nicht sehr verschiedene Papillendurchmesser. Daraus ergibt sich also eine Projektionsweite von 24 cm, wie wir sie den obigen Auseinandersetzungen zugrunde gelegt haben.

In meinen ophthalmoskopischen Kursen pflegte ich meine Schüler, was sie mit dem Augenspiegel sahen, zeichnen zu lassen. Da war es nun jeweilen höchst interessant, zu konstatieren, in welch verschiedenen Größen die Papille verschiedenen Beobachtern im aufrechten Bilde erschien. Während der eine das kleine Ende seines Stethoskopes benutzte, um deren Kontur zu umschreiben, d. h. ihr einen Durchmesser von wenigstens 25 mm beilegte, präsentierte mir ein anderer einen wenige Millimeter im Durchmesser haltenden Fleck als Bild der Papille. Und doch waren die Netzhautbilder der beiden Beobachter ungefähr gleichgroß; nur verlegte der erstere dasselbe in weitere, der letztere in ganz kurze Entfernung. Diese Entfernung hängt jedenfalls ab von der Vorstellung, die sich der Beobachter von der Lage des Objektes macht (man denke an die verschiedene Größe, in welcher verschiedenen Personen z. B. der Vollmond erscheint), dann aber auch von der Akkommodationsanstrengung, die er bei der Untersuchung macht. Manche meiner Schüler behaupteten, obschon emmetropisch, das aufrechte Bild eines emmetropischen, ja sogar hypermetropischen Auges besser mit einem Konkavglase, als mit bloßem Auge zu sehen. Dies ist der beste Beweis dafür, daß sie dabei stark akkommodierten, d. h. ein in größter Nähe liegendes Objekt vor sich zu haben glaubten. — Damit ist nun allerdings durchaus nicht gesagt, daß demjenigen, der mit Erschlaffung seiner Akkommodation untersucht, die Papille unendlich groß erscheine, auch er verlegt sie, wie alles, was er sieht, in eine gewisse, endliche Entfernung; denn für »unendlich« haben wir nur ein Wort, der Begriff davon fehlt uns endlichen Menschen.

Interessanter als absolute Vergrößerungszahlen ist es, die Größenverhältnisse zu kennen, unter welchen die Netzhautbilder (β) zueinander stehen, welche ein Beobachter vom Grunde verschiedener, im aufrechten Bilde untersuchten Augen erhält.

Die Antwort auf diese Frage ergibt sich in jedem Falle aus unserer Formel:

$$\beta = \frac{\gamma' \cdot g''}{\gamma'' \cdot g'}.$$

Daraus erhellt unter anderem auch die Gleichheit des Netzhautbildes mit seinem Objekte, wenn das untersuchte und das beobachtende Auge emmetropisch sind, denn dann wird die Entfernung des Fernpunktes vom Knotenpunkte (γ' und g') in beiden unendlich, und die Knotenpunkt-Netzhautdistanz (g'' und γ'') in beiden $= G''$.

Dasselbe findet aber auch statt, wie ich nachgewiesen habe (1874, 1876)[1], wenn das Korrektionsglas im vorderen Brennpunkte des achsenametropischen, untersuchten Auges steht, denn auch in diesem Falle wird $\gamma' = \infty$ und $\gamma'' = G''$, d. h. beide Werte sind identisch mit den entsprechenden Werten des emmetropischen Beobachters. Und zwar hat auch in diesem Falle die Entfernung der beiden Augen voneinander keinen Einfluß auf die Größe des Netzhautbildes.

Die Vergrößerung des umgekehrten Augenspiegelbildes.

Das umgekehrte Bild ist, wie wir oben gezeigt haben, ein reelles Bild, das eine absolute Größe hat. Man kann es auf einem Schirme auffangen und so direkt messen, oder man kann dessen Größe, unter der Voraussetzung eines gegebenen Objektes des untersuchten Augengrundes, berechnen.

Die Berechnung der Vergrößerung bei der Untersuchung im umgekehrten Bilde ist also eine durchaus einfache. Man braucht dazu weder die Größe

1) E. Landolt, Die Vergrößerung des aufrechten ophthalmoskopischen Bildes. Zentralbl. f. d. med. Wissensch. Nr. 21. 1876.

des Netzhautbildes im Auge des Beobachters zu kennen, noch eine Projektionsweite anzunehmen. **Die Vergrößerung des umgekehrten Augenspiegelbildes ist einfach das Verhältnis der Größe dieses Bildes zu derjenigen des Objektes.**

Geben wir dem Objekte b des Augengrundes die Größe 1, so ergibt die berechnete Größe des umgekehrten Bildes x die Vergrößerungszahl.

Da wir schon oben das Zustandekommen des umgekehrten Bildes auseinandergesetzt haben, so können wir uns bei der Berechnung der Größe desselben kurz fassen. Wir werden überall nennen:

b das Objekt des Augengrundes, von der Größe 1,
Φ die Brennweite der zur Erzeugung des umgekehrten Bildes verwendeten Konvexlinse,
L deren optisches Zentrum,
d die Entfernung LK der Linse vom Knotenpunkte K des Auges,
ξ die Entfernung Lm des umgekehrten Bildes von der Linse,
$x = mn$ die Größe des umgekehrten Bildes.

Größe des umgekehrten Bildes des emmetropischen Auges.

Die Strahlen, welche von dem einen Endpunkte μ des Objektes b (Fig. 104) des Augengrundes ausgehen, verlassen das Auge dem Achsenstrahle μKLm parallel. So treffen sie auf die Konvexlinse, welche parallele Strahlen in

Fig. 104.

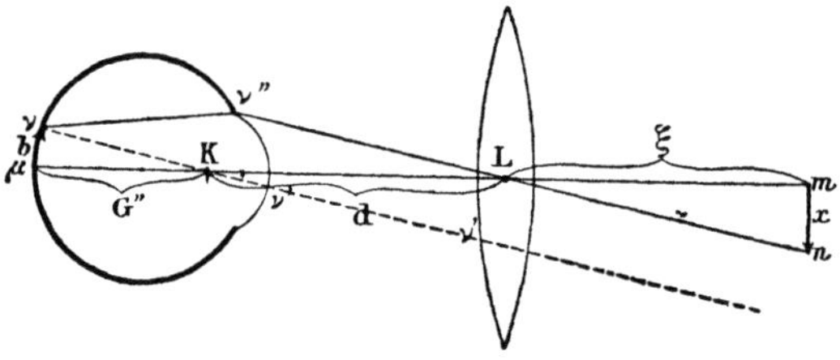

ihrem Brennpunkte vereinigt. Das Bild m von μ entsteht also im Brennpunkte der Linse. Also ist die Entfernung $mL = \xi$, in diesem Falle $= \Phi$, und zwar unabhängig von der Entfernung d der Linse vom untersuchten Auge, da parallele Strahlen überall parallel sind.

Die von dem anderen Endpunkte ν des Objektes kommenden Strahlen verlassen das Auge dem Achsen- oder Richtungsstrahle $\nu K \nu'$ parallel.

Einer derselben, der Strahl $\nu'' L$, ist nach dem optischen Zentrum L, der Linse, gerichtet. Er durchläuft dieselbe also ungebrochen und bezeichnet in n, um die Brennweite hinter der Linse, das Bild des Punktes ν.

mn ist also das umgekehrte Bild $\mu\nu$.

Die Dreiecke mnL und $\mu\nu K$ sind offenbar einander ähnlich, weil gebildet von parallelen Seiten.

Wir setzen also:

$$mn : \mu\nu = mL : \mu K$$

oder

$$x : b = \Phi : G''$$

$$x = \frac{b \cdot \Phi}{G''} \qquad (5)$$

oder, da $b = 1$

$$x = \frac{\Phi}{G''}. \qquad (5a)$$

Dies G'' ist im reduzierten emmetropischen Auge = 15 mm. Benutzt man zur Produktion des umgekehrten Bildes eine Konvexlinse von 15 dptr., d. h. von 67 mm Brennweite, so entsteht das umgekehrte Bild 67 mm hinter derselben und hat, für ein Objekt von 1 mm Durchmesser, einen solchen von

$$x = \frac{67}{15} = 4{,}4 \text{ mm}.$$

Die Vergrößerung des umgekehrten Bildes eines emmetropischen Auges für eine Konvexlinse von 15 dptr. ist also eine 4,4fache.

Größe des umgekehrten Bildes des hypermetropischen Auges.

Die von dem Objekte b der Netzhaut des hypermetropischen Auges kommenden Strahlen verlassen dasselbe, als kämen sie von einem in der Fernpunktsdistanz $KR = \gamma'$, hinter demselben gelegenen, gleichgerichteten Objekte B her (Fig. 105).

Fig. 105.

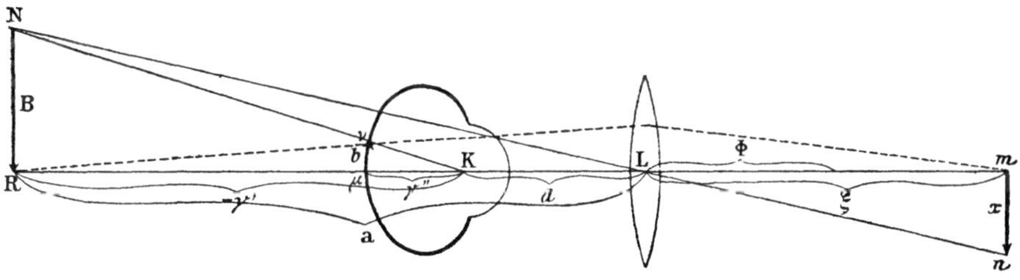

So treffen sie auf die Linse L, welche sie in der Entfernung ξ zu einem umgekehrten Bilde x vereinigt.

Wir fragen nun in erster Linie: Wo entsteht das Bild x, bzw. das Bild m des Punktes R?

Dazu dient die bekannte Formel, nach welcher man die konjugierten Brennweiten der Konvexlinse berechnet:

$$\frac{1}{\xi} = \frac{1}{\Phi} - \frac{1}{a}, \qquad (6a)$$

worin a = Entfernung RL des Objektes von der Linse. In unserem Falle ist a offenbar $= \gamma' + d$.

Wir setzen also

$$\frac{1}{\xi} = \frac{1}{\Phi} - \frac{1}{\gamma' + d}$$

woraus

$$\xi = \frac{\Phi(\gamma' + d)}{\gamma' + d - \Phi}. \tag{6b}$$

Nun wir die Entfernung des Bildes von der Linse kennen, wird die Konstruktion, und damit die Berechnung der Größe derselben äußerst einfach. Wir brauchen nur, vom anderen Endpunkte N des Objektes B, den Richtungsstrahl NLn durch das optische Zentrum der Linse zu ziehen, um in n den entsprechenden Endpunkt des Bildes x zu finden.

Die Dreiecke mnL und RNL sind offenbar ähnlich. Daraus folgt

$$mn : RN = mL : RL$$

$$x : B = \xi : a$$

$$x = \frac{B \times \xi}{a}.$$

B kennen wir aus unserer Formel $B = \frac{\gamma'}{\gamma''}$.

Setzen wir außerdem $a = \gamma' + d$ und für ξ den eben gefundenen Wert, so erhalten wir für die Größe des umgekehrten Bildes des hypermetropischen Auges:

$$x = \frac{\gamma' \cdot \Phi}{\gamma''(\gamma' + d - \Phi)}. \tag{7a}$$

Aus dem oben angegebenen Grunde wählte man die Entfernung d der Konvexlinse vom untersuchten Auge so, daß deren Brennpunkt ungefähr in die Pupillarebene fällt. Nun liegt der vereinigte Knotenpunkt des Auges nur ungefähr 3,5 mm hinter der Pupillarebene. Da es ohnehin unmöglich ist, das Konvexglas mit mathematischer Genauigkeit in einer bestimmten Entfernung vom Auge zu halten, so dürfen wir wohl annehmen, der Brennpunkt der Linse falle mit dem Knotenpunkte des Auges zusammen. Dann wird also $d = \Phi$ und in der Formel (6b):

$$\xi = \frac{\Phi(\gamma' + \Phi)}{\gamma'}$$

oder

$$\xi = \frac{\Phi^2}{\gamma'} + \Phi. \tag{6c}$$

Daraus geht hervor, daß ξ, d. h. die Entfernung des umgekehrten Bildes von der Linse, zunimmt mit der Brennweite dieser Linse, und abnimmt mit der Knotenpunkt-Netzhautdistanz des hypermetropischen Auges. Mit anderen Worten, das umgekehrte Bild liegt um so weiter von der Linse entfernt, je schwächer dieselbe, und je stärker die Hypermetropie ist.

Führen wir dieselbe Vereinfachung ($d = \Phi$) in die Formel 7a ein, so erhalten wir für die Größe des umgekehrten Bildes:

$$x = \frac{\Phi}{\gamma''}. \qquad (7b)$$

Dieser Ausdruck ist also ganz analog demjenigen für die Größe des umgekehrten Bildes des emmetropischen Auges.

Aus 7b folgt, daß die Größe des umgekehrten Bildes direkt proportional ist der Brennweite der dazu verwendeten Linse und umgekehrt proportional der Knotenpunkt-Netzhautdistanz (d. h. dem Grade) des hypermetropischen Auges.

Für die gleiche Linse ist das umgekehrte Bild des hypermetropischen Auges also immer größer als das des emmetropischen, da γ'' in diesem Falle immer kleiner ist als G''.

Die Größe des Bildes nimmt zu mit dem Grade der Hypermetropie, d. h. mit der Abnahme von γ''.

Das umgekehrte Bild muß endlich, für den gleichen Grad größer sein bei Achsen- als bei Krümmungshypermetropie, weil im ersteren Falle γ'' kleiner ist als im letzteren.

Nehmen wir, wie für das aufrechte Bild, als Beispiel eine Hypermetropie, deren Fernpunkt um 80 mm hinter dem Knotenpunkte liegt ($\gamma' = 80$ mm), und eine Linse von 15 dptr. ($\Phi = 67$ mm).

Achsenhypermetropie. Für $\gamma' = 80$ mm wird γ'', in diesem Falle $= 12$ mm; also entsteht das umgekehrte Bild, nach der Formel (6c), in der Entfernung

$$\xi = \frac{67^2}{80} + 67 = 123 \text{ mm}.$$

Und nach der Formel (7b) erhalten wir für die Größe des umgekehrten Bildes:

$$x = \frac{67}{12} = 5{,}58 \text{ mm}.$$

Krümmungshypermetropie. Für $\gamma' = 80$ mm wird in diesem Falle $\gamma'' = 14$ mm. Die Entfernung des umgekehrten Bildes ist offenbar dieselbe wie bei Achsenhypermetropie, kommt doch γ'' in der Formel für ξ nicht vor.

Wohl aber beeinflußt γ'' die Größe des umgekehrten Bildes. Dieselbe ist:

$$x = \frac{67}{14} = 4{,}71 \text{ mm}.$$

Die Berechnung konkreter Fälle bestätigt also die Folgerungen, welche wir eben im allgemeinen aus unseren Formeln gezogen haben: Das umgekehrte Bild des hypermetropischen Auges ist größer als das des emmetropischen, und das des achsenhypermetropischen größer als das des krümmungshypermetropischen.

Größe des umgekehrten Bildes des myopischen Auges.

Wir wissen, daß von dem Objekte b (Fig. 106) der Netzhaut eines myopischen Auges, auch ohne die Dazwischenkunft eines Konvexglases, in der Entfernung seines Fernpunktes R, ein umgekehrtes Bild B zustandekommt, und daß dessen Größe ist $B = \frac{\gamma'}{\gamma''}$ (Formel 2b).

Aus früher angegebenen Gründen aber ziehen wir es vor, das umgekehrte Bild des myopischen Auges, gerade wie das des emmetropischen und hypermetropischen, mit Hilfe einer Konvexlinse zu entwerfen.

Fig. 106.

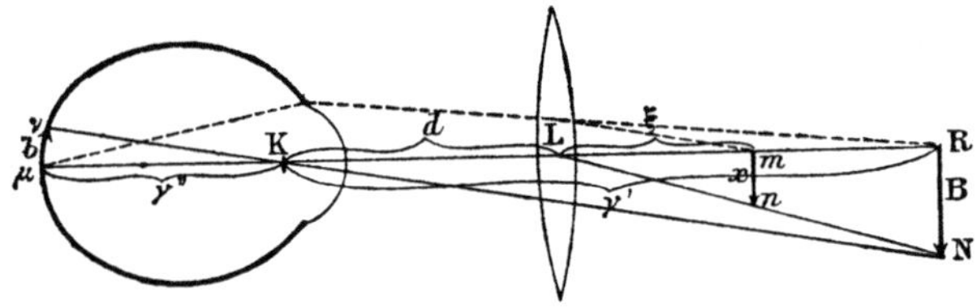

Diese Linse vereinigt die von μ kommenden, nach dem Fernpunkte R kovergierenden Strahlen schon früher, in m.

Um die Entfernung $mL = \xi$ dieses Punktes von der Linse zu finden, bedienen wir uns wiederum der Formel (6a), nur wird darin der Wert $LR = \gamma' - d$ negativ, weil sich die beiden konjugierten Punkte R und m auf derselben Seite der Linse befinden. Wir setzen also

$$\frac{1}{\xi} - \frac{1}{\gamma' - d} = \frac{1}{\Phi}$$

und erhalten daraus

$$\xi = \frac{\Phi(\gamma' - d)}{\gamma' + \Phi - d}.$$

Nach dieser Formel berechnet sich ξ für jede beliebige Entfernung d der Linse vom myopischen Auge. Sie ist dieselbe für jede Art der Myopie, da γ'' nicht darin vorkommt.

Lassen wir den Brennpunkt der Linse wieder mit dem Knotenpunkte des Auges zusammenfallen, d. h. setzen wir $d = \Phi$, so erhalten wir für die Entfernung des umgekehrten Bildes vom myopischen Auge folgenden einfachen Ausdruck:

$$\xi = \Phi - \frac{\Phi^2}{\gamma'}. \qquad (6\,\mathrm{d})$$

Die Größe x des umgekehrten Bildes läßt sich, da wir R und m kennen, leicht konstruieren. Der Richtungsstrahl νKN verhilft uns zur Größe des Bildes B: $B = \frac{\gamma'}{\gamma''}$ (nach 2b), und der Richtungsstrahl NnL zu der Größe des Bildes x.

Die Dreiecke mnL und RNL sind offenbar ähnlich. Daraus folgt

$$x : B = mL : RL,$$

worin

$$mL = \xi, \text{ und } RL = \gamma' - d.$$

Wir erhalten also

$$x = \frac{B \cdot x}{\gamma' - d}$$

und, wenn wir B und ξ durch ihre obigen Ausdrücke ersetzen:

$$x = \frac{\gamma' \cdot \Phi}{\gamma''(\gamma' + \Phi - d)}. \qquad (7\,\text{c})$$

Diese Formel ist gültig für jede beliebige Entfernung d der Konvexlinse vom myopischen Auge. Fällt ihr Brennpunkt jedoch wiederum mit dem Knotenpunkte des Auges zusammen, wodurch $d = \Phi$, so wird die Formel für die Größe des umgekehrten Bildes des myopischen Auges

$$x = \frac{\Phi}{\gamma''}, \qquad (7\,\text{d})$$

also gerade so einfach wie die für Emmetropie und für Hypermetropie[1]).

Die Größe des umgekehrten Bildes des myopischen Auges nimmt also, wie die des emmetropischen und des hypermetropischen, zu mit der Brennweite der Konvexlinse, und ab mit der Knotenpunkt-Netzhautdistanz.

Da aber die letztere bei Myopie immer größer ist als bei Emmetropie, und noch größer als bei Hypermetropie, so muß das umgekehrte Bild stets kleiner sein bei Myopie als bei Emmetropie und namentlich als bei Hypermetropie.

Endlich geht noch aus der Formel für x hervor, daß, für denselben Grad von Myopie, das umgekehrte Bild kleiner ist bei Achsen- als bei Krümmungsmyopie, da im ersteren Falle γ'' größer ist als im letzteren.

Berechnen wir wiederum ein Beispiel, und zwar für eine Myopie, deren Fernpunkt 80 mm vor dem Knotenpunkte liegt ($KR = \gamma' = 80$ mm), und entwerfen wir das umgekehrte Bild mit der Konvexlinse von 15 dptr. Unser Φ wird also wieder $= 67$ mm.

Es falle der Brennpunkt der Linse mit dem Knotenpunkte des Auges zusammen.

Welches auch die Ursache der Myopie sei, so entsteht das umgekehrte Bild immer in derselben Entfernung der Linse, d. h. in

$$\xi = 67 - \frac{67^2}{80} = 10{,}9 \text{ mm}.$$

Die Größe des Bildes aber ist verschieden, je nach der Ursache der Myopie.

1) E. Landolt, 1874.

Achsenmyopie. Ein γ' von 80 mm bedingt, wie wir gesehen haben, bei normaler Brechkraft des Auges, ein γ'' von 20 mm, also wird die Größe des umgekehrten Bildes, für $\Phi = 67$ mm,

$$x = \frac{67}{20} = 3{,}35 \text{ mm.}$$

Krümmungsmyopie. Bei normaler Länge des Auges entspricht, wie wir ebenfalls früher schon berechnet haben, einem γ' von 80 mm ein γ'' von 15,83 mm.

Die Größe des umgekehrten Bildes, für $\Phi = 67$ mm, wird dann also

$$x = \frac{67}{15{,}83} = 4{,}2 \text{ mm.}$$

Die Formel für die Größe des umgekehrten Bildes, $x = \frac{\Phi}{\gamma''}$, die ich schon in der ersten Ausgabe dieses Werkes angegeben habe, ist, wie man sieht, dieselbe für Emmetropie wie für Ametropie. Sie ist außerdem so einfach, daß sich, wenigstens für den weitaus häufigsten Fall der Achsenametropie, die Vergrößerung des umgekehrten Bildes aus dem Kopfe berechnen läßt.

Φ ist, wie gesagt, die Brennweite der verwendeten Konvexlinse.

γ'', bei Emmetropie $= G'' = 15$ mm; bei Achsenhypermetropie um η kleiner, bei Achsenmyopie um η größer als 15 mm.

η aber ist $= \frac{300 \text{ mm}}{F}$, worin $F =$ Brennweite des im vorderen Brennpunkte stehenden Korrektionsglases.

Hat das Brillenglas z. B. eine Brechkraft von 5 dptr., d. h. eine Brennweite von 200 mm, so ist $\eta = \frac{300}{200} = 1{,}5$ mm.

Ist es ein Konvexglas, d. h. korrigiert es eine Achsenhypermetropie, so ist $\gamma'' = 15 - 1{,}5 = 13{,}5$ mm.

Ist es ein Konkavglas, d. h. korrigiert es eine Achsenmyopie, so ist $\gamma'' = 15 + 1{,}5 = 16{,}5$ mm.

Wünscht man die Vergrößerung des aufrechten Bildes mit derjenigen des umgekehrten Bildes zu vergleichen, so muß man letzteres aus einer Entfernung von 24 cm betrachten, und die Vergrößerungszahlen sind untereinander direkt vergleichbar.

Auf diese Weise ergeben sich für die Vergrößerung folgende Verhältnisse:

	Umgekehrtes Bild entworfen mit + 15 dptr.	Aufrechtes Bild	Verhältnis
Emmetropie	4,4	16	1 : 3,6
Achsenhypermetropie(γ'=80mm)	5,58	14,7	1 : 2,6
Krümmungshypermetropie (id.).	4,71	12,6	1 : 2,6
Achsenmyopie (γ' = 80 mm). .	3,3	24	1 : 7,2
Krümmungsmyopie (id.). . . .	4,2	30,4	1 : 7,2

Berechnung der Vergrößerung des aufrechten Augenspiegelbildes nach Gullstrand.

Gullstrand definiert die Lupenvergrößerung als das Verhältnis des Gesichtswinkels, unter welchem das von der Lupe entworfene Bild vom ersten Hauptpunkte des Auges aus erscheint, zur Objektgröße[1]).

Den Gesichtswinkel bezeichnet er mit ω_h, die letztere Größe mit α_o.

Die Formel für die Berechnung der Lupenvergrößerung wird dann

$$-\frac{\omega_h}{\alpha_o} = D_0 - A(1 - \delta D_0). \qquad \text{(I)}$$

Darin ist D_0 = Brechkraft der Lupe y in Dioptrien,

A = Refraktion des Auges,

δ = Abstand des ersten Hauptpunktes des Auges vom zweiten Hauptpunkte des mit ihm kombinierten Systems (s. Fig. 107).

Fig. 107.

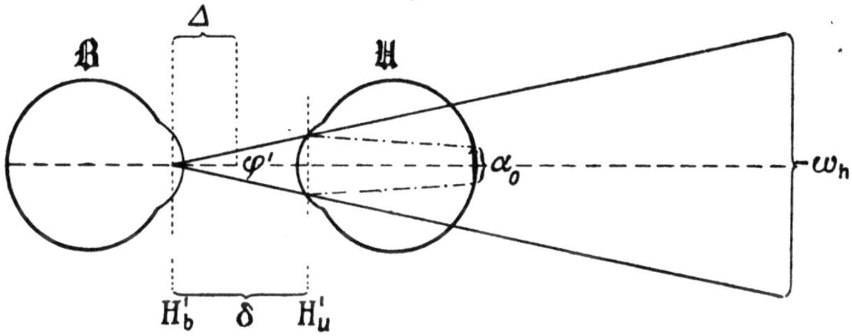

𝔅 Beobachterauge, 𝔘 Untersuchtes Auge, H'_b vorderer Hauptpunkt des 𝔅.-Auges, H'_u vorderer Hauptpunkt des 𝔘.-Auges, φ' vorderer Brennpunkt des 𝔘.-Auges, α_0 Objektgröße, $-\omega_h$ Hauptpunktswinkel, bzw. Gesichtswinkel der Vergrößerung.

Das negative Vorzeichen entspricht der umgekehrten Abbildung auf der Retina.

Bezeichnet man mit Δ die Entfernung des ersten Hauptpunktes des 𝔅-Auges von seinem vorderen Brennpunkte, so kann man setzen

$$\Delta = \delta - \frac{1}{D_0} \quad \text{und} \quad 1 - \delta D_0 = -\Delta D_0.$$

Dieser Wert in Formel (I) eingeführt, gibt:

$$\frac{-\omega_h}{\alpha_0} = D_0 + A\Delta D_0 = D_0(1 + \Delta A).$$

Ist das 𝔅-Auge emmetropisch und akkommodationslos, so ist $A = o$; das zweite Glied rechts vom =Zeichen der Formel (I) verschwindet, und die Vergrößerung ist einfach

$$\frac{-\omega_h}{\alpha_0} = D_0.$$

1) Gullstrand, »Einführung« S. 61 ff.

Mit anderen Worten, die Vergrößerung ist allein abhängig von der in Dioptrien ausgedrückten Brechkraft der Lupe.

Betrachtet man die Vergrößerung in bezug auf eine sogenannte Projektionsweite, und gibt man derselben eine Entfernung von $0{,}25\ \text{m} = \frac{1\ \text{m}}{4}$, so muß die Dioptrienzahl der Brechkraft der Lupe mit 4 dividiert werden, um die konventionelle Vergrößerung zu ergeben[1]).

Das dioptrische System des U-Auges bildet eine Lupe, durch welche wir seinen Grund betrachten.

Da die Brechkraft des Auges rund 60 dptr. gleichkommt, so können wir allgemein sagen, die entsprechende konventionelle Vergrößerung, d. h. die Vergrößerung, unter welcher der Augengrund im aufrechten Bilde erscheint, ist $= \frac{60}{4} =$ eine 15fache.

Die Formel für die absolute Vergrößerung setzt aber voraus, daß der Beobachter Emmetrop ist und nicht akkommodiert. Soll derselbe unter diesen Bedingungen den Grund des untersuchten Auges deutlich sehen, so muß auch das untersuchte Auge emmetropisch und akkommodationslos sein. Ist dies nicht der Fall, so muß der Beobachter seinem Auge ein Korrektionsglas vorsetzen.

Fig. 108.

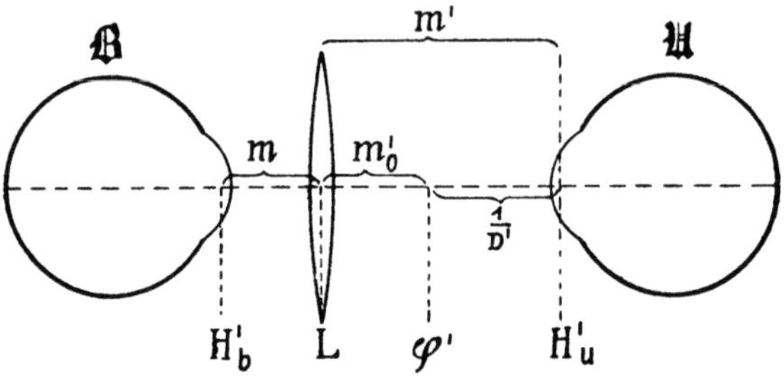

B Beobachterauge, U Untersuchtes Auge, H'_b erster Hauptpunkt des B.-Auges, H'_u erster Hauptpunkt des U.-Auges, L optisches Zentrum der Linse, φ' vorderer Brennpunkt des U.-Auges.

Wird zwischen dem B- und dem U-Auge eine Linse eingeschaltet (L Fig. 108), so ist das obige D_0 die Brechkraft des aus dieser Linse und dem brechenden Apparate des U-Auges bestehenden optischen Systems, und δ ist der Abstand des ersten Hauptpunktes des B-Auges vom zweiten Hauptpunkte dieses Systems.

Ferner ist $D' =$ Brechkraft des dioptrischen Apparates des U-Auges,
$D_l =$ Brechkraft der eingeschalteten Linse.

Diese wird als unendlich dünn betrachtet.

1) Gullstrand in Helmholtz S. 310, »Einführung« S. 52.

Bezeichnet man außerdem mit m den Abstand des vorderen Hauptpunktes des 𝔅-Auges von der Linse; mit m'_0 den Abstand des vorderen Brennpunktes des 𝔘-Auges von der Linse, so kann man schreiben:

$$D_0 = D'(1 - m'_0 D_l). \tag{II}$$

Dies folgt aus Formel 3c, S. 12 der »Einführung«, da $\varkappa_r = 1$ und $\delta_{\omega f} = m'_0$ ist.

Weiter ist $\delta = m + \frac{m' D'}{D_0}$, laut der mittleren Formel 3b, S. 11 der »Einführung«, indem für H'_{12} zu setzen ist $= \delta - m$.

Da nun laut (II)

$$\frac{D'}{D_0} = \frac{1}{1 - m'_0 D_l},$$

so ergibt sich

$$\delta = m + \frac{m'}{1 - m'_0 D_l} = m + \frac{m'_0 + \frac{1}{D'}}{1 - m'_0 D_l}$$

oder

$$\delta = m + \frac{1 + m'_0 D'}{D'(1 - m'_0 D_l)}. \tag{III}$$

Also

$$1 - \delta D_0 = 1 - m D_0 - 1 - m'_0 D'$$
$$= - m D'(1 - m'_0 D_l) - m'_0 D'.$$

(II) und (III) in (I) eingesetzt ergibt zunächst:

$$\frac{-\omega_h}{\alpha_0} = D_0 - A(1 - \delta D) \tag{IV}$$
$$= D'(1 - m'_0 D_l) + A[m D'(1 - m'_0 D_l) + m'_0 D']$$
$$= D'(1 - m'_0 D_l)(1 + mA) + m'_0 D' A. \tag{V}$$

Es sei nun A'_m die im optischen Zentrum der eingeschalteten Linse gemessene Refraktion des 𝔘-Auges, A_m die eben dort gemessene Refraktion des 𝔅-Auges. (Beide Werte bei Myopie negativ, bei Hypermetropie positiv.)

Dann ist

$$D_l = A'_m + A_m.$$

(D_l ist positiv bei einer Konvexlinse, negativ bei einer Konkavlinse.)

Es ist dann

$$\frac{1}{A_m} = m + \frac{1}{A},$$

also

$$A_m = \frac{A}{1 + mA}$$

und

$$D_l = A'_m + \frac{A}{1 + mA}. \tag{VI}$$

(VI) in (V) eingeschaltet gibt:

$$\frac{-\omega_h}{\alpha_0} = D'(1 - m_0' A_m')(1 + mA) - D' m_0' A + m_0' D' A$$
$$= D'(1 - m_0' A_m')(1 + mA). \qquad \text{(Einführung S. 73).}$$

Dies ist die **allgemeine Vergrößerungsformel** nach GULLSTRAND.

Ist der Beobachter Emmetrope, so ist, wie oben bemerkt, $A =$ Null, und der Abstand des 𝔅-Auges von der eingeschalteten Linse ohne Einfluß auf die Vergrößerung (wohl aber auf die Ausdehnung des Beobachtungsfeldes).

Es ist dann $D_l = A_m'$, und die Formel

$$\frac{-\omega_h}{\alpha_0} = D'(1 - m_0' D_l) = D'(1 - m_0' A_m')$$

ist für ein emmetropisches akkommodationsloses 𝔅-Auge stets gültig. Dieselbe kann auch, da $m_0' = m' - \frac{1}{D_0}$, in folgender Weise geschrieben werden:

$$\frac{-\omega_h}{\alpha_0} = D' + D_l(1 - m' D').$$

Nehmen wir als Beispiel einen emmetropischen, akkommodationslosen Beobachter, ein untersuchtes Auge mit 5 dptr. Hypermetropie, so setzen wir

$$D' = 60$$
$$D_l = +5$$

und ist m' die Entfernung der Linse vom vorderen Hauptpunkte des 𝔘-Auges $= 0{,}025$ m, so erhalten wir für die Vergrößerung des aufrechten Bildes:

$$\frac{-\omega_h}{4\alpha_0} = \frac{1}{4}(60 + 5\,[1 - 0{,}025 \times 60])$$
$$= \frac{1}{4}(60 + 5\,[-0{,}5]) = \frac{1}{4}(60 - 2{,}5)$$
$$= \frac{57{,}5}{4} = 14{,}375.$$

Hat das 𝔘-Auge eine Myopie von 5 dptr., so ist $D_l = -5$.

Ist m' wieder $= 0{,}025$ m, so erhalten wir für die Vergrößerung des aufrechten Bildes:

$$\frac{-\omega_h}{4\alpha_0} = \frac{1}{4}(60 - 5\,[1 - 0{,}025 \times 60]) = \frac{1}{4}(60 + 2{,}5)$$
$$= 15{,}62.$$

Betrachtet man das 𝔅-Auge von vornherein als emmetropisch und akkommodationslos, so wird die Ableitung der letzten Formel einfacher. Es folgt dann aus der Formel

$$\frac{-\omega_h}{\alpha_0} = D_o, \tag{I}$$

$$D_o = D'(1 - m'_o D_l) \tag{II}$$

und, da D_l in diesem Falle $= A'_m$ ist,

$$D_o = D'(1 - m'_o A'_m).$$

Demnach

$$\frac{\omega_h}{\alpha_0} = D'(1 - m'_o D_l) = D'(1 - m'_o A'_m) = D' + D_l(1 - m' D').$$

Mikrometrie des Augengrundes.

Die Formeln, mit welchen wir eben die ophthalmoskopische Vergrößerung, d. h. das Verhältnis der Größe eines Objektes des Augengrundes zu derjenigen seines ophthalmoskopischen Bildes berechnet haben, müssen auch dazu dienen können, aus der bekannten Größe des Augenspiegelbildes die wirkliche Größe des entsprechenden Objektes abzuleiten.

Fig. 109.

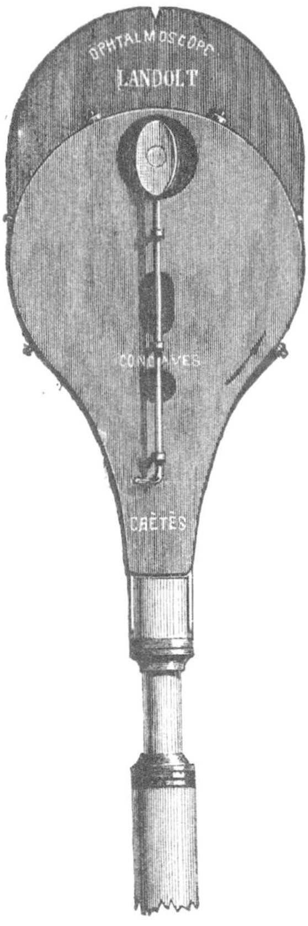

In der Tat handelt es sich in diesem Falle einfach um eine andere Unbekannte. — Während wir, bei der Berechnung der Größe des ophthalmoskopischen Bildes, ein bekanntes Objekt ($b = 1$) des Augengrundes voraussetzten, haben wir nun ein bekanntes Bild und berechnen daraus das unbekannte Objekt b.

Um die Größe des Augenspiegelbildes zu kennen, müssen wir dasselbe messen.

Zur Messung des aufrechten Augenspiegelbildes habe ich im Jahre 1878 folgende Methode angegeben (Fig. 109). Auf der Rückseite des Spiegels meines Ophthalmoskopes brachte ich ein dünnes, teilweise seines Belages befreites Planspiegelchen an. (Ein vergoldetes oder platiniertes Glasplättchen eignet sich ebenfalls dazu.)

Dieser kleine Spiegel wird von einem dünnen Stiele getragen, der durch drei Ösen, in welchen er sich um seine Achse drehen läßt, mit dem Ophthalmoskope verbunden ist.

Das untere Ende dieses Stieles ist rechtwinklig abgebogen und kommt gerade unter den Daumen des Beobachters zu liegen, so daß derselbe, durch den leisesten Druck, dem Spiegelchen jeweilen die gewünschte Neigung geben kann.

Das Spiegelchen dient nämlich dazu, während der Untersuchung im aufrechten Bilde das Bild einer rückwärts und seitwärts vom Beobachter liegenden Koordinatenteilung in dessen Auge zu werfen. Das Bild des untersuchten Augengrundes und das der Einteilung decken sich dann im Auge des Beobachters.

Fig. 110.

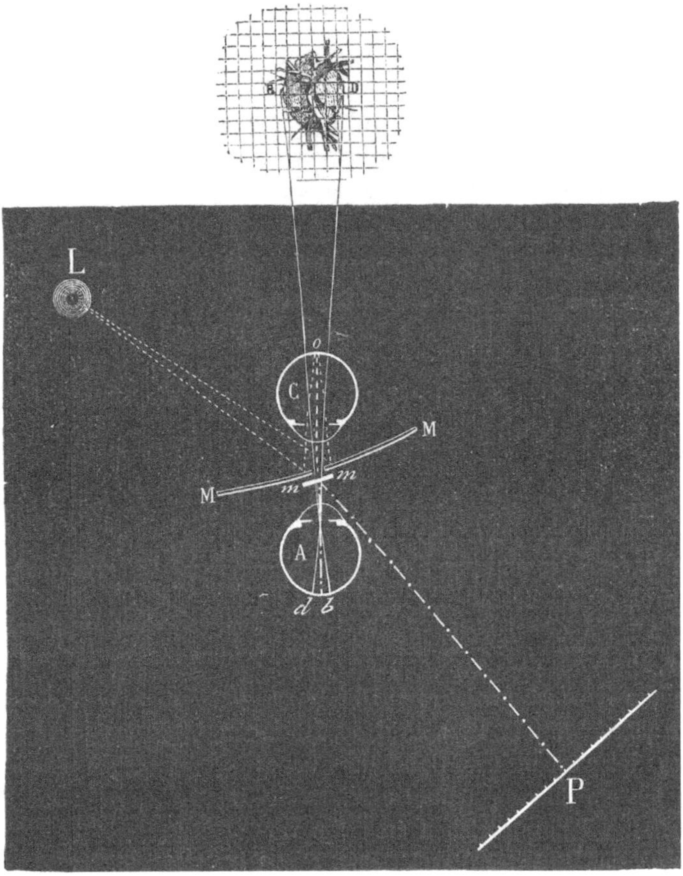

Fig. 110 veranschaulicht den Hergang der Messung des aufrechten Bildes. C ist das untersuchte Auge, A das des Beobachters, L die Lichtquelle, deren Licht durch den Augenspiegel MM in das untersuchte Auge geworfen wird.

Die Papille o desselben entwirft im beobachtenden Auge A das Bild db, welches, in eine gewisse Entfernung projiziert, den Durchmesser BD zu haben scheint. Hinter dem Spiegel MM, befindet sich das Spiegelchen mm, welches das Bild der Einteilung P in das Auge A wirft. Der Beobachter sieht also den Grund des Auges C von einem Koordinatensysteme durchzogen, wie es der obere Teil der Figur zeigt, und kann daran ablesen, wie viele Teilstriche desselben beispielsweise auf die Durchmesser der Papille gehen.

Es ist vorteilhaft, die Einteilung nicht schwarz auf einem weißen, sondern weiß auf einem schwarzen Grunde auszuführen. So fällt auf das Bild des Augengrundes weniger fremdes Licht, und dasselbe bleibt deutlicher.

Was die Entfernung der Einteilung P vom Auge A anbelangt, so soll dieselbe nicht allzukurz sein, sondern etwa 5 m betragen. In diesem Falle kann der emmetropische Beobachter seine Akkommodation sowohl zum deutlichen Sehen des Augengrundes, als zu demjenigen der Einteilung entspannen. Der Adaptationszustand des Beobachters muß offenbar für beide Objekte derselbe sein, wenn sie ihm gleichzeitig deutlich erscheinen sollen. Die Anwendung unserer obigen Formeln aber setzt Akkommodationsruhe des Beobachters voraus.

Hat man auf diese Weise den Durchmesser $BD = \Pi$ des aufrechten Bildes gemessen, so schlägt man zur Berechnung der Größe des entsprechenden Objektes b den umgekehrten Weg ein, den wir zur Berechnung der Vergrößerung verfolgt haben. D. h. aus der Formel (1b) deduziert man die Größe des Netzhautbildes β. — Aus β, mit Hilfe der Formel (3), den Wert von B, und aus B, mittels der Formel (2), die gesuchte Größe b.

Nehmen wir an, das untersuchte Auge sei emmetropisch, die Einteilung befinde sich in der Entfernung $P = 5$ m, und wir haben den Durchmesser $BC = \Pi$ der Papille beispielsweise $= 467$ mm gefunden.

In diesem Falle wird die Berechnung der wirklichen Größe b des Objektes deswegen äußerst einfach, weil hierbei das Netzhautbild β des Beobachters gleich ist dem Objekte b des Untersuchten. Wir können also, unter Anwendung der Formel (1b), schreiben:

$$b = \frac{\Pi \cdot G''}{P},$$

worin G'' — Knotenpunkt-Netzhautdistanz des emmetropischen Auges $= 15$ mm ist.

Das Objekt b wird dann in unserem Beispiele $= 1,4$ mm.

Hat man es, wie gewöhnlich, mit Achsenametropie zu tun, und gelingt es, sich dem untersuchten Auge so stark zu nähern, daß der vordere Brennpunkt des untersuchten mit dem des beobachtenden Auges als zusammenfallend betrachtet werden kann, so läßt sich dieselbe einfache Formel zur Berechnung der Größe des Objektes b verwenden.

Eine ähnliche Methode zur Messung des aufrechten Bildes hat auch Ruete angegeben; einer anderen werden wir bei der Beschreibung des Augenspiegels von Epkens-Donders begegnen.

Zur Messung des umgekehrten Bildes entwirft man dasselbe am besten in einer inwendig geschwärzten Röhre, in welcher sich ein von horizontalen und vertikalen feinen Faden gebildetes Gitter, oder ein Planglas mit Millimeterteilung, an den Ort des umgekehrten Bildes bringen läßt (Ruete 1852, Knapp 1874).

Es lassen sich dazu überhaupt alle die Vorrichtungen verwenden, welche gestatten, das umgekehrte Bild auf einem Schirme aufzufangen. Der Schirm braucht einfach eine Millimetereinteilung zu tragen, um auch zur Messung des umgekehrten Bildes dienen zu können.

Schneller (1857) war einer der ersten, der das umgekehrte Bild zu messen versuchte. Von der Fassung der Linse, welche das umgekehrte Bild erzeugt, ließ er vier 55 mm lange, der Achse parallele, an der anderen Extremität wieder durch einen Ring verbundene Arme ausgehen. 40 mm von der Linse, wo das umgekehrte Bild zustande kommen soll, waren die Arme von Pfeilen durchbohrt, welche mittels Schrauben der Achse näher und ferner gebracht werden konnten. Ihre Spitzen waren bestimmt, die Endpunkte des zu messenden Bildes zu bezeichnen.

Kennt man den Durchmesser x des umgekehrten Bildes, so berechnet sich das entsprechende Objekt nach den oben angegebenen Formeln (5) und (7) für die Größe des umgekehrten Bildes, nur daß nun darin x bekannt, b gesucht ist.

Fällt der Brennpunkt der Konvexlinse mit dem Knotenpunkte des untersuchten Auges zusammen, so ist

$$b = \frac{x \cdot \gamma''}{\Phi}.$$

Ist das untersuchte Auge emmetropisch, so ist $\gamma'' = 15$ mm. Benutzt man zur Erzeugung des umgekehrten Bildes eine Konvexlinse von 15 dptr., bzw. einer Brennweite Φ von 66,6 mm, und findet man die Größe des umgekehrten Bildes $x = 6{,}6$ mm, so wird das entsprechende Netzhautobjekt

$$b = \frac{6{,}6 \cdot 15}{66{,}6} = 1{,}5 \text{ mm}.$$

Ist das untersuchte Auge 3 mm kürzer ($\gamma'' = 15 - 3 = 12$ mm), also so stark hypermetropisch, daß es Konvex 10, im vorderen Brennpunkte zur Korrektion braucht, und finden wir, mit derselben Konvexlinse, $x = 8{,}3$ mm, so setzen wir

$$b = \frac{8{,}3 \cdot 12}{66{,}6} = 1{,}5 \text{ mm}.$$

Ist dagegen das untersuchte Auge 3 mm länger als das emmetropische, ($\gamma'' = 15 + 3 = 18$ mm), welches einer Myopie, korrigiert durch Konkav 10 im vorderen Brennpunkte, entspricht, und haben wir gefunden $x = 5{,}5$ mm, so wird das entsprechende Netzhautobjekt

$$b = \frac{5{,}5 \cdot 18}{66{,}6} = 1{,}5 \text{ mm.}$$

Das ophthalmoskopische Gesichts- oder Beobachtungsfeld.

Unter ophthalmoskopischem Gesichts- oder Beobachtungsfeld versteht man den Teil des Augengrundes, welchen ein Beobachter zu übersehen vermag, ohne daß weder sein, noch das untersuchte Auge seine Stellung ändert.

A. Das Gesichtsfeld des aufrechten Augenspiegelbildes.

Die Ausdehnung des im aufrechten Bilde zu überschauenden Teiles des Augengrundes hängt in erster Linie ab von der Weite der Pupille des untersuchten sowohl als der des beobachtenden Auges; hat doch die Pupille für das aus dem Auge kommende, wie für das nach dem Auge zielende Licht dieselbe Bedeutung, wie die Öffnung einer Blende. Alles Licht, das außerhalb dieser Öffnung fällt, wird abgeblendet, von welcher Seite es auch kommen möge.

So kann in das beobachtende Auge nur der Teil des aus dem untersuchten Auge kommenden Lichtes gelangen, der die beiden Pupillen passiert hat.

Um die Ausdehnung des Augengrundes zu kennen, welche ein Auge, bei der Untersuchung im aufrechten Bilde, bei unbewegtem Blicke, beherrscht, ist es am einfachsten, das Bild der Beobachterpupille auf dem untersuchten Augengrunde zu konstruieren. Die Ausdehnung desselben entspricht in der Tat dem Teile des Augengrundes, von dem aus Licht in das Beobachterauge gelangen kann.

Dies Bild wird allerdings nur unter ganz speziellen Verhältnissen ein scharfes sein, jedenfalls nie bei der Untersuchung im aufrechten Bilde, da wir das untersuchte Auge für die Netzhaut des Beobachters, nicht aber für dessen Pupille eingestellt betrachten. In der Tat sind, wenn der Beobachter die Netzhaut des Untersuchten scharf sieht, die Netzhäute der beiden Augen zueinander konjugiert.

Es ist auch zu beachten, daß es genau genommen nicht die wirklichen Pupillen sind, welche als Blenden in Rechnung kommen, sondern ihre von Hornhaut und Kammerwasser entworfenen Bilder; der Unterschied zwischen beiden ist aber so unbedeutend, daß wir ihn in den folgenden Betrachtungen vernachlässigen können.

Um die Ausdehnung des Beobachtungsfeldes zu veranschaulichen, nehmen wir an, von den Endpunkten P' und P'' (Fig. 111) des Durchmessers der Pupille des beobachtenden Auges 𝔅 gehen Strahlen aus, und diese Strahlen behandeln wir wie Lichtstrahlen, die das untersuchte Auge 𝔘 treffen würden. Wir konstruieren das Bild, welches von $P'P''$ auf der

Netzhaut des Auges 𝔘 zustande kommen würde, und sagen uns: Von dem ganzen Gebiete, welches von $P'P''$ Licht erhalten kann, muß auch umgekehrt Licht nach $P'P''$, d. h. durch die Pupille $P'P''$ in das beobachtende Auge gelangen können.

Fig. 111.

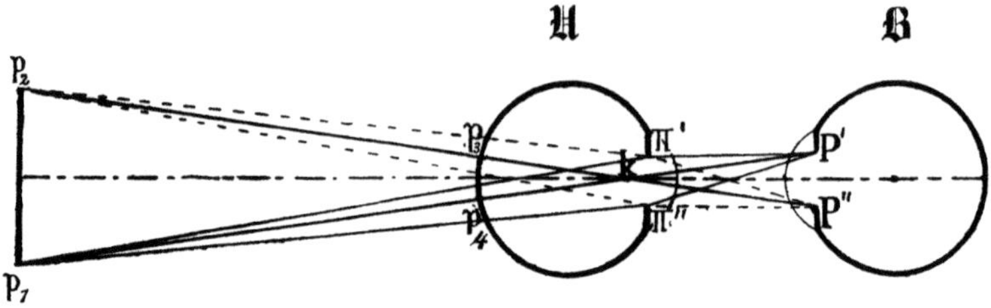

Zur Konstruktion des Bildes der Beobachterpupille ziehen wir, von den Punkten $P'P''$ durch den Knotenpunkt k des untersuchten Auges, die Richtungsstrahlen $P'k$ und $P''k$ bis nach p^1 und p^2, wo das von dem dioptrischen Systeme des Auges 𝔘 entworfene Bild von $P'P''$ zustande kommen würde, wenn sich das Auge bis dorthin erstreckte. Auf dessen Netzhaut, welche den Gang der Strahlen unterbricht, wird von P' ein Zerstreuungskreis entstehen, dessen Durchmesser wir finden, wenn wir von P' die Strahlen $P'\Pi'$ und $P''\Pi''$ nach den Endpunkten der Pupille $\Pi'\Pi''$ des Untersuchten und von dort nach dem Bildpunkte p_1 ziehen.

Dasselbe tun wir mit den von P'' ausgegangenen Strahlen. So finden wir in p_3 und p_4 die Endpunkte des Gebietes, welches von den von P' und P'' ausgegangenen Strahlen erreichbar ist, resp. von welchem aus noch Strahlen in die Pupille des beobachtenden Auges 𝔅 gelangen können.

Aus der Figur erhellt einmal, daß mit der Weite der Pupille des Beobachters auch die Ausdehnung des Beobachtungsfeldes zu- oder abnehmen muß. Mit P' und P'' rücken auch p_1 und p_2, sowie p_3 und p_4 einander näher. — Sind sie einander so nahe, daß man sie als verschmolzen, die Pupille als punktförmig betrachten kann, so haben wir den Fall, den Helmholtz voraussetzt, wenn er zur Bestimmung der Ausdehnung des Beobachtungsfeldes die vom Mittelpunkte der Pupille des Beobachters nach dem Rande der Pupille des Untersuchten gehenden Visierlinien als Lichtstrahlen behandelt.

Würde dieser Punkt mit dem vorderen Brennpunkte des untersuchten Auges zusammenfallen, so wären die davon ausgegangenen Strahlen in diesem Auge parallel, also das von ihnen eingenommene Gebiet gleich groß wie die Pupille desselben[1]).

1) Schnabel berechnet, daß in diesem Falle das ophthalmoskopische Gesichtsfeld eine Ausdehnung von 3—7 mm, d. h. 2—5 Papillenbreiten (also 20 qmm) im Durchmesser habe. Bei der üblichen Beleuchtung sollen $^9/_{10}$ dieses Feldes dunkel bleiben, da eine Flamme von 40 mm Höhe und 20 mm Breite in 300 mm Entfernung vom Spiegel ein Netzhautbild von nur 2 qmm gibt (vgl. auch Ulrich).

Ist die Entfernung der Pupille des beobachtenden von dem untersuchten Auge größer als dessen vordere Brennweite, so konvergieren die von der Pupille des ersteren ausgehend gedachten Strahlen in dem untersuchten Auge; das von ihnen bedeckte Gebiet wird also kleiner als die Pupille desselben.

Überhaupt ist leicht einzusehen, daß mit der Annäherung an das untersuchte Auge das Beobachtungsfeld zu-, mit der Entfernung von demselben abnehmen muß. Starke Neigung des Spiegels, komplizierte Vorrichtungen für Korrektionsgläser haben deshalb auf das Gesichtsfeld des aufrechten Bildes einen sehr ungünstigen, elektrische Augenspiegel dagegen, welche eine sehr große Annäherung an das untersuchte Auge gestatten, einen sehr günstigen Einfluß.

Unter gewöhnlichen Umständen hat das Gesichtsfeld des aufrechten Augenspiegelbildes eine Ausdehnung von ungefähr zwei Papillenbreiten.

Um uns den Einfluß der Pupille des untersuchten Auges auf das Beobachtungsfeld zu veranschaulichen, brauchen wir uns einfach die Punkte Π' und Π'' der Figur 111 einander näher oder ferner zu denken. Im ersteren Falle werden mehr, im letzteren weniger Strahlen abgeblendet, das der Beobachtung zugängliche Gebiet wird also im ersteren Falle enger, im letzteren weiter.

Geschieht die Untersuchung nicht mit einem durchsichtigen, sondern mit einem undurchsichtigen durchbohrten Spiegel, so übernimmt selbstredend das Spiegelloch die Rolle der Beobachterpupille.

Wir werden denn auch bei den nachfolgenden Betrachtungen das 𝔅-Auge nicht einzeichnen; kommt doch nur dessen Blende in Betracht, sei sie dessen Iris mit Pupille, sei sie der ihm vorgesetzte Spiegel mit der Öffnung $P'P''$.

Die Ausdehnung des Beobachtungsfeldes läßt sich nach Guilloz (1894) auch in folgender Weise konstruieren: Wir ziehen von den Endpunkten $P'P''$ der Pupille 𝔅 des Beobachters zu den entgegengesetzten Punkten der Pupille des Untersuchten die Strahlen $P'\Pi''$ und $P''\Pi'$. Es sind dies die äußersten Strahlen, welche noch aus der einen in die andere Pupille gelangen können.

Ist das untersuchte Auge emmetropisch (Fig. 112), so können wir durch dessen Knotenpunkt k die dem Strahle $\Pi'P''$ Parallele kn ziehen. Rückwärts bis zur Netzhaut des emmetropischen Auges verlängert, bezeichnet sie dort den Punkt p_3.

Ein von diesem Punkt ausgehender Strahl $p_3\Pi'$ würde die untersuchte Pupille in der Richtung $\Pi'P''$ verlassen.

Tun wir dasselbe mit den anderen Endpunkten der beiden Pupillen Π'' und P', so erhalten wir den Punkt p_4, von welchem der äußerste Strahl gerade noch von Pupille zu Pupille gelangen kann. p_3p_4 entspricht also dem Zerstreuungsbilde der 𝔅-Pupille auf dem untersuchten Augengrunde,

d. h. dem Beobachtungsfelde des aufrechten Bildes eines emmetropischen Auges.

Fig. 112.

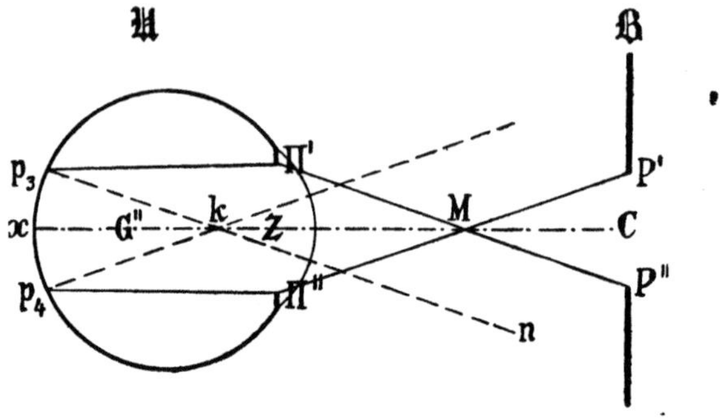

Nennen wir x den Durchmesser des Beobachtungsfeldes, M den Kreuzungspunkt der äußersten Pupillenstrahlen, δ den Winkel $\Pi' M \Pi'' = P' M P''$, $U = \Pi' \Pi''$ den Durchmesser der Untersuchtenpupille, $B = P' P''$ den Durchmesser der Beobachterpupille, so ist

$$U = MZ \cdot \delta,$$
$$B = MC \cdot \delta.$$
$$B + U = MC \cdot \delta + MZ \cdot \delta (MC + MZ).$$

Nun ist

$$MC + MZ = d,$$

d. h. gleich der Entfernung der beiden Pupillen (bzw. ihrer Bilder) voneinander. Also

$$\delta = \frac{B + U}{d}.$$

Da $x = G'' \delta$, so können wir schreiben

$$x = G'' \cdot \frac{B + U}{d}.$$

Aus diesem Ausdrucke erhellt, daß das Beobachtungsfeld zunehmen muß mit der Weite der Pupille des 𝔅- sowohl als mit der des 𝔘-Auges; abnehmen mit der Entfernung der beiden Augen voneinander.

Ist das untersuchte Auge myopisch (Fig. 113), und liegt in R sein Fernpunkt, so verlängern wir die äußersten Pupillenstrahlen $\Pi' P''$ und $\Pi'' P'$ bis zu den Punkten p_1 und p_2, wo sie die Fernpunktsebene schneiden. Von diesen Punkten aus ziehen wir rückwärts, durch den Knotenpunkt k, die Strahlen $p_1 k p_3$ und $p_2 k p_4$.

$p_3 p_4 = x$ ergibt dann, auf der 𝔘-Netzhaut, wieder den Durchmesser des Zerstreuungskreises der 𝔅-Pupille.

Bezeichnet man mit g'' die Knotenpunkt-Netzhautdistanz des emmetropischen Auges, mit g' dessen Knotenpunkt-Fernpunktdistanz kR, so erhält man für den Durchmesser des Beobachtungsfeldes des achsenmyopischen Auges im aufrechten Bilde, die Formel[1]):

$$x = g''\left(\frac{U+B}{d} - \frac{U}{g'}\right).$$

Fig. 113.

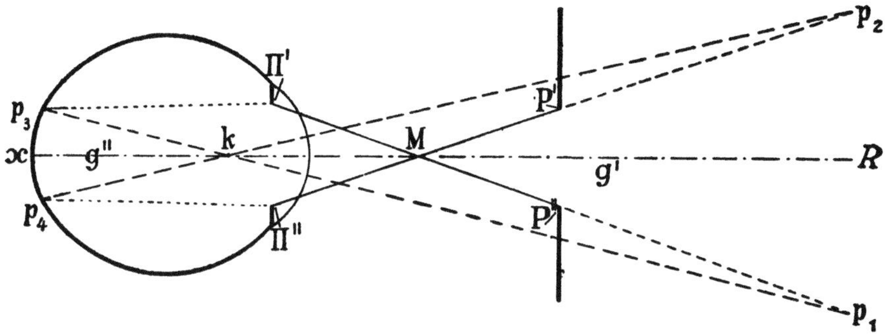

Fig. 114.

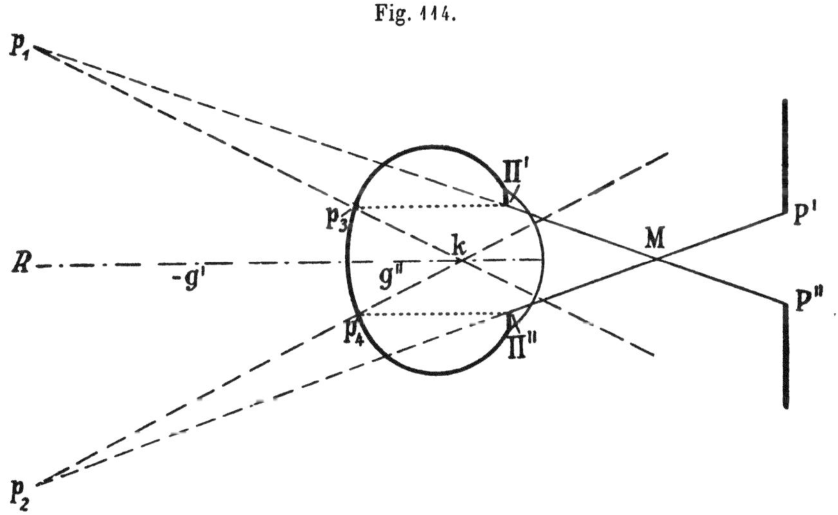

Ist das untersuchte Auge hypermetropisch (Fig. 114), und liegt sein Fernpunkt in R, so verlängern wir die Randstrahlen der Pupillen rückwärts bis zur Fernpunktsebene und finden so die Punkte p_3 und p_4. Von diesen aus ziehen wir die Richtungslinien nach dem Knotenpunkte k. Ihre Schnittpunkte p_3 und p_4, auf der Netzhaut des untersuchten Auges, geben uns wieder den Durchmesser x des Beobachtungsfeldes.

---

1) Guilloz S. 124, 1894.

Dasselbe läßt sich ausdrücken durch die Formel[1])

$$x = g''\left(\frac{U+B}{d} + \frac{U}{g'}\right).$$

Wäre die Beobachterpupille $P'P''$ reduziert auf ihren Mittelpunkt C (Fig. 115), so würde der Kreuzungspunkt M der Randstrahlen der bisherigen Figuren mit diesem Punkte C zusammenfallen.

Fig. 115.

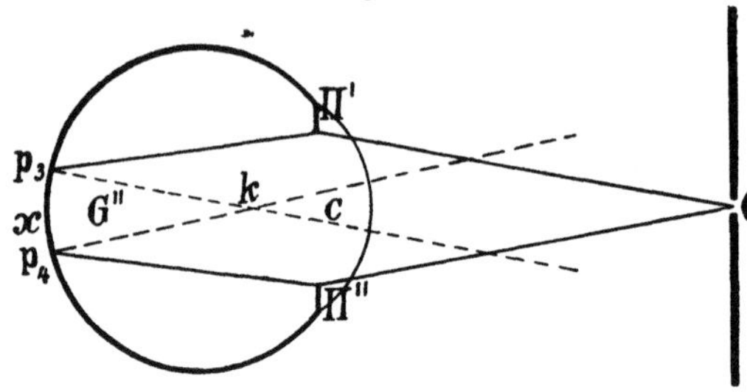

Die Konstruktion des Beobachtungsfeldes wird dadurch sehr vereinfacht; aus Fig. 112 wird Fig. 115. x wird, dem Winkel $\Pi' C \Pi'' = p_3 k p_4$ entsprechend, kleiner als in Fig. 112, d. h. als bei weiterer 𝔅-Pupille. Das Beobachtungsfeld ist dann in der Tat nichts anderes, als der Zerstreuungskreis des Punktes C auf der Netzhaut des emmetropischen 𝔘-Auges. Die von p_3 ausgehenden Strahlen würden das Auge dem Richtungsstrahle $p_3 k$ parallel verlassen; der äußerste derselben, $\Pi' C$, würde nach C gehen. Dasselbe wäre der Fall für von p_4 kommende Strahlen.

Sei

die Entfernung der 𝔅- und 𝔘-Pupillen voneinander: $d = 40$ mm,

der Durchmesser der 𝔘-Pupille $\Pi'\Pi'' = U = 8$ mm,

$G'' = 15$ mm, wie im emmetropischen reduzierten Auge,

so ist

$$x = \frac{8 \cdot 15}{40} = 3 \text{ mm}.$$

Lösen wir das Problem in anderer Weise (Fig. 116), indem wir die Entfernung f'' berechnen, in welcher das Bild von C zustande kommt! Dazu dient die Formel:

$$f'' = \frac{F'' \cdot f'}{f' - F'},$$

worin

$$F'' = 20 \text{ mm},$$
$$F' = 15 \text{ mm},$$
$$f' = d = 40 \text{ mm},$$

so ergibt sich für

$$f'' = \frac{20 \cdot 40}{40 - 15} = \frac{800}{25} = 32 \text{ mm}.$$

---

1) Guilloz S. 128.

Nun können wir setzen:

$$x : U = f'' - F'' : f'',$$

worin $U = 8$ mm,

$f'' = 32$ mm,

F'' = Länge des reduzierten emmetropischen Auges = 20 mm, in dessen Hauptebene wir die Pupille verlegen.

Fig. 116.

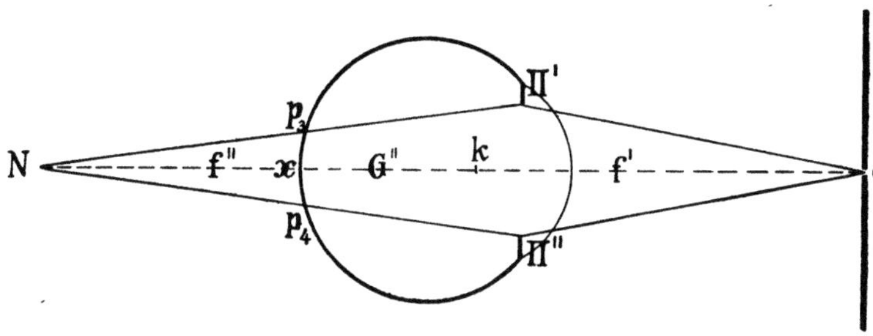

Also

$$x = \frac{8(32 - 20)}{32} = \frac{8 \cdot 12}{32} = 3 \text{ mm}.$$

Auf beiden Wegen kommen wir also zu dem gleichen Resultate.

Zeichnen wir in die Fig. 116, zu beiden Seiten der Netzhaut des emmetropischen Auges *E*, die Netzhaut *H* des kurzen hypermetropischen und die Netzhaut *M* des langen myopischen Auges ein (Fig. 117), so er-

Fig. 117.

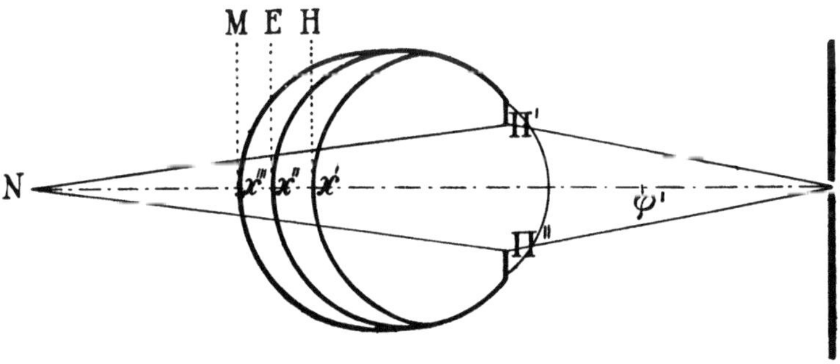

hellt, daß unter diesen Verhältnissen, d. h. wenn die 𝔅-Pupille von dem untersuchten Auge weiter entfernt ist, als dessen vorderer Brennpunkt φ', der Zerstreuungskreis ihres Zentrums, d. h. das Beobachtungsfeld ausgedehnter ist im hypermetropischen (x'), als im emmetropischen (x''), und im emmetropischen ausgedehnter als im myopischen Auge (x''').

Steht die 𝔅-Pupille im vorderen Brennpunkte φ' des 𝔘-Auges (Fig. 118), so ist das Beobachtungsfeld im achsenametropischen Auge gleich dem des emmetropischen Auges, und zwar gleich der Pupille des 𝔘-Auges $x = U = \Pi\Pi'$.

Fig. 118.

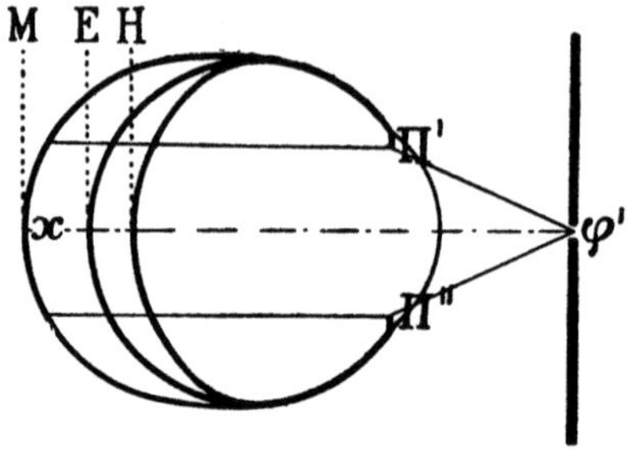

In der Tat sind die von φ' ausgehenden Strahlen im Innern des 𝔘-Auges untereinander parallel.

Rückt dagegen die 𝔅-Pupille dem 𝔘-Auge näher als der vordere Brennpunkt desselben (Fig. 119), so divergieren die von ihrem Zentrum C kommenden Strahlen, nach ihrem Eintritt in das 𝔘-Auge, als kämen sie von einem vor demselben liegenden Punkte N her. Die Ausdehnung des Beobachtungsfeldes wird dann also kleiner im hypermetropischen (x') als im emmetropischen (x''), und in diesem kleiner als im myopischen Auge (x''').

Fig. 119.

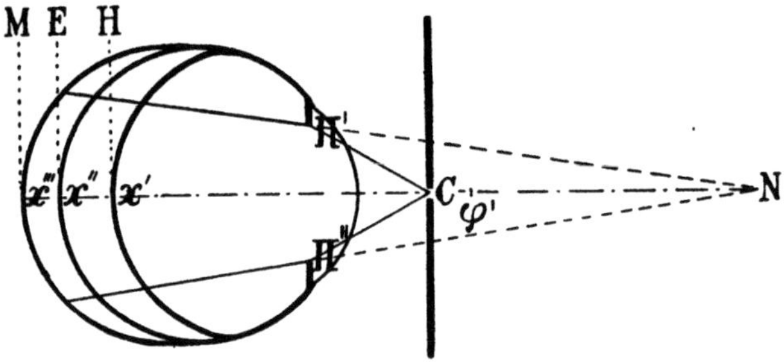

Aus dem Vergleiche der Figuren 117, 118, 119 geht außerdem die ohnehin leicht verständliche Tatsache hervor, daß das Beobachtungsfeld mit der Annäherung der 𝔅-Pupille an das 𝔘-Auge zu-, mit der Entfernung von demselben abnehmen muß.

Im Interesse eines weiten Beobachtungsfeldes im aufrechten ophthalmoskopischen Bilde verdienen also die Augenspiegel den Vorzug, welche die größte Annäherung an das untersuchte Auge gestatten. Diese Eigenschaft kommt den sogenannten elektrischen Augenspiegeln in besonders hohem Maße zu (z. B. Wolff 1900).

Es versteht sich von selbst, daß das Gebiet der untersuchten Netzhaut, welches der Beobachter theoretisch beherrscht, nur dann auch wirklich sichtbar ist, wenn es beleuchtet ist, mit anderen Worten, wenn das Beleuchtungsfeld das Beobachtungsfeld deckt.

Außerdem ist nicht zu erwarten, daß der Beobachter auch von den äußersten theoretisch deduzierten Grenzen des ihm zugänglichen Netzhautareales noch ein deutliches Bild erhalte. Das wirkliche Beobachtungsfeld ist notwendigerweise immer beschränkter als das theoretische.

Nach Schnabel soll, unter gewöhnlichen Verhältnissen, das im aufrechten Bilde zu überschauende Feld 3—5 Papillenbreiten umfassen, aber nur zu einem kleinen Teile auf einmal sichtbar sein, da eine Flamme von 4 cm Höhe und 2 cm Breite, 30 cm vom Spiegel entfernt, ein Netzhautbild von nur 29 mm liefert.

Das Beobachtungsfeld des umgekehrten Augenspiegelbildes.

Das umgekehrte Bild myopischer Augen, das ohne ein Konvexglas zustande kommt, ist begrenzt von der Pupille dieses Auges. Seine Ausdehnung ist also, in erster Linie, abhängig von der Weite der 𝔘-Pupille. Sie ist der letzteren proportional. Sodann hängt sie aber auch ab von dem Grade der Myopie. Bei gleichbleibender Ausdehnung des Rahmens, d. h. der Pupille, geht offenbar ein um so größerer Teil des Bildes in denselben, je kleiner dasselbe ist. Nun ist die Vergrößerung des umgekehrten Bildes, wie wir gesehen haben, umgekehrt proportional dem Grade der Myopie: Je stärker die Myopie, desto kleiner das umgekehrte Bild. Die Ausdehnung des Beobachtungsfeldes ist in der Tat größer bei starker, als bei schwacher Myopie.

Benutzt man zur Darstellung des umgekehrten Bildes, wie gewöhnlich, eine Konvexlinse, so wird die Pupille durch dieselbe vergrößert, und das um so mehr, je weiter das Glas von dem untersuchten Auge entfernt ist. Mit der Entfernung der Konvexlinse vom untersuchten Auge wächst also die Ausdehnung des Beobachtungsfeldes, bis die Pupille unendlich groß wird. Dies geschieht, wenn der Brennpunkt der Linse nahezu mit dem Mittelpunkte der 𝔘-Pupille zusammenfällt. Dann wird das umgekehrte Bild begrenzt von dem Rande der Konvexlinse.

Fig. 120.

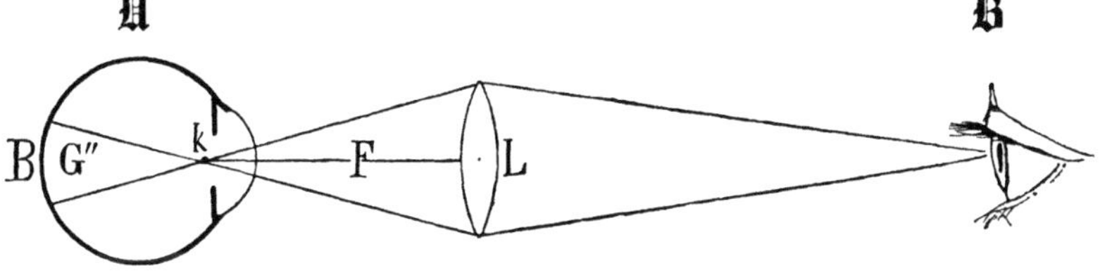

Setzen wir wieder, wie oben, die 𝔅-Pupille als punktförmig voraus, behandeln die Visierlinien des 𝔅-Auges wie Lichtstrahlen und lassen sie durch den Rand der Konvexlinse gehen, so werden sie sich nicht fern von dem Knotenpunkte k des U-Auges kreuzen, also ungebrochen zu dessen Netzhaut gelangen.

Bezeichnet man mit L den Durchmesser der Linse, mit B denjenigen des Beobachtungsfeldes, mit G'' die Knotenpunkt-Netzhautdistanz und mit F die Brennweite der Linse, so ist, wie aus der Fig. 120 hervorgeht:

$$\frac{B}{G''} = \frac{L}{F},$$

also:

$$B = \frac{G''L}{F}.$$

Ist die Brennweite der Linse $F = 66$ mm (15 dptr.), ihr Durchmesser $L = 33$ mm, so ist:

$$B = \frac{G''}{2} = \frac{15}{2} = 7{,}5 \text{ mm}$$

für ein emmetropisches Auge (Helmholtz, Handb. d. phys. Optik, 3. Aufl., S. 210).

Aus dem Ausdrucke für B geht direkt hervor, daß die Ausdehnung des Beobachtungsfeldes zunehmen muß mit G'', d. h. der Knotenpunkt-Netzhautdistanz, sowie mit L, d. h. dem Durchmesser der Konvexlinse, abnehmen mit der Brennweite F, also zu mit der Brechkraft der Linse. (Guilloz 1895, Arch. d'opht. p. 84 u. 235.)

Gullstrand[1]) berechnet die »Feldgrößen im Beobachtungssysteme« des aufrechten Bildes mit folgenden Formeln:

$$V = p\left(1 - \frac{b}{e'}\right) = p(1 - bD) + b \cdot \frac{p+1}{d}$$

$$\Omega = p\left(1 - \frac{b}{f'}\right) = p(1 - bD) + b \cdot \frac{p-1}{d}.$$

Darin bedeutet:

V = das volle Feld,

Ω = das unvignettierte Feld,

$p = AB$ = Bild einer Blendenöffnung,

CD = Bild einer Linsenöffnung,

e' = reduzierter Abstand des dem Konvergenzpunkte der von A und B zu den entgegengesetzten Punkten D und C konjugierten Punktes von AB,

f' = reduzierter Abstand des dem Kreuzungspunkte der von A und B zu den gleichseitigen Punkten C und D gehenden Strahlen konjugierten Punktes von AB,

b = reduzierte Länge des Auges,

d = Abstand der beiden Öffnungen voneinander,

1) »Einführung« S. 38 u. 59.

$D =$ Brechkraft des optischen Systemes des reduzierten Auges, dessen Hauptpunkte im Mittelpunkte von AB zusammenfallen (In Dioptrien ausgedrückt, wenn der Meter die Einheit des Längenmaßes bildet).

Das ophthalmoskopische Beleuchtungsfeld.

Der Teil des Augengrundes, welcher bei der Augenspiegeluntersuchung beleuchtet ist, mit einem Worte das ophthalmoskopische Beleuchtungsfeld, entspricht offenbar dem Netzhautbilde der gespiegelten Lichtquelle.

Das Bild ist nur dann scharf, wenn das untersuchte Auge auf das Spiegelbild der Lichtquelle eingestellt ist. Dieser Fall kommt sowohl vor bei der Untersuchung im aufrechten als auch im umgekehrten Bilde. Man sieht dann ein scharfes Bild der Lichtquelle auf der untersuchten Netzhaut. Es ist dies aber, wie man sich gerade in diesem Falle überzeugen kann, durchaus nicht wünschenswert, denn einmal ist das scharfe Bild der Lichtquelle klein im Vergleiche zu dem Beobachtungsfelde, namentlich aber ist dabei das Licht nicht gleichförmig über das Beobachtungsfeld verbreitet, es sei denn, daß die Lichtquelle selbst eine in ihrer ganzen Ausdehnung mit gleicher Intensität leuchtende Fläche darstelle.

Nehmen wir an, wir bedienen uns eines Planspiegels, der 22 cm von der Lichtquelle, 3 cm vom untersuchten Auge entfernt ist, so liegt das Spiegelbild der Lichtquelle 22 + 3 cm = 250 mm vor dem Auge. Ist die Lichtquelle ein Auerbrenner, so können wir ihre Breite als = 20 mm annehmen.

Es sei der Durchmesser der Pupille des untersuchten Auges $u = 8$ mm.

Fig. 121.

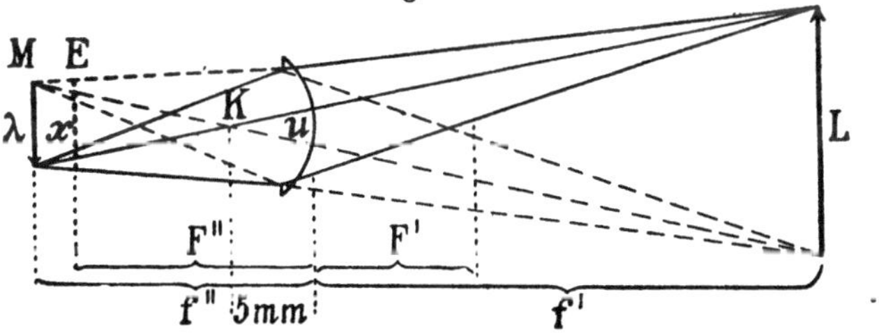

Bezeichnen wir wie gewöhnlich mit

F' die vordere Brennweite des reduzierten Auges = 15 mm,

F'' die hintere Brennweite des reduzierten Auges = 20 mm,

f' die Entfernung des Objektes von der brechenden Fläche = 250 mm,

f'' die Entfernung dessen Bildes von der brechenden Fläche,

so ergibt sich nach der bekannten Formel

$$f'' = \frac{F'' \cdot f'}{f' - F'} = 21{,}276, \text{ sagen wir } 21{,}3 \text{ mm}$$

für den Ort, wo das Bild der reflektierten Lichtquelle zustande kommt.

Bezeichnen wir das Bild der Lichtquelle mit λ, so berechnet sich dessen Größe einfach aus den ähnlichen Dreiecken, welche man erhält, wenn man die Extremitäten des Objektes (L) mit denen des Bildes (λ) verbindet. Diese Linien kreuzen sich im Knotenpunkte K des Auges. Derselbe liegt 5 mm hinter der brechenden Fläche, von welcher ab wir f' und f'' gemessen haben. Wir schreiben also:

$$\frac{\lambda}{L} = \frac{f'' - 5}{f' + 5} = \frac{16,3}{255},$$

woraus

$$\lambda = \frac{16,3 \cdot 20}{255} = 1,27 \text{ mm.}$$

Läge die Netzhaut des Auges in λ, d. h. wäre das Auge um 21,3 — 20 = 1,3 mm länger als das emmetropische Auge, was einer Achsenmyopie von ungefähr 4 dptr. entspricht, so würde es also von der Flamme ein scharfes Bild von 1,27 mm Durchmesser erhalten.

Auf der Netzhaut des emmetropischen Auges würde ein Zerstreuungsbild der Flamme entstehen. Einfache Berechnung ergibt für den Durchmesser desselben, in unserem Beispiele, 1,68 mm.

Je näher, bei gleicher Entfernung der Lichtquelle, der Planspiegel dem untersuchten Auge steht, desto weiter rückwärts kommt das Bild (λ) derselben zu liegen, desto größer wird das Zerstreuungsbild im emmetropischen, mehr noch in dem kürzeren hyperopischen Auge.

Die größte Annäherung, nicht nur des Spiegels, sondern auch der Lichtquelle an das untersuchte Auge, gestatten die elektrischen Augenspiegel. Dieselben eignen sich denn auch schon aus diesem Grunde ganz besonders zur Beobachtung des aufrechten Bildes. Denn je größer das Zerstreuungsbild der Lichtquelle, desto ausgedehnter und gleichmäßiger ist das Beleuchtungsfeld.

Hohlspiegel geben, da sie das Licht konzentrieren, im allgemeinen eine stärkere Beleuchtung, als ebene Spiegel. Die Art und Weise, wie sie das Licht reflektieren, haben wir in der Einleitung auseinandergesetzt. Daraus geht hervor, daß die Entfernung des Spiegels von der Lichtquelle sowie vom untersuchten Auge einen viel größeren Einfluß auf die Richtung hat, in welcher sie die Lichtstrahlen des Auges treffen, als dies beim Planspiegel der Fall ist.

Hat der Hohlspiegel 26 cm Brennweite, und ist die Lichtquelle 40 cm von demselben entfernt, so konvergieren die Strahlen nach ihrer Zurückwerfung am Spiegel nach einem 26 cm von demselben entfernten Punkte nach der Formel:

$$\frac{1}{b} = \frac{1}{f} - \frac{1}{a} \text{ oder } B = A + D.$$

Steht der Spiegel 2 cm vom untersuchten Auge entfernt, so treffen die Strahlen dasselbe mit einer Konvergenz von 26 — 2 = 24 cm. — Ein Auge von ungefähr 4 dptr. Hypermetropie würde von der Lichtquelle also ein scharfes, umgekehrtes Bild erhalten (das ihm, wohlverstanden, aufrecht erscheinen, während es der Beobachter umgekehrt sehen würde). Ein stärker hypermetropisches Auge erhielte ein undeutliches Bild der Lichtquelle. In einem schwächer hypermetropischen, emmetropischen oder myopischen Auge würden sich die Strahlen schon vor der Netzhaut vereinigen, und auf derselben würde, nach deren Wiederauseinandergehen ein Zerstreuungsbild entstehen. Das Zerstreuungsbild ist, wie das scharfe, immer ein in bezug auf das Objekt, die Lichtquelle, umgekehrtes, und um so undeutlicher, je mehr sich — in unserem Beispiele — die Refraktion des Auges, im einen oder anderen Sinne, von der erforderten Hypermetropie entfernt.

Nehmen wir an, es handle sich um die Untersuchung im umgekehrten Bilde: Der Konkavspiegel, von 16 cm Brennweite, stehe 80 cm von der Lichtquelle entfernt. Dann entsteht, 20 cm vor demselben, das umgekehrte Luftbild der Lichtquelle. Halten wir eine Konvexlinse von 15 dptr. (ungefähr 7 cm Brennweite), 40 cm vom Spiegel, also 20 cm von dem umgekehrten Bilde entfernt, so würde sie, in 10 cm, von dem umgekehrten ein wiederum umgekehrtes, d. h. mit der Lichtquelle gleichgerichtetes, reelles Bild liefern. Da wir aber die Konvexlinse immer um ungefähr ihre Brennweite von dem untersuchten Auge entfernt halten, so käme dies Bild erst in diesem Auge zustande, und zwar sehr weit nach vorn; da, bei einer Entfernung von 6 cm der Linse vom Auge, die Strahlen dasselbe mit einer Konvergenz von 10 — 6 = 4 cm treffen. Auf der Netzhaut entstände also — wenn nicht eine Hypermetropie von 25 dptr. vorhanden wäre — ein großes Zerstreuungsbild.

Fig. 122.

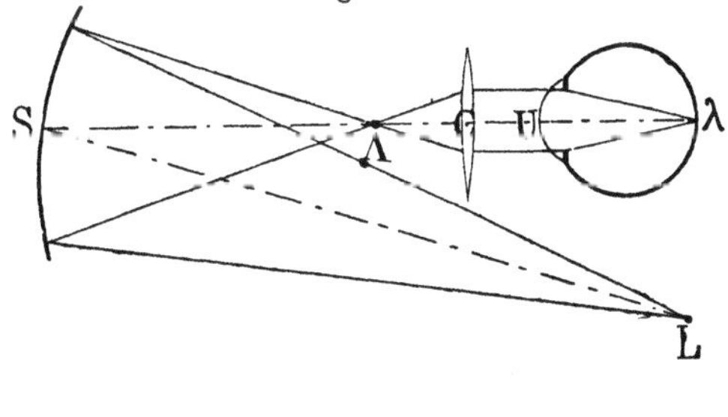

Jedoch auch bei dieser Untersuchungsmethode ist es ganz leicht möglich, daß das Bild der Lichtquelle sich scharf auf dem beobachteten Augengrunde abzeichne.

Nehmen wir an (Fig. 122), die Entfernung des Lichtes L vom Konkavspiegel S sei 48 cm, und derselbe habe eine Brennweite von 16 cm. — So entsteht das umgekehrte, reelle Bild Λ der Lichtquelle 24 cm vor dem Spiegel. Das Konvexglas C habe 7 cm Brennweite. Halten wir es um dieselbe von Λ, also um 24 + 7 = 31 cm vom Spiegel entfernt, so fällt das Bild der Lichtflamme in die Brennebene dieser Linse, und die davon ausgehenden Strahlen sind, nachdem sie dieselbe verlassen haben, parallel. So treffen sie auf das untersuchte Auge U. Ist dasselbe emmetropisch, so werden die Strahlen auf dessen Netzhaut wieder zu einem scharfen, zum zweiten Male umgekehrten, d. h. dem Objekte gleichgerichteten Bilde λ vereinigt. Der Untersuchte wird die Lichtquelle, z. B. die Maschen des Auerbrenners, scharf, aber umgekehrt sehen, wie er denn alle Netzhautbilder umgekehrt nach außen projiziert.

Da aber das untersuchte Auge auf A eingestellt ist, so verfolgen die von seiner Netzhaut, z. B. von dem Punkte λ ausgehenden Strahlen, in umgekehrter Richtung, genau denselben Weg wie die von A ausgegangenen. Beim Austritt aus dem Auge sind sie parallel, nach ihrem Durchgang durch die Linse C konvergieren sie nach A, wo sie von λ ein umgekehrtes, reelles Bild entwerfen. Der auf diese Entfernung (24 cm vom Spiegel) eingestellte Beobachter wird also dort nicht nur das umgekehrte Bild des Augengrundes, sondern auch das damit sich deckende, umgekehrte Bild der Lichtquelle sehen.

Bei Hypermetropie des untersuchten Auges wäre die Entfernung AC des Bildes der Lichtquelle von der Linse durch Abrücken des Konkavspiegels zu verlängern, um Konvergenz, bei Myopie durch Annähern desselben zu verkürzen, um Divergenz der das Auge treffenden Strahlen zu erzeugen, während die Entfernung CU der Linse vom Auge, im Interesse des ophthalmoskopischen Gesichtsfeldes, unverändert beibehalten werden könnte.

So ist es also möglich, bei der Untersuchung im umgekehrten Bilde, welches auch die Refraktion des untersuchten Auges sei, auf dessen Netzhaut ein scharfes Bild der Lichtquelle zu gewinnen. Ja es läßt sich auf diese Weise sogar die Refraktion dieses Auges bestimmen (S. 110). Zur Beleuchtung des Augengrundes aber hat, wie schon oben bemerkt, dieser Umstand nicht nur keinen Vorteil, sondern er ist geradezu unerwünscht.

Allerdings ist die Beleuchtung einer Netzhautstelle um so stärker, von je mehr Lichtstrahlen dieselbe getroffen wird: Das scharfe Bild der Lichtquelle, worin die von jedem einzelnen Punkte ausgegangenen Strahlen auch wieder in je einem Punkte vereinigt sind, erleuchtet die betreffende Stelle stärker als ein Zerstreuungsbild, worin die Strahlenkegel in einer gewissen Entfernung von ihrer Spitze durchschnitten sind, das Licht jedes einzelnen Punktes also auf eine größere Strecke verbreitet ist. Allein die Intensität der zur Augenspiegeluntersuchung verwendeten Lichtquellen ist meistenteils groß genug, um auch in Zerstreuungsbildern reichlich zu genügen. Bei manchen derselben wirken scharfe Bilder sogar sehr blendend für den Untersuchten und störend für den Untersucher.

In der Tat ist zur Beobachtung des Augengrundes eine gleichmäßige Beleuchtung wünschenswert. Ist aber, wie das meistens vorkommt, die Leuchtkraft der verschiedenen Teile der Lichtquelle (z. B. einer Lampenflamme) eine verschiedene, so macht sich die Verschiedenheit der dadurch beleuchteten Teile des Augengrundes um so mehr geltend, je schärfer das Bild ist.

Dazu kommt, daß ein scharfes Bild immer kleiner ist als ein Zerstreuungsbild. Das beleuchtete Feld ist denn auch, im ersten Falle, immer weniger ausgedehnt als im letzteren. Häufig ist es beschränkter als das Beobachtungsfeld. Der Beobachter muß dann, durch Drehung des Spiegels, das Flammenbild sukzessive über die sichtbaren Teile des Augengrundes hinführen.

Alle Möglichkeiten der Lichtverteilung im untersuchten Auge zu behandeln, würde uns viel zu weit führen, ändern sie sich doch, selbst für den gleichen Spiegel und die gleiche, mit einem Planspiegel verbundene Konvexlinse, ganz bedeutend mit dem Refraktionszustande des Auges, mit ihrer Entfernung von der Lichtquelle und vom untersuchten Auge.

Begnügen wir uns mit dem allgemeinen Satze, daß, um einen möglichst ausgedehnten Teil der Netzhaut möglichst gleichmäßig zu beleuchten, ein möglichst diffuses Netzhautbild der Lichtquelle erforderlich ist. Die von deren virtuellem oder reellem Spiegelbilde ausgehenden Strahlen müssen, wenn sie das untersuchte Auge treffen, stark divergieren oder konvergieren. Zielen diese Strahlen nach dem Knotenpunkte des untersuchten Auges, so ist die Ausdehnung des Beleuchtungsfeldes proportional der Ausdehnung des Konkavspiegels, bzw. der Konvexlinse, wenn man sich der Kombination einer solchen mit einem Planspiegel zur Beleuchtung des Auges bedient.

Um für das umgekehrte Bild ein möglichst günstiges Beleuchtungsfeld zu erzielen, empfiehlt Dimmer, das Flammenbild nahezu in die Ebene der Pupille des untersuchten Auges zu bringen, und sucht dies dadurch zu erreichen, daß er Konkavspiegel von 40—50 cm Brennweite benutzt; es befindet sich dann die gewöhnlich 40—50 cm vom Spiegel entfernte Lampe im Brennpunkt des Spiegels. Eine genügende Beleuchtung erhält man so aber nur bei weiter Pupille und nicht zu dunkel pigmentiertem Fundus.

2. Der Ophthalmoskopie spezieller Teil.

Dr. E. Landolt und Dr. F. Langenhan.

Die Lichtquelle.

Nach unserem Dafürhalten gebührt zur Beleuchtung der inneren, wie der äußeren Teile des Auges dem Tageslichte die Krone. Dasselbe ist allerdings nicht zu jeder Zeit erhältlich; man kann sich nicht darauf allein beschränken. Doch eignet sich das weiße Tageslicht viel besser dazu, Nuancen der Färbung, Unterschiede der Durchsichtigkeit der Gegenstände des Augeninnern zu erkennen, als das stark gefärbte künstliche Licht. Wir sind überzeugt, daß derjenige, der sich zur Untersuchung mit Tageslicht bequemen würde, nicht nur ein viel richtigeres Verständnis des Augeninnern gewinnen, sondern auch neue, diagnostisch wertvolle Tatsachen zutage fördern würde. Selbstverständlich wird man nicht direktes Sonnenlicht in das zu untersuchende Auge werfen, sondern dasselbe durch ein mattes Glas im Fensterladen des sonst verdunkelten Zimmers abschwächen. Besser noch als das so gedämpfte eignet sich das von Wolken zurückgeworfene Sonnenlicht zur Augenspiegeluntersuchung. Um daraus aber wirklichen Vorteil zu ziehen, genügt es nicht, hier und da einmal ein Auge mit Tageslicht zu ophthalmoskopieren. Diese Untersuchung muß einem mindestens ebenso geläufig sein wie die mit künstlichem Lichte, wenn man das Gesehene auch richtig deuten soll.

Als künstliche Lichtquelle kann man sowohl eine ruhig brennende Petroleumflamme, Gas- wie elektrisches Licht verwenden. Eine einfache Kerzenflamme tut es zur Not auch, liefert aber eine gar geringe, unregelmäßige, unstäte Beleuchtung.

Der Auerbrenner gibt eine sehr brauchbare Beleuchtung. Sein Licht ist stark genug, sehr ruhig und gleichmäßig und gestattet, ein genügend großes Gebiet des Augengrundes auf einmal zu beleuchten. Es ist allerdings zu berücksichtigen, daß der ganze Augenhintergrund einen mehr grünlichweißen Ton zeigt als bei Anwendung der sonst üblichen gelben Lichtarten. Die den Patienten oft belästigende starke Wärmeausstrahlung kann man leicht verhindern, indem man den Brenner mit einem Ton- oder Asbestzylinder umgibt, der an der Vorderseite einen Ausschnitt in Form eines stehenden Ovales hat und zweckmäßig an der Außenseite geschwärzt ist. Die Verwendung dieser zylindrischen Hüllen bringt vor allem auch den Vorteil mit sich, daß das Licht intensiver auf den Spiegel konzentriert und das Ophthalmoskopierzimmer nicht zu stark erhellt wird. Recht empfehlenswert sind Asbestzylinder, deren Lichtöffnung durch eine Irisblende oder Klappenvorrichtung reguliert werden kann.

Ebenso wie das Gasglühlicht kann man natürlich auch die anderen Abarten des Auerschen Glühlichtes zum Augenspiegeln verwenden (Spiritus-, Petroleumglühlicht). Es gibt wohl überhaupt kaum eine der modernen Lichtarten, die nicht von irgendeinem Autor zum Ophthalmoskopieren empfohlen wäre. Namentlich für das Acetylenlicht sind verschiedene Lanzen gebrochen worden (Appenzeller 1898, Fostunati 1904), gilt es doch neben dem Nernstlicht als das weißeste Licht, das man zurzeit besitzt; in seiner Farbenzusammensetzung nähert es sich sehr dem Sonnenlicht und läßt die Gegenstände annähernd in ihren natürlichen Farben erkennen. Der starken Blendung wird durch Vorschalten einer matten Glasscheibe begegnet.

Ganz allgemeine Verwendung hat in neuerer Zeit das elektrische Licht gefunden, besonders in Form der mattierten Glühbirnen, nach Deus (1894), die entweder an einem Ständer auf und nieder bewegt werden können, oder mittels biegsamen Verbindungsstückes an der Wand befestigt sind, so daß man sie bequem in gleiche Höhe mit dem untersuchten Auge bringen kann. Einfache Glasglühbirnen zu benutzen, geht natürlich nicht an, da ihr Licht für Untersucher wie Untersuchten viel zu blendend ist, und das Bild des Glühfadens auf den Augenhintergrund projiziert wird, so daß die von dem Bilde bedeckten Teile zu stark, die benachbarten Teile nicht genügend beleuchtet sind. Der früher auch von uns erhobene Vorwurf, daß mattiertes Glas der Glühschlinge zuviel Licht nimmt, ist bei den neuerdings fabrizierten, wesentlich vollkommeneren Mattbirnen nicht mehr berechtigt. Erwähnt werden muß allerdings, daß man bei kleinen Defekten in der Mattierung unerwünschte Lichtreflexe am Augenhintergrunde erhalten kann. So ist es vorgekommen, daß ein jüngerer Arzt Cholestearinkristalle der Netzhaut diagnostizierte, in einem Falle, wo es sich um einen durchaus normalen Augenhintergrund handelte, auf dem die lichtdurchlässigen Stellen der Mattbirne zahlreiche hellglitzernde Lichtpünktchen erzeugten.

Kayser (1907) sucht eine möglichst große Lichtstärke zu erzeugen, indem er an einer hellglasigen Birne nur ein etwa zweimarkstückgroßes Feld durch Flußsäure leicht anätzt und die übrige Birne mit einem außen geschwärzten, lichtundurchlässigen Gipsmantel umgibt. Es wird so ein intensiv helles, nicht sehr blendendes Licht ohne das Bild des glühenden Fadens erzeugt.

Von Lürmann (1906), nach dessen Ansicht mattierte Birnen nicht genügen, um das Bild der elektrischen Schlinge zu unterdrücken, werden mattierte Milchglasbirnen empfohlen, die unter den Namen »mattierte Opalglasbirnen« in den Handel gekommen sind.

Die Regulierung der Lichtstärke elektrischer Ophthalmoskopierlampen erfolgt mittels Rheostaten, der auch in den Fuß der Lampe eingebaut werden kann (s. Fig. 123).

Außer den gewöhnlichen Kohlenfadenlampen, deren Helligkeit im allgemeinen 16—32 H.-K. beträgt, hat man in neuerer Zeit auch die verschiedenen Arten der bei geringerem Stromverbrauch lichtstärkeren Metallfadenlampen als Lichtquelle benutzt (Tantallampe, Polak 1907, Daxenberger 1908, Osmium-Osramlampen, Hailes 1908). Das weiße Nernstlicht hat besonders in Ammon (1903), Haab und Gullstrand (1910, 1911) Fürsprecher gefunden. Ammon hat die Nernstlampe mit einer schwarzen, eine scheibenförmige Öffnung enthaltenden Blechhülse umgeben. Gullstrand (1911) rühmt die spezifische Helligkeit seiner ophthalmometrischen Nernstspaltlampe, deren Beschreibung wir später begegnen werden.

Der Hauptvorteil, den das elektrische Licht vor jedem anderen Lichte hat, liegt darin, daß dasselbe direkt zwischen untersuchtes und beobachtendes Auge eingeschaltet werden kann. Schützt sich das letztere durch einen Schirm gegen Blendung, so kann sogar der Spiegel entbehrlich werden.

Die kleine, nur einen Teil der Pupille des Beobachters einnehmende Lichtquelle genügt, um das untersuchte Auge zu erleuchten, während der andere Teil die von demselben kommenden Strahlen aufnimmt (SCHWEIGGER 1891).

Gewöhnlich wird allerdings das im Stile des Ophthalmoskopes enthaltene Glühlicht in das untersuchte Auge reflektiert; jedoch von einem so kleinen Spiegel, daß er nur einen Teil der Pupille des Beobachters einnimmt, demselben also größte Annäherung an das untersuchte Auge gestattet (BIRNBACHER 1884, DENNETT 1885, JULER 1886, SCHWEIGGER 1889, H. DERBY 1892, H. WOLFF 1896, 1900 u. a.).

Fig. 123.

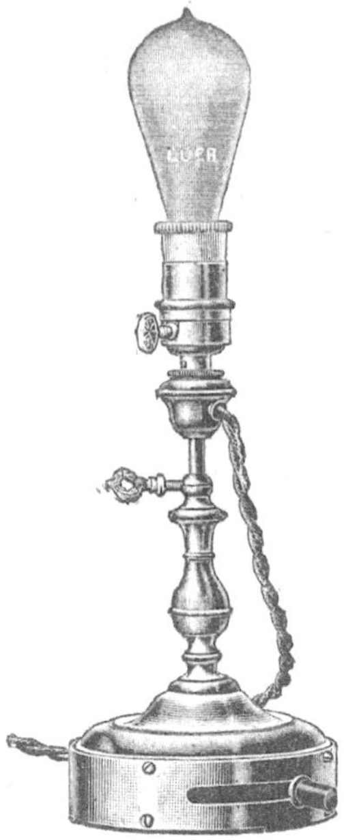

Elektrische Ophthalmoskopierlampe (nach DEUS) mit Mattbirne und Rheostat.

Die Vorrichtungen zur elektrischen Beleuchtung des Augengrundes werden wir bei der Beschreibung der Augenspiegel im speziellen und im Kapitel »reflexlose Ophthalmoskopie« noch näher kennen lernen.

Von erwähnenswertem Interesse sind vergleichende ophthalmoskopische Untersuchungen mit verschieden gefärbtem Lichte, durch welche die Farbenunterschiede verschiedener Teile des Augenhintergrundes deutlicher zutage treten. So hat ENGELHARDT ein Spektrum in das Auge reflektiert, NEUSCHÜLER (1897) und ASCHER haben farbige Gläser verwendet. Während eine solche relativ monochromatische Beleuchtung gewisse Farben des Augengrundes auslöscht, hebt sie die Gegenfarben um so deutlicher hervor. In neuester Zeit hat sich HELMBOLD (1910) in systematischer Weise mit der Verwendung von Spektrallicht zur Augenuntersuchung beschäftigt. Er bediente sich dazu einer von der Firma Zeiss hergestellten beweglichen optischen Bank, die mit Nernstlicht- und Schwefelkohlenstoffprismen ausgerüstet ein kontinuierliches Spektralband liefert. Durch langsame Drehung der optischen Bank gelingt es, mittels des Augenspiegels die einzelnen farbigen Strahlenbündel auf den Augenhintergrund zu werfen. Nach den Untersuchungsergebnissen HELMBOLDS scheint es wohl möglich, daß diese Methode als neues diagnostisches Hilfsmittel zu verwerten ist. So hebt HELMBOLD z. B. hervor, daß bei Anwendung von grünem Licht sonst nicht mehr sichtbare feinste Blutgefäßverzweigungen wahrgenommen werden, und Aderhautherde sich schon in ihrem frühesten Stadium markieren.

MAYON (1903) hat das Licht einer mit Quecksilberdampf gefüllten Röhre zum Ophthalmoskopieren empfohlen. Dasselbe zeichnet sich durch Reichtum an blauen und violetten und Mangel an roten Strahlen aus. Die

Farbe des Augenhintergrundes erscheint blaßgrün, die Gefäße purpurn. Erkrankungen der Ader- und Netzhaut sollen sich gut voneinander unterscheiden lassen.

Ein von Rot vollständig befreites, hauptsächlich aus gelben, grünen und blauen Strahlen zusammengesetztes, mittels Filtration gewonnenes Bogenlampenlicht demonstrierte kürzlich Vogt (1913) gelegentlich der letzten Heidelberger Sitzung. Mit diesem Ophthalmoskopierlicht soll man nach dem Autor nicht nur feinste Details der Netzhaut (Faserverlauf), sondern auch eine gelbe Färbung des zentralen Teiles der Makulagegend erkennen, deren Ausdehnung der post mortem sichtbaren Gelbfärbung entspricht.

Benutzt man zur Augenspiegeluntersuchung eine Lampe, so muß sich dieselbe höher und tiefer stellen, vorwärts und rückwärts, auf die eine wie auf die andere Seite des Patienten bringen lassen.

Aber, wie man sich oft mit einer Kerzenflamme zur Augenspiegeluntersuchung begnügen muß, wie einem nicht immer ein vollkommen dunkler Raum zur Verfügung steht, so wird man sich auch mit einer weniger beweglichen Lichtquelle zu helfen wissen; braucht man doch statt derselben nur den Patienten zu versetzen. Ja der richtige Ophthalmoskopiker soll mit seinem handlichen Instrumente noch ganz anderen Komplikationen gewachsen sein. Bettlägerige, ungeberdige, mit Nystagmus behaftete Patienten bieten der Augenspiegeluntersuchung oft bedeutende Schwierigkeiten.

Der Spiegel.

Gleich nach Helmholtz' Erfindung versuchte man, alle möglichen Spiegel zur Beleuchtung des Augeninnern zu verwerten. Ganz durchsichtige, aber zu mehreren verbunden, oder einfache, aber metallisierte, vergoldete, versilberte, platinisierte, planparallele Glasplatten, belegte konvexe und konkave Spiegel von verschiedener Krümmung, Kombinationen von planen und konvexen Spiegeln mit Konvexlinsen (Coccius 1853, Saemann 1853, Follin et Nachet 1853), belegte Linsen und Menisken (Klaunig 1854, Jaeger 1854, v. Hasner 1855, Lawrence und Giraud-Teulon 1863, 1864), sowie total reflektierende Prismen (Ulrich 1853, Meyerstein 1853, Follin et Nachet 1853, Giraud-Teulon 1861) sind zur Ophthalmoskopie verwendet worden. Bei weitem nicht alle diese Reflektoren haben sich praktisch bewährt.

Da der Spiegel des Ophthalmoskopes auch den aus dem untersuchten Auge kommenden Lichtstrahlen den Durchgang gestatten muß, geht notwendigerweise ein Teil der Reflexion, d. h. seiner Beleuchtungskraft verloren.

Bei geneigten, durchsichtigen Glasplatten, wie sie Helmholtz für seinen ersten Augenspiegel verwendete, sowohl wie bei versilberten, vergoldeten

(Nachet), platinierten (Schöler 1883) durchscheinenden Glasplatten verändern sich der katoptrische und der dioptrische Teil ihrer Wirkung in dem der Neigung entgegengesetzten Verhältnisse. Die metallisierten Glasplatten teilen außerdem dem Netzhautbilde eine leichte, ihrem Metalle eigene Färbung mit.

Damit bei vollkommen durchsichtigen planparallelen Glasplatten gerade die Hälfte des Lichtes zur Beleuchtung diene, die andere Hälfte dagegen das aus dem Auge kommende Licht durchlasse, muß der Einfallswinkel des Lichtes sein (vgl. auch Fuchs 1882 und 1883, Guilloz 1894, S. 163):

	nach Helmholtz	nach Arago
für eine Platte	70°	79°
für drei Platten	60°	68°
für vier Platten	56°	63°

Der Unterschied zwischen der von den beiden Autoren angegebenen Neigung erklärt sich vielleicht aus der Verschiedenheit der Brechungsindizes der zum Versuche gebrauchten Glasarten.

Bei einer Neigung des Spiegels von 56° wird das Licht polarisiert und damit der Hornhautreflex des untersuchten Auges abgeschwächt.

Fr. Fuchs (1882) benutzt zu diesem Zwecke als Reflektor einen dicht vor dem untersuchten Auge stehenden Nicol, welcher das Beleuchtungslicht polarisiert. Das polarisierte, vom Augengrunde kommende Licht zerfällt in zwei Systeme, von denen das eine wieder nach der Lichtquelle zurückkehrt, während das andere, zur Erzeugung des umgekehrten Bildes, durch eine Konvexlinse geht. Eine weitere Konvexlinse dient zur Vergrößerung desselben.

Engelhardt (1878) bedient sich zweier, zur Lichtquelle unter $34\frac{1}{2}°$ geneigter planparalleler Glasplatten zur ophthalmoskopischen Beleuchtung.

Das Problem der reflexlosen Ophthalmoskopie ist in jüngster Zeit in viel vollkommenerer Weise gelöst worden. Wir werden demselben denn auch einen besonderen Abschnitt widmen.

Ein praktisches Ophthalmoskop muß einen Plan- und mindestens einen Konkavspiegel besitzen.

Die Wirkungsweise solcher Spiegel haben wir schon oben erwähnt. Der Planspiegel wirkt gerade so, als ob die Lichtquelle um dieselbe Entfernung, in welcher sie vor ihm steht, hinter ihn, in die Gesichtslinie des untersuchten Auges, gebracht worden wäre.

Der Konkavspiegel konzentriert das Licht und gibt deshalb im allgemeinen eine stärkere Beleuchtung als der Planspiegel. Der letztere eignet sich deshalb besser als der Konkavspiegel zur Untersuchung im aufrechten Bilde und da, wo Blendung wegen krankhaften Zustandes der inneren

Augenhäute oder wegen der dadurch bedingten Verengerung der Pupille möglichst vermieden werden soll.

Der Spiegel kann aus Metall oder aus Glas hergestellt sein. Im ersten Falle muß der Augenspiegel im Zentrum durchbohrt sein; im letzteren genügt es, wenn er daselbst seines Belages beraubt ist.

Die Stelle zum Durchsehen, das Spiegelloch, darf nicht zu eng sein, sonst wird dadurch das Gesichtsfeld, namentlich aber die Bestimmung der Refraktion im aufrechten Bilde, sehr beeinträchtigt. Eine enge Durchbohrung des Spiegels wirkt nämlich wie eine stenopäische Öffnung, welche deutliches Sehen auch dann gestattet, wenn das beobachtende und das untersuchte Auge nicht genau aufeinander eingestellt sind.

Andererseits darf die nicht reflektierende Stelle des Spiegels auch nicht zu weit sein, weil sonst zuviel Beleuchtungslicht verloren geht.

Zwei Millimeter sind ein guter Durchmesser für das Loch des Augenspiegels. Sehr wichtig ist, daß die Durchbohrung des Spiegels tadellos gearbeitet sei: scharf zugeschliffen beim Metall-, vollkommen geschwärzt beim Glasspiegel. Sonst entstehen an den Rändern des Loches außerordentlich störende Lichtreflexe. Manche von den neueren, billigen Augenspiegeln lassen in dieser Hinsicht sehr viel zu wünschen übrig.

Das Spiegelloch, bzw. die ihres Belages beraubte Stelle kommt einem zentralen schattengebenden Körper gleich. Je größer sie ist, desto geringer ist, ceteris paribus, die Beleuchtung, desto mehr Licht kann dagegen vom untersuchten Auge in das Auge des Beobachters dringen, selbstverständlich solange die Ausdehnung des Spiegelloches diejenige der Pupille des Beobachters nicht übertrifft. Dies kommt in Wirklichkeit allerdings kaum vor. Vergessen wir nicht, daß das Spiegelloch die Pupille des Beobachters vertritt, und ihr Netzhautbild auf dem untersuchten Augengrunde das Beobachtungsfeld darstellt. Je genauer das untersuchte Auge auf diese lichtlose Stelle eingestellt ist, desto weniger Licht erhält sie, desto geringer ist die Beleuchtung des Beobachtungsfeldes. Wir sind diesen Verhältnissen bei der Skiaskopie schon begegnet, wo das Spiegelloch eine ganz bedeutende Rolle spielt.

In genial einfacher Weise macht sich Gullstrand gerade den Vollschatten des Spiegelloches zu Nutzen, um den Hornhautreflex auszuschalten. Dies gelingt bei Benutzung einer Nernstspaltlampe mittels eines sehr starken Konkavspiegels und möglichster Annäherung an das untersuchte Auge. Richtet man den Spiegel direkt auf den Hornhautreflex, so verschwindet derselbe, und man kann die Makula sehen, ohne die Pupille künstlich zu erweitern.

Was die Größe des Spiegels anbelangt, so soll derselbe, wenn er rund ist, 2 cm Durchmesser nicht überschreiten. Einmal ist nur das Licht der Untersuchung nützlich, das in die Pupille dringt, und nicht das, welches auf deren Umgebung fällt; sodann ist es unerläßlich, daß das Zentrum des

Spiegels genau vor das Zentrum der Pupille des geradeaus gerichteten Auges des Beobachters und möglichst nahe an dasselbe zu liegen komme. Dies würde nicht gelingen, wenn der Spiegel oder die damit verbundenen Teile mit Orbita und Nase des Beobachters in Kollision kämen. Angenehm ist es, wenn sie sich denselben dann gerade anfügen, wenn das Sehloch des Augenspiegels und das des Auges auf derselben Achse liegen.

Diese Dimension des Spiegels wird auch der Anforderung gerecht, daß das Beleuchtungsfeld durch alleinige Drehung des Spiegels um eine durch das Loch gehende Achse bis zur äußersten Grenze des Beobachtungsfeldes gebracht werden kann, ohne daß der Lichtstrom durch den Spiegel abgeschnitten wird (Gullstrand, Einf., S. 70).

Die Vereinigung des Plan- und Konkavspiegels an einem Stiel ist auf verschiedene Weise möglich; die einfachste Art ist jedenfalls diejenige, an dem einen Ende des Griffes einen Plan- am anderen Ende einen Hohlspiegel zu befestigen. Der Stiel darf nicht zu kurz sein, damit ihn die Hand bequem fassen kann, ohne den nicht benutzten Spiegel zu berühren. Eine andere vielfach gebrauchte Kombinationsmethode besteht darin, daß der Doppelspiegel (vorn plan, hinten konkav) vor einer durchbohrten Metallplatte federnd um seine Achse (horizontale oder vertikale) drehbar angebracht wird, so daß der Spiegel durch leichten Fingerdruck umgeklappt werden kann (z. B. Morton u. a.). Ohne die Metallplatte würde beim Ophthalmoskopieren ein Spiegel dem untersuchenden Auge zugewandt sein und dasselbe blenden. Aus diesem Grunde sind auch diejenigen Modelle wenig empfehlenswert, die einen Plan- und Konkavspiegel so voreinanderschalten, daß der vordere Spiegel herabgeklappt werden kann und sich dann dem Untersucher zuwendet. Deus (1909) hat neuerdings die Vereinigung der beiden Spiegelarten dadurch erreicht, daß er die Vorderfläche seines Augenspiegels in zwei durch eine federnde Metallspange geteilte Hälften trennt, deren eine den Konkav-, die andere den Planspiegel enthält. Die jeweilig nicht benutzte Spiegelhälfte wird durch eine halbmondförmige Metallkapsel bedeckt.

Die Hilfsgläser.

Da wir nur dann die beleuchtete Netzhaut eines Auges deutlich zu sehen imstande sind, wenn unser Auge auf die vom untersuchten Auge kommenden Strahlen genau eingestellt ist, so brauchen wir — zur Beobachtung im aufrechten Bilde — Hilfsgläser, für den Fall, daß unsere statische, vereint mit der dynamischen Refraktion, nicht zu dieser Einstellung genügt. Die ersten Augenspiegel enthielten nur eine beschränkte Anzahl solcher Gläser, weil es sich damals nur um die Betrachtung des aufrechten Bildes handelte und die Akkommodation — wenigstens in der Jugend — die Zwischenstufen leicht ausfüllt.

Da wir aber aus dem zur Erzeugung des aufrechten Bildes nötigen Glase die Refraktion des untersuchten Auges genau bestimmen wollen, wozu der Ausschluß unserer Akkommodation eine Hauptbedinung ist, so brauchen wir eine viel größere Zahl von Hilfsgläsern. Dieselben müssen sich außerdem rasch und leicht wechseln, bzw. vor unserem Auge vorbeiführen lassen[1]). Wir werden dieselben also nicht in eine hinter dem Spiegel angebrachte Gabel stecken und mit der Hand wechseln, was viel zuviel Zeit in Anspruch nimmt, eine stete Änderung der Akkommodation bedingt und den unmittelbaren Vergleich der mit verschiedenen Gläsern erhaltenen Deutlichkeit des Bildes nicht gestattet. Viel besser ist es, die Hilfsgläser in eine zum Spiegel exzentrische Scheibe zu fassen, so daß beim Drehen derselben die Gläser nacheinander hinter das Spiegelloch zu liegen kommen.

Schon der Augenspiegel von Helmholtz besaß eine solche, nach ihrem Verfertiger Rekoss benannte Scheibe. Sie enthielt vier Konvexgläser und eine leere Öffnung. Da aber so wenige Gläser damals schon ungenügend schienen, verband der Erfinder zwei solcher Scheiben, von denen jede eine leere Öffnung und vier Konkavgläser enthielt; die erste — 3 bis — 4 dptr., die zweite — 4,5 bis 6,5 dptr. — Durch Schieben mit dem Finger drehten sich dieselben so, daß ihre Gläser entweder allein oder zu zweien übereinander die Spiegelöffnung passierten.

Nach diesem Prinzipe sind die Hilfsgläser der meisten heutigen Augenspiegel angeordnet. Die Kombination von Gläsern ist seit der Einführung des Dioptriensystems deswegen sehr leicht geworden, weil sich das resultierende Glas gleich aus der Addition der Nummern der kombinierten Gläser ergibt; — wenigstens für solche, die nicht stärker sind als die in der Ophthalmoskopie zur Verwendung kommenden.

Diese Zusammenstellung der Gläser hat den bedeutenden Vorteil, daß man auf diese Weise ziemlich große Gläser verwenden kann. Wollte man die nötige Zahl von Gläsern in eine einzige Scheibe fassen, so bedürfte man einer zu großen Scheibe, oder man könnte nur ganz kleine Gläser verwenden. Im ersten Falle leidet die Handlichkeit des Instrumentes, im zweiten sind die Gläser schwer zu reinigen.

Couper (1883) suchte diese Schwierigkeiten dadurch zu vermeiden, daß er 72 Korrektionsgläser mit verschwindend dünner Fassung einfach aneinander reihte und mittels eines Zahnrades die ganze Länge (23 cm) seines Instrumentes, wie eine Schnur ohne Ende, zweimal durchlaufen ließ. Große, einzeln oder zu zweien kombinierte Gläser haben dagegen den Vorteil, außer zur ophthalmoskopischen, auch zur subjektiven Optometrie verwendet werden zu können. Überhaupt läßt sich gegen die Kombination

---

1) Die Refraktion im aufrechten Bilde mittels eines Galiläischen Fernrohres zu bestimmen, wie man versucht hat, ist aus leicht einzusehenden Gründen nicht empfehlenswert.

zweier Gläser zu unseren Zwecken nichts einwenden. Legt man dagegen drei oder noch mehr derselben übereinander, so machen sich schon Nachteile geltend: einmal wird, durch die Dicke solcher Gläserkombinationen, etwas Licht absorbiert; sodann ist das aus der Kombination resultierende Glas doch zu sehr verschieden von der durch die Addition der Gläsernummern erhaltenen Zahl.

Einige Autoren, wie Parent (1881), Schöler (1882), Uhthoff (1882), Risley (1887) u. a., haben, außer sphärischen, mit dem Augenspiegel auch zylindrische Gläser zur Bestimmung des Astigmatismus verbunden. Da dieselben aber um ihre Achse drehbar sein müssen, so wird dadurch der Mechanismus des Instrumentes nicht unbeträchtlich kompliziert.

Sollen die Korrektionsgläser ihren Zweck nicht verfehlen, so muß der Beobachter senkrecht durch dieselben hindurchschauen, sonst erhält er ein nach Art des regelmäßigen Astigmatismus verzerrtes Bild. Das Glas wird stärker in dem zur Drehungsachse senkrechten, als in dem entgegengesetzten Meridiane. — Da nun der Spiegel notwendigerweise zur Gesichtslinie des Beobachters schief stehen muß, darf er offenbar der Gläserfassung nicht einfach aufgelegt, sondern muß zu derselben geneigt sein. Diese Neigung des Spiegels zu den Korrektionsgläsern kann eine konstante sein, wie in Helmholtz' Augenspiegel und in einigen neueren Instrumenten, wo sich ein solcher schiefer Spiegel in eine Fassung einführen läßt; oder der Spiegel läßt sich um eine vor der Öffnung der Korrektionsgläser befindliche Achse nach Bedürfnis drehen.

Hat nun auch die Schiefstellung des Spiegels den Vorteil, dem beobachtenden Auge den richtigen Durchblick durch das Korrektionsglas zu gestatten, so hat sie den Nachteil, dasselbe vom Spiegelloche und somit auch von dem untersuchten Auge zu entfernen. Um diesen Nachteil möglichst zu verringern, empfiehlt es sich, die Lichtquelle hinter dem Kopfe des Patienten und nur so weit seitlich aufzustellen, daß deren Licht gerade noch, neben demselben vorbei, auf den Spiegel trifft. So erfordert derselbe eine möglichst geringe Neigung und braucht nicht weit vor dem Korrektionsglase angebracht zu werden.

Noch glücklicher hat Couper diese Aufgabe gelöst: Statt die Öffnung zum Durchsehen oben an der Scheibe anzubringen, verlegt er dieselbe auf die Seite. So läßt sich der Spiegel über den Rand des Instrumentes, bzw. des Korrektionsglases ganz beträchtlich zurücklegen, während er bei den vorher erwähnten Instrumenten an die Glasscheibe stößt, sobald er eine gewisse Neigung erreicht hat. Damit der Spiegel in zwei Richtungen gedreht, der Beobachter nach Belieben mit dem rechten oder linken Auge ophthalmoskopieren könne, läßt sich auf beiden Seiten des Couperschen Instrumentes eine Öffnung zum Durchsehen benutzen. Wird der Spiegel vor die eine gedreht, so verschließt seine Fassung die andere.

Bei den zur Ophthalmoskopie verwendeten Hilfsgläsern dürfen wir nicht die Konvexlinsen vergessen, mit welchen man das umgekehrte Bild erzeugt. Jeder Augenspiegel soll deren mindestens zwei besitzen, z. B. + 15 zum gewöhnlichen Gebrauche und eine schwächere, z. B. + 10, um eine stärkere Vergrößerung zu erzielen. Dies schwächere Konvexglas ist namentlich bei hochgradiger Myopie angezeigt. Sehr hohe Grade von Hypermetropie dagegen, wie sie namentlich durch Aphakie bedingt werden, machen umgekehrt ein stärkeres Konvexglas, 18 oder 20, wünschenswert.

Der Grund hierfür ergibt sich aus dem oben über die Größe des umgekehrten Bildes Gesagten: Ein schwaches Konvexglas vergrößert das kleine Bild des hochgradig myopischen Auges, ein starkes verringert die der Übersichtlichkeit hinderliche Größe des umgekehrten Bildes des hochgradig hypermetropischen Auges.

Diese Konvexlinsen können auch zur Untersuchung des Auges im auffallenden Lichte, »bei seitlicher Beleuchtung«, verwendet werden.

Die zum umgekehrten Bilde verwendeten Linsen sollen einen gewissen Durchmesser von z. B. 3 cm nicht überschreiten, sonst leidet ihre Aplanasie; d. h. der Unterschied ihrer Brechung im Zentrum und in der Peripherie wird störend. Bei einer Linse von 40 mm Durchmesser und 10 dptr. Brechung in der Mitte ist die Brechung am Rande 10,5 dptr.

Die vorzüglichsten Linsen zur Ophthalmoskopie sind zweifellos die von Gullstrand berechneten, von Zeiss gefertigten aplanatischen Linsen. Wir werden denselben bei der reflexlosen Ophthalmoskopie noch begegnen.

Gut ist es, diese Linsen mit einer Fassung zu versehen, deren Rand hoch genug ist, um dieselben, wenn auf den Tisch gelegt, vor Reibung zu schützen. Außerdem verhindert die Fassung das bei der Augenspiegeluntersuchung sehr störende Beschlagen der Linse durch die Wärme der Hand.

Der Griff des Augenspiegels. Theoretisch könnte man den Augenspiegel einfach zwischen zwei Fingern halten und so dirigieren. Es ist aber, namentlich der zur Untersuchung nötigen Korrektionsgläser wegen, zweckentsprechend, denselben mit einem Griffe zu versehen. Derselbe soll nicht allzukurz und schmächtig, sondern mit Hand und Fingern in Kontakt sein. So läßt er sich sicherer halten und führen.

Der Gang der Augenspiegeluntersuchung.

Die Augenspiegeluntersuchung soll in einem möglichst verdunkelten Raume vorgenommen werden. Namentlich sollten sich hinter dem Beobachter keine leuchtenden Gegenstände befinden. Die von den brechenden Medien erzeugten Reflexe derselben wirken äußerst störend auf die Untersuchung. Ja ein helles Kleid des Untersuchers, namentlich der Ärmel des den Augenspiegel haltenden Armes, kann schon unangenehme Reflexe auf der untersuchten Hornhaut hervorrufen. Andererseits wird auch die objektive Refraktionsbestimmung getrübt, wenn der Untersuchte helle Gegenstände findet, die seine Aufmerksamkeit auf sich ziehen, und deren Fixation seine Akkommodation in Tätigkeit bringt.

Der Patient soll mit geschlossenen Knien aufrecht vor dem Untersucher sitzen und den Kopf gerade halten. Kleine Kinder werden am besten von einer kundigen Person auf dem Schoße gehalten, größere sollen stehen. Wünschenswert ist es, daß sich der Kopf des Untersuchten etwas tiefer befinde als der des Untersuchers. Diese Details sind durchaus nicht geringfügig. Einmal orientiert man sich bei normaler Haltung des Patienten viel rascher und sicherer in dem Augeninnern, und dann ist der Patient so aufmerksamer und gefügiger. Die Lampe bringt man am besten etwas hinter dem Kopfe des Patienten auf dessen rechter Seite an, wenn man das rechte, auf der linken, wenn man das linke Auge untersucht. Gut ist es, dieselbe mit einem Schirme zu versehen, um alles andere als das gespiegelte Licht von dem Auge des Untersuchten abzuhalten.

Hat man Augenspiegeluntersuchungen am Tage bei bettlägerigen Patienten in Krankensälen vorzunehmen, die sich schwer verdunkeln lassen, so kann man sich einer transportablen Dunkelkammer, z. B. derjenigen Bondis (1900), bedienen, deren Bügel auf den Schultern des Patienten und Arztes ruhen, so daß sich beide mit ihren Köpfen unter dem Dunkelzelt befinden.

Bei der Untersuchung im aufrechten Bilde, wo man möglichst nahe an den Patienten herangehen muß, ist es empfehlenswert, zur Untersuchung des rechten Auges das rechte, zu der des linken das linke Auge zu verwenden. Auf diese Weise wird der Spiegel am wenigsten von dem Kopfe des Untersuchten beschattet. Für das umgekehrte Bild hat dies weniger Bedeutung.

Am besten beginnt man die Untersuchung so, daß man aus ungefähr 50 cm Entfernung mit dem Konkavspiegel Licht auf das Auge wirft und durch den Spiegel hindurchsieht. Damit erhält man einmal Aufschluß über die Durchsichtigkeit der brechenden Medien. Sind dieselben klar, so leuchtet die Pupille in gleichmäßigem Rot auf, Trübungen heben sich als dunkle Flecke, Streifen usw. von dem Rot der Pupille ab. Weiter orientiert uns dieser erste Einblick auch, wie wir bereits dargelegt haben, über den Brechzustand des Auges: Wandert bei Bewegung des Hohlspiegels das Licht in gleichem Sinne durch die Pupille wie über das Auge des Patienten, so hat man eine Myopie von über 2 dptr. vor sich. Wandert es in umgekehrtem Sinne, so ist dessen Brechzustand schwächer als 2 dptr. Ist keine Bewegung zu konstatieren, sondern erhellt sich die Pupille sofort in ihrer Gesamtheit, von woher auch das Licht eindringe, so ist die Refraktion des Auges ungefähr gleich 2 dptr. Myopie.

Erhält man bei dieser einfachen Beleuchtung des Auges schon ein deutliches Bild gewisser Teile der Netzhaut (Gefäße, Papillarrand usw.), so fragt man sich, ob dasselbe ein aufrechtes oder ein umgekehrtes sei. Scheint das Bild die Bewegung unseres Kopfes mitzumachen, so ist es ein aufrechtes; bewegt es sich im umgekehrten Sinne, so ist es ein umgekehrtes. Oder: Bewegt sich das Auge des Patienten, so geht ein umgekehrtes Bild mit, während ein aufrechtes sich dem Auge entgegengesetzt bewegt.

Ein untrügliches Mittel, ein aufrechtes Bild von einem umgekehrten zu unterscheiden, besteht darin, daß man sich dem untersuchten Auge allmählich nähert. Wird dabei das Bild deutlicher, so ist es ein virtuelles, aufrechtes, hinter dem Untersuchten gelegenes. Derselbe ist stark hypermetropisch. — Wird dagegen das Bild immer undeutlicher, bis es ganz verschwindet, so war es ein reelles, umgekehrtes, vor dem Untersuchten entstandenes. Derselbe ist stark myopisch.

Zur raschen Bestimmung der Refraktion mittels des Augenleuchtens eignet sich, wie wir in dem vorhergehenden Kapitel auseinandergesetzt haben, der Planspiegel besser als der Hohlspiegel.

Nach diesem ersten Einblick in das zu untersuchende Auge entwerfen wir das umgekehrte Bild mit Hilfe einer Konvexlinse. Wir halten dieselbe zwischen Daumen und Zeigefinger der linken Hand, während wir den kleinen Finger leicht auf den oberen Orbitalrand des zu untersuchenden Auges legen. Strahlt dessen Pupille in vollem Glanze, so bringen wir die Konvexlinse so vor dieselbe, daß ihre Achse mit unserer Gesichtslinie ungefähr zusammenfällt. (Um die störenden Reflexe von den beiden Oberflächen derselben aus dem Bereiche unserer Beobachtung zu entfernen, müssen wir sie allerdings ein wenig neigen.) Dann entfernen wir sie von dem untersuchten Auge, bis dessen Pupillarrand aus dem Gesichtsfelde verschwindet und wir ein möglichst großes Bereich des untersuchten Augengrundes im umgekehrten Bilde vor uns haben. In demselben suchen wir uns nun zu orientieren. Dazu gehen wir am besten von der Papille aus, weil dieselbe von allen Gebilden des Augengrundes die ausgeprägteste Form und konstanteste Größe besitzt. — Um die Papille zu finden, erinnern wir uns daran, daß der Sehnerv von innen und oben an den Augapfel herantritt, mit der Sehachse einen Winkel von ungefähr 15°, mit der Horizontalebene einen solchen von 3° bildend (1870). Wir müssen also das zu untersuchende Auge ungefähr 15° nasen-, und etwas aufwärts blicken lassen, um die Eintrittsstelle des Sehnerven vor uns zu haben. Dies gelingt am einfachsten, wenn man, etwas höher als der Patient sitzend, denselben anweist, bei der Untersuchung des rechten Auges, an des Beobachters rechtem, bei der Untersuchung des linken, an seinem linken Ohre vorbei in die Ferne zu schauen.

Bei dieser Blickrichtung sieht man meist auch schon ohne das Konvexglas den Augenhintergrund heller aufleuchten, da das von der Papille zurückkehrende Licht einen helleren Farbenton hat. Dem Anfänger wird durch die Kenntnis dieser Tatsache die richtige Einstellung des zu untersuchenden Auges sehr erleichtert.

Die Papille (s. Taf. I) stellt, weil unter einem gewissen Winkel betrachtet, gewöhnlich nicht einen Kreis, sondern eine Ellipse mit kürzerem horizontalem Durchmesser dar. Da derselbe, wie erwähnt, von ziemlich gleichmäßiger Größe ist (etwa 1,5 mm), pflegt man sich seiner bei Maßangaben über Lage und Ausdehnung pathologischer Gebilde des Augenhintergrundes zu bedienen. Die Färbung der Papille ist, auch im Normalzustande, nicht immer dieselbe: beträchtlich blasser als der übrige Augengrund, doch nicht weiß, sondern, namentlich in ihrer inneren Hälfte, rosig, eine Mischung des Rot des in ihren feinen Gefäßen zirkulierenden Blutes mit dem lichten Grau der marklos gewordenen Sehnervenfasern.

Die temporale Hälfte ist meist deutlich blasser als die nasale, da sie von einer dünneren Lage von Nervenfasern bedeckt ist, so daß die weiße Lamina cribrosa hindurchschimmert. Dazu kommt, daß sich meist temporal von der Austrittsstelle der Zentralgefäße eine weiß erscheinende Vertiefung, der sogenannte »Gefäßtrichter« findet, der dadurch entsteht, daß die Sehnervenfasern schon trichterförmig auseinandertreten, ehe sie das Niveau der Netzhaut erreicht haben, und so das weiß glänzende Bindegewebe der Lamina cribrosa freilegen. Nimmt der Gefäßtrichter einen größeren Teil der temporalen Papillenhälfte ein, so spricht man von »physiologischer Exkavation«, auf deren Grund zuweilen feine graue Pünktchen, die Lücken der Lamina cribrosa zu erkennen sind. Die Färbung der Papille ist aber nicht nur bedingt von der größeren oder kleineren Menge Blutes, Nervensubstanz und Bindegewebe, die sie enthält, sondern auch von dem Kontrast ihrer Farbe mit derjenigen des sie umgebenden Augengrundes. Je dunkler derselbe ist, desto blasser, je heller, desto rosiger erscheint die Papille. Die Begrenzung der Sehnervenscheibe pflegt nasal wegen der hier in größerer Zahl und dickerer Schicht austretenden Nervenfasern weniger scharf zu sein als temporal. Da die »Papille« das Niveau der Netzhaut im allgemeinen nicht überragt, würde sie sachgemäßer als »Sehnervenscheibe« bezeichnet; es wird jedoch kaum gelingen, den so tief eingewurzelten und dabei kürzeren Ausdruck »Papille« aus der ophthalmologischen Nomenklatur zu entfernen.

Umfaßt wird sie gewöhnlich von einem dem Querschnitte der Sehnervenscheide entsprechenden helleren Skleralring, an welchen sich häufig peripherwärts ein zweiter, dunklerer, mehr oder weniger vollständiger, von den Zellen des Pigmentepithels gebildeter Pigmentring anschließt (Kuhnt, Elschnig). In der Umgebung der Papille findet man hier und da weiße, leuchtende Pünktchen. Sie entsprechen kleinen konkaven Stellen der Netzhautoberfläche, vielleicht den kegelförmigen Enden der Müllerschen Stützfasern

(Dimmer 1897). Auf ähnliche Weise erklärt derselbe Autor die normalerweise von der Papille ausgehende Strahlung als Reflexe der radienartig angeordneten Stützfasern.

Die Farbe des normalen Augenhintergrundes ist ein ausgesprochenes Rot, wie es die unter der durchscheinenden Netzhaut liegende, blutreiche Aderhaut nicht anders erwarten läßt. Das Rot ist aber mehr oder weniger dunkel, je nach der größeren oder geringeren Pigmentierung der Epithelschicht der Netzhaut sowohl als der Aderhaut. Fehlt das Pigment, wie bei Albinos, so ist der Reflex des Augengrundes hellrot; denn neben, ja wohl auch durch die Gefäße hindurch, strahlt das Weiß der Lederhaut und mischt sich der Farbe des Blutes bei. Auf dem hellen, blaß gelbrötlichen Augengrund ist hinter den relativ feineren Netzhautgefäßen das ganze Aderhautgefäßnetz von den Wirbelvenen des Äquators bis in die maschenförmigen Endverzweigungen zu übersehen. Der Augenhintergrund Neugeborener erinnert wegen seines noch geringen Pigmentgehaltes an den albinotischen. — In den Augen stark pigmentierter Menschen, namentlich der Neger, bedeckt das Pigment die Sklera vollständig, überwuchert sogar zum Teil die Chorioidealgefäße, und so entsteht eine oft bis zum dunkeln Braunrot gehende Farbe, neben welcher die pigmentlose Papille wie ein blasser Mond im Nachthimmel erscheint.

Marx (1909) möchte die ophthalmoskopisch sichtbare Färbung des Augengrundes dem Pigmentepithel der Netzhaut allein zuschreiben, weil er, bei normal pigmentierten Menschen den Absorptionsstreifen des Blutes in dem aus dem Auge kommenden Lichte nicht finden konnte, wohl aber bei albinotischen. Es ist jedoch kaum zu leugnen, daß das Blut des Augengrundes, auch bei pigmentierten Augen, einen bedeutenden Anteil nimmt an der Färbung des ophthalmoskopischen Bildes.

Ist das Aderhautpigment in den Bezirken zwischen den Chorioidealgefäßen (Intervaskularräumen) stark entwickelt, so erscheinen dieselben als dunkle, inselförmige Flecke (getäfelter Augenhintergrund), von denen sich die größeren Aderhautgefäße besonders bei spärlicher Ausbildung des Netzhautepithelpigmentes als hellrote, bandförmige Streifen abheben. Dem Anfänger kann empfohlen werden, sich zur Erleichterung des Verständnisses dieser Verhältnisse des sehr hübsch erdachten Salzerschen Phantoms (s. auch S. 367 und Salzer, Leitfaden zum Augenspiegelkurs [1905]) zu bedienen, welches das verschiedenartige Aussehen des Augenhintergrundes bei wechselndem Pigmentgehalt veranschaulicht und erklärt.

Vom Mittelpunkte der Sehnerven geht die Zentralarterie aus. Sie teilt sich gewöhnlich in der Papille schon in einen oberen und einen unteren Hauptast, von denen sich jeder, noch ehe er den Rand der Papille überschritten hat, in zwei weitere Äste spaltet und horizontal verlaufende Zweige abgibt (Magnus 1873). Diese hellroten, durch einen glänzenden breiten

Reflexstreifen bezeichneten Gefäße durchziehen, immer dünner werdend, die ganze Netzhaut, die meisten und mächtigsten nach außen, der Macula zu.

Gewöhnlich läßt sich eine Teilung der Hauptäste in eine Arteria nasalis superior et inferior und Arteria temporalis superior et inferior verfolgen; die letzteren geben Zweige ab, die bogenförmig die Macula und mit feinsten Endästchen umspinnen. Die direkt vom Papillenrand aus den großen Gefäßstämmen zur Macula verlaufenden Gefäße bezeichnet man als Vasa macularia superiora et inferiora.

Nach demselben Mittelpunkte der Papille streben die breiten, dunkeln, weniger reflektierenden Venen. So ist es leicht, die Papille auch in Augen aufzufinden, denen man nicht die oben empfohlene Stellung zu geben imstande ist. Man verfolgt einfach ein Netzhautgefäß in der Richtung, in welcher es dicker wird, und kann so den Sehnerveneintritt nicht verfehlen.

Arterien und Venen lassen sich, namentlich in ihren größeren Ästen, leicht voneinander unterscheiden; die Arterien sind heller rot und dünner als die Venen, verlaufen meist gestreckter und zeigen einen breiteren, glänzenden Reflexstreifen. Der Gefäßreflex der Arterien soll, nach gewissen Autoren (namentlich Dimmer 1907) von dem Achsenstrom der Blutsäule herrühren. Elschnig (1903) schreibt denselben bei Arterien wie Venen der Gefäßwand zu. Ist der Reflex der Arterien bedeutend schärfer, als der der Venen, so soll dies durch die verschiedene Spannung und Beschaffenheit der Gefäße bedingt sein.

Da der Sehnerv um etwa 4 mm nach innen vom hinteren Pole des Auges liegt, so ist das nach außen von demselben gelegene, temporale Gefäßnetz ein bedeutenderes, als das nach der Nasenseite zu gelegene. Umsomehr fällt, in dem ersteren, das Gebiet der Macula auf, welches ophthalmoskopisch gar keine Gefäße zu enthalten scheint, von denselben sozusagen nur umkreist wird.

Entoptisch lassen sich allerdings an der Purkinjéschen Aderfigur feinste Gefäßendästchen, zumal bei seitlicher Durchleuchtung der Sklera mit starker Lichtquelle, noch weiter nach der Mitte der Macula zu verfolgen (Langenhan 1911).

Abweichend von der Norm finden sich nicht selten, nach Elschnig bei 5—7 % aller Augen, in dem Bezirke zwischen Papille und Macula lutea kleine Zweige des Zinnschen Gefäßkranzes, die bogenförmig, meist aus dem temporalen Randteil der Papille hervortreten und nach der Macula zu verlaufen; man nennt dieselben nach Nettleship (1875) »zilioretinale« Gefäße. Sie können von klinischer Bedeutung werden beim Verschluß der Zentralarterie. Da ihr Blut nicht aus dieser, sondern aus den kurzen hinteren Ziliargefäßen stammt, bleibt die Funktion des kleinen, von ihnen versorgten zentralen Netzhautabschnittes (Macularegion) erhalten.

Eine andere Gefäßanomalie ist das Auftreten von »hinteren Vortexvenen«, Wirbelvenen, die das venöse Aderhautblut nicht am Äquator, sondern am hinteren Augenpol, nahe dem Rande der Sehnervenscheibe abführen. Sie sind namentlich bei hochgradig kurzsichtigen Augen des öfteren beobachtet worden, bei denen die Dehnung des hinteren Augenabschnittes eine Rarefikation des Netzhautepithelpigmentes zur Folge hat, so daß das Aderhautgefäßsystem deutlicher in Erscheinung tritt. Die früher geltende Ansicht, daß hintere Vortexvenen nur bei starker Myopie auftreten, ist nicht mehr aufrecht zu erhalten, nachdem neuerdings diese abweichende Gefäßbildung auch bei annähernd emmetropischen pigmentarmen Augen nachgewiesen ist (Langenhan 1909).

Pulserscheinungen treten sowohl an den Netzhautvenen wie Arterien unter bestimmten Verhältnissen auf. Im gesunden Auge zeigen recht häufig die großen Venenstämme auf der Papille, nahe ihrer Austrittsstelle, mit der Herztätigkeit synchronische, pulsatorische Volumveränderungen. Man kann sie in einfacher Weise hervorrufen, bzw. verstärken, wenn man mit einem Finger einen leichten Druck auf den vom Lid bedeckten Augapfel ausübt. Über das Zustandekommen des 1853 zuerst von Coccius und van Trigt beobachteten physiologischen Venenpulses sind verschiedene Theorien aufgestellt worden (Donders 1854, Helfreich 1882, Holz, Türk 1899 u. a.). Uns scheint die erste Erklärung von Donders, der den Venenpuls auf pulsatorische Steigerung des Augendruckes zurückführt, die natürlichste. In sehr seltenen Fällen, z. B. bei Aorteninsuffizienz, läßt sich die Pulsation der Venen bis in die Peripherie verfolgen.

Pulsatorische Kaliberschwankungen der Arterien (echter Arterienpuls) kommen fast nur unter pathologischen Verhältnissen zustande (Aorteninsuffizienz, Morbus Basedowii, Anämie). Arterienpuls im Sinne intermittierenden systolischen Einströmens des Blutes (E. v. Jäger 1854) findet sich bei Zunahme des intraokularen Druckes (Glaukom), oder bei Schwäche der Herzkontraktionen (Ohnmacht). Dieses Phänomen erklärte schon A. v. Graefe (1854): Nur bei Herzsystole genügt der Blutdruck, um den auf den Gefäßwänden lastenden intraokularen Druck zu überwinden und Blut in die Netzhautgefäße einströmen zu lassen.

Bei normalen Augen läßt sich der arterielle »Druckpuls« nur durch von außen (z. B. mittels Fingers) ausgeübten Druck künstlich erzeugen.

Nicht zu verwechseln mit dem Arterienpuls sind gewisse pulsatorische Bewegungen, die in einer minimalen systolischen Verlängerung und Ausbiegung des arteriellen Gefäßrohres vorzugsweise an Stellen stärkerer Biegung bestehen (pulsatorische Lokomotion). Wir konnten diese Erscheinung recht häufig und besonders deutlich bei Individuen mit erregter Herztätigkeit wahrnehmen, selbstverständlich nur im aufrechten Bilde und bei absolut ruhiger Haltung des Patienten.

Um die Macula zu finden, erinnern wir uns daran, daß sie etwa um zwei Papillenbreiten nach außen und etwas nach unten von der Sehnervenscheibe liegt. Eine deren unteren Rand berührende Horizontale trifft etwa den Mittelpunkt der Macula: die Fovea centralis. Da diese der Stelle des schärfsten Sehens entspricht, hätten wir also theoretisch das untersuchte Auge einfach die Mitte unseres Spiegels fixieren zu lassen, um, durch dieselbe hindurch, die Macula zu erschauen. Dies gelingt aber in Wirklichkeit nicht so leicht. Blickt nämlich das untersuchte Auge direkt nach dem Spiegel, so wird es durch das reflektierte Licht so geblendet, daß die Pupille sich aufs äußerste verengt. Sodann stört auch sehr der Hornhautreflex, welcher, bei dieser Richtung des Auges, dem Zentrum der Pupille sehr nahe liegt. Es empfiehlt sich deshalb, zur Beobachtung der Macula im umgekehrten Bilde, das Auge nach der Nasenwurzel des Beobachters schauen zu lassen. So befindet es sich schon nicht fern von der erforderlichen Richtung. Die vollkommenere Einstellung gelingt dann dadurch, daß man das Konvexglas leicht in der Richtung der Schläfe des Untersuchten bewegt. Damit befreit man sich auch von dem Hornhautreflexe, welcher sich, da er aufrecht ist, in entgegengesetzter Richtung bewegt wie das umgekehrte Netzhautbild.

Die Erforschung des Makulargebietes gelingt am besten mit Hilfe der reflexlosen Augenspiegel, die wir später behandeln werden.

Die Macula hebt sich in ihrer Farbe nur wenig vom übrigen Augengrunde ab. Sie stellt gewöhnlich einen etwas dunkleren, kreisförmigen oder horizontal elliptischen Fleck von mehr als Papillengröße dar, dessen Mittelpunkt infolge Verdünnung der Netzhaut, besonders der Nervenfaserschicht, meist durch einen noch dunkleren, braunroten oder dunkelbraunen Punkt bezeichnet ist; bei blonden Personen kann er auch kirschrot, ähnlich wie bei Embolie der Zentralarterie erscheinen.

Bei der gewöhnlichen Beleuchtung läßt sich die Grenze der Macula an einem hellen Reflexstreifen erkennen. Derselbe entspricht, nach Lindsay Johnson (1892), der Stelle, wo die Netzhaut muldenförmig zur Macula absteigt. An dieser Knickung wird das vom Spiegel in das Auge geworfene Licht reflektiert. Der Beweis dafür liegt schon darin, daß sich bei der Bewegung des Spiegels auch der Makularing bewegt. Mit zunehmendem Alter wird diese Erscheinung immer undeutlicher, da sich die Niveaudifferenz zwischen Macula und übriger Netzhaut ausgleicht, die Knickung weniger scharf wird. Gullstrands lichtstarker Augenspiegel macht allerdings den Makularing auch an älteren Personen sichtbar. Bei der Untersuchung im aufrechten Bilde ist der Makulareflex wegen der schwächeren Beleuchtung des Augengrundes (Dimmer) weniger ausgesprochen.

Auch an der Fossa centralis, dem Netzhautgrübchen, läßt sich, wie schon Coccius 1853 beobachtet hat, im umgekehrten Bilde ein kleiner,

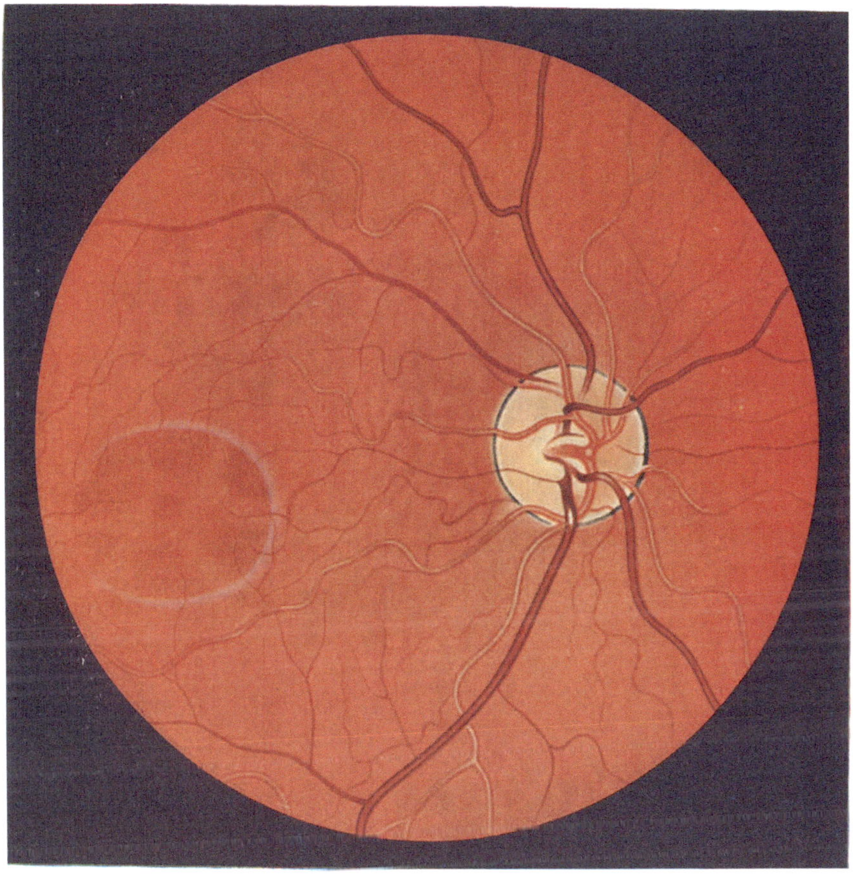

Fundus normalis o. d. (Nach Oeller.)

Verlag von Wilhelm Engelmann in Leipzig und Berlin.

heller, punktförmiger Reflex wahrnehmen, der sich im aufrechten Bilde meist als eine kleine glänzende Sichel darstellt, deren Öffnung ihre Richtung je nach der Stellung des beobachtenden Auges wechselt. Seine Größe entspricht etwa dem Durchmesser einer mittleren Netzhautarterie.

Ähnliche Reflexe wie vom Rande der Macula und der Netzhautgrube, beobachtet man wohl auch hier und da im Verlaufe der konvexen Gefäßwandungen[1]), oder bei anderen, leichten Unebenheiten der Netzhaut. Besonders zahlreich und ausgedehnt sind die Reflexe der inneren Netzhautoberfläche stark pigmentierter Kinder, bei denen man oft große Bezirke des Augenhintergrundes in silbergrauem, atlasartigem Glanze spiegeln sieht.

Haben wir Papille, Macula und mit ihnen den ganzen hinteren Pol des Auges betrachtet, so durchforschen wir den Rest der Netzhaut in allen Richtungen, soweit es möglich ist. Dazu lassen wir am besten das untersuchte Auge und, wenn es nötig ist, selbst den Kopf des Patienten sich drehen, bis wir aus der perspektivisch verschmälerten Pupille kein Licht mehr erhalten.

Auch so sind wir allerdings noch nicht bis an die Grenze der Netzhaut gelangt. Dieselbe ist etwa 5,5 mm, der äußerste Teil des Augengrundes, von dem man noch Licht erhält, aber ungefähr 8 mm vom Hornhautrande entfernt (Donders 1877, Groenouw 1889, Druault 1898). Dies letzte Licht, das unter einem Winkel von 80° aus dem Auge dringt, genügt nicht mehr zu einer genauen Erforschung dieses Bezirkes.

Nach Groenouw (1889) erstreckt sich das mit dem Augenspiegel zu übersehende Gebiet der Netzhaut, von der Fossa centralis aus, in jeder Richtung, über ungefähr 22,5 mm, in einem Meridiane also über 45 mm, d. h. etwa 30 Papillendurchmesser.

Hat man sich so ein übersichtliches Bild des Augengrundes verschafft — wobei man gut tut, auch das andere Auge zum Vergleich herbeizuziehen —, so geht man an die Betrachtung der Einzelheiten desselben mittels der stärkeren Vergrößerung, welche das aufrechte Bild gewährt.

Wie schon gesagt, kann uns dazu der gleiche Konkavspiegel dienen. Häufig jedoch ist es besser, für das aufrechte Bild den lichtschwächeren, weniger blendenden Planspiegel zu verwenden, um dadurch zu starke Verengerung der Pupille des untersuchten Auges zu vermeiden.

Um ein möglichst großes Gesichtsfeld zu gewinnen — eventuell auch die Refraktion möglichst genau zu bestimmen —, müssen wir dabei möglichst nahe an das untersuchte Auge herangehen. Auch zu diesem Zwecke empfiehlt es sich, wie behufs günstigerer Beleuchtung, das rechte Auge mit dem rechten, das linke mit dem linken zu spiegeln.

---

1) Betreffend die Reflexe der Gefäße, der Macula usw. vgl. Literaturverzeichnis: Donders 1873, Parent 1880, Schneller 1880, Morton 1883, Heuse 1884, Hirschberg 1889, Loring 1891, Davis 1891 u. 1892, Dimmer 1891, Johnson 1892, Elschnig.

Sind Patient und Arzt emmetropisch, so genügt die Entspannung der Akkommodation zur Erlangung eines scharfen Bildes. Während der Kranke dieser Forderung erfahrungsgemäß meist ohne weiteres nachkommt, da er bei der großen Annäherung des Spiegels an sein Auge keinen Grund zur Akkommodation hat, fällt es dem akkommodationskräftigen Studenten oft recht schwer, seinen Ziliarmuskel zu erschaffen, und manchem gelingt es erst nach Vorschalten eines Konkavglases von mehreren Dioptrien, ein deutliches Bild zu gewinnen, da er sich mit aller Gewalt bemüht, sein Auge auf das vermeintlich dicht vor ihm befindliche Bild des Augengrundes einzustellen. Besteht Hypermetropie, so kann der über genügende Akkommodationskraft verfügende Beobachter auch ohne Hilfsglas ophthalmoskopieren, anderenfalls ist, wie bei den übrigen Refraktionsanomalien, Korrektion des Brechungsfehlers des Patienten und Arztes erforderlich.

Durch künstliche Erweiterung der Pupille mit Homatropin wird dem Anfänger eine große Erleichterung im Erkennen und Studieren des aufrechten Bildes geschaffen, da sich das Gesichtsfeld vergrößert, und die Helligkeit des ophthalmoskopischen Bildes zunimmt. Sind die brechenden Medien getrübt, oder die Pupillen sehr eng (Altersmiosis), so ist die künstliche Mydriasis auch vom Geübten nicht zu umgehen.

Der Gang der Untersuchung ist derselbe wie im umgekehrten Bilde: Erst betrachtet man die Papille, dann die Macula mit den umliegenden, dann die exzentrischen Teile des Augengrundes.

Die Gegend der Ora serrata und des Corpus ciliare hat neuerdings Trantas (1900, 1904, 1907) der ophthalmoskopischen Untersuchung im aufrechten Bilde dadurch zugänglich zu machen versucht, daß er, nach Erweiterung der Pupille und Kokainisierung des Auges, auf die Ziliargegend der Bulbuswand mit der Rückfläche des Daumennagels einen leichten Druck ausübt und so diesen Bezirk dem Augeninnern zu vorwölbt. Zur Betrachtung ist das Vorschalten eines Konvexglases von 5—8 dptr. erforderlich[1]). Wie Trantas berichtet, ist es ihm gelungen, auf diese Weise interessante Ergebnisse über das normale und pathologische Verhalten der genannten Gebiete zu gewinnen, insbesondere über die zahlreichen Varietäten in der Pigmentierung der Ora serrata. Über letztere gibt uns auch, wie wir sehen werden, die diasklerale Durchleuchtung wertvolle Aufschlüsse, die zur Sichtbarmachung der vordersten Abschnitte des Augengrundes Verwendung sehr wohl finden kann (Langenhan 1910).

Nicht unerwähnt soll schließlich die schon 1864 von Nagel beschriebene und letzthin von Haab (1910) wieder in Erinnerung gebrachte ophthalmoskopische Untersuchung im aufrechten Bilde bei indirekter Beleuchtung

1) Wir haben diese Methode verschiedentlich nachzuprüfen versucht, leider ohne sonderlich befriedigenden Erfolg; es mag wohl längere Übung erforderlich sein, schon um dem Patienten nicht allzu große Torturen zu bereiten.

bleiben, da sie in der Tat die Diagnose und Beurteilung feinster Veränderungen des Augenhintergrundes zu fördern vermag. Die Methode besteht darin, daß das Flammenbild nicht direkt auf, sondern dicht neben die zu prüfende Stelle geworfen wird; es kann dann Licht auch in das Gewebe hinter einen pathologischen Herd, z. B. der vorderen Netzhautschichten gelangen und denselben so von hinten beleuchten; ist derselbe weniger lichtdurchlässig als die Umgebung, so wird er dunkler erscheinen, während er sich im auffallenden Licht vielleicht kaum abhebt oder gar heller ist. Es handelt sich also unseres Erachtens um eine Art Transparenzprüfung (vgl. den Abschnitt Ophthalmodiaphanoskopie). Andererseits wird, wie Haab hervorhebt, das fragliche Gebilde auch von der Seite her beleuchtet, so daß andersartige »Schattenwürfe und Modellierungen« zustande kommen. Besonders für den Nachweis feinster Veränderungen in der Makulagegend und zartester Netzhautfalten verdient die Untersuchung mit indirekter Beleuchtung wohl Berücksichtigung.

Über die Verwendung des Augenspiegels zur Beurteilung von Niveauunterschieden des Augengrundes und zur objektiven Refraktionsbestimmung siehe S. 361, bzw. S. 100 ff.

Von den Augenspiegeln im speziellen.

Als Landolt die Ophthalmoskopie für die erste Ausgabe dieses Handbuches bearbeitete, gab er die Beschreibung von über 50 Augenspiegeln. Die Zahl derselben hat sich seither mehr als vervierfacht.

Der erste Grund dieser üppigen Wucherung von angeblich neuen Ophthalmoskopen lag in der Einführung des Dioptriensystems, welches, die Gläserkombination außerordentlich erleichternd, zu einer Unzahl von Modifikationen der dem Spiegel beigegebenen Refraktionsapparate Veranlassung gab. — Einen weiteren Schub neuer Instrumente verdanken wir der Popularität, deren sich die Schattenprobe erfreut. Die gewohnten Spiegel, verbunden mit Bandmaß, Brillengabeln, Leitern, Scheiben usw., machen auch wieder auf besondere Titel Anspruch.

Wirklich Neues und Zweckentsprechendes hat uns die Verwertung des elektrischen Lichtes und die reflexlose Ophthalmoskopie gebracht.

Da wir aber weder dem Veralteten, noch dem Unreifen, noch allen, wenn auch brauchbaren Modifikationen des Augenspiegels, die Zeit unserer Leser und den Raum dieses Werkes opfern dürfen, so sei es uns gestattet, von den veröffentlichten Instrumenten nur diejenigen anzuführen, welche besondere Vorteile besitzen oder als Typen einer ganzen Klasse dienen können. Die übrigen, so vieler wir bei gewissenhaften Nachforschungen haben habhaft werden können, werden wir im Literaturverzeichnis unterbringen.

In erster Linie geben wir die Abbildung des **ersten** Ophthalmoskopes, wie sie Helmholtz selbst, im Jahre 1851, für die »Beschreibung seines Augenspiegels« gezeichnet hat (Fig. 124).

Fig. 124.

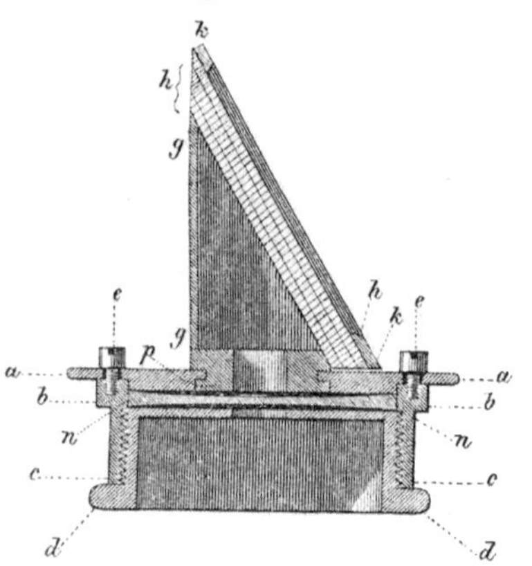

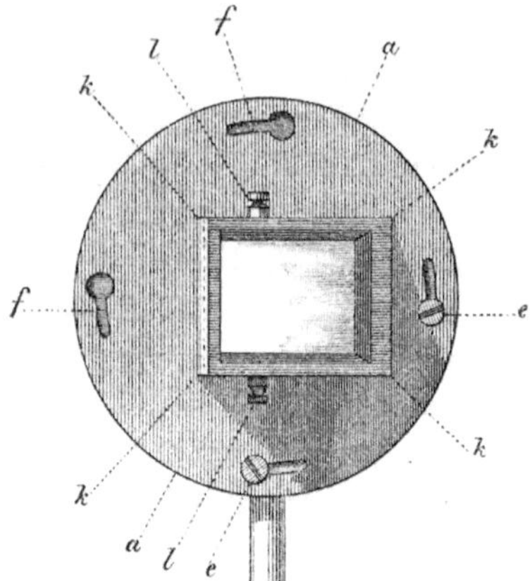

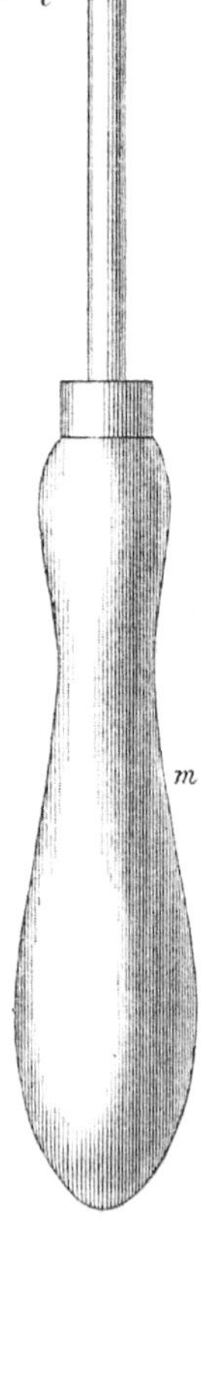

Nach allem, was wir über dieses Instrument schon gesagt haben, wird sich der Leser in den beiden Figuren leicht zurecht finden. In dem Durchschnitte (A) sehen wir den Satz der unter 56° zur Einfallsrichtung der Lichtstrahlen geneigten Glasplatten *hh*, dahinter, in *bb*, ein Konkavglas, welches jedoch, mittels Umschrauben des zylindrischen Stückes *dd*, durch andere Korrektionsgläser ersetzt werden konnte.

Bald nach diesem ersten Modelle konstruierte Helmholtz ein zweites, bei welchem der Wechsel der Korrektionsgläser durch die schon erwähnte Rekosssche Scheibe vorgenommen wurde. Das Okularstück *dd*, sowie alle inneren Teile des Instrumentes, mit Ausnahme der spiegelnden Platten, waren sorgfältig geschwärzt.

Fig. B stellt das Instrument mit seinem Handgriffe, von der Seite des Untersuchten gesehen, dar.

1852 wurde von Ruete der **zentral durchbohrte Konkavspiegel** in die Ophthalmoskopie eingeführt, 1853 von Coccius der durchbohrte **Planspiegel**, nachdem zuvor schon von Helm-

HOLTZ darauf hingewiesen war, daß RUETES Hohlspiegel ohne Schaden durch einen gewöhnlichen ebenen Glasspiegel ersetzt werden kann, in dessen Quecksilberbelegung man ein Loch von der Größe der Pupille für den Beobachter zum Hindurchsehen angebracht hat. RUETES Handaugenspiegel hatte 40 mm Durchmesser und etwa 14 cm Brennweite. Dahinter befand sich eine Fassung für Korrektionsgläser und darunter, an dem metallenen Handgriffe, ein beweglicher Arm, einen Schirm zur Schwächung des Lichtes tragend.

RUETES Demonstrationsaugenspiegel werden wir später begegnen.

Besondere Verdienste hat sich RUETE auch durch die Begründung und Ausarbeitung der Augenspiegeluntersuchung im umgekehrten Bilde erworben.

Einer der ersten, welcher HELMHOLTZ' Erfindung der Augenheilkunde nutzbar machte, war E. v. JÄGER (1854). Er war nicht nur ein vortrefflicher Beobachter und ausgezeichneter Lehrer der Kunst des Augenspiegels, sondern er machte seine Beobachtungen auch den mit dem Instrumente nicht Vertrauten durch seinen ausgezeichneten, selbst heute noch kaum übertroffenen Atlas zugänglich.

v. JÄGERS Augenspiegel besteht aus einer kurzen, zylindrischen, an einem Ende unter einem Winkel von 60° abgeschnittenen Röhre, die sich in einem Metallringe um ihre Achse drehen läßt. Der Ring ist mit dem Stiele des Instrumentes fest verbunden. Das schiefe Ende der Röhre wird dem Untersuchten zugekehrt. Es enthält den durchbohrten Plan- oder Konkavspiegel, das andere, dem Beobachter zugewendete Ende, die Korrektionsgläser, die mit der Hand eingesetzt werden müssen. Zwischen beiden befindet sich eine zentral durchbohrte Blende. Statt eines einfachen Glases kann man über das Rohr eine Fassung mit einer starken Konvexlinse, oder zwei Plankonvexlinsen, oder das Objektiv einer BRÜCKEschen Lupe schieben, so daß das Instrument zu einer Lupe wird und zur Beobachtung der vorderen Teile des Auges dienen kann. Als Augenspiegel hat es den Nachteil, daß das beobachtende und das untersuchte Auge sehr weit voneinander entfernt sind.

Einen sehr handlichen und seinerzeit weit verbreiteten Augenspiegel konstruierte LIEBREICH (1860, 1863). Er bestand in einem metallenen, später gläsernen, durchbohrten, von einem Stiele getragenen Konkavspiegel, hinter welchem eine Gabel zur Einführung der Korrektionsgläser angebracht war. Der Wechsel der Korrektionsgläser war bei dieser Einrichtung äußerst schwerfällig.

H. COHN (1873) brachte 24 Korrektionsgläser in einer wohl etwas zu großen Scheibe von 8 cm Durchmesser an, DE WECKER (1873) dieselbe Zahl in einer solchen von nur 31 mm Durchmesser. Die Gläser werden aber dadurch zu klein (3,5 mm Durchmesser).

Lorings Instrument (1870, 1874, 1876) enthält drei Gläserscheiben mit je 8 Nummern, welche separat hinter dem Konkavspiegel eingesetzt werden können. Auch Schnabel (1872, 1873) hat seinem Spiegel drei getrennte Scheiben beigegeben.

Hirschberg (1877, 1901) wählt zwei Scheiben mit je 13 Gläsern. Dieselben haben, in Zollmaß ausgedrückt, folgende Brennweiten: + 80″, + 40″, + 24″, + 20″, + 13″, + 10″, — 80″, — 40″, — 24″, — 13″, — 10″. Eine billigere Ausgabe dieses Ophthalmoskopes enthält nur eine Scheibe mit 13 Hilfsgläsern: 0 und die folgenden Nummern des alten Systems: Konvex 40, 20, 10, 6; Konkav 40, 20, 13, 10, 8, 6, 4 und 3; außerdem + 3″, + 2″ und — 2″, welche in die Fassung des Hohlspiegels eingeführt werden können, ein größeres + 2″ und ein + 3″ für das umgekehrte Bild.

Fig. 125.

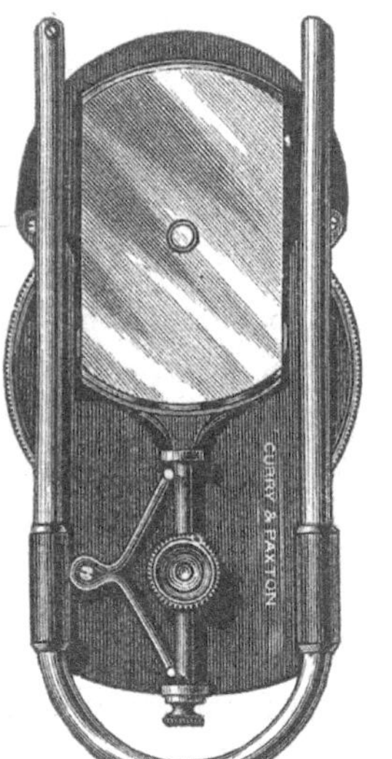

Unter dem Namen: »The Student's ophthalmoskope«, hat W. Jessop einen sehr handlichen Augenspiegel angegeben. Fig. 125 stellt denselben in natürlicher Größe dar. Die beiden bogenförmig verbundenen Metallstäbe werden beim Gebrauche des Instrumentes ausgezogen und bilden dessen Stiel. Außerdem läßt sich der Konkavspiegel, an dem in der Figur sichtbaren Knopfe, von der Gläserscheibe abheben, so daß er um die vertikale Achse genügend drehbar wird. Die Scheibe enthält außer der leeren Öffnung 11 Gläser. Als Emmetrope habe ich dazu gewählt: Konvex und Konkav 0,5; 1; 2; 3; 4; und Konkav 6. Eine Konvexlinse zur Beobachtung im umgekehrten Bilde fehlt dem Instrumente in seiner allzu konzisen Form. Man lasse + 15 dptr. dazu geben und mit dem Ophthalmoskope in ein Etui fassen, das in jede Westentasche geht (1887).

Wie schon gesagt, hat es, wenigstens für die höheren Nummern, einen Vorteil, durch ein einziges Glas zu schauen; doch haben die dafür eingerichteten Augenspiegel auch ihre Nachteile. Man zieht ihnen deshalb gewöhnlich solche vor, welche die Kombination von zwei Gläsern gestatten.

Schon Helmholtz hat, wie wir oben gesehen, eine derartige Einrichtung, bestehend aus der Zusammensetzung zweier konzentrischer Rekossscher Scheiben, benutzt. Seit Einführung der Dioptrie hat diese Art der Gläserkombination eine sehr große Ausdehnung gewonnen.

So hat z. B. Knapp (1874) auf der Achse des Ophthalmoskopes zwei isoliert drehbare Scheiben angebracht, die zwar nicht konzentrisch sind, sondern sich um einen Gläserdurchmesser überragen, so daß sich jeweilen ein Glas der einen mit einem der anderen deckt. In der einen Scheibe befinden sich, außer einer leeren Öffnung, 12 Konvex-, in der anderen 12 Konkavgläser. Später ist der Autor wieder auf eine einzige Scheibe mit 32 Korrektionsgläsern und einer freien Öffnung zurückgegangen.

de Weckers Augenspiegel (1873, 1876) enthält in einer Scheibe von 48 mm Durchmesser 20 Konvexgläser (+ 0,5, 1, 1,5, 2, 2,5, 3, 3,5, 4, 4,5, 5, 5,5, 6, 6,5, 7, 7,5, 8, 8,5, 9, 9,5 und 10). Die gleiche Serie konkaver Wirkungen erreicht er durch das Vorsetzen einer Konkavlinse von — 10,5.

Ein zweiter Augenspiegel von Loring (1878) hat nur eine Scheibe mit sieben Konvexgläsern (+ 1 bis + 7) und acht Konkavgläsern (— 1 bis — 8) von 6 mm Durchmesser. Außerdem ist an dem Instrumente, konzentrisch mit der Scheibe, ein Quadrant befestigt, der die Gläser + 16, — 16, + 0,5 und — 5 enthält. Dieselben lassen sich vor die Spiegelöffnung drehen und mit den Gläsern der Scheibe kombinieren. Man erhält so eine fortlaufende Serie bis + 23 und — 24 dptr, mit einem Intervalle von einer, und einem solchen von einer halben Dioptrie bis + 8 und — 9. Die Scheibe trägt in konzentrischen Kreisen angeordnete Zahlen. Die Zahlen des äußeren Kreises entsprechen den Nummern der einfachen Gläser, die des inneren denjenigen der aus der Kombination resultierenden, bis auf + 15 und — 16. Die höheren Nummern sind auf dem Instrumente nicht angegeben, man muß sie jeweilen, durch Addition der Zahlen der Scheibe mit 16, berechnen.

Auch de Wecker hat später das Prinzip der zwei übereinander drehbaren Gläserscheiben angenommen.

Der in Deutschland viel gebrauchte Rothsche (1894) Augenspiegel vereinigt automatische Linsenkombination (— 20 bis + 18 dptr.) mit direkter Ablesbarkeit der eingestellten Linsenwerte. Ohne irgend eine besondere Manipulation (Zurückschieben einer Nebenscheibe usw.) schalten sich beim einfachen Drehen der Rekossschen Scheibe die angeführten Gläser, also auch die starken Linsen, in ununterbrochener Reihe ein.

Der Mechanismus des Spiegels ist äußerst sinnreich erdacht und funktioniert vorzüglich. Die Rekosssche Scheibe, welche die Gläser — 5 bis + 7 dptr. enthält, ist mit einer schlangenförmigen Rinne versehen, die aus drei kreisförmigen und zwei Übergangsteilen zusammengesetzt ist. In dieser gleitet der Stift eines vor der Scheibe befindlichen einarmigen Hebels, dessen oberes Ende die Kombinationslinsen + und — 13,0 dptr. trägt. Schiebt sich beim Drehen der Scheibe dieser Stift an den Übergangsteilen (schiefen Ebenen) vorbei, so wird sein Hebel automatisch nach rechts, bzw. links bewegt und damit die Kombinationslinsen rechtzeitig selbsttätig ein-, bzw. ausgeschaltet. Auf einem Zifferblatt gibt ein Zeiger die Dioptrienzahl an.

In Mortons Augenspiegel (1883) (Fig. 126) sind die Hilfslinsen nach dem oben erwähnten Couperschen Prinzipe angeordnet. Er enthält: Konvex

0,5; dann alle Nummern, von + 1 bis + 8, mit einem Intervall von 1 dptr.; endlich + 10 und + 12; ferner Konkav 0,5, 1 und 1,5, alle ganzen Nummern von — 2 bis — 10, und die von — 10 bis — 20 mit einem Intervall von 2 dptr., endlich — 30 dptr.

Die Verschiebung der Linsen geschieht mit Hilfe einer vom Handgriffe des Spiegels aus bequem zu erreichenden, gezahnten Scheibe (Fig. 126, *s*). Da sich dieselbe dicht über dem oberen Ende des Griffes befindet, läßt sie sich auch mit dem Daumen bedienen. Es wird dadurch vermieden,

Fig. 126.

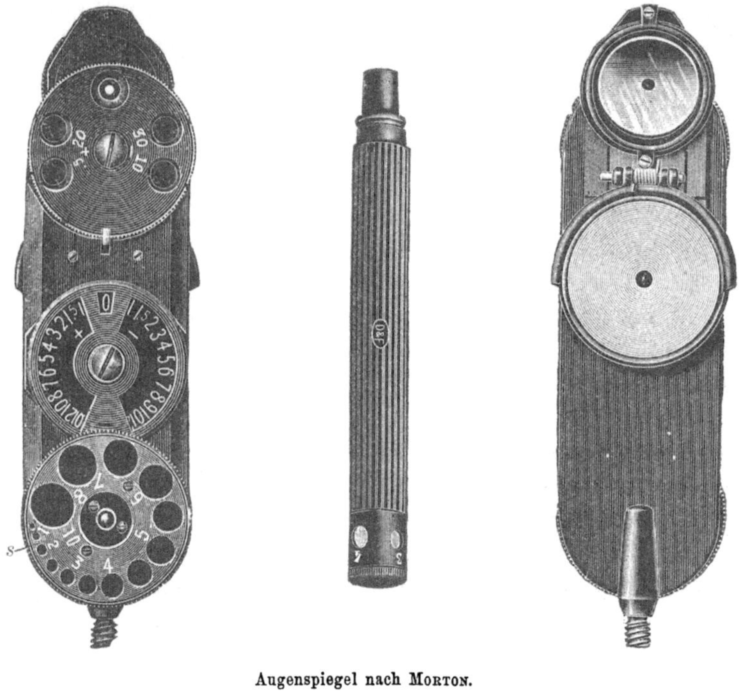

Augenspiegel nach Morton.

daß der Zeigefinger beim Wechseln der Gläser das Gesicht des Patienten berührt. Darüber ist eine zweite Scheibe angebracht, auf der die Nummer der vorliegenden Linse zu ersehen ist, und endlich noch eine dritte Scheibe, enthaltend die Nummern + 0,5, + 20, — 10 und — 30. Die vom Beobachter abgewandte Seite trägt 3 Spiegel, einen Plan- und einen Hohlspiegel in derselben Fassung, die mit den belegten Seiten aneinander liegen und je nach Bedürfnis durch eine Feder einzustellen sind, sowie einen kleineren, zur Ebene des Instrumentes schiefstehenden, durch Drehung der Lichtquelle zuwendbaren Konkavspiegel für das aufrechte Bild. Die untere gezahnte Scheibe dient gleichzeitig als Pupillometer. Am Griff sind Farbenproben verschiedener Größe sichtbar.

Wegen der recht praktischen Übertragung der Scheibendrehung hat der Mortonsche Spiegel viele Freunde gefunden. Neuerdings wird derselbe auch als selbstleuchtender elektrischer Augenspiegel hergestellt.

In E. Landolts Augenspiegel (1876) erhält man 42 verschiedene Korrektionsgläser durch folgende Zusammenstellung: Von den konzentrisch übereinander drehbaren Scheiben A und B (Fig. 127a) enthält die eine (A), außer einer leeren Öffnung, die Konvexgläser: 0,5, 1, 1,5, 2, 2,5 und 3; die andere (B), außer der Öffnung, Konvex 3,5 und 7; Konkav 3, 5,7 und 10,5.

Sind die Scheiben so gestellt, daß ihre beiden leeren Öffnungen sich hinter dem Spiegelloche decken, so ist die Scheibe B fixiert, während sich A mittels Fingerdruckes auf die daran befindlichen Zäpfchen sechsmal herumdrehen läßt. Dabei passieren also vor dem Auge die konvexen Nummern

Fig. 127a.

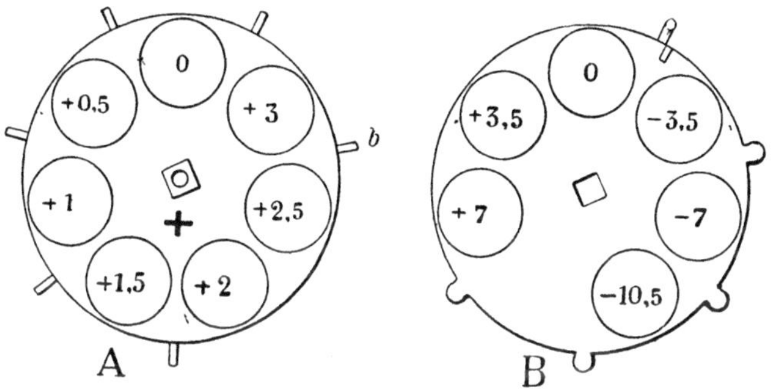

0,5 bis und mit 3. — Versucht der Finger weiter zu drehen, was ein nochmaliges Erscheinen der gleichen Nummern zur Folge hätte, so findet er kein Zäpfchen mehr, sondern nur einen der kurzen, der Scheibe B angehörigen Knöpfe. Führt er denselben bis zum nächsten Einschnappen, so dreht sich mit B auch die Scheibe A, deren leere Öffnung mit dem + 3,5 der Scheibe B vor das Auge zu stehen kommt. Nun findet der Finger wieder die Zäpfchen der Scheibe A, mit welcher er, vor dem feststehenden + 3,5, die Serie von A vorbeiführt und damit die konvexen Nummern 3,5 bis und mit 6,5 erzeugt. Nach 6,5 fällt wieder der eine Zapfen von A aus, und dreht der Finger an dem Haken von B, der nun an der in Fig. 127b, mit 3,5 bis 6,5 bezeichneten Stelle steht, das + 7 der Scheibe B vor die Spiegelöffnung. Dies + 7 gibt, mit den Gläsern der Scheibe A, die konkaven Nummern bis 10. — Kurz, wir erhalten alle Konvexgläser von 0 bis 10, mit einem Intervalle von 0,5 dptr., und das während der Haken der Scheibe B auf der mit + bezeichneten Seite des Ophthalmoskopes steht.

Wünscht man **Konkavgläser**, so wird der Haken auf die mit — bezeichnete Seite gebracht, wie in Fig. 127b. Dann kommt eines der drei Konkavgläser der Scheibe B vor die Spiegelöffnung zu liegen, und zwar — 3,5, wenn sich der Haken an der in Fig. 127b mit — 0,5 bis 3,5 bezeichneten Stelle befindet. In der Tat ergeben sich dann aus der Kombination des — 3,5 mit den Konvexgläsern und dem 0 der Scheibe A, die konkaven Nummern von 0,5 bis 3,5. Am Ende dieser Serie angelangt, mangelt dem diesmal aufwärts schiebenden Finger wieder der Zapfen von A, so daß er angewiesen ist, an dem sich darbietenden Knopfe der Scheibe B zu drücken. Damit drehen sich beide Scheiben, und rückt die Kombination von + 3 mit — 7 vor die Öffnung, und der Haken an die mit — 4 bis 7 bezeichnete Stelle. So erhalten wir durch weitere Drehung von B nun die konkaven Nummern 4 bis 7 und in gleicher Weise bei noch weiterer Drehung (Haken auf der letzten Stufe der Minushälfte des Instrumentes) Konkav 7,5 bis 10,5. Unser Augenspiegel ergibt also, außer 0, 20 konvexe und 21 konkave Nummern, mit einem Intervalle von einer halben Dioptrie.

Fig. 127b.

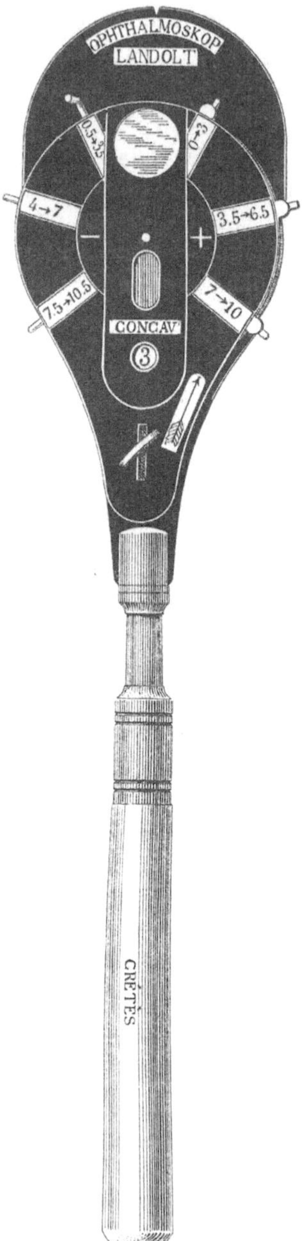

Dasselbe läßt sich nun auch mit manchen anderen Augenspiegeln erzielen; ein Vorteil aber, der dem Landoltschen allein eigen ist, ist der, daß, dank einer besonderen Vorrichtung, **jeweilen nur die Nummer sichtbar wird, welche dem eingestellten Glase entspricht**, möge dasselbe einfach oder kombiniert sein, während alle anderen Nummern aus den dazu bestimmten Öffnungen verschwinden. Ob das Glas konkav oder konvex ist, läßt sich aus der darunter, bzw. darüberstehenden Aufschrift ersehen (Fig. 127b). Die Nummern der Konvexgläser treten auf der der Fig. 127b entgegengesetzten Seite des Instrumentes zutage, während dann die Öffnungen der konkaven Seite schwarz erscheinen. So kann auch ein mit dem Instrumente nicht Vertrauter nie im Zweifel darüber sein, was für ein Glas hinter der Spiegelöffnung steht.

Die Handhabung des Refraktionsapparates ist übrigens, wie aus dem eben Gesagten hervorgeht, äußerst einfach. Um konvexe Nummern zu erhalten, bringen wir den Haken auf die rechte, + Seite des Instrumentes; um konkave zu erhalten, auf die entgegengesetzte — Seite, und zwar an die Stelle, welche die gewünschte Nummer enthält. Ist sie dabei nicht zufällig gleich eingestellt, so gibt der Pfeil an, in welcher Richtung man zu drehen hat, um stärkere Nummern zu erhalten; im umgekehrten Sinne nehmen die Nummern ab.

Fig. 128.

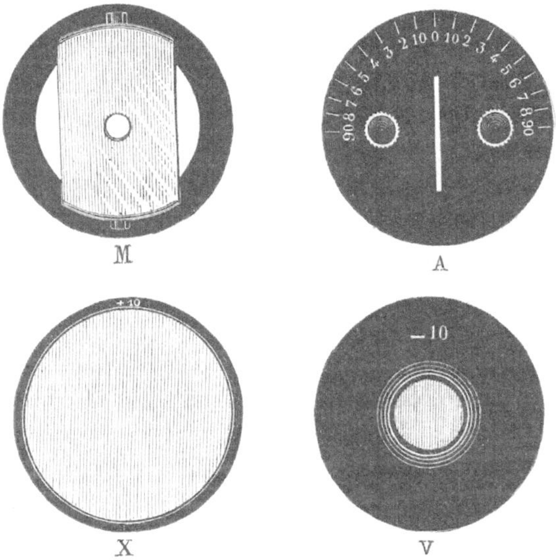

E. Landolts Augenspiegel.

Die Gläser dieses Augenspiegels sind plansphärisch und mit der flachen Seite gegeneinander gewendet. Sie haben nicht weniger als 10 mm Durchmesser und lassen sich deshalb nicht nur leicht reinigen, sondern auch zur subjektiven Refraktionsbestimmung verwenden.

Das Instrument enthält einen planen und einen schief zu stellenden, konkaven Spiegel (M Fig. 128), eine Konvexlinse von 10 und eine von 15 dptr., zur Untersuchung im umgekehrten Bilde.

Zur subjektiven Refraktionsbestimmung entfernt man den Spiegel und dreht die Gläser vor dem Auge des Patienten. Bedarf man stärkerer Gläser, als die in den zwei Scheiben enthaltenen, so stellt man an die Stelle des Spiegels das Konvexglas 10, dessen Fassung gerade in die des Spiegels paßt (X Fig. 128). Auch ein Konkav 10 ist dem Instrumente beigegeben, das, weil von geringer Ausdehnung, auch nur eine geringe Dicke hat

(V Fig. 128). Die aus der Kombination dieser Linsen mit denen des Ophthalmoskopes resultierenden Wirkungen ergeben sich aus der Addition von 10 mit der am Augenspiegel abzulesenden Zahl.

Auch der Astigmatismus läßt sich damit bestimmen. Ist man nämlich an der Grenze der mit einem sphärischen Glase erhältlichen Sehschärfe angelangt, so läßt man den Patienten an einer Strahlenfigur die Linie angeben, welche ihm am deutlichsten erscheint. Ist dies z. B. die 20° temporalwärts geneigte, so wissen wir, daß das gefundene Glas den darauf senkrechten, 70° nasalwärts geneigten Meridian korrigiert, während der der Linie gleichgerichtete nicht korrigiert ist. Wir setzen nun einfach in die Spiegelfassung das dem Instrumente beigegebene Diaphragma (Fig. 128 A) und geben der Spalte desselben die erforderliche Richtung (20° t in unserem Beispiele). Dazu dient die Einteilung des Diaphragmas und die den senkrechten Meridian bezeichnende Marke des Ophthalmoskopes. So hat man den nicht korrigierten Meridian isoliert und bestimmt dessen Refraktion in gewohnter Weise mit Hilfe der Gläser und der Sehschärfe.

Sollte das Intervall einer halben Dioptrie zu gering erscheinen, so ist es leicht, das Ophthalmoskop mit doppelt so starken Gläsern zu versehen. Der Unterschied zwischen je zwei Nummern wird dann eine Dioptrie, und, statt bis auf 10 und 10,5 geht die Serie dann bis auf 20 und 21 Dioptrien.

Ein in Beziehung auf Gläser und Spiegelzahl ganz besonders reicher, aber zum Gebrauche nicht gerade einfacher Augenspiegel ist der von H. Parent (1881, 1891). Derselbe enthält außer 35 sphärischen Gläsern auch eine ganze Zahl Zylindergläser, die mittels recht komplizierter Vorrichtungen eine volle Umdrehung von 360° erfahren können.

Wie wir schon oben hervorgehoben haben, besteht der Hauptvorzug der sogenannten »elektrischen Augenspiegel« in der Einschaltung der Lichtquelle direkt zwischen beobachtendes und untersuchtes Auge; es erübrigt sich damit die Berücksichtigung der relativen Stellung der Lichtquelle zum Spiegel, ein Vorteil, der besonders bei der Untersuchung liegender und unruhiger Kranker (Kinder!) ins Gewicht fällt.

Zum Begriffe eines elektrischen Handaugenspiegels gehört die feste Verbindung des Spiegels mit der Lichtquelle. Dieselbe kann entweder in Form einer kleinen Glühbirne an der Vorderseite, dicht unter dem schräg gestellten Spiegel, angebracht werden (Juler 1886) oder ist im Stiele des Augenspiegels enthalten, wie bei dem ersten elektrischen Handaugenspiegel Dennets (1885). Durch eine kleine Konvexlinse fällt das Licht auf den um 45° geneigten Spiegel, der nur einen Teil der Pupille des Beobachters einnimmt.

Zur Speisung der kleinen Glühlampe genügt eine Taschenbatterie.

Diese recht praktischen Taschenlampen mit Trockenbatterien für elektrische Augenspiegel sind neuerdings mehr und mehr in Aufnahme gekommen (ASCHER, SIMON, SASSEN u. a.), seitdem es der Technik gelungen ist, die Lebensdauer der Trockenbatterien wesentlich zu verlängern.

BORSCHKE (1907) hat in einfachster Weise eine solche Taschenlampe direkt in ein elektrisches Ophthalmoskop umgewandelt, indem er die Lichtstrahlen durch eine Sammellinse auf einen um 45° geneigten, undurchlochten Spiegel wirft, an dessen oberem Rande das beobachtende Auge dicht vorbeiblickt. Allerdings eignet sich dieser kleine elektrische Spiegel nur für das umgekehrte Bild.

Die Beschreibung der WOLFFschen, THORNERschen und GULLSTRANDschen elektrischen Handaugenspiegel findet sich im Abschnitt »Reflexlose Ophthalmoskopie«.

Demonstrationsaugenspiegel.

Wir zählen darunter die Augenspiegel, welche auf einem Stativ befestigt sind, so daß, wenn ein geübter Beobachter dieselben auf einen Teil des Augengrundes eingestellt hat, er seinen Platz einem weniger Geübten überlassen und denselben das Bild sehen lassen kann.

Sodann gehören dazu die Augenspiegel, welche mehreren Beobachtern gleichzeitig das Ophthalmoskopieren gestatten.

Der Augenspiegel von EPKENS DONDERS (1854) besteht aus einem kubischen Kasten, der den durchbohrten Planspiegel *EE* (Fig. 129) enthält. *D* ist ein Ansatzstück zur Aufnahme des untersuchten, *O* ein solches für das beobachtende Auge. Vor letzterem läßt sich eine REKOSSsche Scheibe mit sieben Korrektionsgläsern drehen. An den Kasten schließt sich ein innen geschwärztes Rohr an, vor dessen Ende eine Lampe brennt. Das Licht derselben kann entweder direkt auf den Spiegel treffen oder durch eine Konvexlinse parallel gemacht werden.

Vor dieser Öffnung befinden sich zwei Pfeile, deren Spitzen einander näher und ferner gebracht werden können. Ihr Bild wird auf dem untersuchten Augengrunde entworfen und dient zur Mikrometrie desselben.

Der den Apparat tragende Fuß *A* wird am Tische angeschraubt. *LL* bedeutet einen das Gesicht des Untersuchers — wie des Untersuchten — schützenden Vorhang.

RUETES Demonstrations-Augenspiegel (1852), ein durchbohrter Konkavspiegel von 9 cm Durchmesser und 27 cm Brennweite, ist auf einem Fuße so befestigt, daß er sich um die vertikale und horizontale Achse drehen, sowie höher und tiefer stellen läßt. An dem Fuße befinden sich zwei horizontale, drehbare Arme. Der eine derselben ist eingeteilt und trägt zwei senkrechte Linsenhalter für Korrektionsgläser, der andere einen Schirm, der zur Schwächung des Lichtes über den Hohlspiegel geschoben werden kann.

Der Beobachter korrigiert seine Refraktion durch eine Brille. Zur Untersuchung im umgekehrten Bilde verwertete Ruete zwei Konvexlinsen, von denen die eine das von der anderen entworfene Bild vergrößerte.

Liebreichs großer Augenspiegel (1860) enthält, ähnlich wie ein in den fünfziger Jahren entstandener, etwas weniger vollkommener Augenspiegel von v. Hasner (1855), zwei ineinander verschiebbare Röhren. Die innere,

Fig. 129.

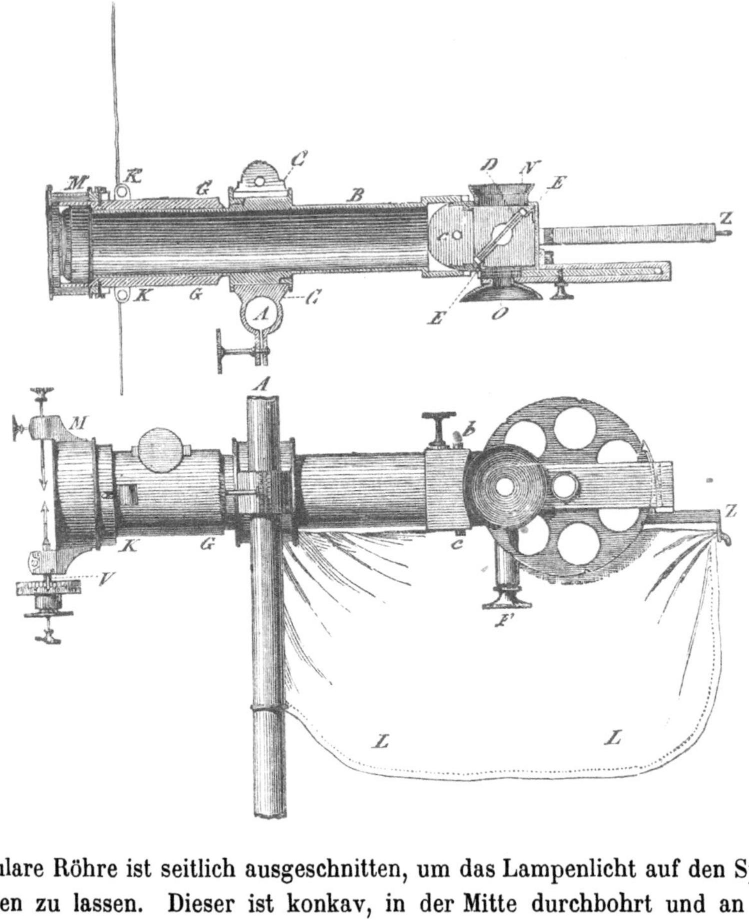

okulare Röhre ist seitlich ausgeschnitten, um das Lampenlicht auf den Spiegel fallen zu lassen. Dieser ist konkav, in der Mitte durchbohrt und an einer vertikalen Achse derart in dem Rohre befestigt, daß er sich leicht drehen und auch entfernen läßt. Hinter demselben werden die Korrektionsgläser angebracht.

Im entgegengesetzten Ende des äußeren Objektivrohres befindet sich eine Konvexlinse von 20 dptr., zur Erzeugung des umgekehrten Bildes. Sie kann mittels eines Zahnrades vor und rückwärts bewegt werden.

Der Apparat wird von einem Fuße getragen, der mit dem Objektivrohre fest verbunden ist, während sich das Okularrohr darin verschieben läßt.

Die reflexlosen Demonstrationsaugenspiegel THORNERS und GULLSTRANDS werden wir auf S. 326 und 346, bzw. S. 328 und 340, diejenigen WOLFFS und DIMMERS bei der Photographie des Augengrundes auf S. 375, bzw. S. 378 besprechen.

Augenspiegel für zwei Beobachter.

DE WECKER und ROGER teilten im Jahre 1870 der Académie des Sciences in Paris eine Einrichtung mit, welche zwei Beobachtern gleichzeitig die Betrachtung des umgekehrten Augenspiegelbildes ermöglicht: Vor das in gewohnter Weise erzeugte Bild wird eine Kombination von zwei, mit der Hypotenusenfläche aufeinander liegenden Prismen von 48° und 42° gebracht.

Ein Teil der vom umgekehrten Bilde kommenden Strahlen geht ungebrochen durch und fällt in das Auge des einen Beobachters, während ein anderer Teil, von der Hypotenusenfläche reflektiert, das Auge des anderen Beobachters trifft. Die Richtung dieser letzteren Strahlen ist also senkrecht zu der der ersteren.

Ein ähnliches Instrument ist das »Ophthalmoscope à deux observateurs« von A. SICHEL (1872). Es besteht aus einem zentral durchbohrten Konkavspiegel SS' (Fig. 131) von 35 cm Brennweite, welcher das Licht einer seitwärts stehenden Lampe L in das beobachtete Auge C wirft. Vor letzterem befindet sich das Konvexglas M, welches von den aus dem Augengrunde kommenden Strahlen ein reelles umgekehrtes Bild in β entwirft. Von hier aus gehen die Strahlen divergent weiter und fallen durch die 1 cm weite Öffnung des Konkavspiegels in einen Kasten, dessen eine, dem Spiegel entsprechende Öffnung, zu $^2/_3$ von einem Prisma eingenommen wird, während das andere Drittel frei bleibt.

Der durch letzteres gehende Teil des Strahlenbündels gelangt direkt oder durch ein Konvexglas in das Auge des einen Beobachters A, während der andere Teil an der Hypotenusenfläche des Prismas eine totale Reflexion nach dem anderen Ende des Kastens erleidet, wo sich der zweite Beobachter A' befindet, der sein Auge ebenfalls mit einem Konvexglas, oder durch Akkommodation, für das Bild β einstellen kann. Letzteres wird ihm dabei, wie jedes Spiegelbild, mit Vertauschung von rechts und links erscheinen. Ein zweites Prisma könnte, wenn man es für notwendig hielte, diese Umdrehung wieder aufheben. Kasten und Spiegel sind miteinander verbunden und können beliebig, entweder an einer gewöhnlichen Handhabe oder auf einem unbeweglichen Stativ befestigt werden.

PEPPMÜLLER und GRAEFE (1877) haben, zur Demonstration des Augenspiegelbildes, an der einen Seite der Durchbohrung des Konkavspiegels einen kleinen, ungefähr 30° zur Achse des letzteren geneigten Planspiegel angebracht. Derselbe reflektiert also einen Teil der aus dem untersuchten Auge kommenden Strahlen seitwärts, so daß außer dem direkt in den Spiegel blickenden Beobachter noch ein zweiter den Augengrund betrachten kann.

Fig. 130.

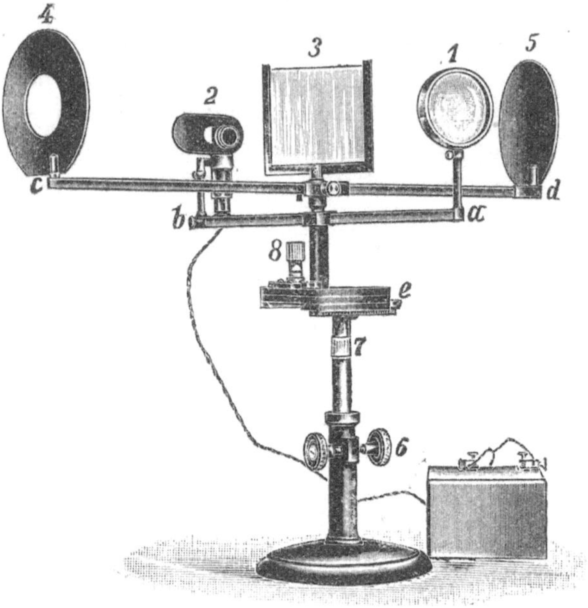

Demonstrationsaugenspiegel nach Wessely.

1 aplan. Ophthalmoskoplinse, *2* Beleuchtungsvorrichtung mit Blende, *3* reflektierende Glasplatte (45° geneigt zur optischen Achse) *4* Blende zur Beobachtung des Spiegelbildes, *5* mattschwarze Scheibe, *6* Höhentrieb, *e* Kreuztisch verschiebbar durch Schrauben *7* und *8*.

Bei Frosts (1913) Demonstrationsaugenspiegel teilt ein Prisma die Strahlenbündel des umgekehrten Bildes in zwei Hälften. Die so entstehenden Spiegelbilder werden durch seitliche Prismen umgewendet.

Vorzüglich für Unterrichtszwecke eignet sich der vor kurzem von der Firma Zeiss-Jena hergestellte Wesselysche (1912) »Einfache Demonstrationsaugenspiegel im umgekehrten Bilde für zwei Beobachter« (s. Fig. 130).

Auf einem in verschiedenen Richtungen verstellbaren Stativ sind zwei rechtwinklig zueinander stehende horizontale Stangen dicht übereinander angebracht. Die untere (*a*—*b*) trägt an ihrem dem Patienten zugewandten Ende *a* eine Zeisssche aplanatische Ophthalmoskoplinse von 14 dptr., an dem anderen Ende *b* einen vertikalen Beleuchtungstubus (4 Volt-Lampe mit horizontalem Faden). Durch ein zweigliederiges Linsensystem wird das Bild des Glühfadens unmittelbar unter einem am oberen Tubusende befindlichen, um 45°

geneigten undurchlochten Planspiegel entworfen. Letzterer leitet die Lichtstrahlen in horizontaler Richtung so durch einen vertikalen Spalt, daß das Fadenbild genau zur Linse 1 zentriert ist.

Verschiebt man den Beleuchtungstubus etwas seitlich aus der optischen Achse, so stellt sich die zur Beobachtung dienende Blende 2 zentrisch ein, und Fadenbild wie Blende werden nach GULLSTRANDS Prinzip (s. u.) aplanatisch in der Eintrittspupille des Patienten abgebildet, die störenden Reflexe damit beseitigt.

Zwischen Beleuchtungsvorrichtung und Linse (1) befindet sich um 45° geneigt zur optischen Achse auf Stange $c—d$ eine dünne, planparallele Glasplatte (3), die das Bild des Augenhintergrundes in das Auge des zweiten Beobachters reflektiert. Blende 4 und die mattschwarze Scheibe 5 dienen zur deutlicheren Wahrnehmung dieses etwas lichtschwächeren Spiegelbildes.

Während der Student nach Einstellung des Apparates durch Blende 2 den Augenhintergrund direkt betrachtet, kontrolliert der Lehrer das ophthalmoskopische Bild durch Blende 4 und erhält es durch entsprechende Schraubendrehungen in der richtigen Lage. Mittels eines dünnen Stäbchens, das zwischen Linse und Glasplatte gehalten wird, können dem Studenten die einzelnen Stellen des Augenhintergrundes demonstriert werden.

Auch das große GULLSTRANDsche Ophthalmoskop (S. 341) läßt sich zur Demonstration für einen zweiten Beobachter benutzen, wenn in den Tubus der Fernrohrlupe, statt eines einfachen Okulars, ein dem ABBEschen (1880) Stereoskopokular nachgebildetes Okular eingeschoben wird, dessen beide Okulartrichter einen Winkel von 100° bilden (HENKER 1913).

Augenspiegel für drei, bzw. vier Beobachter.

F. MONOYER (1874) hat SICHELS »Ophthalmoscope à deux observateurs« auch für drei Beobachter eingerichtet. Er brachte nämlich, dem Rohre für das Auge A' (Fig. 131) gegenüber, ein zweites an, das ebenfalls ein Prisma enthält, dessen brechende Kante einen Teil der Öffnung im Spiegel SS' einnimmt. Diese Kante ist der ersteren entgegengesetzt gerichtet, und ein Teil der aus dem beobachteten Auge kommenden Strahlen nimmt, in der entgegengesetzten Richtung, denselben Verlauf wie die nach A' hinzielenden. Die Kanten der beiden Prismen berühren sich aber nicht, so daß der dritte Beobachter A zwischen ihnen hindurch noch direkt ophthalmoskopieren kann. Da sich in jeder der beiden Röhren ein konvexes Objektiv und Okular befindet, erhalten die zwei seitlichen Beobachter ein dem des mittleren entgegengesetzt gerichtetes Bild.

SUKERS (1913) stationäres HELMHOLTZsches Ophthalmoskop soll sogar außer dem Lehrer noch 3 Studenten ermöglichen, gleichzeitig den Augenhintergrund zu sehen.

Fig. 131.

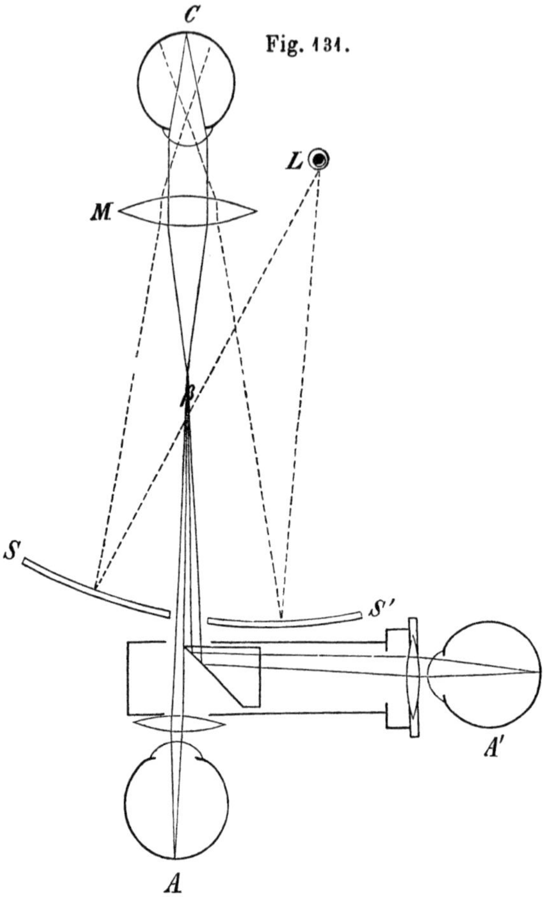

Die reflexlose Ophthalmoskopie.

Der größte Fortschritt, den die Ophthalmoskopie in den letzten beiden Dezennien aufzuweisen hat, ist die Beseitigung der Reflexe an den Trennungsflächen der brechenden Medien: Hornhaut, vordere und hintere Linsenfläche.

Diese Reflexe, die z. T. wesentlich lichtstärker sind als die vom Augenhintergrund zurückgeworfenen Strahlen, sind für den Anfänger äußerst störend und bilden eine der Hauptschwierigkeiten bei der Erlernung des Augenspiegelns. Mit der Zeit gelingt es allerdings bei einiger Übung, die Reflexe durch leichte Spiegeldrehung, Verschiebung der Linse, Änderung der Blickrichtung des untersuchten Auges usw. aus dem Beobachtungsbezirk zu entfernen. Der geübte Spezialist gibt sich von diesen kleinen Manövern gar keine Rechenschaft mehr, er führt sie automatisch aus und hat eben gelernt, an den Reflexen vorbeizusehen. Der praktische Arzt aber, der sich meist nur während der Universitätsstudien mit der Ophthalmoskopie beschäftigt hat und in der Allgemeinpraxis weniger Gelegenheit findet, die

Kunst des Augenspiegelns weiter zu pflegen, scheitert bei späteren Versuchen, den Augenspiegel zu Rate zu ziehen, zumeist an den störenden Lichtreflexen der brechenden Medien.

Hier Wandlung zu schaffen, die Ophthalmoskopie zu einer Untersuchungsmethode zu machen, die auch dem Nichtspezialisten dauernd und leicht geläufig bleibt, dürfte die reflexlose Ophthalmoskopie berufen sein. Große Förderung hat durch sie auch die Demonstration des Augenhintergrundes erfahren; für die Photographie desselben ist sie die fundamentale Voraussetzung.

Die ersten Versuche, die Reflexe an der Hornhautoberfläche auszuschalten, bzw. abzuschwächen, liegen schon mehr als $^1/_2$ Jahrhundert zurück; sie fallen mit der Erfindung des Augenspiegels zusammen, denn schon Helmholtz hatte sich bemüht, mit Hilfe der um 56° schräg gestellten, Licht polarisierend wirkenden Glasplatte seines oben beschriebenen Augenspiegels den störenden Hornhautreflex zu bekämpfen. Weiterhin beschäftigte dieses Problem, wie wir beim Entwicklungsgang der Photographie des Augenhintergrundes ausführlicher darstellen werden, eine große Zahl der Erforscher dieses Gebietes. Erst der neuesten Zeit aber sollte es vorbehalten sein, praktisch verwendbare, klinisch brauchbare Methoden zur Erlangung eines reflexfreien Augenspiegelbildes zu schaffen, nicht nur die Hornhautspiegelung, sondern auch die an den übrigen Trennungsflächen des Auges entstehenden Reflexe zu beseitigen und selbst das diffus in der Hornhaut und Linse reflektierte Licht auszuschließen.

Thorner, H. Wolff, Dimmer und Gullstrand sind die Namen der Autoren, deren unermüdlichem Fleiße und jahrelanger Arbeit die Augenheilkunde diesen unbestreitbaren Fortschritt, die reflexlose Ophthalmoskopie zu verdanken hat.

Überblicken wir die verschiedenen Mittel und Wege, die zur Beseitigung der Reflexe dienen können und mehr oder weniger erfolgreich benutzt worden sind, so können wir mit Thorner (1903) im wesentlichen 3 Methoden unterscheiden: die Immersions-, Polarisations- und geometrische Methode.

Die Immersionsmethode (vgl. »Untersuchung des Auges unter Wasser« S. 351) sucht dadurch den Cornealreflex auszuschalten, daß die Vorderfläche des Augapfels mit physiologischer Kochsalzlösung umgeben wird, die sich in einem nach vorn durch eine planparallele Glasplatte abgeschlossenen Behälter befindet. Da beide, Cornea und die sie bedeckende Flüssigkeit annähernd den gleichen Brechungsindex haben, findet die Lichtreflexion nicht an der Hornhaut, sondern an der Glasplatte statt, von der der Reflex leicht durch eine entsprechende Neigung abgelenkt werden kann. Das nach diesem Prinzip konstruierte Czermaksche Orthoskop ist namentlich zur Photographie des Augenhintergrundes (Gerloff 1891) verwendet worden. Abgesehen davon aber, daß die Immersionsmethode eine umständliche und unbequeme Prozedur ist, vermag sie natürlich nur den Hornhautreflex, nicht aber die Lichtspiegelung an den Linsenoberflächen zu beseitigen. Für die reflexlose Ophthalmoskopie hat sie jedenfalls keine praktische Verwendung gefunden.

Der Polarisationsmethode haben sich, nach HELMHOLTZ, besonders FR. FUCHS (1882), dem wir den ersten, leider nicht zur Ausführung gelangten Plan eines reflexlosen stabilen Augenspiegels verdanken und später auch W. THORNER (1899) bedient.

Beleuchtet man den Augenhintergrund mit linear polarisiertem Licht, so gelingt es, unter Zweiteilung der Pupille in eine Beleuchtungs- und eine Abbildungshälfte, durch Verwendung und geeignete Anordnung eines oder zweier NICOLscher Prismen, das vom Augenhintergrund zurückkehrende depolarisierte, auf dem Wege des außerordentlichen Strahles verlaufende Licht allein zur Beobachtung zu benutzen. Das von den brechenden Medien reflektierte Licht, das in gleicher Richtung polarisiert bleibt, kehrt auf dem Wege des ordentlichen Strahles zur Lichtquelle zurück und wird so für die Beobachtung unschädlich gemacht.

THORNER verwandte zu diesem Zwecke zwei zwischen untersuchtem (O) und beobachtendem Auge (B) (s. Fig. 132) befindliche NICOLsche Prismen N_a und N_p. An N_p kittete er ein kleines total reflektierendes Prisma P an, das die von der Lichtquelle L ausgehenden Strahlen durch N_p nach O leitet. In diesem Auge wird das Licht sowohl von der Hornhaut wie vom Augenhintergrunde zurückgeworfen.

Fig. 132.

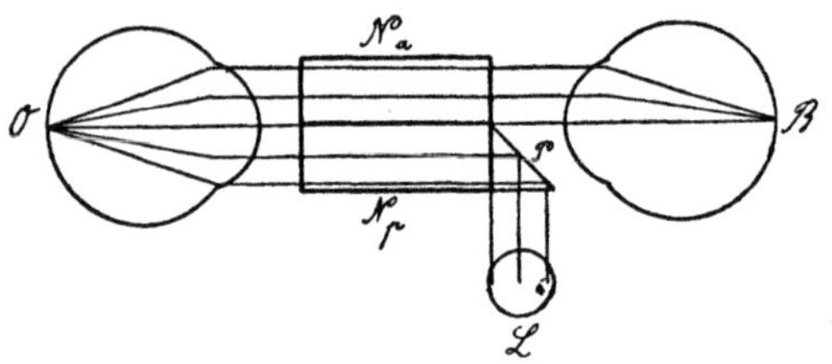

Das von der Hornhaut reflektierte Licht wird, soweit es in den Nicol N_a eintritt, ausgelöscht, während der nach N_p verlaufende Teil wieder zur Lichtquelle zurückkehrt. Das vom Augenhintergrunde zurückgeworfene Licht tritt nur, soweit es durch N_a verläuft, zum Auge des Beobachters. Die törenden Reflexe sind so in der Tat beseitigt.

Wie THORNER aber selbst hervorhebt, ist die Polarisationsmethode wegen des mit ihr verbundenen Lichtverlustes weder für die Augenspiegeluntersuchung, noch für die Photographie zu empfehlen, namentlich schädigen und verschleiern auch die an den Flächen des Nicols auftretenden diffusen Reflexe das Bild.

Erfolgreiche praktische Verwendung sowohl für die reflexlose Ophthalmoskopie wie die Photographie des Fundus haben nur die sogenannten »geometrischen Methoden« gefunden, die durch entsprechende räumliche Anordnung der zur Untersuchung benutzten Vorrichtungen den von den Trennungsflächen der brechenden Medien reflektierten Strahlen einen anderen

Weg geben als den vom Augenhintergrunde zurückkehrenden (Thorner) und erstere von dem beobachtenden Auge, bzw. der photographischen Platte fernhalten (räumliche Trennung des Beleuchtungs- und Beobachtungssystems). Durch geeignete Art des Lichteinfalls und Benutzung von Blendenvorrichtungen ist diese Aufgabe sowohl für das aufrechte wie das umgekehrte Bild in verschiedenartiger Weise gelöst worden, wie aus den nachstehend beschriebenen Verfahren Thorners, Wolffs, Dimmers und Gullstrands hervorgeht.

Thorners Methoden der reflexlosen Ophthalmoskopie.

Die strenge Trennung des Beleuchtungs- und Beobachtungssystems durch Zweiteilung der Pupille in eine zur Beleuchtung und eine zur Beobachtung dienende Hälfte ist schon von Ulrich (1853), F. Fuchs (1882) und Bagnéris (1889) — von letzterem zu photographischen Zwecken — angestrebt worden, ohne daß durch diese Pupillenteilung allein eine genügende Beseitigung der Reflexe erreicht worden wäre. Zwischen Hornhaut und Beleuchtungsspiegel (Prisma) bleibt auch bei dichter Annäherung ein Raum übrig, in dem sich Beleuchtungs- und Beobachtungsstrahlen mischen.

Erst Thorner zeigte 1899, daß es zur Erzielung vollkommener Reflexlosigkeit noch besonderer Abblendungsvorrichtungen im Beleuchtungs- und Beobachtungssystem bedarf, durch die, auf optischem Wege, sozusagen eine weit in das Auge hineinreichende Scheidewand zwischen Beleuchtungs- und Beobachtungsstrahlen errichtet wird. Er erreicht dies, indem er in beiden Systemen eine zur untersuchten Pupille konjugierte Ebene schafft und in diesen beiden Ebenen je eine Blende (halbmondförmiges Diaphragma) anbringt, deren optische Bilder in getrennte Teile der untersuchten Pupille fallen. Bei seinem stabilen Augenspiegel stoßen dieselben lückenlos aneinander und ergänzen sich auf der Pupille des Untersuchten zu einem vollen Kreise, dessen eine Hälfte (*A* Fig. 133) zur Durchsicht, dessen andere (*L*) zum Lichteinfall dient.

Fig. 133.

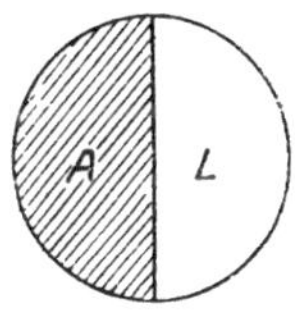

Zum Verständnis des Thornerschen stabilen Augenspiegels mit reflexlosem Bilde sind Fig. 135 und 136 beigefügt.

Ein Bild der Lichtflamme *L* (Petroleumlampe), die in doppelter Brennweite von einer Konvexlinse *A* von großer Apertur stehen soll, werde durch eine Spiegelglasplatte *gg* abgelenkt, auf der Pupille von O_2 entworfen (Fig. 135). Dieses Bild ist ebenso groß wie *L* selbst. Betrachtet werde der Augengrund durch eine Konvexlinse *B* von 25 cm Brennweite, welche sich ebensoweit (50 cm) vom Beobachter O_1 wie vom untersuchten Auge O_2 befindet. Dann entsteht ein ungekehrtes Bild des Augenhintergrundes zwischen O_1 und *B*.

Verdeckt man nun die eine Hälfte von L durch eine Blende ss, so entsteht ein Bild von ss auf der halben Pupille von O_2 (bc), d. h. diese Hälfte wird dunkel, während die andere Hälfte hell bleibt. Die unbeleuchtete Hälfte der Pupille bc bildet sich nun auf der halben Pupille von O_1 (ef) ab, die beleuchtete Hälfte ab auf der Hälfte de. Alle Strahlen, die von der halben beleuchteten Hornhaut von O_2 reflektiert werden, verhalten sich so, als ob sie selbstleuchtend wären, und gehen zu dem Bilde von ab, d. h. zu de hin, so daß in den Raum ef kein Strahl von diesem Reflexe

Fig. 134.

THORNERS stabiler reflexloser Augenspiegel.

fallen kann. Befindet sich in de ebenfalls eine Blende, so wird der Reflex vollständig beseitigt, und es gelangt nur Licht vom Augenhintergrunde in das Auge des Beobachters O_1.

Zur Beleuchtung und zur Beobachtung dient ein gleiches System (Fig. 136), das nach den allgemeinen Gesetzen eines astronomischen Fernrohrs mit der Vergrößerung 1 konstruiert und für die speziellen optischen Verhältnisse des Auges umgeändert ist. Es besteht aus 2 bikonvexen Linsen (1 und 2) von 75 mm Brennweite und 50 mm Durchmesser und einer kleineren, plankonvexen Linse von ebenfalls 75 mm Brennweite. Durch dieses System ist das Bild ausreichend achromatisch gemacht, ferner wird der stark gewölbte Augenhintergrund als Ebene abgebildet. Auf das Auge O_2 werden die Lichtstrahlen aus dem Beleuchtungssystem mit Hilfe eines total reflektierenden Prismas gelenkt. Letzteres denke man sich in Fig. 135 an der Stelle der Spiegelglasplatte *gg*, aber nur von links her bis zur optischen Achse reichend. (Die Wirkung ist dieselbe, nur mit dem Unterschied, daß bei Verwendung einer Spiegelglasplatte das Bild nicht so klar erscheint, während das Prisma den Nachteil einer leichten Vignettierung nach den beiden Seiten zu hat.) Die Abweichungen von der normalen Refraktion sowohl von seiten des Untersuchten wie des Beobachters lassen sich durch Änderung der Entfernung von 1 und 2 in engeren, und durch Auswechseln des Okulars 3 in weiteren Grenzen korrigieren. Bei einem Gesichtsfeld von 35° wird die Vergrößerung des aufrechten Bildes erreicht.

Fig. 135.

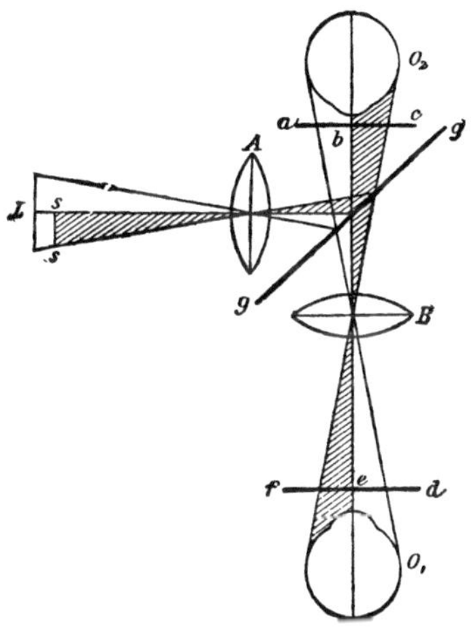

Fig. 136.

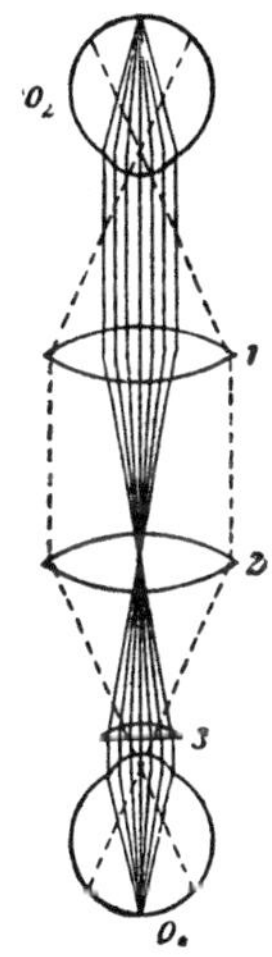

Ein praktisch wichtiger Teil des Instruments ist der »Sucher«, ein Ansatz (Fig. 134, rechts), der durch Spiegelung gestattet, während der Beobachtung des Augenhintergrundes die Stellung der untersuchten Pupille zu dem auf sie fallenden Lichtschein zu kontrollieren.

Die objektive Refraktionsbestimmung ermöglicht sich dadurch, daß die zur deutlichen Ophthalmoskopie notwendige scharfe Einstellung des Beobachtungsrohres an einer Skala abgelesen werden kann. Entsprechend 3 dem Apparate beigegebenen Okularen sind 3 Skalen eingeteilt.

Da der Thornersche stabile Augenspiegel auch jedem Ungeübten das Bild des Augenhintergrundes vorführen läßt, ist er für den klinischen Unterricht fast unentbehrlich und findet zurzeit wohl in allen größeren Kliniken

Verwendung. Auch für die Anfertigung von Abbildungen des Augengrundes durch Zeichner, welche die Technik des gewöhnlichen Augenspiegels nicht beherrschen, ist das Instrument vorzüglich zu gebrauchen. Die Pupille des Untersuchten ist künstlich zu erweitern.

Den stereoskopischen stabilen Augenspiegel des Autors werden wir später (S. 347) besprechen.

Thorners reflexloser Handaugenspiegel (1910)

ist ein in freier Hand zu führendes Instrument, das ebenfalls dank der Reflexfreiheit des Bildes das Ophthalmoskopieren ohne größere Übung gestattet, und zwar bei nicht erweiterter Pupille. Gesichtsfeld und Vergrößerung entsprechen dem gewöhnlichen umgekehrten Bilde.

Fig. 137.

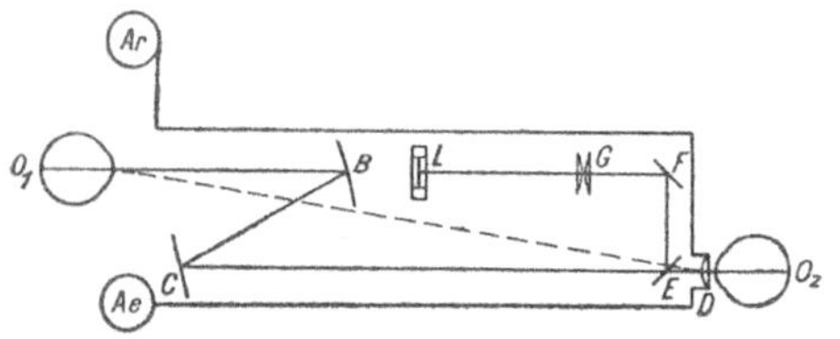

THORNERS reflexloser Handaugenspiegel (senkrechter Durchschnitt).

Fig. 138.

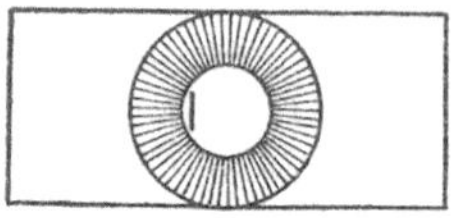

Während bei dem stabilen Augenspiegel das ganze Pupillargebiet — die eine Hälfte zur Durchsicht, die andere zur Beleuchtung — Verwendung findet, wird bei dem mit intensiverer Lichtquelle (elektrische Glühlampe) ausgestatteten Handspiegel nur je ein kleiner Abschnitt für den Lichteintritt (s. Fig. 138) und für die Beobachtung benutzt, ähnlich wie bei dem später konstruierten, reflexlosen, stabilen Ophthalmoskope GULLSTRANDS (s. S. 339).

Fig. 139.

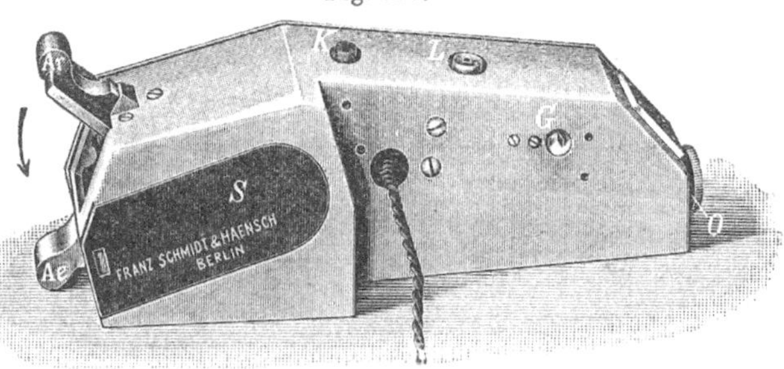

Reflexloser Handaugenspiegel nach THORNER.

Zwischen Beleuchtungs- und Beobachtungsabschnitt des Instruments ist in einer der Hornhautfläche konjugierten Ebene eine »indifferente Zwischenzone« von etwa 2 mm Breite eingeschaltet, deren Bild auf der Hornhaut etwa

$^2/_3$ mm mißt. Es wird so verhindert, daß, trotz einer gewissen Bewegungsfreiheit des untersuchten Auges, Beleuchtungs- und Beobachtungsstrahlen übereinander greifen.

Als System dient ein Hohlspiegel B (s. Fig. 137) in Kombination mit einem Planspiegel C. Da durch die beiden Reflexionen eine Versetzung der Strahlen gegen die Anfangsrichtung bedingt ist, sieht das beobachtende Auge O_2 zwischen den beiden Spiegeln B und C die Pupille des Patienten O_1, auf der sich die Lichtquelle exzentrisch als feine Lichtlinie abbildet (s. Fig. 138), und kann an dieser das Instrument einstellen. Dasselbe wird während der Untersuchung mittels des kugeligen Ansatzes Ar gegen die Stirn des Untersuchten gestützt (s. Fig. 139).

Die von der kleinen, fadenförmigen Glühlampe L ausgehenden Lichtstrahlen gelangen durch das Linsensystem G und nach Reflexion an den Planspiegeln F und E in das Auge des Untersuchten O_1 und von dessen Fundus nach Reflexion an dem Hohlspiegel B und dem Planspiegel C durch die — lediglich die Akkommodation entlastende — Konvexlinse D zum Auge des Beobachters O_2.

Fig. 140.

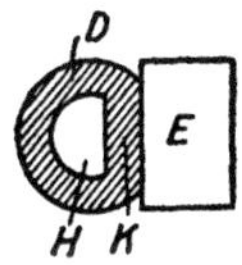

Der Planspiegel E nimmt nur die Hälfte der Breite des Instrumentes ein, so daß der Arzt an der Kante vorbeisehen kann.

Fig. 140 zeigt die Zwischenzone K, welche die Kante dieses Spiegels von der Durchblicksöffnung trennt.

H. Wolffs reflexlose Ophthalmoskopie.

Während Thorner (1899) die mittels des »Zweiteilungsprinzips der Pupille« noch nicht beseitigten Reflexe durch halbmondförmige Blenden innerhalb des Beleuchtungs- und Beobachtungssystems verdeckt, sucht Wolff durch geeigneten Lichteinfall sämtliche regelmäßigen Lichtreflexe nach außen, neben die Eintritts-, bzw. Austrittspupille des Beobachtungssystems abzulenken. Wie Wolff (1908, 1912, 1913) ausführt, ist er auf induktivem Wege den bei der Lichtreflexion an den drei katadioptrischen Systemen (Hornhaut, vordere und hintere Linsenfläche) zu beobachtenden Tatsachen nachgegangen und hat allein durch katoptrische Mittel, nämlich geeignete Einfalls- und Reflexionsrichtung, bzw. Spiegelneigung die störenden Lichtreflexe beseitigt. Er hat nachgewiesen, daß bei Abbildung einer kleinen Lichtquelle in der Pupille des untersuchten Auges, und zwar in einiger Entfernung neben der Augenachse (in L'' Fig. 141a) die störenden Lichtreflexe weit zur Seite neben den Strahlenkegel des Augengrundbildes entweichen: »Von dem Hohlspiegel der Linsenhinterfläche, deren Mittelpunkt vor der Krümmungsfläche liegt, katoptrisch kollektiv nach dem gegenüberliegenden

Raum neben der Achse (Fig. 141 *a*, *b*, *Rl*); von den erhabenen Spiegeln der Hornhaut und Linsenvorderfläche, deren Mittelpunkte hinter der Krümmungsfläche dem Objektraum gegenüber liegen, nach der Seite des Lichteinfalls« (Fig. 141 *a*, *b*, *Rc*)[1].

Fig. 141

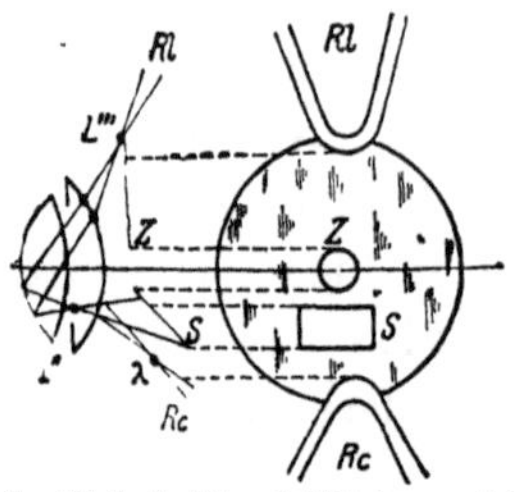

a Sagittalschnitt. *b* Flächenansicht. (Natürliche Größe.)

Schema der katoptrischen Beseitigung der Hornhaut- und Linsenreflexe: katoptrische Methode der zentrischen reflexlosen Ophthalmoskopie v. Wolff 1903, 1906, 1908. *a* Sagittalschnitt, *b* Flächenansicht, *Rl* Reflex der hinteren konkaven Linsenfläche, *Rc* Hornhautreflex (beide zeigen wegen der Aberration das Glühfadenbild in kissenförmiger Verzerrung), *Z* zentrische 3 mm Blende, Eintrittspupille des Ophthalmomikroskops, *S* Planspiegel, *L''* Beleuchtungsfokus (Glühfadenbild), *L'''* katoptrisches Bild des Beleuchtungsfokus, von der hinteren konkaven Linsenfläche reflektiert, λ katoptrisches Bild des Beleuchtungsfokus von der Hornhaut reflektiert. Die katoptrische dispansive Abbildung des Beleuchtungsfokus durch die konvexe Linsenvorderfläche ist, um die Figur nicht zu verwirren, nicht gezeichnet (nach Wolff, 1912).

Je weiter der Lichtfokus sich achsensenkrecht nach dem Pupillenrand zu entfernt, um so steiler wird die Reflexionsrichtung, um so weiter weichen die störenden Lichtreflexe zur Seite. Wolff beseitigte also das regelmäßig reflektierte Licht mittels einfacher Spiegelneigung durch Entfernung des Beleuchtungsfokus von der — parallel zur Beleuchtungsachse verlaufenden — Beobachtungsachse. Hierdurch wurde der Raum um die Achse, d. h. eine zentrale aplanatische Hornhautzone frei. Das diffus reflektierte Licht wird durch die Schirmwirkung des undurchsichtigen Teilspiegels beseitigt. Nach vorstehendem kann man die Wolffsche Methode auch als katoptrische (rückläufige) Methode der reflexlosen Ophthalmoskopie bezeichnen.

Im Gegensatz zu Bagnéris (Nancy), der mittels eines gleichseitigen Prismas von 60° den Beleuchtungskegel schief in das untersuchte Auge fallen ließ, fordert Wolff parallelen Verlauf der Einfallsrichtung der Achse des Gesamtbeleuchtungskegels zur Achse des beobachteten Auges.

Wolffs reflexloser elektrischer Handaugenspiegel.

»Die Beseitigung der Lichtreflexe allein durch eine geeignete Spiegelneigung unter Zentrierung der Lichtquelle mit dem Beleuchtungslinsensystem« wurde von Wolff zuerst 1900 an seinem elektrischen Augenspiegel verwirklicht, dem ersten reflexlosen Handaugenspiegel (Fig. 142, 143). Derselbe hat das größte erreichbare Gesichtsfeld für das aufrechte Bild und liefert ein ideales, schleierfreies Bild des Augenhintergrundes, der mittels eines vor der halben Pupille liegenden, total reflektierenden Prismas, bzw. Planspiegels beleuchtet wird. Auf denselben fallen konvergente Strahlen, deren Fokus (Glühfadenbild) in einer Pupillenhälfte etwa in der Pupillen-

1) Arch. f. Augenheilk. Bd. 59, S. 127, 128 und Zeitschr. für Augenheilk. Bd. 28, Heft 1 S. 307—324.

ebene liegt, während die andere Hälfte nach dem schon früher bekannten Halbierungsprinzip zur Beobachtung dient.

Der Beleuchtungsapparat (Fig. 142a und b) besteht aus einer Röhre (*B*), die eine Glühlampe (*L'*), (12 Volt) und eine Konvexlinse (*D*), (40 dptr.)

Fig. 142a.

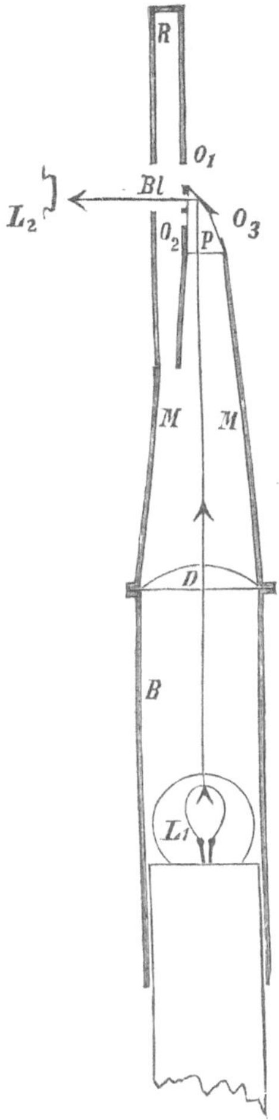

2/3 natürliche Größe.

Fig. 142b.

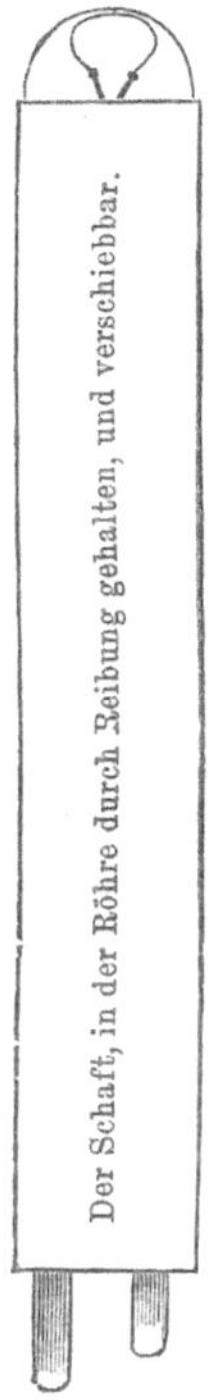

Fig. 143.

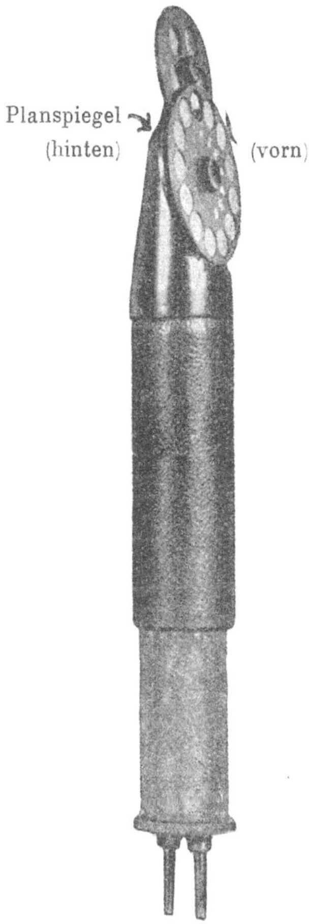

Wolffs elektrisches Ophthalmoskop.

enthält. Sie dient gleichzeitig als Griff und ist, zur Abhaltung der Wärme, mit einem Mantel aus Asbestpappe umgeben (Fig. 143). Der Kohlenbügel steht in der Ebene der Zeichnung senkrecht zur Kante des Prismas *p*, kann aber auch derselben parallel gestellt werden. Das total reflektierende Prisma *p*, an dessen Stelle man ebensogut einen kleinen rechteckigen Planspiegel setzen kann, ist in dem konischen Mantel (*MM*) so befestigt, daß seine Kante ungefähr 1 mm exzentrisch nach vorn von der Hauptachse steht. Sie ist im Sehloch der Rekossschen Scheibe durch eine 1 mm breite Blende (*Bl*) verdeckt. Von der reflektierenden Hypotenusenfläche ist nur der notwendige Teil stehen geblieben, der übrige Teil derselben ist in einem zur ersteren stumpfen Winkel von 120° abgeschliffen und poliert. Der letztere dient zum Beleuchten und Ablesen der in O_2 erscheinenden Nummern der Rekossschen Scheibe. Dieselbe ist in einem Ausschnitte des konischen Mantels vorn so angebracht, daß etwa ein Millimeter weniger als die Hälfte ihres Sehloches durch das Prisma verdeckt wird.

Jede beliebige Gläserscheibe läßt sich mit dem Apparate verbinden.

Für das aufrechte Bild steht die Lampe so zur Konvexlinse, daß nach der Reflexion am Prisma ihr umgekehrtes, vergrößertes Bild ungefähr 7 bis 10 mm vor der Rekossschen Scheibe entworfen wird (L_2). Die Entfernung desselben, ja die Richtung der reflektierten Lichtstrahlen überhaupt, kann durch Verschiebung der Lampe nach Belieben verändert werden. So kommt der Beleuchtungsapparat einem konkaven oder konvexen Spiegel mit veränderlicher Brennweite gleich.

Glühlampe, Konvexlinse und Prismenkante lassen sich durch horizontale Verschiebung des Mantels (*MM*) zum Beleuchtungsrohre zentrieren.

Das Instrument gestattet, im Gegensatz zu den früheren elektrischen Ophthalmoskopen, die meist einen ziemlich kompakten Spiegelapparat an der Vorderfläche besitzen, eine Annäherung an das untersuchte Auge bis auf 5 mm und weniger. So ist es leicht, den Vereinigungspunkt des Beleuchtungslichtes in den Knotenpunkt des Auges zu verlegen. In diesem Falle gehen die Lichtstrahlen ungebrochen zur Netzhaut und beleuchten ein möglichst großes Gebiet derselben.

Gleichzeitig wird aber auch das Beobachtungsfeld so ausgedehnt, wie überhaupt erreichbar.

Beide können sich in ihrer ganzen Ausdehnung decken, was bei Anwendung eines gewöhnlichen Spiegels, trotz der Beschränktheit der beiden Felder, kaum je der Fall ist.

Das Beleuchtungsfeld ist kreisrund, da es das Zerstreuungsbild der Beleuchtungslinse darstellt. Für eine 6 mm weite Pupille wird sein Durchmesser, nach H. Wolffs Berechnung, 7,5 mm.

Da der Abstand zwischen Fovea und Pupillenzentrum im normalen Auge 3,9 mm beträgt (E. Landolt), so ist also das ganze Gebiet der Macula lutea und der Sehnervenscheibe gleichzeitig sichtbar und, bis auf eine schmale Randzone, gleichmäßig erleuchtet.

Die zur Beobachtung nötige Beleuchtungsintensität soll, nach dem Autor, bei diesem Augenspiegel viel geringer sein, als das von einem belegten Planspiegel aus 25 cm Entfernung reflektierte Licht einer niedrigen Petroleumflamme. Nichtsdestoweniger ist die Helligkeit des aufrechten Bildes vollkommen genügend, da zwei Drittel jedes aus dem untersuchten Auge kommenden Lichtbündels in das Auge des Beobachters gelangen, und nur ein Drittel derselben, durch die reflektierende Fläche verdeckt, zur Lichtquelle zurückkehrt (Fig. 144).

Aus diesem Grunde verträgt der Untersuchte die Beleuchtung selbst seiner Makula ohne störende Pupillarreaktion, und die Beobachtung des hinteren Poles des Auges wird somit sehr leicht. Auch der Hornhautreflex verschwindet, wenn man dicht an der in der Ebene der Rekossscheibe liegenden Kante des Prismas vorbeisieht.

Fig. 144.

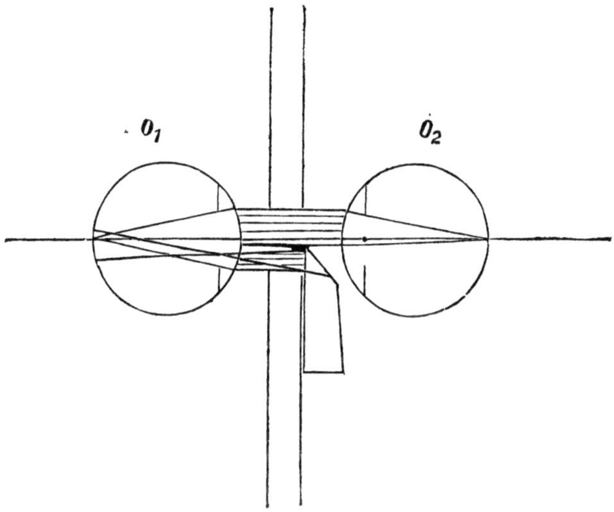

O_1 untersuchtes, O_2 beobachtendes Auge.

Endlich ist nicht zu vergessen, daß ein solches Instrument, welches die Lichtquelle in sich trägt, zur Untersuchung am Krankenbette viel geeigneter ist als der gewöhnliche Spiegel, dessen Einstellung bei gewissen Lagen des Patienten sehr schwierig sein kann.

Der Autor macht darauf aufmerksam, daß mit seinem elektrischen Augenspiegel das umgekehrte Bild, außer in der gewohnten Weise, auch so entworfen werden kann, daß das Instrument zur Beleuchtung dicht an das untersuchte Auge gehalten, und die Konvexlinse zwischen dasselbe und das Auge des Beobachters gebracht wird. Auf diese Weise fallen alle Reflexe weg[1].

Der Wolffsche Augenspiegel läßt sich auch vorzüglich zur fokalen Beleuchtung der Netzhaut und des Glaskörpers benutzen; man hat

1) Ulbrich (1908) hat den Wolffschen Spiegel so modifiziert, daß er auch mit einer elektrischen Taschenlampe verbunden werden kann.

nur die Glühlampe so weit in die Beleuchtungsröhre hineinzuschieben, daß der Fokus der Lichtquelle auf die zu beobachtende Stelle fällt, dieselbe also intensiv beleuchtet wird, während davor gelegene Teile nur schwach erleuchtet werden. Trotz vorhandener Trübungen der brechenden Medien, kann man auf diese Weise sonst nicht zu erkennende Netzhautveränderungen zuweilen noch diagnostizieren. Zur Beobachtung des Glaskörpers stellt man nacheinander die Konvexgläser der Rekossschen Scheibe ein und kann so dessen einzelne Ebenen fokal beleuchten.

Reflexlose Mikroophthalmoskopie nach Wolff.

Zur Erlangung stärkerer Vergrößerungen des Augengrundbildes betrachtet Wolff (1903) das von ihm sogenannte »direkte umgekehrte (myopische) Bild« unter einem vergrößernden Okular (ähnlich dem Prinzip des Mikroskops). Das untersuchte Auge wird zu diesem Zwecke durch ein dicht davor gestelltes Konvexglas der Rekossschen Scheibe des elektrischen Augenspiegels (s. Fig. 168 R., S. 374) künstlich myopisch gemacht. Handelt es sich z. B. um ein emmetropisches Auge, so stellt man + 20 dptr. ein und betrachtet das direkte umgekehrte Bild (Objektivbild) mit der Konvexlinse + 20 dptr. (Okular). Die Vergrößerung ist dann 17fach; 35fach, wenn man eine Hartnacklupe von 25 mm Hauptbrennweite wählt, oder in die Rekosssche Scheibe nur + 10 dptr. einschaltet und als Okular ebenfalls + 20 dptr. benutzt.

Wolffs auf gleichem Prinzip beruhendes Netzhautmikroskop (1903) sucht starke Vergrößerungen (60—80 fach) durch Ausschaltung der optischen Fehler (Aberration) des beobachteten Auges, Verwendung eines passenden Mikroskops oder Fernrohrokulars und Verlegung des Beleuchtungsfokus in die Objektebene zu erhalten. Er setzt in das Sehloch der Rekossschen Scheibe eine zentrische 2 mm Blende (Eintrittspupille) ein und verwertet so ausschließlich die aplanatische Zone des untersuchten Auges. Damit hat Wolff schon die Grundbedingungen für die zentrische reflexlose Ophthalmoskopie geschaffen und auch die Bedeutung der Zentrierung — welche ja ein untrennbarer Bestandteil des Begriffs »Mikroskop« ist — richtig gewürdigt.

Die Bezeichnung »zentrische Ophthalmoskopie« ist jedoch erst von Gullstrand eingeführt worden, der, wie wir sogleich ausführen werden, die zentrische Methode der azentrischen gegenüberstellt.

Über den weiteren Ausbau der vom direkten (myopischen) umgekehrten Bild ausgehenden Wolffschen Versuchsanordnung zum reflexlosen Demonstrationsaugenspiegel und zur Verwendung für die Photographie s. S. 374.

Das Baumsche »Ophthalmofundoskop« (1909) ist ein reflexloser, elektrischer Handaugenspiegel, der ein stark (über 70 fach) vergrößertes Bild des Augenhintergrundes liefern soll. Der Tubus des etwa 10 cm langen, fernrohrartigen Instrumentes ist in seinem vorderen Abschnitt durch eine Längsscheidewand in eine Beleuchtungshälfte mit kleiner elektrischen Glühlampe und eine Beobachtungshälfte geteilt. Die eine Hälfte der Pupille dient zur Beleuchtung, vor der anderen befindet sich eine auf das vordere Ende des Beobachtungsteiles aufgesetzte halbe Objektivlinse. In dem dem Beobachter zugewandten Teile des Tubus gleitet ein Rohr mit verschiebbarem Mikroskopokular (s. Fig. 145). Das Instrument wird mit dem Objektivteil der Hornhaut des zu untersuchenden Auges möglichst genähert, die Einstellung erfolgt nach Art eines Fernrohres durch Verschiebung des Okulars. Der Hauptvorzug des Fundoskopes soll in der ungewöhnlich starken Vergrößerung[1] des Augenhintergrundes beruhen. Leider stehen die Resultate sehr hinter den Erwartungen zurück; das Gesichtsfeld wird bei diesen starken Vergrößerungen trotz der erforderlichen Mydriasis so klein, daß nur bei eiserner Ruhe der untersuchenden Hand und vollkommen fixiertem Blick des Patienten ein brauchbares Bild zu gewinnen ist. Nach unseren Erfahrungen bedarf es großer Übung, um mit dem Instrument zurecht zu kommen; bei der kleinsten Bewegung ist das Bild verschwunden, und es erfordert oft übergroße Geduld, seiner wieder habhaft zu werden.

Fig. 145.

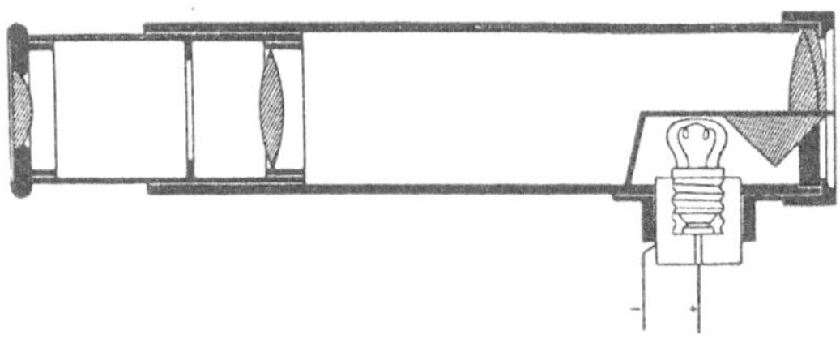

Ophthalmofundoskop nach Baum.

Dimmer (1899, 1901, 1903, 1907), beseitigt die Reflexe an den brechenden Flächen, indem er konvergente Lichtstrahlen mittels eines vor der halben Pupille liegenden Planspiegels in das untersuchte Auge wirft und außerdem, durch eine zungenförmige Blende, die eine Hälfte des (zweiten) Objektivs seines Abbildungssystems abblendet.

Wir werden hierauf bei der Beschreibung seines Apparates zur Photographie des Fundus, der auch als reflexloser Demonstrationsaugenspiegel Verwendung finden kann, zurückkommen.

Gullstrands Methoden der reflexlosen zentrischen und azentrischen Ophthalmoskopie.

Gullstrands neueste Arbeiten auf dem Gebiete der reflexlosen Ophthalmoskopie (1910, 1911) bedeuten eine weitere und wesentliche Förderung dieser Untersuchungsmethode, sowohl hinsichtlich Klarlegung ihrer Theorie

1) Wenn Baum annimmt, daß vor Konstruktion seines Fundoskops ähnliche Vergrößerungen noch nicht erreicht sind, so ist dies ein Irrtum; bereits 1903 berichtete Wolff, wie wir gesehen haben, über 60—80fache Vergrößerungen, die er mit seinem elektrischen Ophthalmoskop bei Anwendung geeigneter Kombinationen erzielte.

wie Vervollkommnung ihrer Technik, unter Verwertung der modernsten Errungenschaften der praktischen Optik.

Die Bedingung der reflexlosen Ophthalmoskopie faßt GULLSTRAND in folgenden Satz zusammen: »Es muß ein Teil des Augenhintergrundes, es darf aber kein Teil der Hornhaut oder Linse des untersuchten Auges auf einmal im Strahlenraum des Beleuchtungssystems und in demjenigen des Beobachtungssystems gelegen sein, während gleichzeitig in den drei katadioptrischen Systemen die Lichtquelle, wenn ein Strahlenraum vorhanden ist, außerhalb desselben gelegen sein muß.«

GULLSTRAND unterscheidet eine zentrische und azentrische reflexlose Ophthalmoskopie.

Die zentrische reflexlose Ophthalmoskopie fordert die Zentrierung beider Pupillen auf der Achse des Beobachtungssystems. Ihr Prinzip wird durch Fig. 146 versinnlicht: P und P_0 bezeichnen die auf derselben Achse liegenden Mittelpunkte der Eintrittspupillen des Untersuchten (P)

Fig. 146.

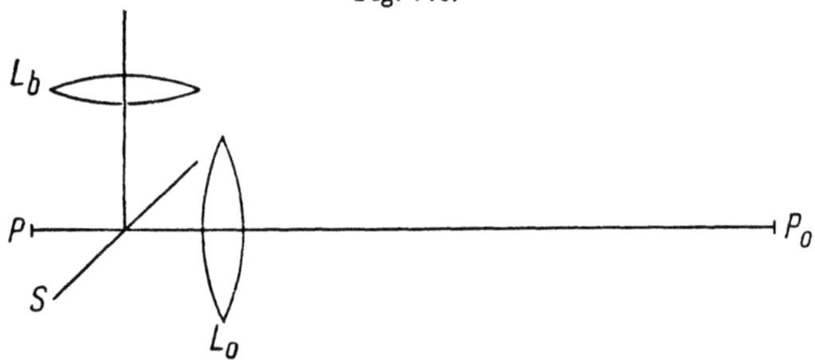

und des Beobachters (P_0), S eine planparallele, um 45° geneigte Glasplatte, L_0 eine dem Beobachtungs- L_b eine dem Beleuchtungssystem angehörende Konvexlinse.

P und P_0 werden durch die mit ihnen zentrierte Linse ineinander abgebildet, sie sind mit anderen Worten zueinander konjugiert.

Die zentrische reflexlose Ophthalmoskopie sucht die Aberration des untersuchten Auges möglichst auszuschalten, indem sie lediglich die zentrale aplanatische Hornhautzone benutzt. Es lassen sich dann selbst starke Vergrößerungen des ophthalmoskopischen Bildes verwerten, wie von WOLFF schon früher (1903) nachgewiesen worden war.

Für das zentrisch in der Eintrittspupille des untersuchten Auges gelegene Bild der Eintrittspupille (s. Fig. 147b) des Beobachters (bzw. des vor seinem Auge befindlichen Fernrohrobjektivs) empfiehlt GULLSTRAND, einen Durchmesser von ca 2 mm zu wählen. Das Bild der Lichtquelle (s) verlegt er nahe dem Pupillenrand (p), d. h. ebenso wie WOLFF und THORNER (Handaugenspiegel) außerhalb einer zentralen Zone, für die GULLSTRAND einen

Durchmesser von mindestens 4,5 mm verlangt. Das zentrale Beobachtungsgebiet ist also durch einen unbenutzten Zwischenraum (*a*) von dem Bilde der Lichtquelle (*s*) getrennt, und so die von Gullstrand für die Erzeugung eines reflexlosen Bildes oben geforderte Voraussetzung erfüllt, daß kein Teil der Hornhaut und der Linse des Untersuchten gleichzeitig in dem Strahlenraum des Beleuchtungs- und dem des Beobachtungssystems liege. Unter Mitarbeit H. v. Rohrs ist es Gullstrand gelungen, eine bisher unerreicht scharfe und aberrationsfreie Abbildung der Lichtquelle und der Pupille des Beobachters in der Eintrittspupille des Patienten zu erzielen, und zwar unter Benutzung aplanatischer Ophthalmoskoplinsen mit einer asphärischen Fläche. Dieselben wurden von H. v. Rohr nach Gullstrands Forderung in den Zeissschen Werkstätten hergestellt. Die mittels dieser aplanatischen Linsen erreichte Strahlenvereinigung ist, wie die von v. Rohr in Heidelberg demonstrierten Projektionsbilder beweisen, eine geradezu ideale und unvergleichlich exakter als die mit gewöhnlichen sphärischen Linsen von gleicher Brennweite und Öffnung erzielte.

Fig. 147.

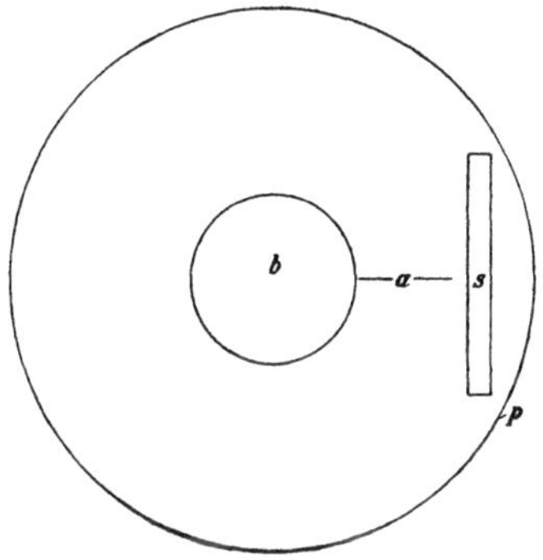

Abbildung des Fernrohrobjektivs (*b*) und des Lichtspaltes (*s*) der ophthalmometrischen Nernstlampe in der erweiterten Pupille des Untersuchten (nach v. Rohr).

Als scharf umgrenzte Lichtquelle dient Gulltsrand die ophthalmometrische Nernstspaltlampe[1]), als Spiegel eine um 45° geneigte, unbelegte Glasplatte. Die früher planparallele Form derselben hat Gullstrand aufgegeben, da infolge Reflexion an der Vorder- und Hinterfläche derselben zwei nebeneinander liegende, räumlich getrennte Bilder entstehen. Dieselben werden vereinigt bei Verwendung einer sogenannten »Keilplatte,« die in der Mitte etwa 1,5 mm stark ist und einen sehr kleinen Keilwinkel hat. Durch das Zusammenlegen der beiden Spiegelbildchen wird auch die Helligkeit des endgültigen Spaltbildchens gesteigert.

Die Konstruktion des neuesten Modells (1911) des großen Gullstrandschen Ophthalmoskops zur reflexlosen Ophthalmoskopie geht aus der von Herrn H. v. Rohr für uns angefertigten schematischen Zeichnung (Fig. 148) hervor. Es besteht aus einem vertikal stehenden Beleuchtungsrohr (*Bl*) und einem horizontal gelegenen Beobachtungsrohr (*Bb*), die einen Winkel von 90° miteinander bilden.

1) »Die Nernstspaltlampe besteht in wesentlichen aus einem geschlossenen Rohre, in dessen einem Ende eine gewöhnliche Nernstlampe für 116 oder 220 Volt ohne Glocke eingeschraubt ist, während sich am anderen Ende ein verstellbarer Spalt befindet, in welchem mittels geeigneter Justierungsvorrichtungen das durch ein Linsensystem erzeugte reelle Bild des glühenden Stäbchens zentriert wird«.

Die Lichtquelle (Nernststäbchen) *a* wird durch die aplanatische asphärische Linse *b* auf dem Spalt *c* abgebildet, der nur den mittleren Teil des leuchtenden Stäbchenbildes durchläßt. Die von hier ausgehenden Lichtstrahlen gelangen durch die Blende *d* und die zweite aplanatische Linse *e* und entwerfen, nach Spiegelung an der um 45° geneigten Keilplatte *f*, das Spaltbild in etwa 1,5 facher Verkleinerung in den peripheren Teilen der Eintrittspupille des untersuchten Auges *P*.

In der zentralen Zone derselben wird gleichzeitig — von dem Spaltbild durch einen freien Raum getrennt — die Eintrittspupille des Beobachtungssystems, d. h. die vor dem Objektiv der Fernrohrlupe gelegene Blendenöffnung *h* mittels der Ophthalmoskoplinse *g* aplanatisch abgebildet. Letztere entwirft in ihrer hinteren Brennebene ein Bild des Augenhintergrundes, das mit einer unokularen oder binokularen Fernrohrlupe betrachtet wird.

Fig. 148.

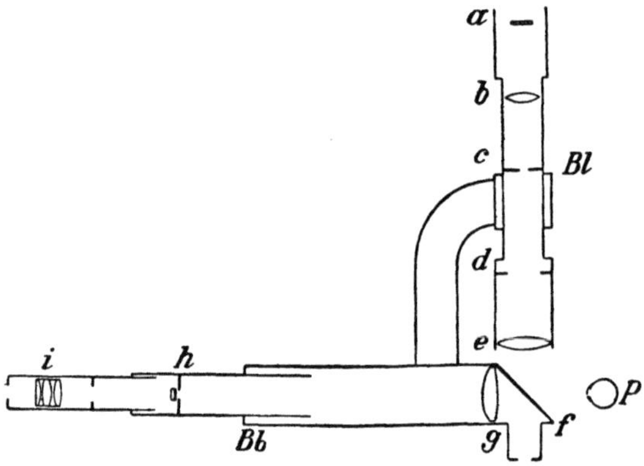

Großes Gullstrandsches Ophthalmoskop zur reflexlosen Ophthalmoskopie.
Teile des Beleuchtungsrohres (*Bl*): *a* Nernststäbchen, *b* erste aplanatische Linse, *c* Spalt mit dem Bild des Nernststäbchens, *d* Gesichtsfeldblende, *e* zweite aplanatische Linse, *f* Gullstrands Keilplatte.
Teile des Beleuchtungsrohres (*Bb*): *g* aplanatische Ophthalmoskoplinse, *h* Blende vor dem Objektiv des Beobachtungsfernrohrs, *i* Okular desselben.

Durch Wechseln verschiedener Okulare kann eine 5 bis 40 fache Lupenvergrößerung erzielt werden. Das ophthalmoskopische Gesichtsfeld hat eine Ausdehnung von etwa 3—4 Papillendurchmessern (bei der stärksten Vergrößerung 5,8 mm, bei der schwächsten 8,0 mm).

Die »zentrische« Benutzung des Gullstrandschen Instrumentes erfordert künstliche Erweiterung der Pupille. Will man bei enger Pupille untersuchen, so hat man das Ophthalmoskop »azentrisch« zu benutzen (s. u.).

Die Einstellung (seitlich, vor- und rückwärts) geschieht mit Hilfe des Kreuzschlittens (Fig. 149), auf dem das Instrument ruht. Außerdem läßt sich dasselbe heben und senken, sowie um seine vertikale Achse drehen. Dem Blick des Patienten wird die erforderliche Richtung durch eine verstellbare Fixiervorrichtung für das nicht untersuchte Auge, bzw. eine Fixiermarke für das untersuchte Auge (nach DIMMER) gegeben. Während die Einstellung des Spaltbildes auf den Rand der Eintrittspupille bei ruhigen Erwachsenen mit einem gewissen Sehvermögen im allgemeinen leicht zu

Fig. 149.

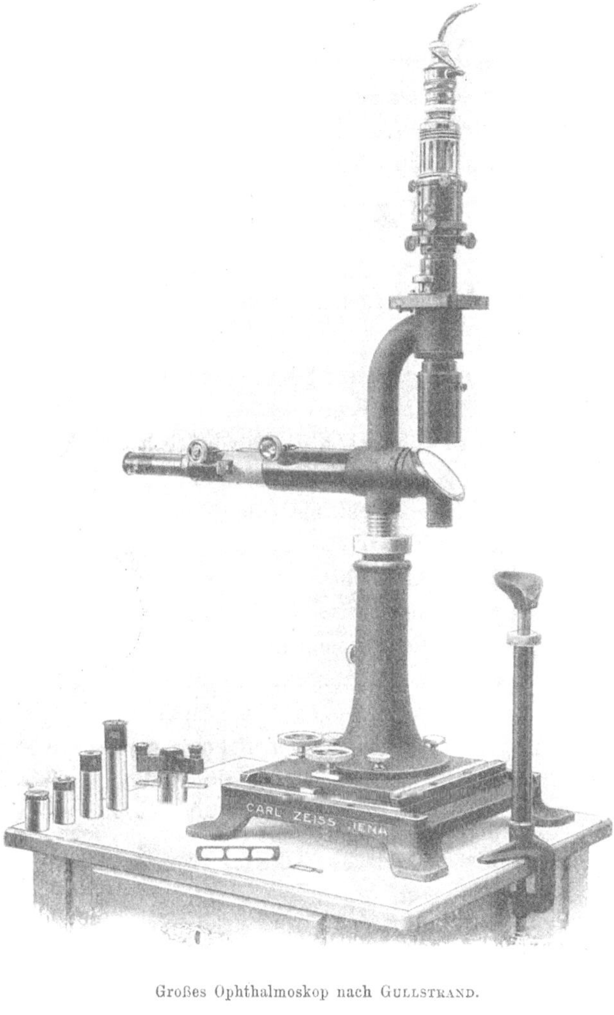

Großes Ophthalmoskop nach GULLSTRAND.

bewerkstelligen ist, kann sie bei unruhigen Kindern oder amaurotischen Augen, ebenso bei sehr lichtempfindlichen Patienten und Augenzittern erhebliche Schwierigkeiten bereiten oder ganz unmöglich sein.

Während der Untersuchung wird die genaue Einstellung des Spaltbildes zweckmäßig durch eine zweite Person überwacht.

Die Blendung der Untersuchten durch das lichtstarke Spaltbild ist nicht unerheblich; doch bietet die intensive Lichtquelle dafür den Vorteil, daß, trotz Einschaltung selbst enger, bildverschärfender Blenden vor das Objektiv, die Beleuchtung genügend hell ist.

Das Bild des Augenhintergrundes ist bei richtiger Justierung des Beleuchtungssystems bis in die Peripherie gleich hell, während bei dem Apparate Thorners, der sich zur Beleuchtung eines mit gerader Kante abschneidenden undurchsichtigen Spiegels bedient, eine allmähliche Abnahme des Lichtes nach den beiden Seiten (Vignettierung) stattfindet. An Schärfe steht dagegen das Thornersche Bild in seinem mittleren, gut beleuchteten Abschnitt dem Gullstrandschen kaum nach.

Durch die letzthin von Henker (1913) in Heidelberg demonstrierte Einrichtung zum Nachzeichnen des Augenhintergrundes, hat das Gullstrandsche Instrument eine erwünschte Vervollkommnung erfahren.

Die binokulare Verwendung dieses Instrumentes, sowie die gleichzeitige Beobachtung durch zwei Untersucher ist auf S. 348, bzw. S. 323 besprochen.

Auch ohne Anwendung eines besonderen Beobachtungssystems, kann man, nach Gullstrand, den Hornhautreflex in einfacher Weise beseitigen, wenn man sich eines gewöhnlichen durchbohrten Konkavspiegels (z. B. des kleinen Mortonschen Spiegels) von 15 cm Krümmungsradius bedient. Reicht der Vollschatten des Spiegelloches bis zum Krümmungszentrum der Hornhaut, so verschwindet der Hornhautreflex, wenn bei geeigneter Spiegelhaltung das Hornhautspiegelbild des Loches im Vollschatten liegt; d. h. wenn man den Hornhautreflex möglichst genau mit dem Spiegel beleuchtet. Als Lichtquelle dient am besten die Nernstspaltlampe. Allerdings muß man sich dabei dem Untersuchten so weit nähern, daß Stirn an Stirn stößt. Wie wir uns wiederholt überzeugt haben, kann man mit dieser »einfachen zentrischen Ophthalmoskopie« auch bei nicht erweiterter Pupille Einzelheiten der Makula aufs genaueste in reflexfreiem Bild studieren.

Gullstrands azentrische reflexlose Ophthalmoskopie.

Bei der azentrischen reflexlosen Ophthalmoskopie, deren Prinzip wir z. B. bei Thorners Spiegeln verwirklicht gefunden haben, wird die Pupille des ophthalmoskopierenden Auges nicht zentrisch, sondern in einem Randteil der Patientenpupille abgebildet (s. Fig. 150). Sie gestattet eine Vergrößerung des Abstandes zwischen dem Bild der Lichtquelle und demjenigen der Beobachterpupille (Verlegung dieser Bilder an die beiden Enden des Durchmessers der Patientenpupille) und ermöglicht damit die reflexlose Ophthalmoskopie auch bei engerer Pupille. Ferner liefert sie bei erweiterter Pupille größere reflexfreie ophthalmoskopische Übersichtsbilder.

Auch das große Gullstrandsche Ophthalmoskop verlangt azentrische Einstellung bei Untersuchungen von Patienten mit nicht erweiterter Pupille; das Bild der Eintrittspupille der Fernrohrlupe muß also etwas seitlich verschoben werden. Außerdem empfiehlt es sich, eine möglichst enge Blende zu benutzen.

Fig. 150.

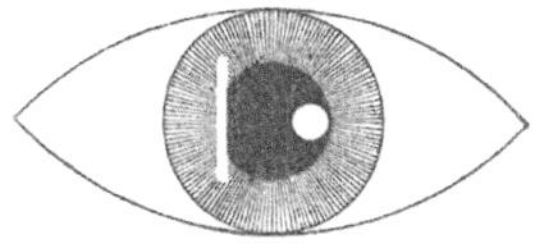

Lage des Bildes der Eintrittspupille der monokularen Fernrohrlupe und des Spaltbildes in der Patientenpupille bei azentrischer Ophthalmoskopie. (Nach Gullstrand.)

Als vereinfachte reflexlose Ophthalmoskopie gibt Gullstrand eine azentrische Methode an, die dem Praktiker gestattet, ohne kompliziertes Instrumentarium ein gutes Übersichtsbild zu erhalten und die Makulagegend auch bei kleiner Pupille zu untersuchen. Sie erfordert Gullstrands aplanatische Ophthalmoskoplinse und sein monokulares elektrisches Handophthalmoskop. Allerdings ist die Methode nicht ganz reflexfrei, da zwei der Ophthalmoskoplinse angehörende Spiegelbildchen zurückbleiben. Dieselben stören aber die Beobachtung nur wenig.

Fig. 151.

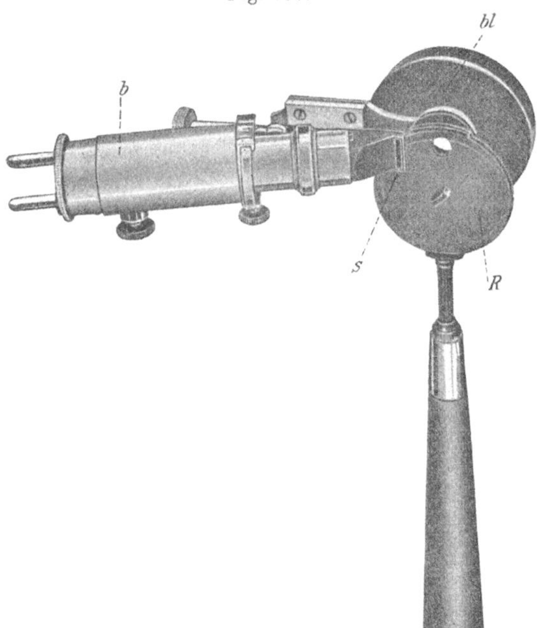

Gullstrands elektrischer Handaugenspiegel (vom Patienten aus gesehen).

Der mit der Hand geführte elektrische Augenspiegel (Fig. 151) des Autors besteht aus einer zentral durchlochten Blendenscheibe (*bl*), durch die der Arzt blickt, und einem einfachen, horizontal angeordneten Beleuchtungsrohre (*b*). Dasselbe ähnelt dem Wolffschen (s. o.). Der senkrechte Faden eines 4 Volt-Lämpchens wird durch ein optisches System am Ende des Beleuchtungsrohrs — neben der Blendenöffnung — in einem senkrechten Spalt (*s*) abgebildet. Ein kleines Prisma lenkt die Lichtstrahlen um etwa 90° in das Patientenauge ab. Mittels einer Rekossschen Scheibe (*R*) lassen sich verschiedene Linsen zwecks verschiedener Vergrößerung vorschalten.

Durch die Ophthalmoskoplinse werden Blendenöffnung und Lichtspalt aplanatisch in der Patientenpupille abgebildet.

Die Technik ist ähnlich und nicht viel schwieriger wie die des gewöhnlichen umgekehrten Bildes. Nachdem die Beleuchtungsröhre exakt justiert, der (variable) Abstand zwischen Spalt und Blendenöffnung je nach der Stärke der vorgeschalteten Rekossschen Linsen reguliert und die Blickrichtung des Kranken bestimmt ist, wird die Linse so vor das Auge des Patienten gehalten, daß der Lichtspalt an dessen Pupillenrand abgebildet wird. Es gelingt so, bei einem Pupillendurchmesser bis zu 2 mm herunter, ein Papille und Makula enthaltendes, reflexfreies Bild von etwa 5 Papillendurchmesser bei einer Vergrößerung von $^1/_3$ der des gewöhnlichen aufrechten Bildes zu erhalten.

Binokulare Ophthalmoskopie.

Der erste Augenspiegel, der beiden Augen gleichzeitig das Ophthalmoskopieren gestattete, war der von Giraud-Teulon (1861). Seine Konstruktion ist folgende (Fig. 152): Ein konkaver Glasspiegel *SS'* von 45 mm Durchmesser dient zur Reflexion des Beleuchtungslichtes, welches über dem Kopfe des Patienten angebracht wird, wenn, wie bei den älteren Exemplaren, der Spiegel nur um die horizontale Achse drehbar ist; dagegen seitlich, wenn er sich auch um die vertikale Achse drehen läßt, wie bei den neueren.

Im Zentrum ist der Spiegel, an einer kreisförmigen Stelle *oo'* von 0,55 cm Durchmesser, vom Belage befreit. In der Mitte dieser Stelle stoßen zwei Glasprismen *cagb* und *ca'g'b'* mit ihren scharfen Kanten aneinander. Die Winkel *acb* und *agb* betragen 45°, so daß Strahlen, welche senkrecht, oder unter einem sehr kleinen Winkel auf *aa'* fallen und diese Fläche ungebrochen passiert haben, an *cb* und *cb'* eine totale Reflexion nach *ag*, bzw. *ag'*, und dort eine ebensolche, durch die Flächen *bg* und *b'g'*, nach außen erleiden.

Befinden sich in *X* ein Objekt, in *A* und *A'* die Augen eines Beobachters, so bekommt jedes von den beiden Augen ein besonderes, und um so verschiedeneres Bild von *X*, je größer der Winkel *oXo'* ist. Um das Instrument jedem gegenseitigen Abstande der Augen des Beobachters anzupassen, ist das Prisma *acgb* in seiner Mitte senkrecht zu *ac* gespalten; sein äußerer Teil läßt sich aus- und einziehen, ohne auf den Gang der Strahlen einen anderen Einfluß auszuüben, als den, die Entfernung der nach *A* und *A'* austretenden Strahlenbündel voneinander zu modifizieren.

In dieser Gestalt würde Giraud-Teulons Augenspiegel Parallelstellung der Augen des Beobachters verlangen. Um ihn auch für konvergente Blickrichtung brauchbar zu machen, hat der Autor, auf der dem Beobachter zugekehrten Seite der Glasrhomboeder, je einen Schlitten mit zwei abduzierenden Prismen angebracht, von denen das eine eine plane, das andere eine konvexe Oberfläche hat, und welche nach Bedürfnis vor das Auge geschoben oder davon entfernt werden können.

Das Instrument kann zur Beobachtung im aufrechten wie im umgekehrten Bilde verwendet werden. In ersterem Falle muß allerdings die Refraktion des untersuchten Auges korrigiert werden, wozu mehr Linsen erforderlich sind, als Giraud-Teulon seinem Augenspiegel beigegeben hat. Für das umgekehrte Bild wird, zwischen Spiegel und untersuchtem Auge, in gewohnter Weise ein Konvexglas gehalten.

Fig. 152.

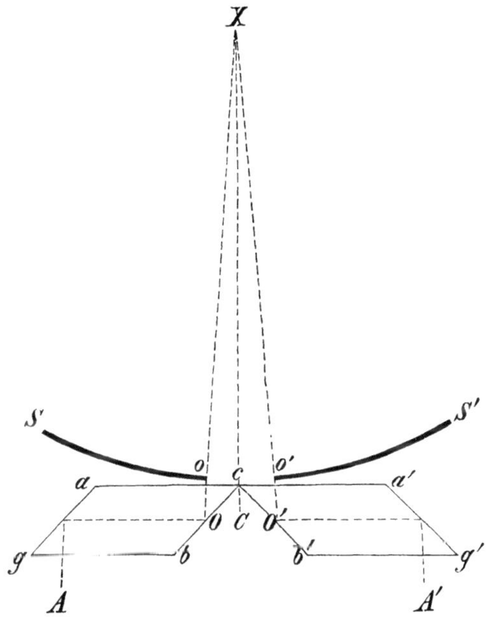

Der binokulare Augenspiegel sollte nicht nur dazu dienen, den beiden Augen des Beobachters gleichzeitig das Bild des untersuchten Augengrundes vorzuführen, sondern auch einen stereoskopischen Eindruck des letzteren hervorzubringen. Ob dies der Fall ist, hängt offenbar davon ab, ob die den Augen des Beobachters zukommenden Bilder genügend voneinander verschieden sind, bzw. ob sich die Objekte des untersuchten Augengrundes den beiden beobachtenden Augen unter einem genügend großen Winkel darstellen. Schweigger hat dies in Abrede gestellt, während die Versuche, die E. Landolt und Stammeshaus (1874) mit dem Ptotostereoskop vorgenommen haben, darzutun scheinen, daß Giraud-Teulons Augenspiegel, wenigstens im aufrechten Bilde, wirkliches stereoskopisches Sehen gestattet. Thorner hat seither den Nachweis für die zweifellose Richtigkeit dieser Auffassung geführt und die plastische Wirkung exakt berechnet (s. u.).

Schweigger (1870) versuchte die binokulare Ophthalmoskopie dadurch zu erreichen, daß er jedem Auge des Beobachters einen besonderen durchbohrten Konkavspiegel vorsetzte. — Später verband er zwei Planspiegel unter einem rechten Winkel. In der Mitte der Kante desselben befindet sich ein elektrisches Glühlicht mit einer Konvexlinse, welche durch eine Öffnung das Auge beleuchtet. Parallel zu jeder Spiegelfläche steht, vor jedem Auge des Beobachters, ein Planspiegel, der die vom Augengrunde kommenden Strahlen in dieses Auge lenkt.

Ähnlich wie bei dem Giraud-Teulonschen Instrument sind die Prismen in dem von Fraenkel (1909) konstruierten binokularen Ophthalmoskop (Fig. 153) angeordnet. (Parallelverschiebung der geteilten Strahlenbüschel durch 2 Paar total reflektierende, rechtwinklige, gleichseitige Prismen, dicht

Fig. 153.

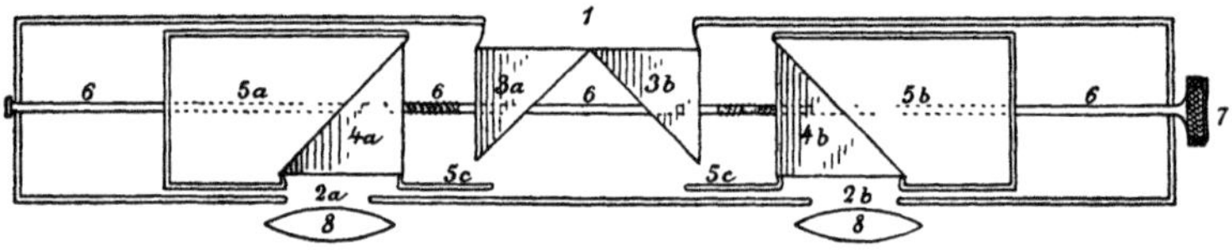

F. Fraenkels binokularer Spiegel. Horizontaler Durchschnitt des Prismengehäuses.

vor der Ebene des Beobachters.) Um den stereoskopischen Eindruck des umgekehrten Bildes durch Vergrößerung der Basis der binokularen Betrachtung zu erhöhen, bedient sich Fraenkel, statt der nur 55 mm breiten Durchbohrung des Giraud-Teulonschen Spiegels, eines in der Mitte horizontal durchschnittenen Konkavspiegels, durch dessen verstellbaren Spalt die vom untersuchten Auge herkommenden Strahlenbündel in voller Breite in die mittleren Prismen (*3a*, *3b*) des Apparates bei *1* eintreten. Die beiden äußeren Prismen (*4a*, *4b*) sind in Kästen (*5a*, *5b*) eingesetzt, die sich an einer Leitspindel (*6*) symmetrisch zu den festen inneren Prismen bewegen lassen. Je enger die äußeren Prismen stehen, um so größer wird die Querdisparation der Netzhautbilder in den Augen des Beobachters, um so plastischer der Eindruck.

Binokulare reflexlose Augenspiegel.

W. Thorner (1900) hat das Prinzip seines stabilen Augenspiegels mit reflexlosem Bilde auch für die binokulare Untersuchung verwendet.

Fig. 154.

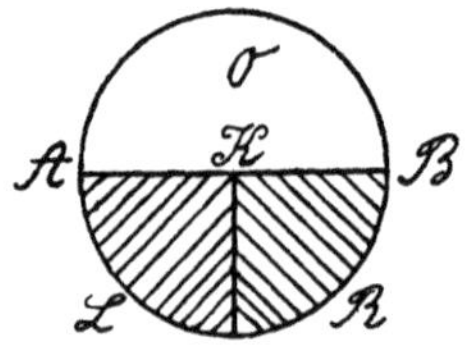

Die zur Beobachtung dienende Hälfte der Pupille (s. Fig. 154) ist noch einmal halbiert. *O* ist die Beleuchtungshälfte, *L* das Viertel für die Beobachtung des linken Auges, *R* dasjenige für die Beobachtung des rechten Auges. *AB* scheidet Beobachtungs- und Beleuchtungshälfte.

Das Licht wird, mit Hilfe des oben beschriebenen

optischen Systems, durch die obere Hälfte der Pupille von O_3 zugeführt (Fig. 155). Die durch die untere Hälfte der Pupille austretenden Lichtstrahlen werden durch die Prismen r und l horizontal nach außen reflektiert, durch die Prismen L und R ihrer Anfangsrichtung wieder parallel gemacht, und zwar so, daß ihr gegenseitiger Abstand gleich wird dem Abstande (O_1 O_2) der Augen des Beobachters. Sie durchlaufen die Beobachtungsrohre Bl und Br, die dem Beobachtungsrohr des monokularen THORNERschen Augenspiegels analog gebaut sind. Schließlich werden die Lichtstrahlen durch die Prismen Pl und Pr so reflektiert, daß das Bild von rechts nach links umgekehrt wird, also keine pseudoskopische Wirkung eintritt.

Fig. 155.

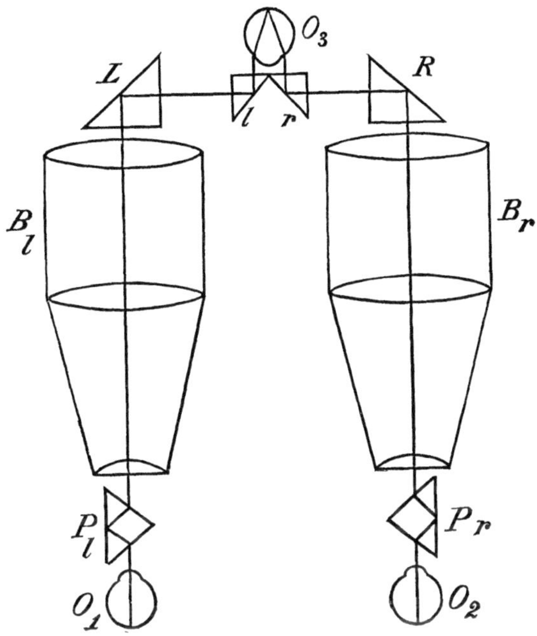

Mit Rücksicht auf den hohen Preis und die ziemlich schwierige Einstellung dieses Instrumentes, um ferner auch den schon vorhandenen Demonstrationsaugenspiegel für stereoskopische Betrachtung verwenden zu können, hat THORNER (1903) als Zusatzinstrument zu diesem, ein stereoskopisches Okular konstruiert, das auf das Beobachtungsrohr des einfachen Demonstrationsaugenspiegels aufgesetzt werden kann. Während beim stereoskopischen Augenspiegel, wie wir gesehen haben, das Bild durch die Prismen schon dicht vor der Pupille des Untersuchten geteilt wird, erfolgt die Teilung hier in dem Bilde derselben, d. h. dicht vor dem Auge des Beobachters. Vor dem Eintritt in die mittleren Prismen macht die Linse c (Fig. 156) die parallel aus dem Apparat kommenden Strahlen konvergent. Durch die Prismen a und b werden sie nach rechts und links

Fig. 156.

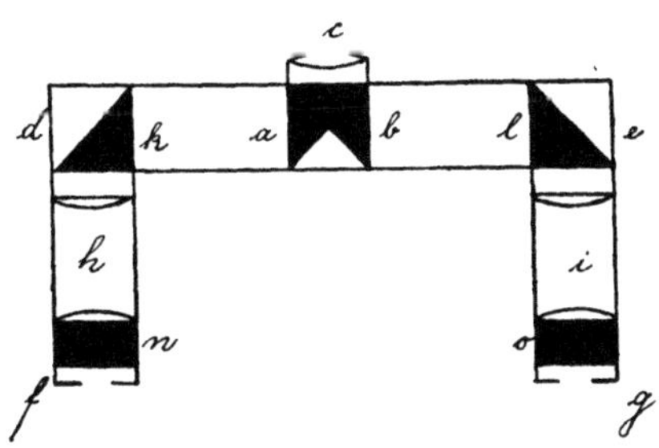

THORNERS stereoskopisches Okular.

abgelenkt, durch die Prismen *k* und *l* wieder parallel zur Anfangsrichtung gemacht, und zwar im Abstand der Pupillendistanz des Beobachters. Um eine Verengung des Gesichtsfeldes zu vermeiden, das wesentlich größer ist, als dasjenige des umgekehrten Bildes beim Giraud-Teulonschen Spiegel, wird die Austrittspupille (bei *c*) durch je ein optisches System (*h* und *i*) in *f* und *g* dicht vor dem Auge des Beobachters noch einmal abgebildet. Die bisher von oben nach unten liegende Basis für die Tiefenbeobachtung wird durch die beiden vor *f* und *g* eingeschalteten, um 45° gedrehten Prismen *n* und *o* in eine seitliche verwandelt.

Der Augenhintergrund erscheint um 90° gedreht, das Gesichtsfeld hat eine Ausdehnung von 3 P. D., die Vergrößerung ist die des aufrechten Bildes.

Zur Beurteilung der stereoskopischen Wirkung binokularer Augenspiegel hat Thorner einige, das Verständnis sehr erleichternde Begriffe eingeführt. Als »Längenminimum« bezeichnet er die kleinste Distanz, die man in der zur Visierlinie Senkrechten erkennen kann, als »Tiefenminimum« die kleinste in der Visierrichtung unterscheidbare Distanz, als stereoskopischen Quotienten den Quotienten zwischen beiden:

$$\frac{\text{Längenminimum}}{\text{Tiefenminimum}}.$$

Das Längenminimum wächst proportional der Entfernung, das Tiefenminimum proportional dem Quadrat der Entfernung. Der stereoskopische Quotient ist maßgebend für die Plastik, mit der uns ein Körper erscheint. Thorner weist durch exakte Berechnung nach, daß derselbe bei dem Giraud-Teulonschen Augenspiegel nur 0,053 beträgt, bei seinem stereoskopischen Augenspiegel dagegen ebenso wie bei seinem Okular 0,213. Das Tiefenminimum ist bei diesen neueren Instrumenten gegenüber dem Giraud-Teulonschen $^1/_{12}$ so groß, d. h., es können 12mal so geringe Niveauunterschiede damit wahrgenommen werden.

Auch Gullstrand hat seinen großen reflexlosen Augenspiegel (s. S. 341) zur stereoskopischen Betrachtung verwendbar gemacht. Er ersetzt die monokulare Fernrohrlupe durch ein binokulares Instrument, das dem Prismenokular der Czapskischen binokularen Hornhautlupe ähnelt. Beide Eintrittspupillen werden nahe den Endpunkten des horizontalen Durchmessers der Eintrittspupille des untersuchten Auges abgebildet. Die stereoskopische Basis beträgt daselbst 5,3 mm. Für die binokulare Beobachtung ist also Mydriasis erforderlich. Die Vergrößerung dieses reflexlosen, stereoskopischen Augenspiegels mit maximaler stereoskopischer Differenz ist eine 20fache. Sie gleicht also annähernd derjenigen des aufrechten Bildes.

Schließlich zeigt Gullstrand, wie durch Verwendung seines Beleuchtungsrohres und der aplanatischen Ophthalmoskoplinse das — modifizierte —

Giraud-Teulonsche, bzw. Fraenkelsche Instrument sich einer vereinfachten Methode der reflexlosen, stereoskopischen Ophthalmoskopie dienstbar machen lassen, durch die zwar ein etwas geringerer, aber für den Praktiker meist ausreichender plastischer Effekt erzielt wird. Allerdings müssen dabei, wie bei Gullstrands vereinfachter reflexloser Ophthalmoskopie, die in der Ophthalmoskoplinse entstehenden Reflexe mit in Kauf genommen werden.

Autophthalmoskopie.

So wie man ein fremdes Auge mit Hilfe eines Augenspiegels untersuchen kann, läßt sich auch, durch eine richtige Kombination von Spiegeln, das eine eigene Auge erleuchten und mit dem anderen ophthalmoskopieren.

Schon Helmholtz gibt in seiner Beschreibung eines Augenspiegels (S. 13) eine Methode an, wie man mit dem einen Auge das andere leuchten sehen könne: Man tritt vor einen Spiegel und stellt seitwärts eine Lampe auf. Dann hält man ein Stückchen ebenen Glases so vor sein rechtes Auge, daß man darin die Flamme gespiegelt sieht, und dreht es so, daß das Flammenbild mit dem Spiegelbilde des linken Auges zusammenfällt. Dann sieht das linke Auge das Spiegelbild der rechten Pupille, wenn auch schwach, leuchten.

Methode von Coccius. Wir setzen ein emmetropisches, akkommodationsloses Auge voraus. Die Retina dieses Auges, namentlich die Eintrittsstelle des Sehnerven, wird durch den Zerstreuungskreis eines vor und etwas nach außen von demselben stehenden Lichtes erleuchtet. Die Strahlen aber können nur durch die eine Hälfte der Pupille eindringen, indem die andere durch einen vorgehaltenen Planspiegel verdeckt ist. Die von der Papille kommenden Strahlen verlassen das Auge parallel und treffen auf den Planspiegel, von welchem sie auch parallel reflektiert werden. Nun kann man diesem eine solche Stellung geben, daß die reflektierten Strahlen der Papille gerade auf der Macula lutea zur Vereinigung kommen. So sieht also das Auge seine eigene Papille im Spiegel.

Das Autophthalmoskop, welches Coccius zu diesem Zwecke konstruiert hat, besteht aus einem inwendig geschwärzten, 54 mm langen Rohre. An seinem vorderen Ende befindet sich ein zentral durchbohrter, metallener Planspiegel von 20 mm Durchmesser, am hinteren Ende eine beleuchtende Konvexlinse von 13 dptr. Letztere ist größtenteils durch eine Blende verdeckt, so daß von ihr nur eine kleine exzentrische Stelle frei bleibt.

Autophthalmoskopie nach Zehender (1863). v. Zehender läßt ein Auge sich selber nach folgender Methode ophthalmoskopieren: Vor ein Auge werden zwei, unter beliebigem Winkel zueinander stellbare Planspiegel gebracht, und zwar so, daß das Bild des Auges, nach Reflexion am ersten und am zweiten Spiegel, von letzterem wieder ins Auge gelangt. Es sieht sich das Auge dann einerseits etwas schief, je nach der Größe des Winkels, den die beiden Spiegel zusammen bilden; außerdem sind in dem Bilde rechts und links vertauscht. Nun bringt man hart neben das Auge ein Licht und stellt es so, daß sein Spiegelbild mit dem zum zweitenmal reflektierten Bilde der Pupille zusammenfällt. Dann gelangt von dem reflektierten Lichte also auch etwas in das Auge. Dieses sieht seine eigene Pupille leuchten und kann, wenn es emmetropisch und akkommodationslos ist, auch seitlich von der Macula lutea gelegene Teile seiner Retina erkennen. Ist das Auge myopisch, so ersetzt man den zweiten Planspiegel durch einen Konkavspiegel, dessen Radius doppelt so groß ist als die zur Korrektion nötige negative Brennweite. Um stärkere Beleuchtung zu erzielen, kann man, statt des ersten (Beleuchtungs-)Spiegels, einen Konkavspiegel, und statt des zweiten einen Konvexspiegel benutzen, die beide gleiche Brennweite haben.

Fig. 157.

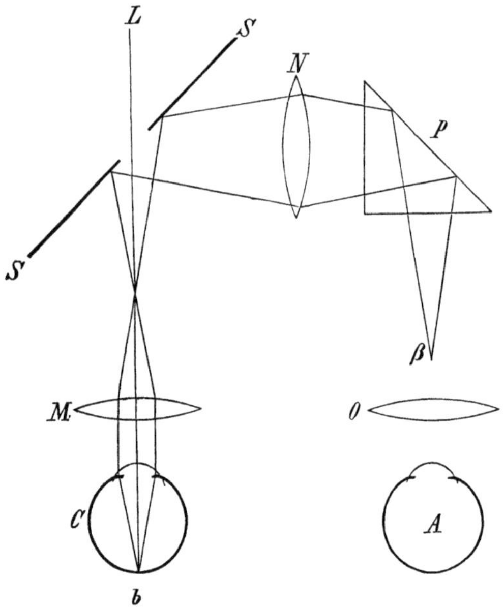

Das Autophthalmoskop von Heymann (1863). Dieses Instrument hat den Zweck, dem einen Auge das reelle Bild des anderen Auges vorzuführen; es ist in folgender Weise eingerichtet (Fig. 157): *A* stellt das beobachtende, *C* das untersuchte Auge dar. Letzteres wird beleuchtet von einer Flamme *L*, deren Licht durch die Öffnung eines schwachen Konkavspiegels *SS* auf eine Konvexlinse *M* von 15 dptr., und von dieser konzentriert in das Auge *C* fällt.

Ist das Auge *C* emmetropisch, so sind die von seiner Retina kommenden Strahlen außer dem Auge parallel, werden also im Brennpunkte der Linse *M* sich kreuzen und fallen divergent auf *SS*. So werden sie von dem Planspiegel reflektiert, von der Linse *N* aber wieder gesammelt, und treffen auf das Prisma *P*, dessen eine Kathete sie beinahe ungebrochen passieren, während sie an seiner Hypotenuse eine totale Reflexion erleiden. Sie vereinigen sich dann in *β* zu einem reellen Bilde, welches das Auge *A* durch die Konvexlinse *O* vergrößert betrachtet.

Was die Stellung des Bildes β anbelangt, so ist dasselbe aufrecht; denn das von M gelieferte umgekehrte Bild wird von N noch einmal umgekehrt, also wieder in ein aufrechtes verwandelt.

Mit der Autophthalmoskopie haben sich später, ohne prinzipiell Neues zu bringen, Proskauer (1894), Wessely (1897, 1906), Heine (1899) u. a. beschäftigt.

Fig. 158.

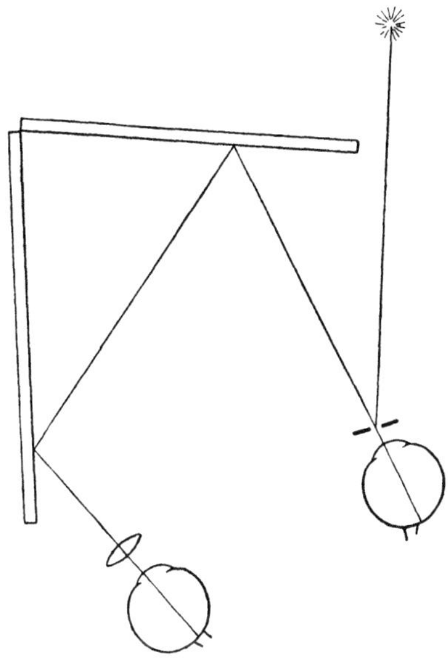

Das von Wessely (1906) angegebene Autophthalmoskop eignet sich in seiner praktischen, stabilen Form als Hilfsmittel ganz besonders zum Erlernen des Augenspiegelns. Das Prinzip ist (s. Fig. 158) ähnlich dem v. Zehenderschen: mittels Doppelreflexion am Winkelspiegel gelangen die von dem einen Auge ausgehenden Strahlen in das andere. Der vor dem beobachtenden, z. B. rechten Auge befindliche Hohlspiegel wirft das Licht so auf die im Winkel von 85° stehenden Spiegel, daß es doppelt reflektiert in die Pupille des anderen Auges fällt. Sieht man dieselbe aufleuchten, so bringt man die Konvexlinse vor das zu betrachtende Auge und erhält ein deutliches umgekehrtes Bild des Augenhintergrundes.

Die Untersuchung des Auges unter Wasser.

Wäre die Hornhaut flach, so würden die von der Netzhaut kommenden Strahlen so divergent austreten, als kämen sie von einem weit vor derselben liegenden Objekte her. Parallel einfallende Lichtstrahlen würden sich nicht auf der Netzhaut vereinen, sondern auf derselben Zerstreuungskreise bilden. In diesem Falle könnte man sein Auge also leicht in die Richtung der von der Netzhaut kommenden Strahlen bringen, ohne das Beleuchtungslicht abzuschneiden, und folglich auch den Augenhintergrund sehen (vgl. S. 237; Fig. 92).

Geradeso verhält sich ein Auge, wenn man es unter Wasser taucht. Da nämlich der Brechungsindex der dioptrischen Medien des Auges ungefähr derselbe ist wie der des Wassers, so hat nun die zwischen beiden liegende Hornhaut keinen Einfluß mehr auf den Gang der Strahlen, und diese haben also, statt der stark gewölbten Hornhaut, nur die plane Trennungsfläche zwischen Luft und Wasser zu passieren (Fig. 159). Strahlen

z. B., welche von einem Punkte a des Augengrundes ausgehen, und unter normalen Verhältnissen den Gang $abbcc$ genommen hätten, d. h. parallel ausgetreten wären, gehen nun direkt bis zur Wasseroberfläche AA und werden dort, beim Übergang in Luft, vom Einfallslote abgelenkt, d. h. so divergent gemacht, als kämen sie von einem vor der Retina gelegenen Punkte α her. Ein beobachtendes Auge wird demnach den Punkt a der Netzhaut in α sehen.

Der erste, welcher auf dies Phänomen aufmerksam machte, war Méry (1704). La Hire (1709) gab die Erklärung desselben.

Fig. 159.

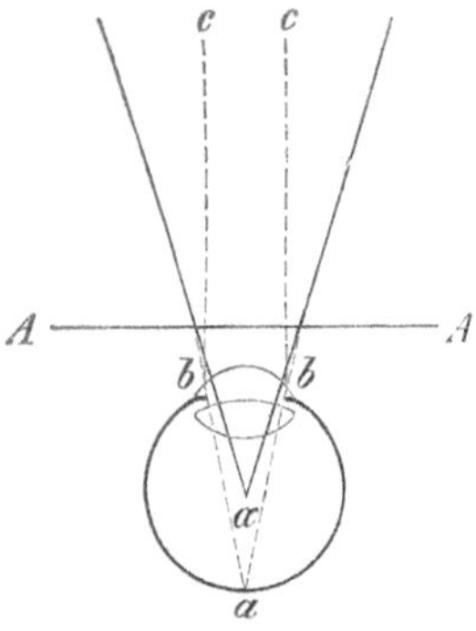

Fig. 160.

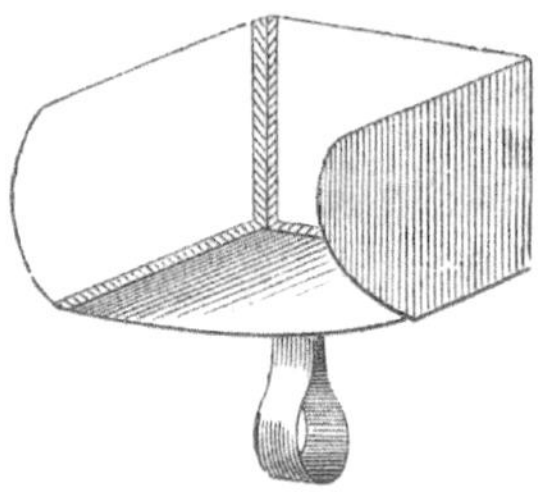

Um die Untersuchung unter Wasser zu erleichtern, konstruierte Czermak ein einfaches Instrument, das er »Orthoskop« nannte (1851)[1]. Dasselbe besteht aus einem einfachen Glaswännchen von nebenstehender Form (Fig. 160). Oben und hinten ist es offen, während die untere, die innere und die äußere Wand so geschnitten sind, daß sie sich leicht an die Nasenseite, sowie an den unteren und den äußeren Orbitalrand andrücken lassen. Um den Anschluß noch vollständiger zu machen, kann man die Ränder mit Fensterkitt verkleben. Hierauf wird das Gefäß von oben mit lauem Wasser gefüllt, worin am besten etwas Kochsalz gelöst ist, und das Auge kann durch die vordere Wand betrachtet werden, nachdem so die Brechkraft der Hornhaut ausgeschaltet und ihre Reflexe beseitigt sind.

1) Die Bezeichnungen »Orthoskop, Orthoskopie« werden leider in der Augenheilkunde in ganz verschiedenem Sinne gebraucht; so versteht Heine unter Orthoskopie ein binokulares Sehen, bei welchem die Tiefendimensionen körperlicher Gegenstände richtig beurteilt werden; Aubaret (1902) nennt eine Vorrichtung »Orthoskop«, die dazu dient, das Licht einer kleinen elektrischen Lampe ohne Reflexion an einem Spiegel direkt in das zu untersuchende Auge zu werfen. Schließlich findet man den Ausdruck »orthoskopisch« noch in der Brillenkunde, und auch hier wieder in verschiedener Bedeutung: orthoskopische Brillengläser sind nach Scheffler Gläserkombinationen von Konvexgläsern mit Prismen zur gleichmäßigen Entlastung von Akkommodation und Konvergenz, nach Tscherning periskopisch geschliffene Gläser ohne die bekannten Nachteile bei seitlichem Durchblick.

Die Form des Wännchens ist natürlich gleichgültig. Es kommt nur darauf an, daß es sich so fest anschließt, daß kein Wasser ausfließt, und daß der Beobachter eine plane, durchsichtige Fläche vor sich hat.

Grönholm (1903) hat den Glasrand des Czermakschen Orthoskops mit einem Kautschukkragen versehen und so für länger dauernde Experimente nutzbar gemacht. Er bestimmte mit dem Instrumente — allerdings mit nur annähernder Genauigkeit — die Tiefe der vorderen Kammer, indem er mit einem Zirkel die Entfernung zwischen Pupillarrand und Hornhaut maß. — Schoute (1905, 1907) bediente sich dieses modifizierten Orthoskops zur Berechnung der Hornhautbrechung. — Rayner Batten (1910) beschreibt ein »Hydrophthalmoskop«, das durch Saugwirkung (Luftdruck) am Auge festgehalten wird, er empfiehlt es zur Untersuchung hochgradig myopischer Augen im aufrechten Bild und skiaskopischen Beurteilung von Linsenastigmatismus.

Zur Korrektion des Keratokonus erprobte Lohnstein (1896, 1897) das Czermaksche Orthoskop, und zwar an sich selbst mit bestem Erfolge; er versah dasselbe vorn mit einer Plankonvexlinse, den Glasrand mit einem Hohlrohr von Weichgummi und konnte diese von ihm als »Hydrodiaskop« bezeichnete Vorrichtung mittels eines um den Kopf gelegten Bandes stundenlang ohne Störung tragen.

Es genügt übrigens (Coccius), einen Tropfen Wassers auf die Cornea zu bringen und ein mikroskopisches Deckgläschen darauf zu legen; man hat dann schon die plane Fläche und dahinter Wasser als brechendes Medium. Freilich ist letztere Methode für den Untersuchten etwas lästig.

Statt die Refraktion des dioptrischen Apparates des Auges durch Wasser und eine ebene Trennungsfläche zu neutralisieren, hat dies J. Stilling (1878, 1879) durch ein Konkavglas von 15 mm Brennweite bewerkstelligt, und so den Augengrund bei einfacher seitlicher Beleuchtung sichtbar zu machen gesucht.

Man darf bei allen diesen orthoskopischen Experimenten nicht vergessen, daß man mit der Refraktion des dioptrischen Apparates auch dessen vergrößernde Wirkung unterdrückt, die Gegenstände des Augengrundes also in ihrer wirklichen Größe, bzw. Kleinheit erblickt.

Mit einer Auswahl der verschiedenartigsten Augenspiegel ausgestattet, werden wir zur Untersuchung des Augengrundes übrigens kaum je die Orthoskopie verwenden, wenn es auch an Versuchen dazu, wie wir gesehen haben, nicht gefehlt hat. Wohl kann sie zur Demonstration der wirklichen Lage der Iris dienen. Letztere wird nämlich unter gewöhnlichen Verhältnissen durch den von Cornea und Humor aqueus gebildeten Meniscus vergrößert und scheint nach der Cornealmitte zu mehr vorgebaucht, als sie es in Wirklichkeit ist. Die vergrößernde Wirkung der vor ihr liegenden Medien wird durch eine vorgesetzte plane Wasserfläche aufgehoben, und die Iris erscheint dann also in ihrer wirklichen Lage.

Gerloff (1891) gelang es, wie bereits erwähnt, mit Hilfe des Czermakschen Orthoskopes die erste Photographie des menschlichen Augenhintergrundes anzufertigen.

Die Untersuchung der brechenden Medien des Auges mit auffallendem und durchfallendem Lichte[1]).

Hat man ein Auge bei gutem Tageslichte untersucht und über dessen Zustand den wichtigsten Aufschluß erhalten, so tut man gut, namentlich die brechenden Medien noch bei fokaler Beleuchtung mit künstlichem Lichte im dunkeln Raume zu betrachten.

Dabei geht man am einfachsten folgendermaßen vor: Die Lichtquelle, versehen mit einem Schirme zum Schutze gegen die strahlende Wärme und zur Abhaltung des nicht gebrauchten Lichtes vom Gesichte des Untersuchten wie von dem des Beobachters, wird, in der Höhe des zu prüfenden Auges, erst auf die eine, z. B. die linke Seite des Patienten gebracht. Der Beobachter hält in seiner Rechten ein Konvexglas von 15—20 dptr., mit dem er das Licht auf die zu betrachtenden Teile des Auges konzentriert, und zwar in der Weise, daß er das Licht erst ganz seitlich, dann durch Vorrücken der Lampe oder Rückwärtsbewegung des Patienten immer steiler in das Auge fallen läßt. So gelingt es, nacheinander die Hornhaut, den Humor aqueus, die verschiedenen Schichten der Linse und den vorderen Teil des Glaskörpers zu beleuchten und sich über die Lage, Form und Dichtigkeit etwa vorhandener Trübungen Rechenschaft zu geben. Wesentlich erhöht wird der Wert dieser Methode durch eine Lupe, welche man mit der linken Hand führt, deren vierter Finger das obere Lid des Patienten hält, während der fünfte sich auf dessen Stirne stützt.

Ist die Untersuchung mit linksseitiger Beleuchtung vollendet, so bringt man das Licht auf die rechte Seite des Patienten und führt mit der Linken die beleuchtende, mit der Rechten die vergrößernde Linse.

Statt der als transportable Lichtquelle für seitliche Beleuchtung, z. B. bei der Krankenvisite, früher viel gebrauchten Handlampe von Priestley-Smith (Stearinkerze), bedient man sich jetzt der bequemer mitzuführenden und lichtstärkeren elektrischen Taschenhandlampen (z. B. v. Groszs Lampe mit 2 Konvexlinsen verschiedener Stärke), die sich auch vorzüglich zur Prüfung der Pupillenreaktion eignen.

Hat man ein elektrisches Ophthalmoskop, wie z. B. das oben beschriebene Wolffsche zur Verfügung, so braucht man nur den Spiegel zu entfernen und kann das elektrische, im Stiel enthaltene, durch die Linse modifizierbare Licht sehr vorteilhaft zu dieser Untersuchung verwenden.

1) Diese Untersuchung läßt man in der Praxis der eigentlichen Ophthalmoskopie vorangehen. Da jedoch zum Teil auch der Augenspiegel dazu benutzt wird, lassen wir die Besprechung derselben derjenigen der Ophthalmoskopie folgen.

Gullstrand empfiehlt zur fokalen Beleuchtung der durchsichtigen Medien seine oben beschriebene ophthalmometrische Nernstspaltlampe und aplanatische Ophthalmoskoplinse, indem er den Wert der Homozentrizität des angewendeten Lichtbündels für diese Untersuchungsmethode betont. So gelingt es, selbst die physiologische Struktur des Glaskörpers und im vorderen Teile desselben gelegene Trübungen außerordentlich deutlich zu sehen.

Zur binokularen Beobachtung versah Saemisch (1876) die beiden Augen des Beobachters mit Konvexgläsern von 5 dptr., die, zur Erleichterung der Konvergenz, mit abduzierenden Prismen von 3° verbunden waren. Einfacher läßt sich zu diesem Zwecke unsere Lupenbrille verwenden. Sie enthält als Gläser das jedem Auge entsprechende Stück einer einzigen, großen Lupe, die beide Augen bedecken würde. Auf diese Weise verbindet man den Vorteil der Vergrößerung mit demjenigen des binokularen, d. h. stereoskopischen Sehens, und erleichtert Akkommodation und Konvergenz in gleichem Maße. — Auch zwei, zu den konvergierenden Augenachsen senkrecht stehende und in ein Brillengestell gefaßte Konvexgläser (Donders) können hierzu verwendet werden.

Fig. 161.

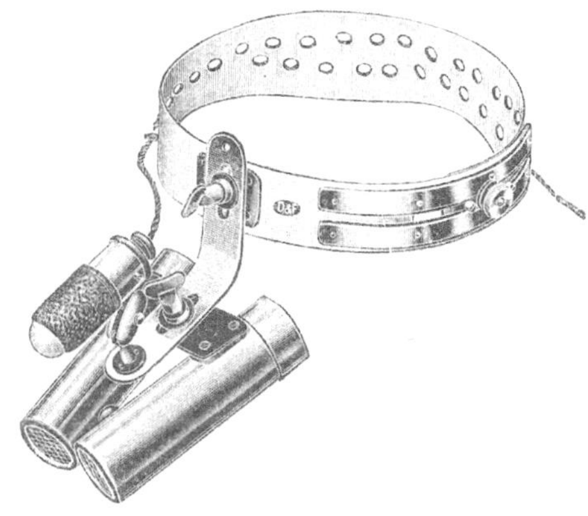

Binokulare Lupe nach v. Zehender-Westien.

Große Verbreitung hat die mit Stirnreif versehene binokulare Lupe nach v. Zehender-Westien (1886, 1887) gefunden (Fig. 161). Dieselbe enthält zwei mit der Kante nach innen gerichtete Prismen, welche die vom Objekte kommenden Strahlen in die konvergierenden Okularröhren leiten. Bei einem relativ großen Gesichtsfelde liefert das Instrument eine 5—6fache Vergrößerung. Eine Verbesserung hat die Lupe dadurch erfahren, daß die optischen Achsen der Linsen (mittels Pupillareinstellung) auf die optischen Achsen der Augen eingestellt werden (Axenfeld 1900). Sie wird jetzt auch mit elektrischer Beleuchtung (Beleuchtungsrohr mit Glühlämpchen über der Lupe) hergestellt.

Auch die von C. v. Hess (1911) angegebene binokulare Stirnlupe ist zur Untersuchung des vorderen Bulbusabschnittes sehr empfehlenswert. Sie gibt nicht nur eine wünschenswerte Vergrößerung, sondern gestattet namentlich, auch Manipulationen an dem untersuchten Auge bequem auszuführen. Die Lupe besteht aus zwei, der Brückeschen Lupe ähnlich zugeschnittenen Konvexlinsen von 3 bis 6 dptr. Die Stärke derselben kann übrigens jeder seiner Refraktion anpassen. Auch die Entfernung der Lupe von den Augen des Beobachters läßt sich nach Bedürfnis modifizieren, da

Fig. 162a.

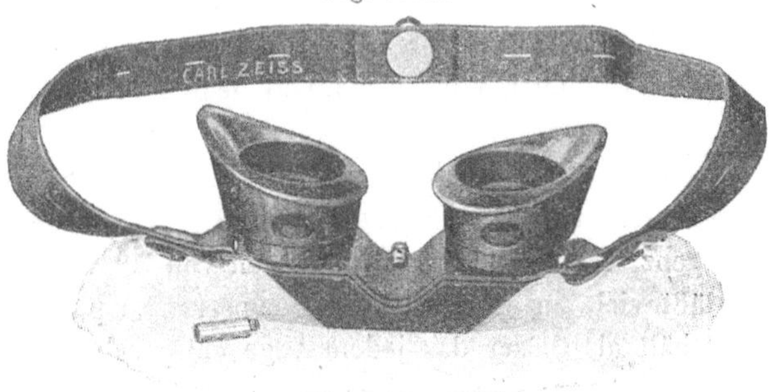

Binokulare Lupe mit Kopfband nach Elschnig. (Carl Zeiss, Jena.)
Der zur Anbringung der Beleuchtungseinrichtung dienende Stift ist abgeschraubt.

Fig. 162b.

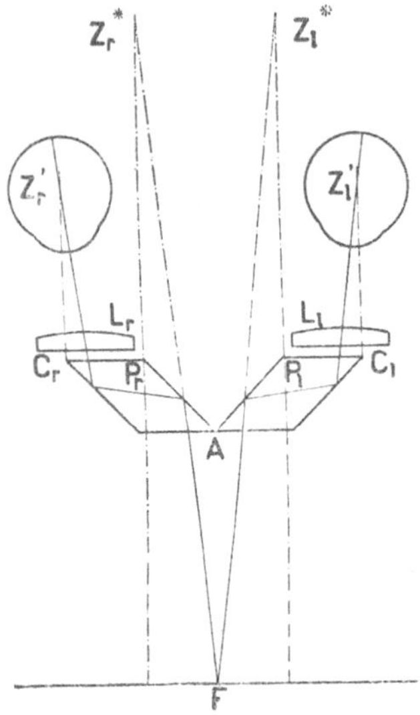

Schematische Darstellung des Sehens durch die binokulare Lupe.
L_r und L_l sind die beiden Linsen, P_r und P_l die beiden rhombischen Spiegelprismen. Z_r' und Z_l' sind die Drehpunkte der Augen und Z_r^* und Z_l^* stellen die scheinbaren Drehungszentren dar. An den Ort F ist das zu beobachtende Objekt zu bringen. Die von Z_r^* Z_l^* ausgehenden gestrichelten Parallelen stellen die Richtungen der beiden Linsenachsen im Objektraum dar.

sie in einem etwa 12 cm langen Stabe entlang gleitet. Derselbe ist an einem metallenen Stirnbande so befestigt, daß auch die Neigung der Lupe zweckentsprechend eingeschaltet werden kann. Wie gesagt, ist der besondere Vorzug dieser Lupe der, daß der Beobachter, wenn er zum Operateur wird, das die Lupe umgebende Gebiet mit freiem Auge beherrscht, was zum Fassen der Instrumente von Bedeutung ist. Über dem Stabe läßt sich eine elektrische Lampe anbringen, die das Operationsfeld sehr hell beleuchtet.

Besonderen Hinweis verdienen die letzthin von M. v. Rohr und Stock (1913) angegebenen sehr leichten (15, bzw. 30 g) und bequem wie gewöhnliche Brillen zu tragenden Zeissschen achromatischen Brillenlupen. Die Einzelkombination ähnelt einem kleinen holländischen Fernrohr mit vorgeschalteter Lupe. Ein in 20 cm Abstand befindliches Objekt wird in doppelter Größe bei einem ca. 5 cm im Durchmesser betragenden binokularen Gesichtsfeld gesehen. Die Abbildung ist eine punktuelle und verzeichnungsfreie, auch die Farbenfehler sind beseitigt.

Für ametropische Beobachter werden die Lupen in die Mitte der korrigierenden Brillengläser eingesetzt. Sorgfältigste Anpassung des Brillengestelles ist die unerläßlichste Voraussetzung für die stereoskopische Verschmelzung der Bilder beider Augen.

Die vorzüglich brauchbaren Zeissschen »binokularen Lupen schwacher Vergrößerung nach Elschnig« gestatten beidäugige Betrachtung bis zu dreifacher Vergrößerung. Am geeignetsten scheint uns die zweifache Vergrößerung, die eine Annäherung auf 9 cm an das Untersuchungsobjekt erfordert. Die Lupen sind mit Kopfband, Augenmuscheln und elektrischer Beleuchtungseinrichtung versehen (Fig. 162a). Sind sie mit einem Stirnbügel kombiniert, so kann der Beobachter bequem an den Lupengläsern vorbeisehen und sich in der Umgebung orientieren. Die beiden optischen Systeme (Fig. 162b) sind im Objekt- und Bildraum zueinander parallel. Infolgedessen erscheinen Objektebenen auch im Bilde als Ebenen — nicht gekrümmt wie bei den meisten anderen binokularen Lupen mit konvergenten Achsen —, und die Tiefenausdehnung erfährt bei der binokularen vergrößernden Betrachtung keine wesentliche Änderung.

Von zahlreichen anderen binokularen Lupen seien noch die von Jackson, Berger, Ulbrich angeführt.

Um stärkere Vergrößerung (bis 10) zu erzielen, bedient man sich mit Vorteil der von Hirschberg (1882) empfohlenen Hartnackschen Kugellupe.

Zur Untersuchung der vordersten Teile des Auges sind auch wirkliche Mikroskope empfohlen worden. Schon Liebreich benutzte hierzu ein in das Rohr seines Demonstrationsophthalmoskopes eingeführtes und mit einer zur Beleuchtung dienenden, verstellbaren Konvexlinse von 40 mm Brennweite versehenes Schiekches Mikroskop.

De Wecker (1863) versuchte es mit einem Hartnackschen Mikroskope von 40 bis 60facher Vergrößerung.

Aubert zeigte im Jahre 1891 der Ophthalmologenversammlung in Heidelberg ein binokulares Hornhautmikroskop, welches ein 25mal vergrößertes, aufrechtes Bild lieferte, bei einem Abstande von 105 mm und einem Gesichtsfelde von 10 mm.

S. Czapski (1899) und F. Schanz (1895) haben ebenfalls zwei horizontal gestellte Mikroskope für die beiden Augen des Beobachters miteinander verbunden, auf einem Stativ verschiebbar montiert und die nötige starke Beleuchtung durch ein über dem stereoskopischen Mikroskop befindliches Beleuchtungsrohr mit elektrischem Glühlämpchen gesichert (s. Fig. 163). Die Okulare wie die Objektive lassen sich wechseln. Die Vergrößerung schwankt zwischen einer 9 und 35fachen. Der Abstand zwischen Hornhaut und Objektiv variiert zwischen 25 und 75 mm.

Dieses von Zeiss hergestelle binokulare Cornealmikroskop hat sich für Kliniken und den beschäftigten Praktiker als unentbehrlich erwiesen. Es gestattet nicht nur, die feinsten Veränderungen der Hornhaut, vorderen

Kammer, Iris und Linse zu analysieren und den Glaskörper bis zu einer erheblichen Tiefe binokular zu durchmustern, sondern es ist auch zur Prüfung schwer zu beurteilender Pupillarreaktion von großem Wert. Ob das Instrument durch die von Augstein (1905) angegebene Modifikation (Nernstlampe von 34 N.K.) eine wesentliche Verbesserung darstellt, entzieht sich unserer Beurteilung.

Fig. 163.

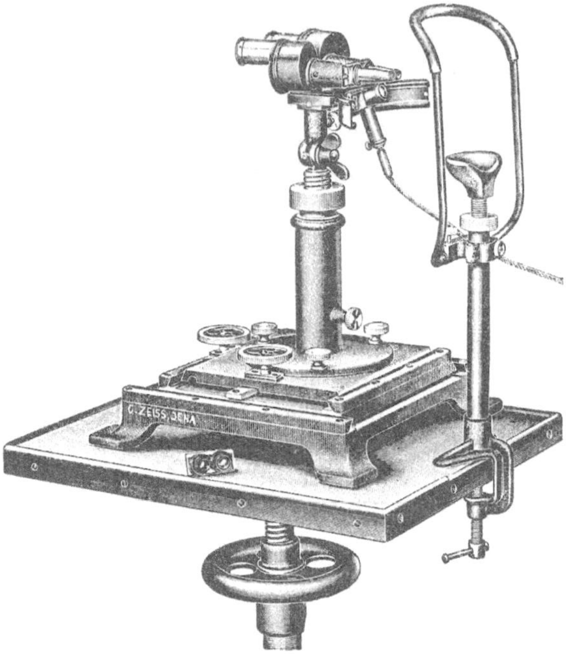

Binokulares Cornealmikroskop nach Czapski-Schanz. (C. Zeiss, Jena.)

Die Untersuchung im auffallenden Licht dient auch zum Nachweis und zur Beurteilung der Lage der Linse.

Die Linse wird im Normalzustande nur gekennzeichnet durch die Reflexe ihrer vorderen und hinteren Oberfläche (Purkinje-Sansonsche Reflexbilder). Der erstere ist dem Hornhautreflexe gleichgerichtet, etwas größer, aber viel lichtschwächer. Kleiner, lichtstärker und umgekehrt, weil von einem Hohlspiegel geliefert, ist das Reflexbild der hinteren Linsenfläche. Dasselbe läßt sich in folgender Weise zum Nachweis und zur Lokalisation der Linse benutzen. Man hält im Dunkelzimmer eine Lichtquelle etwas vor und seitlich vor das untersuchte Auge und bewegt dieselbe langsam auf und ab: senkt man das Licht, so steigt das kleine, umgekehrte Flammenbild empor; es wandert also im entgegengesetzten Sinne wie Lichtquelle, Hornhaut- und vorderer Linsenreflex. Sehr deutlich kann man das Spiegelbildchen auch erkennen, wenn man, nach Berlin (1898), den konkaven Augenspiegel seitlich an sein Auge hält und Licht auf das untersuchte Auge wirft. Man hat dabei darauf zu achten, daß das Lichtbild der Flamme dicht vor das untersuchte Auge fällt.

Fehlt das hintere Linsenbildchen trotz ungetrübten Pupillargebietes, so ist daraus zu schließen, daß die Linse entweder überhaupt nicht vorhanden ist oder ihren normalen Platz hinter der Pupille verlassen hat.

Bei getrübter Linse kann der Reflex ihrer Hinterfläche natürlich nicht zustande kommen. Bei beginnender Sklerose des Linsenkerns ist häufig eine Verdoppelung der Purkinjeschen Bilder zu beobachten (Reflex an der Linsenkapsel und an der Kerngrenze, Berlin).

Der Rand der gesunden Linse ist nur bei Irismangel im auffallenden Lichte sichtbar; bei Luxation der Linse dagegen zeigt er einen glänzenden Reflex (Dimmer). Bei durchfallendem Lichte stellt sich der Äquator der Linse, auch bei normaler Lage derselben, als dunkler Ring dar.

Hat man die vorderen Teile des Auges im auffallenden Lichte untersucht, so geht man zur Betrachtung derselben im durchfallenden Lichte über. Dazu bedient man sich des Augenspiegels, mit dem man aus einiger Entfernung Licht in das Auge wirft.

Handelt es sich um stärkere Trübungen der Medien, so genügt der Konkavspiegel; für den Nachweis zarter Trübungen ist der Planspiegel vorzuziehen, da derselbe weniger Licht in das Auge wirft, und der als Lichtquelle für die Beobachtung der Trübungen dienende beleuchtete Teil der Netzhaut kleiner ist als bei Verwendung des Hohlspiegels. Die beste Lichtquelle für die Durchleuchtung ist die Nernstspaltlampe Gullstrands, die selbst zarteste Trübungen scharf markiert hervortreten läßt.

Von dem Rot der leuchtenden Pupille heben sich die Medientrübungen bei der Untersuchung mit durchfallendem Licht als Schatten (Punkte, Streifen, Wolken usw.) ab, da sie das vom Augenhintergrund zurückgeworfene Licht aufhalten.

So erhält man Aufschluß über punktförmige Trübungen, feinste Fremdkörper der Hornhaut, Beschläge ihrer Hinterfläche, Unregelmäßigkeiten ihrer Struktur, die bei seitlicher Beleuchtung vielleicht entgangen sind, über Trübungen des Kammerwassers, der Linse und des Glaskörpers. Es gelingt aber mit der Durchleuchtung nicht nur die Dichtigkeit vorhandener Trübungen, nach ihrer Durchlässigkeit für das ein- oder austretende Licht zu beurteilen, sondern auch deren Ort im Augapfel wenigstens annähernd zu bestimmen (s. unten).

Ausgedehntere dichte Medientrübungen werfen das Licht teilweise zurück und erscheinen in ihrer Eigenfarbe (Kapseltrübungen, Blutkoagula, Geschwulstmassen). Cholestearinkristalle in der Linse oder im Glaskörper (Synchysis scintillans) erscheinen als goldgelb glitzernde, plättchen- oder staubförmige Moleküle, infolge starker Lichtreflexion an ihren Kristallflächen. Periphere Trübungen, z. B. solche des Linsenäquators, treten oft erst bei extrem nach oben, unten oder seitlich gerichtetem Blick in Erscheinung.

Trübungen des Glaskörpers werden am besten zur Anschauung gebracht, wenn man das Auge eine rasche Bewegung ausführen läßt. Sie machen dieselbe, je nach ihrer Natur und der größeren oder geringeren Flüssigkeit des Glaskörpers, mehr oder weniger rasch mit und sinken dann wieder in die Tiefe.

Will man im durchfallenden Licht feinere Objekte durch Vergrößerung sichtbar machen, so setzt man ein passendes Konvexglas hinter den Spiegel und nähert sich dem Auge, dessen Pupille man eventuell durch Homatropin erweitert hat, um so mehr, je tiefer die Trübung sitzt.

Magnus (1895) vereinigte als erster Lupenvergrößerung und durchfallendes Licht. Sein »Lupenspiegel« besteht aus einem Planspiegel mit zwei hinter der zentralen Öffnung angebrachten, auswechselbaren Konvexlinsen (Vergrößerung 8—20 fach). — F. Fraenkel (1909) kombinierte, zur binokularen Untersuchung im durchfallenden Licht, zwei Lupenspiegel, die um parallele Achsen drehbar sind.

Ist das Pupillargebiet durch dichte Medientrübungen verdeckt, so kann nicht genügend Licht von vorn her in die Tiefe des Auges dringen. Wir müssen dann versuchen, mittels skleraler Durchleuchtung (Abschnitt IV, »Ophthalmodiaphanoskopie«) das Krankheitsbild weiter zu klären.

Bestimmung des Ortes von Trübungen in den brechenden Medien des Auges.

Zur Lokalisation von Trübungen und Fremdkörpern der Linse und des Glaskörpers benutzt man die Parallaxe, d. h. die scheinbare Verschiebung, welche die Trübungen usw. bei der Bewegung des Auges eingehen, und zwar in bezug auf ihrer Lage nach bekannte Teile desselben.

Solche Teile sind: 1. der Pupillarrand, 2. der Hornhautreflex.

1. Nehmen wir an (roter Teil der Fig. 164a), es befinde sich eine Trübung (1) vor der Pupille, eine (*c*), in derselben, eine (*p*) hinter und eine (2) noch weiter hinter derselben. Liegen alle diese Trübungen auf der Achse AB des Auges, so werden sie sich für einen in der Richtung derselben in das Auge blickenden Beobachter decken und zusammen einen einzigen dichten, dunklen Fleck in der Mitte der mit dem Augenspiegel beleuchteten Pupille bilden. Derselbe würde dem Zentrum des rot bezeichneten Aufrisses der Figur entsprechen.

Läßt man nun das Auge z. B. nach oben sehen, d. h. sich um sein Bewegungszentrum M in die Richtung $A'B'$ drehen, so erscheint die Pupille einmal dem Beobachter in ihrem senkrechten Durchmesser perspektivisch verkürzt, und die Trübungen sind auseinandergerückt, wie es der schwarze Aufriß der Figur angibt. Der vor der Pupille liegende Punkt (1) scheint derselben vorausgeeilt zu sein, da er nun höher liegt als ihr Mittelpunkt. Der in ihrer Ebene liegende Punkt (c) (z. B. ein der vorderen Kapsel anhaftendes Exsudat) ist mit ihr in die Höhe gegangen, ohne seine Lage in bezug auf ihre Ränder geändert zu haben. Die hinter der Pupille liegenden Punkte p und 2 aber scheinen sich gesenkt zu haben, und das umsomehr, je weiter sie von derselben entfernt sind. Die Scheinbewegung eines Punktes ist ganz besonders ausgiebig, wenn er (wie 2) jenseits des Drehpunktes M liegt, denn dann verläuft seine Bahn entgegengesetzt zu derjenigen der Pupille.

2. Anders gestalten sich die Verhältnisse, wenn man die Lage von Trübungen mit Hilfe des Hornhautreflexes zu beurteilen sucht.

Fig. 164 a.

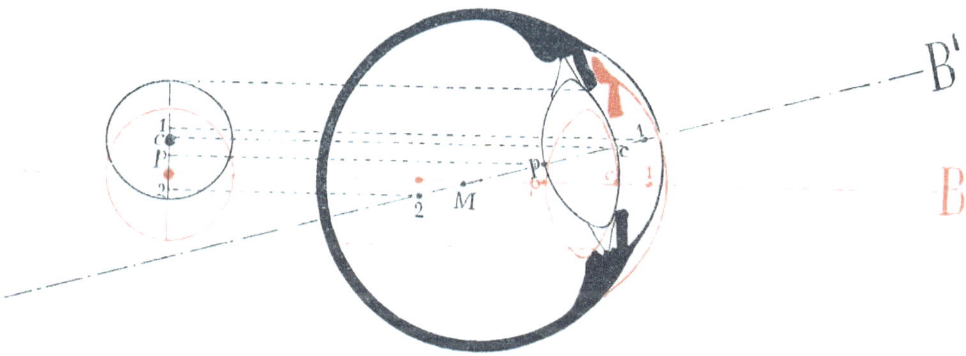

Der Reflex der Hornhaut ist das virtuelle Bild, welches dieser Konvexspiegel von der Lichtquelle entwirft. Da die letztere ziemlich weit von diesem stark gewölbten Spiegel entfernt ist, so entsteht dies Bild ungefähr in der Mitte zwischen der Oberfläche der Hornhaut und ihrem Krümmungsmittelpunkte. Nehmen wir an, die Hornhaut habe 8 mm Radius, so würde das Reflexbild 4 mm hinter ihre Oberfläche, d. h. in die Pupille, in die Nähe des vorderen Linsenpoles, zu verlegen sein. Nehmen wir ferner an, was für unseren Zweck und den kleinen Bezirk der Hornhaut, dessen Spiegelung wir benutzen, wohl angeht, die Hornhautoberfläche sei sphärisch, so wird bei mäßiger Drehung des Auges, der Reflex zwar von anderen Teilen der Hornhaut gebildet, aber dennoch seine Lage nicht ändern; er bleibt auf dem mit der Blicklinie des Beobachters zusammenfallenden Hornhautradius.

Sei z. B. (Fig. 164 b) c der Krümmungsmittelpunkt der Hornhaut, R (rot) das Reflexbild bei der Richtung AB. Dreht sich nun das Auge um das

Zentrum *M*, in die Richtung *A'B'* (schwarz), so macht der Reflex für einen unbeweglichen Beobachter die Bewegung zwar mit, jedoch in äußerst kleinem Maße; er rückt von Rot *R* nach Schwarz *R* Viel ausgiebiger aber sind die Verschiebungen, welche die auf der Augenachse liegenden Punkte *1* und *3* in Beziehung zu diesem Reflexe eingehen. In der Lage *AB* decken sie sich für den Beobachter in Rot *R* des Aufrisses. In der Lage *A'B'* aber erscheinen die Punkte übereinander, wie der schwarze Aufriß zeigt. Die vor dem Krümmungszentrum *c* der Hornhaut befindlichen Punkte liegen über, die hinter demselben gelegenen unter dem Hornhautreflexe, und das umsomehr, je weiter sie von *c* entfernt sind. Einzig eine Trübung, welche im Krümmungsmittelpunkte der Hornhaut selbst läge, würde ihre relative Lage zum Reflexe nicht verändern, sondern von demselben immer gedeckt bleiben. Dieser Punkt, ungefähr 8 mm vom Hornhautscheitel entfernt, befindet sich ganz nahe hinter dem hinteren Pole der Linse.

Fig. 164 b.

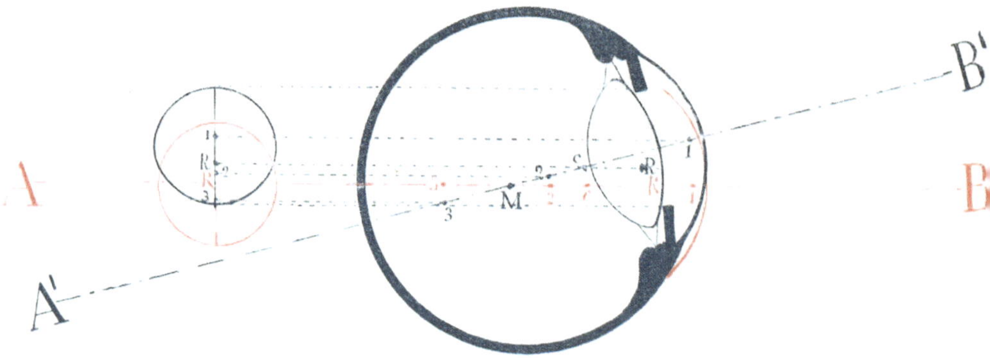

Eine punktförmige Trübung des hinteren Linsenpoles würde also, bei Bewegung des Auges, dem Hornhautreflexe nur wenig voraneilen, eine ausgedehntere immer von demselben mehr oder weniger bedeckt sein (Dimmer 1892, Hirschberg 1901).

Bestimmung der Lage von Gebilden des Augengrundes.

Die Lage von Neubildungen oder Fremdkörpern des Augenhintergrundes, den Grad der Vorwölbung einer abgelösten Netzhaut, des Zurücktretens einer vertieften Sehnervenpapille, überhaupt Niveaudifferenzen des Augengrundes, kann man einmal mit Hilfe der parallaktischen Verschiebung bestimmen, d. h. mittels der scheinbaren Lageveränderung, welche verschiedene Punkte, bei Bewegungen des Auges des Beobachters, unter sich eingehen. Decken sich z. B. im aufrechten Bilde bei einer bestimmten Richtung unseres Blickes zwei hintereinander gelegene Punkte des Augengrundes, und gehen wir nun nach rechts, so wird der mehr nach rückwärts gelegene nicht mehr von dem vorderen gedeckt, sondern auf dessen linken (von uns aus rechten) Seite zum Vorschein kommen. Sehen wir von oben in ein Auge hinein, und scheint von zwei vorher sich deckenden Punkten der eine nach oben, der andere nach unten verrückt, so ist der erstere weiter entfernt als der letztere. Mit einem Worte: Im aufrechten Bilde macht der weiter entfernte Punkt die Bewegungen unseres Kopfes scheinbar mit, der näher gelegene scheint in umgekehrter Richtung zu wandern.

Fig. 165.

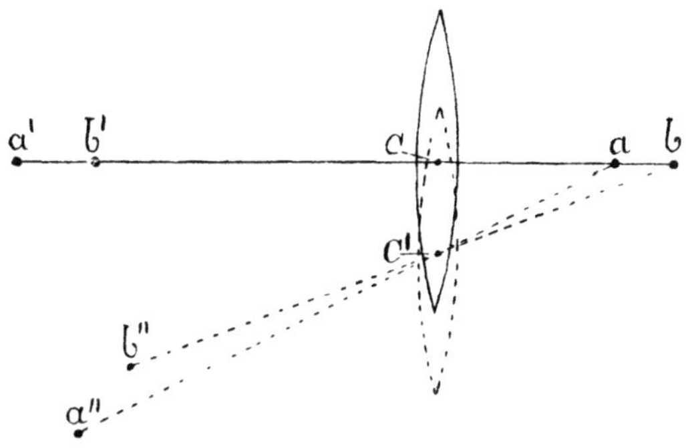

Auch im umgekehrten Bilde läßt sich die Parallaxe zur Beobachtung von Niveaudifferenzen verwerten.

Seien *a* und *b* (Fig. 165) zwei in verschiedener Tiefe der Netzhaut gelegene Punkte, *a'* und *b'* die von der voll ausgezogenen Linse entworfenen, umgekehrten Bilder dieser Punkte. Die beiden Bilder decken sich für einen in der Richtung der Linsenachse in das Auge blickenden Beobachter. Bringt derselbe aber die Linse in die punktierte Stellung, so daß deren Zentrum *C* nach *C'* wandert, so erscheinen ihm, wie aus der Konstruktion erhellt, die Bilder der beiden Punkte in der Richtung der Linse verschoben, jedoch das von dem näher gelegenen *a* mehr als das von dem entfernten *b*, so daß dieselben nun auseinandergerückt, in *a''* und *b''*, sichtbar sind.

Überhaupt machen die Gegenstände des Augengrundes die Bewegungen der Konvexlinse mit, und zwar um so ausgiebiger, je weiter nach vorn sie liegen; es ist ja auch das umgekehrte Bild eines hypermetropischen Auges größer als das eines myopischen.

Bei nicht allzugeringem Tiefenunterschied zwischen zwei Punkten läßt sich derselbe ziemlich genau aus der den beiden Punkten entsprechenden Refraktionsdifferenz erschließen. Wir wissen nämlich, daß, für das gewöhnliche optische System eines Auges, ein Unterschied der Refraktion von 1 dptr. einem Drittelmillimeter Unterschied der Achsenlänge entspricht. Finden wir also z. B. am Rande einer ausgehöhlten Papille eine Myopie von 2 dptr., in deren Grund aber eine solche von 5 dptr., d. h. einen Unterschied von 3 dptr., so würde die Tiefe der Exkavation ungefähr einen Millimeter betragen.

Ebenso wichtig wie die Tiefenlage ist es, den seitlichen Abstand pathologischer Gebilde vom hinteren Pole des Auges oder vom Sehnervenrande zu kennen. Zu einer ungefähren Schätzung desselben kann der Durchmesser der Papille dienen. Man spricht z. B. von einem Pigmentflecke, der um zwei Papillenbreiten nach außen oben[1]) vom Rande des Sehnerveneintrittes liegt, und erinnert sich daran, daß der Durchmesser der Papille ungefähr 1,5 mm beträgt.

Handelt es sich aber um größere Genauigkeit, so nimmt man die Lagebestimmung eines Punktes des Augengrundes am besten in folgender Weise vor:

Man bringt das Auge in den Mittelpunkt eines Perimeters und den Bogen desselben in den Meridian, welcher durch die Fossa centralis und den fraglichen Punkt geht. Während das Auge den Scheitel-, bzw. Nullpunkt des Perimeters fixiert, führt man dem Bogen entlang einen Augenspiegel, bis man des zu bestimmenden Objektes ansichtig wird. Der Winkel, den dessen Richtungslinie mit der Gesichtslinie bildet, ist am Perimeter abzulesen.

Aus diesem Winkel läßt sich der Abstand des Objektes von der Fossa centralis berechnen; jedoch nur für nicht allzugroße Einfallswinkel, d. h. für von der Macula nicht allzuweit entfernte Punkte. So ergibt sich, wenn wir die Knotenpunkt-Netzhautdistanz = 15,7 mm setzen,

für $10^\circ = 2,7$ mm
» $15^\circ = 4,0$ »
» $20^\circ = 5,5$ »

Für vom Zentrum weiter entfernte Punkte aber ist die Ablenkung, welche die davon herkommenden Lichtstrahlen, bei ihrem schiefen Durchgang durch Linse, vordere Kammer und Hornhaut erleiden, eine so komplizierte, daß man sich bei deren Lokalisation besser auf die Ergebnisse des Experimentes, als auf Berechnung verläßt. Da außerdem diese Ortsbestimmung nicht selten im Interesse eines chirurgischen Eingriffes unternommen wird (Hirschberg 1891), so geht man dabei eher von dem erreichbaren Hornhautrande, als von der unzugänglichen Netzhautgrube aus.

So erhalten wir, aus Hallidies Berechnungen (1896) und Druaults (1898) mit demselben sehr gut übereinstimmenden Experimenten, für die gewissen Richtungen des Augenspiegelbildes entsprechenden Abstände vom Hornhautrande folgende Mittelzahlen:

---

1) Es versteht sich von selbst, daß man, bei der Untersuchung im umgekehrten Bilde, immer richtig lokalisiert und nicht, wie man das in gewissen Beobachtungen gedruckt findet, von »unten innen im umgekehrten Bilde« spricht, was in Wirklichkeit »oben außen« heißen soll.

90°	entsprechen	8,8	mm	vom Hornhautrande.
80°	»	10,3	»	» »
70°	»	12,0	»	» »
60°	»	13,6	»	» »
50°	»	15,5	»	» »
40°	»	27,2	»	» »
30°	»	18,7	»	» »

Wenn wir die Ausdehnung der Netzhaut von der Fossa centralis bis zum Hornhautrande = 30 mm setzen (E. Landolt 1881), so entsprächen

$$20^\circ = 30 - 5,5 = 24,5 \text{ mm.}$$
$$10^\circ = 30 - 2,7 = 27,3 \text{ »}$$

Der Äquator des Auges soll, nach Hallidie, 11mm vom Hornhautrande (66 bis 67°), der hintere Pol nur 21,6 mm vom Hornhautrande entfernt sein; unserer Ansicht nach können diese Maße nur bei ausnehmend kleinen Augen richtig sein.

Das linsenlose Auge ist der ophthalmoskopischen Untersuchung in einer weiteren Ausdehnung zugänglich, als das linsenhaltige, nämlich bis zu 6,5 mm (Groenouw), ja 5,5 mm (Druault) vom Hornhautrande, während in letzterem, schon bei 7—8 mm, der Pupillarreflex ausgelöscht ist. Derselbe soll, bei hochgradig myopischen Augen, etwas weiter als bei hypermetropischen sichtbar sein (Groenouw).

»Künstliche Augen« und »Augenphantome« für ophthalmoskopische und ophthalmologische Übungszwecke.

Die sogenannten »künstlichen Augen«, »Augenphantome« und »Augenmodelle« dienen teils dazu, Fragen der physiologischen Optik durch experimentelle Untersuchungen zu lösen, teils finden sie Verwendung zur Demonstration der dioptrischen Verhältnisse des Auges und zu Übungen im Gebrauche des Ophthalmoskops. Sie sind auch zu Studien über die Photographie des Augenhintergrundes benutzt worden (Dor 1884, Cohn 1888, Bagnéris 1889 u. a.).

Die Geschichte der schematischen Augen zu optischen Berechnungen ist erst jüngst wieder von Pergens (1909) behandelt worden. Er führt uns in seiner fleißigen, reich illustrierten Arbeit bis zur Camera obscura Scheiners (1626) *und dem Oculus* mathematicus Dechales (Curs. seu mund. math. 1674) zurück.

Wir interessieren uns hier lediglich für die neueren, seit Erfindung des Augenspiegels angegebenen Augenmodelle, die dem theoretischen wie praktischen Studium der Ophthalmoskopie und ophthalmoskopischen Refraktionsbestimmung dienen.

Das erste wirklich brauchbare künstliche Auge, das eine größere Verbreitung und zu mannigfachen Studien und Übungen Verwendung gefunden hat, ist das 1866 von Maurice Perrin angegebene und von Nachet konstruierte Modell. Perrin nannte dasselbe »Oeil ophtalmoscopique«, da er mit ihm namentlich das Erlernen des Ophthalmoskopierens bezweckte, das zu dieser Zeit nur von wenig Spezialisten beherrscht wurde. In der Tat schaltet das künstliche Auge einige der Hauptschwierigkeiten aus: die unstäte Blickrichtung, die Ermüdbarkeit und die oft ungenügende Pupillenweite des lebenden Untersuchungsobjektes.

Perrins »Oeil ophtalmoscopique« besteht aus einer metallenen Hohlkugel von der Größe des Augapfels, die, mittels Kugelgelenkes beweglich, auf einem Stativ befestigt ist.

Der vordere Abschnitt trägt eine auswechselbare Konvexlinse, hinter der sich ein Diaphragma mit variierbarem Pupillenausschnitt befindet. Der hintere Pol ist ebenfalls abnehmbar und kann mit Fundusbildern belegt werden. Verschieden starke Linsen gestatten, die verschiedenen Refraktionszustände zu demonstrieren. Außer zu ophthalmoskopischen Lehr- und Übungszwecken ist Perrins Auge auch vielfach zur Photographie des Augenhintergrundes verwendet worden. Bald nach dem Perrinschen Auge wurden Augenmodelle von Schumann (1869) und Mohr (1870) beschrieben.

Bei diesen Augenmodellen besteht der dioptrische Apparat in einer Konvexlinse. Das Licht tritt also, nachdem es dieselbe durchlaufen hat, wieder in Luft, ehe es den Augengrund trifft. Es ist dies offenbar ein von der Wirklichkeit durchaus verschiedenes Verhältnis. Die so konstruierten Augenmodelle können denn auch nicht zum Studium der Dioptrik des wirklichen Auges dienen.

E. Landolts 1876 konstruiertes »Künstliches Auge«, bzw. Augenmodell, beruht auf einem ganz anderen, der Wirklichkeit entsprechenden Prinzipe.

In seiner einfachen, aber zur Lösung aller die ophthalmologische Praxis betreffenden Fragen vollkommen genügenden Form, stellt es das auf eine einzige brechende Fläche reduzierte Auge dar.

Diese brechende Fläche, Cornea des reduzierten Auges, ein äußerst dünnes, sphärisches Glas mit parallelen Flächen, hat 5 mm Krümmungsradius. Das Auge ist mit Wasser gefüllt, dessen Brechungsindex ($^4/_3$) demjenigen der Medien des wirklichen Auges entspricht.

Die Retina wird gebildet durch ein mattes, in halbe Millimeter geteiltes Glas. Zur Beurteilung der Schärfe und Messung der Größe der darauf zustande kommenden Bilder, läßt sich von hinten eine Lupe aufsetzen.

Die zweite Brennweite dieses Auges ist gleich derjenigen des all unseren Berechnungen zugrunde gelegten Dondersschen reduzierten Auges: 20 mm.

Dies ist die Länge des Auges im Zustande der Emmetropie. — Durch Verkürzung (Einschrauben) bis zu 3 mm, kann man ihm alle Grade von

Achsenhypermetropie, durch Verlängern (Ausschrauben) bis zu 3 mm, alle Grade von Achsenmyopie bis auf 10 dptr. geben (bezogen auf den vorderen Brennpunkt, der 15 mm vor demselben liegt).

Die Krümmungshypermetropie läßt sich durch ein mit dessen Cornea in Kontakt gebrachtes Konkavglas, die Krümmungsmyopie, sowie die Akkommodation durch ein darauf appliziertes Konvexglas darstellen.

Korrektionsgläser sowohl wie Fixierobjekte werden in gewöhnliche Fassungen eingeführt, die in einem am vorderen Teile des Auges befestigten, in Millimeter geteilten Stabe entlang verschiebbar sind.

Mit diesem Augenmodelle lassen sich die Probleme der Dioptrik in einfachster Weise experimentell lösen; so z. B. die Frage nach dem Einflusse der Länge des Auges auf seinen Refraktionszustand, auf die Sehschärfe, bzw. die Größe der Netzhautbilder ferngelegener wie naher Objekte, für welche sich das Auge entweder mittels seines Refraktionszustandes, oder mittels seiner Akkommodation, oder mit Hilfe verschieden weit entfernter Korrektionsgläser, oder auch mit einer stenopäischen Öffnung einstellen kann.

Die Beobachtung des Verlaufes der einfallenden Strahlen läßt sich durch die des Verlaufes der ausfallenden kontrollieren. Der Grund des Modelles, von hinten beleuchtet, wird dann zum Objekte. Die von demselben ausgehenden Strahlen werden von einem matten, eingeteilten Glase aufgefangen, das sich, wie die Hilfsgläser, auf dem graduierten Stabe verschieben läßt.

An die Stelle eines Objektes, auf welches das Auge eingestellt ist, tritt dann beispielsweise das umgekehrte Bild eines Objektes der Netzhaut. Ein solches Objekt läßt sich einfach auf den Grund des Augenmodells kleben.

Zur Übung im Augenspiegeln kann man der Glasplatte einen gemalten, undurchsichtigen Augengrund anpassen.

Auf Landolts Anregung hat die Firma Zeiss in Jena ein schematisches, d. h. linsenhaltiges Auge konstruiert. Dasselbe ist basiert auf Gullstrands Berechnungen und gibt dessen schematisches Auge in vergrößertem Maßstabe wieder.

Während Landolts Augenmodell vorzugsweise dem Studium rein wissenschaftlicher Fragen der Ophthalmoskopie und anderer Gebiete der physiologischen Optik dient, sind die später von v. Pflugk (1902), Salzer (1902) und Fisher (1907) angegebenen Phantome besonders für praktische Übungen im Ophthalmoskopieren und Skiaskopieren bestimmt. Das von Pflugksche 1902 der ophthalmoskopischen Gesellschaft in Heidelberg demonstrierte »Phantom zu Augenspiegelübungen« besteht aus einer Hornhaut mit einem Krümmungsradius von 8 mm. Die vordere Linsenfläche hat einen Radius von 20 mm, die Hinterfläche einen solchen von 12 mm. Besondere Vorzüge sind die Variierbarkeit der Pupillenweite mittels Blenden und der gewölbt dargestellte farbige Augenhintergrund. Derselbe ist auf einem verschiebbaren Zylinder befestigt und mit einer Skala versehen, auf welcher der eingestellte Refraktionszustand abgelesen werden kann.

Das Phantom Salzers (1905) besteht aus einem ausziehbaren geschwärzten Zylinder, dessen Hinterwand ein Bild des Augengrundes trägt und durch eine Mattscheibe ersetzt werden kann. Die Vorderwand ist mit einer auswechselbaren Blende und einer Linse von nur 20 dptr. versehen, die Achsenlänge ist dementsprechend — bei Emmetropie — auf 5 cm bemessen. Verkürzt oder verlängert man den Zylinder, so entsteht ein hypermetropisches, bzw. myopisches Auge. Besonders eignet sich das Phantom dazu den Anfänger in die Geheimnisse der Skiaskopie einzuführen, ihm die Art der Schattenwanderungen bei verschiedener Achsenlänge vorzuführen.

Ähnliche einfache Modelle hat sich wohl schon mancher Dozent für seine Augenspiegelkurse konstruiert (Schoen), ihre Existenzberechtigung erkennen wir gern an, namentlich auch im Interesse der Schonung des »lebenden Augenspiegelübungsmaterials«.

Die Photographie des Augenhintergrundes.

Während die Photographie des Augenhintergrundes zur Zeit der Bearbeitung der vorigen Auflage unseres Kapitels, wie Hirschberg (1901) in seiner »Einführung in die Augenheilkunde« mit Recht sagen durfte, »noch in den Kinderschuhen steckte«, und wir nicht daran dachten, sie als Untersuchungsmethode mit in Betracht zu ziehen, hat das Verfahren seit dieser Zeit dank der bahnbrechenden Arbeiten Thorners, Dimmers und Wolffs so erhebliche Fortschritte aufzuweisen, daß wir dasselbe in der neuen Auflage nicht mehr übergehen zu dürfen glauben.

Eine auch nur annähernd erschöpfende Beschreibung der verschiedenen Methoden und teils recht komplizierten Apparate, deren sich die genannten Forscher und ihre Vorläufer bedient haben, würde einen Band für sich füllen; wir werden uns hier auf einen kurzen historischen Überblick und eine knappe Darstellung der Untersuchungs- und Konstruktionsprinzipien zu beschränken haben.

Man könnte überhaupt zweifelhaft sein, ob die Photographie des Augenhintergrundes mit ihren jetzigen Leistungen streng genommen schon als eine klinisch brauchbare »Untersuchungsmethode« anzusprechen ist und nicht vielmehr nur als unterstützende »Registriermethode«. Wir erkennen sie als erstere an, und zwar als eine Ergänzung der Augenspiegeluntersuchung; wenn sie uns auch nicht gestattet, schnell hintereinander die einzelnen, auch peripheren Bezirke des Fundus zu überblicken, nicht die feinen Details der Augenspiegelbeobachtung — von dem Fehlen der Farbenwiedergabe ganz abgesehen — liefern kann, so setzt sie uns andererseits in die Lage, unabhängig von Geduld und Unruhe des Patienten, das gewonnene Augenspiegelbild, solange wir wollen, in aller Ruhe zu betrachten, die Größe und Lage pathologischer Herde zu untersuchen und zu messen, die Gefäßverzweigung zu studieren, vor allem aber durch den Vergleich verschiedener im Verlauf eines Krankheitsprozesses angefertigter Photogramme den Entwicklungsgang desselben zu beurteilen. Sie wird ferner dazu beitragen, Meinungsdifferenzen verschiedener Beobachter durch Besprechungen an der Hand objektiver Bilder sachgemäß zu klären und damit die Diagnose zu fördern.

Der früher verschiedentlich gegen die Methode erhobene Einwand, daß sie gerade eine der wichtigsten Aufgaben der Augengrunduntersuchung nicht gerecht werden könnte, nämlich in der Wiedergabe von Niveaudifferenzen versage, ist jetzt hinfällig. Zwar lasen wir 1907 noch bei Dimmer (Monographie), daß er sich zunächst kaum entschließen könne, an die Erzeugung stereoskopischer Photographien zu denken; 1909 bereits führte uns Thorner die Plastik des Augenhintergrundes mittels seines stereoskopischen Verfahrens in überraschend schöner Weise vor, nachdem er schon 1903 auf die Möglichkeit stereoskopischer Fundusaufnahmen hingewiesen hatte (s. Fig. 167). Die Tiefenwahrnehmung ist eine so feine, daß es Thorner gelungen ist, Netz- und Aderhautherde zu differenzieren. Zu welchen Hoffnungen berechtigt diese Methode den Kliniker für die Beurteilung der Stauungspapille, glaukomatöser Exkavation usw. durch vergleichende Aufnahmen während des Verlaufes der Krankheit! Die Zukunft wird lehren, wieweit sich diese Erwartungen erfüllen werden.

Wenn die Photographie in dem jetzigen Stadium ihrer Entwicklung auch das mühevolle und zeitraubende Abzeichnen noch nicht ersetzen kann, so gibt sie doch zum mindesten das Gerippe für die Zeichnung und legt die grobe Topographie (Gefäßverteilung) für die zeichnerische Abbildung fest (Dimmer).

Die Erklärung der Mißerfolge jahrzehntelanger Bemühungen zahlreicher namhafter Forscher, Augenärzte wie Physiologen, ist in den außerordentlich großen Schwierigkeiten zu suchen, die sich der erfolgreichen Lösung der verschiedenen Aufgaben des Verfahrens entgegenstellen. Wir nennen nur die Beseitigung der Reflexe an den Trennungsflächen der brechenden Medien, den Lichtverlust bei der Beleuchtung und Abbildung, die Erzielung der gleichmäßigen Beleuchtung eines möglichst großen Gesichtsfeldes, die zu fordernde Kürze der Belichtung, die Unempfindlichkeit der Platten für die roten Strahlen des Augenhintergrundes.

Vor allem ist die an erster Stelle genannte Ausschaltung der störenden Reflexe die conditio sine qua non für die Photographie des Augengrundes: ihr Entwicklungsgang ist daher von demjenigen der oben besprochenen reflexlosen Ophthalmoskopie nicht zu trennen.

Durchsichtigkeit der brechenden Medien und bedeutende Weite der Pupille sind zur Photographie des Augengrundes unerläßlich.

Das Lebensalter ist nicht ohne Einfluß auf die Brauchbarkeit der Abbildung. Bei jugendlichen Individuen stören die lebhaften Netzhautreflexe (Gefäße, Fovea) (Dimmer), bei älteren Leuten hat die Sklerosierung der Linsen stärkere Absorption chemisch wirksamer Strahlen zur Folge (Thorner).

Niveaudifferenzen des Augengrundes verursachen zwar eine ungleiche Schärfe verschiedener Teile des Bildes, doch schafft hier die stereoskopische Photographie Abhilfe.

Die ersten Versuche, den Augenhintergrund zu photographieren, liegen schon ein halbes Jahrhundert zurück. Sie wurden 1862 mit sehr unvollkommenen Mitteln von Noyes in New York und Sinclair in Toronto (Canada) am Kaninchen, 1864 von Rosebrugh mit besserem Erfolge am Katzenauge vorgenommen. In den folgenden Jahrzehnten widmete sich eine große Zahl von Forschern der verschiedensten Länder dem schwierigen Probleme der Fundusphotographie. Wir nennen nur Liebreich (1874) (Kombination seines großen stabilen Augenspiegels mit photographischer Kamera — später auch von Nicolajew [1900] benutzt), Dor (1884), Howe (1887), Starr (1887) und Cohn (1888). Die Aufnahmen wurden teils am Katzen- und Kaninchenauge, teils an künstlichen, z. B. dem Perrinschen (1866) Auge, mit mehr oder weniger Erfolg gemacht, beim menschlichen Auge (Howe und Starr) blieben genügende Erfolge aus, da bei diesen der Hornhautreflex ein wesentlich größeres Hindernis bildet.

Bagnéris (1889) suchte diesen Reflex durch Zweiteilung der Pupille in eine Beleuchtungs- und Lichtaustrittshälfte zu vermeiden. Da das durch eine Konvexlinse konvergent gemachte Licht mittels eines gleichseitigen Prismas von 60° schief in das untersuchte Auge geleitet wurde, war die Beseitigung der Reflexe eine nur unvollkommene.

Fick (1891) und Gerloff (1891) schalteten — unabhängig voneinander — den Hornhautreflex durch Bedecken der Hornhaut mit einer Wasserschicht aus (Immersionsmethode). Gerloff bediente sich hierzu einer nach vorn durch eine planparallele Glasplatte begrenzten Wasserkammer, die er nach Art des Czermakschen Orthoskops vor dem atropinisierten und kokainisierten Auge anbrachte. So gelang es ihm 1891, die erste brauchbare reflexlose Photographie des menschlichen Augenhintergrundes im aufrechten Bilde anzufertigen. Das Licht (Zirkonlicht) wurde mittels Hohlspiegels in das Auge geworfen und gelangte, von dessen Fundus reflektiert, durch die zentrale Spiegelöffnung in die dahinter gelegene Camera. Die Bilder waren zwar scharf, Gesichtsfeld und Vergrößerung jedoch recht klein, der Erfolg ein sehr ungleichmäßiger. Guilloz photographierte 1893 das durch eine Konvexlinse entworfene umgekehrte Bild. Der Kornealreflex wurde durch seitliche Verschiebung der Konvexlinse möglichst ausgeschaltet. Die publizierten Aufnahmen sind jedoch wenig vollkommen, klinisch kaum brauchbar[1]).

Erst durch die später von Thorner, Dimmer und Wolff angegebenen Methoden wurde die sichere Beseitigung der Reflexe, genügende Vergrößerung und Helligkeit des Bildes und ein ausgedehnteres Gesichtsfeld erreicht.

Thorners Vorrichtungen zur Photographie des Augenhintergrundes.

Die ersten aus dem Jahre 1896 stammenden Thornerschen Aufnahmen sind noch sehr durch die ungenügende Beseitigung der Reflexe an der Beobachtungslinse und der Hornhaut beeinträchtigt. Erst durch Verwendung

Fig. 166.

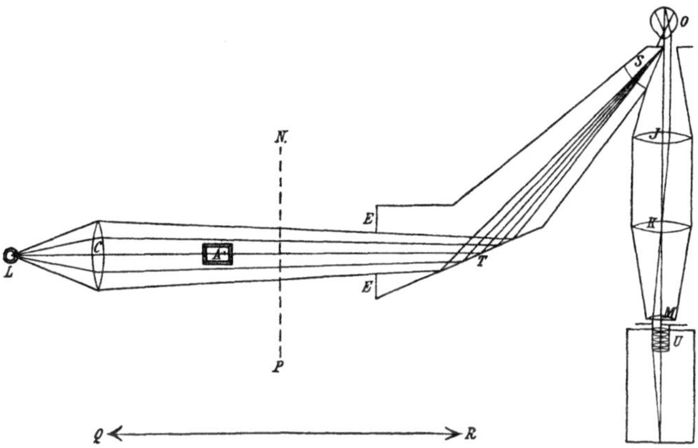

Strahlengang bei der Photographie des Augenhintergrundes nach Thorner. (Der rechts von NP liegende Teil ist am Augenspiegel befestigt).

seines 1898 konstruierten stabilen reflexlosen Augenspiegels, dessen Beschreibung wir oben gegeben haben, gelang es ihm 1903, wesentlich bessere Bilder zu erhalten. Der Spiegel ist in einfachster Weise dadurch der Photographie dienstbar gemacht, daß vor dem Beobachtungsrohr eine kleine röhrenförmige Camera mit Objektiv angebracht ist, die an Stelle des beobachtenden Auges tritt. Das Beleuchtungsrohr, dessen Linsensystem bei dem früheren Modell genau demjenigen des Augenspiegels entsprach, hat neuerdings im Interesse stärkerer Bildvergrößerung eine Modifikation erfahren, die im wesentlichen in einer Verringerung der Linsen-, bzw. Prismenzahl besteht; dadurch wird der Lichtverlust vermindert, der durch den häufigen Übergang von Luft in Glas bedingt ist.

1) Bezüglich der zahlreichen Namen und Arbeiten der übrigen Autoren, die hier Erwähnung nicht finden konnten, sei auf das lückenlose Literaturverzeichnis in Dimmers Monographie (1907) verwiesen.

Wie in Fig 166 dargestellt ist, besteht das ganze Beleuchtungssystem nur aus dem Prisma *S* und dem Planspiegel *T*. Es wurde dadurch etwa das Doppelte an Licht gewonnen, die Möglichkeit gegeben, ein Objektiv (*U*) von größerer (75 mm) Brennweite zu benutzen und den Augenhintergrund in fünffacher Vergrößerung zur Abbildung zu bringen. In *L* befindet sich die zur Einstellung dienende Petroleumlampe. Die durch die Linse *C* leicht konvergent gemachten Lichtstrahlen gelangen durch die halbmondförmige Blende *E* zu dem Planspiegel *T* und weiter zu dem Prisma *S*. Dasselbe ist konvex geschliffen und entwirft ein scharfes Bild der Blende *E* auf der einen (Beobachtungs-) Hälfte der Pupille des untersuchten Auges *O*, während die Lichtstrahlen nur durch die andere (Beleuchtungs-) Hälfte eintreten. Die austretenden Lichtstrahlen passieren die drei Linsen *J*, *K* und *M* und gelangen durch das Objektiv *U* in die photographische Camera (Glasscheibe zur Einstellung). Dicht vor dem Objektiv befindet sich die zweite halbmondförmige Blende, so daß nur diejenigen vom Augenhintergrunde kommenden Strahlen zur Platte gelangen können, welche durch die beschattete Beobachtungshälfte der Pupille gehen.

Als Lichtquelle für die Momentaufnahme ($^1/_{40}$ Sek.) dient Magnesiumblitzlicht. Das Pulver wird in den Behälter *A* auf elektrischem Wege (Akkumulatoren) entzündet (Fig. 166). Als Platten werden vorzugsweise die sehr rot empfindlichen »Spectrum panchromatic Platten« benutzt.

Stereoskopische Photographie des Augenhintergrundes nach Thorner.

Wie bereits oben erwähnt, ist es 1909 Thorner gelungen, auf photographischem Wege, durch stereoskopische Aufnahmen, den Augenhintergrund plastisch zur Darstellung zu bringen, und zwar ist ihm die stereoskopische Photographie mit wesentlich einfacheren Mitteln geglückt als die binokulare Betrachtung mittels des stereoskopischen Augenspiegels. Durch eine sinnreiche Vorrichtung kann der optische Teil des Apparates vollständig umgekehrt, d. h. gleichsam auf den Kopf gestellt werden. Die erste Fundusaufnahme wird bei normaler Aufstellung, die zweite nach Umkehrung des Apparates ausgeführt, so daß im ersten Falle die rechte Pupille zum Lichteintritt, die linke zum Lichtaustritt benutzt wird, bei der zweiten Belichtung umgekehrt. Der erzielte plastische Effekt ist der gleiche, wie wenn wir mit unserem normalen Augenabstand den in allen Teilen gleichmäßig vergrößerten Fundus in einer Entfernung von 30 cm binokular betrachten würden.

An den Thornerschen Bildern (Fig. 167) fällt nur nachteilig auf, daß die seitlichen Partien wesentlich dunkler sind als der mittlere Streifen. Dieser Abfall der Beleuchtung ist nach Thorner notwendige Folge der Trennung des Beobachtungs- und Beleuchtungssystems, die seinem oben beschriebenen reflexlosen Augenspiegel als Prinzip zugrunde liegt. Da die Kante des schräg vor dem untersuchten Auge stehenden Spiegels nicht in der Pupillarebene, sondern eine kleine Strecke (ca. 6—10 mm) vor der Hornhaut liegt, »so ergibt sich daraus für die Seitenteile der Netzhaut eine parallaktische Verschiebung dieser Spiegelkante gegen die Pupillenebene«.

Fig. 167.

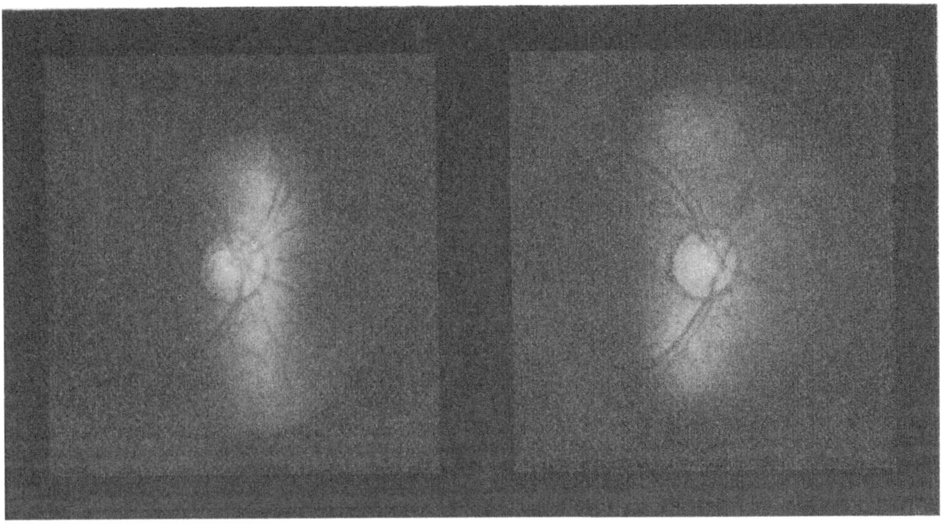

THORNER, Stereoskopische Photographie des Augenhintergrundes.

Gegen die Anwendung einer kreisförmigen Blende im Beleuchtungssystem und Benutzung nur eines exzentrisch gelegenen Teiles der halbmondförmigen Blende im Beobachtungsrohre — wodurch der seitliche Helligkeitsabfall besonders nach einer Seite hin zu vermindern wäre — führt THORNER die daraus resultierende starke Verdunklung des Bildes an.

Wir werden weiter unten sehen, in welcher Weise DIMMER diese Schwierigkeit beseitigt hat.

H. Wolffs Verfahren zur Photographie des Augenhintergrundes.

WOLFFS (1903, 1906, 1908) Methode der photographischen Abbildung des menschlichen Augenhintergrundes liegt die Anordnung seines oben (S. 331 ff.) beschriebenen elektrischen Augenspiegels und des direkten oder myopischen umgekehrten Bildes zugrunde. Sie ist ebenso wie seine Methode der reflexlosen Ophthalmoskopie in der Beleuchtung gekennzeichnet durch die katoptrische Beseitigung der störenden Lichtreflexe lediglich mittels geeigneter Spiegelneigung, unter Verwendung einer nach der einen (Beleuchtungs-) Hälfte der Pupille konvergenten Lichtkegels und unter Parallelstellung der Achse des Beleuchtungskegels zur Achse des untersuchten Auges, — in der Bilderzeugung durch die dünnen, kleinen Rekosslinsen des Augenspiegels, welche noch durch eine zentrische 3 mm Blende bedeckt werden. Die Beseitigung der Reflexe ist aus Fig. 141, S. 332 ersichtlich, die Anordnung des Apparates zur Photographie aus Fig. 168.

Fig. 168.

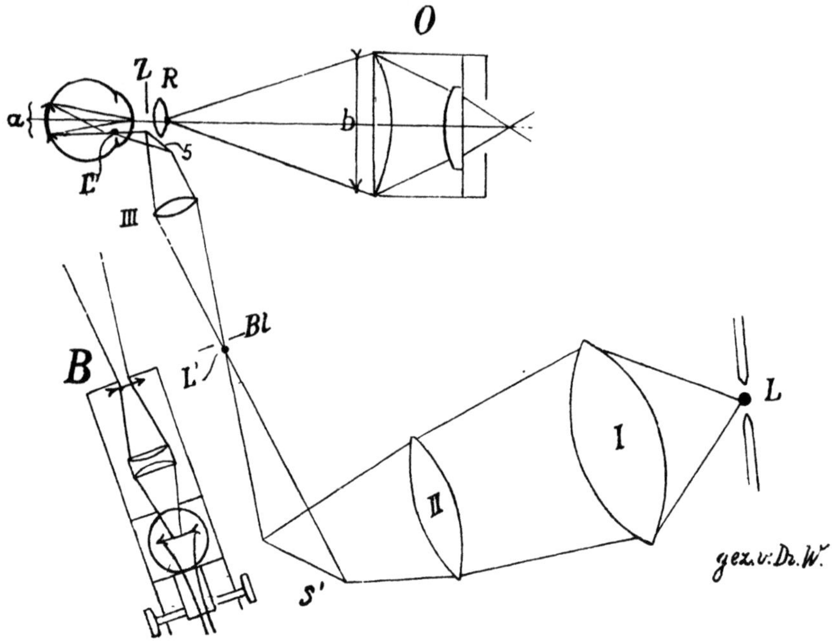

Wolffs reflexlose Mikroophthalmoskopie und Photographie des Augenhintergrundes (1903, 1906—1908). *L* Bogenlampe, *I*, *II*, lichtstarke Köhlersche Linsen, *L'* Bild der Lichtquelle in zentrischer Blende *Bl*, *III* Beleuchtungslinse, *S* und *S'* Planspiegel, *L''* Beleuchtungsfokus, *a* beleuchtetes Gesichtsfeld, Z zentrische 3 mm Blende, *R* Rekosslinse, *b* direktes umgekehrte Augengrundbild, *O* Einstellupe (Okular), *B* Beleuchtungsrohre zur Ophthalmoskopie mit Glühfadenbild in zentrischer Blende *bl*.

Als Lichtquelle benutzt Wolff die Bogenlampe des Zeissschen Projektionsapparates (1200 Kerzen). Durch die Köhlerschen Linsen I und II wird, nach Reflexion an dem planen Metallspiegel *S'*, ein Objektivbild *L'* in der zentrischen Blende *Bl* erzeugt (Fig. 168). Dasselbe befindet sich in der Brennebene des orthoskopischen Beleuchtungsokulars III[1]) und wird vom untersuchten Auge mit Hilfe des Planspiegels *S* gesehen. Letzterer befindet sich dicht vor dem unteren Pupillendrittel. Nach Reflexion an diesem Spiegel vereinigen sich die Lichtstrahlen am unteren Pupillenrande

1) An Stelle dieses Okulars III verwendet Wolff neuerdings zwei Plankonvexlinsen (Zeitschr. f. Augenheilk., 1912, XXVIII, S. 314).

im Beleuchtungsfokus L'', bzw. in einer Lichtaustrittspupille von 1 mm Durchmesser. Die Lichtgrenze bleibt so in der Pupillenebene, bei maximaler Pupillenweite, ca. 3 mm von der Augenachse entfernt. Der beleuchtete Netzhautbezirk hat einen Durchmesser von 5—6 P. D. und ist bis zum Rande gleich hell.

Die Abbildung geschieht mittels der Rekossokulare *R*, vor denen sich eine zentrische 3 mm Blende *Z* befindet. Das direkte umgekehrte Bild *b* wird vom Untersucher mittels der Einstellampe *O*, die in Wirklichkeit in die obere Öffnung der Camera eingepaßt und mit einem in die Camera hineinragenden, um 140° zur Horizontalen geneigten Reflexspiegel (in der Figur nicht gezeichnet) verbunden ist, beobachtet.

Ersetzt man diesen Spiegel durch eine durchsichtige Glasplatte, und bringt man eine ähnliche Lupe in die Ebene und an Stelle der photographischen Platte, so kann man den Apparat als Demonstrationsaugenspiegel benutzen. Zur Beleuchtung dient dann die in Figur 168, *B* abgebildete Beleuchtungsröhre (modifizierter Lichtstab des elektrischen Augenspiegels), die ein Glühfadenbild in der zentrischen Blende *Bl* entwirft.

Zur Einstellung wird der Patient dem Apparat in passender Weise genähert und blickt nach dem Beleuchtungsfeld, während der Lichtkegel so in sein Auge dirigiert wird, daß er in der unteren Pupillenhälfte verschwindet. Der Beobachter hat sich nur mittels der Einstellupe von dem Vorhandensein des Bildes im Apparat zu überzeugen und eventuell die Schärfe des Bildes durch geringe Verschiebung der photographischen Platte zu korrigieren.

Die Belichtungsdauer beträgt ca. $^1/_{30}$ Sek., die Vergrößerung ist $3^1/_2$fach, das Gesichtsfeld 5—7 P. D. Die von Wolff bisher angefertigten Bilder (Selbstaufnahmen) beweisen die Leistungsfähigkeit der Methode (Arch. f. Augenheilk., Bd. 56, Taf. III—V).

Dimmers Photographie des Augenhintergrundes.

Die besten und zahlreichsten Aufnahmen des normalen und pathologisch veränderten Augenhintergrundes verdanken wir F. Dimmer. Seine ersten Veröffentlichungen auf diesem Gebiete stammen aus dem Jahre 1899; Dimmer bediente sich anfangs zur Beleuchtung eines vor der einen Pupillenhälfte befindlichen Glasstabes mit schräg angeschliffener reflektierender Fläche, durch den das Licht in das Auge geleitet wurde. Die aus der anderen Pupillenhälfte austretenden Lichtstrahlen wurden durch eine Konvexlinse von 16 dptr. zum umgekehrten Bild vereinigt, das von einem Zeissschen Anastigmat aufgenommen wurde. Die Aufnahmen waren zwar reflexlos, aber unscharf und ungleichmäßig beleuchtet.

1901 modifizierte er sein Verfahren, indem er mittels eines vor der einen Pupillenhälfte liegenden Planspiegels konvergente Lichtstrahlen in das untersuchte Auge fallen ließ (vgl. das Beleuchtungsprinzip des Wolffschen Augenspiegels). So beleuchtet das Bild der Lichtquelle (elektrisches Bogenlicht) einen möglichst großen Teil des Fundus, und der Kornealreflex wird ausgeschaltet. Zur Abbildung und Beseitigung eventuell noch restierender Reflexe benutzte er 2 dezentrierte Objektivlinsen. Der hierdurch bedingte Astigmatismus und die noch ziemlich lange Belichtungsdauer ($^1/_5$ Sekunde) hatten eine noch ungenügende Schärfe der Bilder zur Folge. Immerhin gelang es **Dimmer**, schon mit dieser Methode pathologische Veränderungen des Augenhintergrundes in kenntlicher Weise zu photographieren.

Fig. 169.

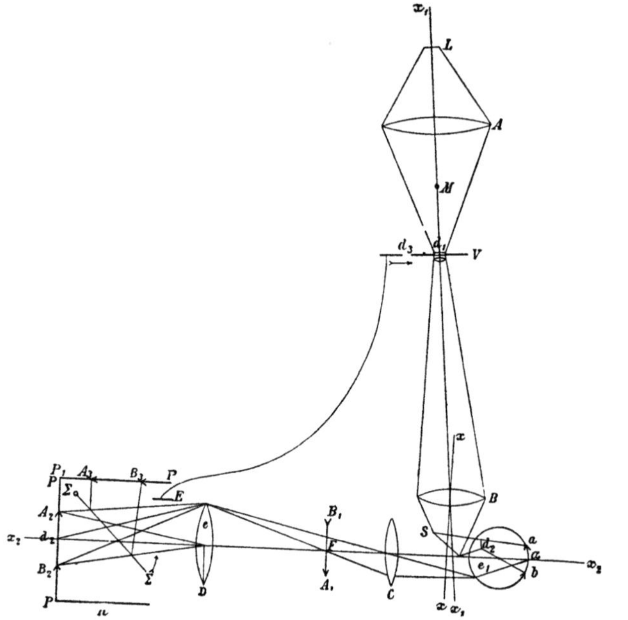

Strahlengang beim Dimmerschen Apparat zur Photographie des Augenhintergrundes.

$x_1 x_1$ Achse des Beleuchtungssystems, L Lichtquelle (Bogenlampe von 30 Amp.), A Kondensor nach Dr. Köhler, der das Bild der Lichtquelle in Blendenöffnung d_1 einer beweglichen Verschlußplatte entwirft, (d_1 durch Rauchglas bedeckt, Einstellung mit Bogenlampe), B Objektiv mit Achse $x\,x$ macht die von d_1 kommenden Strahlen konvergent, s zungenformiger vergoldeter Metallspiegel entwirft in d_2 nahe dem lateralen Rande der Pupille ein Bild von d_1, $a\,b$ beleuchteter Bezirk des Augenhintergrundes.

$x_2 x_2$ Achse des Abbildungssystems, C Objektiv nach Dr. v. Rohr erzeugt in A_1B_1 ein umgekehrtes Bild von $a\,b$, D Zeisssches Planar von 16 cm Brennweite (untere Halfte abgeblendet) gibt ein aufrechtes Bild des Fundus auf der Platte PP in A_2B_2.

K Kamera, $\Sigma\Sigma$ Planspiegel zur Einstellung, A_3B_3 Bild auf der Einstellplatte P_1P_1.

Exposition erfolgt durch Hinaufklappen von $\Sigma\Sigma$ (pneumatische Auslosung), wodurch bei E Strom geschlossen und die freie Offnung d_3 der Verschlußplatte einen Moment an der Stelle der von der Bogenlampe einfallenden Strahlen festgehalten wird.

(Nach Dimmer.)

1902 zentrierte **Dimmer** beide Abbildungsobjektive und deckte das zweite durch eine Blende zur Hälfte ab. Die Beseitigung der Reflexe erfolgte so teils durch die oben näher bezeichnete Art des Lichteinfalls, teils durch Abblendung im Beobachtungssystem. Die nunmehr durch Momentaufnahmen

($^1/_{16}$—$^1/_{18}$ Sek.) gewonnenen Bilder waren infolgedessen wesentlich schärfer (Ophth. Gesellschaft Heidelberg 1902), nur die Beleuchtung der Platte nicht gleichmäßig: der nasale Teil blieb unterexponiert, da sich der Spiegel vor der temporalen Hälfte befand.

Einen gewissen Ausgleich dieser Belichtungsverschiedenheit erreichte Dimmer später, indem durch entsprechende Anordnung des kleinen Metallspiegels der nasale Teil des Augengrundes stärker beleuchtet wurde. Die

Fig. 170.

Dimmers Apparat (Gesamtansicht).

A Kondensor vor der Bogenlampe, *W* Wasserkammer, *M* Metallring mit Fixationszeichen für das abzubildende Auge, *V* Verschlußkästchen am Ende des Beleuchtungsrohres *R* (zum Teil verdeckt durch Abbildungsröhre), *K* Kamera mit Kautschukballon, *S* Schaltbrett, *T* Akkumulator mit Schalttrommel, die durch Hinaufschlagen des Spiegels in der Kamera in Bewegung gesetzt wird, *E* Einbeißplatte, *F* Tischchen zum Aufstutzen der Arme.

Lichtschwäche der Bildperipherie sucht D. durch Verlegen des vom ersten Objektiv entworfenen Bildes der im zweiten Objektiv gelegenen Blende hinter die Pupillarebene (s. Originalabhandlung) zu vermindern. Dann noch zurückbleibende Ungleichheiten der Belichtung (überexponierte weiße Stellen, unterexponierte Randteile) werden durch teilweise Abdeckung der Platte (Einreiben mit Graphitpulver) korrigiert.

Es wird so allerdings ein subjektives Moment in die Methode gebracht, das von anderer Seite (Neuhauss 1908, Thorner 1908) wohl in zu schroffer und weitgehender Weise kritisiert worden ist.

Die Tatsache ist jedenfalls nicht zu bezweifeln, daß die DIMMERschen Aufnahmen an Schärfe, Detailreichtum und klinischer Verwertbarkeit unübertroffen sind.

Der DIMMERsche Apparat ist bei Zeiss-Jena unter Mitarbeit von Dr. KÖHLER und Dr. VON ROHR konstruiert worden. Form und Strahlengang sind durch die Figuren 169 und 170 illustriert.

Fig. 171a.

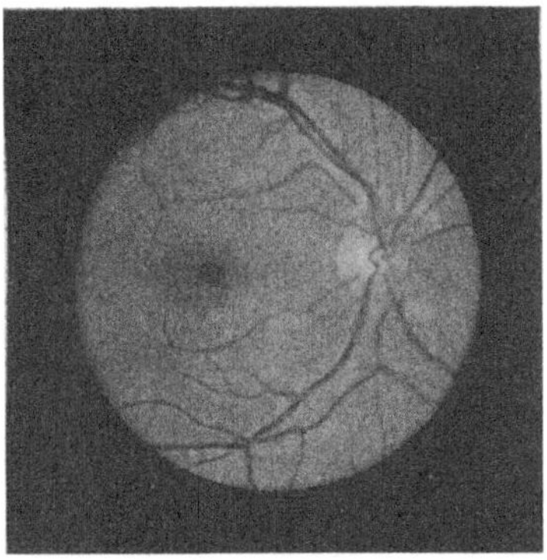

Normaler Fundus eines 17jahrigen Mädchens.

Fig. 171b.

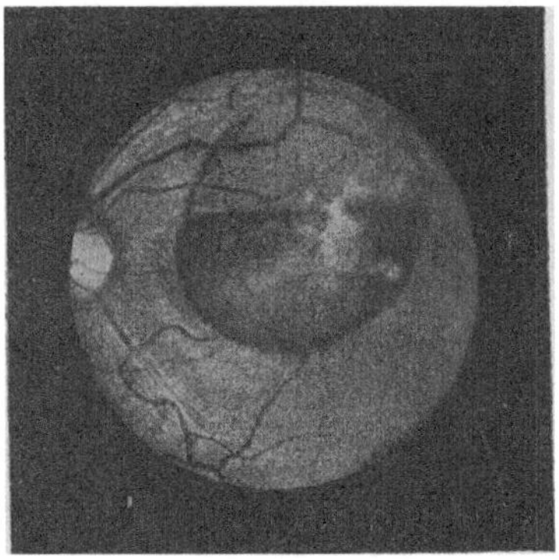

Präretinale Hämorrhagie.

Reproduktionen DIMMERscher Momentaufnahmen des Augenhintergrundes.
Die Expositionszeit beträgt 1/20 Sekunde, die Vergroßerung ist 3- bis 4malig, das Gesichtsfeld hat eine Ausdehnung von 5—6 P.D., die Bildgroße ist 35 mm. Als Platten werden Agfa-Chromo-Isolarplatten empfohlen.

Der DIMMERsche Apparat kann auch als Demonstrationsaugenspiegel Verwendung finden: man hat nur die freie Öffnung (d_3 Fig. 169) der Verschlußplatte einzuschalten und vor derselben einen Auerbrenner aufzustellen. Der Spiegel Σ wird hochgeklappt, und an Stelle der Kassette die große Einstellupe fixiert, durch die man den Fundus in großer Ausdehnung (6 P. D.) übersehen kann.

Literaturverzeichnis zur Ophthalmoskopie.

I. Nachtrag zum Literaturverzeichnis der II. Auflage bis 1902.

1683. Thormann, De phoca, sive vitulo marino. Dissertatio. Königsberg. Vgl. Hilbert z. Geschichte der vergl. Anat. des Auges, nebst einer histor. Bemerkung bezügl. des Augenleuchtens. Zentralbl. f. prakt. Augenheilk. p. 156. 1903.

1704. Méry, Histoire de l'académie royale des Sciences. S. 261.

1709. La Hire, ibidem. S. 95.

1745. Boerhave, Praelectiones academicae. Ed. Albr. v. Haller III.

1759. Porterfield, On the Eye. IV. S. 423. Edinburgh med. Essays. IX. S. 185.

1846. Cumming, On a Luminous Appearance of the Human Eye and its Application to the Detection of Disease of the Retina etc. Med.-chir. Transact. S. 283. London.
1847. Brücke, E., Über das Leuchten der menschlichen Augen. J. Müllers Arch. S. 225 u. 479.
1851. Czermak, Das Orthoskop. Prager Vierteljahrsschr. XXXII.
v. Helmholtz, H., Beschreibung eines Augenspiegels zur Untersuchung der Netzhaut im lebenden Auge. Berlin.
1852. v. Helmholtz, H., Über eine neue einfache Form des Augenspiegels. Vierordts Arch. f. physiol. Heilk. II. S. 827.
Ruete, Th., Der Augenspiegel und das Optometer. Göttingen.
1853. Coccius, A., Über die Anwendung des Augenspiegels nebst Angabe eines neuen Instrumentes. Leipzig.
Follin et Nachet, Mém. de la Société de Chirurgie. III.
Meyerstein, Beschreibung eines neuen Augenspiegels. Henle und Pfeuffers Zeitschr. IV. S. 310.
Saemann, H. A. O., De Speculo oculi. Regiomonti.
Ulrich, R., Beschreibung eines neuen Augenspiegels. Henle und Pfeuffers Zeitschr. f. rat. Med. N. F. IV. S. 175.
v. Zehender, Ein neuer Augenspiegel. Zeitschr. d. Ges. d. Ärzte. Wien.
1854. v. Carion, Stellwag, Theorie der Augenspiegel. Wien.
Donders, F. C., Über die sichtbaren Erscheinungen der Blutbewegung im Auge. Arch. f. Ophth. I. II. S. 75 u. Nederl. Lancet. 3. Serie. IV. S. 253.
v. Graefe, Notiz über die Pulsphänomene auf der Netzhaut. Arch. f. Ophth. I, 1. S. 382.
v. Jaeger, E., Über die sichtbare Blutbewegung im menschlichen Auge. Wiener med. Wochenschr. Nr. 3—5.
v. Jaeger, E., Über Star und Staroperationen. Wien.
Klaunig, Ein neuer Augenspiegel. Deutsche Klinik. Nr. 16.
Schauenburg, C., Der Augenspiegel, seine Anwendung und Modifikationen. Mit 24 Abb. Lahr 1854, II. Aufl. 1859.
1855. v. Carion, Stellwag, Zeitschr. d. Ärzte zu Wien. XI. S. 65.
v. Hasner, Über den Augenspiegel. Prager Vierteljahrsschr. XII. S. 133.
v. Jaeger, E., Ergebnisse der Untersuchung des menschlichen Auges mit dem Augenspiegel. Wien.
Liebreich, Über die Farbe des Augengrundes. v. Graefes Arch. f. Ophth. I, 2.
1857. Liebreich, R., De l'examen de l'œil au moyen de l'Ophtalmoskopie. Bruxelles.
Schneller, Ein Mikrometer am Augenspiegel. Arch. f. Ophth. III, 2. S. 121.
1860. Liebreich, R., Methode, dem umgekehrten Bilde bei kurzsichtigen Augen eine starke Vergrößerung zu geben. Arch. f. Ophth. VII, 2. S. 124.
Liebreich, R., Veränderungen an meinem Augenspiegel, Mikrometer. Arch. f. Ophth. VII, 2. S. 134.
1863. Heymann, L'auto-ophthalmoscope. Ann. d'Ocul. L. S. 34.
Lawrence, G. Z., et Giraud-Teulon, D'une modification des procédés ophtalmoscopiques. Ann. d'Ocul. L. S. 106.
Liebreich, R., Atlas der Ophthalmoskopie. Mit 12 farb. Tafeln. Berlin.
Liebreich, R., Über einige Modifikationen an seinem großen Augenspiegel. Klin. Monatsbl. f. Augenheilk. I. S. 485.
de Wecker, Ann. d'Ocul. XLIX. S. 25.
v. Zehender, Autophthalmoskopie. Klin. Monatsbl. f. Augenheilk. I. S. 230.
v. Zehender, Ophthalmoskopie. Klin. Monatsbl. f. Augenheilk. I. S. 534.
1864. Lawrence, Über einen Augenspiegel. Klin. Monatsbl. f. Augenheilk. S. 421.
Rosebrugh, On a new instrument for photographing the fundus oculi. Amer. Journ. Ophth. and Ophth. Review. 1864 (nach Dimmer).
Schirmer, Ophthalmoskop. Bild der Macula lutea. v. Graefes Arch. f. Ophth. IX, 1.

1866. v. Helmholtz, Physiologische Optik. 2. Aufl. 1896. S. 62. 212. 217. 219.
1869. v. Jaeger, E., Ophthalmoskopischer Handatlas. Wien.
Schumann, A., Experimentaluntersuchung über die Baufehler und Akkommodationsstörungen des menschlichen Auges. (Künstliches Auge.) Leipziger Ges. f. Natur- u. Heilkunde 1. Mai 69. (Zit. nach Pergens 1909.)
1870. Loring, E. G., Détermination of the optical condition of the eye by the ophthalmoscope, with a new modification of the instruments for that purpose. Amer. Journ. of med. Sc. April. S. 323—347.
Mohr, Franz, Das Ophthalmophantom und der Augenspiegel als Optometer (zit. nach Pergens 1909).
Schweigger, Handbuch der speziellen Augenheilkunde. S. 107.
de Wecker et Roger, Objectif à prismes pour l'usage d'un ophtalmoscope démonstratif. Bull. de l'Acad. des Sc. 4. April.
1872. Landolt, E., La distanze tra la macula lutea el la papilla del nervo ottico. Ann. di Ottalm. S. 65.
Magnus, H., Ophthalmoskopischer Atlas. Leipzig.
Schnabel, Über die Lage und Größe des aufrechten Bildes im Augenhintergrunde. Klin. Monatsbl. f. Augenheilk. S. 119.
1873. Cohn, H., Eine neue ophthalmoskopische Vorrichtung betreffend. Klin. Monatsbl. f. Augenheilk. XI. S. 302 et Ann. d'Ocul. LXX. S. 244.
Donders, F. C., De lichtstreep op de netvliesvaten Bijbladen 14 de Verslag. Nederl. Gasthuis voor Ooglijders. S. 29—30.
Knapp, Demonstration of some new Instruments. Transact. Amer. Ophth. Soc. S. 107—112.
Magnus, Hugo, Die makroskopischen Gefäße der menschlichen Netzhaut. Versuch einer Schematisierung und Nomenklatur des Netzhautgefäßsystems. Habilitationsschrift. Leipzig, Engelmann.
Schnabel, Position et grandeur de l'image droite du fond de l'oeil. Ann. d'Ocul. LXX. S. 236.
de Wecker et Crétès, Ophtalmoscope à réfraction. Ann. d'Ocul. LXX. S. 207 u. Klin. Monatsbl. f. Augenheilk. XI. S. 266 u. 363.
1874. Knapp, Augenspiegel zur Refraktionsbestimmung. Arch. f. Augen- und Ohrenheilk. IV, 1. S. 112.
Landolt, E., Le grossissement des images ophtalmoscopiques. S. 39. Paris 1874 und in de Wecker et Landolt, Traité complet d'Opht. I. S. 812 u. 814. Paris.
Landolt, E., Ophthalmoskopie. Dieses Handb. 1. Aufl. III. S. 93. Id. 86. S. 111.
Liebreich, Dieses Handb. I. Aufl. Bd. III.
Loring, E. G., A new Modification of the Ophthalmoscope. Transact. Amer. Ophth. Soc. S. 161—162; Amer. Journ. of med. Soc. LXVII. S. 114—116.
1875. Nettleship, Note on the retinal blood vessels of the yellow spot region. Ophth. Hosp. Rep. VIII. S. 260.
1876. Landolt, E., Das künstliche Auge in Die Einführung des Metersystems in die Augenheilkunde. Klin. Monatsbl. f. Augenheilk. XIV. S. 223. — L'introduction du système métrique en ophtalmologie. Ann. d'Ocul. LXXV. p. 207. — The introduction of the metrical system in ophthalmology. London, Churchill. p. 22.
Landolt, E., Die Vergrößerung des aufrechten ophthalmoskopischen Bildes. Zentralbl. f. d. med. Wissensch. Nr. 21.
Landolt, E., Ein Refraktionsophthalmoskop. Ophth. Hosp. Rep. VIII. S. 632; Ann. d'Ocul. LXXV. S. 227 u. Klin. Monatsbl. f. Augenheilk. XIV. S. 223. — de Wecker et Landolt, Traité complet. I. S. 865.
Loring, E. G., Ophthalmoscope with the metric system. Internat. ophth. Kongr. S. 81.

1876. de Wecker, Ophtalmoscope métrique. Ann. d'Ocul. LXXV. S. 150.

1877. Donders, F. C., Die Grenzen des Gesichtsfeldes in bezug zu denen der Netzhaut. Arch. f. Ophth. XXIII, 2. S. 255.

Hirschberg, J., Über Refraktionsophthalmoskope. Deutsche Zeitschr. f. prakt. Med. Nr. 32 u. 33.

Landolt, E., Das künstliche Auge. Zürich, 1877. Bullet. gén. de thérap. 15 et 30. Déc. (Internat. med. Kongr. Genf. Sitzung v. 10. Sept.)

Peppmüller, v. Graefe u. Fränk, Demonstrationsaugenspiegel. 50. Vers. deutscher Naturf. S. 332.

1878. Engelhardt, Über eine neue Form des Augenspiegels. Vers. d. Naturf. u. Ärzte. S. 166.

Landolt, E., Compte rendu de sa clinique pour l'année 1878. (Ophthalmoskop zur Mikrometrie des Augengrundes.)

Landolt, E., Le grossissement des images ophtalmoscopiques. Paris 1874. S. 18 u. 39 und in de Wecker et Landolt, Traité complet d'Opht. I. S. 801. 812. 814.

Landolt, E., L'œil artificiel. Paris, O. Doin.

Landolt, E., Manuel d'ophtalmoscopie. Paris. — Handleiding bij het gebruik van den Oogspiegel, übersetzt v. Bouvin. Leiden. — Manual del oftalmoscopio, übersetzt v. De La Peña. Madrid.

Landolt, E., Ophthalmoskopie in de Wecker et Landolt, Traité complet d'Opht. I.

Loring, An new modification of the ophthalmoscope. Transact of the Amer. Ophth. Soc. S. 489 und Eulenburgs Realencycl. XVII. S. 539.

1879. Landolt, E., Manual of examination of the eyes. S. 230—308.

Stilling, J., Orthoskopie des Augengrundes. Klin. Monatsbl. f. Augenheilk. S. 52.

Stilling, J., Zur Untersuchung des Augenhintergrundes. Vers. d. Naturf. u. Ärzte. S. 116. 1878 und Klin. Monatsbl. f. Augenheilk. S. 52.

1880. Abbe, E., Beschreibung eines neuen stereoskopischen Okulars usw. Zeitschr. f. Mikroskopie. II. S. 207 ff. (zit. nach Henker).

Landolt, E., Lecture on the enlargement of ophthalmoscopic images. Brit. med. Journ. I. S. 1.

Parent, Etude sur les reflets de la rétine. Rec. d'Opht. S. 455.

Schneller, Lehre von der Ernährung der Netzhaut. Arch. f. Ophth. XXVI, 1. S. 1.

1881. Landolt, E., Les fonctions rétiniennes. Arch. d'Opht. I. S. 193.

Parent, H., Ophtalmoscope à réfraction métrique. Ann. d'Ocul. LXXXV.

1882. Fuchs, F. (Bonn), Vorschlag zur Konstruktion eines Augenspiegels mit neuen Reflexions- und Polarisationsvorrichtungen. Zeitschr. f. Instrumentenk. Sept.

Helfreich, Über Arterienpuls der Netzhaut. Festschr. z. Feier des 300jähr. Bestehens der Univ. Würzburg.

Helfreich, Zur Lehre vom Venenpuls der Retina usw. Arch. f. Ophth. XXVIII, 3. S. 1.

Hirschberg, Corneallampe. Eulenburgs Realencycl. 1. Aufl. X. S. 134.

Hirschberg, J., Arch. f. Physiol. S. 901 u. Zentralbl. f. Augenheilk. S. 504.

Hirschberg, J., Ophthalmoskopie. Eulenburgs Realencycl. Heilk.

Schöler, Refraktionsophthalmoskop. Zentralbl. f. prakt. Augenheilk. S. 612.

Uhthoff, W., Refraktionsophthalmoskop zur Bestimmung des Astigmatismus. 14. Vers. d. ophth. Ges. zu Heidelberg. S. 167.

1883. Burchardt, Refraktionsbestimmung im aufrechten Bild. Zentralbl. f. prakt. Augenheilk. Dez.

Couper, A new refraction ophthalmoscope. Med. Times and Gaz. Nr. 1719.

Fuchs, F., Beobachtungen der Netzhaut im umgekehrten Bilde. Verhandl. d. naturw. Ver. VL. 4. Folge. X.

1883. Morton, Stanford, A., A students ophthalmoscope. Curry and Paxton's price list.

Parent, Ophtalmoscope à verres cylindr. Ann. d'Ocul. XC. S. 130.

Schöler, Platinglasspiegel. Klin. Monatsbl. f. Augenheilk. S. 522.

1884. Birnbacher, Eine Glühlichtlampe zum Ophthalmoskopieren in der Rückenlage. Zentralbl. f. prakt. Augenheilk. S. 188.

Dor, La photographie de l'image ophtalmoscopique. Internat. med. Kongr. Kopenhagen.

Eperon, De la détermination à l'image droite des degrés élevés de myopie. Arch. d'opht. p. 217

Heuse, Ein Lichtreflex der Retina. Arch. f. Ophth. XXX, 1. S. 555.

1885. Dennet, The electric light ophthalmoscope. Transact. Amer. Ophth. Soc. S. 149 u. S. 156. 1886.

1886. Jackmann and Webster, On photographing the retina of the living human eye. Phot. News.

Juler, Ophthalmoscope with electric light. Transact. of the Ophth. Soc. of the Unit. Kingd. VI. S. 502 und Ophth. Rev. S. 56.

Vossius, A., Leitfaden zum Gebrauch des Augenspiegels. Mit 22 Holzschn. Berlin.

v. Zehender, Eine binokuläre Corneallupe. Klin. Monatsbl. f. Augenheilk. S. 504.

1887. Dimmer, F., Der Augenspiegel und die ophthalmoskopische Diagnostik. Mit 73 Abb. Leipzig.

Giraud-Teulon, Ophtalmosc. binoculaire à lumière électrique. Gaz. hebdomad. Nr. 50. p. 815.

Howe, Photographs of the fundus of the living human eye (Am. ophth. soc. 23. m.). Ophth. Review. p. 304.

Jessop, W., Ophthalmoscope for students. Brit. med. Journ. II. S. 724.

Risley, An ophthalmoscope with cylinders. Transact. Amer. Ophth. Soc. S. 587.

Starr, On photographing the interior of the human eyeball. Am. Journ. Ophth. — Zentralbl. f. Augenheilk. S. 349.

Westien, Corneallupe. Klin. Monatsbl. f. Augenheilk. S. 466.

1888. Cohn, H., Über das Photographieren des Augenhintergrundes. Internat. ophth. Kongr. Heidelberg.

Cohn, H., Über Photographieren des Auges. Zentralbl. f. Augenheilk. S. 65.

Segal, S., Ein Apparat zur Demonstration von ophthalmoskopischen Bildern des Phantoms von Perrin. Arch. d. med. Sekt. d. Ges. d. Exp. Wissensch. Univ. Charkow. H. II. p. 39, 41.

1889. Bagnéris, Nouveau diapositif pour la photographie du fond de l'oeil. Bull. des séances de la soc. des sciences de Nancy. p. 49.

Groenouw, A., Wo liegt die vordere Grenze des ophthalmoskopisch sichtbaren Augenhintergrundes? v. Graefes Arch. f. Ophth. XXXV, 3. S. 29.

Hirschberg, J., Der graublasse Hof um die Netzhautgrube. Zentralbl. f. prakt. Augenheilk. Juli. S. 201.

Magnus, Über ophthalmoskopische Erscheinungen in der Peripherie des Augengrundes. v. Graefes Arch. f. Ophth. XXXV, 3. S. 1.

Schweigger, Über den elektrischen Augenspiegel. Arch. f. Anat. u. Physiol. Nr. 3—4. S. 365.

1891. Aubert, Demonstration eines binokularen Hornhautmikroskopes. Vers. d. ophth. Ges. zu Heidelberg. S. 260.

Davis, The light streak as seen upon the retinal vessels etc. Arch. f. Ophth. XX. S. 47.

Dimmer, Die ophthalmoskopischen Lichtreflexe der Netzhaut. Fr. Durlike, Leipzig.

1891. Fick, E., Einige Bemerkungen über das Photographieren des Augenhintergrundes. 21. Vers. d. ophth. Ges. Heidelberg.
Gerloff, Über die Photographie des Augenhintergrundes. Klin. Monatsbl. f. Augenheilk. XXIX. S. 397. (Berliner phys. Ges.) Arch. f. Anat. u. Phys. S. 536.
Hirschberg, J., Zentralbl. f. Augenheilk. S. 321 u. Magnetoperation. 1899. S. 74.
Loring, Text-book of Ophthalmoskopy. Appleton. New York.
Parent, Quelques modèles de miroirs pour l'examen ophtalmoscopique à l'image droite. Arch d'opht. VI. S. 322.
Parent, H., Ophtalmoscope optométrique et phakométrique. Roulot. Paris.
Schweigger, Über objektive Bestimmung der Refraktion an dem elektrischen Augenspiegel. Festschr. f. v. Helmholtz. S. 84.
1892. Bjerrum, Anleitung zum Gebrauch des Augenspiegels. Mit 39 Fig. Leipzig.
Davis, A reply to Mr. Story as to the causes of the light-streak on the retinal vessels. Ophth. Rev. S. 235.
Derby, H., The arc-light adapted for the Ophthalmoscopy. Boston med. and. Sc. Journ. June.
Dimmer, Beiträge zur Ophthalmoskopie. v. Graefes Arch. f. Ophth. XXXVIII, 4. S. 19.
Dimmer, Die Lokalisation der Trübungen in den brechenden Medien mittels des Augenspiegels. Arch. f. Ophth. 38,4.
Dimmer, Über die Reflexstreifen auf den Netzhautgefäßen. 21. Vers. d. ophth. Ges. zu Heidelberg. S. 5.
Guilloz, T., Exam. binocul. de l'image renversée du fond de l'oeil. Arch. d'Opht. XII. S. 224.
Johnson, H. L., Bemerkungen über die Macula lutea. Arch. f. Augenheilk. XXV. S. 157.
Johnson, H. L., Observat. on the macula lutea. Arch. Ophth. XXI. S. 1.
1893. Guilloz, La photographie instantanée du fond de l'oeil humain. Arch. d'Opht. XIII. p. 165.
König, A., Das Augenleuchten und die Erfindung des Augenspiegels. Hamburg u. Leipzig.
1894. Callan, P. A., A new ophthalmoscope. Med. Record. New York. XIV. p. 575.
Dëus, Eine neue elektrische Ophthalmoskopierlampe. Deutsche med. Wochenschrift Nr. 28.
Guilloz, Th., Champ d'observation dans l'examen ophtalmosc. à l'image droite. Arch. d'Opht. XIV. S. 118 u. 163.
Olivier, C. A., Description of an artificial eye intented for the study of ophthalmoscopy and the objective determination of ametropia. Transact. of the americ. ophth. soc. Thirtieth meeting. p. 228.
Perles, M., Ophthalmoskopische Tafel. Farbendruck mit mattgeschliffener Glasscheibe zum Einzeichnen ophthalmoskop. Befunde. Berlin, Karger.
Proskauer, Th., Ein kleiner Beitrag zur Autophthalmoskopie. Zentralbl. f. prakt. Augenheilk. April. S. 108.
Roth, A., Ein Augenspiegel mit neuem Mechanismus zur selbsttätigen Linsenauswechslung. Klin. Monatsbl. f. Augenheilk. S. 256.
Skeel, F., A new ophthalmoscope. New York Eye and Ear Infirm. Reports. II. p. 33.
1895. Antonelli, A., Oftalmoscope simple. Archiv. d'Opht. p. 399 und Annali di Ottalm. XXIV. p. 21.
Demicheri, L., Examen ophthalmoscopique à l'image renversée sur les yeux fortement myopes. Annal. d'Oculist. T. CXIII. p. 109.
Guilloz, Th., Champ d'observation dans l'examen ophtalmosc. à l'image renversée. Arch. d'Opht. XV. S. 84 u. 239.

1895. Magnus, H., Der Loupenspiegel. Arch. f. Augenheilk. XXXI. Ergänzungsheft.
Schanz, F., Ein Hornhautmikroskop usw. Arch. f. Augenheilk. XXXI. S. 265 u. Vers. ophth. Ges. Heidelberg 1898. S. 336.
Vitali, Occhio diottrico. Atti dell' XI. Congr. med. internat. Roma. VI. p. 77.
1896. Elschnig, Die Funktionsprüfung des Auges. Leipzig.
Eversbusch, O., Einige Ergänzungen zu dem Zehender-Westienschen Apparat. Klin. Monatsbl. f. Augenheilk. S. 351.
Fick, A. E., Diseases of the eye and ophthalmoscopy. Authorised translation by A. B. Hale. Philadelphia. Blakiston, Son & Co.
Gallemaerts, Précis d'ophtalmoscopie à l'usage des étudiants et des médecins. Bruxelles. Lemertin.
Guinkoff, Photographie de la rétine. Compt. rend. de l'acad. des sciences.
Hallidie, Topography of the emmetropic fundus. London. Ophth. Hosp. Rep. I. S. 361.
Lohnstein, Zur Gläserbehandlung des unregelmäßigen Hornhautastigmatismus. (Hydrodiaskop.) Klin. Monatsbl. f. Augenheilk. S. 405 u. 1897. S. 97 u. 132.
Meissner, Zur Photographie des Augenhintergrundes. Berliner Physiolog. Gesellsch. Sitzung v. 26. Juni. Arch. f. Anat. u. Phys. (Phys. Abt.) S. 536.
Oeller, J., Atlas der Ophthalmoskopie. Wiesbaden. J. F. Bergmann. 1896—99. Fol.
Oliver, An artificial eye intended for the study of ophthalmoskopy and the objective determination of ametropia. New-York med. Journ. ref. Americ. Journ. of. Ophth. p. 151.
Thorner, Über die Photographie des Augenhintergrundes. Diss. Berlin.
Wolff, H., Skiaskop mit selbsttätigem Spiegelapparat. Elektrisches Ophthalmoskop. Vers. d. ophth. Ges. Heidelberg. S. 320.
1897. Elschnig, Cilioretinale Gefäße. Arch. f. Ophth. XLIV. S. 144.
Fick, A. E., Hydrodiaskop und Kontaktglas. Klin. Monatsbl. f. Augenheilk. S. 129.
v. Grosz, E., Eloädàsok a szemtük ròzésröl a budapesti kir. magyar tudomàny egyetemen tartotta (Vorlesungen über Ophthalmoskopie, gehalten an der kgl. ung. Universität zu Budapest). Budapest. Druck des Franklin-Vereins.
Hénocque, Ophtalmospectroscopie. Recueil d'Ophtalmologie. Déc. 1897.
Haab, Atlas und Grundriß der Ophthalmoskopie und ophthalmoskopischen Diagnose. Mit 145 Abb. 2. Aufl. 8. München. Lehmann.
Haab, O., Skizzenbuch zur Einzeichnung von Augenspiegelbildern. II. Aufl. München. J. F. Lehmann.
Lohnstein, Die Berechnung der Plankonvexlinse des Hydrodiaskops. Klin. Monatsbl. f. Augenheilk. S. 266.
1898. Appenzeller, Acetylengaslicht zur Untersuchung. Zentralbl. f. prakt. Augenheilk. Mai. S. 148.
Berlin, Si du un modo facile di dimostrare le immagini de Purkinje. Acad. della scienze di Palermo. (v. Michels Jahresber.)
Borghi, E., Sulla fotografia del fondo dell' occhio. Bollet. della Soc. med.-chir. di Modena 1897/98. p. 19.
Druault, A., Situation des images rétiniennes formées par les rayons très obliques sur l'axe optique. Arch. d'Opht. XVIII. S. 685.
Neuschüler, Sull'oftalmoscopia. Giornale med. del R. Esercito und Gazzetta med. di Roma. p. 491 u. Soc. française d'opht. S. 499. 1898.
Rollet, E., Traité d'ophtalmoscopie. Paris. Masson.
Schanz, Demonstration eines stereoskopischen Hornhautmikroskops. Bericht über die 27. Vers. d. ophth. Gesellsch. Heidelberg. S. 336.

1899. Axenfeld, Th., Demonstration einer binokularen Lupe. Bericht über die Verhandl. des IX. internat. Ophth.-Kongresses in Utrecht. Beilageheft z. Zeitschr. f. Augenheilk. II. S. 55.
Czapsky, Arch. f. Ophth. XLVIII, 1. S. 229.
Dimmer, Über die Photographie des Augenhintergrundes. Bericht über die Verhandl. des IX. internat. Ophth.-Kongresses. S. 15. Beilageheft z. Zeitschr. f. Augenheilk. II.
Elschnig, A., Normale Anatomie des Sehnerveneintrittes. Mikrophotographie v. O. Zoth. Augenärztl. Unterrichtstafeln, herausg. v. Magnus. Heft XVI.
Heine, Autoophthalmoskopie im umgekehrten Bild. Zentralbl. f. prakt. Augenheilk. Nov.
Hirschberg, Hartnacksche Loupe. (Berliner ophth. Gesellsch. Sitzung vom 20. April.) Zentralbl. f. Augenheilk. S. 239.
Nieden, Über das Binokular-Cornealmikroskop (Bericht über die II. Vers. rheinisch-westf. Augenärzte). Zeitschr. f. Augenheilk. II. S. 220.
Thorner, W., A new stationary ophthalmoscope without reflexes (Translated by C. Barck). Americ. Journ. of Ophthal. p. 330 u. 376.
Thorner, W., Ein neuer stabiler Augenspiegel mit reflexlosem Bilde. Bericht über die Verhandl. des IX. internat. Ophth.-Kongresses in Utrecht. Beilageheft z. Zeitschr. f. Augenheilk. II. S. 90 und Zeitschr. f. Psychol. und Physiol. der Sinnesorgane. XX. S. 294.
Türk, Untersuchungen über die Entstehung des physiologischen Netzhautvenenpulses. v. Graefes Arch. f. Ophth. XLVIII, 3. S. 513.
1900. Axenfeld, Eine neue Westiensche binokulare Handloupe (Brillenloupe). Klin. Monatsbl. f. Augenheilk. S. 20.
Berger, E., Über eine einfache binokulare stereoskopische Loupe. Arch. f. Augenheilkunde. XLI. S. 235.
Bondi, Eine transportable Dunkelkammer samt Beleuchtungsapparat. Wiener med. Presse. Nr. 4.
Elschnig, Die parallaktische Verschiebung bei ophthalmoskopischer Untersuchung im aufrechten Bild. Klin. Monatsbl. f. Augenheilk. S. 442.
May, Ch., A new ophthalmoscope. Annals of Ophth. p. 73.
Nicolajew, W., Photographische Aufnahme des Augenhintergrundes. (Gesellsch. d. Neurologen u. Psychiater in Kasan.) Wratsch. XXI. p. 688. Pflügers Arch. f. Phys. Bd. LXXX. S. 236 u. Bd. XCIII. 1903.
Oeller, J., Atlas seltener ophthalmoskopischer Befunde. Ergänzungstafeln zu dem Atlas der Ophthalmoskopie. Wiesbaden. J. F. Bergmann.
Parent, H., Atlas d'Ophthalmoscopie. Giroux, éditeur. Paris.
Reimar, Über die ophthalmoskopische Sichtbarkeit der Ora serrata und der Processus ciliares. Arch. f. Augenheilk. XLI. S. 102.
Terrien, Note sur un nouveau modèle d'ophtalmoscope. Arch. d'Opht. XX. p. 29.
Thorner, Walther, Ein stereoskopischer Augenspiegel. Deutsche Med.-Zeit. S. 169 u. Arch. f. Augenheilk. XLII. S. 78.
Trantas, Moyen d'explorer par l'ophtalmoscope — et par translucidité — la partie antérieure du fond oculaire, le cercle ciliaire y compris. Archiv d'Opht. XX. p. 314.
Wolff, Hugo, Neuer elektrischer Augenspiegel. (Berliner med. Gesellsch.) Münchener med. Wochenschr. S. 270 und Bericht d. 28. Vers. d. ophth. Gesellsch. Heidelberg. S. 180.
Wolff, Hugo, Ophtalmoscope électrique. (Congrès internat. d'Opht. de Médecine. Section d'Opht.) Revue générale d'Opht. No. 9 u. 10.
Wolff, Hugo, Ophthalmoskopische Beobachtungen mit dem elektrischen Augenspiegel. Zeitschr. f. Augenheilk. IV. S. 101.
Wolff, Hugo, Über eine neue Untersuchungsmethode des Augenhintergrundes im umgekehrten und im aufrechten Bilde mit einem neuen elektrischen Augenspiegel. Berliner klin. Wochenschr. Nr. 16.

1901. Berger, E., Über stereoskopische Lupen und Brillen. Zeitschr. f. Psych. u. Physiol. d. Sinnesorgane. Bd. XXV. S. 50.

Dimmer, Über die Photographie des Augenhintergrundes. Bericht über die 29. Vers. d. ophth. Gesellsch. Heidelberg. S. 162.

Greeff, Historisches zur Entdeckung des Augenspiegels. Münchener med. Wochenschr. S. 1943; Berliner klin. Wochenschr. Nr. 42 und Klin. Monatsbl. f. Augenheilk. S. 952.

Hirschberg, J., Einführung in die Augenheilkunde. II. S. 76.

Johnson, G. Lindsay, Contributions to the comparative anatomy of the mammalian eye. Philos. Transact. of the R. soc. of London.

Keiper, Jewelers Loupe for examining the eye. Mirror Monocle. Ophth. Record. p. 130.

Landolt, E., Les recherches ophtalmoscopiques de Lindsay Johnson et leur signification au point de vue de l'anatomie comparée. Archiv d'Opht. p. 716.

Mertens, Demonstration einer elektrischen ophthalmologischen Lampe. Bericht über die 29. Vers. d. ophth. Gesellsch. Heidelberg. S. 247.

Schmidt-Rimpler, Augenheilkunde und Ophthalmoskopie. 7. verbesserte Auflage. Leipzig. S. Hirzel.

Williams, Incandescent electric lamp for ophthalmoscopic examination. Transact. of the Americ. Ophth. Society. Thirty-seventh Annual Meeting. p. 387.

1902. Aubaret, Orthoscope. (Société de méd. de Bordeaux.) Revue générale d'Opht. p. 432 et Clinique Opht. de Bordeaux. Juillet.

Crzellitzer, Die Erfindung des Augenspiegels. Klin. Monatsbl. f. Augenheilk. XL. Bd. II. S. 58.

Dimmer, Demonstration von Photogrammen des Augenhintergrundes. Bericht über die 30. Vers. d. ophth. Gesellsch. Heidelberg. S. 285.

Dimmer, Zur Photographie des Augenhintergrundes. Berliner klin. Wochenschrift. Nr. 49.

Gullstrand, Die Konstitution des im Auge gebrochenen Strahlenbündels. v. Graefes Arch. f. Ophth. Bd. LIII. S. 185.

v. Haselberg, Eine bildliche Darstellung des Augenleuchtens bei Tieren aus dem Jahre 1674. Klin. Monatsbl. f. Augenheilk. S. 239.

Jennings, A manual of ophthalmoscopy for students and general practitioners. Blakistons Son & Co. Philadelphia.

Lohnstein, Eine neue Methode der ophthalmoskopischen Refraktionsbestimmung. Zeitschr. f. Augenheilk. VII. S. 383.

Neustätter, Die Darstellung des Strahlengangs bei Skiaskopie und Ophthalmoskopie mittels Phantomen. Pflügers Archiv f. d. ges. Physiol. XC. S. 303.

v. Pflugk, Phantom zu Augenspiegelübungen. Bericht über die 30. Vers. d. ophth. Gesellsch. Heidelberg. S. 298.

Pusey, A. new ophthalmoscop. Combined with which there is a plane mirror for retinoscopy; intended as a poquet instrument. Ophth. Record. p. 138.

Salzer, Ein einfaches Phantom zur Übung im Augenspiegeln. Zentralbl. f. prakt. Augenheilk. April.

Suker, A. F., A self iluminating ophthalmoscope. Ophth. Rec. S. 428.

Thorner, Über reflexlose Augenspiegel. Deutsche Naturforscherversammlung zu Hamburg. II, 2. S. 316.

Trantas, Ophtalmoscopie du corps ciliaire. Gaz. méd. d'Orient. 1901. p. 675 et Annal. d'Oculist. T. CXXVIII. p. 391.

Wolff, Bemerkungen zu Dimmers Abhandlung: Zur Photographie des Augengrundes. Berliner klin. Wochenschr. Nr. 49.

II. Literatur von 1903 ab.

1903. Ammon, Eine einfache elektrische Beleuchtungsvorrichtung für Augenuntersuchungen. Münchener med. Wochenschr. S. 335.

Dimmer, F., Entgegnung auf Herrn Dr. Wolffs Bemerkungen. Berliner klin. Wochenschr. Nr. 9.

Elschnig, Bemerkungen über den Lichtreflex der Netzhautarterien. Bericht der 31. Vers. d. ophth. Gesellsch. Heidelberg. S. 325. Klin. Monatsbl. f. Augenheilk. XLII, 1. S. 37.

Frost, An ophthalmoscope for demonstrating the fundus oculi. (Ophth. Society of the United Kingd.) Ophth. Review. p. 356 u. The ophthalmoscope July 1904.

Grönholm, V., Eine einfache Methode, die Tiefe der vorderen Augenkammer zu messen. Skand. Arch. f. Physiol. XIV. p. 235.

Hansell, The comparative value of the Thorner stationary ophthalmoscope. Americ. Medicine. February 1, ref. Revue génér. d'Opht. No. 1.

Jackson, The ophthalmoscopic examination of the macula. Ophth. Record. p. 256.

Knopf, Über einen neuen Augenspiegel für Studenten und Ärzte. Zeitschr. f. Augenheilk. IX. S. 534 und Inaug.-Diss. Leipzig.

Le Moignie, Orthoscope oculaire. Thèse de Bordeaux. (Beschreibung des Orthoskopes von Aubaret.)

Mayou, Two drawings of normal fundi illuminated by means of the mercury vapour lamp. Ophth. Review. p. 140. (Ophth. Soc. of the Unit. Kingd.)

Mayou, A new illumination for the fundus oculi. Lancet. XXVIII. March.

Oeller, Atlas seltener ophthalmoskopischer Befunde, zugleich Ergänzungstafeln zu dem Atlas der Ophthalmoskopie. Wiesbaden. J. F. Bergmann.

Pergens, Die Vorform des modernen Ophthalmoskops. Janus. VIII. 9. Lieferung.

Pfalz, Demonstration einer verbesserten Fingerlinse. Bericht über die 31. Vers. der ophth. Gesellsch. zu Heidelberg. S. 279.

Suker, G. J., Ein neues und einfaches Demonstrationsophthalmoskop. Journ. Amer. Med. Assoc. Nov. 7. Ref. Rev. gén. d'opht. p. 431. Arch. f. A. H. K. L. S. 279.

Thorner, Die Theorie des Augenspiegels und die Photographie des Augenhintergrundes. A. Hirschwald. Berlin.

Thorner, Ein stereoskopisches Okular zu meinem reflexlosen Augenspiegel. Arch. f. Augenheilk. XLVII. S. 347.

Uribe y Tronçoso, Nuevo modelo di ojo artificial e squiascopico. Añal. de Oft. Sept. 1903. Ref. in Revue générale d'Opht. p. 430.

Wolff, Über Mikroophthalmoskopie und über die Photographie des Augenhintergrundes. Ophth. Klinik. Nr. 10.

1904. Becké, Optische Untersuchungsmethoden. Sitzungsbericht d. K. Akad. d. Wissensch. Wien. Gerold.

Dimmer, F., Ein Apparat zur Photographie des Augenhintergrundes. Internat. Ophth. Kongr. Luzern.

Fortunati, Una nuova lampada ad acetilene per uso oculistico. Annali di Ottalm. e Lavori della Clinica Oculistica di Napoli. XXXIII. p. 51.

Goldzieher, Der Augenspiegel im Dienste der allgemeinen Diagnostik. (Ungarisch.) Szemèszeti Iapok. Nr. 3.

Harman, An ophthalmoscope. Ophth. Review. p. 378.

1905. Augstein, Demonstration starker Vergrößerungen des Hornhautmikroskopes bei Beleuchtung mit einer Nernstlampe. Verhandl. d. Ges. deutsch. Naturforscher u. Ärzte. 76. Vers. Breslau. (Abt. f. Augenheilk.)

Bajardi, Sulla fotographia del fondo dell'occhio (XVII Congresso della Assoc. Ottalm. Ital.). Annali di Ottalm. XXIV. p. 934.

1905. Borghi, Sulla fotographia del fondo dell'occhio (XVII Congresso della Assoc. Ottalm. Ital.). Annali di Ottalm. XXIV. p. 936.

Czermak, Elektrischer Augenspiegel nach Wolff. (Verein deutscher Ärzte in Prag.) Münchener med. Wochenschr. S. 730.

Gullstrand, Die Farbe der Macula lutea. v. Graefes Arch. f. Ophth. LXII, 1.

Johnson, On an improved apparatus for obtaining photographs of the fundus oculi. The Ophthalmoscope. March.

Salzer, Leitfaden zum Augenspiegelkurs. München. J. F. Lehmann.

Sassen, Een eenvoudige electrische oogspiegel. Nederl. Tijdschr. v. Geneesk. I. p. 177.

Schoute, Untersuchungen mit dem von Grönholm modifizierten Czermakschen Orthoskop. (Niederl. Ophth. Gesellsch.) Klin. Monatsbl. f. Augenheilk. XLIII. Bd. I. S. 524.

1906. Borschke, Über das Gesichtsfeld beim Skiaskopieren und Ophthalmoskopieren. Arch. f. Augenheilk. LIV. S. 376.

Czermak, Eine einfache Dunkelkammer (Zeltkammer zur Untersuchung der Augen). Prager med. Wochenschr. Nr. 13.

Dimmer, Demonstration von Photogrammen des Augenhintergrundes. Bericht über die 33. Vers. d. ophth. Ges. in Heidelberg. S. 286.

Dimmer, Die Photographie des Augenhintergrundes. Sitzungsbericht d. K. Akademie d. Wiss. in Wien. Mathem.-naturwissensch. Klasse. Bd. CXIV. III. S. 731.

Grunert, Metallene Augenspiegel. (Niedersächsische augenärztliche Vereinigung.) Klin. Monatsbl. f. Augenheilk. XLIV. Bd. I. S. 260.

Lürmann, Elektrische Augenspiegellampe. (Niedersächs. augenärztl. Vereinigung.) Ibid.

Marple, An improved electric ophthalmoscope. Transact. of the Americ. Ophth. Soc. Forty-second annual meeting. p. 101.

Nieden, Aschers Taschenelektroskop. Klin. Monatsbl. f. Augenheilk. XLIV. Bd. II. S. 137.

Pes, La photographie d'une chambre noire vivante ou la photographie du fond de l'œil. La Fotografia artistica. Turin.

Sassen, Elektrischer Augenspiegel. (Ophth. Gesellsch. in Wien.) Zeitschr. f. Augenheilk. XV. S. 86.

Thorington, The ophthalmoscope and how to use it. London. Rebmann.

Thorner, Zur Photographie des Augenhintergrundes. Klin. Monatsbl. f. Augenheilk. XLIV. Bd. II. S. 547.

Tomlinson, Korneoscope. (Ophth. Society of the United Kingd.) Ophth. Review. p. 154.

Wessely, Autophthalmoskopie. (Physiol. Gesellsch. in Berlin.) Deutsche med. Wochenschr. S. 245.

Wolff, H., Weiteres über die Photographie des direkten umgekehrten Augengrundbildes. Ophth. Klinik 15 u. Nr. 18.

1907. Best, Kleine ophthalmologische Mitteilungen. Zeisssches Hornhautmikroskop. (Gesellsch. f. Natur- u. Heilkunde zu Dresden.) Münchener med. Wochenschr. S. 857.

Borschke, Über die Verwendbarkeit elektrischer Taschenlampen zur Ophthalmoskopie und anderen ärztlichen Zwecken. Wiener med. Wochenschrift.

Dimmer, Die Photographie des Augenhintergrundes. Wiesbaden. J. F. Bergmann und Beilageheft zum XLV. Jahrg. d. klin. Monatsbl. f. Augenheilk. S. 256.

Dimmer, Die Reflexstreifen auf den Netzhautgefäßen. Klin. Monatsbl. f. Augenheilk. XLV, 1. S. 296.

1907. Dimmer, Zur Photographie des Augenhintergrundes. Klin. Monatsbl. f. Augenheilk. XLV, 1. S. 111 und II, S. 594.
Fisher, A new schematic eye. Ophth. Record. p. 111.
Kayser, Elektrische Ophthalmoskopierlampe. Klin. Monatsbl. f. Augenheilk. XLV. Bd. II. S. 591.
Polack, Loupe ophtalmoscopique à fort grossissement. (Société d'Opht. de Paris.) Annal. d'Oculist. T. CXXXVII. p. 312 et T. CXXXVIII. p. 131.
Schoute, Wahrnehmungen mit dem Orthoskope. Zeitschr. f. Augenheilk. XVII. S. 105. Nederl. Tijdschr. v. Geneesk. I. p. 665.
Thorner, Zur Photographie des Augenhintergrundes. Klin. Monatsbl. f. Augenheilk. XLV. Bd. II. S. 592.
Trantas, Ophtalmoscopie de la région ciliaire et rétrociliaire. Archiv d'Opht. XXVII. p. 581 et 650.
Vossius, Ophthalmoskopie. Enzyklopädie d. prakt. Med. Bd. III. S. 1344.
1908. Daxenberger, Einfachste elektrische Ophthalmoskopierlampe. Zeitschr. f. Hygiene u. Therapie d. Auges. Nr. 36.
Dimmer, Demonstration von Photogrammen des Augenhintergrundes. Bericht über die 35. Vers. d. ophth. Gesellsch. Heidelberg. S. 310.
Dimmer, Erwiderung an Dr. Neuhauss und Dr. Thorner. Klin. Monatsbl. f. Augenheilk. XLVI. Bd. I. S. 306.
Hailes, A portable illumination attachment for the ophthalmoscope. Ophth. Review. p. 193. (Osramlampe.)
Neuhauss, Die Photographie des Augenhintergrundes. (Polemik.) Klin. Monatsbl. f. Augenheilk. XLVI, 1. S. 304.
Sauvineau, Lampe ophtalmoscopique, à usages multiples, avec échelle chromatométrique centésimale. (Soc. d'opht. de Paris.) Recueil d'Opht. p. 511.
Thorner, Zur Photographie des Augenhintergrundes. Klin. Monatsbl. f. Augenheilk. XLVI. Bd. I. S. 305.
Ulbrich, Eine Ergänzung zum elektrischen Ophthalmoskop von Dr. Hugo Wolff. Zeitschr. f. Hyg. u. Therapie d. Auges. No. 36. S. 416.
Ulbrich, Elektrischer Augenspiegel. (Verein deutscher Ärzte in Prag.) Deutsche med. Wochenschr. S. 576.
Wolff, H., Zur Photographie des menschlichen Augenhintergrundes. Arch. f. Augenheilk. LIX. S. 115 und Verhandl. d. Gesellsch. Deutscher Naturf. u. Ärzte. 79. Vers. zu Dresden. II, 2. S. 252. Klin. Monatsbl. f. Augenheilk. XLV, 2. S. 447.
1909. Amberg, Über eine Modifikation des Czapskischen Kornealmikroskops zur Bestimmung der Vorderkammertiefe, sowie der übrigen optischen Konstanten des Auges. Klin. Monatsbl. f. Augenheilk. XLVII. Bd. II. S. 60.
Batten, An instrument for the examination of the eye under water in the erect position, and its application as a means of treatment. (Ophth. Soc. of the United Kingd.) Ophth. Review. p. 372.
Baum, »Ophthalmo-Fundoskop«. Ein neues Instrument zur Untersuchung des Augenhintergrundes in bisher nicht erzielten Vergrößerungen bei reflexlosem Bilde. Klin. Monatsbl. f. Augenheilk. XLVII, 2. S. 161.
Baum, a) Ophthalmo-Fundoskop, b) Kornealmikroskop. Bericht über die ophth. Sekt. d. 81. Vers. Deutscher Naturf. u. Ärzte in Salzburg. Zeitschr. f. Augenheilk. XXII. S. 370.
Deus, Ein neuer billiger Augenspiegel. (Berliner ophth. Ges.) Zentralbl. f. prakt. Augenheilk. S. 206.
Fränkel, F., Über binokulare Ophthalmoskopie. Bericht über die ophth. Sektion d. 81. Vers. deutscher Naturf. u. Ärzte in Salzburg. Zeitschr. f. Augenheilk. XXII. S. 371.

1909. Kümmell, Beobachtungen mit dem Baumschen Fundoskop. Klin. Monatsbl. f. Augenheilk. XLVII, 2. S. 164.

Langenhan, F., Hintere Vortexvenenstämme. Berliner ophth. Gesellsch. Sitzung v. 16. Dez. 1909. Zentralb. f. prakt. Augenheilk. 1910. S. 24.

Marx, Die Ursache der roten Farbe des normalen ophthalmoskopisch beobachteten Augenhintergrundes. v. Graefes Arch. f. Ophth. LXXI. S. 141.

Nagel, Handbuch der physiologischen Optik von H. v. Helmholtz. 3. Aufl. Ergänzt u. herausgegeben in Gemeinschaft mit Gullstrand und v. Kries. I. Bd. Hamburg u. Leipzig. Leopold Voss.

Pergens, E., Zur Geschichte der anatomischen Augenmodelle und der schematischen Augen zu optischen Berechnungen. Janus. Harlem. XIV. Année.

Thorner, Die stereoskopische Photographie des Augenhintergrundes. Bericht über die opht. Sekt. d. 81. Vers. deutscher Naturf. u. Ärzte. Zeitschr. f. Augenheilk. XXII. S. 371, Klin. Monatsbl. f. Augenheilk. XLVII, 1, S. 481 u. (Berliner ophth. Gesellsch.) Zentralbl. f. prakt. Augenheilk. S. 77.

1910. Becker, Neues Refraktionsophthalmoskop zur Refraktionsbestimmung im umgekehrten Bilde. (24. Vers. Rhein.-westf. Augenärzte.) Klin. Monatsbl. f. Augenheilk. XLVIII, 1. S. 497. — v. Graefes Arch. f. Ophth. LXXII, 3.

Fränkel, Demonstration eines binokularen Augenspiegels. Bericht über die 36. Zusammenkunft d. ophth. Gesellsch. Heidelberg. S. 314. Münchener med. Wochenschr. S. 548.

Golowin, Ein Ophthalmoskop ohne zentrale Öffnung. Westn. ophth. p. 761. Archiv f. Augenheilk. LXIX. S. 127.

Gullstrand, Neue Methoden der reflexlosen Ophthalmoskopie. Bericht über die 36. Zusammenkunft d. ophth. Gesellsch. Heidelberg. S. 75. Zeitschr. f. Augenheilk. XXIV. S. 251.

Haab, Über ophthalmoskopische Untersuchung im aufrechten Bild mit indirekter Beleuchtung. Deutschm. Beitr. z. Augenheilk. H. 75. S. 57.

Helmbold, Die Verwendung von Spektrallicht zur Augenuntersuchung Medizin. Klinik. Nr. 42. S. 1649.

v. Helmholtz, Beschreibung eines Augenspiegels (1851). Klassiker der Medizin, herausgeg. von Karl Sudhoff. Bd. IV. J. A. Barth in Leipig.

v. Helmholtz, Handbuch der physiologischen Optik. III. Bd. (Die Lehre von den Gesichtswahrnehmungen, herausgegeben von J. v. Kries.) Hamburg u. Leipzig. L. Voss.

Langenhan, F., Ergebnisse diaskleraler Augendurchleuchtung mit starker Lichtquelle. v. Graefes Arch. f. Ophth. LXXIX. S. 137.

Langenhan, F., Klinische Verwertung der Durchleuchtung des Augenhintergrundes vom Rachen her usw. Zeitschr. f. Augenheilk. XXIV. S. 97. — Berliner klin. Wochenschr. No. 24.

Langenhan, F., Prüfung der Transparenz markhaltiger Nervenfasern der Netzhaut und Papille mittels Durchleuchtung des Augenhintergrundes. Zeitschr. f. Augenheilk. XIV. S. 512.

Priestley Smith, A new simple ophthalmoscope. Ophth. Review. p. 33

Rayner Batten, The hydrophthalmoscope. Ophthalmoscope. p. 92.

Thorner, Die stereoskopische Photographie des Augenhintergrundes. Verhandl. d. Gesellsch. Deutscher Naturf. u. Ärzte. Zweiter Teil. 2. Hälfte. S. 224.

Thorner, Ein reflexloser Handaugenspiegel. Zeitschr. f. Augenheilk. XXIV. S. 1. (Berliner ophth. Ges.) Zentralbl. f. prakt. Augenheilk. S. 211.

Vacher, Présentation d'un fauteuil opératoire et d'un ophtalmoscope électrique. Arch. d'Opht. XXX. p. 375—398.

Vela Vázquez, Observación indirecta de la imagen oftalmoscópica invertída. Anales de oftalm. XIII. S. 242.

1911. Dimmer, Die Photographie des Augenhintergrundes. Wiener klin. Wochenschrift. No. 9, Berliner klin. Wochenschr.
Ginestons, La lumière en ophtalmologie, examen du fond de l'œil en lumière colorée. Journ. de médec. de Bordeaux. No. 24.
Gleichen, A., Theorie der modernen optischen Instrumente. Stuttgart. F. Enke.
Gullstrand, Demonstration der definitiven Instrumente der reflexlosen Ophthalmoskopie. Sitzungsbericht d. schwed. augenärztl. Ver. Stockholm. Beilage Hygiea.
Gullstrand, Demonstration der Nernstspaltlampe. Bericht über d. 37. Vers. d. ophth. Gesellsch. in Heidelberg. S. 374.
Gullstrand, Die Nernstspaltlampe in ophthalmologischer Praxis. Sitzungsbericht d. schwed. augenärztl. Ver. Stockholm. Beilage Hygiea.
Gullstrand, Die reflexlose Ophthalmoskopie. Arch. f. Augenheilk. LXVIII, 2. S. 101.
v. Hess, C., Stirnloupe mit Beleuchtungslinse. Dieses Handbuch. 3. Aufl. II. Teil. Kap. IX. S. 336.
Langenhan, F., Die Purkinjésche Aderfigur und die Konfiguration des entoptischen Foveareflexes. Berliner ophth. Gesellsch. Sitzung vom 9. März 1911. Ref. Zeitschr. f. Augenheilk. XXV. S. 403.
Lindsay, Johnson, A Pocket Atlas of the fundus oculi. London. Adlard & son.
Ring, Acetylen gas lamp. Opht. Record. p. 81.
v. Rohr, H., Über neuere Bestrebungen der Konstruktion ophthalmologischer Instrumente. Bericht über die 37. Vers. d. ophth. Gesellsch. in Heidelberg. S. 51.
Stock, Gullstrandscher Augenspiegel. (Naturw. med. Gesellsch. Jena.) Münchener med. Wochenschr. S. 2689.
1912. Adam, Ophthalmoskopische Diagnostik an der Hand typischer Augenhintergrundsbilder. Berlin. Urban u. Schwarzenberg.
Dufour, Deux ophtalmoscopes sans reflets. Annal. d'Ocul. T. CXLVIII. p. 267.
Dufour, L'ophtalmoscopie sans reflets ni voile. (Soc. franç. d'Opht. congr. de mai). Arch. d'Opht. XXXII. p. 388.
Elschnig, Demonstration des Gullstrandschen Ophthalmoskops. Wiener klin. Wochenschr. S. 1067.
Gebb, Demonstration des Gullstrandschen Ophthalmoskops. (Greifswalder med. Vers.) Deutsche med. Wochenschr. S. 1765.
Gullstrand, Nögra nye instrument och metoder. (Sitzungsbericht d. schwed. Ärztegesellsch.) Beilage Hygiea. S. 78.
Landolt, E. et Landolt, M., Présentation de quelques malades (affections du fond de l'œil) à l'aide du grand ophthalmoscope binoculaire de Gullstrand. (Soc. franç. d'Opht. congr. de mai.) Arch. d'Opht. XXXII. p. 388.
Luedde, Improved Illumination for the Zeiss binocular corneal microscope. Used in the study of the episcleral vessels and their circulation. (Arch. of Ophth. XL. July 1911. Nr. 4; Treutler, abgek. Übersetzg. u. Ref. über die Orig.-Arb.) Arch. f. Augenheilk. LXXI. S. 171.
Reitsch, Demonstration eines Apparates zur Lokalisation im Augenhintergrunde. (3. wissensch. Abend d. Augenärzte Schlesiens u. Posens.) Klin. Monatsbl. f. Augenheilk. L. Bd. II. S. 366.
Schieck, Demonstration des Gullstrandschen Ophthalmoskops und des Zeissschen Beleuchtungsapparates für Augenoperationen. Zeitschr. f. Augenheilk. XXVIII. S. 199.
Stähli, Zur Augenuntersuchung mit Nernstlicht. Vossius, Beitr. z. Augenheilk. 82. Heft.

1912. Wessely, Ein einfacher Demonstrationsaugenspiegel im umgekehrten Bild für zwei Beobachter. Arch. f. Augenheilk. LXXI. S. 267.
Wolff, H., Demonstration eines neuen Untersuchungsinstruments für das menschliche Auge. Bericht über die 38. Vers. d. ophth. Gesellsch. S. 348 und (Berliner ophth. Gesellsch.) Zentralbl. f. prakt. Augenheilk. S. 197.
Wolff, H., Über die zentrische reflexlose Mikroophthalmoskopie. Zeitschr. f. Augenheilk. XXVIII. Heft 4. S. 307.
1913. Henker, Einige Zusatzapparate für das große Gullstrandsche Ophthalmoskop. 39. Vers. d. Heidelberger ophth. Gesellsch. S. 350.
Landolt, E., L'œuvre de Gullstrand. Arch. d'Opht. Janv.-Févr., Mars.
v. Rohr, M., u. Stock, W., Über eine achromatische Brillenlupe schwacher Vergrößerung. Klin. Monatsbl. f. Augenheilk. LI. S. 206 ff.
Thorner, W., Das Gullstrandsche Ophthalmoskop. Arch. f. Augenheilk. LXXIV. Bd. 3/4. S. 208.
Vogt, Demonstration eines von Rot befreiten Ophthalmoskopierlichtes. 39. Vers. d. Heidelberger ophth. Gesellsch. S. 416.
Wolff, H., Die Photographie des Hintergrundes des lebenden menschlichen Auges. »Die Naturwissenschaften«, 1. Jahrg. Heft 40. S. 945.
Wolff, H., Endgültige Form meines reflexfreien Ophthalmomikroskops. 39. Vers. d. Heidelberger ophth. Gesellsch. S. 397.
Wolff, H., Über neue ophthalmoskopische Untersuchungsmethoden. Zeitschr. f. Augenheilk. Bd. XXIX, 3. u. 4. S. 215.
1914. Elschnig, Ophthalmoskopische Differentialdiagnose in Axenfelds Lehrbuch der Augenheilkunde. 4. Aufl.

IV. Ophthalmodiaphanoskopie.

Von

Dr. F. Langenhan, Stabsarzt.

Mit Fig. 172—179 und Tafel II—V.

Die Ophthalmodiaphanoskopie ist eine erst in neuerer Zeit eingehender studierte und in der ophthalmologischen Praxis angewandte Durchleuchtungsmethode des Auges, bei welcher das Licht nicht wie bei der gewöhnlichen Augenspiegeluntersuchung durch die transparente Hornhaut und die Pupille, sondern im Bereiche der durchscheinenden Lederhaut durch die Bulbushüllen in das Augeninnere dringt.

Die Lichtstrahlen können entweder direkt auf einen Punkt der äußeren Fläche der Lederhaut konzentriert werden (direkte sklerale Durchleuchtung) oder von einer in die Mundhöhle (bzw. auch in den Nasen-Rachenraum und die Nasenhöhle) eingeführten starken Lichtquelle aus, nach Durchdringen der umgebenden Weichteile, Knochenwandungen und Höhlen zur Augenkapsel gelangen (indirekte sklerale Durchleuchtung, Diaphanoskopie des Augenhintergrundes).

Das praktisch wichtigere Untersuchungsverfahren ist die

Direkte sklerale Durchleuchtung der Augenhüllen.

Zur entoptischen Wahrnehmung der Netzhautgefäße ist die direkte Skleraldurchleuchtung schon Anfang des 19. Jahrhunderts von Purkinje (1819, 1825), dem Meister entoptischer Beobachtungen, verwendet worden; wir verdanken ihm bekanntlich die Entdeckung des Phänomens der Aderfigur. Er zeigte, daß der Gefäßbaum in Erscheinung tritt, wenn durch eine Sammellinse starkes Licht auf einen Punkt der Lederhautoberfläche konzentriert wird, während das Auge gegen einen dunklen Hintergrund blickt. Von dem im Brennpunkt der Linse befindlichen hell erleuchteten Bezirk der Bulbushülle dringen Lichtstrahlen nach allen Richtungen in das Augeninnere, erleuchten dasselbe und werfen die Schatten der Netzhautgefäße auf benachbarte Teile der tieferen Netzhautschichten, die bei der gewöhnlichen Lichteinfallsrichtung (durch die Pupille) nicht beschattet werden.

Überraschend schön und scharf bis in ihre feinsten Verästelungen tritt nun diese Aderfigur bei Anwendung von Durchleuchtungslampen mit starker Lichtquelle hervor (s. u.). Dieselben ermöglichen namentlich auch ein genaues Studium des entoptischen Foveareflexes.

Die Technik ist eine sehr einfache: In verdunkeltem Raum setzt man den Glasstab der Lampe auf das geschlossene Lid, am bequemsten auf die äußere Hälfte des Oberlides und kann sich durch leichtes Hin- und Herbewegen der Lampe auf und mit dem Lid — und damit der Gefäßschatten auf der Netzhaut — ohne Schwierigkeit die Aderfigur zur Anschauung bringen.

Der Bezirk, den man gleichzeitig übersehen kann, ist nicht sehr groß; fixiert man das Zentrum des Gesichtsfeldes, so überblickt man die Fovea und die ihr benachbarten Teile, nasal annähernd bis zur Gegend der Papille, in den anderen Richtungen etwa in gleicher Ausdehnung. Bei Blickbewegungen gelingt es auch, peripherere Äste des Gefäßbaumes wahrzunehmen.

Das Gesichtsfeld erscheint gelbrot mit einem Stich ins Bräunliche, je nach der angewandten Lichtstärke und dem Pigmentgehalt des Auges mehr oder weniger hell. Die Gefäße der Netzhaut treten als dunkle Schattenlinien hervor. Von den größeren Makulagefäßen zweigen sich feiner und feiner werdende Äste ab, deren letzte Ausläufer in Maschen ein gefäßloses, rundliches oder querovales Gebiet, die Foveagegend, umspinnen. Auf der der Papille abgewandten Seite treffen sich die letzten Endästchen der von oben und unten herkommenden Gefäße eine Strecke weit in nahezu horizontal verlaufender Linie. Anastomosen zwischen den oberen und unteren Ästchen, die von Purkinje erwähnt werden, kann ich an meinen Augen nicht mit Sicherheit wahrnehmen.

Den Ursprung der Zentralgefäße sieht man am besten bei schläfenwärts gerichtetem Blick. Selbstverständlich stellt die Aderfigur das umgekehrte Bild des anatomischen Gefäßbaumes dar, die Papillengegend wird also temporal projiziert. Sie erscheint — sich nur wenig von der Umgebung abhebend — dunkler als das übrige Gesichtsfeld.

An den der Lichtquelle abgewandten Rändern der Gefäßschatten finden sich helle, reflexartige Streifen, die bereits von H. Müller als negative Nachbilder der Aderfigur gedeutet worden sind.

Von besonderem Interesse ist das letzthin auch von Brückner (1909) eingehender studierte entoptische Reflexphänomen, das sich in der Mitte des Gesichtsfeldes innerhalb der gefäßlosen Stelle findet: der scheibenförmige Foveareflex. Schon Purkinje erwähnt denselben und bezeichnet ihn als kreisförmigen, dunklen Fleck, der bei verschieden einfallendem Licht als eine Grube erscheint. v. Helmholtz und H. Müller beobachteten, daß diese Stelle in ihren Augen stärker glänzt und »wie chagriniertes Leder« aussieht. Bei diaskleraler Durchleuchtung mit starker Lichtquelle gelingt es, den Foveareflex in seiner Konfiguration genau zu analysieren, da er in größter Schärfe der Zeichnung und lebhaft glänzend in Erscheinung tritt. Er läßt sich in feine, annähernd parallel zueinander verlaufende, leicht gewellte, teils unterbrochene, goldgelb glänzende Linien auflösen, die zum Teil netzartig miteinander in Verbindung stehen (Langenhan, 1911). Die Lücken dazwischen erscheinen infolge Kontrastwirkung etwas dunkler als das übrige Gesichtsfeld. Die Scheibe nimmt etwa $^2/_3$ des gefäßlosen Bezirkes ein.

In der Konfiguration des Foveareflexes bestehen offenbar individuelle Verschiedenheiten; so schildert Brückner denselben als aus feinsten, reihenförmig angeordneten Pünktchen zusammengesetzt.

Die Verlaufsrichtung der Linien hängt von der Stellung der Lichtquelle ab; setzt man dieselbe z. B. an die obere oder untere Bulbushälfte, so verlaufen sie annähernd senkrecht, dagegen horizontal, wenn man die Durchleuchtung von außen oder innen her vornimmt. Verschiebt man die Lichtquelle, so verschiebt sich der Gefäßbaum in gleicher Richtung, sich dabei dem Foveareflex nähernd, der scheinbar in entgegengesetzter Richtung wandert.

Augendurchleuchtungslampen (Ophthalmodiaphanoskope).

Ihre Bedeutung als klinische Untersuchungsmethode erlangte die Diaphanoskopie erst nach Konstruktion besonderer Augendurchleuchtungslampen. Bekannt war die klinische Verwertbarkeit der diaskleralen Durchleuchtung allerdings schon A. v. Graefe. 1868 führt Hirschberg in einer Abhandlung der Klinischen Monatsblätter über Geschwülste der Orbita und des Bulbus einen Vortrag A. v. Graefes an, in dem auf die erfolgreiche Verwendung der Augendurchleuchtung bei einer schwierigen Differentialdiagnose zwischen einfacher glaukomatöser Ektasie der Sklera und einem Sarkom der Episklera und Chorioidea hingewiesen wird. »Da trotz sorgfältigster Durchleuchtung die Intumeszenz durchaus opak blieb«, wurde ein Tumor angenommen. Die Durchleuchtung erfolgte in primitivster Form durch Konzentrieren von Licht mittels Lupe auf die geschwulstartige Vorwölbung der Lederhaut. LANGE entschied 1884 in gleicher Weise die Diagnose zwischen einfacher Netzhautabhebung und Aderhautsarkom.

Fünf Jahre später konstruierte v. REUSS (1889), zur Erzeugung des Lichtkegels, eine besondere Augendurchleuchtungslampe, der später eine ganze Reihe sich mit der Zeit mehr vervollkommnender Lampen anderer Autoren folgte.

Fig. 172.

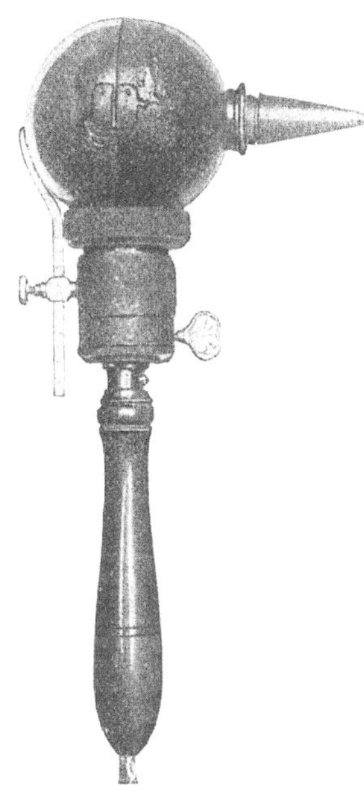

Durchleuchtungslampe nach SACHS. (Etwa 1/4 der natürl. Größe.)

Das erste v. REUSSsche Ophthalmodiaphanoskop bedient sich als Lichtquelle eines kleinen, durch Wasserumspülung kühl erhaltenen elektrischen Glühlämpchens, das mittels eines Halters mit der Sklera in Berührung gebracht wird. Dieses Instrument hat den Nachteil, daß das runde Glühlämpchen keinen genügend scharf umschriebenen Skleralbezirk belichtet, daß ferner die Wasserspülung von dem Untersucher durch ein Gummiballongebläse im Betrieb gehalten werden muß.

Zweckmäßiger sind die Durchleuchtungslampen, die auf dem bekannten Prinzip der Fortleitung von Licht durch homogene zylindrische Glasstäbe beruhen (Voltolini) und bei Verwendung mittelgroßer Lichtstärken die Wasserkühlung entbehrlich machen.

Während das GAERTNERsche Modell (1889) wegen seiner geringen Leuchtkraft für viele Zwecke der Diaphanoskopie nicht ausreicht, bedeutet die von BIRNBACHER (1894) konstruierte Durchleuchtungslampe schon einen wesentlichen Fortschritt, doch ist die vorn unter einem Winkel von 35° abgeschliffene Berührungsfläche des gebogenen Glasstabes für exakte diaphanoskopische Untersuchungen, z. B. genaue Abgrenzungen von Tumoren, zu groß.

Größere Verbreitung hat TH. LEBERS »einfacher Durchleuchtungsapparat« gefunden, den er 1902 der Heidelberger ophthalmologischen Gesellschaft demonstrierte: Eine kleine Glühlampe ist in einer undurchsichtigen Metallkapsel eingeschlossen, der vorn ein kurzes, nach außen mit dünner Hartgummischicht bekleidetes Glasstäbchen aufsitzt.

Diesen Diaphanoskopen folgten die jetzt fast ausschließlich gebrauchten Durchleuchtungslampen von SACHS, LANGE, WÜRDEMANN, HERTZELL, v. PFLUGK, GULLSTRAND u. a.

Der Hauptvorzug der Sachsschen Lampe[1]) (1903) (25 Kerzenstärke, zur Hälfte mit Spiegelfolie überzogene Glühlampe in rundem Metallgehäuse) ist ihre große Leuchtkraft und der kleine Durchmesser (3 mm) der konkav geschliffenen Kontaktfläche des konisch zulaufenden Glasstabes (Fig. 172).

Die Langesche Lampe[2]) (1906) (10 Volt Pilzlampe) zeichnet sich durch ihre Kleinheit und Handlichkeit aus, auch ermöglicht sie, wegen der leicht

Fig. 173.

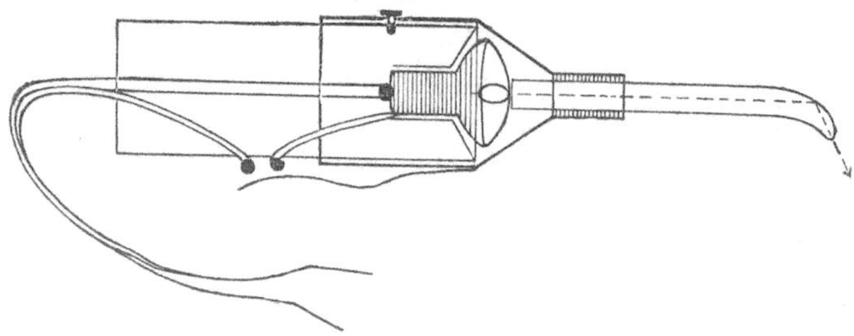

Durchleuchtungslampe nach Lange.

gekrümmten Form des freien Endes ihres Glasstabes (Fig. 173), die Sklera nicht nur in ihrem vorderen Abschnitt, sondern zum Teil auch über den Äquator hinaus abzuleuchten. Sie kann an Akkumulatoren mit 10 bis 16 Volt oder mittels Rheostaten an die Starkstromleitung angeschlossen werden.

Recht praktisch und empfehlenswert sind die kleinen, leicht transportablen Durchleuchtungslampen (v. Pflugk 1911, Lowell 1911, Reuter 1913 u. a.), die sich an die Trockenelemente elektrischer Taschenlampen anschließen und bequem bei Krankenbesuchen mitführen lassen. Ihre Lichtstärke genügt im allgemeinen, läßt allerdings mit dem Stromverbrauch bald nach.

Fig. 174.

Ophthalmodiaphanoskop nach Würdemann.

Sehr beliebt ist auch das elegante und handliche Würdemannsche (1906, 1907) Diaphanoskop. Es hat Bleistiftform und wiegt nur 30 g. Die Lichtstrahlen des vorn mit einer Konvexlinse versehenen, 5 Normalkerzen hellen

1) Firma A. Schwarz, Wien.
2) Firma E. Schiller, Braunschweig.

elektrischen Lämpchens (Lens-capped lamp) von 1 Volt werden durch einen kurzen Glasstab fortgeleitet, welcher vorn aus der das ganze Instrument umgebenden Hartgummihülle von etwa 1 mm hervorragt (Fig. 174).

Die bei weitem stärkste, dabei variierbare Leuchtkraft (80—100 Normalkerzen) besitzt das mit automatischer Wasserspülung versehene Hertzellsche Diaphanoskop, dessen Beschreibung sich in dem Kapitel über die indirekte Durchleuchtung S. 411 findet, für die es in erster Linie bestimmt ist.

Fig. 175.

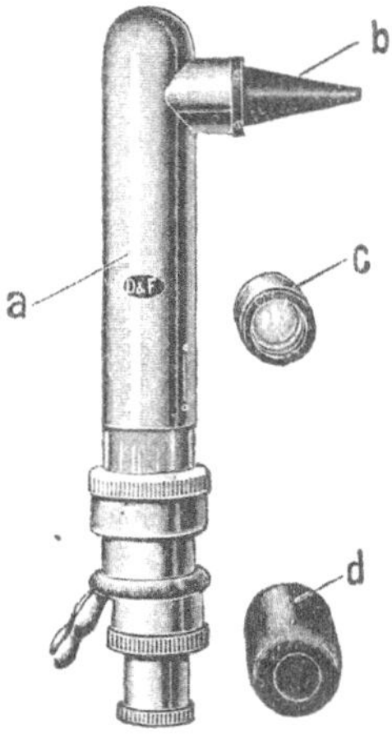

Hertzells Diaphanoskop mit Metallaufsatz.

Der direkten Skleraldurchleuchtung wird es dienlich gemacht, wenn über die Glashülse der röhrenförmigen Metallfadenlampe eine zylindrische Metallhülse (*a*, Fig. 175) geschoben wird, an deren Vorderfläche sich ein konischer Glaskegel (*b*) einschieben läßt. Das vom oberen Ende der Lampe ausstrahlende Licht wird durch die Spiegelfolie der hinteren Lampenhälfte auf die Basis des Glaskonus geworfen. Die Wasserkühlung ermöglicht die Anwendung einer sehr großen Lichtstärke und gestattet, dieselbe bestens auszunutzen, weil die Kegelbasis in unmittelbare Nähe der Lichtquelle gebracht werden kann. Mittels regulierbaren Vorschaltwiderstandes läßt sich die Helligkeit nach Belieben abschwächen.

Schließlich sei noch die ohne Glasstab arbeitende Gullstrandsche Durchleuchtungslampe erwähnt. Sie entwirft mit Hilfe eines Kondensorsystems (Fig. 176) ein Bild vom Faden der Glühlampe (8 Volt) kurz vor der Öffnung eines vorn an dem kleinen zylindrischen Gehäuse befindlichen Hartgummitrichters. Bei relativ großer Lichtstärke soll die Lampe nur wenig Wärme entwickeln.

Fig. 176.

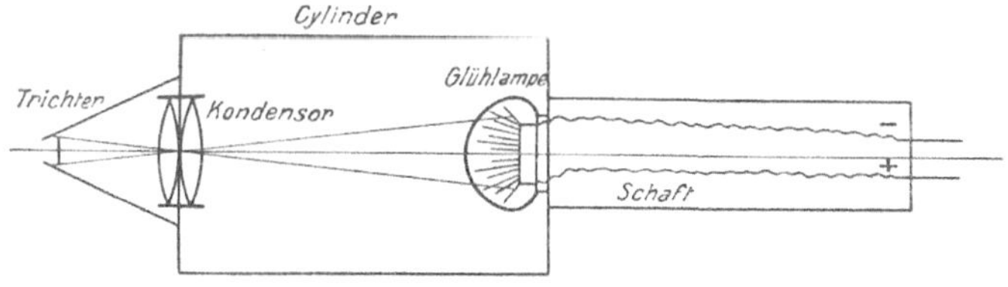

Gullstrands Durchleuchtungslampe.

Durchleuchtungsbefunde am normalen Auge.

Die diasklerale Durchleuchtung läßt sich aus naheliegenden anatomischen Gründen an der Außenseite des Bulbus bequemer und im ausgedehnteren Bezirk ausführen als nasal, oben und unten. Während man temporal, namentlich bei Verwendung eines leicht gebogenen Leuchtstabes, ohne Schwierigkeiten selbst bis hinter den Äquator vordringen kann, ist derselbe nasal und unten nur eben erreichbar, oben dagegen nicht, wegen der Behinderung durch den oberen Orbitalrand.

Lang gebaute, vorstehende Augen eignen sich natürlich besser für die Untersuchung als kurze, tiefliegende.

Die Technik ist nicht schwer zu erlernen, immerhin erlangt man erst durch einige Übung genügende Sicherheit in der Beurteilung der Durchleuchtungsbefunde. Selbstverständlich muß die Untersuchung im dunklen Zimmer vorgenommen werden, damit die Verschiedenheiten der Transparenz und der Intensität des Pupillarleuchtens deutlich in Erscheinung treten. Die Augen des Untersuchers sind vor jeder Blendung zu schützen und kurze Zeit für Dunkel zu adaptieren. Anästhesierung der Bindehaut ist nur bei außergewöhnlich empfindlichen Patienten erforderlich; soll dabei eine Erweiterung der Pupille vermieden werden, so bedient man sich eines der nicht mydriatisch wirkenden Medikamente (Holokain, Alypin).

Die Untersuchungslampe wird unter Vermeidung stärkeren Druckes, der eine Vorbuckelung der Augenwand nach innen verursachen würde, senkrecht auf den zu prüfenden Skleralbezirk aufgesetzt. Daumen und Zeigefinger der linken Hand sorgen für genügende Weite der Lidspalte. Verlangt die Untersuchung ein möglichst tiefes Eindringen in den Bindehautsack, so bedient man sich einer Lampe mit gebogenem Leuchtansatz (Lange, v. Pflugk u. a.).

Den besten Überblick über die bei diaskleraler Durchleuchtung zu beobachtenden Transparenzunterschiede des vorderen Bulbusabschnittes gewinnt man beim Ansetzen des Glaskegels an die temporale Hälfte des Lidspaltenbezirks, etwa in der Gegend des Äquators. Der Patient hat dabei seinen Blick nasal zu richten (Taf. II, Fig. 1).

Die von der erleuchteten Stelle der Augenhüllen ausgehenden und in das Augeninnere eindringenden Lichtstrahlen gelangen zum Teil direkt, zum Teil vom Augenhintergrunde reflektiert durch die Pupille nach außen und lassen dieselben in hellem Rot aufleuchten. Der Lichtkegel der die Pupille direkt durchsetzenden Strahlen erzeugt auf der nasalen Hornhauthälfte einen scheibenförmigen Lichthof, der nur bei enger Pupille scharf umschrieben hervortritt, und einen entsprechend größeren Lichtfleck auf der Haut des inneren Lidwinkels bzw. der Nasenwurzelgegend.

Da sich eine dichte Abblendung der Lichtstrahlen an der Ansatzstelle — selbst bei Verwendung eines über das Ende des Glaskegels übergestülpten Gummiringes — technisch nicht ermöglicht, bildet sich rings um die Ansatzstelle auf der Sklera ein nur wenig störender Lichthof, und die den äußeren Lidwinkel begrenzenden Hautfalten erscheinen in transparentem Rot.

Iris.

Der Durchleuchtungsbefund der normalen Iris hängt im wesentlichen von drei Momenten ab:

1. Von der Stärke der Pigmentierung.

Je weniger pigmenthaltig das Irisstroma und besonders das retinale Pigmentepithel, desto durchscheinender die Iris. Von der fast völlig transparenten Iris der Albinos bis zu der selbst bei Anwendung größter Lichtstärke gänzlich undurchleuchtbaren Iris der Neger kann man die verschiedensten Abstufungen beobachten. Bei gleicher Irisfärbung kann die Durchleuchtbarkeit sehr verschieden sein; die ausschlaggebende Rolle spielt der Pigmentgehalt des retinalen Pigmentepithels.

Wenn auch die Beschaffenheit (Dicke, Dichtigkeit) des Irisstromas, die neuerdings Rübel (1912) in den Vordergrund stellt, nicht ohne jede Bedeutung ist, so kann sie doch schon aus physiologisch-optischen Gründen den Grad der Iristransparenz nur in untergeordneter Weise beeinflussen; fehlen doch den Gewebsfasern, im Gegensatz zum Pigment, spezifisch lichtabsorbierende Eigenschaften.

2. Von der Lichtstärke (siehe unten).

3. Von der Weite der Pupille.

Je enger die Pupille, um so gestreckter, dünner und damit durchscheinender werden die Irisschichten. Bei Mydriasis dagegen legt sich die vordere Fläche der Iris in Falten, die Pigmentepithelschicht verdickt sich, und die Transparenz wird sehr vermindert.

Bei mittelweiter Pupille, mittlerer Pigmentierung und Lichtstärke kann man etwa den in Taf. II, Fig. 1 wiedergegebenen Befund erheben: Abgesehen von der Pupillarzone, die sich durch besonders starke Entwicklung des retinalen Pigmentes auszeichnet, erscheint die Iris deutlich transparent und läßt die vorwiegend radiäre Anordnung des Irisstromas erkennen. Die Transparenz nimmt, entsprechend der Verdünnung der Irisschichten einschließlich des retinalen Pigmentepithels, nach der Peripherie zu. Nur die äußerste Peripherie erscheint dunkel (Lichtabsorption durch das Corpus ciliare). Nicht selten sieht man, namentlich in den mehr peripheren Partien, einzelne stärker transparente Lücken.

Die Kenntnis dieser Tatsache ist klinisch von Wichtigkeit, da ähnliche strich- oder spaltförmige Lücken auch durch traumatische Risse des Pigmentblattes verursacht sein können. Namentlich in gerichtlichen Fällen wird man daher derartige Pigmentlücken nur mit Vorsicht für die Annahme einer Verletzung verwerten dürfen.

Spaltförmige Defekte des retinalen Irispigmentes nach unten.

Von besonderem Interesse scheint mir der diaphanoskopische Befund zu sein, den ich bei Anwendung großer Lichtstärke an der Iris einer ganzen Reihe völlig normaler, namentlich jugendlicher Augen erheben konnte: spaltförmige Pigmentdefekte nach unten, in deren Bereich die Iris transparent erscheint, d. h. rot aufleuchtet. Teils sind die Defekte auf die Peripherie der der unteren Medianlinie benachbarten Irispartien beschränkt und erscheinen als unscharf begrenzte helle Flecke (Taf. II, Fig. 3), teils aber durchsetzen sie die ganze Breite der Iris, meist von der Peripherie nach dem Sphinkterrand sich verjüngend, wie es Taf. II, Fig. 4 wiedergibt. Zwischen diesen beiden Typen finden sich die verschiedensten Übergangsformen, oft sind die Defekte nur angedeutet. Sie konnten bei etwa $^1/_6$ der in großer Zahl daraufhin untersuchten normalen, meist jugendlichen Augen beobachtet werden, deren Irisstroma bei seitlicher Beleuchtung und Lupenbetrachtung keine Anomalien ergab.

Wenn sich auch in anderen, besonders den peripheren Irisabschnitten, bei lichtstarker Durchleuchtung, wie erwähnt, kleine strich- und lückenartige leuchtende Stellen finden, so ist das nach unten gerichtete fleck- und spaltförmige Fehlen von Pigment bei Kindern ein so häufig wiederkehrendes und charakteristisches, daß von Zufallsbefunden nicht die Rede sein kann.

Die Lokalisation an demjenigen Teil der Iris, den wir als Prädilektionsstelle angeborener Iriskolobome kennen, muß uns zu der Annahme drängen, daß dieser spaltförmige, kolobomartige Pigmentmangel nach unten in Zusammenhang mit der fötalen Augenspalte steht. Dieselbe hat hier eine auf die Iris übertragene Spur hinterlassen.

Der beschriebene Pigmentmangel der Iris nach unten läßt sich zwanglos in Parallele bringen zu dem von Pause[1]) und von Manz[2]) beobachteten und als »partielle Leukosis« bezeichneten angeborenen Pigmentmangel des Netzhautpigmentepithels nach unten. Dieser Zustand wurde von Manz als der geringste Grad der Spaltbildung des Auges angesehen.

Die lichtstarke Skleraldurchleuchtung lehrt also, daß unausgebildete Kolobome der Iris auch das Pigmentblatt der Iris allein betreffen können.

Analog der Manzschen Auffassung der nach unten gerichteten partiellen Lenkosis retinae, möchte ich dieses in einem recht erheblichen Prozentsatz sonst völlig normaler Augen zu beobachtende kolobomartige Fehlen des retinalen Irispigmentes als rudimentärste Form des Iriskoloboms ansprechen.

Bisher faßte man als solche eine nach unten gerichtete Verdünnung des Irisstromas auf, welche bei grauen oder graublauen Augen eine strich-, bzw. streifenförmige dunklere Färbung der Iris bedingt. Diese Stromaveränderungen sind nach meinen Beobachtungen fast regelmäßig auch mit

---

1) Arch. f. Ophth. XXIV, 2.

2) In Greeff, Pathologische Anatomie des Auges. Berlin, Hirschwald. 1906.

Defekten im Pigmentblatt verbunden (vgl. auch Rübel) und stellen einen bereits höheren Grad des Iriskoloboms dar (Taf. III, Fig. 6).

Linse und Ziliarfortsätze.

Mit zunehmender Lichtstärke erhöht sich die Transparenz der Iris (Taf. II, Fig. 2). Die Leuchtkraft des Hertzellschen Ophthalmodiaphanoskopes ermöglicht es, in der Mehrzahl der Augen mit schwach und mittelstark pigmentierter Iris (bei braunen Augen nur in seltenen Ausnahmefällen) die Form des Linsenrandes zu erkennen, vorausgesetzt, daß die Pupille nicht erweitert ist.

Der Linsenrand erzeugt eine ziemlich scharf umschriebene schwarze Kreislinie (Taf. II, Fig. 2 und Taf. III, Fig. 6), die beim Ansetzen der Lampe an die temporale Bulbushälfte nach innen verschoben erscheint, so daß sich die nasale Hälfte größtenteils dem Blick des Beobachters entzieht, und umgekehrt nach außen, wenn der Glaskegel nasal angesetzt wird. Führt man die Skleraldurchleuchtung von oben, bzw. unten her aus, so erscheint die Linse nach unten, bzw. oben dezentriert. Dieses Verhalten der schwarzen Kreislinie, das »Fliehen« vor der Lichtquelle erklärt sich dadurch, daß es nicht der Linsenrand selbst ist, den wir sehen, sondern der Schlagschatten, den derselbe auf die ungefähr 2 mm vor ihm liegende durchscheinende Iris wirft (Langenhan, 1911). Seine Lage ist keine konstante, sie ändert sich mit dem Verschieben des Glaskegels auf der Sklera.

Die Kuppen der Ziliarfortsätze sind nur bei pigmentarmer Iris in der äußersten, der Lichtquelle zugewandten Peripherie, und nur bei Anwendung großer Lichtstärke zu erkennen. Man sieht dann ihre Schatten als kleine, schwarze, kolbenförmige Striche nebeneinander liegen (Taf. II, Fig. 2).

Transparenzunterschiede der Bulbuswandung im Bereiche der Ora serrata und des Corpus ciliare.

Die diasklerale Durchleuchtung mit starker Lichtquelle gestattet ferner eine exakte Beurteilung der bisher noch wenig studierten Transparenzunterschiede im Bereiche der Ora serrata und des Corpus ciliare.

Durchleuchtet man das Auge temporal in der Gegend des Äquators, bei extremer Blickrichtung des untersuchten Auges nach innen, so gewinnt man sehr oft ein Bild, wie es in Taf. II, Fig. 1 dargestellt ist.

Mit großer Deutlichkeit hebt sich die Gegend der Ora serrata als schwarzer, konzentrisch zum Limbus verlaufender, temporal etwa 6—7 mm von ihm entfernter Ring von den benachbarten transparenten Partien der Bulbuskapsel ab. Nach vorn und hinten von diesem 1—1 $^1/_2$ mm breiten »Ora serrata-Ring« sieht man häufig, namentlich bei älteren Individuen, kleine zackige und strichförmige unregelmäßige Ausläufer (s. unten).

Nach dem Limbus zu schließt sich die verschieden, durchschnittlich etwa 4 mm breite Zone des Orbiculus ciliaris der Pars non plicata des Corpus ciliare an (»Orbiculus-Ring«). In diesem, im ganzen helleren Ring, läßt sich meist eine meridionale dunkle Streifung erkennen. Im Bereiche der Lidspaltenzone ist der Orbiculus-Ring gewöhnlich etwas stärker pigmentiert als ober- und unterhalb derselben.

Vor dem Orbiculus-Ring findet sich eine bis an den Limbus reichende, weniger transparente, also dunkler erscheinende Zone; das Licht erleidet hier durch das Corpus ciliare (Musculus und Processus) eine stärkere Absorption (»Corpus-Ring«).

Schließlich ist ein mehr oder weniger deutlich abgrenzbarer Ring zu erwähnen, der sich namentlich bei Mydriasis in der Gegend der Corneoskleralgrenze dadurch bildet, daß das hell erleuchtete Kammerwasser durch den vordersten Teil der Sklera, der noch der vorderen Kammer angehört, hindurchscheint (»Kammerring«).

Die beschriebenen Zonen sind individuell sehr verschieden deutlich ausgesprochen. Bei pigmentarmen Augen kann sich der Corpus-Ring so wenig abheben, daß nur zwei Zonen unterscheidbar sind: Ora serrata-Ring und eine hellere Zone zwischen diesem und dem Limbus. Bei sehr stark pigmentierten Individuen dagegen kann die ganze, dem Corpus ciliare von der Ora serrata ab entsprechende Partie der Augenwandung, selbst bei Anwendung stärkster Leuchtkraft, gleichmäßig dunkel erscheinen.

Anatomische Erklärung.

Der vordere Abschnitt der skleralen Bulbuskapsel ist im ganzen weniger transparent als die hinter der Ora serrata gelegenen, der Durchleuchtung zugänglichen Teile — entsprechend der veränderten Qualität und Quantität des Uvealpigmentes. Von der Ora serrata ab findet bekanntlich ein Wechsel in der Farbe der Uvea statt; dieselbe ist, wie man sich leicht beim Einblick in die vordere Hälfte eines im Äquator durchschnittenen Bulbus überzeugen kann, hinter der Ora serrata, d. h. im Bereiche der Chorioidea, braun, vor derselben schwarz. Diese durch den reichlicheren Gehalt an körnigem Pigment (Greeff) bedingte, an den dem Licht stärker ausgesetzten Partien intensiver dunkle Färbung der Pigmentzellen hat offenbar den Zweck, das Auge vor Blendung zu schützen und das Eindringen störenden diffusen Lichtes zu verhindern. In diesem Sinne ist auch die in der Lidspaltenzone meist stärker ausgebildete Pigmentierung des »Orbiculus-Ringes« zu deuten.

Außer diesem Wechsel in der Qualität und Quantität des Pigmentes, finden sich auch in seiner Anordnung besondere Verhältnisse.

Der dunkle »Ora serrata-Ring« ist bedingt durch eine umschriebene

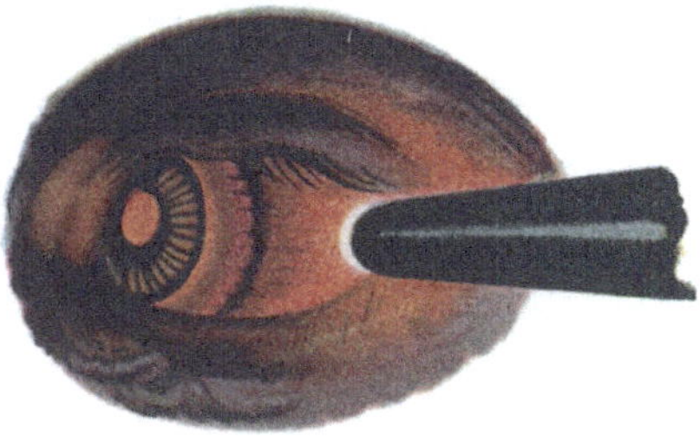

1.

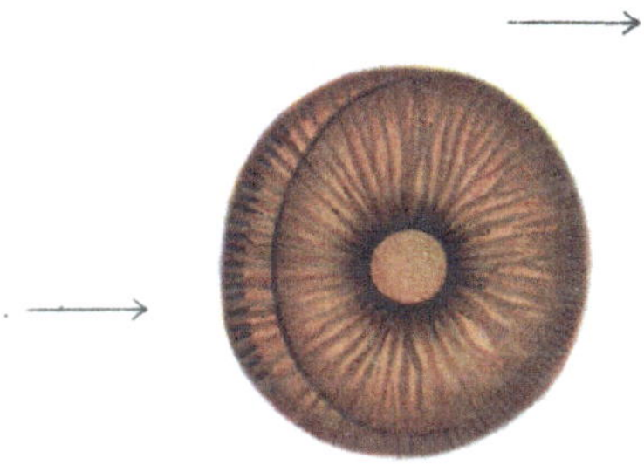

R.

2.

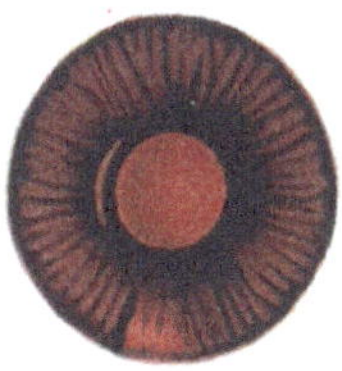

3.

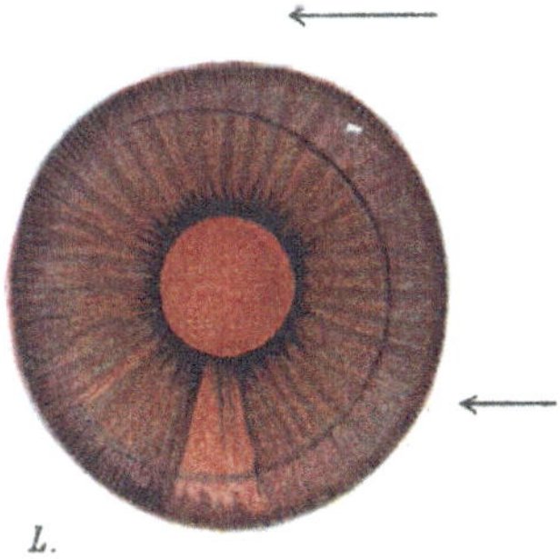

L.

4.

Langenhan Verlag von Wilhelm Engelmann in Leipzig Lith. Anst. v. Johannes Arndt, Jena.

stärkere Anhäufung von Pigment, die seiner Zeit von KUHNT[1]) nachgewiesen worden ist. KUHNT nannte diese Zone »Großzellenzone«. Er erkannte, daß sich unmittelbar vor dem Beginn der Ora serrata im Pigmentepithel eine Zone großer Zellen findet, die meist makroskopisch schon als solche durch ihre dunklere Farbe hervortritt. Sie endet scharf abgeschnitten an der Ora serrata und erstreckt sich papillarwärts durchschnittlich 1—1,5 mm weit, doch ist letztere Grenze nicht scharf (vgl. auch SCHWALBE[2])). Die einzelnen Zellen zeichnen sich außer ihrer Größe durch stärkere Pigmentierung aus. Auch die Pigmentmoleküle selbst sind größer als in den Zellen des übrigen hinteren Uvealabschnittes. KUHNT vermutet aus dem Vorhandensein von mehrkörnigen, in Teilung begriffenen Zellen, daß in dieser Zone eine Produktion von Pigment aus dem Kerne stattfindet (vgl. auch GREEFF, Mikroskopische Anatomie des Sehnerven und der Netzhaut, dieses Handb., Bd. I, Kap. V, S. 187, Fig. 50). Wie bereits erwähnt, kann die Begrenzung dieses Ora serrata-Ringes, namentlich bei älteren Individuen, bei der Durchleuchtung sehr unregelmäßig erscheinen; zuweilen sieht der Ring wie aufgefasert aus. Dies ist nach den Untersuchungen R. KERSCHBAUMERS leicht verständlich[3]); die Ora serrata-Gegend ist ein Prädilektionsstelle für Altersveränderungen in der Uvea, die hier früher und intensiver als in den übrigen Teilen auftreten[4]).

Der Orbiculus ciliaris ist von der Chorioidea durch das Auftreten sehr feiner meridional verlaufender leistenförmiger Erhebungen der inneren Oberfläche unterschieden, von denen je 3—4 nach vorn in einen Processus ciliaris zusammenfließen (SCHWALBE). Der Pigmentgehalt ist in den Vertiefungen zwischen den einzelnen Leisten stärker als auf ihrer Höhe, ebenso wie in den Tälern zwischen den Processus ciliares. Hieraus erklärt sich die gestreifte Beschaffenheit des im ganzen helleren »Orbiculus-Ringes«.

Ich habe die Transparenzunterschiede des vorderen Abschnittes der skleralen Bulbuskapsel eingehender besprochen, da meines Wissens genaue Beschreibungen, naturgetreue farbige Abbildungen und ihre Erklärungen bisher noch nicht existieren. Wohl hat WÜRDEMANN[5]) den Versuch gemacht, die mittels seines erheblich lichtschwächeren Diaphanoskopes (s. oben) beobachteten Durchleuchtungserscheinungen schematisch zu skizzieren und zu deuten. Seiner Darstellung wie Deutung vermag ich jedoch weder in optischer, noch in anatomischer Hinsicht zu folgen. Den am meisten in die Augen fallenden charakteristischen Ora serrata-Ring hat WÜRDEMANN z. B. nicht

1) XII. Vers. d. ophth. Ges. zu Heidelberg 1879. S. 238.

2) Lehrbuch der Anatomie der Sinnesorgane. Erlangen 1887.

3) Arch. f. Ophth. XXXIV, 4. 1888. XXXVIII, 1. 1892.

4) Die Pigmentzellen nehmen im Alter an Größe um das 2—6fache zu. Zum Teil findet sich eine Rarefizierung des Pigmentes, zum Teil die Bildung großer Pigmentmoleküle.

5) Arch. of ophth. July. 1908. IV, 4.

erwähnt, den helleren Ring nach außen vom Limbus faßt er als bedingt durch den zirkumlentalen Raum (?) auf, während der Schlagschatten des Linsenrandes auf der Iris selbst direkt zu sehen ist. Die Schlüsse, die WÜRDEMANN aus einer verringerten Breite dieses hellen Ringes auf Glaukomdisposition gezogen hat, sind hinfällig, da die Diaskleraldurchleuchtung, wie auch FRIDENBERG hervorhebt, über den zirkumlentalen Raum keinen Aufschluß geben kann.

Augenhintergrund.

Mit den lichtstärkeren Durchleuchtungslampen erhält man — nach Erweiterung der Pupille — ohne Schwierigkeit ein reflexloses aufrechtes Bild des Augenhintergrundes, das jedoch im allgemeinen keine Vorzüge vor dem ophthalmoskopischen hat. Nur für die Beurteilung der Maculagegend mag diese reflexlose Methode als Ergänzung der Augenspiegeluntersuchung zuweilen heranzuziehen sein. Wichtiger ist ihre Verwendung für die Untersuchung der mit dem Augenspiegel nur schwach zu belichtenden vorderen Fundusabschnitte (v. REUSS, SACHS, FRIDENBERG). Durch Aufsetzen des Leuchtstabes werden dieselben selbstleuchtend und liefern ein klares, lichtstarkes Bild. Zweifellos kann man auf diese Weise weiter in die Netzhautperipherie vordringen, besonders wenn man durch leichten Druck mit der Lampe die Augenwandung etwas nach dem Augeninnern vorbuckelt[1]).

Klinische Verwendung der diaskleralen Durchleuchtung.

Die sklerale Durchleuchtung, die bis vor kurzem vom Kliniker fast ausschließlich für die Diagnose intraokularer Tumoren und den Nachweis von Fremdkörpern in der getrübten Linse herangezogen wurde, hat in letzter Zeit eine wesentlich weitergehende Verwendung als diagnostisches Hilfsmittel erfahren, nachdem VÜLLERS (1907) und WÜRDEMANN (1906 u. 1908) nachgewiesen haben, daß sie auch über äußerlich nicht wahrnehmbare Veränderungen des Pigmentblattes der Iris wichtige Aufschlüsse zu geben vermag.

Für die Diagnose intraokularer Geschwülste des vorderen Bulbusabschnittes ist die Methode namentlich dann von Bedeutung, wenn der Tumor wegen Medientrübungen oder Netzhautabhebung der direkten Beobachtung nicht zugänglich ist, und seine Unterscheidung von einfacher seröser Ablatio Schwierigkeiten bereitet. LANGE (1884), der, wie erwähnt, als erster diaphanoskopisch diese Differentialdiagnose stellte, hat gezeigt, daß die Pupille bei Durchleuchtung der Sklera im Bereiche einer einfachen Netzhautabhebung in hellem Rot aufleuchtet, dagegen dunkel bleibt, wenn der Lichtkegel auf einen Tumor fällt.

1) Leichtes Eindrücken der Augenkapsel in der Gegend des Ziliarkörpers ist schon für die ophthalmoskopische Sichtbarmachung der äußersten Netzhautperipherie von TRANTAS (s. Abschnitt Ophthalmoskopie, S. 308) empfohlen worden.

Die Ausführung der Untersuchung gestaltet sich wie folgt: Nachdem das zu prüfende Auge die geeignete Blickrichtung eingenommen hat, wird die Lampe in der oben beschriebenen Weise an den verdächtigen Bezirk der Sklera angelegt und man beobachtet nun, wie sich die Pupille beim Einschalten des Stromes verhält. Künstliche Erweiterung derselben ist zu empfehlen. Leuchtet sie auf, so kann auf Transparenz des pathologischen Gebildes, also mit großer Wahrscheinlichkeit auf seröse Netzhautabhebung geschlossen werden, bleibt sie dunkel, so handelt es sich um solide Geschwulstmassen. Die Ausdehnung eines Tumors läßt sich durch leichte Verschiebungen der Lampe auf der Sklera annähernd genau bestimmen, und zwar umso exakter, je kleiner die Leuchtfläche der Lampe ist. Sobald man an die Grenze der Geschwulst kommt, leuchtet der nicht mehr beschattete Teil der Pupille auf.

Auch durch Einblick in die Pupille und direktes Betrachten des durchleuchteten Gebildes unter starker Annäherung an das untersuchte Auge kann man mancherlei Aufklärungen erhalten. So sind z. B. flottierende Netzhautfalten und Fibringerinnsel in der subretinalen Flüssigkeit sehr schön zu sehen.

Als Ergänzung kann schließlich das Diaphanoskop auf die entgegengesetzte Seite der Sklera angesetzt und nun der Krankheitsherd im auffallenden Licht studiert werden[1]).

Die Leuchtkraft des Instrumentes darf nicht zu stark sein, da bei flachen, pigmentarmen Geschwülsten sonst doch eine gewisse Durchleuchtung stattfindet und zu diagnostischen Fehlschlüssen führen kann. Am zweckmäßigsten sind daher für die Tumordiagnose regulierbare Lampen, die jede beliebige Verminderung der Stromstärke zulassen (z. B. die von Hertzell und Lange). Ich erinnere an den in dieser Beziehung lehrreichen, von Marple (1906) mitgeteilten Fall von Sarkom, dessen diaphanoskopische Diagnose sich erst nach genügender Abschwächung der Beleuchtung ermöglichte.

Versagen kann die Methode bei:

1. starken Medientrübungen, besonders Hornhautleukomen und Pupillarschwarten,
2. intraokularen Blutungen,

---

1) Auch für Feststellung postoperativer Chorioidealabhebungen (Fuchs) ist die Durchleuchtung von der entgegengesetzten Seite aus wichtig. »Bringt man die Lampe an die der Abhebung gegenüberliegende Wand des Bulbus, dann erscheint die Abhebung als dunkler Buckel, der in das erleuchtete Augeninnere vorspringt. Umgekehrt erscheint die Abhebung als lichtausstrahlende Vorwölbung auf relativ dunklem Grunde, wenn die Lampe mit der Skleralpartie in Berührung gebracht wird, von der die Chorioidea abgehoben ist« (Sachs).

3. sehr kleinen Tumoren, welche Lichtstrahlen neben ihrer Peripherie durchlassen oder sich hinter einer größeren, blasigen Netzhautabhebung befinden (Löhlein 1909).

Konglomerattuberkel besitzen einen gewissen Grad von Transparenz (Sachs); auch bei der Durchleuchtung von der Mundhöhle aus erzeugen dieselben keinen merkbaren Schatten (Langenhan 1910).

Eine Zyste des Ziliarkörpers wurde von Fuchs (1909) mittels Skleraldurchleuchtung diagnostiziert:

»Dieselbe sprang als dunkle, halbkugelige Prominenz, von der nasalen Seite her, unmittelbar hinter der Linse, in den Glaskörperraum vor. Bei seitlicher Beleuchtung erschien ihre Oberfläche lichtbraun, bei Durchleuchtung erwies sich die Geschwulst als durchsichtig. Dadurch wurde die Diagnose zugunsten einer Zyste gegenüber einem Sarkom des Ziliarkörpers ermöglicht«.

Verfügt man über eine sehr lichtstarke Lampe, so kann es selbst bei behindertem Einblick in die Pupille gelingen, Geschwülste des Ziliarkörpers und ihre Ausdehnung diaphanoskopisch nachzuweisen, wenn man durch Ableuchten der Sklera die Transparenzunterschiede im Bereiche des Tumors und seiner nächsten Umgebung prüft, ohne Rücksicht auf das Verhalten der Pupille: tumorfreie Partien zeigen die normale Transparenz des vorderen Bulbusabschnittes, während der von Geschwulstmassen ausgekleidete Bezirk der Bulbushüllen beim Aufsetzen des Diaphanoskops dicht neben der Peripherie des Tumors dunkel erscheint.

Als Beispiel diene ein Fall von Ziliarkörpersarkom, den ich bei einer 25jährigen Patientin beobachten konnte. Taf. III, Fig. 5a und b zeigen nebeneinander den Befund bei seitlicher Beleuchtung und bei Transparenzprüfung: Die nasale Hälfte der Iris (Fig. 5a) des linken Auges ist durch die Geschwulst vorgebuckelt, das Pupillargebiet zum Teil von dicken Pigmentschollen, das durch den Reiz der wachsenden Geschwulst in Wucherung geratene Pigmentblatt, bedeckt, so daß ein ophthalmoskopischer Einblick nur in sehr beschränktem Maße und eine Begrenzung des Tumors nach hinten nicht möglich war. Auch aus dem Aufleuchten der zum Teil lichtundurchlässigen Pupille konnten keine sicheren Anhaltspunkte für die Ausdehnung der Neubildung gewonnen werden.

Durch diaphanoskopisches »Ableuchten« waren die Grenzen nach allen Richtungen bestimmbar. Fig. 5b ist ein Kompositionsbild des Befundes bei verschiedenen Blickrichtungen. Sie stellt die vordere Bulbushälfte auf eine Ebene projiziert dar, soweit sie der Transparenzprüfung zugänglich war. Die dunkle Kreislinie entspricht dem Ora serrata-Ring.

Interessante Aufschlüsse sind von dieser besonderen Methode der Skleraldurchleuchtung namentlich bei totaler Occlusio pupillae zu erwarten.

Iriszyste und Iristumor.

Das klinische Bild der Iriszyste ist im allgemeinen so charakteristisch, daß zu ihrer Feststellung die Durchleuchtung nur in den seltenen Ausnahmefällen heranzuziehen sein wird, wenn die Transparenz eines zystenartigen

5 a

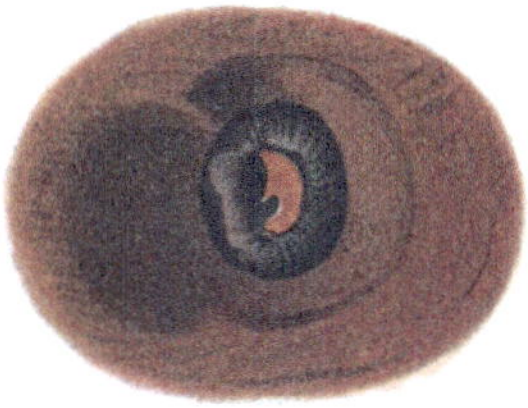

5 b

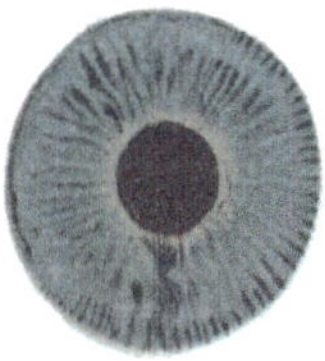

6 a.

6 b

7 a

7 b.

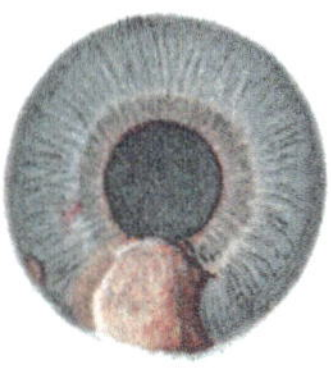

8 a

8 b.

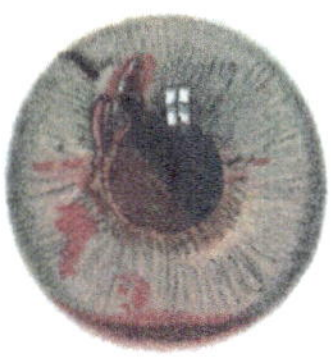

9 a

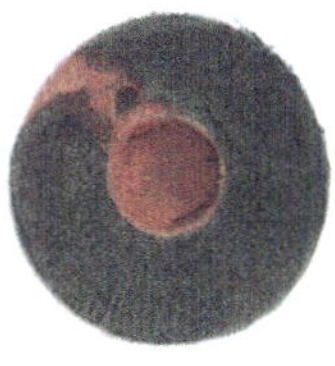

9 b.

Langenhan Verlag von **Wilhelm Engelmann** in Leipzig Lith Anst v Johannes Arndt, Jena

Gebildes der Iris selbst bei lichtstärkster Beleuchtung und Lupenbetrachtung nicht mit Sicherheit festzustellen ist, und die Differentialdiagnose gegenüber einem Iristumor offen bleibt.

Zur Illustrierung mögen die von mir 1910 in der Berliner ophthalmologischen Gesellschaft demonstrierten Abbildungen (Taf. III, Fig. 7a, b) dienen.

In der vorderen Kammer eines sonst normalen Auges fand sich ein breit auf dem unteren Irisquadranten aufsitzendes, ziemlich voluminöses, oben kugelig abgerundetes Gebilde, das annähernd die Mitte der Pupille erreichte. An der Basis war seine Färbung grau, nach der Kuppe zu graurötlich; es zeigte eine ganz ausgesprochene, unten gröbere, oben sehr feine Vaskularisation. Nach Angabe der Patientin sollte die Geschwulst seit Geburt bestanden, in den letzten Monaten aber an Größe zugenommen haben. Transparenz war auch bei intensivster seitlicher Beleuchtung nicht zu erkennen. Die Diagnose wurde zunächst mit Wahrscheinlichkeit auf ein Leukosarkom der Iris gestellt. Die Durchleuchtungslampe erwies jedoch einwandfrei die zystische Beschaffenheit, da die Kuppe und ein Teil der Basis evident transparent waren (Taf. III, Fig. 7b). Das atypische Äußere der Iriszyste erklärte sich durch das reich vaskularisierte Bindegewebe in der Wandung der Zyste.

Iristumoren erscheinen im Gegensatz zu den Zysten als dunkle Bezirke, die sich namentlich bei schwach pigmentierter Iris sehr scharf von dem transparenten Irisgewebe abheben (Taf. III, Fig. 8a, b).

Auf die wichtigsten Ergebnisse seitlicher Durchleuchtung bei Verletzungen der Iris hat zuerst Vüllers (1907) hingewiesen. Es gelingt mit dieser Methode leicht und sicher, den Weg zu finden, den selbst minimalste Fremdkörper durch die Iris genommen haben. Kleinste Sphinkterrisse und Iridodialysen treten in überraschender Deutlichkeit und Größe hervor, da bei Irisverletzungen das Pigmentblatt infolge des ihm innewohnenden elastischen Zuges (Vüllers)[1] stärker auseinanderweicht als die vorderen Irisschichten. Das Verhalten des verletzten Pigmentblattes bei einem Radiärriß geht aus Taf. III, Fig. 9a, b hervor.

Als der Patient mit der frischen Verletzung in die Klinik kam, war die Iriswunde weder bei fokaler Beleuchtung noch mit der binokularen Czapskischen Lupe zu erkennen, da die Verletzungsstelle durch Blutgerinnsel verdeckt war. Taf. III, Fig. 9a gibt den Befund wieder, wie er sich einen Tag später darstellte, nachdem ein Teil der Blutung resorbiert, und der Riß auch bei seitlicher Beleuchtung zu sehen war. Die durchleuchtbare Iriszone erscheint etwa dreimal so breit als die sichtbare Verletzungsstelle.

1) Nach Vüllers soll das Zurückweichen des Pigmentblattes bei Iridodialyse gegen die Notwendigkeit der Annahme eines musculus dilatator pupillae sprechen. Diese Ansicht dürfte nur dann zutreffend sein, wenn der elastische Zug lediglich in der Wirkungsrichtung dieses Muskels erfolgt. Daß dies nicht der Fall ist, beweisen die Durchleuchtungsbefunde bei radiären Irisrissen. Auch bei diesen erscheint der aufleuchtende Bezirk ganz erheblich breiter als der Riß in den vorderen Irisschichten.

Bei Iridodialyse übertrifft der aufleuchtende Bezirk, hinter dem das Pigmentblatt zurückgewichen ist, die bei seitlicher Beleuchtung zu erkennende Irisstromaablösung meist um ein Vielfaches (Vüllers).

Sehr lehrreiche Bilder liefert die diasklerale Durchleuchtung von dem ausgedehnten Schwund des Pigmentepithels nach überstandener Iritis. Entsprechend dem Sitz hinterer Synechien kann die Iris infolge Rarefikation des retinalen Pigmentes zonenweise fast in der gleichen Helligkeit aufleuchten wie die Pupille, ohne daß bei äußerer Betrachtung am Irisstroma Veränderungen zu erkennen sind. Vüllers und Würdemann bringen in ihren Abhandlungen (1907, 1908) gute Abbildungen von diesem Verhalten. Es wäre jedoch falsch, diaphanoskopisch nachzuweisendes, fleckförmiges oder lückenartiges Fehlen des Pigmentes unbedingt auf eine überstandene Iritis zurückzuführen; so ist z. B. nicht selten bei alten, namentlich an Katarakt leidenden Individuen (Rübel 1912) die Iris, besonders am und nahe dem Pupillarsaum, infolge seniler Atrophie des retinalen Pigmentes, fleckweise transparent (Taf. IV, Fig. 10). Wir werden daher derartige Depigmentationen auch für die Differentialdiagnose zwischen primärem und sekundärem Glaukom nur mit Reserve verwerten.

Da es bei länger bestehenden, festen Verwachsungen zwischen Iris und Linse zu Pigmentverlust kommt, kann uns die diasklerale Durchleuchtung einen Hinweis geben, welche Stellen bei einer eventuell anzulegenden Iridektomie zu meiden sind.

Fremdkörper der Iris, die in das Irisgewebe eingebettet sind, heben sich, wenn diaphanoskopisch überhaupt erkennbar, als dunkle Flecken von der Umgebung ab; liegen sie dagegen den vorderen Irisschichten auf, so können sie an der der Lichtquelle zugewandten Fläche erleuchtet erscheinen. Voraussetzung ist, daß sich die Lampe an der entgegengesetzten Seite befindet, und der Fremdkörper im Bereiche des Lichtkegels liegt, der vom erleuchteten Skleralbezirk aus durch die Pupille in die vordere Kammer eintritt (Taf. IV, Fig. 11a u. b). Bei der Durchleuchtung von der gleichnamigen Seite her muß sich der Fremdkörper natürlich als Schatten präsentieren.

Wichtige Aufschlüsse gibt die Durchleuchtung auch über Trübungen und Fremkörper der brechenden Medien, und zwar besonders der Linse und des Glaskörpers. Auch kleinste Fremdkörper der Hornhaut und Präzipitate treten deutlich hervor. Im allgemeinen wird aber die Diaphanoskopie über den Hornhautbefund nach binokularer Lupenbetrachtung kaum Neues bringen.

Interessant ist ein Fall von Leukoma totale, über den Vüllers berichtet. Von Iris und Pupille war nichts zu sehen; bei Durchleuchtung mit der Sachsschen Lampe konnte die Reaktion der Pupille erkannt werden.

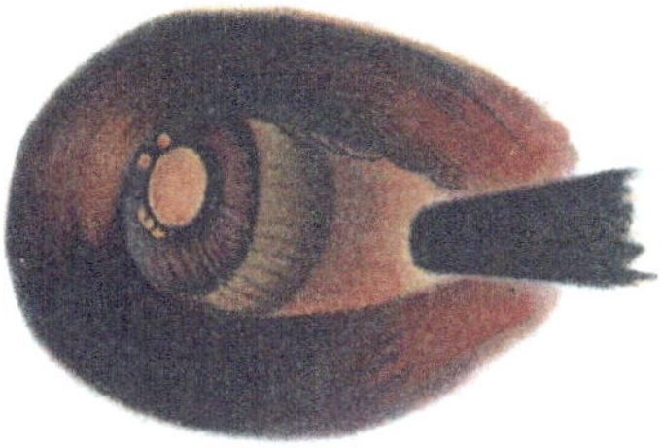

10.

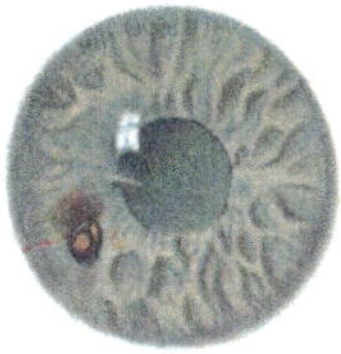

11 a.

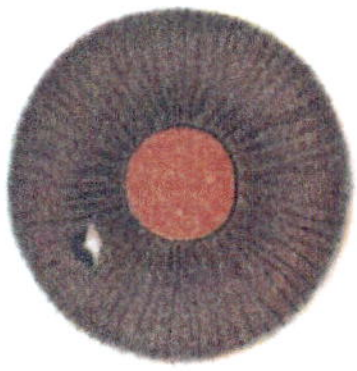

11 b.

12 a.

12 b.

13.

14.

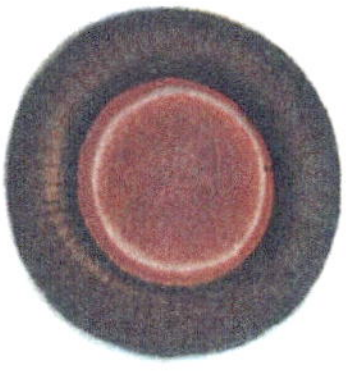

15.

16.

Langenhan Verlag von Wilhelm Engelmann in Leipzig Lith Anst v Johannes Arndt, Jena

Die Sichtbarmachung von Fremdkörpern in der getrübten Linse hat schon v. Reuss hervorgehoben. Das Rot der leuchtenden Pupille wird selbst durch vollständige Linsentrübung nicht aufgehoben, nur gedämpft; undurchsichtige Körper müssen sich darin als dunkle Flecke abzeichnen (Taf. IV, Fig. 13).

Linsentrübungen erscheinen ebenso wie Nachstarmembranen in hell leuchtendem Weiß, infolge Reflexion des seitlich einfallenden Lichtes an den getrübten Partien. Das vom Fundus diffus reflektierte Licht, das an sich die Linsentrübung dunkel erscheinen lassen müßte, bleibt hierbei wirkungslos. Sehr instruktiv sind die Figuren 12a und 12b auf Taf. IV, die nebeneinander das ophthalmoskopische und das diaphanoskopische Durchleuchtungsbild einer Cataracta perinuclearis mit sternförmiger Trübung der vorderen Rindenschicht zeigen. Während der Schichtstar bei der Spiegeluntersuchung als dunkle Scheibe erscheint, deren dunkelste Partien bekanntlich den saturiertesten Trübungen (Rand und vordere Corticalis) entsprechen, findet man letztere bei der diaskleralen Durchleuchtung am hellsten Weiß. Auch die speichen- und sektorenförmigen Trübungen einer Cataracta incipiens (Taf. IV, Fig. 14) heben sich leuchtend weiß von dem Rot der Pupille ab.

Nachstarmembranen und -fäden erscheinen um so intensiver weiß, je dichter die Trübung (Taf. IV, Fig. 15 u. 16). Therapeutisch wichtig ist das deutliche Hervortreten der Faserverlaufsrichtung, deren genaue Kenntnis für die Schnittführung und den Erfolg der Diszission von Bedeutung ist (Fig. 16[1]).

Die Durchleuchtung des Glaskörpers dient vor allem dem Auffinden nicht magnetischer Fremdkörper. Es ist hinreichend bekannt, welche Schwierigkeiten ihre Extraktion selbst nach Lokalisation durch Röntgenuntersuchung verursachen kann, wenn man nicht das Glück hat, beim Skleralschnitt direkt auf den Fremkörper zu stoßen. Sachs (1902, 1903) ist es gelungen, diese Extraktionsversuche, die sonst so oft erfolglos bleiben und meist nur zu beträchtlichem Glaskörperverlust führen, etwas aussichtsvoller zu gestalten, indem er die Durchleuchtungslampe zur Sichtbarmachung intraokularer Fremdkörper während der Operation benutzt. Er bringt die Lampe, nach Anlegen eines Skleralschnittes, in einiger Entfernung von letzterem ans Auge und versucht, durch die Wunde in das erleuchtete Augeninnere blickend, den Fremdkörper aufzufinden und zu fassen.

1) Taf. IV, Fig. 16 soll außerdem demonstrieren, wie die der Lichtquelle entgegengesetzte Partie des Irisrandes und der Irisoberfläche von den durch die Pupille in die vordere Kammer eindringenden Lichtstrahlen beleuchtet wird.

Indirekte diasklerale Durchleuchtung des Auges von der Mundhöhle aus.

(Diaphanoskopie des Augenhintergrundes.)

So vorzügliche Dienste die direkte Skleraldurchleuchtung für die Diagnose intraokularer Tumoren des vorderen Bulbusabschnittes leistet, so läßt sie im Stich, sobald es sich um die Beurteilung nahe dem hinteren Augenpol befindlicher pathologischer Gebilde handelt, denn die Durchleuchtungslampen lassen sich — ohne operativen Eingriff[1]) — nur bis zu einer gewissen Tiefe (Äquatorgegend) in die Orbita einführen und an die Sklera ansetzen. Wollen wir der Sehnervenscheibe und Macula lutea benachbarte Krankheitsherde der Augenhüllen auf ihre Transparenz prüfen, so sind wir auf die erst vor einigen Jahren von Hertzell (1908) angegebene Methode der indirekten Durchleuchtung: die Diaphanoskopie des Augenhintergrundes, angewiesen.

Die ersten Mitteilungen über das Aufleuchten der Pupillen beim Einführen einer elektrischen Glühlampe in die Mundhöhle liegen etwa 20 Jahre zurück; sie finden sich in der englischen Literatur. 1893 berichtete Stevenson im Brit. med. Journal in einer kurzen Notiz über »Transillumination of the eyes«, daß er gelegentlich einer Durchleuchtung der Highmorshöhle vom Munde aus mit einer 5 Kerzen starken Lampe ein Aufleuchten der Pupillen beobachten konnte. »The eyes shot out from their uncontracted pupils a blood red glare, as from two miniature danger signal lamps.« Wm. Robertson (1893), dem dieses Phänomen ebenfalls aufgefallen war, wies bereits auf die Möglichkeit hin, daß intraokulare Geschwülste das Pupillarleuchten abschwächen, bzw. aufheben könnten. Eingehender hat sich später Brun (1903) mit der Durchleuchtung des Auges von der Mundhöhle aus beschäftigt. Er beobachtete, daß Geschwülste und intraokulare Hämorrhagien das Aufleuchten der Pupillen hindern, einfache Netzhautabhebung dagegen nicht und erwartete daher von dieser neuen Methode eine Förderung der Differentialdiagnose zwischen Tumor und Ablatio.

Klinische Bedeutung erlangte das Verfahren jedoch erst in neuerer Zeit, nachdem es Hertzell (1908) gelungen war, bei Verwendung einer besonders zu diesem Zweck konstruierten, äußerst lichtstarken Lampe eine

---

1) Auf die Möglichkeit, operativ eine Lichtquelle hinter den Bulbus zu führen, um ihn direkt von hinten her zu durchleuchten, ist von Golowin (1910) hingewiesen worden. Er schlägt vor, nach Eröffnung des Bindehautsackes und eventueller Durchschneidung eines Augenmuskels eine mit elektrischer Beleuchtung versehene gebogene Sonde an der Außenwandung des Augapfels entlang bis zum hinteren Pol desselben zu leiten. Es ist mir nicht bekannt, ob diese nicht eben harmlose Golowinsche Untersuchungsmethode auch von anderer Seite geübt wird, bzw. nachgeprüft worden ist.

derartig intensive Durchleuchtung von Oberkiefer, Orbita und Auge zu erzielen, daß der Beobachter ohne weiteres imstande ist, beim Einblick in die leuchtende Pupille den Augenhintergrund im diaphanoskopischen Bilde vor sich zu sehen und Krankheitsherde unmittelbar auf ihre Transparenz zu prüfen.

Hertzells Ophthalmodiaphanoskop[1].

Der Hertzellsche Durchleuchtungsapparat besteht aus einer mit Wasserspülung versehenen röhrenförmigen Metallfadenlampe von 80—100 Normalkerzen Lichtstärke (Fig. 177 u. 178).

Im Bereiche der Glühfäden, die sich nahe dem Ende *A* (Fig. 178) der Röhre befinden und ihre Fixationspunkte in einer bei *c* gelegenen Ebene haben, ist die Lampe zur Hälfte mit Spiegelfolie (*r*) belegt. Über das eigentliche Diaphanoskop ist eine etwas weitere Glashülse (*b*) gestülpt, die durch den

Fig. 177.

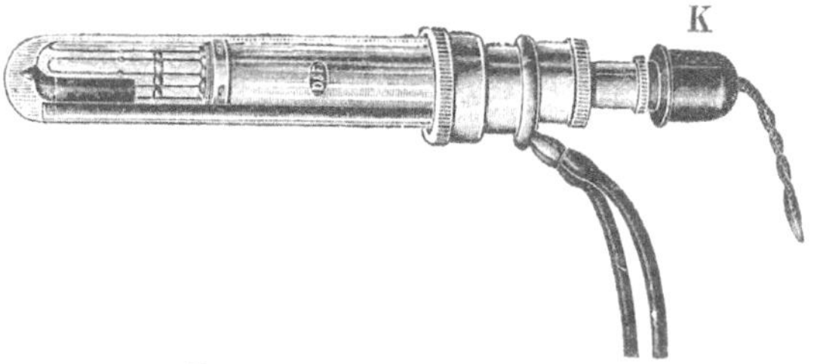

Hertzells Ophthalmodiaphanoskop.

Metallkörper *c* mit der Lampe verbunden ist. In dem Zwischenraum zwischen Lampe und Hülse zirkuliert das Kühlwasser, das bei *f* eintritt, mittels Röhre *d* in die Nähe der Lichtquelle geleitet wird und bei *h* das Instrument wieder verläßt. Das Kühlwasser kann direkt der Wasserleitung entnommen oder von einem in entsprechender Höhe aufgestellten irrigatorartigen Wasserreservoir zugeführt werden[2]. Der Anschlußkontakt findet sich am Ende der Röhre *B*. Unter Benutzung eines eventuell regulierbaren Vorschaltwiderstandes kann die Lampe an jeden Stechkontakt einer elektrischen Lichtleitung angeschlossen werden.

Das Gesicht des Patienten wird zwecks Abblendung störender Lichtstrahlen mit einer schwarzen Maske bedeckt, die nur für die Augen zwei querovale Öffnungen hat.

---

1) Fabrikant Dörffel & Färber, Berlin.

2) In letzterem Falle besteht allerdings die Gefahr, daß sich bei nicht rechtzeitigem Neufüllen der Wasservorrat während einer Durchleuchtung erschöpft und die Lampe im Munde des Patienten heiß wird. Um diese unerwünschte, auch der Lampe wenig zuträgliche Erhitzung zu vermeiden, hat Hertzell eine an besonderem Stativ aufgestellte Kühlvorrichtung mit Signallampe konstruiert, die selbsttätig kurz vor dem völligen Ablauf des Kühlwassers aufleuchtet.

Fig. 179 zeigt eine Modifikation der Lampe, die sich als erforderlich erwies, um das Zurückfluten von Licht aus dem Mund des Patienten möglichst zu vermeiden. Wenn auch bei dem Originalinstrument das Licht im wesentlichen vom Ende der Lampe ausstrahlt, so nehmen die Glühfäden doch einen recht beträchtlichen Teil des in die Mundhöhle eingeführten Röhrenabschnittes ein. Da ferner die Strecke *e—i* nicht abgeblendet ist, erklärt es sich, daß namentlich bei der Untersuchung von empfindlichen und sehr jugendlichen Individuen, die das Instrument nicht genügend tief

Fig. 178.

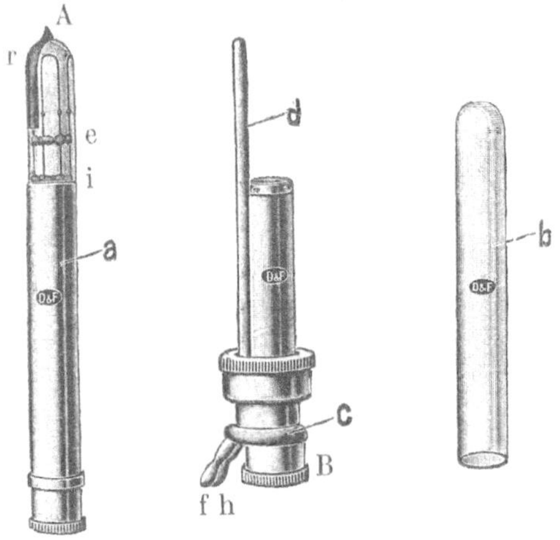

Hertzells Ophthalmodiaphanoskop.

Fig. 179.

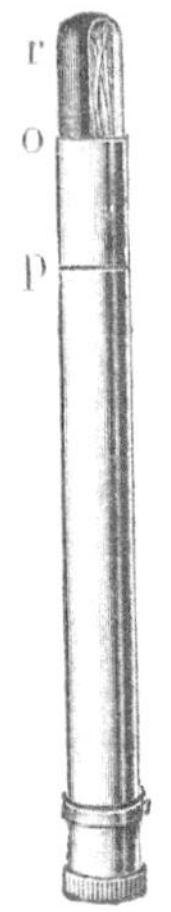

Modifikation nach Langenhan.

einzuführen vermögen, eine recht beträchtliche Lichtmenge nach vorn aus dem Mund zurückstrahlt, die dem Blick des Untersuchers auch durch die Maske nicht genügend entzogen werden kann.

Abgesehen von dieser Störung des beobachtenden Arztes hat aber die lange Lichtfläche noch prinzipielle Bedenken. Von der Untersuchungsmethode ist zu fordern, daß das Licht, vom Rachen ausgehend, im wesentlichen von hinten her zum Augenhintergrund gelangt und ihn durchdringend zum Beobachter. Beginnt aber die grelle Leuchtfläche bereits im vorderen Abschnitt der Mundhöhle, so können wir nicht mehr von einer Durchleuchtung von hinten sprechen; es wird die seitliche (nasale) Durchleuchtung der Bulbuswand prävalieren und pathologische Produkte, z. B. des hinteren Augenpols, eher beleuchten statt durchleuchten.

Ich habe daher die Hertzellsche Lampe so modifiziert (Fig. 179), daß das erwähnte Stück *e—i* der Röhre durch eine Metallhülse *o—p* abgeblendet ist, die sich jenseits der Fixationspunkte der Glühfäden (*e*) noch $1/2$ cm weit nach dem Ende *A* der Röhre fortsetzt und so auch den äußersten, nach der Mundöffnung zu liegenden Teil der Glühfäden verdeckt. Die absolute Lichtstärke der Lampe wird durch die Modifikation zwar um einige Normalkerzen verringert, doch sind nur dem Prinzip der Methode nicht dienliche Strahlen ausgeschaltet. Das Zurückstrahlen von Licht aus der Mundhöhle ist wesentlich reduziert, Transparenzunterschiede der hinteren Funduspartie treten deutlicher hervor.

Technik der Durchleuchtung des Augenhintergrundes.

Da das diaphanoskopische Bild des Augenhintergrundes erheblich lichtschwächer ist als das ophthalmoskopische, sind alle Momente, die zu einer Blendung des Beobachters führen könnten, mit besonderer Sorgfalt auszuschalten. Das Untersuchungszimmer muß absolut dunkel sein, die Gesichtsmaske so angelegt werden, daß sie das aus der Umgebung des untersuchten Auges ausstrahlende Licht genügend abdeckt. Namentlich unten innen, wo sich die Maske vom Unterlid nach dem Nasenrücken hinüberspannt, dringt leicht Licht hindurch. Durch Unterschieben von schwarzer Watte unter den Rand des Augenausschnittes läßt sich leicht Abhilfe schaffen.

Künstliche Erweiterung der Pupille ist im allgemeinen nicht erforderlich, da sich die anfangs beim Einschalten des Stromes verengende Pupille bereits nach einigen Sekunden wieder erweitert, und ihr Durchmesser während der Untersuchung weiter als bei gewöhnlichem Tageslicht zu sein pflegt. Nur bei Medientrübung ist zwecks leichterer Orientierung künstliche Mydriasis angezeigt, desgleichen bei engen Pupillen. Gebisse mit Gaumenplatten sind selbstverständlich vor der Untersuchung zu entfernen.

Nachdem man das sichere Funktionieren der Wasserkühlung geprüft und sich überzeugt hat, daß sich keine größeren Luftblasen zwischen Lampe und Glashülse finden, übergibt man die Lampe dem Patienten, der dieselbe möglichst tief in die Mundhöhle einführt. Der reflektierende Spiegelbelag ist nach oben gerichtet. Das untere Stück des schwarzen Stoffes der Gesichtsmaske wird sorgfältig um den außerhalb der Mundhöhle bleibenden Teil der Röhrenlampe herumgeschlagen, damit auch die letzten Spuren aus dem Munde zurückstrahlenden Lichtes vom Auge des Untersuchers abgehalten werden. Derselbe vermeide unbedingt, kurz vor Betrachtung des Augenhintergrundes ins Helle zu sehen, z. B. auch nur einen Blick auf das grelle Licht der Durchleuchtungslampe zu werfen. Am besten adaptiert er die Augen einige Minuten für Dunkel.

Nach Einschalten des Stromes vergleicht man zunächst — eventuell bei verschiedener Lichtstärke — ob Verschiedenheiten in der Helligkeit des Pupillarleuchtens beider Augen bestehen, läßt dann den Patienten nach verschiedenen Richtungen blicken und achtet auf Medientrübungen. Die diaphanoskopische Untersuchung des Augenhintergrundes im aufrechten

Bilde erfordert eine so dichte Annäherung an das Auge des Patienten, daß sich die eigene Supraorbitalgegend direkt an die gleichnamige des Untersuchten anlehnt. Refraktionsfehler sind auszugleichen, am bequemsten mit Hilfe eines Brillengestelles. Um den hinteren Augenpol dem Helligkeitsmaximum möglichst zu nähern, läßt man den Patienten etwas nach oben außen blicken. Durch eine leichte Drehung der Röhrenlampe im Munde des Patienten wendet man den reflektierenden Spiegelbelag schräg nach rechts — bzw. links — oben dem zu untersuchenden Auge zu; die Kanülen *f* und *h* dienen dabei zur Kontrolle.

Wenn es auch bei einiger Übung unschwer gelingt, mittels Lupe ein umgekehrtes diaphanoskopisches Bild zu erhalten, so wird man doch im allgemeinen das aufrechte Bild als das mühelos durch direkten Einblick zu gewinnende vorziehen, da es Einzelheiten des Augenhintergrundes genauer erkennen läßt. Ganz verwerfen möchte ich das umgekehrte Bild nicht, denn ich erinnere mich an Fälle, in denen erst die vergleichsweise Betrachtung im lichtstärkeren umgekehrten Bild eine sichere Beurteilung der Transparenz pathologischer Gebilde ermöglichte.

Am geeignetsten für die Prüfung der Transparenz sind natürlich die dem Helligkeitsmaximum zunächst liegenden, bzw. durch entsprechende Blickrichtung nahe gebrachten Abschnitte des Augenhintergrundes; die sehr helle Erleuchtung der ganzen Orbita ermöglicht jedoch meist auch eine genügende Durchleuchtung einige Papillenbreiten von der Macula entfernt gelegener Abschnitte selbst der temporalen Fundushälfte. Je weiter entfernt ein Krankheitsherd von der Lichtquelle ist, umsomehr wird natürlich die Beleuchtung mit der Durchleuchtung in Konkurrenz treten.

Die Dauer der einzelnen Untersuchungen ist möglichst abzukürzen; zwar wird die leitende Wärme durch die Wasserkühlung ausgeschaltet, die strahlende Wärme wird jedoch bei anhaltender Durchleuchtung unangenehm empfunden. Ich lasse daher den Strom nicht länger als $^1/_2$ bis 1 Minute eingeschaltet.

Nach beendeter Untersuchung ist die Glashülse durch Abreiben mit Alkohol zu desinfizieren. Bestehen Erkrankungen der Atmungswege, so empfiehlt es sich, eine »Überwurfhülse« zu benutzen.

Einige Worte über den Verlauf der Lichtstrahlen!

Während bei der direkten Skleraldurchleuchtung, wie wir oben dargelegt haben, das Licht unmittelbar auf die Lederhaut fällt und einen umschriebenen Bezirk derselben selbstleuchtend macht, haben die Lichtstrahlen bei der indirekten Durchleuchtung auf ihrem Weg ganz bedeutende optische Hindernisse zu überwinden. Vom hinteren Teil der Mundhöhle gelangen sie, den Gaumen durchdringend, teils durch Oberkiefer und Highmorshöhle zum inneren-unteren Abschnitt des Orbitalbodens, teils durch die Nasenhöhle, deren Wandungen und die Siebbeinzellen zur medialen Orbitalwand (Gegend der Lamina papyracea). An die Lichtstärke des Diaphanoskops sind daher die höchsten Anforderungen zu stellen, wenn die Lichtstrahlen nach ihrem Verlauf durch die verschiedenen, zwischen Mund- und Augenhöhle gelegenen Gewebsteile, die Augenhüllen noch mit der nötigen Intensität durchleuchten sollen.

Der geschilderte Gang der Lichtstrahlen läßt es ohne weiteres verstehen, daß das Helligkeitsmaximum des in die Orbita eingedrungenen Lichtes nicht direkt hinter dem Auge, sondern innen-unten-hinten liegt. Wollen wir also den hinteren Augenpol möglichst genau zwischen Lichtquelle und Auge des Beobachters einschalten, so hat das untersuchte Auge seine Blickrichtung nach außen-oben zu nehmen.

Das Wesen seiner Untersuchungsmethode und ihr Verhältnis zur Ophthalmoskopie charakterisiert Hertzell wie folgt:

»Bei der Anwendung des Augenspiegels wird das Licht durch die Pupille auf den Hintergrund geworfen und gelangt von ihm reflektiert ins Auge des Beobachters. Diese Methode ist demnach geeignet, die Farbenunterschiede am Augenhintergrunde erkennen zu lassen.

Umgekehrt gelangt bei der Durchleuchtungsmethode das Licht, vom Rachen ausgehend, von hinten her zum Augenhintergrunde und ihn durchdringend weiter zum Beobachter. Der Augenhintergrund ist also zwischen Lichtquelle und Beobachter gebracht. Farbenunterschiede sind auch auf diesem Wege wohl erkennbar, wenn auch wegen partieller Absorption der Strahlen nicht mit der Deutlichkeit des obengenannten Bildes. Das Wesentliche aber, was diese Methode uns erkennen läßt, ist nichts anderes als die Transparenzunterschiede der beobachteten pathologischen Veränderungen. Wir sehen den Augenhintergrund unter ganz ähnlichen optischen Bedingungen wie ein mikroskopisches Präparat, oder, noch treffender gesagt, wir betrachten ihn so, wie wir am Seziertisch gewohnt sind, die Organe (z. B. Darmwandung) auf ihre Transparenz hin zu untersuchen, indem wir sie gegen das Licht halten. Dieser Umstand, daß die Methode es ermöglicht, am Lebenden ein Urteil über die Transparenz pathologischer Augenhintergrundveränderungen zu gewinnen, ist als ihr Kernpunkt zu betrachten.«

Während also bei der ophthalmoskopischen Untersuchung der Augenhintergrund beleuchtet wird, prüfen wir bei der Diaphanoskopie seine Durchleuchtbarkeit; dementsprechend ist natürlich der Charakter des diaphanoskopischen Fundusbildes durchaus verschieden von demjenigen des Augenspiegelbildes.

v. Gyergyai (1911) hat mit Erfolg versucht, den Augenhintergrund von der Nase aus zu durchleuchten. Er bedient sich eines an seinem Ende rechtwinklig abgebogenen, mit einem elektrischen Glühlämpchen versehenen Rohres, das durch die Choanen in den mittleren Nasengang eingeführt wird. Die Lichtstrahlen dringen durch die Siebbeinzellen und Kieferhöhle in die Orbita. Das Instrument hat zwar den Vorzug, daß sich die Lichtquelle in größerer Nähe des Auges befindet, als beim Hertzellschen Ophthalmodiaphanoskop, ist aber erheblich lichtschwächer, auch verlangt seine Anwendung spezialistisch rhinologische Technik.

Das diaphanoskopische Bild des Augenhintergrundes.

An Schärfe der Zeichnung und Deutlichkeit der Farbenunterschiede kann das diaphanoskopische Bild mit dem ophthalmoskopischen nicht wetteifern. Der Augapfel ist bei der Durchleuchtung in toto von diffusem roten Licht erfüllt. Der Augenhintergrund hat einen dunkleren Ton als im Augenspiegelbild; die in hellem Rot leuchtende, infolge von Kontrastwirkung nahezu weiß erscheinende Papille, wird ohne weiteres auch von dem Ungeübten beim Einblick in das untersuchte Auge erkannt. Ihre Grenzen und Oberflächenzeichnung sind allerdings weniger scharf als im Spiegelbild; auch der Gefäßtrichter entzieht sich der Beobachtung.

Die gute Durchleuchtbarkeit der Eintrittsstelle der Sehnerven erklärt sich aus dem Mangel an Markscheiden, die ein erhebliches optisches Hindernis sind. Behalten Sehnervenfasern ihre Markscheiden auf der Papille, bzw. Netzhaut bei, so heben sie sich infolge ihrer geringen Lichtdurchlässigkeit — im Gegensatz zu ihrer glänzend weißen Beschaffenheit im ophthalmoskopischen Bild — als zarter, aber deutlicher Schatten von der leuchtenden Papille und dem Rot der benachbarten Funduspartien ab (Langenhan 1910). Treten die markhaltigen Nervenfasern in stärkerer Schicht auf, so ist bisweilen der Verlauf der Gefäße innerhalb der verdunkelten Zonen nicht erkennbar.

Der hintere Augenpol erscheint infolge seines stärkeren Pigmentgehaltes in der Umgebung der Papille meist dunkler als der übrige Augenhintergrund. Die Maculagegend ist wegen des Fehlens der Reflexe bequem zu besichtigen, sie ist kaum anders gefärbt als ihre Umgebung, zuweilen erscheint sie etwas dunkler. Die großen Äste der Zentralvene zeichnen sich als schwarzrote Stränge ab, die helleren und dünneren Arterien sind auffallend schlecht zu erkennen; unter ungünstigen Durchleuchtungsverhältnissen können sie dem Beobachter leicht ganz entgehen. Die Intervaskularräume treten namentlich bei älteren Individuen zuweilen so deutlich hervor, daß der Augenhintergrund wie gefleckt erscheint.

Als besonderen Vorzug der diaphanoskopischen Fundusbetrachtung hebt Hertzell die Bequemlichkeit hervor, mit der man, ohne die Beleuchtung zu verändern, gesundes und krankes Auge vergleichen kann. Selbstverständlich muß dabei der Spiegelbelag der Lampe genau nach oben gerichtet sein.

Nicht unerheblich wird die Durchleuchtbarkeit des Augenhintergrundes durch individuelle Verschiedenheiten im anatomischen Bau des Gesichtsskelettes (Dicke der Knochen, Beschaffenheit der Kieferhöhle) beeinträchtigt. Auch die Stärke der Pigmentierung spielt eine gewisse Rolle. Ein völliges Versagen der Methode habe ich jedoch selbst bei stärkst pigmentierten

Individuen (z. B. Negern) nicht konstatieren können. Trotz abgeschwächten Pupillarleuchtens war die Papille stets zu erkennen, der Verlauf der Gefäße allerdings in einzelnen Fällen außerhalb der Papille nicht zu verfolgen.

Klinische Verwertung der indirekten Durchleuchtung des Auges.

Während bei der direkten Skleraldurchleuchtung das Verhalten des Pupillarleuchtens exakte, klinisch wertvolle Aufschlüsse gibt, spielt es bei der Diaphanoskopie vom Munde her nur eine untergeordnete Rolle. Namentlich für die Differentialdiagnose zwischen Tumor und Ablatio lassen sich aus der verschiedenen Intensität des Pupillenphänomens — entgegen den Erwartungen Bruns — nur selten beweiskräftige Schlüsse ziehen.

Die klinische Erfahrung hat gelehrt, daß kleine, umschriebene Geschwülste das Pupillarleuchten wenig oder gar nicht beeinflussen. Eine einwandfreie Abschwächung desselben pflegt im allgemeinen erst nachweisbar zu sein, wenn der intraokulare Tumor eine erhebliche Ausdehnung erlangt hat, und die übrigen klinischen Symptome dann meist schon so eindeutig sind, daß die Diaphanoskopie entbehrlich ist. Andererseits kann das Pupillarleuchten durch umfangreichere Netzhautabhebungen, die zu reichlicher Bindegewebsbildung und sekundären Veränderungen im Glaskörper geführt haben, modifiziert werden.

Auch für den Nachweis retrobulbärer Geschwülste ist das Verhalten des Pupillenphänomens nur mit Vorsicht zu verwerten, da selbst größere Orbitaltumoren das Aufleuchten nicht unbedingt hindern oder deutlich abdämpfen. So erinnere ich mich an einen an anderer Stelle[1] (1910) genauer beschriebenen Tumor des Stirnhirns, der in die linke Orbita durchgebrochen war und zu einem relativen Exophthalmus von 5—6 mm geführt hatte. Die Pupillen leuchteten beiderseits fast gleichmäßig hell auf, Einzelheiten des Fundus waren auch links zu erkennen. Die Röntgenuntersuchung ergab, daß sich der Tumor mehr nach der lateralen Hälfte der Orbita zu entwickelt hatte. Das von der Lampe ausstrahlende Licht konnte in genügender Menge durch die tumorfreien nasalen Teile der Orbita zu der von Geschwulstmassen nicht umschlossenen Partie der Lederhaut gelangen und das Augeninnere erleuchten.

Das diaphanoskopische Resultat ist abhängig von der Ausbreitung, Lage und Beschaffenheit des retrobulbären Tumors. Eine die ganze hintere Bulbushälfte umschließende solide Geschwulst muß natürlich, wie im Fall Hertzell (1908), das Aufleuchten der Pupille inhibieren.

Ich selbst habe ein vollkommenes Dunkelbleiben einer Pupille bisher nur einmal beobachten können, und zwar bei einem Patienten mit

1) Zeitschr. f. Augenheilk. XXIV. S. 97.

einem ausgedehnten orbitalen Bluterguß (nach Faustschlag), der zu einem relativen Exophthalmus von 4,5 mm geführt hatte.

Außer einer Berlinschen Trübung der Maculagegend war der Befund am Bulbus selbst normal. Trotz Anwendung größter Lichtstärke war auch nicht die Spur des Aufleuchtens der Pupille weder bei der einen Tag nach der Verletzung vorgenommenen diaphanoskopischen Untersuchung wahrzunehmen, noch eine Woche später, nachdem der Exophthalmus sich um 2,5 mm verringert hatte. Das ganze retro- und peribulbäre Fettgewebe war offenbar mit Blut durchsetzt, das ja bekanntlich außerordentlich schwer durchleuchtbar ist.

Weniger ausgesprochen, aber doch deutlich zu erkennen war die Verdunklung der Pupille bei einem 16jährigen Mädchen mit rechtsseitigem orbitalen Bluterguß, dem einige Tage zuvor die rechte mittlere Muschel entfernt worden war. (Perforation der nasalen Orbitalwand, Eindringen des Instrumentes in die Orbita.) Sofort nach der Operation hatte sich eine blutige Suffusion des rechten Oberlides, Ptosis und ein relativer Exophthalmus von 7,5 mm eingestellt. Visus: normal, Ophthalm.: Papillengrenzen verwaschen, Venen stärker gefüllt und geschlängelt. Diaphanoskopisch war zwar eine deutliche Abdämpfung des Pupillarleuchtens im Vergleich zum anderen Auge zu erkennen, doch selbst Einzelheiten des Fundus noch wahrzunehmen. Die Erklärung, warum hier trotz des wesentlich stärkeren Exophthalmus die völlige Verdunklung der Pupille ausblieb, ist offenbar darin zu suchen, daß der Augapfel nicht nur durch den Bluterguß, sondern durch gleichzeitig aus der Nase in die Orbita eingedrungene Luft vorgedrängt worden war.

Wenn auch nach diesen Krankengeschichten das Verhalten des Pupillarleuchtens gewiß nicht ohne Interesse ist, so liegt doch die klinisch-diagnostische Bedeutung der indirekten Diaphanoskopie in der Durchleuchtung des Augenhintergrundes, die eine sichere Beurteilung der Transparenz pathologischer Gebilde des hinteren Augenpols ermöglicht und damit die Differentialdiagnose zwischen intraokularer Geschwulst und einfacher Netzhautabhebung wesentlich zu fördern, eventuell ohne weiteres zu entscheiden vermag.

Ablatio retinae und intraokularer Tumor.

Während sich im ophthalmoskopischen Bilde die abgelöste Netzhautpartie infolge der Reflexion des durch die Pupille eindringenden Lichtes durch graue Färbung von dem Rot des normalen Augenhintergrundes abhebt, erscheint der ganze Fundus im diaphanoskopischen Bilde namentlich bei frischen, unkomplizierten Netzhautabhebungen in gleichmäßig aufleuchtendem Rot; nur aus dem geschlängelten Verlauf der Venen kann man auf Ablatio schließen. An Stellen stärkerer Faltung vermag man zuweilen bei gewissen Blickrichtungen des Patienten zarte graue Streifen wahrzunehmen, die ihre Lage entsprechend dem Flottieren der abgehobenen Netzhaut verändern können.

Bei älteren Netzhautabhebungen, die zu ausgedehnterer Bindegewebsentwicklung geführt haben, kann das diaphanoskopische Bild im Bereiche der Abhebung eine mehr graurote Farbe zeigen, läßt aber jedenfalls immer deutliche Transparenz erkennen. Das Pupillarleuchten des kranken Auges kann in solchen

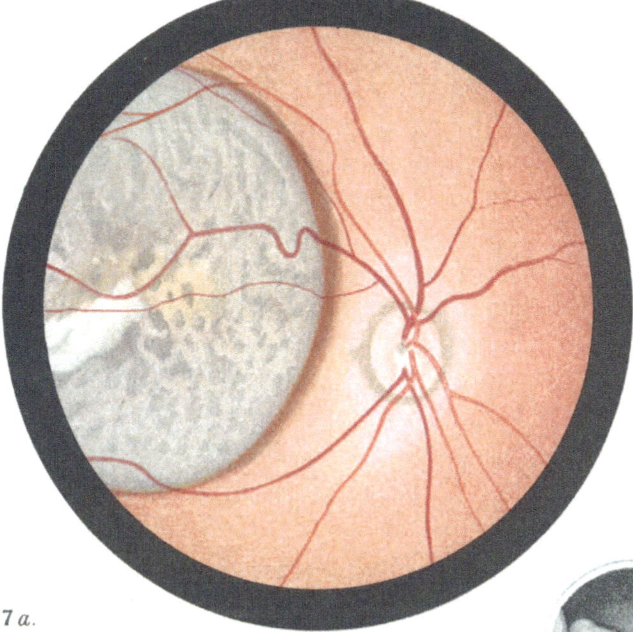

17 a.

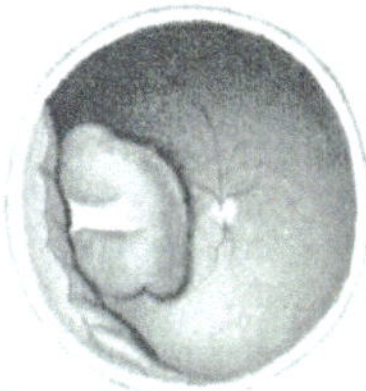

17 c.

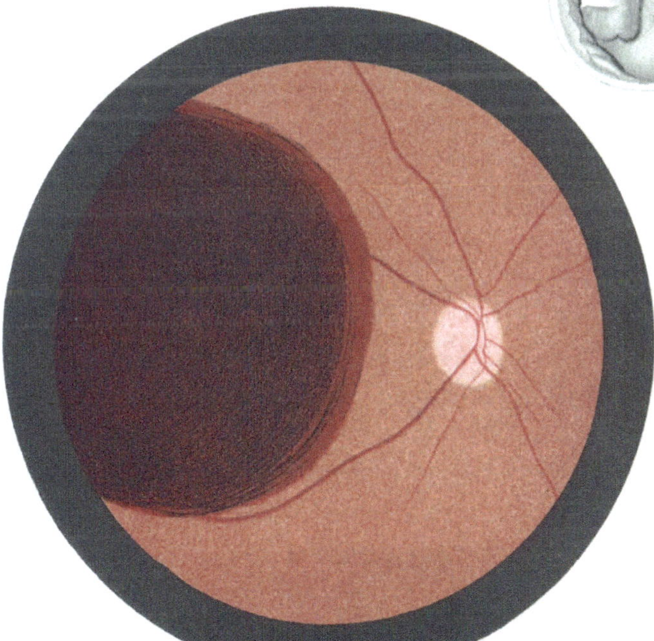

17 b.

Langenhan Verlag von Wilhelm Engelmann in Leipzig Lith Anst v Johannes Arndt, Jena.

Fällen, namentlich bei sehr ausgedehnten Ablösungen und sekundären Veränderungen im Glaskörper, im Vergleich zum gesunden Auge eine Spur abgedämpft sein. (Zeitschr. f. Augenheilk. XXIV, 2. Taf. I. Fig. 1 u. 2.)

Im Gegensatz zu einfacher Netzhautlösung heben sich solide Tumoren als undurchleuchtbare Gebilde von dem roten Augenhintergrunde ab.

Aus der vergleichenden Betrachtung des auf Taf. V in naturgetreuen Farben wiedergegebenen ophthalmoskopischen und diaphanoskopischen Bildes einer intraokularen Geschwulst kann sich der Leser ohne weiteres ein Urteil über das Wesen der Methode bilden.

Fig. 17a ist das charakteristische Augenspiegelbild eines scharf begrenzten, rundlichen Aderhautsarkoms des hinteren Augenpols, über das sich die Vena temporalis superior in geschlängeltem Verlaufe erstreckt. Die Geschwulst zeigt eine grauweiß gefleckte, zum Teil rötlich durchschimmernde Färbung, auf der temporalen Hälfte ist ein Bindegewebsstrang zu sehen. Nach außen vom Tumor (auf der Zeichnung nicht sichtbar) war die Netzhaut abgehoben, desgleichen in den unteren Partien des Fundus.

Diaphanoskopisch (Fig. 17b) stellte sich der solide Tumor als tiefschwarzer, rings abgrenzbarer Schatten dar. Nach außen vor dem Schatten des undurchleuchtbaren Gebildes war der ungehindert durch die serös abgehobene Netzhaut dringende rote Lichtschein wahrzunehmen, desgleichen durch die seichte Ablatio unten.

Die mikroskopische Untersuchung ergab ein fast pigmentfreies Spindelzellensarkom der Aderhaut. Der diaphanoskopische Geschwulstschatten war nicht durch Pigment, sondern durch die solide Beschaffenheit des Tumors an sich bedingt.

Der rundliche Tumor hatte, wie das Bild (Fig. 17c) der hinteren Bulbushälfte des enukleierten Auges zeigt, eine Größe von 5—6 Papillendurchmesser, seine Höhe betrug an der am meisten prominenten Stelle $2^3/_4$ mm.

Während die Diagnose dieses Aderhautsarkoms bereits ophthalmoskopisch feststand, und die Durchleuchtung nur vorgenommen wurde, um das typische diaphanoskopische Bild eines einwandfreien intraokularen Tumors zu gewinnen, bereitete bei anderen Patienten die Deutung des Augenspiegelbefundes Schwierigkeiten, die erst durch die diaphanoskopische Untersuchung überwunden wurden.

So konnte z. B. folgender ophthalmoskopische Befund keinen sicheren Anhaltspunkt für die Differentialdiagnose liefern, während die indirekte Durchleuchtung ohne weiteres die verantwortungsvolle Entscheidung gab:

Etwa 2 Papillendurchmesser außen-unten von der rechten Papille beginnende, bis in die untere Ora serrata-Gegend reichende, teils faltige flache Netzhautabhebung mit Bindegewebsbildung, die nach der Papille zu eine mehr grauweiße, nach dem Äquator zu streckenweise eine mehr dunkelgraue, bzw.

grauviolette Färbung zeigt. Intraokularer Druck: Rechts 14,5 mm Hg (!), links 19,5 mm Hg. Visus = 1.

Wenn auch die dunkelgrau-violette Färbung der nur wenig in den Glaskörperraum vorspringenden Netzhautabhebung den Verdacht auf Tumor erweckte, so waren doch damit eine Enukleation genügend motivierende Anhaltspunkte nicht vorhanden, zu der man sich gerade in diesem Falle mit Rücksicht auf den normalen Visus ganz besonders schwer entschließen konnte. Es wurde daher die Durchleuchtung zu Rate gezogen. Sie ergab einen einwandsfreien, tiefschwarzen Schatten im unteren Netzhautquadranten, der erst mehrere Papillendurchmesser nach unten von der Papille in Erscheinung trat und nach vorn zu nicht abgrenzbar war. Die Undurchleuchtbarkeit ließ keinen Zweifel an der Diagnose und gab den endgültigen Ausschlag für die Enukleation. Sogleich nach Ausführung derselben kontrollierte und verifizierte ich den diaphanoskopischen Befund, indem ich den frisch enukleierten Bulbus gegen eine intensive Lichtquelle hielt und beim Einblick in das Auge die gleiche Schattenbildung nachweisen konnte.

Histologisch wurde ein ziemlich flaches, in der Äquatorgegend leicht spindelförmig verdicktes, stark pigmentiertes Aderhautsarkom der unteren Bulbushälfte festgestellt, das auf dem vertikalen Meridionalschnitt dicht hinter dem Äquator seine größte Höhe mit etwa $2^1/_2$ mm erreichte. Nach der Ora serrata verlief ein rasch sich verjüngender pigmentierter Ausläufer, nach der Papille zu setzte sich die Geschwulst abgeflachter fort als völlig unpigmentiertes Sarkom von kaum 1 mm Höhe. Die Netzhaut war über dem Tumor selbst und in seiner Umgebung abgehoben. Dieser dünne unpigmentierte Tumorfortsatz, der etwa 2 Papillendurchmesser unterhalb der Sehnervenscheibe endete, hatte eine diaphanoskopische Schattenbildung nicht bedingen können. Dagegen erzeugt ein Melanosarkom schon in seinen ersten Anfängen bei äußerst geringen Dimensionen einen tiefschwarzen Schatten.

Über Erfahrungen, ob kleinere intraokulare Tumoren, vor denen sich die Netzhaut blasig abgehoben hat, diaphanoskopisch Schattenbildung deutlich erkennen lassen, verfüge ich noch nicht. Ich möchte daher einen positiven Ausfall der Durchleuchtung bei blasiger Netzhautabhebung nicht ohne weiteres als sicheren Beweis für das Fehlen eines Tumors ansprechen.

Während größere Hornhautleukome die Anwendung des Verfahrens ausschließen, beeinträchtigen Trübungen der Linse[1]) und des Glaskörpers die diaphanoskopische Untersuchung in wesentlich geringerem Grade als die ophthalmoskopische, da — wie Hertzell ausführt — der Augenhinter-

1) Linsentrübungen heben sich von dem Rot der Pupille mit großer Schärfe als dunkle Streifen, bzw. Flecke ab. Fremdkörper in der getrübten Linse sind deutlich zu erkennen, doch wird man zu ihrem Nachweis der bequemeren direkten Skleraldurchleuchtung den Vorzug geben.

grund durch das ihn durchsetzende Licht gewissermaßen selbstleuchtend geworden ist, und das von ihm zum Auge hinstrahlende Licht nicht zum Zustandekommen der beim Augenspiegeln so sehr störenden Reflexe[1]) führt. Sind auch bei stärkeren Trübungen Einzelheiten des Fundus nicht zu erkennen, so wird sich doch ein Tumor durch die Verdunklung der seinem Sitze entsprechenden Partie des Augenhintergrundes verraten.

Intraokulare Blutungen können dagegen infolge starker Lichtabsorption die Durchleuchtung vollständig hindern. Ask (1911) hebt mit Recht hervor, daß die Diaphanoskopie versagt, wenn es sich um die Feststellung handelt, ob in einer intraokularen Blutung ein Tumor enthalten ist. Ebensowenig läßt sich ermitteln, ob ein hämorrhagisches Glaukom durch Geschwulstbildung bedingt ist.

Die Anwendung der Methode ist auch insofern eine begrenzte, als der große Durchmesser der Röhre die Untersuchung kleinerer Kinder nicht zuläßt und ein tiefes Einführen der Lampe bei empfindlichen, leicht zum Würgen neigenden Patienten erschwert, bzw. Kokainisieren der Mund- und Rachenschleimhaut erfordert. Eine entsprechende Veränderung der Lampe könnte hier vielleicht Abhilfe schaffen; dies wäre namentlich für die diagnostische Verwendung des Ophthalmodiaphanoskopes bei Gliomverdacht erwünscht.

Geben wir auch unumwunden zu, daß die Diaphanoskopie des Augenhintergrundes noch mancher Vervollkommnung und eingehenderer Erforschung bedarf, so leistet sie doch schon in ihrem jetzigen Stadium — als Ergänzung der ophthalmoskopischen Untersuchung — dem Augenarzt wohl anzuerkennende Dienste; vermag sie ihm doch in Fällen schwieriger Differentialdiagnose zwischen Tumor und Ablatio des hinteren Augenpols entscheidende Aufklärung zu bringen (Stülp 1909, Langenhan 1910, Salus 1910, v. Hippel 1911, Ask 1911, Hansell 1911).

Literaturverzeichnis der Diaphanoskopie.

1819. Purkinje, Joh., Beiträge zur Kenntnis des Sehens in subjektiver Hinsicht. Prag. S. 89.

1825. Purkinje, Joh., Neue Beiträge zur Kenntnis des Sehens (Beobachtungen und Versuche z. Physiol. d. Sinne, Bd. II). Berlin, G. Reimer. S. 117.

1868. v. Graefe, A., Zusätze über intraokulare Tumoren. Arch. f. Ophth. XIV, 2. S. 103 ff.

Hirschberg, J., Kasuistische Mitteilungen über Geschwülste der Orbita und des Bulbus. Klin. Monatsbl. f. Augenheilk. S. 164.

1883. Exner, Sitzungsbericht der K. K. Akad. d. Wissensch. Mai.

1884. Lange, O., Zur Diagnose des intraokularen Sarkoms. Klin. Monatsbl. f. Augenheilk. Nov. S. 410.

1) So fehlen z. B. auch bei Synchysis scintillans die ophthalmoskopisch so charakteristischen Reflexe.

1889. Gaertner, Über eine neue Taschenlampe für Ärzte. Wiener Klin. Wochenschr. 2. Jahrg. Nr. 14. S. 280.

v. Reuß, Einige Bemerkungen zur Augendurchleuchtung. Wiener Klin. Wochenschr. Nr. 15. S. 369.

1893. Robertson, Wm., Transillumination of the eyes. Brit. med. Journ. 25. Febr. p. 435.

Stevenson, N., Transillumination of the eyes. Brit. med. Journ. 18. Febr. p. 378.

1894. Birnbacher, Ein Apparat zur Durchleuchtung des Augapfels. Zentralbl. f. Augenheilk. S. 227.

1902. Leber, Demonstration eines einfachen Durchleuchtungsapparates. Bericht über die 30. Vers. d. ophth. Ges. zu Heidelberg. S. 319.

Sachs, Über die Entfernung intraokularer Fremdkörper unter Leitung von Durchleuchtungslampen. (Beiträge zur operativen Augenheilkunde.) Zeitschr. f. Augenheilk. VII, 1. S. 40.

Schmidt-Rimpler, Über die Diagnose der Chorioidealsarkome. (Verein der Ärzte in Halle a. S.) Münchener med. Wochenschr. S. 1241.

1903. Badal, Diagnostic des corps étrangers du cristallin. Clin. opht. de Bordeaux. Octobre. Recueil d'opht. p. 317.

Brun, Om gennemlysning af segit fra munden. (Durchleuchtung des Auges vom Munde aus.) 2. Vers. der Nord. ophth. Ges. in Kopenhagen. Ref. Klin. Monatsbl. f. Augenheilk. Bd. XLII. S. 86.

Sachs, M., Über eine neue Durchleuchtungslampe und ihre Verwendung in der Augenheilkunde. Münchener med. Wochenschr. S 741.

Stoewer, Ein Fall von Sehnervenatrophie bei Diabetes nebst Bemerkungen über Pupillarreaktion bei Durchleuchtung der Sklera. Klin. Monatsbl. f. Augenheilk. XLI, 2. S. 97.

1904. Schmidt-Rimpler, Über intraokulare Geschwülste (Sarcoma chorioideae, Glioma retinae). Berliner Klin. therap. Wochenschr. Nr. 25.

Schmidt-Rimpler, Über intraokulare Geschwülste bezüglich ihrer Diagnose und Prognose. (Verein der Ärzte in Halle a. S. Sitzung vom 27. April.) Münchener med. Wochenschr. S. 1574.

1905. Jenssen, Über Durchleuchtung der Sklera. Sitzungsber. der ophth. Ges. zu Kopenhagen. Hospitalstidende p. 473 und Nord. Med. Arkiv. Afd. I. Heft 2.

Swanzy, On transillumination of the sclerotic. Ophth. Review. p. 33.

Thomson, S., The Sachs lamp for transillumination of the eye. Ophth. Record. p. 279.

1906. Lange, O., Über Symptomatologie und Diagnose der intraokulären Tumoren und deren Verhalten zu den übrigen Körperorganen. Vossius, Samml. zwangloser Abhandlungen aus dem Gebiete der Augenheilk. Heft 7.

Lange, O., Zur Diaphanoskopie des Auges. Klin. Monatsbl. f. Augenheilk. LXIV. (N. F. I.) S. 264 u. 362.

Marple, Case of sarcoma of choroid, with observation on the use of the transilluminator. Transact. of the Amer. Ophth. Soc. XLII. p. 101.

Suker, Ophth. Record. XV, 11. p. 526. Ref. Zeitschr. f. Augenheilk. XIX. S. 141.

Würdemann, H. V., Diaphanoskopy of the eye. Ophth. Record Nov. p. 513.

Würdemann, Transillumination of the eye in the differential diagnosis of intraocular tumors, with description of an ocular transilluminator. Ophth. Record. p. 209.

Würdemann and Hogue, The differential diagnosis and prognosis of tumors of the uveal tract (Sect. of Ophth. Amer. med. Assoc.) Ophth. Record. p. 330.

Ziegler, An ocular transilluminator. (Sect. of Ophth. College of Physic. of Philadelphia.) Ophth. Record. p. 292.

1907. Termey, F. A., The relation of the circumlental space to the causation of glaucoma as shown by the Würdemann lamp. Journ. Amer. Med. Assoc. July 27.

Vuellers, H., Neue diagnostisch wichtige Resultate bei Durchleuchtung des Auges mit der Sachsschen Durchleuchtungslampe. Zeitschr. f. Augenheilk. XVIII, 3. S. 215.

1908. Fridenberg, P., Bemerkungen über die Durchleuchtung des Auges. Arch. f. Augenheilk. (Amer. Ausgabe.) XXXVII. Nr. 3. Mai. (Vgl. Arch. f. Augenheilk. LXII, 4. S. 401. 1909.)

Hertzell, Carl, Das Ophthalmodiaphanoskop und seine Anwendung in den verschiedenen Zweigen der Medizin. Berliner klin. Wochenschr. Nr. 47.

Hertzell, Carl, Die Betrachtung des Augenhintergrundes im durchfallenden Lichte mittels Durchleuchtung der Orbita von der Nasenrachengegend her. (Mitteilung einer neuen Methode der Untersuchung des Augenhintergrundes und des Bulbusinnern.) Berliner klin. Wochenschr. S. 1149.

Reis, W., Intraokulare Blutung und Aderhautsarkom. Zeitschr. f. Augenheilk. XX, 4. S. 331 u. 332.

Würdemann, H. V., Diaphanoscopy of the eye in Glaucoma. Ophth. Record. Jan.

Würdemann, H. V., Additional observations on the use of the ocular transilluminator. Ophth. Record. April.

Würdemann, H. V., Diaphanoscopy of the eye. Arch. of Ophth. July IV. Nr. 4.

1909. Brückner, Zur Kenntnis einiger subjektiver Gesichtserscheinungen. Arch. f. Augenheilk. LXIV. S. 54 ff.

Fuchs, Zyste des Ziliarkörpers. (Ophth. Ges. zu Wien. 24. Nov.) Zeitschr. f. Augenheilk. Jan. 1910. S. 76.

v. Helmholtz, Handbuch der physiologischen Optik. 3. Aufl. Ergänzt und herausgeg. von Gullstrand, v. Kries und Nagel.

Hertzell, C., Zum Einblick in das Innere des Auges bei getrübten brechenden Medien. Berliner klin. Wochenschr. XLII.

Löhlein, Versagen der Sachsschen Durchleuchtungslampe bei Aderhauttumor. (Med. Verein in Greifswald. Sitzung vom 25. Juni.) Deutsche med. Wochenschr. 1910. S. 99.

Stülp, Das Ophthalmodiaphanoskop von Hertzell. (Ber. über die 23. Vers. rhein.-westfäl. Augenärzte, 20. Juni.) Klin. Monatsbl. f. Augenheilk. XLVII (N. F. II). S. 106. (Demonstration).

1910. Fridenberg, Transillumination. (Sect. on Ophth. Amer. Med. Assoc.) Ophth. Record. p. 550 and Journ. of the Amer. Med. Assoc. June 18.

Golowin, Über die Methode der retrobulbären Durchleuchtung des Auges. Westnik Ophth. November 10.

Groenouw, Demonstration der Durchleuchtungslampen nach Sachs und Lange an einem Auge mit Aderhautsarkom. (Med. Sektion d. schles. Ges. f. vaterländ. Kultur.) Berliner klin. Wochenschr. S. 802.

Haab, Über die opthalmoskopische Untersuchung im aufrechten Bilde mit indirekter Beleuchtung. Beiträge z. Augenheilk. Heft 75. S. 57.

Langenhan, Diagnose intraokularer Tumoren mittels Durchleuchtung des Augenhintergrundes. Berliner klin. Wochenschr. Nr. 24.

Langenhan, Ergebnisse diaskleraler Augendurchleuchtung mit starker Lichtquelle. Nachweis angeborenen spaltförmigen Mangels des retinalen Irispigmentes nach unten (rudimentärste Form des Iriskoloboms). Berliner ophth. Ges. Sitzung v. 15. Dez. v. Graefes Arch. f. Ophth. LXXIX. S. 137.

Langenhan, Klinische Verwertung der Durchleuchtung des Augenhintergrundes vom Rachen her, mit besonderer Berücksichtigung der diaphanoskopischen Diagnose intraokularer Tumoren des hinteren Bulbusabschnittes. Zeitschr. f. Augenheilk. XXIV. S. 97.

1910. Langenhan, Prüfung der Transparenz markhaltiger Nervenfasern der Netzhaut und Papille mittels der Durchleuchtung des Augenhintergrundes. Zeitschr. f. Augenheilk. XXIV. S. 512.

Langenhan, Zur Ophthalmodiaphanoskopie. Vortrag, gehalten in der Berliner ophth. Gesellsch., Sitzung am 10. März 1910.

Salus, Demonstration der Vorzüge des Hertzellschen Ophthalmodiaphanoskopes. (Wissensch. Gesellsch. deutscher Ärzte in Böhmen.) Münch. med. Wochenschr., S. 2500.

1911. Ask, Demonstration des Ophthalmodiaphanoskopes von Hertzell-Langenhan. Sitzung d. ärztl. Ges. zu Lund. Nov. 1910. Beilage Hygiea.

Goldberg, A transilluminator having special interchangeable tips for the study of the eyeball and the sinuses. Ophth. Record. p. 275.

v. Gyergyai, A., Neue Methode und neues Instrument für die Durchleuchtung des Siebbeinlabyrinthes, der Kieferhöhle, des Mittelohres und der Augenhöhle. Deutsche med. Wochenschr. XXXV.

Halben, Aniridie mit Luxation der Linse. Berliner ophth. Ges. Zentralbl. f. prakt. Augenheilk. S. 107.

Hansel, Howard, F., Ophthalmodiaphanoskop of Hertzell. Ophth. Record. p. 383.

v. Hippel, E., Das Hertzellsche Diaphanoskop. Vereinigung d. Augenärzte d. Prov. Sachsen usw. Sitzung v. 7. Mai. Klin. Monatsbl. f. Augenheilk. XLIX. S. 744.

Hock, Ein Fall von Eversion des Pigmentblattes der Iris. Arch. f. Augenheilk. LXVIII. S. 343.

Langenhan, Über die Purkinjesche Aderfigur und die Konfiguration des entoptischen Foveareflexes. Mit Demonstration einer farbigen Abbildung. Berliner ophth. Ges. Sitzung v. 9. März.

Lowell, H., An inexpensive pocket transilluminator. Ophth. Record. p. 124.

v. Pflugk, A., Zur Durchleuchtung des Auges. Klin. Monatsbl. f. Augenheilk. XLIX. S. 216.

Salus, Hertzellsches Ophthalmodiaphanoskop. Münch. med. Wochenschr. S. 239.

Speleers, R., De doorlichtingsbeelden van Vuellers bij de gerechtelijke geneeskunde. Nederl. Tijdschr. v. Geneesk. I. p. 26. Ref. Zeitschr. f. Augenheilk. XXVII, 2. S. 185.

1912. Lindahl, Demonstration einer neuen Durchleuchtungslampe. (Sitzungsber. d. schwed. augenärzl. Verein. V. Jahresversammlung. Upsala.) Beilage Hygiea.

Reed, Exhibition of a transilluminator. (College of Physic. of Philadelphia Sect. of Ophth.) Ophth. Record. p. 375.

Rübel, Über die Durchlässigkeit der Iris für Licht bei der diaskleralen Durchleuchtung im normalen und kataraktösen Auge. v. Graefes Arch. f. Ophth. LXXXIII. S. 317.

1913. Reuter, H., Über eine neue Lampe zur Diaphanoskopie und Endoskopie. Münchener med. Wochenschr. 60. Jahrg. S. 1548.

V. Die Bestimmung der Sehschärfe.

Von

Dr. E. Landolt,

Paris.

Mit Fig. 180—205.

Vom physiologischen Standpunkte aus kann man die Funktionen der Netzhaut einteilen in: Lichtsinn, Farbensinn und Formensinn, und den letzteren, nach Hering, wieder trennen in optischen Raumsinn, d. h. die Beurteilung von Lageverschiedenheiten und optisches Auflösungsvermögen, d. h. die getrennte Empfindung von zwei Punkten.

Der optische Raumsinn kommt hauptsächlich in Betracht bei der Wahrnehmung von Konturen. Er läßt sich u. a. in folgender Weise bestimmen [1]:

Fig. 180.

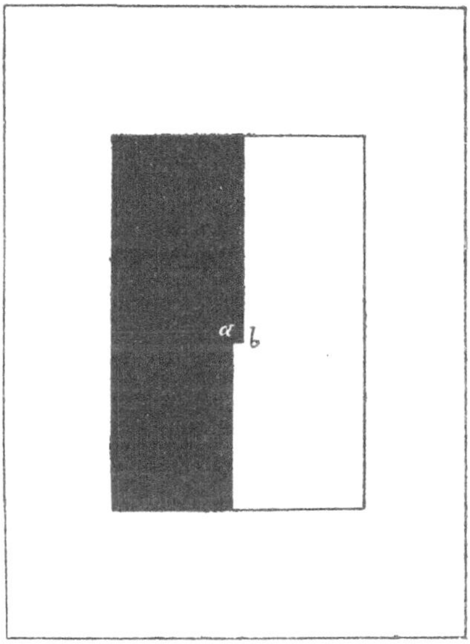

Eine geradlinig begrenzte, schwarze Metallplatte (Fig. 180) ist senkrecht zu dieser Kontur entzweigeschnitten. Die beiden Teile lassen sich mittels einer Schraubenvorrichtung gegeneinander verschieben; der so erhaltene Niveauunterschied der beiden Stücke wird durch eine Noniuseinteilung genau angegeben.

Dem zu Untersuchenden wird die Platte in einem Rahmen so vorgezeigt, daß er nur deren Rand und daneben ein weißes Feld sieht. Sodann werden die beiden Teile der Platte allmählich gegeneinander verschoben, bis er gerade anzugeben weiß, wo und in welchem Sinne die Trennungslinie des schwarzen und weißen Feldes eine Lageveränderung erfahren hat. Um den Ort derselben zu verändern, kann die Platte in Beziehung zu dem Rahmen verschoben werden, so daß der Niveauunterschied bald dem einen, bald dem anderen Rande desselben näher zutage tritt. Es ist auch wünschenswert, die Stellung des Apparates überhaupt und damit die Richtung der Trennungslinie zu verändern.

1) E. Landolt, dieses Handb. II. Aufl. S. 448.

Wird die Untersuchung in einer gegebenen Entfernung vorgenommen, so kann der Winkel, unter welchem die Stufe *ab* dem untersuchten Auge erscheint, an einer Einteilung direkt abgelesen werden. Der kleinste Winkel, dessen ein Auge zur Wahrnehmung des Lagenunterschiedes der beiden Konturen bedarf, bildet offenbar den Ausdruck für den Grad dieser Sehfunktion.

Volkmann (1863) und Wülfing (1892) haben gefunden, daß derselbe ungefähr 11 Sekunden beträgt. Mittels einer von Hering (1899) angegebenen binokularen Methode haben F. Hoffmann, Pulfrich, Heine und Best noch geringere Werte für den Raumsinn erhalten. Best erkannte Lagenunterschiede sogar noch bei 2,5 Sekunden.

Eine Funktion des Raumsinnes ist auch die Wahrnehmung eines Gegenstandes in seiner Gesamtheit, das *Minimum visibile*, zum Unterschiede von der Wahrnehmung der Einzelheiten eines Objektes, des *Minimum separabile.*

Diese Art Erkennbarkeit eines Objektes hängt offenbar ab von dessen Ausdehnung sowohl als von dessen Lichtintensität. In Hinsicht auf die letztere würde der Raumsinn geradezu in den Lichtsinn übergehen können, insofern ein Objekt noch wahrgenommen wird, wenn sein Netzhautbild auf einen Punkt reduziert ist, solange es hell genug ist.

Das optische Auflösungsvermögen der Netzhaut wird bestimmt durch den kleinsten Winkel, unter welchem zwei Eindrücke von derselben noch getrennt empfunden werden, mit anderen Worten durch das *Minimum separabile.*

Da es unmöglich ist, diesen Distinktionswinkel mit Hilfe der erregten Netzhautelemente selbst zu bestimmen, so tut man dies mittels der Objektpunkte, deren Bilder die betreffenden Netzhautelemente sind.

Dabei aber ist nicht zu vergessen, daß der Gesichtswinkel nur dann zur Beurteilung der Größe eines Netzhautbildes, bzw. zur Berechnung des gegenseitigen Abstandes zweier Netzhautpunkte dienen kann, wenn der optische Bau des Auges genau bekannt ist.

Hook (1705) hielt es für möglich, zwei Sterne unter einem Winkel von einer Minute getrennt zu erkennen. Buffon (3) kommt zu einem ähnlichen Resultate. Aubert (1865) bezweifelt die Richtigkeit dieser Angabe. In der Tat scheinen Sterne einen größeren Distinktionswinkel zu erfordern als terrestrische Punkte. Untersuchungen mit weißen Scheiben auf schwarzem Grunde ergaben Struve als kleinsten Winkel, unter welchem er sie noch getrennt zu unterscheiden vermochte, 51″ (Mensurae micrometricae, S. 149).

Kleiner als für Punkte ist der Distinktionswinkel für Linien. Diese Tatsache erklärt sich dadurch, daß eine Linie, *ceteris paribus*, leichter sichtbar ist als ein Punkt, weil sie eine ausgedehntere Strecke der Netzhaut reizt als dieser. So haben Tobias Mayer (1754), Th. Weber (1852), Bergmann (1857) mit parallelen Linien, VOLKMANN (1846) mit Spinnwebefäden, HELMHOLTZ (1866) und UHTHOFF (1886) mit Metalldrähten, HERMANN COHN (1898) mit E-förmigen Figuren, unter den denkbar günstigsten Verhältnissen, Distinktionswinkel erhalten, die bedeutend unter einer Minute liegen. Gibt doch H. COHN an, daß er junge im Fernsehen geübte Ägypter getroffen habe, die im Freien, bei bester Tagesbeleuchtung, seine Sehzeichen unter einem Winkel von 15″, 10″, einer sogar unter 7,5″ zu erkennen imstande gewesen wären[1]).

Die beiden Funktionen, die HERING als Raumsinn und mit Formensinn bezeichnet, hat schon BUFFON im Jahre 1743 klar voneinander getrennt. Er sagt in den Mémoiren der Königlichen Akademie der Wissenschaften zu Paris: »On doit distinguer, dans la vision, deux qualités qu'on regarde ordinairement comme la même: on confond mal à propos la vue claire avec la vue distincte, quoique réellement l'une soit bien différente de l'autre. On voit clairement un objet toutes les fois qu'il est assez éclairé pour qu'on puisse le reconnaître en général; on ne le voit distinctement que lorsqu'on approche assez près pour en distinguer toutes les parties. Lorsqu'on aperçoit une toure ou un clocher de loin, on voit clairement cette tour on ce clocher dès qu'on peut assurer que c'est une tour ou un clocher; mais on ne le voit distinctement que quand on est assez près pour reconnaître, non seulement la hauteur, la grosseur, mais les parties mêmes dont l'objet est composé, comme l'ordre d'architecture, les materiaux, les fenêtres« etc.

---

1) Setzt man die Entfernung des zweiten Knotenpunktes von der Netzhaut: $g'' = 15{,}5$ mm, so würde einem Gesichtswinkel von einer Minute eine Strecke von 0,0045 mm auf der Netzhaut entsprechen.

Nach MAX SCHULTZE ist der Durchmesser des Zapfenkörpers = 0,003 mm der der Außenglieder = 0,001 mm. Man hat nicht angestanden, aus diesen Zahlen den Schluß zu ziehen, daß die Zapfenaußenglieder die unteilbaren Elemente der Gesichtsempfindung seien, und der Bestimmung der Sehschärfe die Dimensionen derselben zugrunde legen wollen. Es hat uns immer geschienen, man lasse sich in diesen Spekulationen zu weit hinreißen, zu einer Zeit namentlich, wo unsere Kenntnisse von dem feineren Baue der Netzhaut und ihrer Funktion noch soviel zu wünschen übrig lassen.

Aus den Berechnungen von HELMHOLTZ (1866), LOMMEL (1869), ALTMANN (1880), LEROY (1882), ASHER und namentlich von GULLSTRAND geht außerdem hervor, daß die Unregelmäßigkeiten des optischen Baues des Auges nicht ein wirklich punktförmiges Netzhautbild zustande kommen lassen. Das einem Punkte entsprechende Bild ist immer ein Zerstreuungskreis, ein Lichtfleck, der die Ausdehnung eines Zapfens bedeutend übersteigt. So ist der kleinste Distinktionswinkel oft mehr der Ausdruck des Baues des optischen Systemes als der der Netzhaut des Auges (vgl. v. HESS, Refraktion u. Akk. dieses Handb., S. 138 u. 205).

NUEL (1884) und auch WÜLFING (1892) haben in der Tat experimentell nachgewiesen, daß ein Zapfen der Fovea allein bis 20 perzipierende Netzhautelemente enthalten kann.

So erklärt es sich u. a. auch, warum für sehr kleine leuchtende Flächen, an der unteren Grenze der Sichtbarkeit, das Produkt aus Oberfläche und Lichtstärke konstant bleibt.

Der französische Gelehrte ist also zu demselben Resultate gelangt, wie seine Nachfolger: Der optische Raumsinn manifestiert sich unter einem viel kleineren Winkel als das optische Auflösungsvermögen.

Die Sehschärfe in der Praxis.

In dem an und für sich löblichen Bestreben, möglichst wissenschaftlich vorzugehen, hat man versucht, was wir Sehschärfe heißen, der einen oder der anderen der eben genannten Funktionen unterzuordnen. Die vielen Diskussionen, die darüber geführt worden sind, ob unsere Sehschärfe auf dem *Minimum visibile* oder dem *Minimum separabile*, auf der Unterscheidung eines oder mehrerer Punkte, von Konturen oder ganzen Figuren beruhe, haben zu keinem befriedigenden Resultate geführt.

Fragen wir uns deshalb einfach und ohne vorgefaßte Meinung: Was bezeichnen wir im gewöhnlichen Leben mit Sehschärfe? — Ich denke, wir verstehen darunter die optische Leistungsfähigkeit, die praktische Brauchbarkeit des Auges zur Erkennung von Gegeständen[1]).

Der wissenschaftliche Leser möge uns entschuldigen, wenn wir diese Frage an einem etwas trivialen, aber vielleicht doch zutreffenden Beispiele zu erörtern suchen.

Man führt uns eine alte Frau zu. Sie leidet an beginnendem Staar und klagt, daß sie nicht mehr sehe: Sie klagt, sie könne nicht mehr lesen, nicht mehr nähen. »Und doch«, unterbricht sie eine Angehörige, »muß es nicht so übel mit ihrem Gesicht bestellt sein, denn gestern noch hat sie eine Nadel am Boden erkannt, die keines von uns sah!«.

Wie erklärt sich dieser scheinbare Widerspruch? Offenbar dadurch, daß die Nadel auf dem dunklen Boden gerade Licht in der Alten Auge reflektierte. Da sie einen guten Lichtsinn hat, so fand sie die Nadel. Sie erkannte dieselbe jedoch nicht in ihrer Form, weil sie von derselben kein deutliches Netzhautbild, sondern nur einen diffusen Lichtfleck erhielt. Die Patientin war also doch vollkommen berechtigt, über ihre ungenügende Sehschärfe zu klagen. Aus der Beobachtung mit der Nadel geht einfach hervor, daß die Sehschärfe nicht auf dem *Minimum visibile* beruhen kann. Die Funktion, die der Alten fehlt, ist u. a. die Fähigkeit, zu nähen und zu lesen. Warum kann sie, trotz ihres intakten Lichtsinnes, nicht mehr nähen? Weil sie die Spitze der Nadel, das Gewebe des Stoffes, die Faden und deren Zwischenräume nicht mehr unterscheidet. Warum kann sie nicht mehr lesen? Weil die Buchstaben, scharfer Umrisse ermangelnd, ineinander verschwommen, verwaschen erscheinen. Eine gedruckte Zeile macht ihr den Eindruck eines grauen Bandes auf weißem Grunde. Ihr Raumsinn ist gut; sie nimmt die Konturen wahr zwischen den dunklen und den hellen Feldern des Papieres. Was ihr fehlt, das ist das Erkennen der Einzelheiten, das Auflösungsvermögen.

---

1) E. Landolt, Arch. f. Ophth. LXIV, S. 606, 1906.

So können wir auch, wie in Buffons Beispiel eines Turmes, dank unseres Raumsinnes, einen Mann sehen (*Minimum visibile*); um ihn aber zu erkennen, brauchen wir optisches Auflösungsvermögen (*Minimum separabile*).

Das deutliche Sehen, die gute Sehschärfe verlangt also das Erkennen der Gegenstände in ihren Konturen sowohl als in ihren Einzelheiten.

Vergegenwärtigen wir uns einmal, wie wir uns mit unserem Gesichtssinne, in den uns umgebenden Gegenständen zurechtfinden: Die Netzhautbilder dieser Gegenstände stellen aneinanderstoßende Flächen von verschiedenster Ausdehnung, Richtung, Helligkeit und Farbe dar. Dies Chaos analysiert, diese Bilder interpretiert unser Sensorium, indem es denjenigen Teilen des Gesamtbildes seine Aufmerksamkeit zuwendet, die für uns die größte Bedeutung haben. Man sagt dann wohl, man unterscheidet das »Bild« von seinem »Grunde«, wobei mit Bild der uns mehr, mit Grund der uns weniger interessierende Teil des Gesamtbildes gemeint ist.

Betrachten wir z. B. den beblätterten Ast eines Kirschbaumes mit reifen Früchten, so müssen wir, um herauszufinden, was wir vor uns haben, unsere Aufmerksamkeit erst auf die Felder des verworrenen Netzhautbildes richten, welche den Blättern entsprechen, und nicht auf die Konturen des dahinter liegenden, helleren Himmels, oder des dunkleren Stammes. Sodann schließen wir aus der Art und Weise, wie die den Blättern entsprechenden grünen Felder beleuchtet sind und aneinander stoßen, auf die gegenseitige Lage derselben, und erkennen in den darauf zerstreuten roten Flecken die reifen Kirschen.

Aus dieser Beobachtung geht hervor, daß zu vollkommenem Sehen, d. h. zu vollkommen richtiger Interpretation der Netzhautbilder, die Erkennung der Farben, namentlich aber die Erkennung von Helligkeitsunterschieden, von Konturen und von den sie trennenden Zwischenräumen und selbstverständlich, auch eine gewisse Intelligenz erforderlich sind.

Zur Prüfung dessen, was wir in der Praxis mit Sehschärfe bezeichnen, suchen wir den Farbensinn, sowie den Lichtsinn, die als besondere Funktionen des Sehorganes zu betrachten sind, möglichst auszuschließen. Wir verwenden deshalb zur Sehprüfung keine Farben, sondern nur schwarz und weiß; und, um die Untersuchung der Sehschärfe auch vom Lichtsinn möglichst unabhängig zu machen, wählen wir dunkelstes Schwarz, hellstes Weiß und konstante Beleuchtung[1]).

Bei Prüfung der Sehschärfe wird also das Auge schwarze und weiße Netzhautbilder zu analysieren haben, und zwar nicht nur aneinander stoßende, sondern namentlich auch voneinander getrennte Bilder.

Erfordert denn auch das Erkennen, das deutliche scharfe Sehen, die Erkennungsschärfe, das *Minimum cognoscibile* (v. Hess), das Zusammen-

---

1) E. Landolt 1906, S. 599 ff.

wirken einer großen Menge von Faktoren, so beruht es doch ganz besonders auf der Unterscheidung von getrennten Eindrücken. Es kommt also dem optischen Auflösungsvermögen am nächsten; es findet seinen Ausdruck hauptsächlich in dem *Minimum separabile*, d. h. in dem kleinsten Winkel, unter welchem zwei Punkte oder Konturen noch getrennt unterschieden werden[1]).

Seien A und B (Fig. 181) die zwei Punkte, bzw. Durchschnittspunkte zweier Konturen mit der Fläche des Papieres, welche ein Auge gerade noch als getrennt zu erkennen vermag.

Fig. 181.

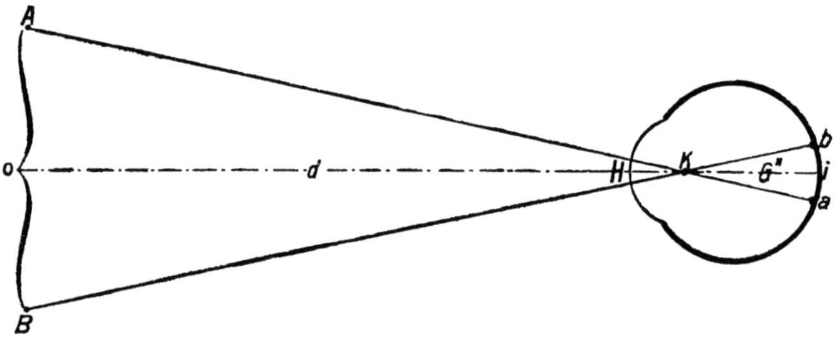

K das optische Zentrum des Auges. Es entspricht dem Orte des Auges, in welchem, wenn das Objekt weit genug entfernt ist, die beiden Knotenpunkte als in einen verschmolzen betrachtet werden können.

So ist also AKB der kleinste Gesichts- oder Distinktionswinkel, das Maß der Sehschärfe.

Bezeichnen wir das Intervall zwischen A und B mit o, und die Entfernung desselben vom Auge mit d, so ist

$$\frac{o/2}{d} = \operatorname{tg} \frac{AKB}{2}$$

und $\frac{o}{d}$ die doppelte Tangente des halben Distinktionswinkels.

Da wir es aber bei diesen Untersuchungen immer nur mit sehr kleinen Winkeln zu tun haben — ist doch die eigentliche Sehschärfe auf das Netzhautzentrum beschränkt —, so dürfen wir $\frac{o}{d}$ der Tangente, ja diese geradezu dem Distinktionswinkel gleich setzen.

Nun ist die Sehschärfe (V) offenbar um so größer, je kleiner das Objekt (o), und je größer dessen Entfernung (d), d. h. je kleiner der Distinktionswinkel. Sie ist demselben umgekehrt proportional.

---

1) E. Landolt. Über einheitliche Bestimmung und Bezeichnung der Sehschärfe. Arch. f. Augenheilk. LXIII. S, 243.

Wir können also schreiben:

$$V = \frac{d}{o}.$$

In Worten: die Sehschärfe wird gemessen durch das Verhältnis der Entfernung zu dem kleinsten noch wahrgenommenen Intervall.

Gewöhnlich wird zur Prüfung der Sehschärfe das Untersuchungsobjekt in großer Entfernung (mindestens 5 m) aufgestellt.

Um davon deutliche Netzhautbilder zu erhalten, muß selbstredend die Ametropie des untersuchten Auges korrigiert werden.

Auf diese Weise bestimmt man die Sehtüchtigkeit des Auges für die Ferne. Ich möchte sie als die »praktische Sehschärfe für die Ferne« bezeichnen.

Der Grad derselben ist, wie wir gesehen haben, umgekehrt proportional dem kleinsten Intervall, sagen wir kurz dem kleinsten Objekte, welches ein Auge mit den ihm zum deutlichen Sehen zu Gebote stehenden einfachen Mitteln (Akkommodation oder Brillengläser) noch zu unterscheiden vermag.

So beurteilt man in der Tat im gewöhnlichen Leben die Sehkraft, den Sehwert eines Auges.

Wird, bei dieser Bestimmung der Sehschärfe, die Akkommodation ausgeschlossen, und auch das akkommodationstüchtige hypermetropische Auge mit dem korrigierenden Konvexglase auf das entfernte Objekt eingestellt, so kann man mit der Sehschärfe gleichzeitig auch die Refraktion bestimmen.

In dieser Weise pflegt man in der augenärztlichen Praxis vorzugehen. Man nennt diese Methode der Sehprüfung mit Korrektionsgläsern für die Ferne die Dondersche Methode.

Für das akkommodationstüchtige hypermetropische Auge allein ist die so gefundene Sehschärfe etwas von der »praktischen« verschieden, insofern als dies Auge, wenn es sich mit Hilfe eines Konvexglases einstellt, ein größeres Netzhautbild erhält, als wenn es akkommodiert.

Es ist in der Tat einleuchtend, daß ein Auge, das, sei es dank seiner Länge, sei es dank seines Korrektionsglases, größere Netzhautbilder erhält, einen Vorzug hat vor dem Auge, dessen Netzhautbilder kleiner sind. Die gewöhnliche Praxis kann jedoch darauf keine Rücksicht nehmen. Der praktische Wert des Auges beruht eben nur auf der Größe, bzw. Kleinheit des auf einen gegebenen Abstand gerade noch erkennbaren Objektes.

Etwas ganz anderes ist das Auflösungsvermögen der Netzhaut, was ich die »physiologische Sehschärfe« nennen möchte. Sie beruht auf der Größe des Netzhautbildes.

Während, bei der praktischen Sehschärfe, diejenigen Augen alle gleiche

Sehschärfe haben, welche ein gleich großes Objekt unterscheiden, haben die Augen gleiche physiologische Sehschärfe, welche zwei Netzhautbilder von gleichem Zwischenraume noch getrennt zu unterscheiden vermögen.

Wie gesagt, müßte, zur Bestimmung dieser physiologischen Sehschärfe, der optische Bau des Auges bekannt sein. Insofern es erlaubt ist, das dioptrische System der Mehrzahl der Augen als dem des sogenannten schematischen Auges gleich zu betrachten[1]), so würde die Dondersche Methode gleichzeitig die praktische, wie die physiologische Sehschärfe, für achsenametropische Augen zu bestimmen gestatten, und zwar aus folgenden Gründen:

Befindet sich, wie gewöhnlich, das Korrektionsglas ungefähr 13 mm vor der Hornhaut, so kommt es gerade in die vordere Brennebene des schematischen, bzw. achsenametropischen Auges zu stehen.

Nun ist leicht zu beweisen, daß unter solchen Umständen die Netzhautbilder für das emmetropische wie für das ametropische Auge gleich groß sind.

Fig. 182.

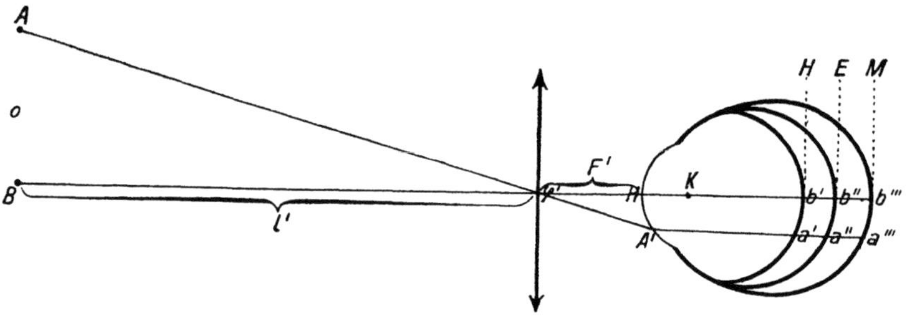

Sei in Fig. 182 φ' der vordere Brennpunkt, H der Hauptpunkt, K der Knotenpunkt der Augen, deren Netzhäute wir mit H (Hypermetropie), E (Emmetropie) und M (Myopie) andeuten.

Bezeichnen wir mit o das Objekt, mit l' dessen Abstand von φ', mit F' die vordere Brennweite ($H\varphi'$) des Auges.

---

1) Niemand hat je angenommen, die Augen zerfallen alle in zwei scharf getrennte Kategorien, von denen die einen das gleiche dioptrische System, die anderen gleiche Länge besäßen. Wir wissen alle, daß die Refraktion des Auges auf dem Verhältnisse seiner Brechkraft zu seiner Länge beruht, und daß in beiden, notwendigerweise, beträchtliche Verschiedenheiten vorkommen. Es gibt stärker und schwächer brechende, längere und kürzere emmetropische Augen, und es besteht zwischen Achsen- und Krümmungsametropie kein absoluter Unterschied. Vielfachen ophthalmometrischen Untersuchungen, von denen die ersten schon von v. Reuss (1877) stammen, haben nur bewiesen, daß der Grund der Ametropie viel häufiger in der Länge der Augen als in seinem dioptrischen Apparate zu suchen ist.

Das Korrektionsglas, dessen Vorzeichen und Brechkraft der Ametropie der Augen entspricht, stellt dieselben auf das Objekt ein, mit anderen Worten: vom Punkte B wie vom Punkte A entsteht auf allen drei Netzhäuten ein scharfes Bild. Das Bild von B fällt offenbar in die Achse $b'b''b'''$. Um das Bild von A zu finden, ziehen wir den Strahl $A\varphi'A'$ durch das optische Zentrum des unendlich dünn gedachten Korrektionsglases nach dem Auge. Da derselbe von dessen Brennpunkt φ' herkommt, geht er, von A' aus, der Achse parallel weiter und bezeichnet in a', a'' und a''' Netzhautbilder des Punktes A. Sie sind, als zwischen parallelen Linien liegend, gleich groß.

Bezeichnen wir den Abstand $B\varphi'$ mit l', $H\varphi'$ mit F', die Größe des Objektes (AB) mit o, die des Bildes (ab) mit i, so ergeben die ähnlichen Dreiecke $A\varphi'B$ und $H\varphi'A'$.

$$\frac{i}{o} = \frac{F'}{l'} \text{ oder } i = \frac{o}{l'} F'$$

d. h., da F' konstant ist, bleibt i für das gleiche Verhältnis von o zu l' gleich. $\frac{o}{l'}$ ist aber der Winkel, unter welchem das Objekt vom vorderen Brennpunkte des Auges aus erscheint. Nennen wir, mit Gullstrand, diesen Winkel, der eingeschlossen wird von den Linien, welche von den Endpunkten des Objektes nach dem vorderen Brennpunkte des Auges gehen, $(A\varphi'B)$ den Brennpunktswinkel, so können wir also sagen: Bei *Achsenametropie* entsprechen gleichen Brennpunktswinkeln gleich große Netzhautbilder.

Die auf der Gleichheit der Netzhautbilder beruhende, unsere physiologische Sehschärfe bezeichnen Donders (1863) und Gullstrand (1891) als die *absolute* Sehschärfe (V_a). Bordier (1894) nannte sie die scheinbare Sehschärfe.

Wird dieselbe nicht durch Trübung der Medien beeinträchtigt, so wird also auf diese Weise das Auflösungsvermögen der Netzhaut in für achsenametropische Augen vergleichbarer Weise bestimmt, gerade wie man mit dem Tasterzirkel die Empfindlichkeit der äußeren Haut prüft[1]).

Man kann zur Berechnung der Netzhautbildgrößen auch die Knotenpunkte (k' und k'') des Auges und den das Objekt einschließenden Winkel in Betracht ziehen, dessen Spitze im ersten, bzw. im zweiten Knotenpunkte liegt ($Ak'B$ und $ak''b$ Fig. 187). Ist das Objekt sehr weit entfernt, so können die beiden Knotenpunkte als in einen einzigen verschmolzen betrachtet werden. Dieser »vereinigte Knotenpunkt« entspricht dann dem optischen Zentrum des einfachen Diopters Fig. 181.

Den dem Knotenpunkte entsprechende Winkel bezeichnet man gewöhnlich als »Gesichtswinkel«, genauer als Knotenpunktswinkel.

---

1) Leber (1897) unterscheidet die wirkliche, d. h. die ohne Korrektionsgläser gefundene Sehschärfe von der korrigierten, d. h. mit Korrektionsgläsern gefundenen.

Die Größe des Netzhautbildes ist, für den gleichen Knotenpunktswinkel, offenbar dem Abstande (g'') des zweiten, bzw. des vereinigten Knotenpunktes von der Netzhaut proportional.

Fig. 183.

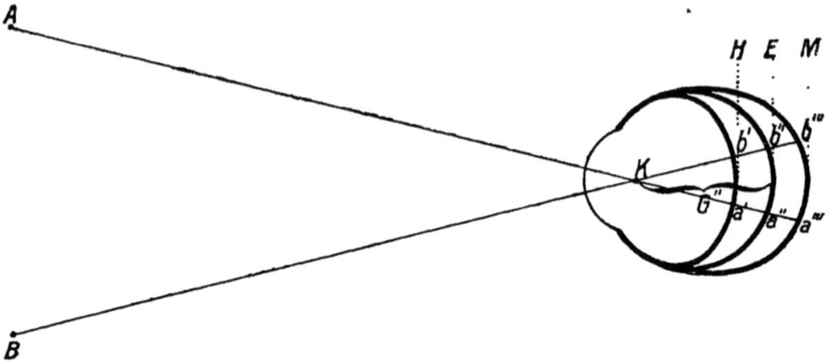

In Fig. 183 bezeichnen H, E und M die Netzhäute von drei verschieden langen Augen; $b'\,a'$, $b''\,a''$, $b'''\,a'''$ die entsprechenden Netzhautbildgrößen für denselben Gesichtswinkel, bzw. Knotenpunktswinkel AKB.

Die Berechnung ergibt, wie wir eben gesehen haben, daß, wenn das Korrektionsglas des achsenametropischen Auges im vorderen Brennpunkte steht, der Abstand des zweiten Knotenpunktes von der Netzhaut (g'') derselbe ist wie im emmetropischen Auge (G'').

Fig. 184 a.

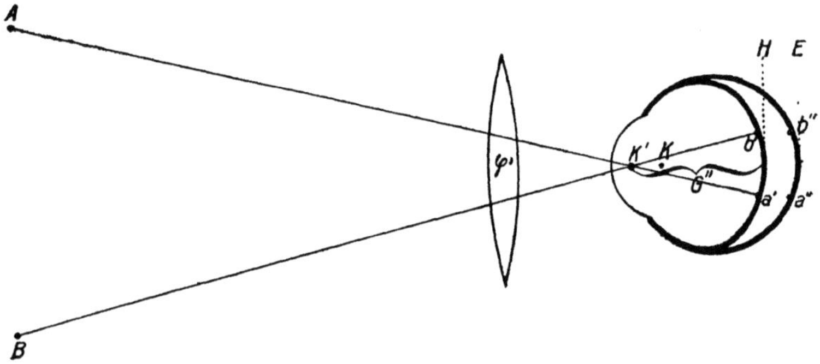

Man kann also sagen: Im achsenhypermetropischen Auge bewirkt das in φ' stehende korrigierende Konvexglas ein Vorrücken des vereinigten Knotenpunktes (K' Fig. 184 a) vor den des emmetropischen Auges (K), das gleich ist der Strecke, um welche dies Auge kürzer ist als das emmetropische.

Der Unterschied der Länge (l'') zwischen dem ametropischen und dem emmetropischen Auge ergibt sich aus obiger Formel $l'' = \frac{F' \cdot F''}{l'}$; worin

F' und F'' die beiden Hauptbrennweiten des Auges, l' die Entfernung des Fernpunktes vom vorderen Brennpunkte des Auges, bzw. die Brennweite des dort befindlichen Korrektionsglases bezeichnen.

Umgekehrt tritt, im achsenmyopischen Auge, unter dem Einflusse des in φ' stehenden konkaven Korrektionsglases, der zweite Knotenpunkt (K' Fig. 184b) um so viel hinter den des emmetropischen (K) zurück, als das myopische Auge länger ist als das emmetropische. G'', und somit die Größe des Netzhautbildes, bleibt also in allen drei Fällen gleich.

Fig. 184 b.

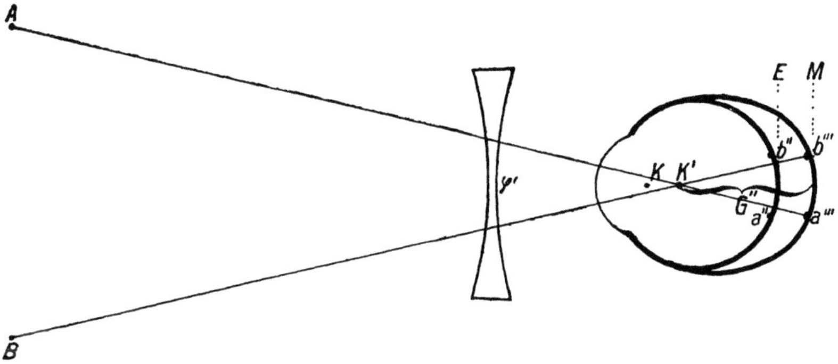

Man gelangt also auch auf diese Weise zu dem Schlusse, daß, wenn das Korrektionsglas im vorderen Brennpunkte des Auges steht, bei Achsenametropie die Netzhautbilder gleich sind, und somit die physiologische, bzw. *absolute Sehschärfe* bestimmt wird.

Wir haben die Resultate dieser Berechnungen experimentell bestätigen können. Am einfachsten gelingt dies natürlich bei Leuten, deren eines Auge emmetropisch ist. Setzt man vor das eine Auge ein Prisma, welches dessen Netzhautbild etwas über das des anderen Auges bringt, so lassen sich die beiden Bilder leicht miteinander vergleichen.

Der Unterschied der Bildgröße bei verschiedener Entfernung des Korrektionsglases, sowie die Gleichheit der Bilder im emmetropischen und ametropischen Auge, wenn das Korrektionsglas im vorderen Brennpunkte steht, treten auf diese Weise sofort zutage.

Noch genauer lassen sich die Berechnungen mit unserem Augenmodell (S. 366) kontrollieren. Dasselbe gestattet überhaupt alle einschlägigen Probleme ohne Rechnung, experimentell zu lösen.

Aus dem oben Gesagten geht hervor, daß sich die absolute Sehschärfe, sowie die Refraktion auch auf kurze Entfernung bestimmen lassen. Wir haben das Prinzip dieser optometrischen Methode schon im

Jahre 1877 angegeben[1]). Die Probetafel muß der kurzen Entfernung entsprechend reduziert sein.

Die Versuchsgläser werden im vorderen Brennpunkte (φ') vor dem Auge herumgeführt. Um das Korrektionsglas für die Ferne, d. h. das die Refraktion des Auges angebende Glas zu erhalten, muß man von dem das Auge auf die nahe Probetafel einstellenden Glase, so viel positive Dioptrieen abziehen, als der reziproke Wert des mit dem Meter gemessenen Abstandes der Probetafel von φ' beträgt. In der Tat braucht man sich einfach vorzustellen, in φ' befinde sich ein Konvexglas, dessen Brennpunkt in die Probetafel fällt. Da dasselbe die von letzterer ausgehenden Strahlen parallel macht, so entspricht es der Emmetropie des untersuchten Auges.

Nehmen wir an, es sei Konvex 4. Braucht der Untersuchte zum deutlichen Sehen + 6 dptr., so hat er eine Hypermetropie von $6 - 4 = 2$ dptr.; braucht er -6, eine Myopie von $-6 - 4 = 10$ dptr. Sieht er am deutlichsten ohne Glas, so hat er eine Myopie von $0 - 4 = 4$ dptr.

Um die Akkommodation auszuschließen, empfahlen wir die Prüfung, wo Binokularsehen vorhanden ist, mit einem Stereoskope vorzunehmen. Dem nicht untersuchten Auge wird nur der Rahmen der Sehproben dargeboten, welche das untersuchte Auge zu betrachten hat. Die Verschmelzung der um die Basallinie voneinander entfernten Rahmen erfordert Parallelismen der Gesichtslinien und begünstigt somit die Entspannung der Akkommodation.

Wir ziehen jedoch jedem Optometer die Bestimmung der Sehschärfe auf die Entfernung und mit den optischen Hilfsmitteln vor, in welcher und mit welchen dieselbe zur Verwendung kommt. Wir werden darauf bei der Bestimmung der Sehschärfe für die Arbeitsdistanz noch näher eingehen.

Um bei Krümmungsametropie, d. h. in Augen von gleicher Länge, aber verschieden brechendem System, Gleichheit der Netzhautbilder zu erhalten, müßte das Korrektionsglas, bei Abwesenheit der Linse, mit der Hornhaut in Kontakt, bei Vorhandensein der Linse, in den ersten Hauptpunkt, d. h. in das Auge selbst verlegt werden. Die die Endpunkte des Objektes mit dem Auge verbindenden Linien treffen dann im ersten bzw. im vereinigten Hauptpunkte desselben zusammen. Den so gebildeten Winkel nennen wir, mit Gullstrand, den Hauptpunktswinkel. Wir können also sagen: In krümmungsametropischen Augen entsprechen gleichen *Hauptpunktswinkeln* gleich große Netzhautbilder. Der Beweis dieser Tatsache ergibt sich direkt aus Gullstrands zweiter Grundformel: $K = \frac{A}{B}$[2]).

---

1) E. Landolt, Leçons sur le diagnostic des maladies des yeux. Paris, Delahaye. p. 133, 1877 u. 1883. Réfr. et Acc. in de Wecker et Landolt, p. 232.

2) Vgl. S. 23.

Darin bezeichnet $K = \frac{i}{o}$ das Verhältnis des Bildes zur Objektgröße, A den reziproken Wert des Abstandes (a) des Objektes vom ersten Hauptpunkte des Systems: $A = \frac{1}{a}$; B den reziproken Wert des reduzierten Abstandes (b) des Bildes vom zweiten Hauptpunkte des Systems. In unserem Beispiele fallen die beiden Hauptpunkte zusammen im Scheitel H der brechenden Fläche.

$\frac{1}{a}$ ist offenbar die Tangente des Hauptpunktswinkels, welche für so kleine Winkel wie die, mit denen wir es zu tun haben, als dem Hauptpunktswinkel selbst gleich gesetzt werden kann. $\frac{1}{a} = A$ ist aber auch der Ausdruck für die Refraktion des Auges, da das Objekt im Einstellungspunkte des Auges steht.

b entspricht, bei Krümmungsametropie, der Länge des Auges; ist also, und somit auch B, eine konstante Größe.

Daraus folgt also, daß, bei Krümmungsametropie, gleichen Hauptwinkeln gleich große Netzhautbilder entsprechen.

Beispiel: $A = 18$ dptr; $b = 20$ mm; $B = 66{,}6$ dptr. Bei Hypermetropie ist A *positiv*, bei Myopie *negativ*. In beiden Fällen erhalten wir für K denselben numerischen Wert:

$$K = \frac{18}{66{,}6} = \frac{1}{3{,}7};$$

nur ist derselbe *positiv* im ersten, *negativ* im zweiten Falle. D. h. im ersten Falle hat das Bild dieselbe Richtung wie das Objekt, im zweiten ist es zu demselben umgekehrt. Dabei ist aber nicht zu vergessen, daß das Objekt für das hypermetropische Auge nicht das Objekt selbst, sondern dessen umgekehrtes Bild ist. Das Netzhautbild des hyperopischen Auges ist denn auch gerade so umgekehrt im Bezug auf das Objekt wie das des myopischen, weil es dieselbe Richtung hat wie das ihm zugehörige umgekehrte Objekt.

Fig. 185.

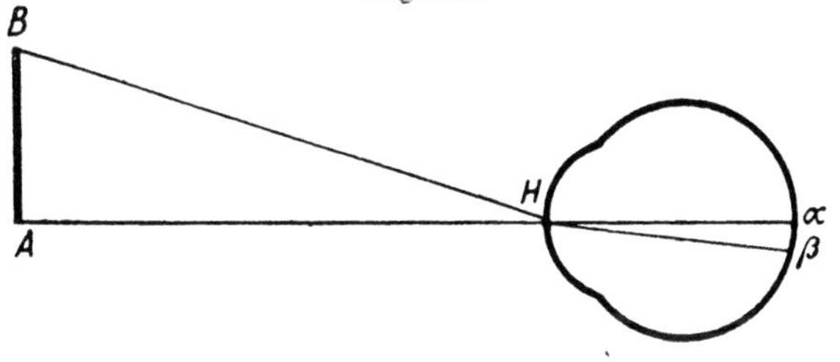

Die Tatsache, daß die Netzhautbilder gleich langer, aber verschieden brechender Augen für gleiche Hauptpunktswinkel gleich sein müssen, geht übrigens auch schon aus der einfachen Überlegung hervor, daß, wenn auch die Krümmung der brechenden Fläche des reduzierten Auges (Fig. 185) verschieden ist, bei der Ablenkung, welche der einfallende Strahl BH erfährt doch nur ihr Scheitel H in Betracht kommt; der dem Einfallswinkel AHB entsprechende Brechungswinkel $\alpha H \beta$ also derselbe bleibt. Somit ist auch das Netzhautbild $\alpha\beta$ für denselben Hauptpunktswinkel dasselbe, welches auch die Brechkraft und somit die Refraktion des Auges sein möge. (S. S. 25.)

Mit Badals Optometer (S. 85) würde man die Gleichheit der Netzhautbilder bei Achsenametropie dadurch erreichen, daß man den Brennpunkt der Optometerlinse mit dem vorderen Brennpunkte bei Krümmungsametropie mit dem Hauptpunkte des Auges zusammenfallen ließe.

Auf diese Weise würde also für die beiden Arten der Ametropie, die *absolute* bzw. *physiologische* Sehschärfe bestimmt.

Wir wissen allerdings selten mit etwelcher Sicherheit, ob wir es mit Achsen- oder Krümmungsametropie zu tun haben. Außerdem gibt es zwischen den beiden Arten von Ametropie alle möglichen Zwischenstufen; endlich ist es nicht so leicht, den Brennpunkt der Linse genau in eine der Kardinalpunkte des Auges zu verlegen.

Dies ist der Grund, warum wir das Ergebnis der Sehprüfung auf großen Abstand mittels des ungefähr 13 mm vor dem Auge stehenden Brillenglases einfach als die praktische Sehschärfe, bzw. die Sehtüchtigkeit des Auges für die Ferne bezeichnen.

Da das korrigierende Konkavglas der Myopie, ob dieselbe auf Achsenverlängerung oder auf Krümmungszunahme beruhe, die Netzhautbilder verkleinert, büßt das myopische Auge bei der Sehprüfung in der Ferne also einen Vorteil ein, den es hätte, wenn es ohne Glas geprüft würde, d. h. wenn das Prüfungsobjekt in seinem Fernpunkte stünde.

Umgekehrt bietet die vergrößernde Wirkung des korrigierenden Konvexglases dem hypermetropischen Auge, sei es kurz oder schwach brechend, einen Vorteil, der ihm entginge, betrachtete es das Objekt unbewaffnet, d. h. mit Hilfe seiner Akkommodation.

Steht das Objekt im Fernpunkte des unbewaffneten Auges, so erscheint es achsen-, wie krümmungsametropischen Augen unter gleichem Gesichts-, bzw. Knotenpunktswinkel, wenn man mit Gesichts-, bzw. Knotenpunktswinkel den Winkel bezeichnet, der gebildet wird von den Endpunkten des Objektes nach dem Knotenpunkte zielenden Strahlen.

Für gleiche Knotenpunktswinkel werden offenbar die Netzhautbilder, je nach der Art und dem Grade der Ametropie, verschieden groß, und zwar erhält das achsen- wie das krümmungshyperopische Auge ein kleineres, das achsen- wie das krümmungsmyopische ein größeres Bild als das emmetropische Auge.

Fig. 183 (S. 434) veranschaulicht die Verschiedenheit der Netzhautbilder achsenametropischer Augen, wo der Knotenpunkt derselbe bleibt, während die Länge des Auges verschieden ist.

Fig. (186) zeigt diese Verhältnisse für Krümmungsametropie, d. h. gleiche Achsenlänge aber nach der Brechkraft des Auges verschiedener Lage des Knotenpunktes ($k' \, k'' \, k'''$).

Fig. 186.

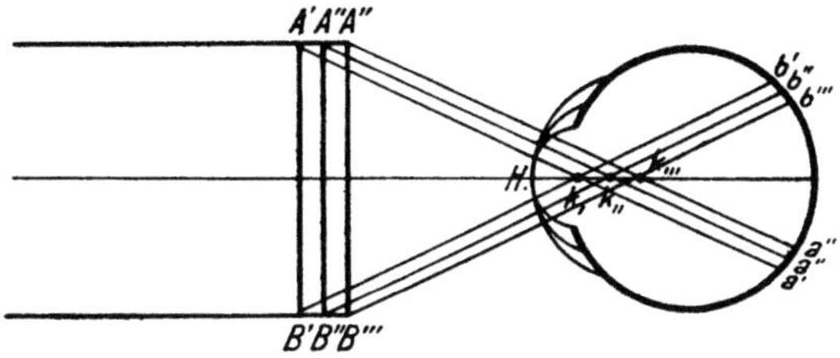

Bezeichnet man die auf der Gleichheit des Knotenpunktswinkels beruhende Sehschärfe mit V_r, die auf der Gleichheit des Netzhautbildes beruhende mit V_a, so gelten, nach Bordier (1894), für das reduzierte Auge folgende Formeln:

Für Achsenmyopie:

$$V_r = V_a \, (1 + 0{,}02 \cdot D),$$

worin D die Dioptrienzahl des im vorderen Brennpunkte (φ') des Auges stehenden Korrektionsglases, 0,02 m die hintere Hauptbrennweite (F'') des reduzierten Auges bedeuten, oder

$$V_a = \frac{V_r}{1 + 0{,}02 \cdot D}.$$

Für Krümmungsmyopie:

$$V_r = \frac{V_a \, (20 \, D + 1)}{15 \, D + 1},$$

worin 15 die vordere Hauptbrennweite (F') des reduzierten Auges bedeutet, also

$$V_a = \frac{V_r \, (15 \, D + 1)}{20 \, D + 1}.$$

Mit diesen Formeln findet Bordier für

dptr.	Achsen-myopie V_a	Krümmungs-myopie V_a
1	$0{,}98 \cdot V_r$	$0{,}762 \, V_r$
3	$0{,}943 \cdot V_r$	$0{,}754 \, V_r$
5	$0{,}91 \cdot V_r$	$0{,}752 \, V_r$
8	$0{,}86 \cdot V_r$	$0{,}75 \, V_r$

Für Achsenhypermetrie gelten die Formeln:

$$V_r = V_a \, (1 - 0{,}02 \, D)$$

Für Krümmungshypermetropie

$$V_r = \frac{V_a \, (10 \, D - 1)}{15 \, D - 1}$$

$$V_a = \frac{V_r\,(15\,D - 1)}{10\,D - 1}\,.$$

Danach ergibt sich für

dptr.	Achsen-hypermetropie V_a	Krümmungs-hypermetropie V_a
1	1,02 V_r	1,55 V_r
3	1,06 V_r	1,517 V_r
5	1,11 V_r	1,510 V_r
8	1,19 V_r	1,506 V_r
10	1,22 V_r	1,5 V_r

Bordier hat das Resultat seiner Berechnungen experimentell kontrolliert. Er benutzte dazu einen Astigmatiker, der auf beiden Augen im horizontalen Hauptschnitte emmetropisch war, während im vertikalen eine Myopie von 4,5 dptr. bestand.

Indem er vor das eine Auge eine horizontale, vor das andere Auge eine vertikale Spalte brachte, konnte er die Netzhautbildergröße eines emmetropischen mit der eines infolge erhöhter Refraktion myopischen Auges vergleichen.

Diese Versuche sollten sich noch besser mit einem und demselben astigmatischen Auge anstellen lassen. Als Sehobjekt würde ein Quadrat dienen, dessen Seiten den Hauptschnitten des Auges gleich gerichtet wären. Die vergrößernde, bzw. verkleinernde Wirkung des korrigierenden Zylinders würde sich aus der scheinbaren Form des Quadrates ergeben.

Gullstrand[1]) sieht von dem in seiner Lage sehr veränderlichen Knotenpunkte ab und zieht dafür mit Recht den Hauptpunkt in Betracht. Derselbe fällt, im reduzierten Auge, in den Scheitel der brechenden Fläche; er behält also seinen Ort bei, welches auch die Brechkraft, bzw. Refraktion dieses Auges sei. Aber auch im akkommodierenden Auge ist es erlaubt, für praktische Zwecke mit einem einzigen Hauptpunkte zu rechnen, weil die Lageveränderung, welche der zweite Hauptpunkt bei der Akkommodation eingeht, äußerst gering ist.

Gullstrand vergleicht also die auf dem Brennpunktswinkel, bzw. auf der Gleichheit der Netzhautbilder beruhende *absolute* Sehschärfe (V_a) mit der auf dem Hauptpunktswinkel beruhenden, welchen er die *natürliche* Sehschärfe nennt (V_n).

Dieser natürlichen Sehschärfe kann Gullstrand einen viel weiteren Begriff geben, als Bordier seiner wirklichen Sehschärfe. Sie entspricht der Sehschärfe des unbewaffneten Auges, unabhängig von dessen Akkommodation und der Entfernung des Objektes. Letztere wird vom vorderen Hauptpunkte des Auges ab gerechnet.

1) Gullstrand in Helmholtz physiol. Optik. III. Aufl. S. 314. 1909.

Da dabei das Auge unbewaffnet und doch scharf eingestellt sein muß, läßt sich die natürliche Sehschärfe für ein hypermetropisches Auge nur dann direkt bestimmen, wenn dasselbe eine zur Einstellung auf die Entfernung des Objektes genügende Akkommodation besitzt. Anderenfalls muß die natürliche Sehschärfe aus der absoluten, oder aus einer unter bekannten Bedingungen gemessenen relativen Sehschärfe berechnet werden.

Zur Berechnung der natürlichen Sehschärfe (V_n) aus der absoluten (V_a) gibt Gullstrand folgende Formel:

$$V_n = V_a(1 - dD).$$

Darin bedeutet V_a die Sehschärfe, erhalten unter Anwendung eines Glases von D Dioptrien, welches um den Abstand d vom Hauptpunkte des Auges entfernt ist. Hierbei ist d, wie alle Abstände in Dioptrienrechnungen, mit dem Meter gemessen. Es wird nach Gullstrand als *positiv* betrachtet. Sei z. B. die absolute Sehschärfe $V_a = 1$, das Korrektionsglas $D = 5$ dptr. (Hypermetropie), der Abstand $d = 0{,}015$ cm, so ergibt sich für die natürliche Sehschärfe

$$V_n = 1\,(1 - 0{,}015 \cdot 5) = 1 - 0{,}075 = 0{,}925.$$

Ist die absolute Sehschärfe desselben hypermetropischen Auges, bei demselben Abstande $d = 0{,}015$ cm, $V_a = 0{,}5$, so wird

$$V_n = 0{,}5\,(1 - 0{,}015 \cdot 5) = 0{,}5 \cdot 0{,}925 = 0{,}4625.$$

In der Tat muß, bei Hypermetropie, die natürliche Sehschärfe geringer sein, als die mit dem, außer korrigierenden, auch noch vergrößernden Konvexglase gewonnene absolute.

Das umgekehrte ist bei Myopie der Fall, wo die verkleinernde Wirkung des korrigierenden Konkavglases die absolute Sehschärfe im Vergleich zu der natürlichen herabsetzt. So nimmt für Myopie, weil D negativ ist, die obige Formel folgende Form an:

$$V_n = V_a\,(1 + dD).$$

Sei z. B. das korrigierende Glas $D = -5$ dptr., sein Abstand d wieder $= 0{,}015$ cm, und $V_a = 1$, so wird

$$V_n = 1\,(1 + 0{,}015 \cdot 5) = 1{,}075.$$

Ist die absolute Sehschärfe dieses myopischen Auges, *ceteris paribus*, $V_a = 0{,}5$, so ist die natürliche:

$$V_n = 0{,}5\,(1 + 0{,}015 \cdot 5) = 0{,}5 \cdot 1{,}075 = 0{,}5375.$$

Setzt man in obiger Formel $d = \frac{c}{100}$, so ist c der in Zentimetern ausgedrückte Abstand des Glases vom Auge, und man kann mit Gullstrand sagen: um die natürliche Sehschärfe zu finden, muß man die absolute um $c\,\%$ für jede Dioptrie des konvexen Korrektionsglases vermindern, für jede Dioptrie des konkaven um $c\,\%$ vermehren.

Umgekehrt ergibt die obige Formel bei Hypermetropie, wo D positiv ist, für die absolute Sehschärfe:

$$V_a = \frac{V_n}{1 - dD}.$$

Ist z. B. die natürliche Sehschärfe eines hypermetropischen Auges von 5 D: $V_n = 0{,}5$, so wird die entsprechende absolute Sehschärfe

$$V_a = \frac{0{,}5}{1 - 0{,}015 \cdot 5} = 0{,}54.$$

Für ein myopisches Auge wird $V_a = \frac{V_n}{1 + dD}$.

Ist die Myopie = 5 dptr, $V_n = 0{,}5$ und $d = 0{,}015$, so erhält man für

$$V_a = \frac{0{,}5}{1 + 0{,}015 \cdot 5} = 0{,}46.$$

Oder: die absolute Sehschärfe ergibt sich aus der natürlichen, indem die letztere für jede Dioptrie der Hypermetropie um $c\%$ vermehrt, bei Myopie um eben so viel vermindert wird.

Die Akkommodation vermindert selbstverständlich die mit dem Brennpunktswinkel bestimmte, absolute Sehschärfe. Ist doch die vergrößernde Wirkung der Akkommodation, welche einem mit dem Auge direkt verbundenen Konvexglase gleichkommt, geringer als die mit einem in einer gewissen Entfernung vom Auge stehenden Konvexglase gewonnenen.

Die absolute Sehschärfe des akkommodierenden Auges ergibt sich, nach Gullstrand, wenn man die mit dem Brennpunktswinkel bestimmte Sehschärfe für jede Dioptrie der Akkommodation um 1,5 % vermehrt.

In der Tat hat Gullstrand auch für Brechungs-, bzw: Krümmungsametropie, als welche ein akkommodierendes Auge zu betrachten ist, eine einfache Formel angegeben, mit welcher sich das Verhältnis der Sehschärfe des brechungsametropischen zu der des gleich langen emmetropischen Auges berechnen läßt. Die Formel lautet:

$$V = V_\Delta \left(1 + \frac{\Delta}{D_1}\right)$$

oder

$$V_\Delta = \frac{V}{1 + \frac{\Delta}{D_1}}.$$

Darin bedeutet V die Sehschärfe des emmetropischen Auges, D_1 dessen Brechkraft im Ruhezustande.

V_Δ die Sehschärfe eines Auges, dessen Brechkraft um Δ von der des emmetropischen verschieden ist.

D_1 ist im reduzierten Auge = 66,66 dptr. (S. 17) also $\frac{1}{D_1} = 1{,}5$ cm, bzw. $\frac{1^{\mathrm{m}}{,}5}{100}$.

In dieser Form in obige Formel eingeführt, ergibt sich

$$V = V_\Delta\left(1 + \frac{\Delta\, 1{,}5}{100}\right),$$

oder

$$V = V_\Delta(1 + \Delta \cdot 1{,}5\,\%).$$

Die Addition in dieser Formel ist selbstredend so zu verstehen, daß, wenn Δ eine negative Größe ist, die Addition zu einer Subtraktion wird.

In Worten: Die absolute Sehschärfe des normalen Auges ist um so viele Prozente größer, bzw. geringer, als die eines krümmungsametropischen Auges, als die mit 1,5 % multiplizierte Zahl der Dioptrien beträgt, um welche die Brechkraft der letzteren die der ersteren übertrifft, bzw. derselben nachsteht[1].

So differiert z. B. die Sehschärfe des astigmatischen Auges, von dem einen zu dem anderen Hauptschnitte um 1,5 % für jede Dioptrie des Unterschiedes der Brechkraft zwischen den beiden Hauptschnitten.

Nach diesem Prinzipe läßt sich auch die absolute Sehschärfe des aphakischen Auges berechnen:

Die Brechkraft des schematischen linsenhaltigen Auges (D_1) ist = 65 dptr., die Brechkraft des linsenlosen schematischen Auges = 43 dptr.

Der Unterschied zwischen den beiden Brechkräften ist also

$$\Delta = 65 - 43 = 22 \text{ dptr.}$$

Das aphakische Auge ist um 22 dptr. schwächer brechend, als das linsenhaltige. Das Δ in obiger Formel wird also *negativ.*

So erhalten wir für die Sehschärfe des gleichlangen linsenhaltigen Auges:

$$V = 1\left(1 - \frac{22}{65}\right) = 0{,}662\, V_\Delta,$$

also ungefähr $^2/_3$ der des aphakischen Auges.

Umgekehrt: ist die Sehschärfe des linsenhaltigen Auges $V = 1$, so wird die Sehschärfe desselben Auges, wenn es seiner Linse beraubt ist:

$$V_\Delta = \frac{1}{1 - \frac{22}{65}} = 1{,}55,$$

also ungefähr um $^1/_3$ größer als die des linsenhaltigen Auges.

Um dem Leser zu ermöglichen, die Verhältnisse, welche wir der Einfachheit halber mit dem auf eine einzige brechende Fläche *reduzierten* Auge betrachtet haben, auf das *linsenhaltige* Auge zu übertragen, geben wir in Figur 187 ein solches mit den üblichen Bezeichnungen. Sie kann auch zur Rekapitulation des eben Gesagten dienen.

---

1) Gullstrand in Helmholtz physiol. Optik. III. Aufl. S. 313 u. ff. und v. Hess, dieses Handbuch K. XII. S. 202—212.

Figur 187 stellt ein linsenhaltiges Auge dar, das auf das Objekt $AB = o$ eingestellt ist, von demselben also auf seiner Netzhaut ein scharfes Bild $ba = i$ erhält.

h' und h'' sind die beiden Hauptpunkte,
k' nnd k'' die beiden Knotenpunkte,
φ' und φ'' die beiden Hauptbrennpunkte des Auges,
$h'\varphi' = F'$ ist also die vordere,
$h''\varphi'' = F''$ die hintere Hauptbrennweite des Auges.

Den Abstand des ersten Hauptbrennpunktes vom ersten Knotenpunkte ($k'\varphi'$) pflegt man mit G', den des zweiten Hauptbrennpunktes vom zweiten Knotenpunkte ($k''\varphi''$) mit G'' zu bezeichnen. $F' = G''$ und $F'' = G'$.

Fig. 187.

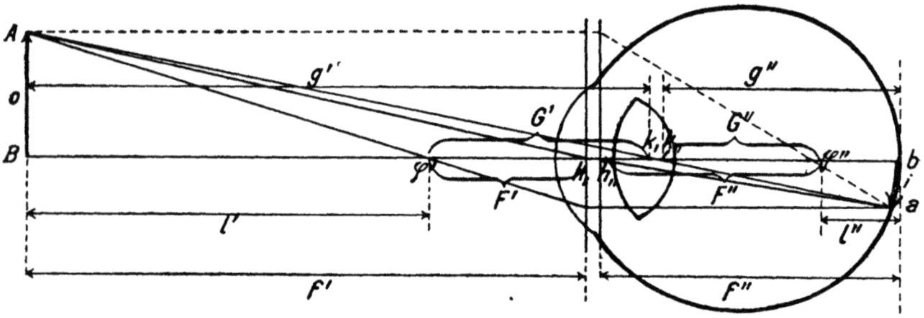

Der Abstand des Objektes vom ersten Hauptpunkte ($Bh' = f'$) ist die erste konjugierte Brennweite.

Der Abstand des Bildes vom zweiten Hauptpunkte ($bh'' = f''$) ist die zweite konjugierte Brennweite.

Den Abstand des Objektes vom ersten Knotenpunkte (Bk') pflegt man mit g', den des Bildes vom zweiten Knotenpunkte (bk'') mit g'' zu bezeichnen. g'' ist offenbar $= G'' + l''$.

Der Unterschied zwischen der ersten Haupt- und der ersten konjugierten Brennweite: $f' - F' = l'$ ist offenbar gleich der Brennweite des in φ' stehenden Korrektionsglases.

Der Unterschied zwischen der zweiten Haupt- und der zweiten konjugierten Brennweite: $f'' - F'' = l''$ entspricht dem Unterschiede der Länge des emmetropischen und des achsenametropischen Auges.

Der Wert l'' berechnet sich sehr einfach mit der Formel

$$l'' = \frac{F' \cdot F''}{l'},$$

oder auch

$$l'' = \frac{G'' \cdot G'}{l'}.$$

Im reduzierten Auge, wo $F' = G'' = 15$ mm; und $F'' = G' = 20$ mm, ist der Zahler des Bruches $15 \cdot 20 = 300$ mm.

In Gullstrands schematischem Auge, wo $F' = -17{,}05$ mm und $F'' = 22{,}78$ mm, wird er $= -388{,}4$ mm.

Ist l'' im achsenmyopischen Auge dem G'', bzw. F'' zuzuzahlen ($g'' = G'' + l''$, und $f'' = F'' + l''$), so muß es für das achsenhypmetropische Auge selbstredend davon abgezogen werden ($g'' = G'' - l''$ und $f'' = F'' - l''$).

$A\varphi' B$ ist der Brennpunktswinkel; seine Tangente $\frac{AB}{Bh'} = \frac{o}{l'} = \frac{i}{F'}$, verläuft doch der von A durch φ' gegangene Strahl, nach seiner Brechung im Auge, der Achse Bb parallel, so daß $i = ba$ gleich ist dem Abstande, der h' von dem gebrochenen Strahle trennt.

$Ah'B = ah''b$ ist der Hauptpunktswinkel; seine Tangente $\frac{AB}{Bh'} = \frac{o}{f'}$; oder auch $\frac{ab}{bh''} = \frac{i}{f''}$.

$Ak'B = ak''b$ ist der Knotenpunktswinkel; seine Tangente $\frac{AB}{Bk'} = \frac{o}{g'}$; oder auch $\frac{ab}{bk''} = \frac{i}{g''}$.

Aus der Figur geht hervor, daß, je weiter das Objekt vom Auge entfernt ist, desto geringer wird der Unterschied zwischen Hauptpunkts- und Knotenpunktswinkel.

Den Knotenpunktswinkel $bk''a$ begrenzt auf der Netzhaut des *myopischen* Auges das Bild $ba = i$, auf der des *emmetropischen* Auges, die in φ'' liegt, das von φ'' auf $k''a$ gefällte Lot, welches der Größe des Netzhautbildes dieses Auges entspricht. Bezeichnen wir es mit e, so verhält sich offenbar

$$\frac{i}{e} = \frac{g''}{G''} = \frac{G'' + l''}{G''}.$$

Nun ist aber e auch gleich dem Netzhautbilde des in φ' korrigierten achsenametropischen Auges.

Da sich, *ceteris paribus*, die praktischen Sehschärfen verschiedener Augen zueinander verhalten wie die Größe ihrer Netzhautbilder, so können wir, statt i, setzen: V_r (die auf den Knotenpunktswinkel bezogene *reelle* Sehschärfe Bordiers), statt e: V_a (die auf der Gleichheit der Netzhautbilder beruhende *absolute* Sehschärfe) und schreiben

$$\frac{V_r}{V_a} = \frac{G'' + l''}{G''}.$$

Für ein achsenmyopisches reduziertes Auge, korrigiert durch — 10 dptr. in φ', ist $l' = 100$ mm und

$$l'' = \frac{300}{100} = 3 \text{ mm}.$$

Also

$$V_r = V_a \frac{15 + 3}{15} = \frac{18}{15} = 1{,}2\ V_a.$$

Für ein achsenhypermetropisches Auge korrigiert durch + 10 dptr. in φ', würde $g'' = 15 - 3 = 12$ mm.

Also

$$V_r = V_a \frac{12}{15} = 0{,}8\ V_a.$$

Ziehen wir den Hauptpunkswinkel $bh''a$ in Betracht, so erhalten wir, als Netzhautbild des emmetropischen Auges, das von φ'' auf $h''a$ gefällte Lot e', und für das Verhältnis der Größe des Netzhautbildes des achsenmyopischen zu der des emmetropischen Auges, bzw. zu der des in φ' korrigierten achsenmyopischen Auges, die Gleichung:

$$\frac{i}{e'} = \frac{f''}{F''} = \frac{F'' + l''}{F''}.$$

Da i Gullstrands natürlicher Sehschärfe (V_n), e' dessen absoluter Sehschärfe (V_a) entspricht, so erhalten wir für V_n den Ausdruck:

$$V_n = V_a \left(\frac{F'' + l''}{F''}\right).$$

Für ein durch —10 dptr. in φ' korrigiertes achsenmyopisches Auge ergibt sich danach:

$$V_n = V_a \left(\frac{20 + 3}{20}\right) = \frac{23}{20} = 1{,}15\ V_a.$$

Für ein achsenhypermetropisches Auge unter denselben Verhältnissen:

$$V_n = V_a \left(\frac{20 - 3}{20}\right) = \frac{17}{20} = 0{,}805\ V_a.$$

Daraus erhellt auch der Unterschied zwischen der auf den Knotenpunkts-, und der auf den Hauptpunktwinkel bezogenen Sehschärfe für eine Achsenmyopie (bzw. Hypermetropie) korrigiert durch —, bzw. + 10 dptr. in φ'.

Ist auch die Natur der Ametropie selten mit Gewißheit festzustellen, so haben doch solche Berechnungen den großen Wert, den nicht zu vernachlässigenden Unterschied klarzulegen, der besteht zwischen der physiologischen Funktionstüchtigkeit der Netzhaut (absolute Sehschärfe) und der eigentlichen Fähigkeit des Auges zur Erkennung der Einzelheiten eines Objektes, mit einem Worte, der wirklichen oder praktischen Sehschärfe.

Ähnlich wie die Brechkraft des optischen Systemes des Auges nicht der Refraktion desselben entspricht, so folgt aus der physiologischen nicht direkt die wirkliche Sehschärfe.

Auch hier macht sich der Einfluß der Länge des Auges, bzw. des Abstandes des zweiten Knotenpunktes von der Netzhaut, geltend, und zwar, wie wir gesehen haben, in bezug auf die Größe der Netzhautbilder.

Haben zwei Augen gleichwertige Netzhäute, d. h., ist das kleinste Intervall, unter welchen sie zwei Eindrücke noch als getrennt unterscheiden, für beide dasselbe, so hat das Auge in Wirklichkeit einen Vorzug vor dem anderen, das ein größeres Netzhautbild erhält.

Bei gleichem Distinktionswinkel ist das Netzhautbild um so größer, je länger das Auge, oder doch jedenfalls je größer der Abstand des zweiten Knotenpunktes von der Netzhaut ist.

Myopische Augen haben deshalb, unter gewissen Umständen, einen Vorteil vor hypermetropischen.

Wir werden auf diese Tatsache bei der Prüfung der Sehschärfe in der Nähe noch eingehen. Bei der Sehprüfung auf große Entfernung tritt allerdings der Unterschied zwischen den beiden Arten der Sehschärfe nicht immer deutlich zutage, wenigstens nicht bei Ametropen. Die dabei gebrauchten Korrektionsgläser berauben den Myopen mehr oder weniger des Vorteils seines langen Auges, während sie den Hypermetropen über die Kleinheit seines Netzhautbildes hinweghelfen.

Wenn immer aber das Auge ohne Hilfsglas zur Verwendung kommt, so tritt die natürliche, bzw. wirkliche, die praktische Sehschärfe (die »Sehleistung im engeren Sinne«)[1] in ihre Rechte, und es macht sich der Unterschied der Größe der Netzhautbilder bei gleichem Distinktionswinkel zum Vor- oder Nachteil der praktischen Sehschärfe des Auges geltend.

Doch kehren wir zur Bestimmung der Sehschärfe in der Praxis, des *Minimum separabile* zurück!

Wir haben S. 430 gesehen, daß dasselbe dem *kleinsten Distinktionswinkel AKB* (Fig. 181) *umgekehrt proportional* ist. Wir hätten die Spitze dieses Winkels allerdings statt in das optische Zentrum (*K*) des Auges, in dessen Hauptpunkt (*H*) verlegen können; legen wir doch dem Hauptpunktswinkel die Messung der Sehschärfe zugrunde. Bei der großen Entfernung aber, in welcher wir die Sehprüfung gewöhnlich vornehmen, kommen die wenigen Millimeter, welche die beiden Punkte voneinander trennen, nicht in Betracht, wir können also den Distinktionswinkel allgemein mit $\frac{o}{d}$, den Grad der Sehschärfe umgekehrt mit $v = \frac{d}{o}$ bezeichnen.

Ist das Objekt o konstant, so können wir setzen $o = 1$, und der Ausdruck für v wird einfach $v = d$, d. h. für ein und dasselbe Objekt ist die Sehschärfe proportional der Entfernung d, in welcher es gerade noch unterschieden werden kann.

Erkennt ein Auge dasselbe in der Entfernung d', ein anderes in der Entfernung d'', so verhält sich die Sehschärfe (v') des ersten zu der (v'') des anderen Auges wie d' zu d''.

$$v' : v'' = d' : d'',$$

woraus

$$v' = \frac{v''d'}{d''}.$$

1) Nach Triebel, Deutsche Marineordnung, 1889 und 1894.

Ist dagegen die Entfernung des Objektes d konstant, so können wir setzen $d = 1$, und der Ausdruck für v wird $v = \frac{1}{o}$; d. h. für eine und dieselbe Entfernung, ist die Sehschärfe umgekehrt proportional der Größe des Objektes, bzw. des Intervalls, das gerade noch erkannt wird.

Hat dasselbe für ein Auge die Größe o', für ein anderes die Größe o'', so verhält sich die Sehschärfe des ersten (v') zu der des letzteren (v'') wie

$$v' : v'' = \frac{1}{o'} : \frac{1}{o''} = o'' : o',$$

woraus

$$v' = \frac{v'' \cdot o''}{o'}.$$

Die Maßeinheit der Sehschärfe.

Als Einheit zur Messung der Sehschärfe dient der Distinktionswinkel von einer Minute. Diese Einheit galt, seit dem Jahre 1862, da sie Snellen und Giraud-Teulon ihren Sehproben zugrunde zu legen suchten, theoretisch wenigstens, ziemlich allgemein.

Ihre eigentliche Sanktion aber hat sie erfahren im Jahre 1909 durch den Beschluß des internationalen Ophthalmologenkongresses in Neapel.

Der vorhergehende Kongreß (Luzern 1904) hatte nämlich, zur Vereinheitlichung der Sehprüfung eine Kommission ernannt. Sie bestand aus folgenden, zur Lösung dieser so wichtigen Frage ganz besonders befähigten Gelehrten: Charpentier (Nancy), Dimmer (Wien), Eperon (Lausanne), v. Hess (München), Jessop (London), Nuël (Lüttich) und Raymond (Turin).

Die Vorschläge, welche diese Kommission nach gründlichem Studium durch ihren Obmann Prof. v. Hess, den in Neapel versammelten Kollegen vorlegte, bestanden in dem *Minimum separabile* als Prinzip der Sehprüfung, dem Distinktionswinkel von *einer Minute* als Maßeinheit und der gleich zu besprechenden Figur als *Einheitssehzeichen*. Sie wurden einstimmig angenommen.

Es ist dies ein großes Glück zu nennen, und es wäre äußerst wünschenswert, wenn die Ophthalmologen sich streng an die so wohl begründeten Beschlüsse dieses internationalen Kongresses halten würden[1]).

Nichts ist unserer Kunst, die mit den exakten Wissenschaften so eng verbunden ist, unwürdiger und schädlicher als die Unklarheit und Unordnung, welche in einer so wichtigen Frage, wie die der Bestimmung der Sehschärfe, solange geherrscht hat und leider noch herrscht.

1) Vgl. L. Löhner, Die Sehschärfe des Menschen und ihre Prüfung. S. 76 u. 81.

Der Distinktionswinkel von einer Minute ist von den Autoren zur Maßeinheit der Sehschärfe ($V = 1$) gewählt worden, weil er dem Mittel der unter den gewöhnlichen Verhältnissen der Praxis geprüften gesunden Augen entspricht. Normale junge Augen besitzen oft eine bedeutend höhere Sehschärfe. Mit dem Alter kann dieselbe unter 1 sinken, ohne pathologisch zu werden. Es ist deshalb geraten, den für die Einheitsschärfe oft gebrauchten Ausdruck: normale Sehschärfe fallen zu lassen. Wäre doch, im ersten Falle, wo die Sehschärfe 1 gewöhnlich übersteigt, $V = 1$ nicht normal, im letzteren dagegen, wo sie physiologisch unter 1 sinkt, doch noch normal.

Die Sehschärfe fast aller Augen, mit denen wir es in der Praxis zu tun haben, ist geringer als 1. Deshalb wird der Ausdruck für den Grad der Sehschärfe unserer Patienten fast immer ein Bruch. Diese unnütze Komplikation hätte man dadurch vermeiden können, daß man, nach Herrn SULZERS (1899)[1]) Vorschlag, die Maßeinheit um das Zehnfache verkleinert, 10′ statt 1′, zum Einheitswinkel gewählt hätte. Dann wäre unser gegenwärtiges 0,1 zu 1, das 1 zu 10 geworden. Wir hätten, wie bei der Refraktionsbestimmung durch die Einführung der Dioptrie, statt mit Brüchen, meist mit ganzen Zahlen zu tun gehabt. Doch die Vorschläge der Kommission sind angenommen, und der kleine Vorteil den uns die angegebene Modifikation bringen würde, kommt nicht in Betracht gegenüber den unabsehbaren Nachteilen, die aus dem Rütteln an den gefaßten Beschlüssen hervorgehen würden.

Aus historischem Interesse erwähnen wir nur die Bestrebung, die lange in der Ophthalmologie gespukt hat, die maximale Sehschärfe als Maßeinheit zu wählen. In diesem Falle hätte man erst recht immer nur mit Brüchen zu tun gehabt. Außerdem ist es aber auch kaum möglich, festzustellen, was eigentlich das Maximum der Sehschärfe ist.

Die Maßeinheit der Sehschärfe ist also eine Minute. D. h.: ein Auge, das zwei Eindrücke gerade noch unter einem Gesichtswinkel von 1′ zu unterscheiden vermag, hat eine Sehschärfe $V = 1$.

Nun ist, wie wir gesehen haben, die Sehschärfe nicht proportional, sondern umgekehrt proportional dem Distinktionswinkel: $v = \frac{d}{o}$, wenn $\frac{o}{d}$ den Distinktionswinkel bezeichnet.

Wir können also die Einheitssehschärfe ausdrücken durch $V = \frac{D}{O}$, worin D die Entfernung bedeutet, unter welcher das Prüfungsobjekt, bzw. das darin enthaltene Intervall (O) unter einem Winkel von einer Minute erscheint.

---

1) E. LANDOLT, Dieses Handb., 2. Aufl., S. 463 und Arch. f. Augenheilk. LXVII S. 41, 1910.

Da $\frac{O}{D} = \text{tg} \cdot 1' = 0{,}00029089$, sagen wir $0{,}000291$, so ist $V = \frac{D}{O}$ der reziproke Wert der Tangente einer Minute $= \frac{1}{\text{tg}\,1'} = \frac{1}{0{,}000291} = 3436.$

Irgendwelche Sehschärfe v verhält sich offenbar zur Einheitssehschärfe V wie

$$v : V = \frac{d}{o} : \frac{D}{O}.$$

Ist für beide die Entfernung des Objektes vom Auge dieselbe ($d = D = 1$), so wird

$$v : V = \frac{1}{o} : \frac{1}{O}$$

also

$$v = \frac{V \cdot O}{o}$$

und, da V die Einheitssehschärfe $= 1$, so ist

$$v = \frac{O}{o}.$$

In Worten: Eine gesuchte Sehschärfe ist gleich dem Intervall zwischen zwei Punkten, bzw. dem Objekte, das in der gegebenen Entfernung unter dem Gesichtswinkel einer Minute erscheint, dividiert durch die Größe, die es haben muß, um von dem fraglichen Auge gerade noch erkannt zu werden.

Ist andererseits das Objekt dasselbe ($o = O = 1$), so verhalten sich

$$v : V = d : D.$$

Es wird

$$v = \frac{Vd}{D}$$

und, da $V = 1$,

$$v = \frac{d}{D}.$$

D. h.: Die Sehschärfe eines Auges ist gleich der Entfernung d, in welcher es das Prüfungsobjekt unterscheidet, dividiert durch die Entfernung D, in welcher dasselbe unter einem Winkel von einer Minute erscheint. So ist der bekannte Snellensche Ausdruck $\left(v = \frac{d}{D}\right)$ für den Grad der Sehschärfe abzuleiten.

Dieser Ausdruck läßt sich jedoch als solcher nur dann anwenden, wenn D bekannt ist, d. h. wenn, wie auf gewissen Probetafeln, jedem Sehzeichen die Entfernung beigegeben ist, in welcher es unter einem Winkel von einer Minute erscheint.

Welches ist z. B. die Sehschärfe eines Auges, das in der Entfernung $d = 10$ m ein Objekt (Intervall) δ von 5 mm unterscheidet?

Snellens Formel $v = \frac{d}{D}$ gibt uns darüber keinen Aufschluß. Wir kennen darin nur d, nicht aber D, d. h. die Entfernung, in welcher 5 mm der Tangente einer Minute entsprechen.

Um einen direkt anwendbaren Ausdruck zu erhalten, greifen wir auf die Formel $v = \frac{d}{o}$ zurück. Dieselbe drückt im allgemeinen die Sehschärfe, d. h. den reziproken Wert der Tangente irgend eines Distinktionswinkels aus. Um zu erfahren, wie viele Einheiten diese Sehschärfe (v), dieser reziproke Wert eines Distinktionswinkels enthält, müssen wir sie offenbar mit der Einheitssehschärfe V dividieren: $\frac{v}{V}$.

Nun ist, wie wir oben gesehen haben,

$$V = \frac{1}{\operatorname{tg} 1'} = \frac{1}{0{,}000\,291} = 3436,$$

also ist

$$v = \frac{d}{o \cdot 3436}. \qquad \text{(Ia)}$$

Wir können auch schreiben:

$$v = \frac{d/o}{1/\operatorname{tg} 1'} = \frac{d \operatorname{tg} 1'}{o} = \frac{d \cdot 0{,}000\,291}{o}. \qquad \text{(Ib)}$$

Nehmen wir ein Beispiel: Welches ist die Sehschärfe (v) eines Auges, welches in der Entfernung $d = 10$ m $= 10\,000$ mm ein Objekt $o = 5$ mm unterscheidet?

Die Formel Ia ergibt:

$$v = \frac{10\,000}{5 \cdot 3436} = \frac{10\,000}{17\,180} = 0{,}58;$$

die Formel Ib:

$$v = \frac{10\,000 \cdot 0{,}000\,291}{5} = 0{,}58.$$

In Worten: Um eine beliebige, mit einem Normalsehzeichen von beliebiger Größe, in beliebiger Entfernung gefundene Sehschärfe in Einheitssehschärfen auszudrücken, muß dieselbe mit 3436 dividiert, oder mit 0,000 291 multipliziert werden.

Es versteht sich von selbst, daß, um ein richtiges Resultat zu ergeben, jegliche Sehprüfung mit dem klassischen Sehzeichen vorgenommen werden muß. Das o in obiger Formel kann also nicht jedem beliebigen Objekte, es muß der Lücke des gleich zu beschreibenden Normalsehzeichens entsprechen.

Das Prüfungsobjekt zur Messung der Sehschärfe.

Das zur Messung der Sehschärfe dienende Sehzeichen — der *Optotypus* nach Snellen — muß gestatten, die Erkennungsschärfe des Auges, mittels des *Minimum separabile*, zu bestimmen.

1. Es darf also nicht in einem einzigen Punkte, bzw. Flecke bestehen, denn bei dessen Wahrnehmung kommen hauptsächlich der Licht- und der Raumsinn in Betracht[1]). Das Prüfungsobjekt der Sehschärfe muß eine Figur darstellen, deren Erkennung die Unterscheidung von zwei getrennten Gesichtseindrücken erfordert.

2. Es muß bei geschulten wie ungeschulten Personen jeder Nation anwendbar sein.

3. Es muß eine einfache Fragestellung und Beantwortung gestatten.

4. Es muß möglichst wenig Anspruch an die Intelligenz des Untersuchten machen.

5. Es muß das Erraten möglichst ausschließen, und

6. die rasche Kontrolle der Antwort des Untersuchten gestatten.

Dies Problem hat man in der verschiedensten Weise zu lösen versucht.

Zwei Punkte allein zur Prüfung zu verwenden, würde nicht angehen. Selbst der geübteste Beobachter, wenn er weiß, daß er zwei Punkte vor

---

1) Einzelne stehende kreisförmige, sowie quadratische Punkte sind namentlich von Guillery, Javal und Wolffberg zur Sehprüfung vorgeschlagen worden. Als Einheit seiner Prüfungsobjekte wählte Guillery (1893, 1896) einen Punkt, der in 5 m Entfernung unter einem Gesichtswinkel von 50″ erscheint. Derselbe hat einen Durchmesser von 1,212 mm. Der Flächeninhalt dieses Punktes verhielt sich zu dem der nachfolgenden Punkte wie 1 : 2 : 3 : usw. Die entsprechenden Sehschärfegrade werden als 1, $1/2$, $1/3$ usw. bezeichnet. Um die Antwort des Untersuchten zu kontrollieren, war jeder Punkt in ein Quadrat eingeschrieben. Der Untersuchte hatte die Lage des Punktes zu den Seiten, bzw. Ecken des Quadrates anzugeben. Entsprechen diese Sehproben auch nicht vollkommen den eben gestellten Anforderungen, so sind doch die namentlich von Guillery damit angestellten Versuche vom physiologischen Standpunkte aus sehr beachtenswert, und haben wir deshalb nicht ermangelt, seine Arbeiten alle im Literaturverzeichnisse anzuführen.

Wolffberg (1911 u. 1912) hat ebenfalls, unter dem Namen »Würfelpunkt-Sehproben«, einzelne Punkte zur Sehprüfung vorgeschlagen. Sie bestehen aus fünf schwarzen Quadraten mit weißen Flächenpunkten, die auf dem schwarzen Grunde verschieden angeordnet sind. Sie sollen allerdings mehr zu einer raschen Vorprüfung bei Untersuchungen in Schulen usw. dienen. Mit Recht betont in der Tat Wolffberg den bedeutenden Unterschied, welcher zwischen den mit seinen, den Snellenschen und Cohnschen Sehproben und der mit dem internationalen Sehzeichen gewonnenen Sehschärfegrade besteht.

Vergleichende Untersuchungen, die Löhner (1912) mit einzelnen Punkten, Buchstaben, Haken und Ringen angestellt hat, haben das interessante Resultat ergeben, daß die »Punktsehschärfe« verschiedener Individuen mit gleicher »Formsehschärfe« durchaus nicht die gleiche ist. Da es sich aber in der Praxis um das Erkennen von Figuren handelt, so ist diese Tatsache ein weiterer Beweis dafür, daß sich einzelne Punkte nicht zur praktischen Sehprüfung eignen.

sich hat, gibt sich nur schwer Rechenschaft darüber, wann er die Punkte noch als getrennte Eindrücke empfindet, und wann sie in einen einzigen Eindruck verschmelzen. Ganz unmöglich ließe sich damit die Sehprüfung in der gewöhnlichen Praxis bewerkstelligen. Da müssen wir imstande sein, die Antworten des Untersuchten zu kontrollieren.

Wir haben deshalb schon im Jahre 1876 Versuche gemacht mit Sehproben, die einerseits aus zwei schwarzen quadratischen Punkten, andererseits aus grauen Rechtecken bestanden, welche die gleiche Dimension hatten wie die durch die zwei Punkte mit ihrem Intervalle gebildete Figur. Das Grau der Rechtecke war gleich demjenigen, das man auf Maxwells rotierender Scheibe durch Mischen von zwei Teilen des Schwarz der Punkte mit einem Teil des Weiß des Grundes erhält. Auf diese Weise konnte man sich darüber Rechenschaft geben, ob der Untersuchte zwischen zwei getrennten und einem einfachen Eindrucke zu unterscheiden vermöge.

Auf der Probetafel wechselten Punkte mit Rechtecken in unregelmäßiger Weise miteinander ab. So konnte der Untersuchte, wenn er nicht deutlich sah, nicht wissen, ob er Punkte oder Rechtecke vor sich habe. Um die Sehschärfe auf eine bestimmte Entfernung vornehmen zu können, verwendeten wir Punkte von entsprechender Größe und gegenseitigem Abstande. Sie waren radienförmig angeordnet, die kleineren dem Zentrum am nächsten, die größeren immer weitere Kreise bildend. So war es möglich, mit denselben Objekten, außer der Sehschärfe und der Refraktion im allgemeinen, auch den Astigmatismus zu bestimmen, wurden doch in der zu dem korrigierten Hauptschnitte senkrechten Richtung die Punkte am besten unterschieden.

Pergens (1908) fand, daß zwei quadratische, schwarze Punkte auf weißem Grunde am besten getrennt unterschieden werden, wenn der Zwischenraum zwischen beiden 2mal so groß ist, als die Seite eines derselben. Löhner, der mit kreisförmigen Punkten experimentierte, fand als günstigstes Intervall den dreifachen Wert des Radius eines Punktes (1912).

Fig. 188.

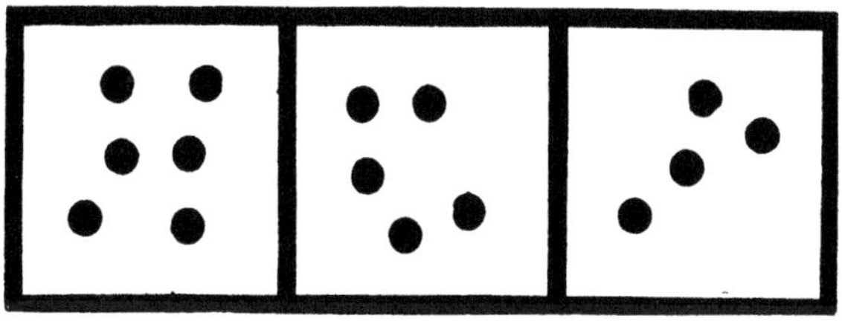

Striedinger (1860), Snellen, Boettcher (1876), Burchardt (1869 u. 1871) versuchten, die Sehschärfe mit mehreren schwarzen Tüpfeln auf weißem Grunde zu bestimmen (Fig. 188). Erst wenn der Untersuchte dieselben zu zählen imstande war, sollte der Beweis geliefert sein, daß er die Punkte getrennt unterscheide. Dies ist jedoch nicht ganz zutreffend: um Punkte zu zählen, muß nämlich das Auge sozusagen von dem einen zum anderen springen, seine *Foveola* sukzessive von dem einen auf den anderen richten. Der kleinste Distinktionswinkel ist aber, wie wir nachgewiesen haben[1]), normalerweise viel kleiner als die kleinste Exkursion, die ein Auge auszuführen imstande ist.

Man hat auch versucht, parallele Striche als Prüfungsobjekt zu verwenden. Solche finden sich schon unter Snellens Optotypen, und zwar in sehr verschiedener Form: einmal sind es 2, dann 3 parallele Striche, die an einem Ende durch einen zu ihnen senkrechten Strich verbunden sind (Fig. 189 A und B).

Wenn der Autor auf diese Weise die parallelen Linien in zwei- und dreizackige Haken umgestaltete, wollte er offenbar die Kontrolle der Antwort des Untersuchten ermöglichen. Derselbe mußte in der Tat nicht angeben, ob er die Linien getrennt zu unterscheiden vermöge, sondern auf welcher Seite der viereckige Haken offen sei. Die erste Figur (189 A) verstößt jedoch durchaus gegen das von Snellen selbst angegebene Prinzip der Konstruktion der Optotypen: das Intervall zwischen den Strichen ist nicht gleich ihrem Durchmesser, sondern 3 mal so groß wie derselbe.

Fig. 189 A.

Fig. 189 B.

Es umspannt in der angegebenen Entfernung nicht 1′ sondern 3′. Die die verschiedenen Gruppen von Haken begleitenden Zahlen, welche die Entfernung angeben sollen, in welcher das Intervall unter einem Winkel von einer Minute erscheint, sind denn auch bei dieser Figur 3 mal zu klein.

Bei den dreizackigen Haken (Fig. 189 B) ist das Verhältnis der Dicke der Striche zu den sie trennenden Zwischenräumen richtig. Die Erkennbarkeit der Seite, auf welcher der Haken offen ist, entspricht jedoch nicht dem Vermögen, die Striche getrennt zu unterscheiden, sondern sie beruht darauf, daß dem Untersuchten die Seite der Figur, welcher der schwarze Strich fehlt, heller erscheint. Dies ist umsomehr der Fall, als in dem Snellenschen dreizackigen Haken der mittlere Strich kürzer ist als die beiden anderen. So macht die Figur lange noch den Eindruck eines verwaschenen Vierecks mit heller Einbuchtung, wenn die sie bildenden Linien längst nicht mehr getrennt unterschieden werden.

Siklóssy (1904) führte deshalb den mittleren Balken seiner Haken ebenso weit wie die beiden seitlichen. Von Ammon schrägte außerdem die beiden Ecken der der offenen Seite gegenüberliegenden Seite der Hakenfigur ab.

---

1) E. Landolt, Nouvelles recherches sur la physiologie des mouvements des yeux. Arch. d'Opht. XI. p. 385. 1891.

Damit wird die Erkennbarkeit der Figur etwas schwieriger als die der Snellenschen, aber doch nicht gleich derjenigen von 3 getrennten parallelen Linien.

Snellens Sehproben enthalten allerdings auch Gruppen von einfachen parallelen Linien. Dieselben lassen jedoch keine Kontrolle der Antwort des Untersuchten zu.

Burchardt (l. c.) hat dies dadurch zu ermöglichen gesucht, daß er eine größere Zahl paralleler Linien in einen Kreis einschrieb (Fig. 190) und mehrere solcher Figuren, bestehend aus gleich dicken, aber verschieden gerichteten Linien nebeneinander stellte. Nur der kann die Richtung der Striche sicher angeben, der sie getrennt unterscheidet. Die Abgrenzung der Liniengruppen durch einen Kreis hat offenbar den Zweck, das Erraten der Richtung der Striche zu erschweren.

In gleicher Art sind auch Sulzers (1904) Sehproben konstruiert (Fig. 191), nur fügt derselbe in die Reihen der von parallelen Linien durchzogenen Kreise noch solche ein, welche in derselben Entfernung gleichmäßig grau erscheinen sollen. Er erhält jedoch dies Grau nicht durch eine gleichförmige Schicht grauer Farbe, sondern durch Schraffierung, d. h. abwechselnde schwarze und weiße Linien.

Die Zahl der schwarzen Striche wechselt in Sulzers Sehproben sehr. Während die der Einheitsschärfe entsprechende Figur 6 schwarze Striche und 2 Fragmente enthält, besteht die der 10mal geringeren nur mehr aus einem einzigen Strich und 2 Fragmenten. Der Grund dieser Verschiedenheit zwischen den Optotypen ist offenbar der, daß, wenn die den niedrigeren Graden der Sehschärfe entsprechenden Figuren aus gleich viel Strichen bestünden, wie die für die Einheitsschärfe, die ersteren einen viel zu großen Raum beanspruchen würden. Es ist jedoch selbstverständlich, daß die Prüfung für alle Grade der Sehschärfe mit einem und demselben Sehzeichen vorgenommen werden muß, daß die Probetafel nichts anderes sein darf, als die Darstellung des Prüfungsobjektes, des Optotypen, wie er in verschiedenen Entfernungen erscheint.

Fig. 190.

Fig. 191.

Die weit verbreitetsten Figuren, mit welchen man die Sehschärfe untersucht hat, sind Buchstaben. Der Gedanke, Buchstaben und Lesestücke zur Bestimmung der Sehschärfe zu benutzen, ist ein so naheliegender, daß es dazu keines besonderen Kopfzerbrechens bedurfte. Wir finden in der Tat derartige »Sehproben« und »Schriftnummerproben« schon angegeben von Küchler im Jahre 1843, von Alf. Smee (1854) und Ed. v. Jaeger (1854 u. 1867), und es wäre nicht zu verwundern, wenn nicht schon lange vorher Augenärzte zivilisierter Länder mit Buchstaben und

Fig. 192.

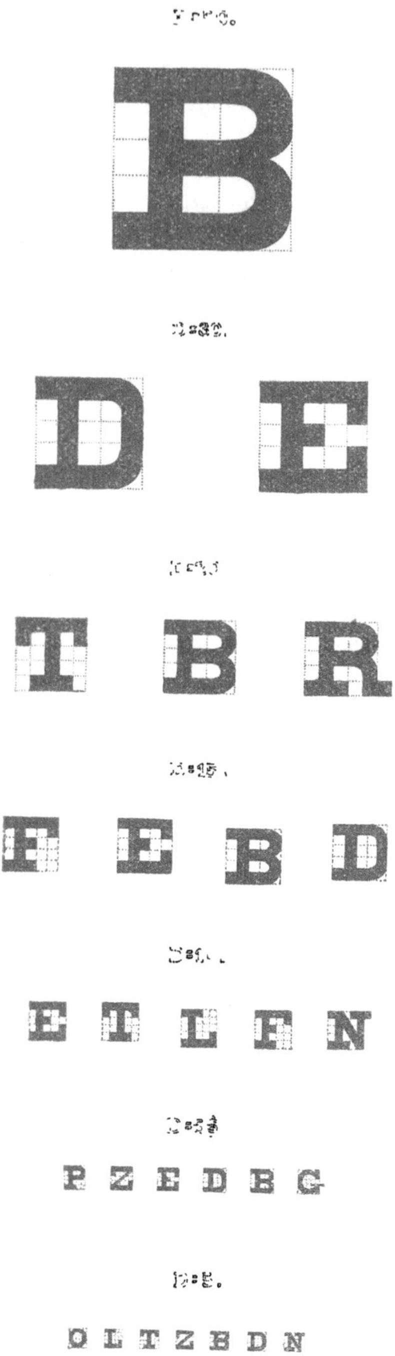

Ziffern die Sehkraft festzustellen versucht hätten (v. PERGENS 1900!). Allen diesen Sehproben mangelt jedoch die wissenschaftliche Basis.

Im Jahre 1862 versuchten SNELLEN und GIRAUD-TEULON, Buchstaben dem Prinzipe des *Minimum separabile* anzupassen.

GIRAUD-TEULON benutzte zu Worten zusammengestellte, kleine, französische Druckbuchstaben mit gleich breiten Linien und Intervallen. Jede Gruppe trug eine Zahl, welche die Entfernung angab, in welchen die letzteren unter einem Gesichtswinkel von einer Minute erscheinen.

SNELLEN versuchte, das Problem der Bestimmung der Sehschärfe mit einzelnen Buchstaben zu lösen.

Er wählte dazu einmal quadratische große lateinische Lettern, sogenannte *Egyptiennes*, deren Linien und Interlinien, »soweit möglich, $^1/_5$ der Höhe oder Breite des gesamten Buchstabens beträgt« (Fig. 192), sodann aber auch kleine gothische Buchstaben (Fig. 193). Die nach diesem Prinzipe konstruierten Haken haben wir oben schon erwähnt.

Alle diese Figuren sind in Quadrate eingeschrieben, welche der Höhe und Breite nach in 5 gleiche Teile geteilt sind. Ein solcher Teil soll das

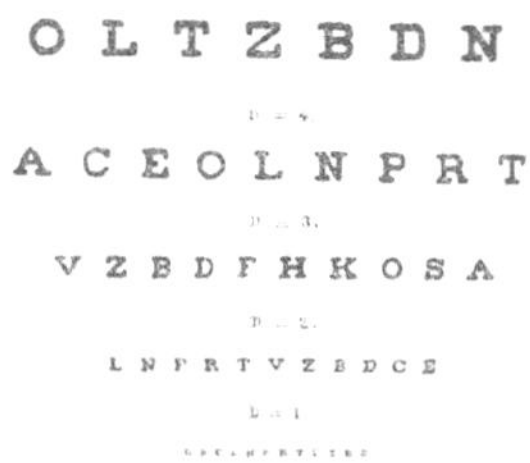

Maß des *Minimum separabile* geben, d. h. auf die der Reihe der Sehzeichen angemerkten Entfernung (D) unter dem Gesichtswinkel einer Minute erscheinen.

Nach Snellens Vorgang sind noch unzählige Sehproben konstruiert worden. Wir haben viele derselben in der vorigen Auflage dieses Handbuches beschrieben. Nach dem Beschlusse des XI. Ophthalmologenkongresses, der die Prüfungsmethode der Sehschärfe hoffentlich für lange Zeit geregelt hat, dürften dieselben nur mehr ein geringes Interesse bieten[1]).

Überhaupt, daß man je Buchstaben als Optotypen, d. h. allgemein gültige Figuren zur numerischen Bestimmung der Sehschärfe hat vorschlagen können, scheint, bei einiger Überlegung, fast unverständlich. Der Einwand, daß sich Buchstaben — wie auch Zahlen — nur zur Untersuchung geschulter Leute gewisser Sprachen eignen, liegt auf der Hand. Aber auch die der Buchstaben Kundigen erkennen dieselben, trotz gleicher Sehschärfe, durchaus nicht mit gleicher Leichtigkeit. Ein im Lesen Geübter errät die Buchstaben, ohne deren Details zu unterscheiden, während ein Ungeübter erst mit Hilfe eines schärferen Netzhautbildes imstande ist, den Buchstaben zu bezeichnen. So findet man bei der Untersuchung mit Buchstaben die Sehschärfe gesunder Kinderaugen nicht selten geringer als die älterer Leute, während letztere, mit einem genauen Prüfungsobjekte untersucht, den ersteren an Sehschärfe nachstehen[2]).

Fig. 193.

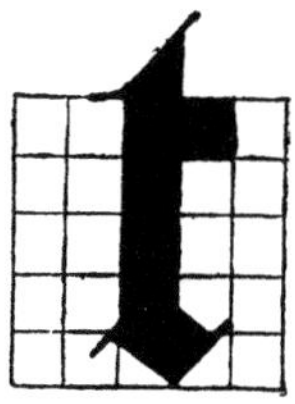

Außerdem läßt sich das *Minimum separabile* mit Buchstaben und Zahlen gar nicht bestimmen. Denken wir nur an die Buchstaben V, L, O, an das gothische f und l, an die Zahlen 1, 7 usw.

Der Hauptvorwurf gegen die Verwendung von Buchstaben, Zahlen, Haken usw. als Optotypen ist aber ihre Vielfältigkeit, ihre gegenseitige Verschiedenheit.

Die Erkennbarkeit verschiedener Buchstaben und Zahlen ist in der Tat eine äußerst verschiedene: ein A wird z. B. in viel größerer Entfernung erkannt als ein gleich großes B, ein O als ein M usf.[3]).

Um mit so verschiedenen Objekten ein einigermaßen sicheres Resultat zu erhalten, müßte man gleichzeitig mit einer großen Zahl derselben prüfen. Und auch dann ist es noch fraglich, ob man zu einem übereinstimmenden Resultate gelangen würde. Sind doch zwei Gelehrte, die mit

1) Wer sich für die vielfältigen Versuche der Sehprüfung interessiert, den verweisen wir besonders auf die Arbeiten des Herrn Pergens, die wir im Literaturverzeichnis anführen.

2) E. Landolt, Dieses Handb. 2. Aufl. S. 458.

3) Sehr instruktive Versuche über die relative Erkennbarkeit verschiedener Prüfungsobjekte haben besonders Parent, Pergens, v. Hess, Wolffberg und Löhner angestellt.

Snellens Sehzeichen und mit dem gleich zu besprechenden Einheitssehzeichen vergleichende Versuche angestellt haben, zu gerade entgegengesetzten Resultaten gelangt. Der eine fand mit dem ersteren, der andere mit dem letzteren eine höhere Sehschärfe.

Die gewöhnlichen Probetafeln enthalten aber, wie Fig. 192 zeigt, für die niedrigen Grade der Sehschärfe nur wenige, für den geringsten sogar nur einen einzigen Buchstaben. Hat der Patient denselben einmal gesehen, so kennt er ihn, und eine irgendwie zuverlässige Prüfung mit demselben ist also ausgeschlossen.

Für jeden Grad der Sehschärfe mit einer großen Zahl von Sehzeichen zu untersuchen wäre allerdings in der Praxis viel zu zeitraubend und würde doch zu keinem genauen, keinem mit den Ergebnissen anderer Untersuchungen vergleichbaren Resultate führen.

Um was handelt es sich, in der Tat, bei einer richtigen Sehprüfung? — Den Grad der Sehschärfe zu messen. Nun beruht doch jegliche Messung auf einer Einheit. Man mißt mit dem Meter, man wägt mit dem Gramm usw. Wir Ophthalmologen allein, die wir uns der Verwandtschaft mit den mathematischen Wissenschaften zu rühmen geneigt sind, haben die wichtigste Funktion unseres Gebietes gleichzeitig mit ganz verschiedenwertigen Probeobjekten untersucht und das Ergebnis in Zahlen ausgedrückt, die eine Genauigkeit vortäuschen, welche ihnen durchaus abgeht[1].

Diese Ungenauigkeit ist nicht nur vom wissenschaftlichen Standpunkte aus unzulässig, sie kann auch für die Praxis die gewichtigsten Folgen haben. Denken wir an die Kontrolle des Verlaufs einer Krankheit, des Einflusses einer Behandlung, an die Schätzung eines erlittenen Schadens usw.! Findet der eine, bei der Sehprüfung mit Buchstaben wie A, V und L und zweizackigen Haken, V = 1, so kann ihm ein anderer, auf Grund der Untersuchung mit B, M, S und dreizackigen Haken, einwenden, V sei kaum 0,7.

Und gar das Fingerzählen! Mit 1, 2 und 5 Fingern, d. h. der ganzen ausgestreckten Hand, kann man eine um wohl ein Drittel bessere Sehschärfe erhalten als mit 3 oder 4 Fingern.

Soll die Sehprüfung ein genaues Resultat ergeben, so darf sie, in erster Linie, nicht mit verschiedenen Sehzeichen, sondern nur mit einem einzigen Prüfungsobjekte vorgenommen werden. Dann erst sind wir

---

1) Ähnlich sind manche u. a. auch bei der Tonometrie vorgegangen. Als sich kein physikalisches Instrument zur Prüfung des intraokularen Druckes zuverlässig erwies, und wir, bis auf weiteres, bei der Schätzung mit unseren tastenden Fingern verblieben, glaubte man, dem Ergebnis der letzteren eine mathematische Form geben zu müssen, und sprach von $T = +1, +2, +3$; $T = -1, -2, -3$, statt einfach zu sagen: der Druck ist etwas erhöht, das Auge ist hart, sehr hart, oder umgekehrt.

berechtigt, den Grad der Sehschärfe in Zahlen auszudrücken und die Resultate der Untersuchung miteinander zu vergleichen.

Das Postulat, ein und dasselbe Sehzeichen für jeden Grad der Sehschärfe zu verwenden, ist um so zwingender, als die Erkennbarkeit von verschiedenen, wenn auch anscheinend gleichwertigen Figuren doch nie die gleiche ist, ja selbst von einer Person zu einer anderen wechselt, und weil die geringste Modifikation der gleichen Figur ihre Erkennbarkeit oft in hohem Maße verändert.

Betrachten wir z. B. folgende Figuren (Fig. 194), die wir einer Arbeit von Pergens entnehmen. Alle enthalten ein gleiches Intervall. Dasselbe wird jedoch, wie die darunterstehenden Zahlen in Metern angeben, trotz gleicher Beleuchtung, in sehr verschiedenen Entfernungen erkannt[1]).

Fig. 194.

Reduktion auf 1/10 der wirklichen Größe.

Das Normalsehzeichen.

Die Figur, welche auf den Vorschlag der oben genannten Kommission im Jahre 1909 vom internationalen Ophthalmologenkongresse angenommen worden ist, besteht in einem schwarzen Ringe auf weißem Grunde, der unterbrochen ist durch eine Lücke mit parallelen Rändern, deren gegenseitiger Abstand gleich ist der Dicke des Ringes (Fig. 195).

Fig. 195.

Dieser Zwischenraum entspricht, für die Einheitssehschärfe, einem Gesichtswinkel von einer Minute.

Die Dicke des Ringes ist gleich dem Fünftel des Durchmessers seines äußeren Kreises.

Es ist dies die Figur, welche wir schon seit 1888 zur Sehprüfung verwenden und in der vorigen Ausgabe dieses Handbuches eingehend beschrieben haben.

Unser gebrochener Ring in seiner angegebenen Form wurde im Jahre 1901 auf dem internationalen Kongresse für medizinische Wissenschaften in Madrid von unserem Mitberichterstatter De Las Cuevas y Pulido be-

1) Pergens, Recherches sur l'acuité visuelle. Auszug aus Ann. d'Ocul. CXXXVI bis CXL. 1906—1908.

fürwortet und von der ophthalmologischen Sektion mit Beifall aufgenommen.

Der internationale Ophthalmologenkongreß in Luzern (1904) hätte ihn auch zweifelsohne angenommen, hätten wir darüber abstimmen lassen. Der Kongreßbericht, sowie persönliche Mitteilung lassen darüber keinen Zweifel. Der einstimmige Beschluß des nachfolgenden Kongresses aber, gestützt auf die Autorität der Gelehrten, welche diese so wichtige Frage in Muße gründlich durchstudiert und gelöst haben, sollte dem Normalsehzeichen, sowie der in Neapel angenommenen Prüfungsmethode der Sehschärfe überhaupt, die volle Zustimmung der gesamten Ophthalmologenwelt sichern.

Wie man sieht, sind die Dimensionen des Normalsehzeichens denen der Snellenschen Buchstaben ähnlich. Es hat dies den Vorteil, daß die mit diesem Optotypen erhaltenen Resultate von den bisherigen nicht allzusehr differieren. Sonst hätte man ebensogut den Ring dicker oder dünner machen können. Ist die Figur nun aber einmal als Einheitssehzeichen angenommen, so darf daran nicht das Geringste mehr geändert werden, sonst wird deren Erkennbarkeit sofort modifiziert.

So haben z. B. die Versuche dreier Beobachter, mit $V = 1{,}4$ bei sehr hellem Tageslichte vorgenommen, ergeben, daß die Lücke des Ringes für $V = 0{,}1$ in der beschriebenen Form erkannt wird auf 70 m. — Wird die Dicke des Ringes reduziert auf $^1/_2$, so wird die gleiche Lücke nur mehr erkannt in 66 m.

Bei Reduktion auf $^1/_3$ in 56 m.

» » » $^1/_4$ in 51 m.

Die Reduktion der Dicke des Ringes wurde bei diesen Untersuchungen gleichzeitig, in gleichem Maße von innen wie von außen her, vorgenommen.

Bis auf die jüngste Zeit noch ist die Frage aufgeworfen worden, ob die Sehprüfung nicht mit einem weißen Objekte auf schwarzem, statt mit einem schwarzen auf weißem Grunde sollte vorgenommen werden.

Theoretisch wären beide Methoden gleichberechtigt: einmal macht nicht nur das Weiß, sondern auch das Schwarz einen Eindruck auf die Netzhaut, ersteres durch Assimilation, letzteres durch Desassimilation (Hering).

Sodann ist das Auge berufen, nicht nur dunkle Objekte auf hellem, sondern auch helle auf dunklem Grunde zu erkennen, und tut beides mit gleicher Leichtigkeit.

Wir entnehmen z. B. Fig. 196 einem geographischen Atlas. Das Schwarz bedeutet Meer, das Weiß Land. Links oben ist das Tyrrhenische, rechts unten das Jonische Meer, verbunden durch die Landenge von Messina. Links unten haben wir also Sizilien, rechts oben Calabrien. Wir hätten ebensogut das Wasser weiß, das Land schwarz andeuten können; für das Auge ist dies durchaus gleichgültig. Es kann sich nach Belieben von dem schwarzen oder dem weißen Teile des Bildes fesseln lassen. So erkennt auch das Auge, in Fig. 197, mit gleicher Leichtigkeit die hellen Blätter auf dem dunkeln, wie den reflektierten dunklen Wald auf dem hellen Grunde.

Damit ist allerdings nicht gesagt, daß die Erkennbarkeit des gleichen Sehzeichens Schwarz auf Weiß gerade dieselbe sei wie Weiß auf Schwarz. Im letzteren Falle kann sie etwas größer sein. Wir wollen nur sagen, daß vom theoretischen Standpunkte aus beide Fälle gleichberechtigt sind. Vom praktischen Standpunkte aus aber verdienen schwarze Zeichen auf weißem Grunde den Vorzug, weil sie bedeutend leichter herzustellen sind. Jedenfalls darf an der Farbe des Normalsehzeichens ebensowenig mehr geändert werden, wenn es seine Gültigkeit beibehalten soll[1]).

Fig. 196.

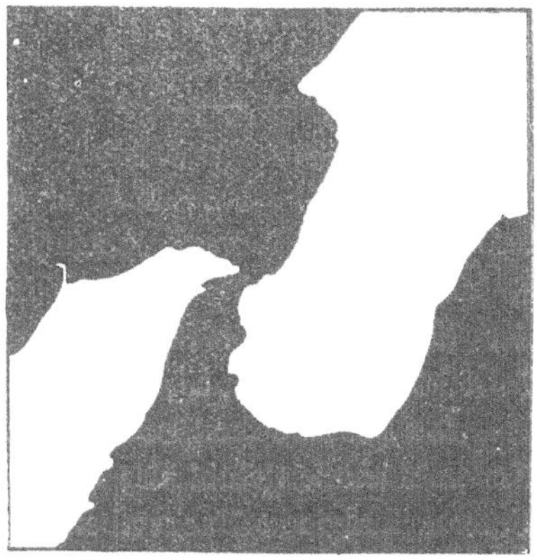

Vergegenwärtigen wir uns die oben angeführten Anforderungen, welchen ein richtiges Prüfungsobjekt entsprechen muß, so werden wir finden, daß das internationale Normalsehzeichen, der unterbrochene Ring, denselben vollständig gerecht wird:

Fig. 197.

1. Es ist eine einfache Figur, an welcher das *Minimum separabile* sehr deutlich zutage tritt.

Beobachtet man, wie der Untersuchte zur Erkennung der Lücke im Ringe gelangt, so drängt sich einem unwillkürlich die Überzeugung auf,

1) E. Landolt (1906).

daß damit wirklich das bestimmt wird, was wir oben als Erkennungsschärfe bezeichnet haben: Bevor er das Sehzeichen wirklich sieht, d. h. bis an die Grenze des optischen Auflösungsvermögens, erhält der Untersuchte von dem Ringe nur den Eindruck eines graulichen Fleckes (bei Astigmatismus wohl von zwei, mehr oder weniger getrennten Flecken).

Später nimmt der Fleck deutlich eine Kreisform an, um bald zu einem schwarzen Ringe zu werden. Bis dahin ist offenbar nur der optische Raumsinn tätig. — Erkennt der Untersuchte den Ort der Lücke nicht, so fällt es ihm kaum ein, zu raten, wie dies bei Buchstaben und Zahlen immer der Fall ist, sondern er erklärt einfach, daß ihm der Ring »ganz«, bzw. ununterbrochen erscheine. Erst bei vollkommener Korrektion der Refraktion und angespannter Aufmerksamkeit ist er imstande, den Ort der Lücke in dem Ringe anzugeben, der dem wirklichen Grade seiner Sehschärfe entspricht.

Die Bestimmtheit, mit welcher der Untersuchte dies tut, gibt einem das wohltuende Gefühl der Genauigkeit der Prüfung, während man bei der Untersuchung mit Buchstaben und ähnlichen Figuren, stets mit etwas Ungefährem, Ungewissem, Ungenauem zu tun hat[1]).

2. Der unterbrochene Ring ist bei geschulten wie ungeschulten Personen jeder Nation anwendbar.

3. Er gestattet eine sehr einfache Fragestellung und Antwort. Möge der Untersuchte den Ort der Lücke mit »oben«, «rechts unten«, mit »Nord« oder »Südost« usw. bezeichnen, den ganzen Ring mit seiner zu einem Kreise gebogenen Hand und dessen Lücke durch den zwischen Daumen und Zeigefinger übrig gelassenen Raum andeuten oder, am einfachsten, durch die Bewegung der Hand oder der Richtung eines Fingers die Richtung der Lücke angeben, immer können wir sicher beurteilen, ob er dieselbe sieht oder nicht.

4. Die Einfachheit des Sehzeichens, das weder an Buchstaben noch an bestimmte Objekte erinnert, macht möglichst wenig Anspruch auf die Bildung und Intelligenz des Untersuchten.

5. Es schließt das Erraten sozusagen ganz aus, denn der Ring bietet dem, der ihn nicht sieht, keinen Anhaltspunkt für den Ort der Lücke. In dieser Beziehung ist denn auch unser Sehzeichen den Snellenschen Haken, mit denen man es wohl hat vergleichen wollen, durchaus überlegen. Jeder Haken bildet ein Quadrat. Der Patient, dessen Raumsinn gerade genügt, um die viereckige Figur wahrzunehmen, hat also nur vier Möglichkeiten, den Ort der mangelnden Seite zu erraten, ohne denselben wirklich zu sehen. Ja sogar das scheinbare Sehen derselben beruht, wie wir oben gezeigt haben, nicht sowohl auf der Unterscheidung zweier getrennter Ein-

1) E. Landolt 1906, S. 610.

drücke, als auf der Wahrnehmung einer der fehlenden Seite des Quadrates entsprechenden Helligkeit.

6. Die Kontrolle der Antworten des Untersuchten ist mit dem gebrochenen Ringe äußerst leicht und sicher. Man braucht ihn nur zu drehen, so ändert sich der Ort der Lücke. Das Sehzeichen ist an sich dasselbe geblieben und ist doch verschieden für den Untersuchten.

Dies ist nicht der Fall für Buchstaben oder Zahlen. Sie haben in einer gegebenen Stellung eine bestimmte Bedeutung. Ändern wir ihre Stellung, so ändern wir auch ihre Bedeutung und damit ihre Erkennbarkeit, wenigstens für des Lesens Kundige. Eine 7 ist z. B. eine Sieben. In dieser ⊣, oder in dieser ㄥ Stellung dagegen ist die Figur keine Sieben mehr und wird viel schwieriger erkannt, als in ihrer gewöhnlichen Stellung. Solche Figuren sind also, wie wir hervorgehoben haben, sozusagen nicht einmal immer sich selbst gleich.

Wir brauchen denn auch, wenn wir mit dem unterbrochenen Ringe eine Probetafel anlegen, für jeden Grad der Sehschärfe nur ein einziges Zeichen, während aus den eben angeführten Gründen Buchstaben und Zahlen für jeden Grad eine ganze Reihe solcher Zeichen erfordern. Dies ist schon deshalb notwendig, weil sich dieselben leicht dem Gedächtnis einprägen. Wie sollte ein Patient, den wir zur Bestimmung der Refraktion und der Sehschärfe des einen Auges oft eine Viertelstunde lang nach der Probetafel haben schauen lassen, sich nicht der gesehenen Buchstaben erinnern, wenn wir gleich darauf das andere Auge untersuchen und richtig raten, was er nicht sieht? Buchstaben wie Zahlen machen, in der Tat, nicht nur einen Gesichts-, sondern auch einen Gehöreindruck; sie schaffen nicht nur optische, sondern auch akustische Erinnerungsbilder.

Mit dem Ringe kommt dies sozusagen nie vor. Der Patient vergißt nicht nur von einem Tage zum anderen, sondern auch zwischen der Untersuchung des einen und des anderen Auges den Ort der Lücke in den Ringen. Nötigenfalls braucht man übrigens einfach die Tafel zu drehen, um die Richtung der Lucken zu ändern.

Die große Verschiedenheit der Erkennbarkeit gleich großer Buchstaben haben wir schon oben betont. So werden, in den bisherigen Probetafeln, gewisse Buchstaben, die höheren Graden der Sehschärfe entsprechen sollen, schon erkannt, bevor andere, niedrigeren Graden zugeschriebene, erkannt werden. Kommt dies bei den Ringproben vor, so ist es ein sicheres und wertvolles Zeichen für vorhandenen Astigmatismus. In einem solchen Falle hat die erkannte Lücke in dem kleineren eine andere Richtung, als die nicht erkannte in dem größeren Ringe, und es steht die letztere ungefähr senkrecht zu dem für die Entfernung der Tafel adaptierten Hauptschnitte des Auges.

Ein weiterer Vorteil des internationalen Sehzeichens ist noch der, daß man die damit konstruierten Tafeln auch in einem Spiegel kann betrachten lassen. Dies ist namentlich bei Verdacht auf Simulation von großem Vorteile. Buchstaben erfordern dazu eine besondere Spiegelschrift.

Es versteht sich von selbst, daß bei Beurteilung des Sehschärfegrades der Entfernung des Spiegelbildes muß Rechnung getragen werden.

Auch L. Löhner, der die Sehschärfe und ihre Prüfung in jüngster Zeit seinen eingehenden und weitgehenden Studien zugrunde gelegt hat, räumt dem gebrochenen Ringe als Sehzeichen für die Praxis den Vorrang ein.

Die Bestimmung des Grades der Sehschärfe.

Wie werden wir uns nun des Einheitssehzeichens zur Bestimmung des Grades der Sehschärfe bedienen?

Haben wir einen Patienten vor uns mit so geringer Sehschärfe, daß man früher, auf eine genaue Bewertung derselben verzichtend, ihn einfach Finger zählen ließ, so werden wir ihm das Prüfungsobjekt in der Größe zeigen, in welcher es in der Entfernung $D = 50$ m unter dem Winkel einer Minute erscheint, und ihn ersuchen, uns anzugeben, in welcher Richtung der Ring unterbrochen ist. Es sei hier bemerkt, daß wir dies mit Buchstaben und Zahlen nicht tun dürfen, denn, hat sie der Patient einmal gesehen, so kann er sich nicht mehr Rechenschaft darüber geben, ob er sie in größerer Entfernung noch deutlich sieht oder nicht.

Erkennt er die Lücke des Ringes in der Entfernung $d = 0{,}5$ m, so ist, gemäß des Ausdruckes

$$V = \frac{d}{D},$$

seine Sehschärfe $$V = \frac{0{,}5}{50} = 0{,}1$$

in $$1 \text{ m: } V = \frac{1}{50} = 0{,}02$$

$$2 \text{ m: } V = \frac{2}{50} = 0{,}04$$

$$3 \text{ m: } V = \frac{3}{50} = 0{,}06$$

$$4 \text{ m: } V = \frac{4}{50} = 0{,}08$$

$$5 \text{ m: } V = \frac{5}{50} = 0{,}1$$ [1]).

---

1) Man könnte allerdings einwenden, daß wir auf diese Weise gegen das Prinzip der Sehprüfung auf große Entfernung verstoßen. Allein die Bestimmung so geringer Grade der Sehschärfe läßt überhaupt keine große Genauigkeit zu. Jedenfalls aber ist die Bestimmung mittels des Einheitszeichens unvergleichlich viel genauer als die mittels der ausgestreckten Finger.

Mit einer Entfernung von 5 Metern dürften wir an der Wand unseres Konsultationszimmers angelangt sein. Wir verzichten denn darauf, uns weiter von dem Patienten zu entfernen. Statt dessen bringen wir, in dem Abstande von 5 m von demselben, eine Tafel an, auf welcher das Sehzeichen in der Größe wiedergegeben ist, in welcher die Lücke auf größere Entfernungen unter einem Winkel von 1′ erscheint.

Sei *A* (Fig. 198)[1]) der Hauptpunkt des Auges, $AI = d$ die Entfernung, in welcher die Prüfungstafel aufgestellt ist; in unserem Beispiele 5 m.

Sei *1AI* ein Winkel von 10′, so wäre *1I* die Lücke des Ringes, mit welchem wir eben geprüft haben. Sie entspricht in 50 m dem Einheitswinkel von einer Minute. In 5 m erscheint sie also unter dem 10mal größeren Winkel von 10′. Die ihr entsprechende Sehschärfe ist also 0,1. In der Tat ergibt

$$V = \frac{d}{D} = \frac{5 \text{ m}}{50 \text{ m}} = 0{,}1.$$

Bringen wir dasselbe Sehzeichen, das in 5 m $V = 0{,}1$ angibt, in die doppelte Entfernung (10 m), nach *II* (Fig. 198), so erscheint es unter

Fig. 198.

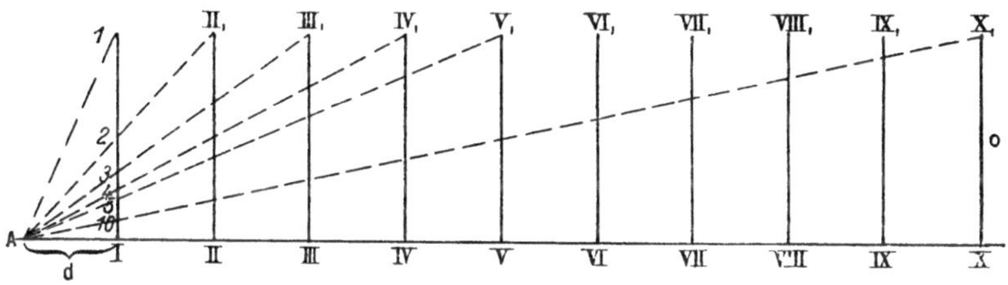

einem halb so großen Gesichtswinkel (*IIAII′*). Die entsprechende Sehschärfe ist also 2mal so groß:

$$V = 0{,}2; \text{ aus } V = \frac{2 \cdot 5}{50} = \frac{10}{50} = 0{,}2.$$

Die Punkte *2* und *I*, in welchen sich die von den Endpunkten des in *II* befindlichen Objektes[2]) nach dem Auge *A* gezogenen Geraden mit *1I* kreuzen, geben die Größe des Objektes auf der Probetafel für $V = 0{,}2$ m.

1) Im Interesse leichteren Verständnisses haben wir die Winkel der Figur unverhältnismäßig groß gemacht; statt 10′ haben wir 63° gewählt. Für solche Größen darf die Tangente nicht dem Winkel gleich gesetzt werden, wohl aber für so kleine wie die, mit denen wir es in der Praxis zu tun haben. Da wird das Verhältnis der Entfernung zur Größe des Optotypen ein viel genaueres als in unseren Figuren.

2) Objekt immer gleichbedeutend mit Intervall, bzw. Lücke im Ringe.

Bringen wir das Sehzeichen in die dreifache Entfernung ($d = 15$ m), nach *III*, und verfahren in gleicher Weise, so erhalten wir in 3 und *I* der Probetafel die Größe des Objektes für

$$V = \frac{3 \cdot 5}{50} = \frac{15}{50} = 0{,}3 \text{ usf.}$$

Mit einem Wort: multiplizieren wir die Ursprungsentfernung des Sehzeichens für $V = 0{,}1$ (in unserem Beispiele 5 m) mit den fortlaufenden Zahlen, bringen dasselbe in diese Entfernungen und ziehen von seinen Endpunkten gerade Linien nach dem untersuchten Auge, so erhalten wir, auf der Probetafel, die Größen des Objektes (der Lücke im Ringe) für $V = 0{,}1$; $0{,}2$; $0{,}3$; $0{,}4$; $0{,}5$; $0{,}6$; $0{,}7$; $0{,}8$; $0{,}9$; 1 usw.

Fig. 199.

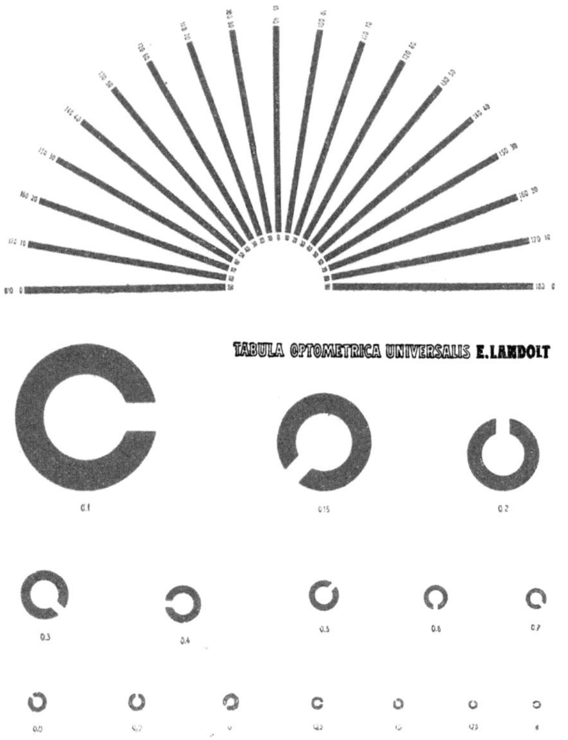

E. Landolts Probetafel.

Um der Einheitssehschärfe ($V = 1$) zu entsprechen, muß das Prüfungsobjekt für $V = 0{,}1$ in die 10mal größere Entfernung $AX = 10\,d = 50$ m gebracht werden. Dann erhalten wir

$$V = \frac{d}{D} = \frac{50}{50} = 1.$$

Für $V = 2$ müßte das Objekt auf die doppelte Einheitsentfernung $(2 \cdot D = 2 \cdot 50 = 100$ m gebracht werden $(V = \frac{100}{50} = 2)$. Die von seinen Endpunkten nach A gezogenen Geraden würden dann den Einheitsgesichtswinkel $10 A I$ halbieren.

Fig. 200 A.

Nach diesem Prinzipe hat zuerst Monoyer seine Sehprobetafel hergestellt. Die den verschiedenen Dimensionen der Sehzeichen (Buchstaben) entsprechenden Sehschärfegrade folgen den einfachen Zahlen von 0,1 bis 1, insofern die Tafel in einem Abstande von 5 m aufgestellt wird.

Unsere im Jahre 1889 veröffentlichte Probetafel, Fig. 199, die des Prof. von Hess, die von Prof. Dimmer und wohl die meisten seither entstandenen Probetafeln sind nach demselben Prinzipe konstruiert. Wir werden hierauf bei Anlaß der Besprechung der Progression der auf einer Tafel enthaltenen Sehschärfegrade noch zurückkommen.

Unsere Probetafel enthält, wie Fig. 199 zeigt, auch Snellens Radienfigur zur Bestimmung des Astigmatismus. Da wir Sehschärfe und Refraktion gleichzeitig bestimmen, so gehört dies wichtige Prüfungsobjekt mit zu den Optotypen.

Die Sehzeichen dieser Tafel sind nicht, wie auf den meisten bisherigen Tafeln, in einer vertikalen Linie angeordnet, sondern auf eine nach allen Richtungen ungefähr gleich ausgedehnte Fläche verteilt. So gelingt es leicht, künstliches Licht gleichmäßig über die ganze Tafel zu verbreiten.

Unsere Sehproben sind auch in Taschenformat erschienen (1901). Fig. 200 *A* u. *B* stellt diese Ausgabe in halber Größe dar, *A* die Vorder-, *B* die Rückseite. Sie besteht in zwei kreisförmigen Scheiben aus Karton, von 14 cm Durchmesser, die, durch ein Leinwandstreifchen verbunden, sich aufeinander legen lassen.

Fig. 200 B.

Die eine Scheibe trägt den größten Ring der Sehproben, denjenigen, welcher auf 5 m dem Zehntel der Einheitssehschärfe ($V = 0{,}1$) entspricht. Er dient, wie wir gesehen haben, auch zur Bestimmung der Sehschärfegrade unter 0,1.

Die andere Scheibe der deutschen Ausgabe enthält die Ringe für $V = 0{,}2$, 0,4, 0,5, 0,75, 1, 1,5 und 2. — Wir haben $V = 0{,}75$ deshalb beigefügt, weil in manchen Marine- wie Militärreglementen, sowie in Statuten von Versicherungsgesellschaften usw., von Sehschärfe $^3/_4$ die Rede ist, während die verbreitetsten Sehproben die diesem Grade entsprechende Figur gar nicht enthalten.

In der Spanischen Ausgabe sind die kleinen Ringe so angeordnet, wie Figur 201 angibt. Sie entsprechen den Sehschärfegraden: 0,2; 0,3; 0,4; 0,5; 0,6; 1; 1,5 und 2. Im Rande der Scheiben angebrachte Löcher gestatten, dieselben, aufeinandergelegt, in verschiedenen Richtungen an der Wand zu befestigen.

Auf der Rückseite der Scheiben (Fig. 200 *B*) findet sich die Gebrauchsanweisung der Sehproben in deutscher, französischer, englischer und italienischer oder spanischer Sprache, und zwar in Buchstaben von sechs verschiedenen Größen. So lassen sich dieselben auch zur Leseprüfung verwenden. Eine Kartonhülle schützt die Tafel vor Beschmutzung[1]).

ROTHENAICHER hat unsere Ringe in ähnlicher Weise auf zwei kreisförmige Kartons verteilt. Auf jedem derselben läßt sich ein weiterer Karton drehen. Derselbe trägt einen exzentrischen Ausschnitt, in welchem jeweilen nur ein einziges Sehzeichen sichtbar wird.

Fig. 201.

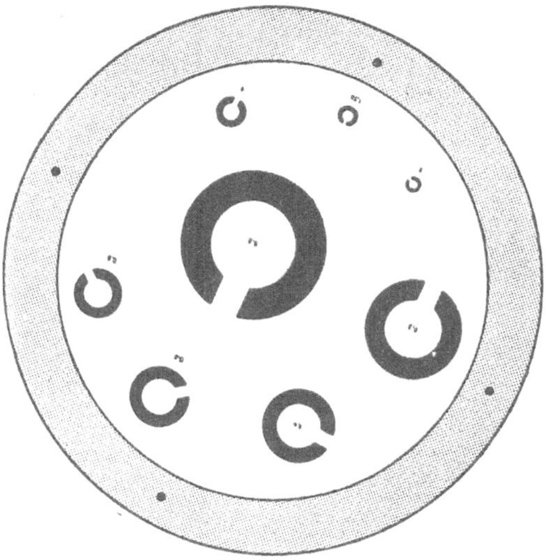

Die Probetafeln, welche VON HESS dem internationalen Kongreß in Neapel vorgelegt hat, sind in Fig. 202A und Fig. 202B dargestellt, und zwar wie die unsere (Fig. 199), auf $^1/_3$ ihrer wirklichen Größe reduziert. Die Zahlen geben auch hier die Sehschärfegrade an für eine Entfernung von 5 m.

Prof. DIMMER hat (1910) eine auf den gleichen Prinzipien beruhende, für eine Entfernung von 10 m berechnete Probetafel mit dem Einheitssehzeichen herausgegeben. Sie enthält den Ring in den Dimensionen für $V = 0{,}1$ bis $V = 2$, und zwar einen einzigen für $V = 0{,}1$, 2 Ringe für $V = 0{,}15$ und 0,2, je 3 für die folgenden Grade. Jeder Gruppe ist, außer dem entsprechenden Grade der Sehschärfe, die Entfernung beigegeben, deren Lücke unter einem Gesichtswinkel von einer Minute erscheint. Die Tafel enthält auch SNELLENS Radienfigur, allerdings in etwas zu kleinem Maßstabe. Die Sehprüfung mit DIMMERS Tafel kann entweder

1) Unsere Probetafel mit in der durch Fig. 199 angegebenen, sowie auch in anderer Anordnung der Sehzeichen, finden sich bei C. F. Hausmann, Sanitätsgeschäft, St. Gallen (Schweiz).

direkt in 10 m Entfernung oder mittels eines in 5 m aufgestellten Spiegels vorgenommen werden[1]).

Es würde sich nicht der Mühe lohnen, die Probetafeln alle aufzuzählen, welche seit dem internationalen Kongresse in Neapel (1909) ent-

Fig. 202 A.

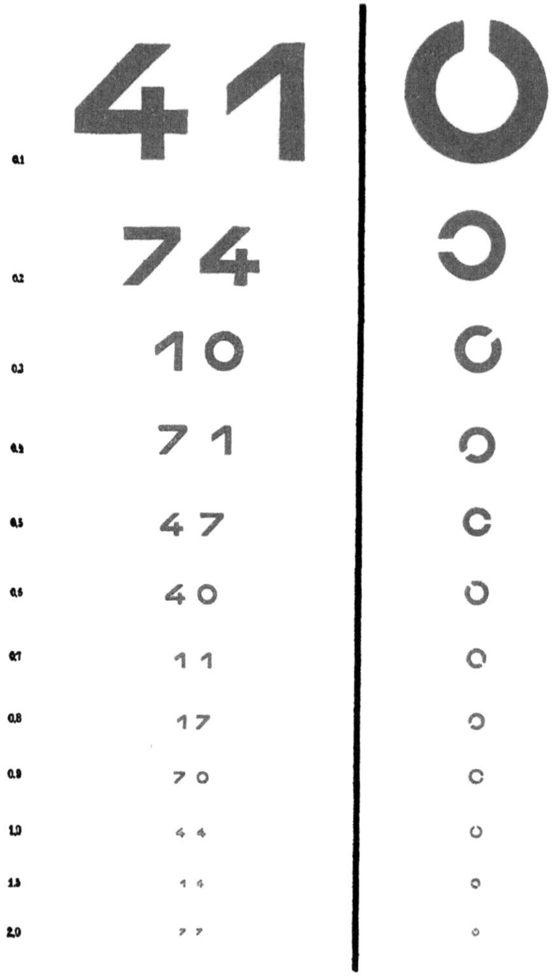

v. Hess. Internationale Probetafel A.

standen sind. In der Tat, wie wir schon betont haben, verlangt die Vereinheitlichung der Sehprüfung durchaus nicht eine und dieselbe Probetafel für die ganze Welt. Das Einheitszeichen und die Prinzipien seiner Anwendung

1) Dimmers Probetafel findet sich ebenfalls bei C. F. Hausmann, St. Gallen (Schweiz).

(Prüfung auf große Entfernung und Gesichtswinkel von einer Minute als Maßeinheit) genügen dazu vollkommen.

Jede genaue danach ausgeführte Probetafel kann auf den Titel einer internationalen Probetafel Anspruch machen.

Fig. 202B.

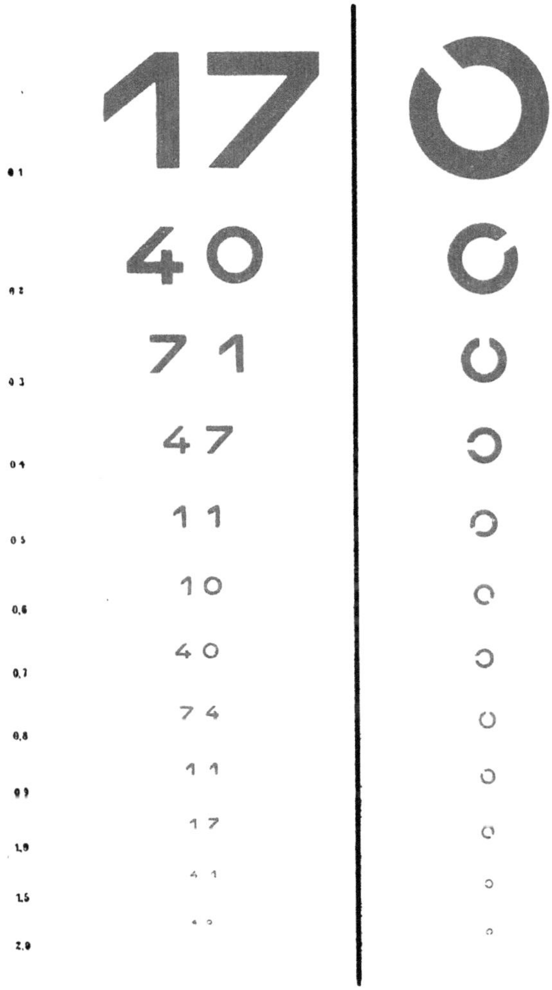

v. Hess. Internationale Probetafel B.

In folgender Tabelle geben wir unter V die Sehschärfegrade, unter D die Entfernungen, in welchen die Lücke der entsprechenden Ringe unter einem Gesichtswinkel von 1′ erscheint, unter L die Dimensionen der Lücke der den verschiedenen Sehschärfegraden (V) entsprechenden, für eine Entfernung von 5 m, 9 berechneten Ringe. R gibt den Durchmesser der äußeren Kontur der Ringe an.

V	D	L	R
0,1	50 m	14,5 mm	72,7
0,15	33,33 »	9,7 »	48,4
0,2	25 »	7,2 »	36,3
0,3	16,67 »	4,8 »	24,2
0,4	12,5 »	3,6 »	18,2
0,5	10 »	3 »	14,5
0,6	8,33 »	2,4 »	12,1
0,7	7,14 »	2,0 »	10,1
0,8	6,25 »	1,8 »	9,1
0,9	5,55 »	1,6 »	8,1
1	5 »	1,45 »	7,3
1,25	4 »	1,16 »	5,8
1,5	3,33 »	0,9 »	4,8
1,75	2,86 »	0,8 »	4,15
2	2,5 »	0,72 »	3,6

Die von Hessschen Probetafeln (Fig. 201 u. 202) enthalten, außer dem Einheitssehzeichen, auch Zahlen. Wie der Autor erklärt, hat er dies getan, um dem Wunsche von Kollegen nachzukommen, welche solche Sehzeichen in der gewöhnlichen Praxis nicht entbehren möchten. Diese Zahlen sind allerdings den Snellenschen Buchstaben vorzuziehen, da sie nicht, wie diese, in Quadrate eingeschrieben sind, was für ihre gleichmäßige Erkennbarkeit durchaus keine Garantie gibt, sondern von Hess hat sich die Mühe genommen, die Zahlen so zu bilden, daß sie untereinander, sowie mit den entsprechenden Ringen, »möglichst gleich« erkennbar seien. Nichtsdestoweniger bestehen zwischen der Erkennbarkeit der Zahlen und der des Ringes gleicher Grade immer noch bedeutende Unterschiede, und zwar nicht etwa weil v. Hess' Experimente unzulänglich gewesen wären, sondern einfach deshalb, weil, wie wir oben auseinandergesetzt haben, verschiedene Figuren in bezug auf ihre Erkennbarkeit unmöglich vollkommen gleichwertig sein können.

Man hat wohl geglaubt, die Sehprüfung mit dem gebrochenen Ringe sei zeitraubender als die mit Buchstaben, und die letzteren eignen sich ganz besonders zu »Massenuntersuchungen«.

Was die erstere Vermutung anbelangt, so ist sie nach unserer Erfahrung, die wir uns seit über 20 Jahren, in Klinik und Haus, der Ringproben ausschließlich bedienen, durchaus nicht zutreffend.

Es gibt ja wohl Menschen, denen das Buchstabenlesen nur mechanisch eingetrieben worden ist: haben sie ein E vor sich, so sagen sie »eh«, ein

A: »ah«; wenn sie aber eine Figur beschreiben sollen, stutzen sie. Sie können sich ihrer Sinne nicht ordentlich bedienen und zeugen von dem Unterschiede zwischen Gelehrsamkeit und Verstand. Doch selbst mit solchen Leuten kommt man noch rascher zum Ziele, wenn man ihnen den Ring vorlegt und erklärt, um was es sich handelt, als wenn man eine größere Zahl von Buchstaben hersagen läßt, wie es eine genaue Untersuchung erfordert.

Was die »Massenuntersuchungen« anbelangt, so versteht man darunter offenbar rasch und somit oberflächlich vorgenommene Untersuchungen. Auf solche können wir uns in einem wenn auch praktischen so doch nicht unwissenschaftlichen Werke nicht einlassen. Dazu mag sich jeder aus der Unmasse der vorhandenen »Sehproben« das Alphabet auswählen, das ihm am besten zusagt. Die Verantwortlichkeit an den Resultaten von »Maßuntersuchungen« wollen wir nicht teilen.

In der Tat haben »Maßuntersuchungen«, auf welchem Gebiete es auch sei, dank der Ungenauigkeit, deren man sich dabei glaubt aussetzen zu dürfen, ihre großen Gefahren. Man stellt sich vor, die Irrtümer würden sich bei der großen Zahl der Fälle gegenseitig ausgleichen, bald diesseits, bald jenseits des Richtigen fallen. Dem ist aber durchaus nicht so. Im Gegenteil ist es mehr als möglich, daß die Fehler alle, oder doch der großen Mehrzahl nach, im gleichen Sinne ausfallen. Dies muß namentlich bei Funktionsprüfungen vorkommen, welche Aufmerksamkeit und Anstrengung verlangen.

So haben denn auch wenige, gewissenhaft untersuchte Fälle immer ihren Wert, tausend oberflächlich durchmusterte dagegen wenig, ja oft, da sie zu Irrschlüssen führen können, weniger als wenig Wert.

Zur Untersuchung der Sehschärfe ganz junger Kinder hat ALBRAND (142) *V*-förmige Figuren angegeben, die mit 2 ausgestreckten Fingern vergleichbar sind, E. HEIMANN (149) bildete eine geschlossene Hand mit ausgestrecktem Zeigefinger in verschiedenen Richtungen ab.

Endlich hat man auch Konturen von Hausgeräten, Spielwaren u. dgl. zur Prüfung der Sehschärfe von Kindern verwendet. WOLFFBERG (1892 u. 1911).

Was die ersten anbelangt, so können Kinder ebensogut den Ort der Öffnung im Ringsehzeichen als die Richtung solcher Finger angeben. Die letzteren sind ja wohl sehr gut gemeint, aber selbstverständlich nur zu einer ganz approximativen Prüfung geeignet.

Die Bezeichnung der auf einer Probetafel enthaltenen Sehschärfegrade.

Die auf MONOYERS, sowie auf den erwähnten internationalen Probetafeln enthaltenen Stufen der Sehzeichen tragen Nummern, welche den entsprechenden Grad der Sehschärfe angeben für den Fall, daß die Tafel in einer gegebenen Entfernung aufgestellt wird. Diese Entfernung ist für die meisten der erwähnten Tafeln 5 m.

Es versteht sich von selbst, daß die Tafeln auch in anderen Entfernungen dienen können. Man braucht sich nur daran zu erinnern, daß für dasselbe Sehzeichen die Sehschärfe proportional ist der Entfernung, in welcher dasselbe erkannt wird. Nennen wir V die auf der Tafel angegegebene Sehschärfe für die Entfernung $D = 5$ m, v die Sehschärfe eines Auges, welches dasselbe Sehzeichen in d m erkennt, so ist

$$v : V = d : D$$

$$v = \frac{Vd}{D} = V \cdot \frac{d}{5}$$

In Worten: um den einer auf der Tafel für 5 m vermerkten Sehschärfe entsprechenden Grad für eine andere Entfernung zu finden, muß man diese Sehschärfe multipizieren mit einem Bruche, dessen Nenner 5 m, dessen Zähler die letztere in Metern ausgedrückte Entfernung ist.

Stellen wir z. B. unsere Tafel, statt in 5 m, in 6 m auf, so wird

$$v = V \cdot \frac{6}{5}.$$

Einer $V = 0{,}2$ für 5 m, entspricht beispielsweise, in 6 m,

$$V = \frac{0{,}2 \cdot 6}{5} = \frac{1{,}2}{5} = 0{,}24.$$

Auf Snellens, sowie den meisten ihm nachgebildeten Probetafeln trugen die verschiedenen Stufen Zahlen, welche nicht den entsprechenden Sehschärfegrad (V), sondern die Entfernung (D) angaben, für den Fall, daß die Sehzeichen der Einheitssehschärfe entsprechen sollten.

Der Grad der Sehschärfe (v) fand also seinen Ausdruck in einem Buche, dessen Zähler die Entfernung (d) der Probetafel, der Nenner (D) die Nummer der Sehzeichen war. Stand z. B. die Probetafel in 5 m, so entsprach der Nummer 15 (Fig. 192) die Sehschärfe $v = \frac{5}{15}$.

Snellen hielt sogar sehr darauf, daß man den die Sehschärfe ausdrückenden Bruch nicht reduziere, nicht von $v = 1$, sondern von $v = \frac{20}{20}$, $\frac{6}{6}$, $\frac{5}{5}$ spreche, nicht $v = 0{,}5$, sondern $\frac{20}{40}$, $\frac{3}{6}$, $\frac{5}{10}$ usw. schreibe, damit man ersehe, in welcher Entfernung die Sehprüfung stattgefunden habe.

Dies mag seinerzeit ratsam gewesen sein, jetzt aber, da es als Regel gilt, die Prüfung der Sehschärfe auf große Entfernung vorzunehmen, steht der Reduktion dieser Brüche auf Dezimalbrüche nichts mehr im Wege: im Gegenteil wird dadurch die Ausdrucksweise einfacher, verständlicher und übersichtlicher. Dies ist namentlich der Fall, wenn, wie gewisserorts, noch mit Fußen gemessen und von $v = \frac{6}{20}, \frac{6}{18}, \frac{6}{5}$ usw. gesprochen wird.

Die Progression der auf einer Probetafel enthaltenen Sehschärfegrade.

Wir haben gesehen, daß in MONOYERS Probetafel die Grade der Sehschärfe in *arithmetischer Progression* mit der Basis 1 (bzw. 0,1) aufeinander folgen, d. h., um von dem einen zu dem nächst höheren Grade zu gelangen, wird zu dem ersteren 0,1 addiert. So folgen sich die Sehschärfegrade wie die geraden Zahlen von 0,1 bis 1,0. Das Verhältnis zwischen 2 benachbarten Graden nimmt demnach von den geringeren zu den höheren Graden regelmäßig ab.

Die folgende obere Linie enthält die Sehschärfegrade nach MONOYERS Serie, der Einfachheit halber, in ganzen Zahlen statt in Dezimalbrüchen, die untere Linie das Verhältnis zwischen je 2 benachbarten Zahlen der oberen Linie.

1 2 3 4 5 6 7 8 9 10

2 1,5 1,33 1,25 1,2 1,16 1,14 1,125 1,11

In SNELLENS, auf 5 m berechneter Probetafel, ist die Progression in der folgenden oberen, das jeweilige Verhältnis in der darunter stehenden Reihe angegeben, wobei wir ebenfalls von 1 zu 10, statt von 0,1 zu 1 steigen.

1 1,66 2,5 3,33 5 8,3 10

1,66 1,5 1,33 1,5 1,66 1,2

JOHN GREEN, JAVAL, NICATI und SULZER hielten dafür, das Verhältnis zwischen zwei benachbarten, auf einer Probetafel enthaltenen Sehschärfegrade müsse überall d a s s e l b e sein, so daß die Sehschärfe z. B. vom ersten zum zweiten um gleich viel steige wie vom zweiten zum dritten oder vom neunten zum zehnten. Mit einem Worte, nach diesen Autoren sollten die Sehschärfegrade einer Probetafel nach *geometrischer Progression* zu-, bzw. abnehmen.

Um dies zu erreichen, muß der geringste Grad der Sehschärfe (1) mit einem bestimmten Faktor (n) multipliziert werden. So erhält man den zweiten. Dieser wiederum mit n, oder 1 mit n^2 multipliziert, gibt den dritten Grad; der vierte Grad entspricht dem dritten multipliziert mit n, oder n^3 usf.

Dieser Faktor war für JOHN GREEN $\sqrt[3]{0,5}$, sagen wir einfach 0,795; für JAVAL $\sqrt{2}$ sagen wir 1,414; für SULZER $\sqrt[3]{2}$, d. h. 1,259; für NICATI 1,29.

Der Streit um die Progression, namentlich für die *geometrische* Progression der Sehschärfegrade einer Probetafel, beschränkte sich allerdings so ziemlich auf die gelehrten Promotoren derselben. Die Gesamtheit der Augenärzte interessierte sich kaum dafür. Und zwar mit Recht: erfahren wir z. B., ein Patient habe $v = 0{,}5$, so kann es uns doch gleichgültig sein, ob die nächste höhere Nummer der Tafel, mit welcher er geprüft wurde, 0,6 oder 0,527 oder 0,568, die vorhergehende 0,4 oder 0,28 gewesen sei.

Ja, da die Sehprüfung bei geringen Graden der Sehschärfe nur eine geringe, bei höheren Graden eine zunehmende Genauigkeit gestattet, so ist es geradezu widersinnig, zwischen allen Graden das gleiche Intervall zu wählen. Entweder erhält man so für die niedrigen Grade zu viele, oder was viel bedauernswerter ist, für die höheren Grade nicht genug Abstufungen.

Ähnlich, wenn auch im umgekehrten Sinne, steigen ja auch die Unterschiede zwischen den Gläsern unserer Brillenkasten von Viertels- durch halbe, ganze und mehrere Dioptrien, von den niedrigen zu den höheren Graden, wie es das Interesse der Praxis erfordert.

So hatten denn auch Snellen, Monoyer und die weitaus meisten derjenigen Autoren, die Probetafeln konstruiert haben, vollkommen recht, die Nummern derselben in mehr oder weniger regelmäßiger arithmetischer Reihenfolge steigen zu lassen. Das hat auch v. Hess in seiner oben erwähnten Trobetafel von 0,1 bis 1 in reiner Weise getan und derselben dann noch die Nummern 1,5 und 2 für diese seltener vorkommenden Sehschärfegrade beigefügt.

Wir haben zwischen 0,1 und 0,2 noch Nummer 0,15 eingefügt, da uns der Sprung von 0,1 zu 0,2 (das Doppelte) doch zu groß erschien. Außerdem haben wir, am anderen Ende der Skala, den Zwischenraum zwischen 1 und 2 nicht nur durch 1,5, sondern durch 1,25, 1,5 und 1,75 ausgefüllt.

In genau gleicher Weise ist auch Dimmer vorgegangen.

Langjährige Erfahrung hat uns bewiesen, daß die erwähnten Unterschiede zwischen den den höchsten Sehschärfegraden entsprechenden Ringen noch sehr wohl wahrgenommen werden. Allerdings gehört dazu noch ein Umstand, auf den bisher noch viel zu wenig Gewicht gelegt worden ist, derjenige nämlich, daß die Sehzeichen mathematisch genau ausgeführt sein müssen. Auch die besten bisher verwendeten Sehproben lassen in dieser Hinsicht oft viel zu wünschen übrig.

Daß diese Anforderung bisher so wenig betont worden ist, erklärt sich daraus, daß die bisherigen Sehzeichen untereinander so verschieden waren, daß von einer genauen Feststellung der Sehschärfe gar nicht die

Rede sein konnte. Jetzt erst, da wir mit einem einzigen Sehzeichen untersuchen, tritt die Wichtigkeit der genauen Ausführung desselben zutage.

Wenn die Lücke in den Ringen von 1,5, 1,75 und 2 ungefähr dieselbe ist, dann kann man sich nicht wundern, wenn der Untersuchte zwischen diesen Sehzeichen kaum einen Unterschied findet, d. h. wenn diese Grade nicht mit Sicherheit festzustellen sind. Und wenn gar die Lücke in Nr. 1 weiter ist als die in Nr. 9, dann muß es vorkommen, daß jemand, auch ohne astigmatisch zu sein, die erstere erkennt, ohne die vorhergehende gesehen zu haben.

So trägt der internationale Optotypus in sich selbst die Kontrolle seiner genauen Ausführung. Dies ist ein weiterer nicht zu unterschätzender Vorteil desselben.

Die Beleuchtung der Probetafel.

Es versteht sich von selbst, daß die genaue Bestimmung der Sehschärfe eine gute Beleuchtung der Prüfungsobjekte erfordert. Die vorzüglichste Beleuchtung wäre wohl das von weißen Wolken zurückstrahlende Sonnenlicht.

Das Tageslicht ist jedoch sehr veränderlich. Nach Cohn kann die Tagesbeleuchtung in wenigen Minuten von 19 bis 106 Meterkerzen wechseln. Allerdings ist, wie aus Fig. 203 S. 480 sowie aus Herings oben erwähnter Beobachtung hervorgeht, die Adaptationsfähigkeit des Auges an Beleuchtungsunterschiede eine sehr große. Da wir aber auch zu später Stunde noch unsere Kunst ausüben, so müssen wir dazu oft genug künstliches Licht verwenden.

Die Sehschärfe erreicht, wie wir gleich sehen werden, für gesunde Augen ihr Maximum bei einer Beleuchtung von 35 Normalkerzen in 1 m Entfernung. Da wir aber in der Praxis häufig mit Augen zu tun haben, die für sehr starkes Licht krankhaft empfindlich sind, so ist, für klinische Untersuchungen, eine geringere Beleuchtung der Sehproben vorzuziehen. Ihre Intensität soll nicht so stark sein, daß das Weiß der Probetafel blendend wirkt, sondern das Auge dabei mit dem angenehmen Gefühle deutlichen Sehens das Maximum seiner Sehkraft erreicht.

Zur Beleuchtung kann elektrisches sowohl als Gas- oder Öllicht verwendet werden.

Was die Konstanz der Leuchtkraft betrifft, so ist zu beachten, daß die der Metallfaden diejenige der Kohlenfaden übertrifft.

Beim Auerbrenner, resp. Gasglühlicht, kann sie unter der Veränderlichkeit des Gasdruckes und der Dauer des Gebrauches des Glühstrumpfes leiden.

Petroleum-, Benzin- und ähnliche Lampen haben den Vorteil, daß ihr Licht durch Regulierung der Flammenhöhe sehr konstant erhalten werden kann[1]).

Es empfiehlt sich, die ungefähr 50 cm vor der Probetafel aufgestellte Lichtquelle in einen parabolischen Reflektor zu verlegen, welcher den Untersuchten vor Blendung schützt.

Außerdem ist es von größter Wichtigkeit, daß das Licht gleichmäßig über die Prüfungstafel verbreitet sei. Da das künstliche Licht sich auf eine kreisförmige und nicht oblonge Oberfläche verbreitet, so ist es eben angezeigt, die Sehproben nicht auf einem Rechteck zusammengestellten, das 3- bis 4mal höher ist als breit, sondern auf einer kreisförmigen, oder doch wenigstens quadratischen Fläche.

Wo man kein Normallicht zur Verfügung hat, da mag, nach Snellens Vorschlag, die Sehschärfe des Untersuchers als Photometer dienen. Ist dessen Sehschärfe bei normaler Beleuchtung = 1,25, bei der fraglichen Beleuchtung = 0,9, und die des Untersuchten bei letzterer Beleuchtung = 0,5, so ist dessen wirkliche Sehschärfe $= \frac{1,25 \cdot 0,5}{0,9} = 0,67$. Mit einem Worte: eine bei unbekannter Beleuchtung gefundene Sehschärfe muß multipliziert werden mit dem Bruche, der den Einfluß dieser Beleuchtung auf die bekannte Sehschärfe des Beobachters ausdrückt.

Der Raum, in welchem die Untersuchung der Sehschärfe vorgenommen wird, ist am besten etwas dunkel zu halten. In keinem Falle darf dessen Beleuchtung die des auf die Sehzeichen projizierten Lichtes übertreffen.

Wichtig ist es, das zu untersuchende Auge gegen störende Reflexe zu schützen.

Vergessen wir nicht, daß die Adaptation des Auges für die Beleuchtung, bei welcher die Untersuchung vorgenommen wird, einen Einfluß auf die Sehschärfe haben kann. Ein aus dem Dunkeln kommendes Auge wird durch helles Licht geblendet und in seiner Sehtüchtigkeit geschädigt. Umgekehrt können Nachbilder dieselbe beeinträchtigen, wenn das Auge von großer Helligkeit in relatives Dunkel tritt. Wir müssen deshalb solche Kontraste der Beleuchtung vermeiden und eventuell das Auge während einer gewissen Zeit sich der Beleuchtung, bei welcher die Sehprüfung vorgenommen wird, adaptieren lassen.

Seit Tobias Mayer, im Jahre 1754, zum ersten Male den Einfluß der Beleuchtung auf die Sehschärfe festzustellen gesucht hat, sind eine Reihe Untersuchungen über diese Frage angestellt worden. Die zuverlässigsten gehören der neueren Zeit an. Alle stimmen darin überein, daß von dem Momente an, wo die Beleuchtung gerade noch das Erkennen

---

1) Näheres über Lichtart und Lichtstärke findet der Leser im Kapitel der Photometrie.

der Prüfungsobjekte gestattet, die Sehschärfe mit der Intensität der Beleuchtung erst sehr rasch steigt, dann in eine Periode langsamer Zunahme übergeht, endlich, mit dem Gefühle der Blendung, wieder abnimmt [Tob. Mayer (1754), A. Pasch (Preisarbeit der Innsbrucker med. Fakultät), Klein (1873), Uhthoff (1886), Laan und Pickema (1897), H. Cohn (1898), Brudzewski (1898)].

Den Übergang der rasch ansteigenden in den mehr horizontalen Teil der die Sehschärfe darstellenden Kurve fand Uhthoff bei einer Beleuchtungsintensität von 4 Kerzen in 1 m Entfernung von dem Prüfungsobjekte, Laan und Pickema bei ungefähr 7 Meterkerzen. Das Maximum erreicht die Sehschärfe, nach Uhthoff, bei 33, nach Laan und Pickema bei »30 bis 50« Meterkerzen Beleuchtung. Die Sehschärfe war dann, nach Snellens Prinzip ausgedrückt, $V = 2$.

Die geringste Sehschärfe, wobei Snellens quadratische Figur *CC* in 10 cm erkannt wurde, und welche nach Uhthoff $V = 0{,}0015$ entsprechen würde, fand dieser Autor für sich bei der Beleuchtung von 1 Kerze in 154 m, König sogar bei 1 Kerze in 363 m.

Die Intensität der minimalen Sehschärfe würde sich also zu der maximalen verhalten wie 1 : 783333 für den ersteren, wie 1 : 4260000 für den letzteren Beobachter.

Für rotes Licht wäre die minimale Beleuchtung 0,1, d. h. eine Normalkerze in 19 m, für grünes und blaues Licht 0,01, d. h. eine Normalkerze in 60 m.

Es scheint uns jedoch fraglich, ob unter solchen Umständen überhaupt noch von »Sehschärfe« die Rede sein kann. Die Sehzeichen Snellen *CC*, in 10 cm aufgestellt, liefern Netzhautbilder, die Teile der Netzhaut bedecken, deren Formsinn außerordentlich verschieden ist. Wahrscheinlich werden diese Bilder erst mit Hilfe der Augenbewegungen erkannt, indem so der empfindlichste Teil der Netzhaut ihren Konturen entlang geführt wird, bzw. das Auge so gedreht wird, daß die verschiedenen Teile des Bildes sukzessive auf die Fovea centralis fallen. Dies ist aber dann kein normales Sehen mehr.

Nach H. Cohn (1884) und Bruno Kolbe (1885) soll Tageslicht 50 Meterkerzen entsprechen.

Ersterer betrachtet eine Beleuchtung von 10 Meterkerzen als das geringste noch zum Lesen taugliche Licht. — Nach Rosenthal nimmt die Sehschärfe, bei Abnahme der Beleuchtung, von 10 Meterkerzen an, erst langsam bis auf 4 Meterkerzen ab, dann rascher, bis sie, bei $2^1/_2$ Meterkerzen, die unterste Grenze für das Lesen kleiner Schrift erreicht.

Die Kurven der Sehschärfe für monochromatische Beleuchtung verhalten sich derjenigen für weißes Licht sehr ähnlich: auch hier erst sehr rasches, dann langsames Ansteigen, endlich wieder Abfallen.

Nach Macé de Lépinay und Nicati (1882) haben, für Strahlen der längsten Wellen, bis zum Grün, die Koeffizienten der Sehschärfe nahezu denselben Wert. Von da an nimmt der Koeffizient gleicher Sehschärfe in gleichem Maße ab wie die gewählte Sehschärfe; oder: das Verhältnis zwischen der Sehschärfe und der objektiven Lichtintensität ist dasselbe für alle weniger brechbaren Strahlen als die grünen.

Für die brechbareren Strahlen, als die grünen, verändert sich die Sehschärfe langsamer mit der Intensität der Beleuchtung.

Fig. 203.

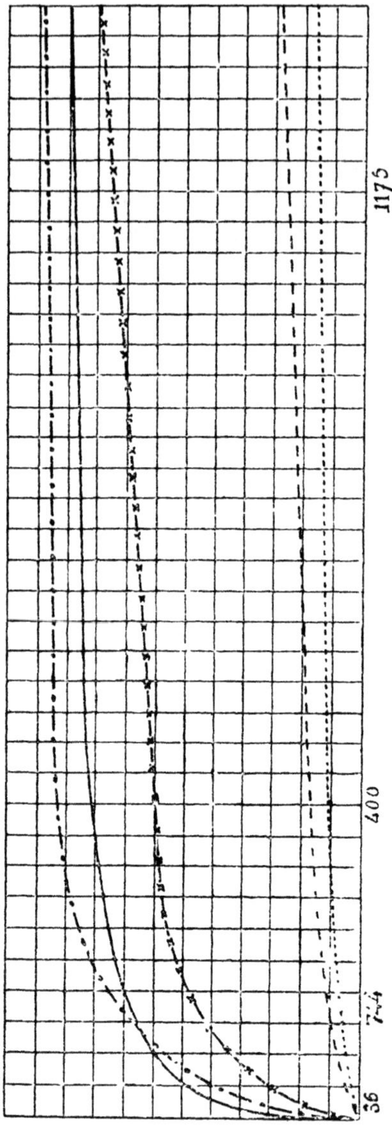

Übersichtskurven von dem Verhältnisse der Sehschärfe eines normalen Auges zur Beleuchtungsintensität für, von oben nach unten, folgende Lichtarten: Gelb Weiß Rot Grün, Blau. (Nach Uhthoff.)

Auch Uhthoff findet, daß die Sehschärfe in grünem, blauem und violettem Lichte hinter derjenigen in weißem zurückbleibt. In gelbem Spektrallichte allein soll sie diese ein wenig übersteigen (Fig. 203). Wie Macé de Lépinay und Nicati, so konstatiert auch Uhthoff, daß die Sehschärfe in blauem Lichte weniger Variationen unterworfen ist als im andersfarbigen.

Nach v. Brudzewskis Untersuchungen (1898) mit weißen und farbigen Buchstaben auf schwarzem Grunde ist die Sehschärfe für weiße Objekte größer als für farbige. So erhält er, bei indirektem Sonnenlichte, folgende maximale Grade der Sehschärfe:

Für Weiß = 1,8,
» Gelb = 1,75,
» Grün = 1,6,
» Rot = 1,6,
» Blau = 1,4.

In direktem Sonnenlichte wird die Sehschärfe für Weiß = 2,1, für Gelb = 2, für Grün, Rot und Blau = 1,8.

Bei sehr schwacher Beleuchtung dagegen werden blaue Buchstaben auf schwarzem Grunde vor den roten erkannt. Letztere werden sichtbar erst, wenn die Sehschärfe für Blau schon auf 0,07 gestiegen ist. Bei 4,9 Kerzen in 1 m Entfernung ist die Sehschärfe für beide Farben dieselbe (0,13). Von da an steigt die Kurve für rotes Licht immer höher als die für blaues.

Der Kontrast, d. h. der Helligkeitsunterschied zwischen dem Sehobjekte und dem Grunde, auf welchem es erscheint, ist selbstredend von sehr großem Einfluß auf dessen Sichtbarkeit (Aubert 1865).

Ein Objekt wird um so leichter erkannt, je mehr seine Lichtstärke von der des Grundes verschieden ist. Distinktionswinkel und Kontrast wachsen also im umgekehrten Verhältnisse. Außerdem ist interessant, zu beobachten, daß weiße Sehzeichen auf schwarzem Grunde merklich leichter erkannt werden, als schwarze auf weißem Grunde. So werden z. B., nach Aubert, weiße Quadrate unter einem Gesichtswinkel von 55″, schwarze erst unter einem solchen von 68″, getrennt unterschieden.

Schließt man sehr große und sehr geringe Kontraste aus, so ist bei einer Differenz der Helligkeit des Objektes zur Umgebung von 43 bis 7 die Größe des Gesichtswinkels, unter welchem ein Punkt noch erkannt wird, sehr geringem Wechsel unterworfen (Aubert 1876).

Ein gelblicher Grund scheint der Unterscheidbarkeit noch günstiger zu sein als ein weißer, da, wie oben bemerkt, die Sehschärfe in gelbem Lichte etwas größer ist als in weißem.

Nimmt der Kontrast ab, so muß die allgemeine Beleuchtung zunehmen, wenn die Sehschärfe nicht auch abnehmen soll. Kontrast und allgemeine Beleuchtung ergänzen sich also gegenseitig.

Setzt man die Helligkeit einer, nach König, mit Magnesiumoxyd bedeckten weißen Papierfläche = 100, so soll diejenige des hellsten Bristolpapieres = 96,3 sein, die des rein weißen Bristolkartons = 90,4, die des Grundes der gewöhnlichen Sehproben = 83.

Die Helligkeit des schwarzen Sammets wäre, nach der gleichen Messung, = 0,225, die schwarzen Bristolkartons = 2,6, die der Druckerschwärze = 3,7.

Nach Aubert ist das dunkelste Schwarz, das wir herstellen können, nur 57mal dunkler als unser hellstes Weiß.

Hering hat nachgewiesen, daß das Schwarz der Buchstaben eines Buches am Mittag eines hellen Tages 3mal so viel Licht reflektiert, als das weiße Papier des Buches am Morgen reflektiert hatte, bei einer Beleuchtung, die ein fließendes Lesen gestattete.

Einen sehr bedeutenden Einfluß auf die Sehschärfe hat die Weite der Pupille, und zwar ist dieser Einfluß ein zweifacher: einmal trägt die Änderung der Pupillenweite wesentlich zur Adaptation des Auges für Beleuchtungsunterschiede bei, andererseits werden, mit der Verengerung der Pupille, die Zerstreuungskreise der Netzhautbilder geringer, und somit diese Bilder schärfer. Im allgemeinen wird also eine engere Pupille der Sehschärfe günstiger sein als eine weitere.

Es kommt allerdings auch vor, daß die mittleren Teile des dioptrischen Apparates des Auges verlegt s l (zentrale Leukome, Zentralstar u. dgl.) und das Netzhautbild hauptsächlich durch die exzentrischen Teile geliefert wird. Da kann ausnahmsweise die Sehschärfe durch die Erweiterung der Pupille gewinnen.

Mit dem Alter sinkt gewöhnlich die Sehkraft des Auges. Nach Vroesom de Haan (1866) wäre die Sehschärfe im zehnten Lebensjahre der Sehschärfe, welche einem Gesichtswinkel von 1′ entspricht und mit 1 bezeichnet wird, um ein Zehntel überlegen ($V = 1{,}1$), während sie im achtzigsten Jahre auf 0,5 sinken soll.

Weitgehende Untersuchungen, welche unter Professor Sattlers Leitung von Boermá und Walther (1893) über diese Frage angestellt worden sind, ergeben, daß die Sehschärfe vom vierzigsten Jahre an, wo sie 1 und mehr sein kann, gleichmäßig abnimmt, um mit dem achtzigsten Jahre im Mittel = 0,666 zu werden.

Die Dauer der Beobachtung. Unsere Untersuchungen haben dargetan, daß, bei der momentanen Beleuchtung mittels eines elektrischen Funkens im sonst dunklen Raume, die Sehschärfe bedeutend geringer ist als bei anhaltender Beleuchtung. Wenn auch das Auge die Richtung und die Entfernung des Sehzeichens kennt, zur Einstellung also keiner Zeit bedarf, so genügt ihm doch die elektrische Entladung nicht, um irgendwie komplizierte Objekte zu unterscheiden.

Die Augenbewegungen spielen eben beim Sehen eine nicht zu vernachlässigende Rolle. Die Stelle des schärfsten Formsinnes ist von sehr geringer Ausdehnung. Jedenfalls müssen, um ein nicht ganz einfaches Netzhautbild zu analysieren, die verschiedenen Teile desselben sukzessive auf dieses Zentrum der Fovea gebracht werden. Dazu bedarf es minimer Augenbewegungen, und diese erheischen eben eine gewisse Zeit (vgl. auch E. Landolt 1891).

Aus Broca's und Sulzers (1901) Untersuchungen geht hervor, daß die Zeit, welche nötig ist, um ein Objekt zu erkennen, rascher zunimmt, als der Gesichtswinkel desselben abnimmt. So brauchten die Autoren z. B., um ihr Testobjekt (parallele Linien) unter einem Winkel von 3′ zu unterscheiden, 0,002 Sekunden, während das Erkennen desselben unter einem Winkel von 1′ 0,010 Sekunden, gerade 5mal mehr Zeit erforderte.

Wie bei allen Funktionsprüfungen, so kommen auch bei der Sehprüfung die Intelligenz, die Übung, die Aufmerksamkeit, die moralische Disposition des Untersuchten in hohem Maße in Betracht. Ein intelligenter, im Beobachten geübter, wohl ausgeruhter und aufgelegter Mensch wird, *ceteris paribus*, eine bessere Sehkraft aufweisen, als ein unintelligenter, ungeübter, ermüdeter. Bei allen, aber namentlich bei wenig intelligenten oder schlecht aufgelegten Leuten, mit denen wir es in der Praxis eben häufig genug zu tun haben, müssen wir die Aufmerksamkeit während der Untersuchung energisch anregen. Es ist merkwürdig, wie sehr Faulheit die Sehschärfe zu beschränken imstande ist. Durch gehöriges Insistieren wächst dieselbe oft um das Doppelte. Wie wichtig es ist, die Aufmerksamkeit auf die Probeobjekte zu lenken, geht schon daraus hervor, daß dieselben durchgängig besser erkannt werden, wenn man sie mit dem Finger oder einem Stabe bezeichnet, als wenn man mit Worten allein darauf hinweist.

Ein Faktor, welcher bei der Sehprüfung nicht ganz außer acht zu lassen ist, ist die Durchsichtigkeit der Luft. Diese kommt namentlich in Betracht, wenn auf sehr große Entfernung experimentiert wird. Nebel, Staub, Rauch können die Sehschärfe aber auch auf wenige Meter schon meßbar beeinträchtigen.

Endlich sei noch erwähnt, daß das Sehen mit beiden Augen zugleich schärfer ist als das einäugige. Nicati setzt dasselbe der Verdoppelung der Beleuchtung gleich. — Laan und Pickema (1897 S. 17) finden den Unterschied zwischen der monokularen und der binokularen Sehschärfe nicht ganz so groß.

Die Prüfung der Sehschärfe für die Nähe.

Wir haben im vorhergehenden die Sehschärfe für die Ferne bestimmt, selbstverständlich mit Korrektion der Ametropie. Dazu brachten wir das Korrektionsglas in den Abstand von dem Auge, in welchem Brillengläser zu stehen kommen.

Unbekümmert um die Ursache der Ametropie und die relative Lage des Korrektionsglases zu den Kardinalpunkten des Auges, haben wir einfach den kleinsten Winkel festgestellt, unter welchem das Auge, im gewöhnlichen Leben, d. h. eventuell mit einem Brillenglase bewaffnet, ein entferntes Objekt zu erkennen vermag. In welchem der bei theoretischen Problemen in Frage kommenden Kardinalpunkte des Auges die Spitze des Distinktionswinkels liege, ließen wir deshalb dahingestellt, weil die Lage desselben in der Praxis kaum mit Sicherheit festzustellen ist.

In ähnlicher anspruchsloser Weise können wir auch die Sehschärfe für die Nähe feststellen.

In der Tat hat das Sehen in der Nähe eine nicht geringere, ja bei zivilisierten Völkern oft eine größere Bedeutung als das Sehen in die Ferne. So dürfte es auch u. a. zur Schätzung eines erlittenen Schadens nicht unwichtig sein, die Sehschärfe nicht nur für die Ferne, sondern besonders auch für die Nähe, bzw. für die Arbeitsdistanz zu kennen.

Die Sehschärfe für die Nähe läßt sich nämlich durchaus nicht direkt aus derjenigen für die Ferne ableiten.

Es ist dies eine Tatsache, auf welche man bisher nicht genug Gewicht gelegt hat. Können wir uns doch z. B. täglich davon überzeugen, wie überraschend sehtüchtig in der Nähe ein langes myopisches Auge ist, welches mit seinem Korrektionsglase für die Ferne vielleicht nur $V = 0{,}2$ aufweist, während ein akkommodierender Hypermetrope, mit gleicher Fernsehschärfe, für die Nahearbeit kaum genügend sieht.

Für den gleichen Gesichts-, bzw. Knotenpunktswinkel ist, wie wir oben gesehen haben, die Netzhautbildgröße verschiedener Augen proportional der Knotenpunktsnetzhautdistanz (g'').

Ist diese Distanz für das emmetropische, akkommodationslose Auge 15 mm (G''), so ist sie für die unter I der Tabelle enthaltenen Grade von Achsenmyopie unter II angegeben (Leber 1897). Kolonne III gibt das Verhältnis der Netzhautbildgröße des auf seinen Fernpunkt eingestellten emmetropischen Auges zu den auf den ihrigen eingestellten achsenmyopischen Augen.

I	II	III
E	15	
M 1	15,3	1 : 1,02
M 5	16,6	1 : 1,106
M 10	18,7	1 : 1,246
M 20	25	1 : 1,666
M 25	30	1 : 2

Der Unterschied zwischen dem des akkommodierenden emmetropischen und dem des vermöge seiner Achsenlänge auf die gleiche Entfernung eingestellten Auges ist allerdings etwas geringer, weil, mit der Akkommodation, der Knotenpunkt, bzw. Krümmungsmittelpunkt des reduzierten Auges nach vorn rückt. Trotzdem bleibt jedoch das g'' des emmetropischen akkommodierenden Auges noch bedeutend hinter dem des entsprechenden achsenmyopischen Auges zurück. Genauer wird die Berechnung nach Gullstrands oben angegebener Methode.

Der Unterschied der Sehschärfe verschiedener in verschiedener Weise für die Ferne und für die Nähe eingestellter Augen erklärt sich auch aus dem Einflusse der für die Ferne gebrauchten Korrektionsgläser auf die Größe der Netzhautbilder. Gelänge es, die Netzhautbilder beim Sehen in die Ferne wie beim Sehen in die Nähe einander genau gleich zu machen, so würde natürlich das Resultat in beiden Fällen dasselbe sein. Wir haben auch, im Kapitel der Refraktionsbestimmung, optometrische Methoden angegeben, welche dies Erfordernis erfüllen — unter der Bedingung, daß die Ursache der Ametropie bekannt sei, und die Gläser in bezug auf die Kardinalpunkte des Auges genau eingestellt seien.

Diese Bedingung ist aber für das Nahesehen noch schwieriger zu erfüllen als für das Fernesehen. Außerdem interessiert uns in erster Linie nicht die auf diese Weise geprüfte Perzeptionsfähigkeit der Netzhaut, bzw. die physiologische Sehschärfe. Uns kommt es im Gegenteil darauf an, den praktischen Wert des Auges zum Sehen in der Nähe, mit einem Wort zur Nahearbeit zu kennen.

Bedienen wir uns denn auch zu diesem Zwecke logischer Weise derselben Objekte wie zur Sehprüfung für die Ferne, so werden wir, bei der Naheprüfung, weder Gleichheit der Netzhautbilder, noch Gleichheit des Gesichtswinkels erstreben, sondern den zu Untersuchenden einfach unter den Verhältnissen prüfen, unter welchen er seine Nahearbeit auszuführen pflegt, d. h. einmal in seiner Arbeitsdistanz, sodann mit bloßem Auge, wenn er Myope oder akkommodationstüchtig ist, mit Konvexgläsern, wenn er Presbyope oder Hypermetrope, mit Konkavgläsern, wenn er stark myopisch ist.

Es versteht sich von selbst, daß, wenn von Prüfung der Sehschärfe die Rede ist, dieselbe nur mit dem Einheitssehzeichen kann vorgenommen werden.

Steigers auf einer Seite offene Quadrate, Dohnbergs dreizackige Haken, Guillerys Kreise, Vierecke, Dreiecke, auch Kosters (1904 u. 1906) sonst sehr sorgfältig ausgearbeitete »Sehproben« sind denn auch, aus den oben besprochenen Ursachen, zur Bestimmung des Grades der Sehschärfe in der Nähe nicht geeignet. Noch weniger taugen dazu selbstverständlich »Leseproben«, wenn sie auch, wie wir gleich sehen werden, zu anderen Zwecken ihre volle Berechtigung haben.

Birkhäuser (1912), der sein Werk allzu bescheiden »Leseproben« betitelt, hat denn auch den Lesestücken das Universalzeichen, überflüssigerweise allerdings auch Hakenfiguren, beigegeben.

Die erste Serie derselben ist für einen Abstand von 30 cm bestimmt und enthält die Sehzeichen für $V = 0{,}1$ bis $V = 1$ in arithmetischer Progression.

Die zweite Serie enthält die Sehzeichen in der Größe, in welcher sie auf 30 bis 350 cm Abstand unter dem Einheitsgesichtswinkel erscheinen, bzw. auf 30 cm Sehschärfegrade von 1 bis 0,08 ergeben.

Unsere »Tafel zur Prüfung der Sehschärfe in der Nähe«[1]) ist, in nebenstehender Größe, für einen Abstand von 33 cm, bzw. $\frac{1m}{3}$ (3 dptr.) berechnet. Sie enthält das Universalsehzeichen für

$V = 0{,}1;\ 0{,}15;\ 0{,}2;\ 0{,}3;\ 0{,}4;\ 0{,}5;\ 0{,}6;\ 0{,}7;\ 0{,}8;\ 1;\ 1{,}5$ u. 2.

Dieselbe Tafel kann aber auch für andere Entfernungen dienen. Man braucht nur die auf der für 33 cm berechneten Tafel angemerkten Seh schärfegrade (V), in oben angegebener Weise zu reduzieren, um die der Entfernung (d) entsprechende Sehschärfe (v) zu finden:

Fig. 204.

$$v = \frac{Vd}{33},$$

oder, wenn die Entfernung, statt in Zentimetern, in Meter ausgedrückt wird:

$$v = \frac{Vd}{1/3} = 3\,Vd.$$

Unserer Tafel sind die Sehschärfegrade beigegeben, welche den Abständen 50 cm (2 dptr.), 33 cm (3 dptr.) und 25 cm (4 dptr.) entsprechen.

In folgender Tabelle enthält die erste Kolonne (V) den Grad der Sehschärfe, die zweite (L) den Durchmesser der Lücke, in Millimetern, für einen Abstand von 33 cm von der Hornhaut des Auges; die dritte Kolonne (R) den Durchmesser der äußeren Kontur der Ringe.

V	L	R
0,1	0,97	4,8
0,15	0,65	3,2
0,2	0,48	2,4
0,3	0,32	1,6
0,4	0,24	1,2
0,5	0,19	0,96
0,6	0,16	0,8
0,7	0,132	0,67
0,8	0,12	0,6
1	0,1	0,48
1,5	0,06	0,32
2	0,048	0,24

1) Herausgegeben von W. Engelmann in Leipzig.

Die zweite Tabelle gibt die Äquivalente der Sehschärfegrade unserer Probetafel, wenn dieselbe statt in 33 cm (Kolonne II) in 50 cm (Kolonne I), oder in 25 cm (Kolonne III) aufgestellt wird.

Richtung der Lücken	Sehschärfegrade (V) für 50 cm	33 cm	25 cm
←	0,15	0,1	0,08
↘	0,23	0,15	0,11
↗	0,3	0,2	0,15
↓	0,45	0,3	0,23
← ↙	0,6	0,4	0,3
↑ ↗	0,76	0,5	0,37
↘ →	0,9	0,6	0,45
↑ ↖	1,06	0,7	0,53
↙ ↓	1,2	0,8	0,6
→ ↘	1,5	1	0,76
↘ ↓	2,3	1,5	1,13
← ↖	3	2	1,5

Für die drei niedrigsten Sehschärfegrade haben wir je einen, für die folgenden je zwei Ringe mit verschieden gerichteten Lücken gewählt. So kleine Figuren können leicht Schaden leiden, sei es durch Unregelmäßigkeiten des Druckes, sei es durch Beschmutzung. Verfügen wir über je zwei Figuren, so ist zu erwarten, daß wenigstens eine intakt sei.

Um dem Prüfenden die Kontrolle der Antworten des Untersuchten zu erleichtern, ist auf einem Beiblatte, seitlich von den Sehschärfegraden, die Richtung der Lücken durch einen Pfeil angegeben.

Die Entfernung des Täfelchens muß selbstredend sehr genau eingehalten werden. Dazu dient ein an dem die Sehproben enthaltenden Karton befestigtes Bandmaß, dessen eines Ende dem Niveau der Hornhaut entsprechen muß.

Eine den Sehproben beigegebene Strahlenfigur (Fig. 205) dient zum Erkennen von etwa vorhandenem Astigmatismus; sei es, daß derselbe auf der Refraktion des Auges beruhe, sei es, daß er durch das Leseglas nicht vollkommen korrigiert, oder durch die Stellung desselben hervorgerufen werde.

Bei der Sehprüfung in Arbeitsdistanz erstreben wir durchaus nicht die Gleichheit der Netzhautbilder, bzw. die Vergleichbarkeit des Auflösungsvermögens verschiedener Netzhäute untereinander, mit einem Wort, wir suchen nicht die physiologische Sehschärfe, sondern den praktischen Wert des Auges für die Arbeit, zu bestimmen. Die Prüfung soll denn auch möglichst unter den Verhältnissen vorgenommen werden, unter welchen die Arbeit stattfindet: ohne Hilfsgläser, oder mit den Gläsern, deren sich der Untersuchte zur Arbeit bedient. Diese praktische Sehschärfe dürfte nicht selten von der in klassischer Weise, auf großen Abstand gefundenen, differieren. Der Grad der Sehschärfe eines Auges für die Ferne läßt in der Tat nicht direkt auf dessen Arbeitswert schließen.

Fig. 205.

Zur Prüfung des Sehens in der Nähe stellte Anfang des 17. Jahrhunderts der Optiker Daça de Valdes in Sevilla (1623) Senfsamen auf weißem Papier in eine Linie zusammen. Der Untersuchte mußte die Entfernung angeben, in welcher er dieselben noch mit einer Nadel bezeichnen und zählen konnte. Perlen- und Tuchhändler prüfte er mit ihren Waren, damit die Gläser dieselben in ihrer wirklichen Größe erschienen ließen. Daß ein so kluger Mann sich auch verschieden großer Druckschrift zur Prüfung des Sehens in der Nähe bediente, versteht sich wohl von selbst.

Von anderen Autoren, die mit einer gewissen Überlegung die Sehkraft der Augen für die Naharbeit prüften, dürften die Optiker J. G. A. Chevallier (1815), Tauber (1816), Himly (1843) anzuführen sein. Letzterer verwendete dazu nicht nur Druckschrift, sondern auch Punkte, Kreuze, Ziffern von verschiedener Größe, Schwarz auf Weiß, wie Weiß auf Schwarz. Er betonte, daß der Patient nicht nur für einen Moment die Prüfungsobjekte erkennen, sondern mit den gewählten Gläsern, oder auch ohne dieselben, während einer gewissen Zeit müsse lesen können.

Als der eigentliche Promotor von Leseproben dürfte Heinrich Küchler zu betrachten sein (1843). Er versuchte, mit zu Wörtern zusammengesetzten Buchstaben verschiedener Größe, die »Stärke des Gesichts« zu bestimmen, und gab dieselben im Jahre 1843 unter dem Titel »Schriftnummerproben für Gesichtsleidende« heraus. Die Höhe des Buchstabens der Nummer 1 war 21 mm, die der Nummer 12 = 1,5 mm (Pergens).

Seit Küchlers Versuchen ist, wie vorauszusehen war, eine große Zahl immer besser gedruckter Sehproben für die Nähe entstanden. Sie enthalten zum Teil, außer Lesestücken, auch Zahlen, Noten und, wie schon erwähnt, zwei und dreizackige Haken und andere Figuren.

Die am weitesten verbreiteten Leseproben waren lange Zeit diejenigen von E. v. Jaeger (1867), die zum ersten Male im Jahre 1854 in Wien erschienen sind und seither eine Reihe neuer Auflagen erlebt haben, die letzte im Jahre 1805, modifiziert von Professor Fuchs.

Sie enthalten 20 verschieden große Lesestücke in verschiedenen Sprachen; auch Notenblätter sind denselben beigefügt. Die Durchmesser der verschiedenen Nummern derselben sind folgende, und sie erscheinen, nach Snellen (1868), in folgenden Entfernungen unter einem Winkel von 5 Minuten. Wir brauchen wohl kaum beizufügen, daß sich aus diesen Zahlen keine Schlüsse auf die eigentliche »Sehschärfe« ziehen lassen.

Nr.	Durchmesser							
1.	0,2	Pariser Linien	=	1	Pariser Fuß	=	0,325	m
2.	0,45	» »	=	2	» »	=	0,65	»
7.	0,6	» »	=	3	» »	=	0,975	»
11.	0,85	» »	=	4	» »	=	1,3	»
13.	1,15	» »	=	5	» »	=	1,6	»
14.	1,5	» »	=	7	» »	=	2,1	»
18.	3,75	» »	=	17	» »	=	5,5	»
19.	5,5	» »	=	27	» »	=	8,8	»
20.	9	» »	=	37	» »	=	12	»

Nicht minder bekannt und weit verbreitet sind Snellens Leseproben, die seit 1862 ebenfalls in vielen Sprachen erschienen sind. Über jeder Serie steht die Zahl, welche in Fuß und Meter (von $1\frac{1}{2}$ [0,5] bis 16 [5,3]) die Entfernung angibt, in welcher die Buchstaben derselben unter einem Winkel von 5 Minuten erscheinen. In Metern sind die Serien folgende: 0,5, 0,6, 0,8, 1, 1,1, 1,3, 1,6, 2, 2,5, 3,2, 4,2, 5,2.

Schweigger, Böttcher, Schneller, Nicati, Wolffberg, die Petersburger Augenklinik, überhaupt die meisten Herausgeber von Sehproben, haben denselben auch Leseproben in verschiedenen Sprachen beigefügt. Den Vorzug verdienen jeweilen die am reinsten ausgeführten.

De Weckers (1877) und Parinauds (1888) Leseproben enthalten auch eine Tafel zur Prüfung des Licht- und Farbensinnes, sowie die Angabe der Akkommodationsbreite für verschiedene Altersjahre, zur Berechnung der Presbyopie [1]).

1) De Weckers Ausgabe von 1898 enthält eine unrichtig kopierte »Tabelle der Presbyopie nach Landolt«. Wir verweisen den Leser, was unsere Ansicht über Presbyopie betrifft, auf S. 213 dieses Bandes.

Javal (1878) hat eine kleine Tafel konstruiert zur Bestimmung des Einflusses der Beleuchtung auf die Sehschärfe und der Leserlichkeit verschiedener Typen in kurzer Entfernung. Das Blatt enthält fünf Zeilen mit Buchstaben. Sind die Buchstaben jeder Zeile untereinander gleich hoch und gleich breit, so nehmen die sie bildenden Striche von links nach rechts an Dicke ab, während von oben nach unten die Dimensionen der Buchstaben sich verjüngen. Der größte Buchstabe hat 8 mm Höhe, und seine Komponenten haben 4 mm Dicke, der kleinste hat 0,5 mm Höhe, und seine Komponenten haben 0,0625 mm Dicke. Das Verhältnis zweier benachbarter Gruppen ist, wie bei J. Green, überall dasselbe; sie verhalten sich wie $1/2 : 1 : 2 : 4 : 8$.

Olivers (1885) »Test words for the determination of the Power of Accommodation« etc. bestehen aus 5 Serien verschieden großer lateinischer Lettern, nach Snellens Prinzip, für 0,5, 0,75, 1, 1,5 und 2 m Entfernung. Die Serien enthalten 4, 3 oder 2 Gruppen, bestehend aus Worten, die von 4, resp. 3 Buchstaben gebildet sind. Der Hauptvorzug dieser Leseproben liegt in ihrer äußerst sorgfältigen Ausführung. Der Grund ist rein weiß, glatt, aber nicht glaciert, die Lettern sind in reinem Schwarz mit Stahlstich gedruckt. Der Karton (11 auf 18 cm) läßt sich in einen handlichen schwarzen Rahmen einführen und wird so vor dem Beschmutzen durch die denselben haltende Hand geschützt.

Besonders sorgfältig ausgeführt sind die schon oben erwähnten Leseproben von Birkhäuser. Sie enthalten Lesestücke in deutscher, englischer, französischer und italienischer Sprache, je eine Linie, welche einerseits Sehschärfeproben von 0,1 bis 1, andererseits der Normalsehschärfe für Entfernungen von 30 cm bis 350 cm entsprechen sollen.

A. Niedens Leseproben (1882) sind auf Grund des Snellenschen Prinzipes zusammengestellt. Sie tragen über jeder Probe die ziffernmäßige Bezeichnung der Entfernung, in der sie von normalen Augen gelesen werden, gleichzeitig mit den Vergleichszahlen zu den entsprechenden Sehproben von Jäger, Snellen und Schweigger. Für Analphabeten ist eine Zahlenschriftprobe beigefügt.

Da meist nur die gewöhnliche Druckschrift (Nr. 1—7) in Gebrauch genommen, und daher diese Tafel am meisten abgenutzt wird, ist sie im Einzeldruck zu je 10 Blatt (deutsche und lateinische Schrift) zu erhalten, und deshalb bei dem billigen Preise einen häufigen Wechsel des Blattes ermöglicht. Die größere Ausgabe enthält noch ein Notenblatt mit zwei der gebräuchlichsten Notensätze.

Sind schon einzelne Buchstaben nicht zur Bestimmung der Sehschärfe tauglich, so sind es Leseproben noch viel weniger. Das Lesen stellt in der Tat für verschiedene Personen einen ganz verschiedenen Prozeß dar. Der darin Ungeübte muß jeden Buchstaben, jedes Zeichen einzeln entziffern und bedarf dazu deutlicherer, ja wohl auch größerer Netzhautbilder, besonders guter Beleuchtung und einer besseren Sehkraft, als der des Lesens Gewohnte. Für den letzteren bildet das Wort in seiner Gesamtheit eine Figur, deren Sinn er mit Hilfe der benachbarten Worte und des vorher Gelesenen errät. So sehen wir z. B. Leute unter den allerungünstigsten Verhältnissen, im Dunkeln, mit Zerstreuungskreisen, mit sehr herabgesetzter Sehschärfe, schlecht gedruckte Zeitungen lesen. Stoßen sie aber auf einen Eigennamen, ein Fremdwort, das sie nicht erraten können, so sind sie durchaus nicht imstande, dasselbe zu entziffern; der beste Beweis dafür, daß eben ihr gewöhnliches Lesen kein Entziffern, kein Buchstabenerkennen ist.

Ist es nun auch nicht möglich, mit Lesestücken den Grad der Sehschärfe zu bestimmen, so sind doch Leseproben für die augenärztliche Praxis unerläßlich. Da das Lesen eine der wichtigsten Funktionen der Augen darstellt, so ist es angezeigt, diese Funktionen direkt zu prüfen, und nicht indirekt aus deren wissenschaftlich bestimmten Sehschärfegraden abzuleiten. Wir werden dann aber auch nicht, wie es manche Autoren versucht haben, aus dem eben noch entzifferten Texte auf den Grad der Sehschärfe schließen und denselben ziffernmäßig ausdrücken, sondern — da es noch keine einheitlichen Leseproben gibt — einfach angeben: »Liest Jaeger — Snellen — Nieden usf. Nr. so und so, mit Glas so und so, in der und der Entfernung.«

Vergessen wir nicht, daß der Zweck unseres Wirkens ist, den Patienten sehtüchtig zu machen, in unserem Falle das Sehen, das Arbeiten in der Nähe günstig zu gestalten. Nun erfordern Malen, Noten-, Buchstaben-, Zahlenlesen, Korrekturen besorgen, Manuskripte entziffern, Nähen, Sticken, Gravieren usw. nicht nur verschiedene Sehkraft, sondern auch Sehen auf verschiedene Entfernungen und unter verschiedenen Verhältnissen.

Um dem Patienten den möglichst besten Dienst zu leisten, oder zu entscheiden, ob seine Augen für eine gegebene Arbeit wirklich tauglich sind, müssen wir ihn, wo immer möglich, bei dieser Arbeit selbst, in der erforderlichen Stellung, bei der ihm dazu verfügbaren Beleuchtung usw. untersuchen. So allein können wir z. B. die Ursachen asthenopischer Beschwerden erkennen, denselben wirksam steuern und kontrollieren, ob zur optischen Einstellung, zur Erleichterung der Konvergenz, zur Modifikation des Beleuchtungslichtes verordnete Gläser ihrem Zwecke entsprechen.

Literaturverzeichnis zur Bestimmung der Sehschärfe.

(Auszug aus dem Literaturverzeichnisse der II. Auflage und Nachtrag bis 1914.)

1623. Daça de Valdes, Uso de los anteojas para todo género de vista (Sevilla). Übersetzt durch Albertotti in Memoria della R. Accad. d. Sc., Lett. ed Ardi di Modena. Ser. 2. Vol. IX. 1892.

1705. Hooke, Posthumous Works. p. 12 u. 97.

1749. Buffon, Histoire naturelle. Paris. I. p. 279.

1754. Mayer, Tob., Comment. Göttingen. IV. S. 97 u. 135.

1759. Porterfield, On the eye. II. p. 58.

1815. Chevallier, J. G. A., Le conservateur de la vue. Paris.

1816. Tauber, G., Anweisung für auswärtige Personen, wie dieselben aus dem optisch-okulistischen Institute zu Leipzig Augengläser bekommen. Leipzig.

1840. Hueck, J. Müllers Arch. f. Anat. u. Physiol. S. 82.

Müller, J., Handbuch der Physiologie. II. S. 82.

1843. Himly, Die Krankheiten und Mißbildungen des menschlichen Auges usw. (Leseproben.)

Küchler, H., Schriftnummerproben für Gesichtsleidende. Darmstadt, Diehl.

1844. Küchler, H., Über den Zweck und die beste Einrichtung von Gesichtsproben. Heidelberger med. Annalen von Puchelt, Chelius u. Nägele. X. S. 408—418.

1846. Volkmann, Sehen. Wagners Handwörterbuch d. Physiol. III. S. 321 u. 335.

1852. Weber, E. H., Verhandl. d. sächs. Ges. S. 145.

1854. Jaeger, E., Ritter v. Jaxtthal, Schriftskalen. 1. Aufl.

Smee, Alfred, The eye in Lealth and disease. p. 70. London.

1855. Stellwag von Carion, Die Akkommodationsfehler des Auges.

Stellwag von Carion, Sitzungsberichte d. math.-naturw. Kl. d. Akad. d. Wissensch. XVI. S. 87.

1857. Aubert und Förster, Untersuchungen über den Raumsinn. Arch. f. Ophth. III, 2. S. 1.

Bergmann, Henle u. Pfeuffer, Zeitschr. f. rat. Med. II, 3. S. 88.

1860. Striedinger, Statistical sanitary and medical reports.

1861. Aubert, H., Beiträge zur Physiologie der Netzhaut. Abh. d. schles. Ges. S. 49—103.

1862. Snellen, Echelle typographique, pour mesurer l'acuité de la vision. Utrecht.

Snellen, Scala tipografica per mesurare il visus. Utrecht.

Vroesom de Haan, J., Onderzoekingen naar den invloed van den leeftyd op de gezichtsscherpte. 3. Verslag. Neederl. Gasthuis voor Ooglyders. p. 229.

1863. Donders, F. C., Sehschärfe. Arch. f. Ophth. IX, 2. S. 220.

Giraud-Teulon, Echelle régulièrement progressive, destinée à servir à la mesure exacte des différents degrés de netteté et d'étendue de la vue distincte. Paris.

Vierordt, H., Über die Messungen der Sehschärfe. Arch. f. Ophth. IX, 1. S. 161 u. IX, 3. S. 219.

Volkmann, Physiologische Untersuchungen im Gebiete der Optik.

1865. Aubert, Physiologie der Netzhaut. S. 189, 215, 225 u. 579.

1866. v. Helmholtz, Physiol. Optik. 2. Aufl.

Vroesom de Haan in Donders Anomalien der Refraktion und Akkommodation. S. 160.

1867. Hensen, Über das Sehen in der Fovea centralis. Arch. f. path. Anat. XXXIX. S. 475.

Jaeger, E., Ritter von Jaxtthal, Schriftskalen, deutsch, französisch, englisch, polnisch, italienisch, griechisch, hebräisch. Taschenformat: Deutsch, französisch, englisch.

1868. Snellen, H., Test-types for the determination of the acuteness of vision. 4. Ed. (Englisch, französisch, italienisch, deutsch, holländisch). Utrecht.

Snellen, H., Probebuchstaben zur Bestimmung der Sehschärfe. 4. Aufl. (Deutsch mit gothischen Lettern.) Berlin.

1869. Burchardt, Internationale Sehproben. Berliner klin. Wochenschr. Nr. 48.

Green, John, On a new series of test-letters for determining the acuteness of vision. Transact. of the Amer. ophth. Soc. IV u. V. p. 68 and John Green and E. Ewing, Test-letters. St. Louis. 1886.

Lommel, Zeitschr. f. Math. u. Physik. S. 29.

Woinow, Zur Bestimmung der Sehschärfe bei Ametropie. v. Graefes Arch. f. Ophth. XV, 2. S. 144 ff.

1870. Bellarminoff, Über die Tauglichkeit und Genauigkeit der vorhandenen Probebuchstaben für Bestimmung der Sehschärfe. Arch. f. Augenheilk. XVI. S. 284.

Boettcher, Geometrische Sehproben zur Bestimmung der Sehschärfe bei Funktionsprüfungen des Auges. Mit besonderer Berücksichtigung der Untersuchung Militärpflichtiger. Berlin.

Dor, H., Kurze Anleitung zur Untersuchung der Sehschärfe. Bern.

Knapp, Über den Einfluß der Brillen auf die optischen Konstanten und die Sehschärfe des Auges. Arch. f. Augenheilk. I. S. 152.

1871. Burchhardt, M., Internationale Sehproben zur Bestimmung der Sehschärfe und Sehweite. 2. Aufl. Kassel.

1872. Donders, F. C., Prakt. opmerkingen over den invlued van hueplenzen op de gezichtsscherpte. Versl. v. h. Nederl. Gasthuis voor Ooglyders. XIII. — Arch. f. Ophth. XVIII, 2.

Knapp, Einfluß der Hilfslinsen auf die Größe der Netzhautbilder. Ann. d'Ocul. LXVII. S. 191.

Woinow, Zur Lehre über den Einfluß der optischen Gläser auf die Sehschärfe. v. Graefes Arch. f. Ophth. XVIII, 1. S. 349.

1873. Burchardt, Über hohe Grade von Sehschärfe. Deutsche militärärztl. Zeitschrift. II.

Hering, E., Die Lehre vom Lichtsinne.

Klein, L'influence de l'éclair. sur l'acuité visuelle. Paris.

1874. Cohn, H., Untersuchungen der Sehschärfe in der Jugend und im Alter. Jahresber. d. schles. Ges.

Landolt, E., Der Einfluß von Hilfslinsen auf die Sehschärfe. Dieses Handbuch. 1. Aufl. III. Bd. I. Kap. S. 10.

1875. Monoyer, Echelle typogr. décimale pour mesurer l'acuité de la vue. Acad. des Sc. Compt. rend. LXXX. p. 1137.

1876. Aubert, Physiolog. Optik. Dieses Handbuch 1. Aufl. II.

Boettcher, Geometrische Sehproben. Berlin.

Carp., Über die Abnahme der Sehschärfe bei abnehmender Beleuchtung usw. Diss. Marburg.

1877. Hirschberg, J., Historisch-kritische Notiz zur Lehre vom kleinsten Gesichtswinkel. Verh. d. Berliner phys. Ges. 12. Jan.

Javal, E., Mesure de l'acuité visuelle en tenant compte de l'éclairage. Gaz. hebdom. p. 389.

Seggel, K., Über genaue Bestimmung der Sehschärfe usw. — Deutsche militärärztl. Zeitschr. VI. S. 153.

Snellen, H., Optotypi ad visum determinandum. 5. Ed. Metrico systemate. Berlin.

de Wecker, Echelle métrique pour mesurer l'acuité visuelle etc. Paris.

1878. Badal, Conférences d'optometrie. Gaz. des Hôp.

Javal, Essai sur la physiologie de la lecture. Ann. d'Ocul. LXXX. p. 143; LXXXI. p. 61 et LXXXII. p. 72 et 159.

1879. Carreras y Aragó, Escalas metrico decimales para determinar la agudeza visual. Revista de Medicina y Cirurgia Práctica.

Cohn, H., Vergleichende Messungen der Sehschärfe und des Farbensinnes bei Tages-, Gas- und elektrischem Licht. Arch. f. Augenheilk. VIII. S. 408.

Giraud-Teulon, L'acuité visuelle, de ses éléments et de leur mesure. Ann. d'Ocul. I. p. 215.

Maurel, De la détermination expérimentale de l'acuité visuelle. Gaz. méd. de Paris. p. 483.

Mauthner, Die Funktionsprüfungen des Auges. Wiesbaden, Bergmann.

1880. Altmann, Arch. f. Anat. u. Physiol. S. 111.

Javal, E., Acuité visuelle. Gaz. des Hôp. p. 221.

Nagel, W., A., Sehschärfe und Netzhautbildgröße bei verschiedener Refraktion usw. Dieses Handb. 1. Aufl. Bd. VI. Kap. IV.

1881. Landolt, E., Les fonctions rétiniennes. Arch. d'Opht. I. p. 193.

1882. Bjerrum, Undersögelser over Formsandsog. Lyssands i forskjellinge Oiensygdomme. Acad. Diss. Kjobenhavn.

Charpentier, A., Recherches sur la distinction des points lumineux. Arch. d'opht. p. 382.

Charpentier, A., Sensibilité diff. de l'œil pour de petites surfaces. Compt. rend. de l'acad. des Sc. 24 juillet.

Charpentier, A., Sur la visibilité des points lumineux. Compt. rend. de l'acad. des Sc. p. 95 et 148.

de Lépinay Macé, et Nicati, Ann. de Physique et de Chimie. 5. Sér. XXIV. 1881; Compt. rend. XCIV. p. 785; Journ. de Physique. 1. Sér. I. p. 33.

Leroy, Optique physiologique; vision centrale, irradiation et acuité visuelle. Arch. d'Opht. II. p. 22 et Quelques considérations sur les variations du diamètre de l'image sensible d'un point lumineux. Arch. d'Opht. III. p. 245.

Nieden, Leseproben. Zentralbl. f. prakt. Augenheilk. März.

1883. Charpentier, Experiences relatives à l'influence de l'éclairage sur l'acuité visuelle. Arch. d'Opht. III. p. 37.

Pflüger, Optotypie. Bericht der Universitätsklinik zu Bern.

1884. Cohn, Untersuchungen über die Sehschärfe bei abnehmender Beleuchtung. Arch. f. Augenheilk. XIII. S. 223.

Nuel, J. P., De la vision entoptique de la fovea centralis et de l'unité physiologique de la rétine. Ann. d'Ocul. Mars.

Seggel, Über normale Sehschärfe und die Beziehungen der Sehschärfe zur Refraktion. Arch. f. Ophth. XXX, 2. S. 69.

1885. Kolbe, Über den Einfluß der relativen Helligkeit und der Farbe des Papieres auf die Sehschärfe. Westnik Ophth. II. S. 289 und Pflügers Arch. f. d. ges. Physiol. XXXVII. S. 562.

König, Über die Beziehungen zwischen der Sehschärfe und der Beleuchtungsintensität. Verh. d. phys. Ges. zu Berlin.

Oliver, Ch. A., A new series of metric test-lettres etc. Ann. Ophth. Soc. July and Test wards for the determination of the power of accommodation. Philadelphia, Wale & Ochs.

Sehproben zur Bestimmung der Sehschärfe, herausgegeben vom Petersburger Augenspital. (2. Aufl. 1893.) Petersburg, C. Rilker.

Uhthoff, W., Über das Verhältnis der Sehschärfe zur Beleuchtungsintensität. (Verh. d. phys. Ges. zu Berlin.) Arch. f. Physiol. S. 231.

1886. Bellarminow, L., Über die Tauglichkeit und die Genauigkeit der vorhandenen Probebuchstaben usw. Arch. f. Augenheilk. XVI. S. 284.

Cohn, H., Über Sehschärfe bei photometriertem Tageslicht usw. Bericht der 18. Vers. d. ophth. Ges. zu Heidelberg. S. 2.

1886. Rosenthal, J., Über Beleuchtung und den Zusammenhang derselben mit der Sehschärfe. 59. Vers. deutscher Naturf. u. Ärzte zu Berlin. S. 416.
Uhthoff, Das Abhängigkeitsverhältnis der Sehschärfe von der Beleuchtungsintensität. Arch. f. Ophth. XXXII, 1. S. 171.
1887. Seggel, K., Sehprobentafeln zur Prüfung des Lichtsinnes. Bericht über d. 19. Vers. d. ophth. Ges. zu Heidelberg. S. 202.
1888. Landolt, E., Optotypes simples. Soc. franç. d'opht. p. 213 et 465.
1889. Carl, A., Über die Anwendung von Dezimalbrüchen zur Bestimmung der Sehschärfe. Klin. Monatsbl. f. Augenheilk. S. 469.
Guillery, Bemerkungen über zentrale Sehschärfe. Arch. f. Augenheilk. XXXVII. S. 153.
Landolt, E., Tableau pour la détermination de l'acuité visuelle. Soc. franç. d'opht. p. 157 et Planche d'objets types en verre émaillé.
Triepel, H., Deutsche Marineordnung.
1890. Landolt, E., Nouvelles recherches sur la physiologie des mouvements des yeux. Arch. d'Opht. XI. p. 385.
Parent, Echelle optométriqne. (Compt. rend. soc. franç.) Revue gén. d'Opht. p. 229.
Uhthoff, W., Über die kleinsten wahrnehmbaren Gesichtswinkel in den verschiedenen Teilen des Spektrums. Zeitschr. f. Psych. u. Phys. d. Sinnesorgane. I,3. S. 155.
1891. Becker, F., Ein Apparat zur Sehschärfebestimmung mit beweglichen Lesezeichen. Zentralbl. f. prakt. Augenheilk. S. 171.
Becker, F., Über absolute und relative Sehschärfe bei verschiedenen Formen von Amblyopie. Klin. Monatsbl. S. 404.
Carl, Ein Apparat zur Prüfung der Sehschärfe. Arch. f. Augenheilk. XXIV. S. 41.
Guillery, Vereinfachte Sehproben. Arch. f. Augenheilk. XXIII. S. 323.
Gullstrand, A., Einfluß der Hilfslinsen auf die Größe der Netzhautbilder. Revue gén. d'Opht. p. 299.
Gullstrand, A., Om samtidig bestämming of refraction och synskärpa. Nord. med. Arkiv. XIII. p. 9.
Jackson, Tests for visual acuteness etc. Journ. Amer. med. Assoc.
Landolt, E., Nouvelles recherches sur la physiologie des mouvements des yeux. Arch d'Opht. No. 5.
1892. Dohnberg, Sehpropen nach metrischem System zur Bestimmung der Sehschärfe. Petersburg.
Guillery, Nochmals meine Sehproben. Arch. f. Augenheilk. XXVI. S. 79.
Karwetzky, H., Beleuchtung und Sehschärfe. Diss. Petersburg.
Nicati, W., Echelle physiologique de l'acuité visuelle. Applications à la photométrie et à la photo-esthésiométrie. Compt. rend. de l'Acad. des Sc. 16. Mai.
Schneller, Sehproben zur Bestimmung der Refraktion, Sehschärfe und Akkommodation. Danzig.
Steiger, A., Einheitliche Sehproben usw. Hamburg, Leop. Voss.
Wolffberg, Sehschärfeproben. Breslau.
Wolffberg, Buchstaben-, Zahlen- und Bildertafeln zur Sehschärfeprüfung, nebst einer Abhandlung über die Sehschärfe. Preuß u. Junger, Breslau.
Wülfing, Über den kleinsten Gesichtswinkel. Zeitschr. f. Biologie. N. F. XI. S. 129.
1893. Albrand, W., Sehproben. Leipzig, Hartung u. Sohn.
Badal, Considérations sur la mesure de l'acuité visuelle. Ann. d'Ocul. CX. p. 201.
Boerma, D., und K. Walther, Untersuchungen über die Abnahme der Sehschärfe im Alter. Arch. f. Ophth. XXXIX, 2. S. 71.

1893. Guillery, H., Einiges über den Formensinn. Arch. f. Augenheilk. XXVIII. S. 263.
Wolffberg, Über die Funktionsprüfungen des Auges. Arch. f. Augenheilk. XXVI. S. 158.
Guillery, H., Zur Sehschärfebestimmung. Klin. Monatsbl. f. Augenheilk. XXXI. S. 263.
Silex. Über Sehprüfungen bei Eisenbahnbeamten. Ärztl. Korrespondenzbl. Berlin.
1894. Bordier, H., Acuité visuelle des yeux amétropes; acuité vraie et acuité apparente. Arch. d'Opht. XIV. p. 355.
Bordier, H., Determination de l'acuité visuelle des yeux amétropes par l'optomètre du Professeur Badal. Arch. d'Opht. XIV. p. 562.
Bordier, H., De l'acuité visuelle. Mém. Soc. d. Sc. phys. et nat. de Bordeaux. IV. p. 1—156.
Guillery, Einiges über Formsinn. Arch. f. Augenheilk. XXVIII. S. 263.
Hirschberg, Zur Geschichte der Sehproben. Zentralbl. f. prakt. Augenheilk. XVIII. S. 320.
Nicati, W., Esthésiométrie et photométrie oxyopiques. Arch. d'Opht. XIV. p. 297.
Nicati, W., Echelles visuelles et leurs applications. Ann. d'Ocul. CXI. p. 413.
Salzmann, Das Sehen in Zerstreuungskreisen. v. Graefes Arch. f. Ophth. XL, 5. S. 102.
Triepel, H., Deutsche Marineordnung.
1895. Albertotti, G., Experience di ottica fisiologica intorno alle variazioni dell' angelo visuale rispondenti alle luce decrescente. Ann. di Ottalm. XXIV. p. 93.
Albertotti, G., Note riguardanti l'efetto di optotypi costanti o variabili sopra frudo variabile o costante. Modena.
Cohn, Einige Vorversuche über die Abhängigkeit der Sehschärfe von der Helligkeit. Arch. f. Augenheilk. XXXI, Ergänzungsheft.
Guillery, Über die räumlichen Beziehungen des Licht- und Farbensinnes. Arch. f. Augenheilk. XXXI. S. 203.
Guillery, Über das Augenmaß der seitlichen Netzhautteile. Zeitschr. f. Psych. u. Phys. d. Sinnesorgane. X. S. 83.
Guilloz, De l'égalité de grandeur des images rétiniennes dans l'emmétropie et dans les cas d'amétropie corrigée. Arch. d'Opht. XV. p. 633.
Hilbert, Über das Sehen farbiger Flecken. Klin. Monatsbl. f. Augenheilk. S. 125.
v. Jäger, E., Schriftskalen modifiziert von Prof. Fuchs. Große und kleine Ausgabe. Wien, Safar.
Lawford, The visual tests for railway servants and mariners. Brit. med. Journ. p. 641. March.
Norrie, G., Die Untersuchung der Augen von Soldaten. Zwei Vorlesungen für Militärärzte, Hospitalstidende. Nr. 40.
Reymond, C., Bapardi, Gaudenzi experiences sur l'acuité visuelle ou perception des formes, au moyen des systèmes astigmates. Atti dell' XI. Congr. Med. Internat. Roma. VI. p. 74.
Senn, Contribution à l'examen fonctionnel des parties périphériques de la rétine. Thèse de Berne.
Wolffberg, Über die diagnostische Bedeutung der Augenfunktionsprüfungen. Deutschmanns Beiträge z. Augenheilk. Heft 17.
1896. Adler, H., Über Wechsel- und Verwechselungssehproben. Bericht über d. 25. Vers. d. ophth. Ges. zu Heidelberg. S. 325.
Bjerrum, Bemerkungen zur Abhandlung von Dr. Guillery in Heft 3 d. Arch. f. Augenheilk. XXXIII. S. 462.

1896. Buttmann, H., Untersuchungen über Sehschärfe. Diss. Freiburg.
Guillery, Tabelle zu meinen Sehproben. Arch. f. Augenheilk. XLIV. S. 241.
Guillery, Vergleichende Untersuchungen über Raum-, Licht- und Farbensinn im Zentrum u. in der Peripherie der Netzhaut. Zeitsch. f. Psych. u. Phys. d. Sinnesorgane. XII. S. 243.
Guillery, Weitere Untersuchungen über den Lichtsinn. Zeitschr. f. Psych. u. Phys. d. Sinnesorgane. XIII. S. 187.
Gullstrand, Untersuchungen über die Hornhautrefraktion. p. 62. Stockholm.
Koester, Über Stäbchen- und Zapfensehschärfe. Zentralbl. f. Physiol. X. Nr. 15.
Pflüger, Optotypen, Sehproben und Sehprüfungen. Basel, C. Sallmann.
Snellen, Bowman lecture. London.
1897. Cohn, H., Tafeln zur Prüfung der Sehleistung und Sehschärfe. 5. verb. Aufl. Breslau, Priebitsch.
Cohn, H., Verbesserte Täfelchen zur Prüfung der Sehleistung und Sehschärfe. Wochenschr. f. Therapie u. Hygiene d. Auges. Nr. 1.
Elschnig, Die Funktionsprüfung des Auges. Wien, Fr. Deutike.
Fromaget et Bordier, Etude sur l'acuité visuelle et l'amplitude d'accommodation. Arch. d'Opht. XVII. p. 601.
Gould, G., Test cards with black bookground and white letters. Ann. of Ophth. VI. p. 6.
Guillery, Begriff und Messung der Sehschärfe auf physiologischer Grundlage. Arch. f. Augenheilk. XXXV. S. 35.
Guillery, Über die Empfindungskreise der Netzhaut. Arch. f. d. ges. Physiol. LXVIII. S. 120.
Guillery, Zur Physiologie des Netzhautzentrums. Arch. f. d. ges. Physiol. LXVI. S. 401.
Laan und Pickema, Versl. Nederl. Gasthuis voor Ooglijd. no. 38 u. Snellen's Bowman lecture. p. 7.
Leber, Bemerkungen über die Sehschärfe hochgradig myopischer Augen. Arch. f. Ophth. XLI, 1. S. 218.
Reche, Einige Bemerkungen zur Messung der Sehschärfe. Arch. f. Augenheilk. XXXVI. S. 143.
Roth, A., Ein neuer Sehproben-Beleuchtungsapparat. Klin. Monatsbl. f. Augenheilk. S. 281.
Silex, Die neuen Bestimmungen betreffend Untersuchung des Sehvermögens der Eisenbahnbediensteten bei den preußischen Staatsbahnen. Wiener med. Wochenschr. Nr. 16 u. 17.
Snellen, H., Norris and Oliver's System of diseases of the eye. II. p. 15.
Williams, C. H., Standards of form- and color-vision required in railway service. Transact. of the Amer. Ophth. Soc. Thirty-third Annual Meeting. p. 227.
1898. Brudzewski, Influence de l'éclairage sur l'acuité visuelle etc. Arch. d'Opht. S. 691.
Cohn, H., Über die Sehleistungen der Ägypter. Berliner klin. Wochenschrift. No. 20.
Dolganow, Demonstration einer Laterne für die Untersuchung der Sehschärfe. (Sitzungsber. d. Petersburger ophth. Vereins.) Westnik Ophth. XV, 2. S. 208 u. 465.
Ebner, Transportabler Apparat zur Beleuchtung transparenter Sehproben usw. Münchener med. Wochenschr. S. 1242.
Guillery, Bemerkungen über zentrale Sehschärfe. Arch. f. Augenheilk. XXXVII. S. 153.
Guillery, Bemerkungen über Raum- und Lichtsinn. Zeitschr. f. Psych. u. Phys. d. Sinnesorgane. XVI. S. 264.

1898. Guillery, Messende Untersuchungen über den Lichtsinn bei Dunkel- und Helladaptation. Arch. f. d. ges. Physiol. LXX. S. 450.

Piton, Manuel pratique de l'examen de la vision au point de vue militaire. Soc. d'édit. scientif. Paris.

Rider, Unilateral winking as a »test of comparative visual acuity«. Transact. of the Amer. Ophth. Soc. Thirty-fourth Annual Meeting. p. 434.

Seggel, Über die Anforderungen an das Auge und die Sehstörungen beim Schießen der Infanterie. Deutsche militärärztl. Zeitschr.

1899. Guillery, Messende Untersuchungen über den Formensinn. Pflügers Arch. f. d. ges. Physiol. LXXV. S. 466.

Guillery, Bemerkungen über Sehschärfe und Schießausbildung. Deutsche militärärztl. Zeitschr.

Hering, E., Über die Grenzen der Sehschärfe. K. sächs. Ges. d. Wissensch. Math.-phys. Kl. 4. Dez.

Landolt, E., Optotypes pour la détermination de l'acuité visuelle. Arch. d'Opht. p. 465 and Test-types for the determinations of acuteness of vision. Brit. med. Journ. Sept.

Neuschuler, A., Perception de la couleur et acuité visuelle pour les caractères colorés sur fond gris variable. Arch. d'Opht. XIX. p. 519.

Pflüger, Eine Methode zur Bestimmung der Sehschärfe in der Nähe für hochgradig Kurzsichtige. Bericht über die Verhandl. des IX. internat. Kongresses in Utrecht. Zeitschr. f. Augenheilk. II, Beilageheft. S. 86.

Roth, A., Sehproben nach Snellens Prinzip. 2. Aufl. Berlin, Enslin.

Snellen, H. jun., Optotypie ad visum determinandum. 15. Aufl.

Sulzer, Quelques remarques sur la mesure de l'acuité visuelle. Ann. d'Ocul. p. 445.

Williams, Ch., Examination of the acuteness of vision. Journ. of Amer. Med. Assoc.

Williams, Ch., More uniform tests for vision, color-sense and hearing. Transact. Amer. ophth. Soc. p. 547.

1900. Best, F., Über die Grenzen der Erkennbarkeit von Lagenunterschieden. v. Graefes Arch. f. Ophth. LI. S. 353.

Best, F., Über die Grenzen der Sehschärfe. Bericht der 28. Vers. d. ophth. Gesellsch. zu Heidelberg. S. 129.

Ermolli, Concetto fondamentale e vantaggi del nuovo Optotipo del Prof. E. Landolt per la determinazione dell' acutezza visiva. Annali di Ottalme Lavori della clinica Oculistica di Napoli. XXIX. p. 410.

Guillery, Praktische Erfahrungen über Sehprüfungen. Klin. Monatsbl. f. Augenheilk. XXXVIII. S. 546.

Heine, L., Sehschärfe und Tiefenwahrnehmung. v. Graefes Arch. f. Ophth. LI. S. 146.

Hummelsheim, Ed., Zentrale Sehschärfe und periphere Helligkeit. Klin. Monatsb. f. Augenheilk. XXXVIII. S. 690. Bericht d. ophth. Ges. zu Heidelberg. S. 137.

Javal, Notation de l'acuité visuelle. Congr. internat. des Sc. méd. Paris. Sect. d'opht. p. 363.

Landolt, E., Congr. internat. des Sc. méd. Paris. Sect. d'opht. p. 377 u. 378 und Le tableau réduit des optotypes. Arch. d'Opht. XXI. Juin.

Luciano, Die neuen Optotypi von Landolt. Annali di Ottalm.

Nicati, Echelles visuelles et leurs applications à la typométrie, l'exyopimétrie, et la photométrie. Paris, Steinheil.

Pergens, Historisches über Sehschärfebestimmung. Bericht d. ophth. Sekt. d. internat. med. Kongr. in Paris. S. 375.

Seggel, Auge und Schießleistung. Klin. Monatsbl. f. Augenheilk. S. 322.

1900. Snellen, H. sen., Over Maatseenheden bij functioneel ondezoek. (Über Maßeinheiten bei der Funktionsprüfung.) Nederl. Oogheelk. Bijdr. Lfg. IX. p. 34.

Steiger, A., Untersuchungen über Sehschärfe und Treffsicherheit. Korresponpenzal. f. Schweizer Ärzte. XXX. No. 1 u. 2.

1901. v. Ammon, Sehprobentafeln zur Bestimmung der Sehschärfe für die Ferne. Für die Zwecke der Praxis und mit besonderer Berücksichtigung der Bedürfnisse der ärztlichen Gutachtertätigkeit. München, Lehmann.

Broca, A., et Sulzer, D., Inertie rétinienne relative au sens des formes. Acad. des Sc. Paris. Oct.

Broca, A., Causes rétiniennes de variation de l'acuité visuelle en lumière blanche. Journ. de Physiol. III. p. 384.

Broca, A., Variation de l'acuité visuelle avec l'éclairage et l'adaptation. Compt. rend. CXXXII. p. 795.

Broca, A. und Sulzer, Anglè limite de numérations des objets et mouvements des yeux. Comp. rend. CXXXII. p. 888 et Ann. d'Ocul. CXXVI. p. 471.

Colombo, G., Determinazioni d'acutezza visiva mediante ototipi a fondo colorato. Arch. di Ottalm. IX. p. 207.

Guillery, Tabelle zu meinen Sehproben. Arch. f. Augenheilk. XLIV. S. 242.

Hochheim, Refraktion und Sehschärfe in den verschiedenen Lebensaltern. Inaug.-Diss. Göttingen.

Laan, H. A., Over gezichtsscherpte en hare bepaling. Inaug.-Diss. Utrecht, und Onderzoekingen gedaan in het physiologisch laboratorium te Utrecht. 5e reeks Deel. III.

Landolt, E., Le tableau réduit des optotypes. Arch. d'Opht. Juni.

Noijzewski, Zur Untersuchung des differentialen und integralen Sehens. Postemp. Ocul. September.

Pergens, E., Über Faktoren, welche das Erkennen von Sehproben beeinflussen. Arch. f. Augenheilk. XLIII, 2. S. 144.

Praun, E., Tafeln zur Bestimmung der Sehschärfe mittels der Uhr. Wiesbaden, Bergmann.

Reimar, M., Transparente Sehproben und Projektionsdemonstrationstafeln. Post. Okul. XLIV. S. 352.

Seggel, Die Bestimmung der Refraktion und Sehschärfe vor und nach operativer Beseitigung der Linse mittels Optometer. Klin. Monatsbl. f. Augenheilk. S. 539.

Steiger, Sehschärfe und Astigmatismus. Arch. f. Augenheilk. XLIV, Ergänzungsheft. S. 15.

Sulzer, De l'unité de mesure de l'acuité visuelle. Comm. faite à la Soc. d'opht. de Paris. Ann. d'Ocul. Déc.

Symens, H., Neuer Apparat zur Sehprüfung und Entlarvung von Simulanten. Deutsche militärärztl. Zeitschr. S. 662.

Williams, Report of committee on standards and methods for examination for acuteness of vision, color sense and hearing. Transact. of the Amer. Ophth. Soc. Thirty-seventh Annual Meeting. p. 406.

1902. Bjerke, Über die Verwendung photographisch verkleinerter Optotypen zur Bestimmung der Sehschärfe in der Nähe. v. Graefes Arch. f. Ophth. LV. S. 46.

Bouchart, Mesure de l'acuité visuelle par des figures de confusion. Recueil d'Ophth. p. 538.

Ewing, Visual test for children. Americ. Journ. of Ophth. p. 33.

Guillery, Sehproben zur Bestimmung der Sehschärfe. Wiesbaden, Bergmann.

Heine, Eine neue Zahlentafel. Klin. Monatsbl. f. Augenheilk. S. 353.

1902. Landolt, E., L'acuité visuelle déterminée avec des lettres. Arch. d'Opht. XXII. p. 247.
Pergens, Analyse der Landoltschen C-Figur zur Messung der Sehschärfe. Klin. Monatsbl. f. Augenheilk. XL, 2. S. 311.
Pühmeyr, Die Funktionsprüfung des Auges bei völliger Trübung der brechenden Medien. Inaug.-Diss. Greifswald.
Reimar, Transparente Sehproben und Projektions-Demonstrationstafeln. Arch. f. Augenheilk. XLIV. S. 352.
Schoute, G. J., Die Taschenoptotypen von Landolt. Zeitschr. f. Augenheilk. S. 151. — Arch. d'Opht. XXII. p. 242.
Schoute, G. J., Over zak-optotypen van Landolt. Nederl. Tijdschr. v. Gen. I. p. 375.
Starr, Test objects and test letters. (Amer. med. Assoc. Section on Ophth.) Ophth. Rec. p. 402 and Amer. med. Journ. p. 279 and 349.
Sulzer, De l'unité de mesure de l'acuité visuelle. (Soc. d'opht. de Paris.) Clinique opht. p. 305, 311, 356.
1903. Diskussion über die Bestimmung der Sehschärfe am internationalen Kongreß für medizinische Wissenschaften in Madrid. Arch. de Oft. III. S. 367.
Druiff, A simple and concise treatise on practic sight-texting. London, Kimpton.
Durand, Détermination du minimum perceptibile etc. Acad. des sc. 28 Dèc. Revue gén. d'Opht. p. 13.
Landolt, E., Bemerkungen zu Dr. Pergens Artikel über mein Optotyp. Klin. Monatsbl. f. Augenheilk. S. 177.
Landolt, E., La détermination de l'acuité visuelle. Arch. d'Opht. April. p. 194 des
Landolt, E., De la nécessité de l'unification des échelles optométriques. Bericht für den internat. Kongr. d. med. Wissensch. Madrid.
de Las Cuevas Jacinto, Nécessité de l'unification des échelles optométriques. Bericht für den internat. Kongr. d. med. Wissensch. Madrid.
Lotz, A., Internationale Sehprobentafel. Zweite vermehrte Auflage. Jena, G. Fischer.
Noiszewski, Aus Buchstaben und Quadraten bestehende Sehproben. Petersburg.
Pergens, Über das Erkennen von C-Figuren bei verschiedenen Durchmessern und konstanter Öffnung. Klin. Monatsbl. f. Augenheilk. XLI. Bd. II. S. 112.
Pergens, Untersuchungen über das Sehen. Zeitschr. f. Augenheilk. IX. S. 256.
Presas, José, Nécessité de l'unification des échelles optométriques. (Congrès internat. de méd. de Madrid. Section d'Opht.) Clinique Opht. p. 172. Arch. de Oft. III. p. 232.
Reche, Mesure de l'acuité visuelle. Ann. d'Ocul. CXXVII. p. 72.
v. Siklóssy, Über die Untersuchung der Sehschärfe. Budapest. Orvosinjság.
Sulzer, Etude expérimentale de la vision des astigmiques. Ann. d'Ocul. CXXIX. p. 86.
Weiss, Eine einfache Sehprobenvorrichtung. Wiener Klin. Rundschau. Nr. 42.
Williams, Report of the committee on standard test-types and on readings tests. Transact. of the Amer. Ophth. Soc. Thirty-ninth annual Meeting p. 189. (Appendix to report by Green.)
Wray, »Combinations« test type. Lancet. 1903. 25. july. Ref. in Revue gén. d'Opht. p. 368.
1904. Allport, The Necessity for the annual Systematic Examination of School Childrens Eyes. Ann. of Ophth.
Fergus, Average visual acuteness. Ophth. Review. p. 31 and Transact. of the Ophth. Soc. of the United Kingdom. XXIV. p. 288.

1904. Gonzáles, Valor comparativo de la diversas escalas optometricas. Anales de Oft. August et Revue gén. d'Opht. p. 466.
Hamburger, Über die beste Methode der Sehprüfung bei Lernanfängern. (Internat. Kongreß für Schulhygiene in Nürnberg.) Ophth. Klinik. S. 155.
Kern und Scholz, Sehprobentafeln mit besonderer Berücksichtigung des militärärztlichen Gebrauchs. Berlin, Hirschwald.
Koster, Gzn., Letterproeven ter bepaling van den visus bij myopie in het punctum remotum. Nederl. Tijdschr. v. Geneesk. I. p. 658.
Landolt, E., Diskussion über die Bestimmung der Sehschärfe. X. Internat. ophth. Kongr. Luzern. Kongreßbericht C. S. 27—64.
Landolt, E., Propositions concernant la détermination de l'acuité visuelle. Congrès internat. d'opht. Luzern. Bericht C. S. 32 u. 49. Siehe auch ebendaselbst A. S. 53.
Landolt, E., Quelques remarques au sujet des propositions de la Soc. française d'opht. Congrès internat. d'opht. Luzern.
Monoyer, L'unité d'acuité visuelle et la gradation des échelles optométriques. X. Congrès d'Opht. Imp. Bridel, Lausanne.
Montano, Estudio sobre escalas optometricas. Anal. de Oft. VI. p. 1 et Revue gén. d'Opht. p. 316.
Pergens, La lisibilité des caractères d'impression. X. Congrès d'Opht. Luzern.
Reymond, Appareil simple pouvant servir à la détérmination des rapports de l'éclairage avec l'acuité visuelle. (X. Congrès d'Opht. Luzern.) Revue gén. d'Opht. p. 291.
Rothenaicher, Ein Sehprüfungsapparat zum Gebrauch beim Ersatzgeschäft und bei der Rekrutenuntersuchung. Deutsche militärärztliche Zeitschr. S. 521.
Schoute, Nieuwe militaire keuringsreglementen. (Neue Prüfungsreglemente für das Militär.) Medische Revue. p. 545 und 679.
Scott, Kenneth, Die bei Sehprüfungen erforderliche Genauigkeit. Arch. of Ophth. XXXII, 2. Arch. f. Augenheilk. LI. S. 120.
v. Siklóssy, Die Bestimmung der Sehschärfe. Beschreibung eines Untersuchungsapparates. Szemészet. Nr. 3.
v. Siklóssy, Die einheitliche Beleuchtung der Sehprobetafeln. Szemészet. Nr. 4.
v. Siklóssy, Die Messungseinheit der Sehschärfe. Szemészet. Nr. 2, 3.
v. Siklóssy, Über die Vereinheitlichung der Sehschärfebestimmung. X. internat. ophth. Kongreß zu Luzern.
Sulzer, Des Fonctions de la rétine. Encyclopédie franç. d'opht. III. p. 547.
Sulzer, Échelles servant à la Mesure de l'acuité visuelle et à la détermination des verres de lunettes. Steinheil Editeur Paris.
Sulzer, Rapport sur l'acuité visuelle dans les rapports avec l'Incapacité du Travail. 21. Congrès de la Soc. franç. d'opht. et Congr. internat. d'Opht. Lucerne.
Tabellen zur Sehschärfeuntersuchung nach dem Metersystem. Verfaßt von den Ärzten des Petersburger Augenkrankenhauses. 3. Aufl. Petersburg.
Tölle, Über Sehschärfe und deren Bestimmung. Diss. Erlangen.
Truc, Valeur pratique de l'acuité visuelle 0,1 comme limite supérieure de la cécité. Soc. franç. d'Opht. CXXXIV.
Wolffberg, Ein Sehprobengestell. Wochenschr. f. Therapie und Hygiene des Auges. VIII. Nr. 1.
Zion, Hebräische Sehproben. Postep okul. VII.
1905. Beykovsky, Sehschärfe- und Refraktionsbestimmungen vom praktischen Standpunkte des Truppenarztes. Wien, J. Safar.

1905. Bjerke, Über die Verwendung photographisch verkleinerter Leseproben zur Bestimmung der Sehschärfe in der Nähe. v. Graefes Arch. f. Ophth. LX. S. 369.

Borbély, Vergleichende Untersuchungen bezüglich der zentralen Sehschärfe mittels der Snellenschen Sehproben, dem Examinator von Siklóssy und den Wolffbergschen farbigen Kreisplatten. Szemészeti lapok. Nr. 1.

Green, J., Notes on the clinical determination of the acutness of vision including the construction and gradation of optotypes and on systems of notation. Transact. of the Amer. Ophth. Soc. Forty-First Meeting. XXV. p. 644.

Guillery, Weitere Untersuchungen zur Physiologie des Formensinnes. Arch. f. Augenheilk. LI. S. 209.

Guillery, Zur Erörterung der Sehschärfeprüfung. Arch. f. Augenheilk. LIII. S. 148.

Heimann, Sehprüfungstafel für Kinder. Zweite veränderte Aufl.

Landolt, E., Die Vereinheitlichung der Bestimmung der Sehschärfe. Zeitschr. f. Augenheilk. XIII. S. 519.

Landolt, E., La notation de l'acuité visuelle. X. Congrès internat. d'Opht. A. p. 55.

Monoyer, Sur l'unité d'acuité visuelle et la gradation des échelles optométriques. X. Congrès internat. C. p. 50.

Pergens, Die Einführung der Leseproben in die Augenheilkunde »Janus«. 10. Jahrg. VIII. Buch. S. 410.

Pergens, La lisibilité des caractères d'impression. X. Congrès internat. d'Opht. B. p. 234 et C. p. 37. Arch. f. Augenheilk. LI. S. 94.

Pergens, L'influence de la dimension et du nombre dans la mesure de l'acuité visuelle. Revue gén. d'Opht. XXIV. p. 385.

Polak, Optotypes en couleurs complémentaires. Soc. franç. d'Opht. Congrès 1905.

Présas, José, Otta applicación del sistema decimal para la medida de la agudeza visual etc. Arch. de Oft. p. 246.

Randall, The real principe of test-type construction. Amer. Journ. of Ophth. XXII. p. 77.

Reymond, Appareil simple pouvant servir à la détermination des rapports de l'éclairage avec l'acuité visuelle. Congrès internat. d'Opht. B. p. 50.

Rothenaicher, Sehprüfungsscheiben mit einzeln einstellbaren Landoltschen Sehproben. Klin. Monatsbl. f. Augenheilk. XLIII. Bd. II. S. 581.

v. Siklóssy, Acuitas-Tafeln. Zeitschr. f. Augenheilk. XIV. S. 356.

v. Siklóssy, Die einheitliche Beleuchtung der Sehproben. Szemészet. S. 27, 174 und 353.

v. Siklóssy, Über die sog. »normale« Sehschärfe. (Bericht über d. I. Vers. d. ungar. ophth. Ges. in Budapest.) Zeitschr. f. Augenheilk. XIV. S. 339.

v. Siklóssy, Über die Sehschärfe des menschlichen Auges. Klin. Monatsbl. f. Augenheilk. XLIII. S. 121.

v. Siklóssy, Universal-Examinator. Zeitschr. f. Augenheilk. S. 358.

Struycken, Gezichts- en Gehoorsscherpte. Nederl. Tijdschr. v. Geneesk. I. p. 196.

Urbahn, Apparat zur Bestimmung der Sehschärfe in der Nähe für hochgradig Kurzsichtige. (Allg. ärztl. Verein zu Köln.) Münchener med. Wochenschr. S. 1225.

Williams, New test types made according to geometrical progression. Ophth. Record. p. 400.

Wolffberg, Sehprobengestell. Verhandl. d. Ges. deutscher Naturf. und Ärzte zu Breslau. (Abt. f. Augenheilk.) II, 2. S. 339.

1906. Beck, Ein neuer Apparat zur Vornahme von Sehprüfungen. Münchener med. Woch. S. 1207.

Cramer, Zur Prüfung des Sehvermögens bei Aufnahme und Wiederholungsprüfungen. Zeitschr. f. Bahn- und Bahnkassenärzte. Jahrg. I. Nr. 7.

Hoppe, Zwei Apparate zur Sehschärfenprüfung. Klin. Monatsbl. f. Augenheilk. XLIV. Bd. II. S. 389 und Münchener med. Wochensch. S. 705.

Koster, W., Neue Sehproben. Arch. f. Ophth. LXIV, 3.

Koster, W., Über die Bestimmung der Sehschärfe nach den Methoden von Landolt und von Guillery. v. Graefes Arch. f. Ophth. LXIV, 1. S. 128.

Landolt, E., Die Reform der Bestimmung der Sehschärfe. v. Graefes Arch. f. Ophth. LXIV. III. S. 598.

Landolt, E.. Formensinn und Sehschärfe. Arch. f. Augenheilk. LV. S. 219.

Lindquist, En enhet·fôr bestämmingen of Gussinnets minimum perceptibile. Ups. Lök. förh. No. 3. p. 323.

Marri, Ricerche comparative intorno alla visibilità di optotipi diversi. Ann. di Ottalm. XXXV. p. 749.

Pergens, Die ersten Leseproben in den Vereinigten Staaten Nordamerikas; die Dyertafel. Janus. VIII.

Pergens, Recherches sur l'acuité visuelle. Ann. d'Ocul. CXXXV. p. 11, 177, 291 et CXXXVI. p. 123, 204, 461.

Roth, Sehprüfungen. Beispiele nebst Fragen und Antworten, ein Unterrichts- und Lehrbehelf. Leipzig, Thieme.

Rothenaichersche Sehprüfungsscheiben mit einzeln verstellbaren Landoltschen Sehproben. Schweizer Med.- und Sanitätsgeschäft. A. G. St. Gallen.

Seligmann, Ein Apparat zur Prüfung der Sehschärfe. Zeitschr. f. Augenheilk. XVII. S. 157.

v. Siklóssy, Die einheitliche Beleuchtung der Sehprobentafel. Szemészet. Nr. 2.

Williams, A more uniform standard for the illumination of visual testtypes. The ophth. Record. p. 315.

1907. Alexander-Schäfer, Vergleichend-physiologische Untersuchungen über die Sehschärfe. Pflügers Arch. CXIX. S. 571.

Armaignac, Nouveau modèle d'optotypes décimaux portatifs pour mesurer l'acuité visuelle de près et à distance ainsi que l'accommodation. Rec. d'Opht. p. 408.

Armaignac, Nouvelle échelle optométrique décimale universelle. Recueil d'Opht. p. 147.

Blanco, Estudio comparativo de las escalas de optotipos. Arch. de Oft. VII. p. 492.

Blanco, Relación entre la agudeza visual y el diametro de los elementos sensoriales de la retina. Arch. de Oft. VII. S. 503.

Exner, Vergleichend-physiologische Untersuchungen über die Sehschärfe. (Vortrag gehalten auf dem 7. internat. Physiologenkongreß zu Heidelberg.) Zentralbl. f. Physiol. XXI. S. 500.

Fontane, Ein Beleuchtungsapparat für die Kern-Scholzschen Sehprobetafeln zum Gebrauch bei der Truppe. Deutsche militärärztliche Zeitschr. S. 32.

Guillery, Kritische Bemerkungen zu einigen neueren Arbeiten über die Sehschärfeprüfung. Arch. f. Augenheilk. LVII. S. 1.

Oguchi, Experimentelle Studien über die Abhängigkeit der Sehschärfe von der Beleuchtungsintensität und der praktische Wert des Photometers von Hori. v. Graefes Arch. f. Ophth. LXVI. S. 455.

Oliver, Test card for the illiterate. Ophth. Record. p. 537.

Optotypi Siklóssy, Tabulae ad acuitatem determ. a Dr. Siklóssy constructae. Budapest, Kiliáns Nachf.

Pergens, Recherches sur l'acuité visuelle. Ann. d'Ocul. CXXXVII et CXXXVIII.

Zion, Neue hebräische Sehproben. Post. okul. Nr. 9.

1908. Berger, De l'emploi du stéréoscope pour l'examen de l'acuité visuelle centrale. Revue gén. d'Opht. p. 481.

Black, Method of illuminating test-type charts with artificial light. Ophth. Record. p. 207.

Boltunow, Über die Sehschärfe im farbigen Licht. Zeitschr. f. Psycholog. und Physiol. d. Sinnesorgane. XLII. S. 359.

Fortin, Sur l'examen de la vision centrale par le moyen des houppes de Haidinger. Recueil d'Opht. p. 49.

Fritsch, G., Über Bau und Bedeutung der Area centralis des Menschen. (Herausgegeben mit Unterstützung der Königl. Akad. der Wissensch. Berlin, G. Reimer. Ref. von Langenhan im Zentralbl. f. Physiol. XXIII, 4. S. 129—133. 1909.

Gesang, Transparenter Sehprobe-, zugleich Simulationsentlarvungsapparat. (Ophth. Gesellsch. in Wien.) Zeitschr. f. Augenheilk. XX. S. 184 und Wien. med. Wochenschr. Nr. 51 u. 52.

Ginestous et Coullaud, La vision dans le tir d'artillerie. Arch. d'Opht. XXVIII. p. 750.

Guillery, Messende Versuche über die Schnelligkeit der Formenwahrnehmung. Arch. f. Augenheilk. LXII. S. 227.

Loeser, Das Verhalten der Sehschärfe in farbigem Licht. v. Graefes Arch. f. Ophth. LXIX. S. 479.

Marri, Sul principio del »minimo separabile« applicato a caratteri optotipici. Ricerche sperimentali Ann. di Ottalm. XXXVII. p. 807.

Le Méhauté, Instruction définitive pour l'examen de l'acuité visuelle et du sens chromatique à l'aide du chromo-optometer. Arch. de med. navale. p. 319 et Revue d'Opht. p. 316.

Mügge, Über die Häufigkeit des Astigmatismus und seine Beziehungen zur Sehschärfe. Klin. Monatsbl. f. Augenheilk. XLVI. Bd. I. S. 474.

Nagel, Sehschärfe in farbigem Licht. Deutsche med. Wochenschr. S. 260.

Nagel, Versuche über die Sehschärfe in farbigem Licht. Zentralbl. f. prakt. Augenheilk. S. 15.

Pergens, Recherches sur l'acuité visuelle. Ann. d'Ocul. CXL. p. 188 et 430.

Pfalz, Über die Beziehungen der Hornhauttrübungen zur Sehschärfe. Bericht über d. 35. Vers. d. ophth. Gesellsch. zu Heidelberg. S. 17.

Presas, Jos., Modification de l'échelle optométrique décimale. Ann. d'Ocul. CXL. p. 264.

Scott, Kenneth, Genauigkeit der Sehprüfung. (Erster ägypt. med. Kongreß zu Kairo. 20.—23. Dez. 1902. 3. Abt. Augenheilk.) Offizieller Bericht 1907. Ref. Zentralbl. f. prakt. Augenheilk. S. 231.

Seitz, Visuskurven. Arch. f. Augenheilk. LX. S. 58.

Sulzer, Remarques concernant les propositions de Mr. Presas. Ann. d'Ocul. CXL. p. 275.

Troncoso, Uribe, Présentation d'un ruban métrique pour la détermination des acuités visuelles inférieures. (Soc. d'Opht. de Paris.) Recueil d'Opht. p. 47.

1909. v. Ammon, Sehprobentafeln zur Bestimmung der Sehschärfe für die Ferne. München, Lehmanns Verlag.

Armaignac, Echelle optométrique décimale universelle. Bericht des XI. internat. ophth. Kongr. zu Neapel.

Blanco, Nueva escala universal de optotipos. Arch. de Oft. IX. p. 273.

1909. Bourgeois, Monoptotypes pour la détermination de l'acuité visuelle dans les expertises. La Clin. Opht. p. 581.
v. Csapodi, Eine neue Einheit der Sehschärfebestimmung. (Bericht über die Verh. d. XVII. internat. med. Kongreß zu Budapest.) Zeitschr. f. Augenheilk. XXII. S. 254.
Gebb und Löhlein, Zur Frage der Sehschärfebestimmung. Arch. f. Augenheilk. LXV. S. 69.
Hausmann, Die Vereinheitlichung der Sehproben. A.-G. St. Gallen.
v. Helmholz, H., Handbuch der physiologischen Optik. 3. Aufl. I. Bd. Die Dioptrik des Auges. Herausgeg. von Prof. Dr. A. Gullstrand. (Hamburg und Leipzig, L. Voss.)
v. Hess, C., Internationale Sehproben. Unter Verwendung der Landoltschen Ringe hergestellt. Wiesbaden, Bergmann.
v. Hess, C., Über einheitliche Bestimmung und Bezeichnung der Sehschärfe. Arch. f. Augenheilk. LXIII. S. 239.
Hillemanns, Über Sehprüfung bei künstlicher Beleuchtung usw. Klin. Monatsbl. f. Augenheilk. XLVII, 2. S. 302.
Jessop, The report of the international commission on the determination of visual acuity etc. Transact. of the Ophth. Soc. of the United Kingd. XXIX. p. 292. Brit. med. Journ. I. p. 482.
Landolt, E., Discussion über die Vereinheitlichung der Sehprüfung. XI. Congrès internat. d'opht. Naples.
Landolt, E., L'entente sur la détermination de l'acuité visuelle. Arch. d'Opht. p. 337, und Anales de Oft. XII. No. 6.
Landolt, E., L'unification de la détermination de l'acuité visuelle.
Löhlein, Sehschärfebestimmung und die Möglichkeit ihrer Verbesserung. Deutsche med. Wochenschr. S. 553.
Marri, Ricerche sperimentali sulla determinazione dell' acuita visiva e sul »minimum separabile« etc. XI. internat. ophth. Kongr. zu Neapel.
Oppenheimer, Eine Verbesserung des Rothschen Beleuchtungskastens für Sehproben. Klin. Monatsbl. f. Augenheilk. XLVII, 1. S. 38.
Ovio, Effetto della prospettiva sull' acutezza visiva. Soc. Tipogr. Modenese.
Pichler, Eine durchleuchtbare Taschensehprobe. Zeitschr. f. Augenheilk. XXI. S. 520.
Schulin, Size versus distance test types. Ann. of Ophth. April.
v. Siklóssy, Über Sehproben und über die Bestimmung der Sehschärfe. (XVI. internat. med. Kongreß zu Budapest.) Zeitschr. f. Augenheilk. XXII. S. 254.
Terson, Sur l'examen visuel de la simulation et sur une échelle appropriée. Arch. d'Opht. XXIX. p. 453.
1910. Armaignac, Importance du choix d'une échelle optométrique rationnelle au point de vue clinique médico-légal, principalement dans les accidents du travail. Bordeaux.
Armaignac, La vision et les diverses échelles optométriques etc. Recueil d'Opht. p. 81.
Berger, Tafeln zur Bestimmung der zentralen Sehschärfe schwachsichtiger Augen mit Hilfe des Stereoskops. Wiesbaden, Bergmann.
Caillaud, Etude comparative de quelques échelles d'acuité visuelle. Clin. opht. p. 469.
Coulter, The determination of visual acuity. Ophth. p. 15.
Deschamps, Encore un mot sur la mesure de l'acuité visuelle. Clin. opht. p. 113.
Fisch, Die Norm der Sehschärfe der Eisenbahnangestellten in Rußland und ihre Bestimmung. Westn. Ophth. p. 875.
Gebb und Löhlein, Zur Frage der Sehschärfebestimmung. Arch. f. Augenheilk. LXV. S. 189.

1910. v. Hess, C., Die Refraktion und Akkommodation des menschlichen Auges usw. Dieses Handb. 3. Aufl. Kap. XII. S. 205, 212.
Jackson, Standardizing of test-types and record of visual acuity. Journ. of the Amer. Med. Assoc. June. XIX.
Jackson, Visual acuity. (Sect. on Ophth. Amer. Med. Assoc.) Ophth. Record. p. 557.
Jackson, Simplicity of international Standard for Visual Acuity. Ann. of Ophth. XIX. p. 394. Ophth. Record. p. 262.
Landolt, E., Noch einmal die Sehprüfung. Arch. f. Augenheilk. LXVII. S. 35.
Noischewsky, Historischer und kritischer Überblick über die Methoden der Sehschärfeprüfung. Woenno-med. Journ. p. 116.
Ovio, Giuseppe, Studi oftalmologici sulla prospettiva. Soc. Tipogr. Modenese.
Ovio, Die Perspektive in ihren Beziehungen zur Sehschärfe und zum Lesen. v. Graefes Arch. f Ophth. LXXVII. p. 129.
Ovio, Über den Sehwinkel. Zeitschr. f. Sinnesphysiol. XLVII. S. 37.
Pergens, Recherches sur l'acuité visuelle. Ann. d'Ocul. CXLIII. p. 358, 496. CXLIV. p. 26.
Schiötz, Laeseproever. Kristiania.
Spengler, Sehproben in Spiegelschrift für 10 m Abstand. Hausmann. St. Gallen. Med. Neuheiten. S. 85.
Thorner, Die Grenze der Sehschärfe. (Berlin. ophth. Ges.) Klin. Monatsbl. f. Augenheilk. XLVIII,1. S. 590.
Wolffberg, Analystische Studien an Buchstaben und Zahlen zum Zweck ihrer Verwertung für Sehschärfeprüfungen. Graefes Arch. f. Ophth. LXXXVII. S. 409.
Wolffberg, Noch einmal die internationalen Sehproben, insbesondere Landolts Stellung zu denselben. Wochenschr. f. Therapie und Hygiene des Auges. XIV. Jahrgang. S. 21.
1911. Birkhäuser, Leseproben für die Nähe aus der Universitäts-Augenklinik Bern. Berlin, J. Springer.
Black, Acutometer. Ophthalmoscope. p. 499.
Ficker, Vergleichende Sehschärfenbestimmungen. Zeitschr. f. Augenheilk. XXVI. S. 113.
Grow, An »Unlearnable« vision test cord for use in the naval service. Ophthalmology. VII. p. 195.
Löhlein und Gebb, Erwiderung auf den Artikel des Herrn E. Landolt: »Noch einmal die Sehprüfung.« Arch. f. Augenheilk. LXVIII. S. 193.
Nicati, Estimation de la capacité oculaire professionelle d'après l'angle visuel limite. Revue gén. d'Opht. p. 97.
Pardo, Ruggero, L'alterazione di grandezza e l'alterazione di forma delle imagini quali fattori della diminuzione di V determinata della prospettiva. Clin. ocul. XII. p. 565.
Pergens, Bijdragen tot de Geschiedenis der Optotypen. XV. Vlaamsch. Congr. Ostende.
Scherer, Untersuchungen über die Anforderungen an Sehschärfe und Refraktion der Infanterie. Zeitschr. f. Augenheilk. XXVI. S. 101 u. 336.
Spengler, Tableau international pour examiner la refraction dans un miroir à 10 mèters. Clin. opht. p. 17.
Thorner, Über Sehprüfungen und die Grenze der Sehschärfe. Med. Klin. Jahrg. 7. S. 417.
Wolffberg, Bilderbuch zur Sehschärfenprüfung von Kindern uud Analphabeten. Leipzig, Wilhelm Engelmann.
Wolffberg, Breslau. Internationale Normalsehproben. Wochenschr. für Therapie und Hygiene des Auges. XIV. Jahrg. Nr. 37.

1911. Wollfberg, Die Sehschärfenwerte. Wochenschr. f. Therapie und Hygiene des Auges. XV. S. 61.
Wolffberg, Zur Einführung der internationalen Sehproben bei den praktischen und beamteten Ärzten. Wochenschr. f. Therapie und Hygiene des Auges. Nr. 1.
1912. Beritens, Demonstration einer neuen optometrischen Taschenskala. Arch. de Oft. Hispan.-Amer. November. S. 600.
Bijlsma, Nog eens nieuwe proeffiguren. Geneesk. Cons. LXVI. No. 6.
Cravath, Illumination and vision. Illinois Med. Journ. Springfield. April. XXI. Nr. 4.
Kern und Scholz, Sehprobentafeln. 3. Aufl. A. Hirschwald, Berlin.
Löhner, Leop., Die Sehschärfe des Menschen und ihre Prüfung. Leipzig und Wien, F. Deutike.
Maddox, Self-descriptive test-types. Ophthalmoscope. X. p. 124.
Pergens, Contribution à l'histoire des optotypes. Bull. de la Soc. belge d'Opht. No. 33. p. 90.
Pergens, Optotypes en langages orientaux. XVI. Congrès flamand des sciences naturelles et médicales.
Pergens, Recherches sur l'acuité visuelle. Ann. d'Ocul. CXLVII. p. 117 et 342.
Report of the departmental committee on sight tests. Published by His Majesty's Stationary Office.
Rhoads, Tripling the distance of test cards by catoptries. Ophthalmology. VIII. p. 496.
Stargardt, Eine neue Sehprobenbeleuchtung. Zeitschr. f. Augenheilk. XXVII. S. 109.
Wolffberg, Analytische Studien an Buchstaben und Zahlen zum Zweck ihrer Verwertung für Sehschärfenprüfung. Leipzig, Wilhelm Engelmann.
Wolffberg, Die einfachste Prüfung von Sehleistung und Sehschärfe. Wochenschr. f. Therapie u. Hygiene d. Auges. XV. S. 203.
Wolffberg, Neue Methode zur Untersuchung der Sehleistung der Schulkinder. (XI. Jahresvers. d. deutsch. Ver. f. Schulgesundheitspflege u. IV. Vers. d. Schulärzte Deutschlands, Berlin.) Deutsche med. Wochenschr. S. 1671.
Wolffberg, Sehschärfe und Formensinn: einfachste und genaueste Sehschärfeproben für Kinder und Analphabeten. Wochenschr. f. Therapie u. Hygiene d. Auges. XV. S. 101.
1913. Dimmer, Zur Prüfung der Funktion des Sehnervenapparates bei dichter Trübung der brechenden Medien. Wiener med. Wochenschr. No. 39.
Döllner, Eine neue Tafel zur Bestimmung von Sehschärfe und Refraktion von Analphabeten. Münch. med. Wochenschr. S. 2569.
Folinea, Un nuovo apparecchio a funzionamento elettrico per la misurazione della acutezza visiva. Archiv. di Ottalm. XXI. p. 202.
Henker, Über Neuerungen auf dem Gebiete der ophthalmologischen Untersuchungsinstrumente. I. Zeitschr. f. ophth. Opt. I, 3. S. 81.
Hess, v., Internationale Sehproben unter Verwendung der Landoltschen Ringe hergestellt. 2. Aufl. Wiesbaden, J. F. Bergmann.
Liebermann, Látás cróbák. Franklin-Társulat. Budapest.
Liebermann, v., Neue Sehproben. (IX. Vers. d. ungar. ophth. Ges. Budapest.) Zeitschr. f. Augenheilk. XXX. S. 556.
Rollet, Echelles d'acuité avec positifs photographiques. (Soc. d'Opht. de Lyon.) Revue générale d'Opht. p. 143.
1914. Black, H. M., Apparatus for testing the eyesight. (Variierbarer Landoltscher Ring). Zit. nach Henker, s. nachstehend.
Henker, Über Neuerungen auf dem Gebiete der ophthalmologischen Untersuchungsinstrumente. II. Zeitschr. f. ophth. Opt. II, 1. S. 16.

GPSR Compliance

The European Union's (EU) General Product Safety Regulation (GPSR) is a set of rules that requires consumer products to be safe and our obligations to ensure this.

If you have any concerns about our products, you can contact us on ProductSafety@springernature.com

In case Publisher is established outside the EU, the EU authorized representative is:

Springer Nature Customer Service Center GmbH
Europaplatz 3
69115 Heidelberg, Germany

Batch number: 10577896

Printed by Printforce, the Netherlands